Guía Técnica de Aplicación del REBT

(Reglamento Electrotécnico para Baja Tensión)

Edición 2025

Guía Técnica de Aplicación del REBT

(Reglamento Electrotécnico para Baja Tensión)

Edición 2025

Incluye:

Modificación ITC-BT 02. Resolución 20/03/2025

GUÍA-BT-09. Edición: Julio 2020. Revisión: 2

GUIA-BT-17. Edición septiembre 2020. Revisión: 2

GUÍA-BT-40. Edición: septiembre 2019. Revisión: 1, e incluye las últimas modificaciones de la ITC-BT-40 por el R. D. 244/2019

Últimas modificaciones de la ITC-BT-03 por el R. D. 298/2021

Últimas modificaciones de la ITC-BT 04 por el R. D. 542/2020

Últimas modificaciones de la ITC-BT-52 por el R. D. 542/2020

Modificación del artículo 25 del REBT por el R. D. 145/2023

Garceta
grupo editorial

Guía Técnica de Aplicación del REBT (Reglamento Electrotécnico para Baja Tensión). Edición 2025

Ministerio de Industria, Comercio y Turismo
ISBN: 978-84-1903-486-1
IBERGARCETA PUBLICACIONES, S.L., Madrid, 2025
Edición: 10.ª
Nº de páginas: 698
Formato: 17✕24 cm.
Thema: THR. Ingeniería eléctrica

Guía Técnica de Aplicación del REBT (Reglamento Electrotécnico para Baja Tensión). Edición 2025

ISBN: **978-84-1903-486-1**

© Ministerio de Industria, Comercio y Turismo

COPYRIGHT © 2025 IBERGARCETA PUBLICACIONES, S.L.

info@garceta.es

Edición: 11.ª

Impresión: 1ª

Depósito legal: M-9939-2025

Impresión: Imprenta Valle del Tiétar, S.L.
OI: 0335/2025

IMPRESO EN ESPAÑA-PRINTED IN SPAIN

CONTENIDO

INTRODUCCIÓN

El 2 de Agosto de 2002 el Consejo de Ministros aprobó el Reglamento Electrotécnico para Baja Tensión (Real Decreto 842/2002) que afecta a las instalaciones eléctricas conectadas a una fuente de suministro de baja tensión, de manera que se preserve la seguridad de las personas y los bienes, se asegure el normal funcionamiento de dichas instalaciones, y se prevengan las perturbaciones en otras instalaciones y servicios. Además, el Reglamento aprobado pretende contribuir a la fiabilidad técnica y a la eficiencia económica de las instalaciones.

El Reglamento actualiza los requisitos técnicos que deben satisfacer las instalaciones eléctricas con motivo de los grandes avances tecnológicos de los últimos años, siendo el primero que, dentro de nuestro entorno europeo, incorpora requisitos para las instalaciones de automatización y gestión técnica de la energía, coloquialmente conocida como "Domótica" y cuyo objetivo es facilitar el ahorro y la eficiencia energética.

El Reglamento incorpora también el principio de seguridad equivalente de forma que el proyectista de la instalación puede aplicar soluciones distintas de las establecidas en las normas técnicas, siempre que demuestre su equivalencia con los niveles de seguridad establecidos.

Por otra parte, el artículo 29 del Reglamento hace referencia a una Guía técnica, de carácter no vinculante, aprobada por la Dirección General de Política Tecnológica, cuyo objeto es facilitar la aplicación práctica de las exigencias que establece el Reglamento y sus instrucciones técnicas complementarias.

Esta Guía ha sido elaborada por los Servicios del Ministerio de Ciencia y Tecnología (Dirección General de Política Tecnológica), aportando comentarios y observaciones las Comunidades Autónomas y los expertos y entidades más representativas del sector. Las cuatro primeras unidades temáticas de la Guía Técnica de Aplicación son las siguientes:

– Unidad Temática nº 1. Reglamento Electrotécnico para Baja Tensión: Aspectos generales

– Unidad Temática nº 2. Instalaciones de Enlace

– Unidad Temática nº 3. Instalaciones Interiores

– Unidad Temática nº 4. Locales de Pública Concurrencia

que se complementan con los Anexos siguientes:

Anexo 1. Significado y explicación de los códigos IP e IK

Anexo 2. Cálculo de las caídas de tensión

Anexo 3. Cálculo de corrientes de cortocircuito

Anexo 4. Verificación de las instalaciones eléctricas

Estas cuatro unidades temáticas se irán revisando periódicamente en función de la experiencia adquirida. Asimismo, la Guía, de carácter no vinculante, se irá completando con otras unidades temáticas que se irán publicando según se vayan aprobando.

Las diferentes versiones o ampliaciones de las unidades temáticas de la Guía, quedarán identificadas por la fecha de edición y el número de la revisión.

Ante la posible aparición de otras publicaciones o guías se aclara que, la única que cumplimenta las exigencias establecidas en el artículo 29 del Reglamento Electrotécnico de Baja Tensión, es la publicada por el Ministerio de Ciencia y Tecnología.

Finalmente, conviene insistir en que la presente Guía pretende únicamente facilitar la aplicación del Reglamento Electrotécnico de Baja Tensión y que solamente el texto publicado en el B.O.E. es jurídicamente vinculante.

Madrid, 18-09-2003

Esta nueva edición de la Guía incluye además otros materiales de gran utilidad como son:

- Relación del histórico de revisiones de la Guía.

- Tabla comparativa entre las ITC del REBT (ITC-BT) y las guías técnicas de aplicación publicadas (Guía-BT).

- Ley Omnibus. Cambios más significativos que afectan al REBT.

- Nueva ITC-BT 02 del REBT con la actualización de las Normas de Referencia en el REBT.

- Resumen de la Norma UNE 20460-5-523:2004. Instalaciones eléctricas en edificios.

- Adaptación del REBT a la norma UNE-HD 60.364.5.52:2014.

- Adaptación del REBT al CPR.

NOTA IMPORTANTE

La Guía Técnica de Aplicación del REBT está dividida en Unidades Temáticas, en las que se encuentran las instrucciones GUÍA-BT correspondientes. En cada una de ellas, se reproduce, en un recuadro, el texto del REBT y las Instrucciones Técnicas Complementarias (ITC) correspondientes; mientras que el texto propiamente de la Guía Técnica de Aplicación del REBT, se intercala a continuación del recuadro afectado en letra *cursiva* o *itálica* para identificarlo mejor.

HISTÓRICO DE REVISIONES
DE LAS INSTRUCCIONES DE LA GUÍA TÉCNICA DE
APLICACIÓN DEL REBT

➤ **Septiembre 2003**

  – Primera edición

➤ **Revisión de Septiembre 2004**

  – Índice de Unidades Temáticas (Rev.2)
  – BT-28. Instalaciones en locales de pública concurrencia (Rev.2)
  – BT-09. Instalaciones de alumbrado exterior (Rev.1)

➤ **Revisión de Octubre 2005**

  – Índice de Unidades Temáticas (Rev.3)
  – BT-08. Sistemas de conexión del neutro y de las masas en redes de
  – distribución de energía eléctrica (Rev.1)
  – BT-18. Instalaciones de puesta a tierra (Rev. 1)
  – BT-22. Protección contra sobreintensidades (Rev. 1)
  – BT-23. Protección contra sobretensiones (Rev. 1)
  – BT-24. Protección contra los contactos directos e indirectos (Rev.1)

➤ **Revisión de Febrero 2007**

  – Índice de Unidades Temáticas (Rev.4)
  – BT-51. Instalaciones de sistemas de automatización, gestión técnica de la
    energía y seguridad para viviendas y edificios

➤ **Revisión de Febrero 2009**

  – Índice de Unidades Temáticas (Rev.5)
  – BT-19. Instalaciones interiores o receptoras. prescripciones generales (Rev.2)
  – BT-30. Instalaciones en locales de características especiales (Rev.1)

➤ **Revisión de Julio 2012**

  – Índice de Unidades Temáticas (Rev.6)
  – BT-23. Protección contra sobretensiones (Rev.2)
  – BT-25. Instalaciones interiores en viviendas. Número de circuitos y
    características (Rev. 2)
  – BT-29. Instalaciones eléctricas en locales con riesgo de incendio
    o explosión (Rev. 1)
  – BT-33. Instalaciones provisionales y temporales de obras (Rev. 1)

➤ **Revisión de Noviembre 2013**

  – BT-40. Instalaciones generadoras de baja tensión (Rev. 1)

➤ **Revisión de Febrero 2015**

  – BT-29. Instalaciones eléctricas en locales con riesgo de incendio
    o explosión (Rev. 2)

➢ **Revisión de Septiembre 2015**

    – BT-28. Instalaciones en locales de pública concurrencia (Rev.3)

➢ **Revisión de Noviembre de 2017**

    – Índice de Unidades Temáticas (Rev.7)

    – BT-23. Protección contra sobretensiones (Rev. 3)

    – BT-52. Infraestructura para la recarga de vehículos eléctricos (Rev. 1)

➢ **Revisión de Julio de 2019**

    – Índice de Unidades Temáticas (Rev.8)

    – BT-24. Protección contra los contactos directos e indirectos (Rev. 2)

    – BT-29. Instalaciones eléctricas en locales con riesgo de incendio o explosión (Rev. 3)

➢ **Revisión de Noviembre de 2019**

    – BT-23. Protección contra sobretensiones (Rev. 4)

    – BT-29. Instalaciones eléctricas en locales con riesgo de incendio o explosión (Rev. 4)

➢ **Revisión de Enero de 2020**

    – ITC-BT 02. Normas de Referencia en el Reglamento Electrotécnico para Baja Tensión (Rev. 1)

➢ **Revisión de Julio de 2020**

    – BT-09. Instalaciones de alumbrado exterior (Rev.2)

➢ **Revisión de septiembre de 2020**

    – BT-17. Dispositivos generales e individuales de mando y protección. Interruptor de control de potencia (Rev. 2)

➢ **Modificaciones REBT publicadas por el R. D 542/2020**

    – Reglamento electrotécnico para baja tensión.

    – ITC-BT 04. Documentación y puesta en servicio de las instalaciones

    – ITC-BT 52. Instalaciones con fines especiales. Infraestructura para la recarga de vehículos eléctricos

➢ **Modificaciones REBT publicadas por el R. D 298/2021**

    – ITC-BT 03. Empresas instaladoras en Baja Tensión

TABLA COMPARATIVA ENTRE LAS ITC DEL REBT (ITC-BT) Y LAS GUÍAS TÉCNICAS DE APLICACIÓN PUBLICADAS (GUIA-BT) CON INDICACIÓN DEL NÚMERO Y UNIDAD TEMÁTICA CORRESPONDIENTE

ITC-BT	Título	GUIA-BT	Nº y Unidad Temática
R.D.	Real Decreto 842/2002	R.D.	1. REBT. Aspectos generales
01	Terminología		*No publicada*
02	Normas de referencia en el Reglamento Electrotécnico de Baja Tensión		*No publicada* (se incluye la ITC-BT 02 del REBT de enero de 2020)
03	Empresa instaladora en baja tensión	03	
04	Documentación y puesta en servicio de las instalaciones	04	1. REBT. Aspectos generales
05	Verificaciones e inspecciones	05	
06	Redes aéreas para distribución en Baja Tensión		*No publicada*
07	Redes subterráneas para distribución en Baja Tensión		*No publicada*
08	Sistemas de conexión del neutro y de las masas en redes de distribución de energía eléctrica	08	6. Protecciones
09	Instalaciones de alumbrado exterior	09	5. Instalaciones de alumbrado exterior
10	Previsión de cargas para suministro de	10	2. Instalaciones de enlace
11	Redes de distribución en energía eléctrica. Acometidas		*No publicada*
12	Instalación de enlace. Esquemas	12	
13	Instalación de enlace. Cajas generales de protección	13	
14	Instalación de enlace. Línea general de alimentación	14	
15	Instalación de enlace. Derivaciones individuales	15	2. Instalaciones de enlace
16	Instalación de enlace. Contadores: ubicación y sistemas de instalación	16	
17	Instalación de enlace. Dispositivos generales e individuales de mando y protección. interruptor de control de potencia	17	

ITC-BT	Título	GUIA-BT	Nº y Unidad Temática
18	Instalaciones de puesta a tierra	18	6. Protecciones
19	Instalaciones interiores o receptoras. Prescripciones generales	19	3. Instalaciones interiores
20	Instalaciones interiores o receptoras. Sistemas de instalación	20	3. Instalaciones interiores
21	Instalaciones interiores o receptoras. Tubos y canales protectoras	21	
22	Instalaciones interiores o receptoras. Protección contra sobreintensidades	22	6. Protecciones
23	Instalaciones interiores o receptoras. Protección contra sobretensiones	23	6. Protecciones
24	Instalaciones interiores o receptoras. Protección contra los contactos directos e indirectos	24	
25	Instalaciones interiores en viviendas. número de circuitos y características	25	3. Instalaciones interiores
26	Instalaciones interiores en viviendas. Prescripciones generales de instalación	26	
27	Instalaciones interiores en viviendas. Locales que contienen una bañera o ducha	27	3. Instalaciones interiores
28	Instalaciones en locales de pública concurrencia	28	4. Locales de pública concurrencia
29	Prescripciones particulares para las instalaciones eléctricas de los locales con riesgo de incendio o explosión	29	8. Instalaciones especiales
30	Instalaciones en locales de características especiales	30	
31	Instalaciones con fines especiales. Piscinas y fuentes		*No publicada*
32	Instalaciones con fines especiales Máquinas de elevación y transporte		*No publicada*
33	Instalaciones con fines especiales Instalaciones provisionales y temporales de obras	33	8. Instalaciones especiales
34	Instalaciones con fines especiales Ferias y stands		*No publicada*
35	Instalaciones con fines especiales. Establecimientos agrícolas y hortícolas		*No publicada*
36	Instalaciones a muy Baja Tensión		*No publicada*
37	Instalaciones a tensiones especiales		*No publicada*
38	Instalaciones con fines especiales. Requisitos particulares para la instalación eléctrica en quirófanos y salas de intervención		*No publicada*
39	Instalaciones con fines especiales. Cercas eléctricas para ganado		*No publicada*

ITC-BT	Título	GUIA-BT	Nº y Unidad Temática
40	Instalaciones generadoras de baja tensión	40	8. Instalaciones especiales
41	Instalaciones eléctricas en caravanas y parques de caravanas		*No publicada*
42	Instalaciones eléctricas en puertos y marinas para barcos de recreo		*No publicada*
43	Instalación de receptores. Prescripciones generales		*No publicada*
44	Instalación de receptores. Receptores para alumbrado		*No publicada*
45	Instalación de receptores. Aparatos de caldeo		*No publicada*
46	Instalación de receptores. Cables y folios radiantes en viviendas		*No publicada*
47	Instalación de receptores. Motores		*No publicada*
48	Instalación de receptores. Transformadores y autotransformadores. Reactancias y rectificadores. Condensadores		*No publicada*
49	Instalaciones eléctricas en muebles	49	3. Instalaciones interiores
50	Instalaciones eléctricas en locales que contienen radiadores para saunas		*No publicada*
51	Instalaciones de sistemas de automatización, gestión técnica de la energía y seguridad para viviendas y edificios	51	7. Instalaciones domóticas
52	Instalaciones de sistemas de automatización, gestión técnica de la energía y seguridad para viviendas y edificios	52	8. Instalaciones especiales
Anexo 1	Significado y explicación de los códigos IP, IK	Anexo 1	Anexos
Anexo 2	Cálculo de las caídas de tensión	Anexo 2	
Anexo 3	Cálculo de corrientes de cortocircuito	Anexo 3	
Anexo 4	Verificación de las instalaciones eléctricas	Anexo 4	

LEY OMNIBUS.
CAMBIOS MÁS SIGNIFICATIVOS
QUE AFECTAN AL REBT

Comparativa de cambios en las ITC

ITC	REBT 2020	«LEY OMNIBUS» RD 560/2010, de 7 de mayo
Disposición adicional cuarta	—	Obligaciones de información y de reclamaciones.
Artículo 22	Las empresas instaladoras solo tienen validez en la comunidad que se registre.	La empresa instaladora tiene *validez indefinida desde el momento de entrega de la documentación.*
ITC-BT- 03. Punto 2	Existe un carnet de instalador electricista y un certificado de empresa instaladora.	*Desaparece el carnet de instalador quedando solo el certificado de empresa.*
ITC-BT- 03. Punto 4	El carnet de instalador se obtiene por titulación o examen.	*Desaparece el examen.*
ITC-BT- 03. Punto 5.1	Es necesario contratar un seguro de responsabilidad civil.	**Disposición adicional primera.** Será válido un seguro de un Estado miembro de la Unión Europea.
ITC-BT-03. Punto 5.2	Cada comunidad autónoma redacta un documento para el registro de instaladores.	**Disposición adicional tercera** Se crea un modelo de *declaración responsable* que facilite el registro de empresas.
ITC-BT- 03. Punto 5.2.2	El carnet de instalador tendrá validez en el territorio español.	**Disposición adicional segunda** Aceptación de documentos de otros Estados miembros de la Unión Europea.
ITC-BT- 03. Punto 6	Para cambiar de comunidad es necesario solicitar un certificado de no sanción.	*Se elimina el certificado de no sanción.*
ITC-BT- 03. Apéndice. Punto 1	Es necesario un instalador por cada 10 operarios.	*Solo es necesario un instalador por categoría.*
ITC-BT- 03. Apéndice. Punto. 2.1.1	Es necesario tener un local de una superficie mínima de 25 m².	*No es necesario el local* para ser empresa instaladora.

UNIDAD TEMÁTICA Nº. 1

REGLAMENTO ELECTROTÉCNICO PARA BAJA TENSIÓN. ASPECTOS GENERALES

Resumen del contenido

REGLAMENTO ELECTROTÉCNICO
PARA BAJA TENSIÓN

Real Decreto 842/2002

Última modificación por el Real Decreto 542/2020, de 26 de mayo

Artículo 1. *Objeto.*

El presente Reglamento tiene por objeto establecer las condiciones técnicas y garantías que deben reunir las instalaciones eléctricas conectadas a una fuente de suministro en los límites de baja tensión, con la finalidad de:

a)   Preservar la seguridad de las personas y los bienes.

b)   Asegurar el normal funcionamiento de dichas instalaciones y prevenir las perturbaciones en otras instalaciones y servicios.

c)   Contribuir a la fiabilidad técnica y a la eficiencia económica de las instalaciones.

Artículo 2. *Campo de aplicación.*

1. El presente Reglamento se aplicará a las instalaciones que distribuyan la energía eléctrica, a las generadoras de electricidad para consumo propio y a las receptoras, en los siguientes límites de tensiones nominales:

a)   Corriente alterna: igual o inferior a 1.000 voltios.

b)   Corriente continua: igual o inferior a 1.500 voltios.

2. El presente Reglamento se aplicará:

a)   A las nuevas instalaciones, a sus modificaciones y a sus ampliaciones.

b)   A las instalaciones existentes antes de su entrada en vigor que sean objeto de modificaciones de importancia, reparaciones de importancia y a sus ampliaciones.

c)   A las instalaciones existentes antes de su entrada en vigor, en lo referente al régimen de inspecciones, si bien los criterios técnicos aplicables en dichas inspecciones serán los correspondientes a la reglamentación con la que se aprobaron.

Se entenderá por modificaciones o reparaciones de importancia las que afectan a más del 50 por 100 de la potencia instalada. Igualmente se considerará modificación de importancia la que afecte a líneas completas de procesos productivos con nuevos circuitos y cuadros, aun con reducción de potencia.

3. Asimismo, se aplicará a las instalaciones existentes antes de su entrada en vigor, cuando su estado, situación o características impliquen un riesgo grave para las personas o los bienes, o se produzcan perturbaciones importantes en el normal funcionamiento de otras instalaciones, a juicio del órgano competente de la Comunidad Autónoma.

4. Se excluyen de la aplicación de este Reglamento las instalaciones y equipos de uso exclusivo en minas, material de tracción, automóviles, navíos, aeronaves, sistemas de comunicación, y los usos militares y demás instalaciones y equipos que estuvieran sujetos a reglamentación específica.

5. Las prescripciones del presente Reglamento y sus instrucciones técnicas complementarias (en adelante ITCs) son de carácter general unas, y específico, otras. Las específicas sustituirán, modificarán o complementarán a las generales, según los casos.

6. No se aplicarán las prescripciones generales, sin únicamente prescripciones específicas, que serán objeto de las correspondientes ITCs, a las instalaciones o equipos que utilizan «muy baja tensión» (hasta 50 V en corriente alterna y hasta 75 V en corriente continua por ejemplo las redes informáticas y similares, siempre que su fuente de energía sea autónoma, no se alimenten de redes destinadas a otros suministros, o que tales instalaciones sean absolutamente independientes de las redes de baja tensión con valores por encima de los fijados para tales pequeñas tensiones.

Se entiende por potencia instalada aquella para la cual se proyectó inicialmente la instalación eléctrica según la previsión de cargas correspondientes. Según el actual RBT será la potencia calculada según la previsión de cargas conforme los criterios de la ITC-BT-10

A las instalaciones existentes antes de la entrada en vigor del RD 842/02 y por tanto ejecutadas según el Reglamento del año 73 o anteriores, se les aplica, en lo referente al régimen de inspecciones, el Reglamento del año 2002. En consecuencia, se deberán inspeccionar estas instalaciones antes de que haya transcurrido el correspondiente periodo de 5 años o de 10 años, aplicable según lo establecido en el apartado 4.2 de la ITC-BT 05, contados desde la entrada en vigor del citado Reglamento (18 de septiembre de 2003).

Artículo 3. *Instalación eléctrica.*

Se entiende por instalación eléctrica todo conjunto de aparatos y de circuitos asociados en previsión de un fin particular: producción, conversión, transformación, transmisión, distribución o utilización de la energía eléctrica.

Artículo 4. *Clasificación de las tensiones. Frecuencia de las redes.*

1. A efectos de aplicación de las prescripciones del presente Reglamento, las instalaciones eléctricas de baja tensión se clasifican, según las tensiones nominales que se les asignen, en la forma siguiente:

	Corriente alterna (valor eficaz)	Corriente continua (valor medio aritmético)
Muy baja tensión	Un ≤ 50 V	Un ≤ 75 V
Tensión usual	50 < Un ≤ 500 V	75 < Un ≤ 750 V
Tensión especial	500 < Un ≤ 1000 V	750 < Un ≤ 1500 V

2. Las tensiones nominales usualmente utilizadas en las distribuciones de corriente alterna serán:

   a) 230 V entre fases para las redes trifásicas de tres conductores.

   b) 230 V entre fase y neutro, y 400 V entre fases para las redes trifásicas de 4 conductores.

3. Cuando en las instalaciones no pueda utilizarse alguna de las tensiones normalizadas en este Reglamento, porque deban conectarse a o derivar de otra instalación con tensión diferente, se condicionará su inscripción a que la nueva instalación pueda ser utilizada en el futuro con la tensión normalizada que pueda preverse.

4. La frecuencia empleada en la red será de 50 Hz.

5. Podrán utilizarse otras tensiones y frecuencias previa autorización motivada del órgano competente de la Administración Pública, cuando se justifique ante el mismo su necesidad, no se produzcan perturbaciones significativas en el funcionamiento de otras instalaciones y no se menoscabe el nivel de seguridad para las personas y los bienes.

Artículo 5. *Perturbaciones en las redes*.

Las instalaciones de baja tensión que pudieran producir perturbaciones sobre las telecomunicaciones, las redes de distribución de energía o los receptores, deberán estar dotadas de los adecuados dispositivos protectores, según se establece en las disposiciones vigentes relativas a esta materia.

Artículo 6. Equipos y materiales

1. Los materiales y equipos utilizados en las instalaciones deberán ser utilizados en la forma y para la finalidad que fueron fabricados. Los incluidos en el campo de aplicación de la reglamentación de trasposición de las Directivas de la Unión Europea deberán cumplir con lo establecido en las mismas.

En lo no cubierto por tal reglamentación se aplicarán los criterios técnicos preceptuados por el presente Reglamento. En particular, se incluirán junto con los equipos y materiales las indicaciones necesarias para su correcta instalación y uso, debiendo marcarse con las siguientes indicaciones mínimas:

   a) Identificación del fabricante, representante legal o responsable de la comercialización.

   b) Marca y modelo.

   c) Tensión y potencia (o intensidad) asignadas.

   d) Cualquier otra indicación referente al uso específico del material o equipo, asignado por el fabricante.

2. Los órganos competentes de las Comunidades Autónomas verificarán el cumplimiento de las exigencias técnicas de los materiales y equipos sujetos a este Reglamento. La verificación podrá efectuarse por muestreo.

Artículo 7. *Coincidencia con otras tensiones.*

Si en una instalación eléctrica de baja tensión se encuentran integrados circuitos o elementos sometidos a tensiones superiores a los límites definidos en este Reglamento, en ausencia de indicación específica en éste, se deberá cumplir con lo establecido en los reglamentos que regulen las instalaciones a dichas tensiones.

Artículo 8. *Redes de distribución.*

1. Las instalaciones de servicio público o privado cuya finalidad sea la distribución de energía eléctrica se definirán:

    a)   Por los valores de la tensión entre fase o conductor polar y tierra y entre dos conductores de fase o polares, para las instalaciones unidas directamente a tierra.

    b)   Por el valor de la tensión entre dos conductores de fase o polares, para las instalaciones no unidas directamente a tierra.

2. Las intensidades de la corriente eléctrica admisibles en los conductores se regulan en función de las condiciones técnicas de las redes de distribución y de los sistemas de protección empleados en las mismas.

Artículo 9. *Instalaciones de alumbrado exterior.*

Se considerarán instalaciones de alumbrado exterior las que tienen por finalidad la iluminación de las vías de circulación o comunicación y las de los espacios comprendidos entre edificaciones que, por sus características o seguridad general, deben permanecer iluminados, en forma permanente o circunstancial, sean o no de dominio público.

Las condiciones que deben reunir las instalaciones de alumbrado exterior serán las correspondientes a su peculiar situación de intemperie y, por el riesgo que supone, el que parte de sus elementos sean fácilmente accesibles.

Artículo 10. *Tipos de suministro.*

1. A efectos del presente Reglamento, los suministros se clasifican en normales y complementarios.

    A.   Suministros normales son los efectuados a cada abonado por una sola empresa distribuidora por la totalidad de la potencia contratada por el mismo y con un solo punto de entrega de la energía.

    B.   Suministros complementarios o de seguridad son los que, a efectos de seguridad y continuidad de suministro, complementan a un suministro normal. Estos suministros podrán realizarse por dos empresas diferentes o por la misma empresa, cuando se disponga, en el lugar de utilización de la energía, de medios de transporte y distribución independientes, o por el usuario mediante medios de producción propios. Se considera suministro complementario aquel que, aun partiendo del mismo transformador, dispone de línea de distribución independiente del suministro normal desde su mismo origen en baja tensión. Se clasifican en suministro de socorro, suministro de reserva y suministro duplicado:

a) Suministro de socorro es el que está limitado a una potencia receptora mínima equivalente al 15 por 100 del total contratado para el suministro normal.

b) Suministro de reserva es el dedicado a mantener un servicio restringido de los elementos de funcionamiento indispensables de la instalación receptora, con una potencia mínima del 25 por 100 de la potencia total contratada para el suministro normal.

c) Suministro duplicado es el que es capaz de mantener un servicio mayor del 50 por 100 de la potencia total contratada para el suministro normal.

2. Las instalaciones previstas para recibir suministros complementarios deberán estar dotadas de los dispositivos necesarios para impedir un acoplamiento entre ambos suministros, salvo lo prescrito en las instrucciones técnicas complementarias. La instalación de esos dispositivos deberá realizarse de acuerdo con la o las empresas suministradoras. De no establecerse ese acuerdo, el órgano competente de la Comunidad Autónoma resolverá lo que proceda en un plazo máximo de 15 días hábiles, contados a partir de la fecha en que le sea formulada la consulta.

3. Además de los señalados en las correspondientes instrucciones técnicas complementarias, los órganos competentes de las Comunidades Autónomas podrán fijar, en cada caso, los establecimientos industriales o dedicados a cualquier otra actividad que, por sus características y circunstancias singulares, hayan de disponer de suministro de socorro, de reserva o suministro duplicado.

4. Si la empresa suministradora que ha de facilitar el suministro complementario se negara a realizarlo o no hubiera acuerdo con el usuario sobre las condiciones técnico-económicas propuestas, el órgano competente de la Comunidad Autónoma deberá resolver lo que proceda, en el plazo de quince días hábiles, a partir de la fecha de presentación de la controversia.

La ITC-BT-28 indica los tipos de locales de pública concurrencia que deben disponer de un suministro complementario.

Artículo 11. *Locales de características especiales.*

Se establecerán en las correspondientes instrucciones técnicas complementarias prescripciones especiales, con base en las condiciones particulares que presentan, en los denominados "locales de características especiales", tales como los locales y emplazamientos mojados o en los que exista atmósfera húmeda, gases o polvos de materias no inflamables o combustibles, temperaturas muy elevadas o muy bajas en relación con las normales, los que se dediquen a la conservación o reparación de automóviles, los que estén afectos a los servicios de producción o distribución de energía eléctrica; en las instalaciones donde se utilicen las denominadas tensiones especiales, las que se realicen con carácter provisional o temporal, las instalaciones para piscinas, otras señaladas específicamente en las ITC y, en general, todas aquellas donde sea necesario mantener instalaciones eléctricas en circunstancias distintas a las que pueden estimarse como de riesgo normal, para la utilización de la energía eléctrica en baja tensión.

Artículo 12. *Ordenación de cargas.*

Se establecerán en las correspondientes instrucciones técnicas complementarias prescripciones relativas a la ordenación de las cargas previsibles para cada una de las agrupaciones de consumo de características semejantes, tales como edificios dedicados principalmente a viviendas, edificios comerciales, de oficinas y de talleres para industrias, basadas en la mejor utilización de las instalaciones de distribución de energía eléctrica.

La reglamentación a la que se refiere el Artículo 13 es el RD 1955/2000 de 1 de diciembre

Artículo 14. *Especificaciones particulares de las empresas suministradoras.*

1. Las empresas distribuidoras de energía eléctrica podrán proponer especificaciones particulares sobre la construcción y montaje de acometidas, líneas generales de alimentación, instalaciones de contadores y derivaciones individuales. Estas especificaciones serán únicas para todo el territorio de distribución de la empresa distribuidora y recogerán las condiciones técnicas de carácter concreto que sean precisas para conseguir una mayor homogeneidad en la seguridad y el funcionamiento de las redes de distribución y las instalaciones de los consumidores.

En ningún caso estas especificaciones incluirán marcas o modelos de equipos o materiales concretos que aboquen al consumidor a un único proveedor, ni prescripciones de tipo administrativo o económico, que supongan para el titular de la instalación privada cargas adicionales a las previstas en este reglamento, o en otra normativa que pueda ser de aplicación.

En todo caso, las especificaciones incluirán la posibilidad de que, ante situaciones debidamente justificadas, previa acreditación de seguridad equivalente, el titular de la instalación pueda dar soluciones alternativas a situaciones concretas en que sea imposible cumplir los requisitos de las especificaciones aprobadas por la Administración.

2. Dichas especificaciones deberán ajustarse, en cualquier caso, a los preceptos del reglamento, y previo cumplimiento del procedimiento de información pública, deberán ser aprobadas y registradas por los órganos competentes de las Comunidades Autónomas, en caso de que se limiten a su ámbito territorial, o por el Ministerio de Industria, Comercio y Turismo, en caso de aplicarse en más de una comunidad autónoma.

3. Una persona técnica competente de la empresa distribuidora de energía eléctrica certificará que las especificaciones particulares cumplen todas las exigencias técnicas y de seguridad reglamentariamente establecidas.

Asimismo, dichas normas deberán contar con un informe técnico de un órgano cualificado e independiente que certificará que dichas especificaciones cumplen con todos los requisitos de la reglamentación de seguridad aplicable a productos e instalaciones de baja tensión, que no se incluyen prescripciones de tipo administrativo o económico que supongan una carga para el titular de la instalación privada y que tampoco se incluyen sobredimensionamientos técnicamente no justificados de la instalación, salvo aquellos derivados de la utilización de las series normalizadas de materiales.

4. Las empresas distribuidoras que quieran proponer las especificaciones particulares, a las que hace referencia el apartado 1, y que no se limiten al ámbito territorial de una única Comunidad Autónoma, deberán remitir solicitud de aprobación al Ministerio de Industria, Comercio y Turismo, acompañada de la siguiente documentación:

   a) El texto de las especificaciones para las que se solicita la aprobación.

   b) Certificado por persona técnica competente referido en el punto 3.

   c) Informe técnico emitido por un organismo cualificado, referido en el punto 3.

   d) Listado de las Comunidades Autónomas donde la empresa distribuidora lleve a cabo su actividad.

Presentada la solicitud por medios electrónicos, el Ministerio de Industria, Comercio y Turismo realizará el trámite de información pública de dicha especificación y solicitará informe a la Comisión Nacional de los Mercados y la Competencia, al órgano competente de las Comunidades Autónomas en las que la empresa distribuidora desarrolle su actividad y a la Secretaría de Estado de Energía del Ministerio para la Transición Ecológica y el Reto Demográfico.

Recibidos los informes, o cumplido el plazo marcado en el artículo 80 de la Ley 39/2015, de 1 de octubre, del Procedimiento Administrativo Común para su emisión, procederá a su aprobación siempre que se garantice el cumplimiento reglamentario, la uniformidad de los requisitos en todas las zonas de implantación de la empresa de distribución y que no se adopten barreras técnicas que aboquen al consumidor a un único proveedor, publicándose la resolución correspondiente en el «Boletín Oficial del Estado».

Una vez presentadas las especificaciones ante el Ministerio de Industria, Comercio y Turismo, junto con los documentos mencionados, el plazo para la aprobación será de tres meses, considerándose el silencio administrativo como aprobatorio.

5. Las normas así aprobadas se publicarán en la página web del Ministerio de Industria, Comercio y Turismo, sin perjuicio de la publicidad que las empresas de distribución hagan de las mismas.

6. En caso de modificación o ampliación de especificaciones ya aprobadas, la empresa de distribución de energía eléctrica solicitará aprobación de la ampliación o modificación de dichas especificaciones, siguiendo el mismo procedimiento indicado anteriormente.

7. Igualmente las empresas distribuidoras, para aquellas instalaciones, o parte de las mismas, de carácter repetitivo, propiedad de las empresas distribución de energía eléctrica y que requieren proyecto de acuerdo a lo establecido en la ITC-BT 04, podrán proponer proyectos tipo para su aprobación por los órganos competentes de las Comunidades Autónomas, en caso de que se limiten a su ámbito territorial, o por el Ministerio de Industria, Comercio y Turismo, en caso de aplicarse en más de una comunidad autónoma. La aprobación de los proyectos tipo seguirán el procedimiento descrito en este artículo para las especificaciones particulares.

Estos proyectos tipo, incluirán las condiciones técnicas de carácter concreto que sean precisas para conseguir mayor homogeneidad en la seguridad y el funcionamiento de las instalaciones de baja tensión, respetando los requisitos impuestos a las especificaciones particulares en este artículo.

En cualquier caso, los proyectos tipo deberán ser completados, inexcusablemente, con los datos específicos concernientes a cada caso particular.

Artículo 15. *Acometidas e instalaciones de enlace.*

1. Se denomina acometida la parte de la instalación de la red de distribución que alimenta la caja o cajas generales de protección o unidad funcional equivalente.

La acometida será responsabilidad de la empresa suministradora, que asumirá la inspección y verificación final.

2. Son instalaciones de enlace las que unen la caja general de protección, o cajas generales de protección, incluidas éstas, con las instalaciones interiores o receptoras del usuario.

Se componen de: caja general de protección, línea general de alimentación, elementos para la ubicación de contadores, derivación individual, caja para interruptor de control de potencia y dispositivos generales de mando y protección.

Las cajas generales de protección alojan elementos de protección de las líneas generales de alimentación y señalan el principio de la propiedad de las instalaciones de los usuarios.

Línea general de alimentación es la parte de la instalación que enlaza una caja general de protección con las derivaciones individuales que alimenta.

La derivación individual de un abonado parte de la línea general de alimentación y comprende los aparatos de medida, mando y protección.

3. Las compañías suministradoras facilitarán los valores máximos previsibles de las potencias o corrientes de cortocircuito de sus redes de distribución, con el fin de que el proyectista tenga en cuenta este dato en sus cálculos.

Artículo 16. *Instalaciones interiores o receptoras.*

1. Las instalaciones interiores o receptoras son las que alimentadas por una red de distribución o por una fuente de energía propia, tienen como finalidad principal la utilización de la energía eléctrica. Dentro de este concepto hay que incluir cualquier instalación receptora, aunque toda ella o alguna de sus partes esté situada a la intemperie.

2. En toda instalación interior o receptora que se proyecte y realice se alcanzará el máximo equilibrio en las cargas que soportan los distintos conductores que forman parte de la misma, y ésta se subdividirá de forma que las perturbaciones originadas por las averías que pudieran producirse en algún punto de ella afecten a una mínima parte de la instalación. Esta subdivisión deberá permitir también la localización de las averías y facilitar el control del aislamiento de la parte de la instalación afectada.

3. Los sistemas de protección para las instalaciones interiores o receptoras para baja tensión impedirán los efectos de las sobreintensidades y sobretensiones que por distintas causas cabe prever en las mismas y resguardarán a sus materiales y equipos de las acciones y efectos de los agentes externos. Asimismo, y a efectos de seguridad general, se determinarán las condiciones que deben cumplir dichas instalaciones para proteger de los contactos directos e indirectos.

4. En la utilización de la energía eléctrica para instalaciones receptoras se adoptarán las medidas de seguridad, tanto para la protección de los usuarios como para la de las redes, que resulten proporcionadas a las características y potencia de los aparatos receptores utilizados en las mismas.

5. Además de los preceptos que en virtud del presente y otros reglamentos sean de aplicación a los locales de pública concurrencia, deberán cumplirse medidas y previsiones específicas, en función del riesgo que implica en los mismos un funcionamiento defectuoso de la instalación eléctrica.

Artículo 17. *Receptores y puesta a tierra.*

Sin perjuicio de las disposiciones referentes a los requisitos técnicos de diseño de los materiales eléctricos, según lo estipulado en el artículo 6, la instalación de los receptores, así como el sistema de protección por puesta a tierra, deberán respetar lo dispuesto en las correspondientes instrucciones técnicas complementarias.

Artículo 18. *Ejecución y puesta en servicio de las instalaciones.*

1. Según lo establecido en el artículo 12.3 de la Ley 21/1992, de Industria, la puesta en servicio y utilización de las instalaciones eléctricas se condiciona al siguiente procedimiento:

    a) Deberá elaborarse, previamente a la ejecución, una documentación técnica que defina las características de la instalación y que, en función de sus características, según determine la correspondiente ITC, revestirá la forma de proyecto o memoria técnica.

    b) La instalación deberá verificarse por el instalador, con la supervisión del director de obra, en su caso, a fin de comprobar la correcta ejecución y funcionamiento seguro de la misma.

c) Asimismo, cuando así se determine en la correspondiente ITC, la instalación deberá ser objeto de una inspección inicial por un organismo de control.

d) A la terminación de la instalación y realizadas las verificaciones pertinentes y, en su caso, la inspección inicial, la empresa instaladora ejecutor de la instalación emitirá un certificado de instalación, en el que se hará constar que la misma se ha realizado de conformidad con lo establecido en el Reglamento y sus instrucciones técnicas complementarias y de acuerdo con la documentación técnica. En su caso, identificará y justificará las variaciones que en la ejecución se hayan producido con relación a lo previsto en dicha documentación.

e) El certificado, junto con la documentación técnica y, en su caso, el certificado de dirección de obra y el de inspección inicial, deberá depositarse ante el órgano competente de la Comunidad Autónoma, con objeto de registrar la referida instalación, recibiendo las copias diligenciadas necesarias para la constancia de cada interesado y solicitud de suministro de energía. Las Administraciones competentes deberán facilitar que estas documentaciones puedan ser presentadas y registradas por procedimientos informáticos o telemáticos.

2. Las instalaciones eléctricas deberán ser realizadas únicamente por empresas instaladoras.

3. La empresa suministradora no podrá conectar la instalación receptora a la red de distribución si no se le entrega la copia correspondiente del certificado de instalación debidamente diligenciado por el órgano competente de la Comunidad Autónoma.

4. No obstante lo indicado en el apartado precedente, cuando existan circunstancias objetivas por las cuales sea preciso contar con suministro de energía eléctrica antes de poder culminar la tramitación administrativa de las instalaciones, dichas circunstancias, debidamente justificadas y acompañadas de las garantías para el mantenimiento de la seguridad de las personas y bienes y de la no perturbación de otras instalaciones o equipos, deberán ser expuestas ante el órgano competente de la Comunidad Autónoma, la cual podrá autorizar, mediante resolución motivada, el suministro provisional para atender estrictamente aquellas necesidades.

5. En caso de instalaciones temporales (congresos y exposiciones, con distintos stands, ferias ambulantes, festejos, verbenas, etc.), el órgano competente de la Comunidad podrá admitir que la tramitación de las distintas instalaciones parciales se realice de manera conjunta. De la misma manera, podrá aceptarse que se sustituya la documentación técnica por una declaración, diligenciada la primera vez por la Administración, en el supuesto de instalaciones realizadas sistemáticamente de forma repetitiva.

El procedimiento detallado de ejecución y puesta en servicio de las instalaciones viene detallado en la ITC-BT-04.

Artículo 19. *Información a los usuarios.*

Como anexo al certificado de instalación que se entregue al titular de cualquier instalación eléctrica, la empresa instaladora deberá confeccionar unas instrucciones para el correcto uso y mantenimiento de la misma. Dichas instrucciones incluirán, en cualquier caso, como mínimo, un esquema unifilar de la instalación con las características técnicas fundamentales de los equipos y materiales eléctricos instalados, así como un croquis de su trazado.

Cualquier modificación o ampliación requerirá la elaboración de un complemento a lo anterior, en la medida que sea necesario.

Toda instalación eléctrica deberá ir acompañada de unas instrucciones generales de uso y mantenimiento de las mismas, y de los documentos propios de la instalación. Por lo tanto, se tendrán los documentos siguientes:

- *Instrucciones generales de uso y mantenimiento.*
- *Documentos propios de la instalación:*
- *Esquema unifilar de la instalación*
- *Croquis o plano(s) de trazado de las canalizaciones, de las redes de tierra y ubicación de los materiales instalados (dispositivos de protección, interruptores, bases de toma de corriente, puntos de luz, aparatos de alumbrado de emergencia, etc.)*

En la figura siguiente se incluye un ejemplo de croquis de trazado de una instalación eléctrica empotrada.

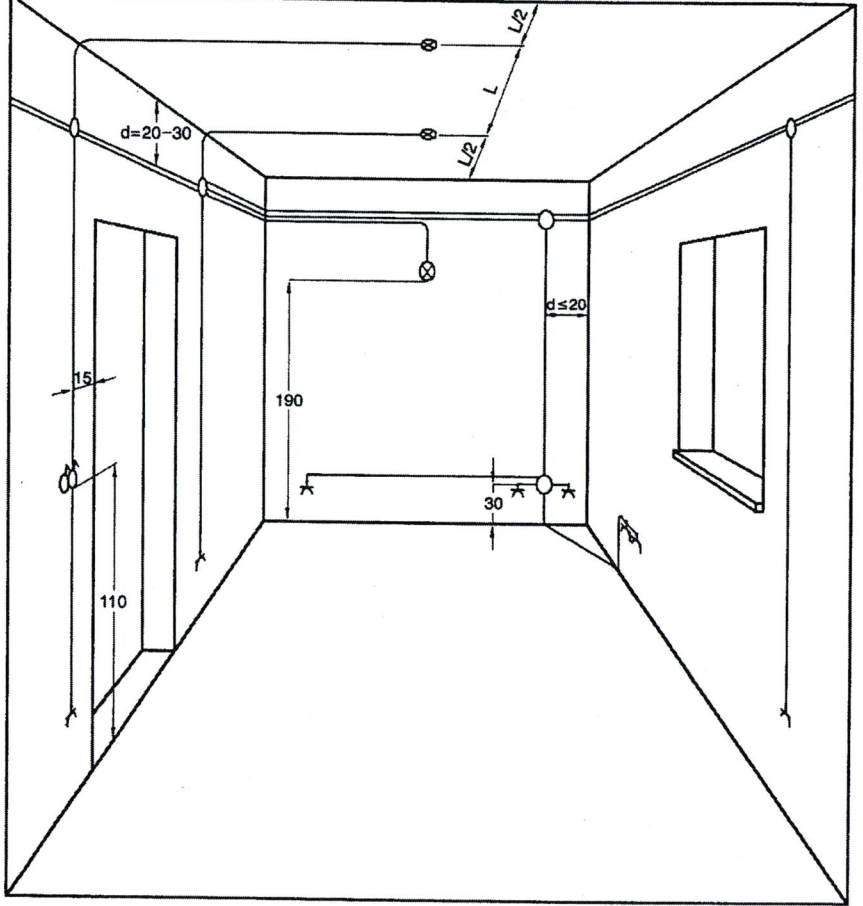

Uno de los anexos a entregar al titular de la instalación (dentro de las Instrucciones generales de uso y mantenimiento para los casos de instalaciones domésticas) podrá consistir en las recomendaciones siguientes:

Consejos para una mejor utilización de su instalación

1 Antes de efectuar su póliza de abono (contrato) con la Cía. Suministradora, asesórese con el Instalador electricista Autorizado, la propia Compañía o profesional competente para elegir la tarifa y potencia más conveniente para usted.

2 No sobrepasar simultáneamente la potencia contratada con la Cía. Suministradora de energía, puesto que se le disparará el ICP (interruptor de control de potencia), dejándole a usted sin servicio en toda la vivienda o local. Desconecte algún aparato (los de más potencia) y vuelva a accionar el ICP, desconecte el Interruptor General, y vuelva a conectar el ICP. Si aún así se dispara, avise a su compañía suministradora porque la avería está en el ICP.

3 Si se le dispara el IAD (interruptor automático diferencial) en el cuadro general de mando y protección, actúe de la forma siguiente:
a) Desconecte todos los PIAS y conecte el IAD.
b) Vaya conectando uno a uno todos los PIAS y el circuito que le haga disparar nuevamente el IAD es donde existe la avería. En este caso, desconecte los aparatos y lámparas de dicho circuito, y vuelva a accionar el PIA. Si no se dispara, la avería es de los aparatos. Si se dispara nuevamente tiene avería en este circuito, por lo que tendrá que avisar a su Instalador Autorizado.

4 Si se le dispara un PIA (pequeño interruptor automático) en el cuadro general de mando y protección, puede ser debido a estos dos casos.

Consejos para una mejor utilización de su instalación

a) Que el circuito que protege dicho PIA está sobrecargado, en cuyo caso deberá ir desconectando aparatos o lámparas, hasta conseguir reponer de nuevo el citado PIA,

b) Que en el circuito o en los aparatos y lámparas conectados a él, se haya producido un cortocircuito. Proceda como en el caso anterior (3b), para ver si dicha avería es de algún aparato o de la instalación. Deje desconectado dicho PIA y funcione con el resto de la instalación.

5 Compruebe con periodicidad (una vez al año por lo menos) y por medio de su Instalador Autorizado la red de tierra de su vivienda o local.

6 Compruebe con periodicidad (una vez al mes por lo menos) su IAD. Pulse el botón de prueba y si no dispara es que está averiado, por tanto, no está usted protegido contra derivaciones. Avise a su Instalador Autorizado.

7 Manipule todos los aparatos eléctricos, incluso el teléfono, SIEMPRE con las manos secas y evite estar descalzo o con los pies húmedos.

Y NUNCA los manipule cuando esté en el baño o bajo la ducha. ¡El agua es conductora de la electricidad!
Si hay un fallo eléctrico en la instalación o en el aparato utilizado, usted corre el riesgo de electrocutarse. Ojo con las radios, secadores de pelo, aparatos de calor al borde de la bañera: pueden caerse al agua y electrocutarse.

Consejos para una mejor utilización de su instalación

8 Compruebe las canalizaciones eléctricas empotradas antes de taladrar una pared o el techo. Puede electrocutarse al atravesar una canalización con la taladradora.

9 En el caso de manipular algún aparato eléctrico, desconecte previamente el IAD del cuadro general y compruebe SIEMPRE que no existe tensión.

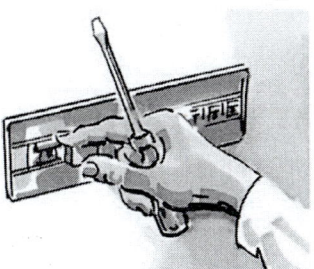

10 No usar nunca aparatos eléctricos con cables pelados, clavijas y enchufes rotos, etc.

11 No hacer varias conexiones en un mismo enchufe (no utilizar ladrones o clavijas múltiples).

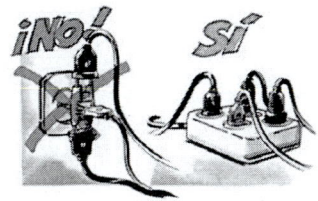

12 No deje aparatos eléctricos conectados al alcance de los niños y procure tapar los enchufes a los que tenga acceso.

Consejos para una mejor utilización de su instalación

I3 Abstenerse de intervenir en su instalación para modificarla. Si son necesarias modificaciones, éstas deberán, ser efectuadas por un instalador autorizado.

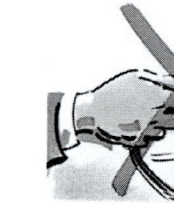

I4 Cuando un receptor (electrodoméstico, maquinaria, etc) le dé "calambre" es porque hay derivación de corriente de los hilos conductores o en algún elemento metálico del electrodoméstico. Normalmente se Dispara el Diferencial. Localizar el aparato o parte de la instalación donde se produce y aislar debidamente al

contacto con la parte metálica. Para ello debe llamar al Instalador Autorizado para que localice la fuga.

I5 Al desconectar los aparatos no tire del cordón o hilo, sino de la claviia.

I6 No se puede enchufar cualquier aparato en cualquier toma de corriente. Cada aparato tiene su potencia. Como cada toma de corriente tiene la suya. Vea la "Instalación Interior de su Vivienda o local" de esta Guía y adecúe los aparatos a enchufar con las tomas. Si la potencia del Aparato es superior a los Amperios que permite enchufar la toma de corriente, puede quemarse la base del enchufe, la clavija e incluso la instalación.

Artículo 20. *Mantenimiento de las instalaciones.*

Los titulares de las instalaciones deberán mantener en buen estado de funcionamiento sus instalaciones, utilizándolas de acuerdo con sus características y absteniéndose de intervenir en las mismas para modificarlas. Si son necesarias modificaciones, éstas deberán, ser efectuadas por una empresa instaladora.

En las instalaciones eléctricas sujetas a inspecciones periódicas tales como alumbrado de emergencia, etc. es muy importante garantizar su estado de funcionamiento, mediante su mantenimiento adecuado. A tal efecto el titular, salvo cuando disponga de medios adecuados, deberá contratar su mantenimiento a un instalador autorizado.

Artículo 21. *Inspecciones.*

Sin perjuicio de la facultad que, de acuerdo con lo señalado en el artículo 14 de la Ley 21/1992, de Industria, posee la Administración pública competente para llevar a cabo, por sí misma, las actuaciones de inspección y control que estime necesarias, el cumplimiento de las disposiciones y requisitos de seguridad establecidos por el presente Reglamento y sus instrucciones técnicas complementarias, según lo previsto en el artículo 12.3 de dicha Ley, deberá ser comprobado, en su caso, por un organismo de control autorizado en este campo reglamentario.

A tal fin, la correspondiente instrucción técnica complementaria determinará:

a) Las instalaciones y las modificaciones, reparaciones o ampliaciones de instalaciones que deberán ser objeto de inspección inicial, antes de su puesta en servicio.

b) Las instalaciones que deberán ser objeto de inspección periódica.

c) Los criterios para la valoración de las inspecciones, así como las medidas a adoptar como resultado de las mismas.

d) Los plazos de las inspecciones periódicas.

Todos estos aspectos se encuentran desarrollados en la ITC-BT-05.

Artículo 22. *Empresas instaladoras.*

1. Las instalaciones eléctricas de baja tensión se ejecutarán por empresas instaladoras en baja tensión, que serán aquellas personas físicas o jurídicas que hayan presentado la declaración responsable de inicio de actividad según se establece en la correspondiente instrucción técnica complementaria. Ello se entiende sin perjuicio del posible proyecto y dirección de obra por técnicos titulados competentes que, en su caso, requieran las citadas instalaciones.

2. De acuerdo con la Ley 21/1992, de 16 de julio, de Industria, la declaración responsable habilita por tiempo indefinido a la empresa instaladora, desde el momento de su presentación ante la Administración competente, para el ejercicio de la actividad en todo el territorio español, sin que puedan imponerse requisitos o condiciones adicionales.

El procedimiento de autorización está detallado en la ITC-BT-03

Artículo 23. *Cumplimiento de las prescripciones.*

1. Se considerará que las instalaciones realizadas de conformidad con las prescripciones del presente Reglamento proporcionan las condiciones de seguridad que, de acuerdo con el estado de la técnica, son exigibles, a fin de preservar a las personas y los bienes, cuando se utilizan de acuerdo a su destino.

2. Las prescripciones establecidas en el presente Reglamento tendrán la condición de mínimos obligatorios, en el sentido de lo indicado por el artículo 12.5 de la Ley 21/1992, de Industria.

3. Se considerarán cubiertos tales mínimos:

    a) Por aplicación directa de las prescripciones de las correspondientes ITC, o

    b) Por aplicación de técnicas de seguridad equivalentes, siendo tales las que, sin ocasionar distorsiones en los sistemas de distribución de las compañías suministradoras, proporcionen, al menos, un nivel de seguridad equiparable a la anterior. La aplicación de técnicas de seguridad equivalentes deberá ser justificado debidamente por el diseñador de la instalación, y aprobada por el órgano competente de la Comunidad Autónoma.

Cuando el cumplimiento de las prescripciones reglamentarias se justifique según lo dispuesto en el artículo 23 apartado 2.b), el titular de la instalación deberá solicitar una autorización expresa del órgano competente de la Comunidad Autónoma, antes de iniciar los trabajos de la instalación. Para obtener dicha autorización el titular de la instalación presentará una memoria justificativa elaborada por el técnico que redactó la documentación técnica. Para otorgar la autorización la Comunidad autónoma podrá recabar un informe técnico emitido por un Organismo de Control o por otra entidad independiente reconocida con amplia experiencia en la materia.

Artículo 24. *Excepciones.*

Sin perjuicio de lo establecido en el apartado 1 del artículo 6, cuando sea materialmente imposible cumplir determinadas prescripciones del presente Reglamento, sin que sea factible tampoco acogerse al apartado 3.b) del artículo anterior, el titular de la instalación que se pretenda realizar deberá presentar, ante el órgano competente de la Comunidad Autónoma, previamente al procedimiento contemplado en el artículo 18, una solicitud de excepción, exponiendo los motivos de la misma e indicando las medidas de seguridad alternativas que se propongan, las cuales, en ningún caso, podrán rebajar los niveles de protección establecidos en el Reglamento.

El citado órgano competente podrá desestimar la solicitud, requerir la modificación de las medidas alternativas o conceder la autorización de excepción, que será siempre expresa, entendiéndose el silencio administrativo como desestimatorio.

Cuando no sea posible el cumplimiento de las prescripciones reglamentarias ni siquiera aplicando técnicas de seguridad equivalente, el titular de la instalación deberá presentar una solicitud de excepción ante el órgano competente de la Comunidad Autónoma, antes de iniciar los trabajos de la instalación. Junto a la solicitud de excepción el titular de la instalación presentará una memoria justificativa elaborada por el técnico que redactó el proyecto. Para otorgar la autorización de excepción la Comunidad autónoma podrá recabar un informe técnico emitido por un Organismo de Control o por otra entidad independiente reconocida con amplia experiencia en la materia.

Artículo 25. *Equivalencia de normativa del Espacio Económico Europeo.*

Sin perjuicio de lo indicado en el artículo 6, se considerarán conformes con este reglamento los productos comercializados legalmente en otro Estado miembro de la Unión Europea, en Turquía, u originarios de un Estado de la Asociación Europea de Libre Comercio signatario del Acuerdo sobre el Espacio Económico Europeo y comercializados legalmente en él, siempre que garanticen un nivel equivalente al exigido en el presente reglamento en cuanto a su seguridad y al uso al que están destinados. La aplicación de la presente medida está sujeta al Reglamento (UE) n.º 2019/515 del Parlamento Europeo y del Consejo, de 19 de marzo de 2019, relativo al reconocimiento mutuo de mercancías comercializadas legalmente en otro Estado miembro y por el que se deroga el Reglamento (CE) n.º 764/2008[A].

Artículo 26. *Normas de referencia.*

1. Las instrucciones técnicas complementarias podrán establecer la aplicación de normas UNE u otras reconocidas internacionalmente, de manera total o parcial, a fin de facilitar la adaptación al estado de la técnica en cada momento.

Dicha referencia se realizará, por regla general, sin indicar el año de edición de las normas en cuestión.

En la correspondiente instrucción técnica complementaria se recogerá el listado de todas las normas citadas en el texto de las instrucciones, identificadas por sus títulos y numeración, la cual incluirá el año de edición.

2. Cuando una o varias normas varíen su año de edición, o se editen modificaciones posteriores a las mismas, deberán ser objeto de actualización en el listado de normas, mediante resolución del centro directivo competente en materia de seguridad industrial del Ministerio de Ciencia y Tecnología, en la que deberá hacerse constar la fecha a partir de la cual la utilización de la nueva edición de la norma será válida y la fecha a partir de la cual la utilización de la antigua edición de la norma dejará de serlo, a efectos reglamentarios.

A falta de resolución expresa, se entenderá que también cumple las condiciones reglamentarias la edición de la norma posterior a la que figure en el listado de normas, siempre que la misma no modifique criterios básicos y se limite a actualizar ensayos o incremente la seguridad intrínseca del material correspondiente.

Puesto que las prescripciones reglamentarias definen condiciones mínimas de seguridad, se asume que una norma en edición posterior a la que figura en la ITC-BT 02, ofrece un nivel de seguridad equivalente o superior al mínimo fijado en el Reglamento.

Artículo 27. *Accidentes.*

A efectos estadísticos y con objeto de poder determinar las principales causas, así como disponer las eventuales correcciones en la reglamentación, se debe poseer los correspondientes datos sistematizados de los accidentes más significativos. Para ello, cuando se produzca un accidente que ocasione daños o víctimas, la compañía suministradora deberá redactar un informe que recoja los aspectos esenciales del mismo. En los quince primeros días de cada trimestre, deberán remitir a las Comunidades Autónomas y al centro directivo competente en materia de seguridad industrial del Ministerio de Ciencia y Tecnología, copia de todos los informes realizados.

[A] Última actualización por el art. 3 del Real Decreto 145/2023, de 28 de febrero. Ref. BOE-A-2023-7056, entrará en vigor el 1 de julio de 2023, según se establece en su disposición final 5.

Artículo 28. *Infracciones y sanciones.*

Las infracciones a lo dispuesto en el presente reglamento se clasificarán y sancionarán de acuerdo con lo dispuesto en el Título V de la Ley 21/1992, de Industria.

Por lo que se refiere a las infracciones, en dicho título se clasifican las infracciones en muy graves, graves y leves.

Son infracciones muy graves las tipificadas como graves, cuando de las mismas resulte un daño muy grave o se derive un peligro muy grave e inminente para las personas, la flora, la fauna, las cosas o el medio ambiente.

Son infracciones graves entre otras:

- *La fabricación, importación, venta, transporte, instalación o utilización de productos, aparatos e elementos sujetos a seguridad industrial sin cumplir las normas reglamentarias, cuando comporte peligro o daño grave para personas, la flora, la fauna, las cosas o el medio ambiente.*

- *La puesta en funcionamiento de las instalaciones careciendo de la correspondiente autorización, cuando ésta sea preceptiva.*

- *La ocultación o alteración dolosa de datos relativos a las empresas, por ejemplo, fabricantes o instaladores autorizados, o la expedición de certificados no acordes con la realidad de los hechos.*

- *El incumplimiento de las especificaciones dictadas por la autoridad competente en materia de seguridad industrial.*

- *La inadecuada conservación y mantenimiento de las instalaciones, si de ello puede resultar un peligro para las personas, la flora, la fauna, las cosas o el medio ambiente.*

Son infracciones leves las siguientes:

- *El incumplimiento de cualquier otra prescripción reglamentaria no citada anteriormente.*

- *La no comunicación a la Administración competente, dentro de los plazos reglamentarios, de los datos relativos a las empresas, por ejemplo, fabricantes o instaladores autorizados.*

- *La falta de colaboración con las administraciones públicas en el ejercicio por éstas de sus funciones reglamentarias.*

Para determinar la cuantía de las sanciones se tendrá en cuenta:

- *La importancia del daño o deterioro causado.*

- *El grado de participación o beneficio obtenido.*

- *La capacidad económica del infractor.*

- *La intencionalidad de la comisión de la infracción.*

- *La reincidencia.*

Artículo 29. *Guía técnica.*

El centro directivo competente en materia de Seguridad Industrial del Ministerio de Ciencia y Tecnología elaborará y mantendrá actualizada una Guía técnica, de carácter no vinculante, para la aplicación práctica de las previsiones del presente Reglamento y sus instrucciones técnicas complementarias, la cual podrá establecer aclaraciones a conceptos de carácter general incluidos en este Reglamento.

ITC-BT-02

NORMAS DE REFERENCIA EN EL REGLAMENTO ELECTROTÉCNICO PARA BAJA TENSIÓN

Edición: Enero 2020. Revisión: 1

Listado de normas de ITC BT-02, actualizado por Resolución de 20 de marzo de 2025, de la Dirección General de Estrategia Industrial y de la Pequeña y Mediana Empresa, que, de acuerdo con el artículo 26 del Reglamento Electrotécnico para Baja Tensión, aprobado por el Real Decreto 842/2002, de 2 de agosto, se considera que cumplen las condiciones reglamentarias.

Referencia norma UNE, título y ediciones *	Sustituye **	Coexistencia
Especificación UNE 0048. Infraestructura para la recarga de vehículos eléctricos. Sistema de protección de la línea general de alimentación (SPL). EDIC.: 2017.		
Especificación UNE 0082. Cables de distribución de tensión asignada 0,6/1 kV. Cables con aislamiento de XLPE, sin armadura. Cables con conductor concéntrico y con cubierta de poliolefina. EDIC.: 2024.		
UNE 20062. Aparatos autónomos para alumbrado de emergencia con lámparas de incandescencia. Prescripciones de funcionamiento. EDIC.: 1993.		
UNE 201011. Aparamenta de baja tensión. Equipos auxiliares. Conjuntos de bloques de conexión para la verificación de contadores de energía. EDIC.: 2023.		
UNE 20315-1-1(1). Bases de toma de corriente y clavijas para usos domésticos y análogos. Parte 1-1: Requisitos generales. EDIC.: 2017; 2009; 2009 ERRATUM: 2011; 2004; 2004 ERRATUM: 2011.		
UNE 20315-1-2(2). Bases de toma de corriente y clavijas para usos domésticos y análogos. Parte 1-2: Requisitos dimensionales del Sistema Español. EDIC.: 2017; 2009; 2004.		
UNE 20315-2-10. Bases de toma de corriente y clavijas para usos domésticos y análogos. Parte 2-10: Requisitos particulares para bases de toma de corriente para afeitadoras. EDIC.: 2012.		
UNE 20315-2-11. Bases de toma de corriente y clavijas para usos domésticos y análogos. Parte 2-11: Requisitos particulares para grado de protección IP65/IP67. EDIC.: 2012.		
UNE 20392. Aparatos autónomos para alumbrado de emergencia con lámparas de fluorescencia. Prescripciones de funcionamiento. EDIC.: 1993.		
UNE 20460-4-45. Instalaciones eléctricas en edificios. Protección para garantizar la seguridad. Protección contra las bajadas de tensión. EDIC.: 1990.		

Referencia norma UNE, título y ediciones *	Sustituye **	Coexistencia
UNE 20460-7-703. Instalaciones eléctricas en edificios. Parte 7-703: Reglas para las instalaciones y emplazamientos especiales. Locales que contienen radiadores para saunas. EDIC.: 2006.		
UNE 207015. Conductores desnudos de cobre duro cableados para líneas eléctricas aéreas. EDIC.: 2013.		
UNE 207016. Postes de hormigón tipo HV y HVH para líneas eléctricas aéreas. EDIC.: 2007.		
UNE 207017. Apoyos metálicos de celosía para líneas eléctricas aéreas de distribución. EDIC.: 2010.		
UNE 207018. Apoyos de chapa metálica para líneas eléctricas aéreas de distribución. EDIC.: 2018.		
UNE 21018. Normalización de conductores desnudos a base de aluminio, para líneas eléctricas aéreas. EDIC.: 1980.		
UNE 21027-9. Cables eléctricos de baja tensión. Cables de tensión asignada inferior o igual a 450/750 V (Uo/U). Cables unipolares sin cubierta, con aislamiento reticulado y con altas prestaciones respecto a la reacción al fuego, para instalaciones fijas. EDIC.: 2017.		
UNE 21030-0. Conductores aislados, cableados en haz, de tensión asignada 0,6/1 kV, para líneas de distribución, acometidas y usos análogos. Parte 0: Índice. EDIC.: 2003.		
UNE 21030-1. Conductores aislados, cableados en haz, de tensión asignada 0,6/1 kV, para líneas de distribución, acometidas y usos análogos. Parte 1: Conductores de aluminio. EDIC.: 2014.		
UNE 21030-2. Conductores aislados, cableados en haz, de tensión asignada 0,6/1 kV, para líneas de distribución, acometidas y usos análogos. Parte 2: Conductores de cobre. EDIC.: 2003; 2003/1M: 2007.		
UNE 211002. Cables eléctricos de baja tensión. Cables de tensión asignada inferior o igual a 450/750 V (Uo/U). Cables unipolares sin cubierta, con aislamiento termoplástico, y con altas prestaciones respecto a la reacción al fuego, para instalaciones fijas. EDIC.: 2017.		

Referencia norma UNE, título y ediciones *	Sustituye **	Coexistencia
UNE 211022. Accesorios de conexión. Conexiones aisladas para redes subterráneas de distribución con cables de tensión asignada 0,6/1 kV. EDIC.: 2021.		
UNE 211024-2. Accesorios de conexión. Elementos de conexión para redes de distribución de baja y media tensión hasta 18/30 (36) kV. Parte 2: Accesorios por compresión. EDIC.: 2024.	UNE 211024-2: 2021.	
UNE 211024-3. Accesorios de conexión. Elementos de conexión para redes de distribución de baja y media tensión hasta 18/30 (36) kV. Parte 3: Accesorios por apriete mecánico. EDIC.: 2024.	UNE 211024-3: 2021.	
UNE 211029. Accesorios de conexión. Conjuntos de conexión para redes subterráneas de distribución con cables de tensión asignada 0,6/1 kV. EDIC.: 2021.		
UNE 21123-1. Cables eléctricos de utilización industrial de tensión asignada 0,6/1 kV. Parte 1: Cables con aislamiento y cubierta de policloruro de vinilo. EDIC.: 2017.		
UNE 21123-2. Cables eléctricos de utilización industrial de tensión asignada 0,6/1 kV. Parte 2: Cables con aislamiento de polietileno reticulado y cubierta de policloruro de vinilo. EDIC.: 2017.		
UNE 21123-3. Cables eléctricos de utilización industrial de tensión asignada 0,6/1 kV. Parte 3: Cables con aislamiento de etileno-propileno y cubierta de policloruro de vinilo. EDIC.: 2017.		
UNE 21123-4. Cables eléctricos de utilización industrial de tensión asignada 0,6/1 kV. Parte 4: Cables con aislamiento de polietileno reticulado y cubierta de poliolefina. EDIC.: 2017.		
UNE 21123-5. Cables eléctricos de utilización industrial de tensión asignada 0,6/1 kV. Parte 5: Cables con aislamiento de etileno propileno y cubierta de poliolefina. EDIC.: 2017.		
UNE 211435-1. Guía para la elección de cables eléctricos para circuitos de distribución de energía eléctrica. Parte 1: Cables de tensión asignada igual a 0,6/1 kV. EDIC.: 2021.	UNE 211435: 2011.	

Referencia norma UNE, título y ediciones *	Sustituye **	Coexistencia
UNE 21144-1-1. Cables eléctricos. Cálculo de la intensidad admisible. Parte 1-1: Ecuaciones de intensidad admisible (factor de carga 100 %) y cálculo de pérdidas. Generalidades. EDIC.: 2012; 2012/1M: 2015.		
UNE 21144-1-2. Cables eléctricos. Cálculo de la intensidad admisible. Parte 1: Ecuaciones de intensidad admisible (factor de carga 100 %) y cálculo de pérdidas. Sección 2: Factores de pérdidas por corrientes de Foucault en las cubiertas en el caso de dos circuitos en capas. EDIC.: 1997.		
UNE 21144-2-1. Cables eléctricos. Cálculo de la intensidad admisible. Parte 2: Resistencia térmica. Sección 1: Cálculo de la resistencia térmica. EDIC.: 1997; 1997/1M: 2002; 1997/2M: 2007.		
UNE 21144-2-2. Cables eléctricos. Cálculo de la intensidad admisible. Parte 2: Resistencia térmica. Sección 2: Método de cálculo de los coeficientes de reducción de la intensidad admisible para grupos de cables al aire y protegidos de la radiación solar. EDIC.: 1997.		
UNE 21144-3-1. Cables eléctricos. Cálculo de la intensidad admisible. Parte 3-1: Condiciones de funcionamiento. Condiciones del sitio de referencia. EDIC.: 2018.		
UNE 21150. Cables flexibles para servicios móviles, aislados con goma de etileno-propileno y cubierta reforzada de policloropreno o elastómero equivalente de tensión nominal 0,6/1 kV. EDIC.: 2022.	UNE 21150: 1986; UNE 21166: 1989.	
UNE 21155. Cables calefactores de tensión asignada inferior o igual a 300 V/500 V para calefacción de locales y prevención de la formación de hielo. EDIC.: 2022.		
UNE 21192. Cálculo de las intensidades de cortocircuito térmicamente admisibles, teniendo en cuenta los efectos del calentamiento no adiabático. EDIC.: 1992; 1992/1M: 2009.		
UNE 212002-2. Cables y conductores aislados de baja frecuencia con aislamiento y cubierta de PVC. Parte 2: Cables en pares, tríos, cuadretes y quintetos para instalaciones interiores. EDIC.: 2014.		
UNE 21302-601. Vocabulario electrotécnico. Producción, transporte y distribución de la energía eléctrica. Generalidades. EDIC.: 1991; 1M: 2000.		

Referencia norma UNE, título y ediciones *	Sustituye **	Coexistencia
UNE 21302-602. Vocabulario electrotécnico. Producción, transporte y distribución de la energía eléctrica. Producción. EDIC.: 1991.		
UNE 21302-603. Vocabulario electrotécnico. Producción, transporte y distribución de energía eléctrica. Planificación de redes. EDIC.: 1991; 1M: 2000.		
UNE 21302-604. Vocabulario electrotécnico. Producción, transporte y distribución de la energía eléctrica. Explotación. EDIC.: 1991; 1M/2000.		
UNE 21302-605. Vocabulario electrotécnico. Producción, transporte y distribución de la energía eléctrica. Subestaciones. EDIC.: 1991.		
UNE 21302-826. Vocabulario electrotécnico. Parte 826: Instalaciones eléctricas. EDIC.: 2005.		
UNE 21302-841. Vocabulario electrotécnico. Parte 841: Electrotermia industrial. EDIC.: 2006.		
UNE 21302-845. Vocabulario electrotécnico. Iluminación. EDIC.: 1995.		
UNE 217001. Ensayos para sistemas que eviten el vertido de energía a la red de distribución. EDIC.: 2020.		
UNE 217002. Inversores para conexión a la red de distribución. Ensayos de los requisitos de inyección de corriente continua a la red, generación de sobretensiones y sistema de detección de funcionamiento en isla. EDIC.: 2020.		
UNE 36582. Perfiles tubulares de acero, de pared gruesa, galvanizados, para blindaje de conducciones eléctricas. (Tubo «conduit»). EDIC.: 1986.		
UNE 56547. Clasificación visual de los postes de madera para líneas aéreas. EDIC.: 2019.		
UNE-EN 12613. Dispositivos de advertencia con señales visuales en materiales plásticos para cables y sistemas de canalización enterrados. EDIC.: 2022.		

Referencia norma UNE, título y ediciones *	Sustituye **	Coexistencia
UNE-EN 14229. Madera estructural. Postes de madera para líneas aéreas. EDIC.: 2011.		
UNE-EN 50065-1. Transmisión de señales por la red eléctrica de baja tensión en la banda de frecuencias de 3 kHz a 148,5 kHz. Parte 1: Requisitos generales, bandas de frecuencia y perturbaciones electromagnéticas. EDIC.: 2012.		
UNE-EN 50075. Clavija de toma de corriente 2,5 A 250 v plana bipolar no desmontable, con cable, para la conexión de aparatos de la clase ii para usos domésticos y análogos. EDIC.: 1993.		
UNE-EN 50085-1. Sistemas de canales para cables y sistemas de conductos cerrados de sección no circular para instalaciones eléctricas. Parte 1: Requisitos generales. EDIC.: 2006; 2006/A1: 2013.	UNE-EN 50085-1: 1997 y sus modificaciones posteriores.	
UNE-EN 50085-2-1. Sistemas de canales para cables y sistemas de conductos cerrados de sección no circular para instalaciones eléctricas. Parte 2-1: Sistemas de canales para cables y sistemas de conductos cerrados de sección no circular para montaje en paredes y techos. EDIC.: 2008; 2008/A1: 2012.	-	
UNE-EN 50107-1. Rótulos e instalaciones de tubos luminosos de descarga que funcionan con tensiones asignadas de salida en vacío superiores a 1 kV pero sin exceder 10 kV. Parte 1: Requisitos generales. EDIC.: 2003; 2003/A1: 2004.		
UNE-EN 50200. Método de ensayo de la resistencia al fuego de cables de pequeñas dimensiones sin protección, para uso en circuitos de emergencia. EDIC.: 2016.		
UNE-EN 50395. Métodos de ensayo eléctricos para cables de energía en baja tensión. EDIC.: 2005; 2005/A1: 2011.		
UNE-EN 50396. Métodos de ensayos no eléctricos para cables de energía de baja tensión. EDIC.: 2006; 2006/A1: 2011.		
UNE-EN 50483-2. Requisitos de ensayo para accesorios de redes aéreas trenzadas de baja tensión. Parte 2: Pinzas de amarre y de suspensión para redes autosoportadas. EDIC.: 2013.		

Referencia norma UNE, título y ediciones *	Sustituye **	Coexistencia
UNE-EN 50483-4. Requisitos de ensayo para accesorios de redes aéreas trenzadas de baja tensión. Parte 4: Conectores. EDIC.: 2013.		
UNE-EN 50525-1. Cables eléctricos de baja tensión. Cables de tensión asignada inferior o igual a 450/750 V (Uo/U). Parte 1: Requisitos generales. EDIC.: 2012; 2012/A1: 2023.		
UNE-EN 50525-2-11. Cables eléctricos de baja tensión. Cables de tensión asignada inferior o igual a 450/750 V (Uo/U). Parte 2-11: Cables de utilización general. Cables flexibles con aislamiento termoplástico (PVC). EDIC.: 2012.		
UNE-EN 50525-2-12. Cables eléctricos de baja tensión. Cables de tensión asignada inferior o igual a 450/750 V (Uo/U). Parte 2-12: Cables de utilización general. Cables extensibles con aislamiento termoplástico (PVC). EDIC.: 2012.		
UNE-EN 50525-2-21(3). Cables eléctricos de baja tensión. Cables de tensión asignada inferior o igual a 450/750 V (Uo/U). Parte 2-21: Cables de utilización general. Cables flexibles con aislamiento de elastómero reticulado. EDIC.: 2012.		
UNE-EN 50525-2-22. Cables eléctricos de baja tensión. Cables de tensión asignada inferior o igual a 450/750 V (Uo/U). Parte 2-22: Cables de utilización general. Cables trenzados de alta flexibilidad con aislamiento de elastómero reticulado. EDIC.: 2012.		
UNE-EN 50525-2-31. Cables eléctricos de baja tensión. Cables de tensión asignada inferior o igual a 450/750 V (Uo/U). Parte 2-31: Cables de utilización general. Cables unipolares sin cubierta con aislamiento termoplástico (PVC). EDIC.: 2012.		
UNE-EN 50525-2-41. Cables eléctricos de baja tensión. Cables de tensión asignada inferior o igual a 450/750 V (Uo/U). Parte 2-41: Cables de utilización general. Cables unipolares con aislamiento de silicona reticulado. EDIC.: 2012.		
UNE-EN 50525-2-42. Cables eléctricos de baja tensión. Cables de tensión asignada inferior o igual a 450/750 V (Uo/U). Parte 2-42: Cables de utilización general. Cables unipolares sin cubierta con aislamiento EVA reticulado. EDIC.: 2012.		

Referencia norma UNE, título y ediciones *	Sustituye **	Coexistencia
UNE-EN 50525-2-51. Cables eléctricos de baja tensión. Cables de tensión asignada inferior o igual a 450/750 V (*Uo/U*). Parte 2-51: Cables de utilización general. Cables de control resistentes al aceite con aislamiento termoplástico (PVC). EDIC.: 2012.		
UNE-EN 50525-2-71. Cables eléctricos de baja tensión. Cables de tensión asignada inferior o igual a 450/750 V (*Uo/U*). Parte 2-71: Cables de utilización general. Cables planos oropel con aislamiento termoplástico (PVC). EDIC.: 2012.		
UNE-EN 50525-2-72. Cables eléctricos de baja tensión. Cables de tensión asignada inferior o igual a 450/750 V (*Uo/U*). Parte 2-72: Cables de utilización general. Cables planos divisibles con aislamiento termoplástico (PVC). EDIC.: 2012.		
UNE-EN 50525-2-81. Cables eléctricos de baja tensión. Cables de tensión asignada inferior o igual a 450/750 V (*Uo/U*). Parte 2-81: Cables de utilización general. Cables para máquinas de soldar con aislamiento de elastómero reticulado. EDIC.: 2012.		
UNE-EN 50525-2-82. Cables eléctricos de baja tensión. Cables de tensión asignada inferior o igual a 450/750 V (*Uo/U*). Parte 2-82: Cables de utilización general. Cables para guirnaldas luminosas con aislamiento de elastómero reticulado. EDIC.: 2012.		
UNE-EN 50525-2-83. Cables eléctricos de baja tensión. Cables de tensión asignada inferior o igual a 450/750 V (*Uo/U*). Parte 2-83: Cables de utilización general. Cables multiconductores con aislamiento de silicona reticulada. EDIC.: 2012.		
UNE-EN 50525-3-21. Cables eléctricos de baja tensión. Cables de tensión asignada inferior o igual a 450/750 V (*Uo/U*). Parte 3-21: Cables con propiedades especiales ante el fuego. Cables flexibles con aislamiento reticulado libre de halógenos y baja emisión de humo. EDIC.: 2012.		
UNE-EN 50575. Cables de energía, control y comunicación. Cables para aplicaciones generales en construcciones sujetos a requisitos de reacción al fuego. EDIC.: 2015; 2015/A1: 2016.		
UNE-EN 50618. Cables eléctricos para sistemas fotovoltaicos. EDIC.: 2015.		

>ffh hid

Referencia norma UNE, título y ediciones *	Sustituye **	Coexistencia
UNE-EN 50626-1(4). Sistemas de tubos enterrados bajo tierra para la protección y gestión de cables eléctricos aislados o cables de comunicación. Parte 1: Requisitos generales. EDIC.: 2024.	UNE-EN 61386-24: 2011.	Coexiste con la norma UNE-EN 61386-24: 2011 hasta 22-07-2026.
UNE-EN 60061-2. Casquillos y portalámparas, junto con los calibres para el control de la intercambiabilidad y de la seguridad. Parte 2: Portalámparas. EDIC.: 1996 y sus modificaciones posteriores.		
UNE-EN 60079-1. Atmósferas explosivas. Parte 1: Protección del equipo por envolventes antideflagrantes «d». EDIC.: 2015; 2015/AC: 2018-09; 2015/A11: 2024.		
UNE-EN 60079-10-2. Atmósferas explosivas. Parte 10-2: Clasificación de emplazamientos. Atmósferas explosivas de polvo. EDIC.: 2016.		
UNE-EN 60079-11. Atmósferas explosivas. Parte 11: Protección del equipo por seguridad intrínseca «i». EDIC.: 2013.		
UNE-EN 60079-14(5). Atmósferas explosivas. Parte 14: Diseño, elección y realización de las instalaciones eléctricas. EDIC.: 2016.		
UNE-EN 60079-6. Atmósferas explosivas. Parte 6: Protección del equipo por inmersión líquida «o». EDIC.: 2016.		
UNE-EN 60099-1. Pararrayos. Parte 1: Pararrayos de resistencia variable con explosores para redes de corriente alterna. EDIC.: 1996; A1: 2001.		
UNE-EN 60099-4. Pararrayos. Parte 4: Pararrayos de óxido metálico sin explosores para sistemas de corriente alterna. EDIC.: 2016.		
UNE-EN 60228(6). Conductores de cables aislados. EDIC.: 2005; 2005 CORR: 2005; 2005 ERRATUM: 2011.		
UNE-EN 60269-1. Fusibles de baja tensión. Parte 1: Reglas generales. EDIC.: 2008; 2008/A1: 2010; 2008/A2: 2014.		
UNE-EN 60269-4. Fusibles de baja tensión. Parte 4: Requisitos suplementarios para los cartuchos fusibles utilizados para la protección de dispositivos semiconductores. EDIC.: 2011; 2011/A1: 2013; 2011/A2: 2017.		

Referencia norma UNE, título y ediciones *	Sustituye **	Coexistencia
UNE-EN 60269-6. Fusibles de baja tensión. Parte 6: Requisitos suplementarios para los cartuchos fusibles utilizados para la protección de sistemas de energía solar fotovoltaica. EDIC.: 2012; 2012/A1: 2024.		
UNE-EN 60309-1. Clavijas, bases de toma de corriente fijas o móviles y bases de conector para usos industriales. Parte 1: Requisitos generales. EDIC.: 2023; 2023/AC: 2023-06.	UNE-EN 60309-1: 2001 y sus modificaciones posteriores.	
UNE-EN 60309-2. Clavijas, bases de toma de corriente fijas o móviles y bases de conector para usos industriales. Parte 2: Requisitos de intercambiabilidad dimensional para los accesorios de espigas y alvéolos. EDIC.: 2023.	UNE-EN 60309-2: 2001 y sus modificaciones posteriores.	
UNE-EN 60335-2-41. Aparatos electrodomésticos y análogos. Seguridad. Parte 2-41: Requisitos particulares para bombas. EDIC.: 2022; 2022/A11: 2022.	UNE-EN 60335-2-41: 2005 y sus modificaciones posteriores.	
UNE-EN 60335-2-60. Seguridad de los aparatos electrodomésticos y análogos. Parte 2: Requisitos particulares para las bañeras de hidromasaje. EDIC.: 2024; 2024/A11: 2024.	UNE-EN 60335-2-60: 2005 y sus modificaciones posteriores.	Coexiste con las normas UNE-EN 60335-2-60: 2005 y sus modificaciones posteriores hasta 30-05-2026.
UNE-EN 60335-2-76. Seguridad de los aparatos electrodomésticos y análogos. Parte 2-76: Requisitos particulares para los electrificadores de cercas. EDIC.: 2022; 2022/A11: 2022.	UNE-EN 60335-2-76: 2006 y sus modificaciones posteriores.	
UNE-EN 60423. Sistemas de tubos para la conducción de cables. Diámetros exteriores de los tubos para instalaciones eléctricas y roscas para tubos y accesorios. EDIC.: 2008.		
UNE-EN 60529(7). Grados de protección proporcionados por las envolventes (Código IP). EDIC.: 2018; 2018/A1: 2018; 2018/A2: 2018; 2018/AC: 2019-02.		
UNE-EN 60570. Sistemas de alimentación eléctrica por carril para luminarias. EDIC.: 2004; 2004/A1: 2018; 2004/A2: 2020.		
UNE-EN 60598-2-3. Luminarias. Parte 2-3: Requisitos particulares. Luminarias para alumbrado público. EDIC.: 2003; 2003 CORR: 2005; 2003/A1: 2011.		

Referencia norma UNE, título y ediciones *	Sustituye **	Coexistencia
UNE-EN 60669-1. Interruptores para instalaciones eléctricas fijas, domésticas y análogas. Parte 1: Requisitos generales. EDIC.: 2018; 2018/AC: 2020-02.	UNE-EN 60669-1: 2002 y sus modificaciones posteriores.	
UNE-EN 60670-1. Cajas y envolventes para accesorios eléctricos en instalaciones eléctricas fijas para uso doméstico y análogos. Parte 1: Requisitos generales. EDIC.: 2022; 2022/A11: 2022.	UNE-EN 60670-1: 2006 y sus modificaciones posteriores.	
UNE-EN 60670-24. Cajas y envolventes para accesorios eléctricos en instalaciones eléctricas fijas para uso doméstico y análogo. Parte 24: Requisitos particulares de las envolventes para dispositivos de protección y otros equipos eléctricos disipadores de potencia. EDIC.: 2013; 2013/A11: 2023.		
UNE-EN 60695-11-10. Ensayos relativos a los riesgos del fuego. Parte 11-10: Llamas de ensayo. Métodos de ensayo horizontal y vertical a la llama de 50 W. EDIC.: 2014; 2014/AC: 2015.		
UNE-EN 60695-2-10. Ensayos relativos a los riesgos del fuego. Parte 2-10: Método de ensayo del hilo incandescente. Equipos y procedimientos comunes de ensayo. EDIC.: 2022; 2022/AC: 2024-01.	UNE-EN 60695-2-10: 2013.	
UNE-EN 60695-2-11. Ensayos relativos a los riesgos del fuego. Parte 2-11: Métodos de ensayo del hilo incandescente/caliente. Método de ensayo de inflamabilidad para productos acabados (GWEPT). EDIC.: 2022.	UNE-EN 60695-2-11: 2015.	
UNE-EN 60695-2-12. Ensayos relativos a los riesgos del fuego. Parte 2-12: Métodos de ensayo del hilo incandescente/caliente. Método de ensayo del índice de inflamabilidad del hilo incandescente (GWFI) para materiales. EDIC.: 2022.	UNE-EN 60695-2-12: 2011 y sus modificaciones posteriores.	
UNE-EN 60695-2-13. Ensayos relativos a los riesgos del fuego. Parte 2-13: Métodos de ensayo del hilo incandescente/caliente. Método de ensayo de la temperatura de ignición del hilo incandescente (GWIT) para materiales. EDIC.: 2022.	UNE-EN 60695-2-13: 2011 y sus modificaciones posteriores.	
UNE-EN 60702-1(8). Cables con aislamiento mineral de tensión asignada no superior a 750 V y sus conexiones. Parte 1: Cables. EDIC.: 2002; 2002/A1: 2015.		
UNE-EN 60742. Transformadores de separación de circuitos y transformadores de seguridad. Requisitos. EDIC.: 1996.		

Referencia norma UNE, título y ediciones *	Sustituye **	Coexistencia
UNE-EN 60831-1. Condensadores de potencia autorregenerables a instalar en paralelo en redes de corriente alterna de tensión nominal inferior o igual a 1 000 V. Parte 1: Generalidades. Características de funcionamiento, ensayos y valores nominales. Prescripciones de seguridad. Guía de instalación y de explotación. EDIC.: 2014; 2014/AC: 2014.		
UNE-EN 60831-2. Condensadores de potencia autorregenerables a instalar en paralelo en redes de corriente alterna de tensión nominal inferior o igual a 1000 V. Parte 2: Ensayos de envejecimiento, de autorregeneración y de destrucción. EDIC.: 2014.		
UNE-EN 60898-1. Accesorios eléctricos. Interruptores automáticos para instalaciones domésticas y análogas para la protección contra sobreintensidades. Parte 1: Interruptores automáticos para funcionamiento en corriente alterna. EDIC.: 2020.	UNE-EN 60898-1: 2004 y sus modificaciones posteriores.	
UNE-EN 60898-2. Accesorios eléctricos. Interruptores automáticos para instalaciones domésticas y análogas para la protección contra sobreintensidades. Parte 2: Interruptores automáticos para funcionamiento en corriente alterna y en corriente continua. EDIC.: 2022.	UNE-EN 60898-2: 2007.	
UNE-EN 60947-2. Aparamenta de baja tensión. Parte 2: Interruptores automáticos. EDIC.: 2018; 2018/A1: 2020.	UNE-EN 60947-2: 2007 y sus modificaciones posteriores.	
UNE-EN 60947-3. Aparamenta de baja tensión. Parte 3: Interruptores, seccionadores, interruptores-seccionadores y combinados fusibles. EDIC.: 2022.		
UNE-EN 60998-2-1. Dispositivos de conexión para circuitos de baja tensión para usos domésticos y análogos. Parte 2-1: Requisitos particulares para dispositivos de conexión independientes con órganos de apriete con tornillo. EDIC.: 2005.		
UNE-EN 61008-1. Interruptores automáticos para actuar por corriente diferencial residual, sin dispositivo de protección contra sobreintensidades, para usos domésticos y análogos (ID). Parte 1: Reglas generales. EDIC.: 2013; 2013/A1: 2015; 2013/A2: 2015; 2013/A11: 2016; 2013/A12: 2017.		

Referencia norma UNE, título y ediciones *	Sustituye **	Coexistencia
UNE-EN 61008-2-1. Interruptores automáticos para actuar por corriente diferencial residual, sin dispositivo de protección contra sobreintensidades, para usos domésticos y análogos (ID). Parte 2-1: Aplicabilidad de las reglas generales, a los ID funcionalmente independientes de la tensión de alimentación. EDIC.: 1996; 1996/A11: 1999.		
UNE-EN 61009-1. Interruptores automáticos para actuar por corriente diferencial residual, con dispositivo de protección contra sobreintensidades incorporado, para usos domésticos y análogos (AD). Parte 1: Reglas generales. EDIC.: 2013; 2013/A1: 2015; 2013/A2: 2015; 2013/A11: 2016; 2013/A12: 2016.		
UNE-EN 61009-2-1. Interruptores automáticos para actuar por corriente diferencial residual, con dispositivo de protección contra sobreintensidades incorporado, para usos domésticos y análogos (AD). Parte 2-1: Aplicación de las reglas generales a los AD funcionalmente independientes de la tensión de alimentación. EDIC.: 1996; 1996/A11: 1999.		
UNE-EN 61140(9). Protección contra los choques eléctricos. Aspectos comunes a las instalaciones y a los equipos. EDIC.: 2017.		
UNE-EN 61196-10. Cables coaxiales de comunicación. Parte 10: Especificación intermedia para cables semirrígidos con dieléctrico de politetrafluoroetileno (PTFE). EDIC.: 2016.		
UNE-EN 61196-3. Cables de radiofrecuencia. Parte 3: Especificación intermedia para cables coaxiales usados en redes locales. EDIC.: 2003.		
UNE-EN 61196-3-2. Cables de radiofrecuencia. Parte 3-2: Cables coaxiales para comunicación digital en cableado horizontal de inmuebles. Especificación particular para cables coaxiales con dieléctricos sólidos para redes de área local de 185 m cada una y hasta 10 Mb/s. EDIC.: 2003.		
UNE-EN 61196-3-3. Cables de radiofrecuencia. Parte 3-3: Cables coaxiales para comunicación digital en cableado horizontal de inmuebles. Especificación particular para cables coaxiales con dieléctricos expandidos para redes de área local de 185 m cada una y hasta 10 Mb/s. EDIC.: 2003.		

Referencia norma UNE, título y ediciones *	Sustituye **	Coexistencia
UNE-EN 61386-1(10). Sistemas de tubos para la conducción de cables. Parte 1: Requisitos generales. EDIC.: 2008; 2008 ERRATUM: 2010; 2008/A1: 2020.		
UNE-EN 61400-2. Aerogeneradores. Parte 2: Aerogeneradores pequeños. EDIC.: 2015; 2015/AC: 2019-11.		
UNE-EN 61439-3. Conjuntos de aparamenta de baja tensión. Parte 3: Cuadros de distribución destinados a ser operados por personal no cualificado (DBO). EDIC.: 2012; 2012 CORR 1: 2019; 2012/AC: 2019-04.		
UNE-EN 61439-4(11). Conjuntos de aparamenta de baja tensión. Parte 4: Requisitos particulares para conjuntos para obras (CO). EDIC.: 2013.		
UNE-EN 61439-6(12). Conjuntos de aparamenta de baja tensión. Parte 6: Canalizaciones prefabricadas. EDIC.: 2013.		
UNE-EN 61534-1. Sistemas de canalización eléctrica prefabricada. Parte 1: Requisitos generales. EDIC.: 2011; 2011/A1: 2015; 2011/A2: 2022; 2011/A11: 2022.		
UNE-EN 61534-21. Sistemas de canalización eléctrica prefabricada. Parte 21: Requisitos particulares para los sistemas de canalización eléctrica prefabricada destinados a montarse en paredes y techos. EDIC.: 2015; 2015/A1: 2022; 2015/A11: 2022.		
UNE-EN 61534-22. Sistemas de canalización eléctrica prefabricada. Parte 22: Requisitos particulares para los sistemas de canalización eléctrica prefabricada destinados a ser montados sobre el suelo o bajo suelo. EDIC.: 2015; 2015/A1: 2022; 2015/A11: 2022.		
UNE-EN 61537. Conducción de cables. Sistemas de bandejas y de bandejas de escalera. EDIC.: 2007.		
UNE-EN 61557-8(13). Seguridad eléctrica en redes de distribución de baja tensión de hasta 1 000 V en c.a. y 1 500 V en c.c. Equipos para ensayo, medida o vigilancia de las medidas de protección. Parte 8: Dispositivos de detección del aislamiento para esquemas IT. EDIC.: 2016.		

Referencia norma UNE, título y ediciones *	Sustituye **	Coexistencia
UNE-EN 61557-9. Seguridad eléctrica en redes de distribución de baja tensión hasta 1 000 V c.a. y 1 500 V c.c. Equipos para ensayo, medida o vigilancia de las medidas de protección. Parte 9: Equipos para localización de fallo de aislamiento en redes IT. EDIC.: 2015; 2015/AC: 2017-02.		
UNE-EN 61558-2-15(14). Seguridad de los transformadores, bobinas de inductancia, unidades de alimentación y sus combinaciones. Parte 2-15: Requisitos particulares y ensayos para los transformadores de separación de circuitos para el suministro de locales de uso médico. EDIC.: 2012.		
UNE-EN 61558-2-4. Seguridad de los transformadores, bobinas de inductancia, unidades de alimentación y productos análogos para tensiones de alimentación hasta 1100 V. Parte 2-4: Requisitos particulares y ensayos para transformadores de separación de circuitos y unidades de alimentación que incorporan transformadores de separación de circuitos. EDIC.: 2010.		
UNE-EN 61558-2-5. Seguridad de los transformadores, bobinas de inductancia, unidades de alimentación y las combinaciones de estos elementos. Parte 2-5: Requisitos particulares y ensayos para los transformadores, unidades de alimentación y bloques de alimentación para máquinas de afeitar. EDIC.: 2011.		
UNE-EN 61643-11. Dispositivos de protección contra sobretensiones transitorias de baja tensión. Parte 11: Dispositivos de protección contra sobretensiones transitorias conectados a sistemas eléctricos de baja tensión. Requisitos y métodos de ensayo. EDIC.: 2013; 2013/A11: 2018.		
UNE-EN 61643-31. Dispositivos de protección contra sobretensiones transitorias de baja tensión. Parte 31: Requisitos y métodos de ensayo de los DPS para instalaciones fotovoltaicas. EDIC.: 2021; 2021/AC: 2022-07.		
UNE-EN 62109-2. Seguridad de los convertidores de potencia utilizados en sistemas de potencia fotovoltaicos. Parte 2: Requisitos particulares para inversores. EDIC.: 2013.		
UNE-EN 62116. Inversores fotovoltaicos conectados a la red de las compañías eléctricas. Procedimiento de ensayo para las medidas de prevención de formación de islas en la red. EDIC.: 2014 V2.		

Referencia norma UNE, título y ediciones *	Sustituye **	Coexistencia
UNE-EN 62196-1. Clavijas, bases de toma de corriente, conectores de vehículo y entradas de vehículo. Carga conductiva de vehículos eléctricos. Parte 1: Requisitos generales. EDIC.: 2023.	UNE-EN 62196-1: 2015.	Coexiste con la norma UNE-EN 62196-1: 2015 hasta 10-11-2025.
UNE-EN 62196-2. Clavijas, bases de toma de corriente, conectores de vehículo y entradas de vehículo. Carga conductiva de vehículos eléctricos. Parte 2: Requisitos de compatibilidad dimensional para los accesorios de espigas y alvéolos en corriente alterna. EDIC.: 2023.	UNE-EN 62196-2: 2012 y sus modificaciones posteriores; UNE-EN 62196-2: 2017.	Coexiste con la norma UNE-EN 62196-2: 2017 hasta 24-11-2025.
UNE-EN 62196-3. Clavijas, bases de toma de corriente, conectores de vehículo y entradas de vehículo. Carga conductiva de vehículos eléctricos. Parte 3: Requisitos de compatibilidad dimensional para acopladores de vehículo de espigas y alvéolos en corriente continua y corriente alterna/continua. EDIC.: 2023.	UNE-EN 62196-3: 2014.	Coexiste con la norma UNE-EN 62196-3: 2014 hasta 24-11-2025.
UNE-EN 62262. Grados de protección proporcionados por las envolventes de materiales eléctricos contra los impactos mecánicos externos (código IK). EDIC.: 2002; 2002/A1: 2022.	UNE-EN 50102: 1996; UNE-EN 50102/A1: 1999; UNE-EN 50102 CORR: 2002; UNE-EN 50102/A1 CORR: 2002.	
UNE-EN 62423. Interruptores automáticos tipo F y tipo B para actuar por corriente diferencial residual, con y sin dispositivo de protección contra sobreintensidades incorporado, para usos domésticos y análogos. EDIC.: 2013; 2013/A11: 2022; 2013/A12: 2023.		
UNE-EN 62852. Conectores para aplicaciones de corriente continua en sistemas fotovoltaicos. Requisitos de seguridad y ensayos. EDIC.: 2015; 2015/AC: 2019-02; 2015/A1: 2020.		
UNE-EN IEC 60079-10-1. Atmósferas explosivas. Parte 10-1: Clasificación de emplazamientos. Atmósferas explosivas de gas. EDIC.: 2022.	UNE-EN 60079-10-1: 2016.	
UNE-EN IEC 60079-17. Atmósferas explosivas. Parte 17: Inspección y mantenimiento de instalaciones eléctricas. EDIC.: 2024.	UNE-EN 60079-17: 2014.	Coexiste con la norma UNE-EN 60079-17: 2014 hasta 06-01-2027.
UNE-EN IEC 60079-19. Atmósferas explosivas. Parte 19: Reparación, revisión y reconstrucción del equipo. EDIC.: 2021.	UNE-EN 60079-19: 2011 y modificaciones posteriores.	

Referencia norma UNE, título y ediciones *	Sustituye **	Coexistencia
UNE-EN IEC 60079-25. Atmósferas explosivas. Parte 25: Sistemas eléctricos de seguridad intrínseca. EDIC.: 2023.	UNE-EN 60079-25: 2017.	
UNE-EN IEC 60332-3-10(15). Métodos de ensayo para cables eléctricos y cables de fibra óptica sometidos a condiciones de fuego. Parte 3-24: Ensayo de propagación vertical de la llama de cables colocados en capas en posición vertical. Categoría C. EDIC.: 2019; 2019/A11: 2021.		
UNE-EN IEC 60332-3-21(16). Métodos de ensayos para cables eléctricos y cables de fibra óptica sometidos a condiciones de fuego. Parte 3-21: Ensayo de propagación vertical de la llama de cables colocados en capas en posición vertical. Categoría A F/R. EDIC.: 2019.		
UNE-EN IEC 60332-3-22(17). Métodos de ensayo para cables eléctricos y cables de fibra óptica sometidos a condiciones de fuego. Parte 3-22: Ensayo de propagación vertical de la llama de cables colocados en capas en posición vertical. Categoría A. EDIC.: 2019.		
UNE-EN IEC 60332-3-23(18). Métodos de ensayo para cables eléctricos y cables de fibra óptica sometidos a condiciones de fuego. Parte 3-23: Ensayo de propagación vertical de la llama de cables colocados en capas en posición vertical. Categoría B. EDIC.: 2019.		
UNE-EN IEC 60332-3-24(19). Métodos de ensayo para cables eléctricos y cables de fibra óptica sometidos a condiciones de fuego. Parte 3-24: Ensayo de propagación vertical de la llama de cables colocados en capas en posición vertical. Categoría C. EDIC.: 2019.		
UNE-EN IEC 60598-2-18. Luminarias. Parte 2: Reglas Particulares. Sección 18: Luminarias para piscinas y usos análogos. EDIC.: 2023.	UNE-EN IEC 60598-2-18: 1997 y sus modificaciones posteriores.	
UNE-EN IEC 60598-2-22. Luminarias. Parte 2-22: Requisitos particulares. Luminarias para alumbrado de emergencia. EDIC.: 2023.	UNE-EN IEC 60598-2-22: 2015 y sus modificaciones posteriores.	
UNE-EN IEC 60670-1. Cajas y envolventes para accesorios eléctricos en instalaciones eléctricas fijas para uso doméstico y análogos. Parte 1: Requisitos generales. EDIC.: 2022; 2022/A11: 2022.		

Referencia norma UNE, título y ediciones *	Sustituye **	Coexistencia
UNE-EN IEC 60904-3. Dispositivos fotovoltaicos. Parte 3: Fundamentos de medida de dispositivos solares fotovoltaicos (FV) de uso terrestre con datos de irradancia espectral de referencia. (Ratificada por la Asociación Española de Normalización en septiembre de 2019.). EDIC.: 2019.		
UNE-EN IEC 60947-1. Aparamenta de baja tensión. Parte 1: Reglas generales. EDIC.: 2022; 2022/AC: 2023-01; 2022/AC: 2024-05.		
UNE-EN IEC 60947-3. Aparamenta de baja tensión. Parte 3: Interruptores, seccionadores, interruptores-seccionadores y combinados fusibles. EDIC.: 2022.		
UNE-EN IEC 61386-21(20). Sistemas de tubos para la conducción de cables. Parte 21: Requisitos particulares. Sistemas de tubos rígidos. EDIC.: 2022; 2022/A11: 2022.	UNE-EN 61386-21: 2005 y sus modificaciones posteriores.	
UNE-EN IEC 61386-22(21). Sistemas de tubos para la conducción de cables. Parte 22: Requisitos particulares. Sistemas de tubos curvables. EDIC.: 2022; 2022/A11: 2022.	UNE-EN 61386-22: 2005 y sus modificaciones posteriores.	
UNE-EN IEC 61386-23(22). Sistemas de tubos para la conducción de cables. Parte 23: Requisitos particulares. Sistemas de tubos flexibles. EDIC.: 2022; 2022/A11: 2022.	UNE-EN 61386-23: 2005 y sus modificaciones posteriores.	
UNE-EN IEC 61439-1. Conjuntos de aparamenta de baja tensión. Parte 1: Reglas generales. EDIC.: 2021; 2021/AC: 2022-01.	UNE-EN 61439-1: 2012.	
UNE-EN IEC 61439-2. Conjuntos de aparamenta de baja tensión. Parte 2: Conjuntos de aparamenta de potencia. EDIC.: 2021.		
UNE-EN IEC 61439-5. Conjuntos de aparamenta de baja tensión. Parte 5: Conjuntos de aparamenta para redes de distribución pública. EDIC.: 2024.	UNE-EN IEC 61439-5: 2015.	Coexiste con la norma UNE-EN 61439-5: 2015 hasta 07-09-2026.
UNE-EN IEC 61914. Bridas de amarre de cables para instalaciones eléctricas. EDIC.: 2022.		
UNE-EN IEC 62275. Sistemas de conducción de cables. Bridas para cables para instalaciones eléctricas. EDIC.: 2020.		

Referencia norma UNE, título y ediciones *	Sustituye **	Coexistencia
UNE-EN IEC 63027. Sistemas de energía fotovoltaica. Detección e interrupción del arco en corriente continua. EDIC.: 2024.		
UNE-EN IEC 63052. Dispositivos de protección contra sobretensiones a frecuencia industrial para usos domésticos y análogos (POP). EDIC.: 2022.	UNE-EN 50550: 2012 y sus modificaciones posteriores.	
UNE-EN IEC 63056. Elementos secundarios y baterías que contienen electrolitos alcalinos u otros electrolitos no ácidos. Requisitos de seguridad para baterías de litio para su uso en sistemas de almacenamiento de energía eléctrica. (Ratificada por la Asociación Española de Normalización en julio de 2020). EDIC.: 2020; 2020/AC: 2021-07.		
UNE-EN ISO/IEC 17024. Evaluación de la conformidad. Requisitos generales para los organismos que realizan certificación de personas. (ISO/IEC 17024: 2012). EDIC.: 2012.		
UNE-EN ISO/IEC 17025. Requisitos generales para la competencia de los laboratorios de ensayo y calibración. (ISO/IEC 17025: 2017). EDIC.: 2017.		
UNE-HD 60269-2. Fusibles de baja tensión. Parte 2: Reglas suplementarias para los fusibles destinados a ser utilizados por personas autorizadas (fusibles para usos principalmente industriales). Ejemplos de sistemas normalizados de fusibles A a K. EDIC.: 2014; 2014/A1: 2023.		
UNE-HD 60269-3. Fusibles de baja tensión. Parte 3: Reglas suplementarias para los fusibles destinados a ser utilizados por personas no cualificadas (fusibles para usos principalmente domésticos y análogos). Ejemplos de sistemas normalizados de fusibles A a F (Ratificada por AENOR en junio de 2011). EDIC.: 2010; 2010/A1: 2013; 2010/A2: 2022.		
UNE-HD 603-5N. Cables de distribución de tensión asignada 0,6/1 kV. Parte 5: Cables con aislamiento de XLPE, sin armadura. Sección N: Cables sin conductor concéntrico y con cubierta de PVC (Tipo 5N). EDIC.: 2007/1M: 2023.	UNE-HD 603-525N: 2007/1M: 2017.	
UNE-HD 603-5X. Cables de distribución de tensión asignada 0,6/1kV. Parte 5: Cables con aislamiento de XLPE, sin armadura. Sección X: Cables sin conductor concéntrico y con cubierta de poliolefina (Tipo 5X-1 y 5X-2). EDIC.: 2007/1M: 2023.	UNE-HD 603-5X: 2007/1M: 2017.	

Referencia norma UNE, título y ediciones *	Sustituye **	Coexistencia
UNE-HD 60364-1(23). Instalaciones eléctricas de baja tensión. Parte 1: Principios fundamentales, determinación de las características generales, definiciones. EDIC.: 2009; 2009/A11: 2018.		
UNE-HD 60364-4-41. Instalaciones eléctricas de baja tensión. Parte 4-41: Protección para garantizar la seguridad. Protección contra los choques eléctricos. EDIC.: 2018; 2018/A11: 2018; 2018/A12: 2019.	UNE-HD 60364-4-41: 2010 y sus modificaciones posteriores.	
UNE-HD 60364-4-43. Instalaciones eléctricas de baja tensión. Parte 4-43: Protección para garantizar la seguridad. Protección contra las sobreintensidades. EDIC.: 2024.	UNE-HD 60364-4-43: 2013.	Coexiste con la norma UNE-HD 60364-4-43: 2013 hasta 24-08-2026.
UNE-HD 60364-4-443. Instalaciones eléctricas de baja tensión. Parte 4-44: Protección para garantizar la seguridad. Protección contra las perturbaciones de tensión y las perturbaciones electromagnéticas. Capítulo 443: Protección contra sobretensiones de origen atmosférico o debido a conmutación. EDIC.: 2016.		
UNE-HD 60364-5-51. Instalaciones eléctricas en edificios. Parte 5-51: Selección e instalación de materiales eléctricos. Reglas comunes. EDIC.: 2010; 2010/A11: 2013; 2010/A12: 2018.		
UNE-HD 60364-5-52. Instalaciones eléctricas de baja tensión. Parte 5-52: Selección e instalación de equipos eléctricos. Canalizaciones. EDIC.: 2022; 2022/A12: 2023.	UNE-HD 60364-5-52: 2014 y sus modificaciones posteriores.	
UNE-HD 60364-5-54. Instalaciones eléctricas de baja tensión. Parte 5-54: Selección e instalación de los equipos eléctricos. Puesta a tierra y conductores de protección. EDIC.: 2015; 2015/A11: 2018; 2015/A1: 2023.		
UNE-HD 60364-6. Instalaciones eléctricas de baja tensión. Parte 6: Verificación. EDIC.: 2017; 2017/A11: 2018; 2017/A12: 2018.		
UNE-HD 60364-7-704. Instalaciones eléctricas de baja tensión. Parte 7-704: Requisitos para instalaciones o emplazamientos especiales. Instalaciones en obras y demoliciones. EDIC.: 2018.	UNE-HD 60364-7-704: 2009 y sus modificaciones posteriores.	
UNE-HD 60364-7-705(24). Instalaciones eléctricas de baja tensión. Parte 7-705: Requisitos para instalaciones y emplazamientos especiales. Establecimientos agrícolas y hortícolas. EDIC.: 2011; 2011/A12: 2017.		

Referencia norma UNE, título y ediciones *	Sustituye **	Coexistencia
UNE-HD 60364-7-708. Instalaciones eléctricas de baja tensión. Parte 7-708: Requisitos para instalaciones o emplazamientos especiales. Parques de caravanas, campings y emplazamientos análogos. EDIC.: 2018.	UNE-HD 60364-7-708: 2010 y sus modificaciones posteriores.	
UNE-HD 60364-7-712. Instalaciones eléctricas de baja tensión. Parte 7-712: Requisitos para instalaciones o emplazamientos especiales. Sistemas de alimentación solar fotovoltaica (FV). EDIC.: 2017.		
UNE-HD 60364-7-721. Instalaciones eléctricas de baja tensión. Parte 7-721: Requisitos para instalaciones o emplazamientos especiales. Instalaciones eléctricas en caravanas y caravanas con motor. EDIC.: 2020.	UNE-HD 60364-7-721: 2011.	
UNE-IEC 60050-461. Vocabulario electrotécnico. Parte 461: Cables eléctricos. EDIC.: 2009.		
UNE-IEC 60479-1(25). Efectos de la corriente sobre el hombre y el ganado. Parte 1: Aspectos generales. EDIC.: 2022.	UNE-IEC/TS 60479-1: 2007 y modificaciones posteriores.	

(*)   Fecha de aplicabilidad de las nuevas normas o ediciones: el día siguiente de la publicación de la Resolución de 20 de marzo de 2025, de la Dirección General de Estrategia Industrial y de la Pequeña y Mediana Empresa en el «Boletín Oficial del Estado». Cuando se incluya una nueva norma de instalación en este listado, a efectos de aplicación, se considerarán exentas las instalaciones que se encuentren en fase de ejecución, siempre que el correspondiente proyecto de instalación haya sido firmado electrónicamente o visado antes de la fecha de aplicabilidad, o, en el caso de instalaciones que no requieren proyecto, si la licencia de obras fue solicitada antes de la fecha de aplicabilidad o la memoria técnica ha sido firmada electrónicamente antes de la fecha de aplicabilidad. Dispondrán de un plazo máximo de dos años durante los cuales se podrán poner en servicio de acuerdo con lo establecido en las normas de instalación vigentes en el momento de la firma del proyecto o memoria, visado del proyecto o solicitud de licencia de obras, según corresponda.

(**)   Fecha final de coexistencia con las normas o ediciones anteriores: 1 de octubre de 2025, salvo cuando haya un periodo más prolongado indicado explícitamente para cada norma en la columna «Coexistencia». Cuando se sustituye o modifica una norma por una nueva norma o edición, correspondientemente, a efectos de aplicación, pueden utilizarse ambas hasta la fecha final de coexistencia.

(1) y (2)   La referencia original en el texto reglamentario es UNE 20315.
(3)   Las referencias originales en el texto reglamentario son UNE 21027-4 y UNE 21027-16.
(4)   La referencia original en el texto reglamentario es UNE-EN 50086-2-4.
(5)   La referencia original en el texto reglamentario es EN 50281-1-2.
(6)   La referencia original en el texto reglamentario es UNE 21022.
(7)   La referencia original en el texto reglamentario es UNE 20324.
(8)   La referencia original en el texto reglamentario es UNE 21157-1.
(9)   La referencia original en el texto reglamentario es UNE 20481.
(10)   La referencia original en el texto reglamentario es UNE-EN 50086-1.
(11)   La referencia original en el texto reglamentario es UNE-EN 60439-4.
(12)   La referencia original en el texto reglamentario es UNE-EN 60439-2.
(13) y (14)   La referencia original en el texto reglamentario es UNE 20615.
(15), (16), (17), (18) y (19)   La referencia original en el texto reglamentario es UNE 20432-3.
(20)   La referencia original en el texto reglamentario es UNE-EN 50086-2-1.
(21)   La referencia original en el texto reglamentario es UNE-EN 50086-2-2.
(22)   La referencia original en el texto reglamentario es UNE-EN 50086-2-3.
(23)   La referencia original en el texto reglamentario es UNE 20460-3.
(24)   La referencia original en el texto reglamentario es UNE 20460-7-705.
(25)   La referencia original en el texto reglamentario es UNE 20572-1.

GUÍA-BT-03

EMPRESAS INSTALADORAS EN BAJA TENSIÓN

Edición: septiembre 2003. Revisión: 1

Últimas modificaciones de la ITC-BT-03 por el R. D. 298/2021

Índice

1. OBJETO

1. La presente Instrucción Técnica Complementaria tiene por objeto desarrollar las previsiones del artículo 22 del Reglamento Electrotécnico para Baja Tensión, aprobado por Real Decreto 842/2002, de 2 de agosto, estableciendo las condiciones y requisitos que deben observarse para la certificación de la competencia y para la habilitación como empresa instaladora en el ámbito de aplicación de dicho reglamento.

2. El presente Reglamento se aplicará:

   a) A las nuevas instalaciones, a sus modificaciones y a sus ampliaciones.

   b) A las modificaciones, reparaciones y ampliaciones, sean o no de importancia, de las instalaciones existentes antes de su entrada en vigor, solo en lo que afecta a la parte modificada, reparada o ampliada, y siempre y cuando se tomen las medidas necesarias para garantizar las condiciones de seguridad del conjunto de la instalación.

   c) A las instalaciones existentes antes de su entrada en vigor, en lo referente al régimen de inspecciones, si bien los criterios técnicos aplicables en dichas inspecciones serán los correspondientes a la reglamentación con la que se aprobaron.

Se entenderá por modificaciones o reparaciones de importancia, a los efectos de la documentación exigible y de la obligatoriedad de inspección inicial, a las que afectan a más del 50 por 100 de la potencia instalada. Igualmente se considerará modificación de importancia la que afecte a líneas completas de procesos productivos con nuevos circuitos y cuadros, aun con reducción de potencia.

2. EMPRESA INSTALADORA E INSTALADOR EN BAJA TENSIÓN

2.1. Empresa instaladora en baja tensión es la persona física o jurídica que realiza, mantiene o repara las instalaciones eléctricas en el ámbito del Reglamento electrotécnico para baja tensión, aprobado por Real Decreto 842/2002, de 2 de agosto, y sus instrucciones técnicas complementarias, habiendo presentado la correspondiente declaración responsable de inicio de actividad según lo prescrito en esta Instrucción Técnica Complementaria.

2.2. Instalador en baja tensión es la persona física que tiene conocimientos para desempeñar alguna de las actividades correspondientes a las categorías indicadas en el apartado 3 de esta Instrucción Técnica Complementaria cumpliendo lo establecido en el apartado 4 de esta Instrucción Técnica Complementaria BT-03.

3. CLASIFICACIÓN DE LAS EMPRESAS INSTALADORAS EN BAJA TENSIÓN

Las empresas instaladoras en Baja Tensión se clasifican en las siguientes categorías:

3.1. Categoría básica (IBTB)

Las empresas instaladoras de esta categoría podrán realizar, mantener y reparar las instalaciones eléctricas para baja tensión en edificios, industrias, infraestructuras y, en general, todas las comprendidas en el ámbito del presente Reglamento Electrotécnico para Baja Tensión, que no se reserven a la categoría especialista (IBTE).

3.2. Categoría especialista (IBTE)

Las empresas instaladoras de la categoría especialista podrán realizar, mantener y reparar las instalaciones de la categoría Básica y, además, las correspondientes a:

— Sistemas de control distribuido.

— Sistemas de supervisión, control y adquisición de datos.

— Control de procesos.

— Líneas aéreas o subterráneas para distribución de energía;

— Locales con riesgo de incendio o explosión.

— Quirófanos y salas de intervención.

— Lámparas de descarga en alta tensión, rótulos luminosos y similares.

— Instalaciones generadoras de baja tensión de potencia superior o igual a 10 kW; que estén contenidas en el ámbito del presente Reglamento electrotécnico para baja tensión y sus instrucciones técnicas complementarias.

La categoría especialista para las cuatro primeras modalidades de instalaciones (sistemas de automatización, gestión técnica de la energía y seguridad para viviendas y edificios; sistemas de control distribuido; sistemas de supervisión, control y adquisición de datos; y control de procesos) es única.

La categoría especialista para las cuatro primeras modalidades de instalaciones (sistemas de automatización, gestión técnica de la energía y seguridad para viviendas y edificios; sistemas de control distribuido; sistemas de supervisión, control y adquisición de datos; y control de procesos) es única, por cuanto dichas instalaciones presentan características comunes significativas que aconsejan su agrupación en una única subcategoría. La primera modalidad corresponde a las instalaciones del ámbito de aplicación de la ITC-BT-51 –ámbito doméstico– mientras que las otras tres pertenece al ámbito industrial.

La categoría especialista de la modalidad "líneas aéreas o subterráneas para distribución de energía" corresponde a las instalaciones del ámbito de aplicación de las ITC-BT-6, 7 y 11.

La categoría especialista de la modalidad "locales con riesgo de incendio o explosión" corresponde a las instalaciones del ámbito de aplicación de la ITC-BT - 29

La categoría especialista de la modalidad "quirófanos y salas de intervención" corresponde a las instalaciones del ámbito de aplicación de la ITC-BT -38.

La categoría especialista de la modalidad "lámparas de descarga en alta tensión, rótulos luminosos y similares" corresponde a instalaciones del ámbito de aplicación de la ITC-BT-44.

La construcción e instalación de un rótulo luminoso que precise para su funcionamiento tensiones superiores a 1000 V, independientemente que se realice en un taller o fábrica o "In situ", deberá ser realizada por un Instalador autorizado para la categoría especialista, en la subcategoría anterior ("lámparas de descarga en alta tensión, rótulos luminosos y similares").

Esta modalidad, sin embargo, no incluye aquellas instalaciones con lámparas o tubos de descarga que presenten al exterior conexiones únicamente en baja tensión (de acuerdo al apartado 3.2. de la ITC-BT-44), independientemente de que tengan algún elemento o parte inaccesible de alta tensión en su interior. Por lo anterior, estas instalaciones pueden ser conectadas por instaladores autorizados para la categoría básica.

Las instalaciones generadoras de baja tensión que, de acuerdo al artículo 2 del RD 842/2002, se limitan a la generación para consumo propio, corresponden al ámbito de aplicación de la ITC-BT- 40, y los instaladores que las ejecuten tendrán la categoría especialista en la subcategoría: "instalaciones generadoras de baja tensión".

4. INSTALADOR EN BAJA TENSIÓN

El instalador en baja tensión deberá desarrollar su actividad en el seno de una empresa instaladora de baja tensión habilitada y deberá cumplir y poder acreditar ante la Administración competente cuando esta así lo requiera en el ejercicio de sus facultades de inspección, comprobación y control, una de las siguientes situaciones:

a) Disponer de un título universitario cuyo ámbito competencial, atribuciones legales o plan de estudios cubra las materias objeto del Reglamento electrotécnico para baja tensión, aprobado por el Real Decreto 842/2002, de 2 de agosto, y de sus instrucciones técnicas complementarias.

b) Disponer de un título de formación profesional o de un certificado de profesionalidad incluido en el Repertorio Nacional de Certificados de Profesionalidad, cuyo ámbito competencial incluya las materias objeto del Reglamento electrotécnico para baja tensión, aprobado por el Real Decreto 842/2002, de 2 de agosto, y de sus instrucciones técnicas complementarias.

c) Tener reconocida una competencia profesional adquirida por experiencia laboral, de acuerdo con lo estipulado en el Real Decreto 1224/2009, de 17 de julio, de reconocimiento de las competencias profesionales adquiridas por experiencia laboral, en las materias objeto del Reglamento electrotécnico para baja tensión, aprobado por el Real Decreto 842/2002, de 2 de agosto, y de sus instrucciones técnicas complementarias.

5. HABILITACIÓN DE EMPRESAS INSTALADORAS EN BAJA TENSIÓN

5.1. Antes de comenzar sus actividades como empresas instaladoras en baja tensión, las personas físicas o jurídicas que deseen establecerse en España deberán presentar ante el órgano competente de la comunidad autónoma en la que se establezcan una declaración responsable en la que el titular de la empresa o el representante legal de la misma declare para qué categoría, y en su caso, modalidad, va a desempeñar la actividad, que cumple los requisitos que se exigen por esta Instrucción Técnica Complementaria, que dispone de la documentación que así lo acredita, que se compromete a mantenerlos durante la vigencia de la actividad y que se responsabiliza de que la ejecución de las instalaciones se efectúa de acuerdo con las normas y requisitos que se establecen en el Reglamento electrotécnico para baja tensión, aprobado por el Real Decreto 842/2002, de 2 de agosto, y sus respectivas instrucciones técnicas complementarias.

5.2. Las empresas instaladoras en baja tensión legalmente establecidos para el ejercicio de esta actividad en cualquier otro Estado miembro de la Unión Europea que deseen realizar la actividad en régimen de libre prestación en territorio español, deberán presentar, previo al inicio de la misma, ante el órgano competente de la comunidad autónoma donde deseen comenzar su actividad, una declaración responsable en la que el titular de la empresa o el representante legal de la misma declare para qué categoría, y en su caso, modalidad, va a desempeñar la actividad, que cumple los requisitos que se exigen por esta instrucción técnica complementaria, que dispone de la documentación que así lo acredita, que se compromete a mantenerlos durante la vigencia de la actividad y que se responsabiliza de que la ejecución de las instalaciones se efectúa de acuerdo con las normas y requisitos que se establecen en el Reglamento electrotécnico para baja tensión, aprobado por el Real Decreto 842/2002, de 2 de agosto, y sus respectivas instrucciones técnicas complementarias.

Para la acreditación del cumplimiento del requisito de personal cualificado la declaración deberá hacer constar que la empresa dispone de la documentación que acredita la capacitación del personal afectado, de acuerdo con la normativa del país de establecimiento y conforme a lo previsto en la normativa de la Unión Europea sobre reconocimiento de cualificaciones profesionales, aplicada en España mediante el Real Decreto 581/2017, de 9 de junio. La autoridad competente podrá verificar esa capacidad con arreglo a lo dispuesto en el artículo 15 del citado real decreto.

5.3. Las comunidades autónomas deberán posibilitar que la declaración responsable sea realizada por medios electrónicos.

No se podrá exigir la presentación de documentación acreditativa del cumplimiento de los requisitos junto con la declaración responsable. No obstante, esta documentación deberá estar disponible para su presentación inmediata ante la Administración competente cuando ésta así lo requiera en el ejercicio de sus facultades de inspección, comprobación y control.

5.4. El órgano competente de la comunidad autónoma, asignará, de oficio, un número de identificación a la empresa y remitirá los datos necesarios para su inclusión en el Registro Integrado Industrial regulado en el título IV de la Ley 21/1992, de 16 de julio, de Industria y en su normativa reglamentaria de desarrollo.

5.5. De acuerdo con la Ley 21/1992, de 16 de julio, de Industria, la declaración responsable habilita por tiempo indefinido a la empresa instaladora, desde el momento de su presentación ante la Administración competente, para el ejercicio de la actividad en todo el territorio español, sin que puedan imponerse requisitos o condiciones adicionales.

5.6. Al amparo de lo previsto en el apartado 3 del artículo 69 de la Ley 39/2015, de 1 de octubre, del Procedimiento Administrativo Común de las Administraciones Públicas, la Administración competente podrá regular un procedimiento para comprobar a posteriori lo declarado por el interesado.

En todo caso, la no presentación de la declaración, así como la inexactitud, falsedad u omisión, de carácter esencial, de datos o manifestaciones que deban figurar en dicha declaración habilitará a la Administración competente para dictar resolución, que deberá ser motivada y previa audiencia del interesado, por la que se declare la imposibilidad de seguir ejerciendo la actividad, sin perjuicio de las responsabilidades que pudieran derivarse de las actuaciones realizadas, y de la aplicación del régimen sancionador previsto en la Ley 21/1992, de 16 de julio, de Industria.

5.7. Cualquier hecho que suponga modificación de alguno de los datos incluidos en la declaración originaria, así como el cese de las actividades, deberá ser comunicado por el interesado al órgano competente de la comunidad autónoma donde presentó la declaración responsable en el plazo de un mes.

5.8. Las empresas instaladoras cumplirán lo siguiente:

a) Disponer de la documentación que identifique a la empresa instaladora, que en el caso de persona jurídica deberá estar constituida legalmente.

b) Contar con los medios técnicos y humanos necesarios para realizar su actividad en condiciones de seguridad, que, como mínimo serán los que se determinan en el Apéndice I de esta instrucción técnica complementaria.

c) Haber suscrito un seguro de responsabilidad civil profesional u otra garantía equivalente que cubra los daños que puedan provocar en la prestación del servicio por una cuantía mínima de 600.000 euros por siniestro para la categoría básica y de 900.000 euros por siniestro para la categoría especialista. Estas cuantías mínimas se actualizarán por orden de la persona titular del Ministerio de Industria, Comercio y Turismo, siempre que sea necesario para mantener la equivalencia económica de la garantía y previo informe de la Comisión Delegada del Gobierno para Asuntos Económicos.

5.9. La empresa instaladora habilitada no podrá facilitar, ceder o enajenar certificados de instalación no realizadas por ella misma.

5.10. El incumplimiento de los requisitos exigidos, verificado por la autoridad competente y declarado mediante resolución motivada, conllevará el cese de la actividad, salvo que pueda incoarse un expediente de subsanación de errores, sin perjuicio de las sanciones que pudieran derivarse de la gravedad de las actuaciones realizadas.

La autoridad competente, en este caso, abrirá un expediente informativo al titular de la instalación, que tendrá quince días naturales a partir de la comunicación para aportar las evidencias o descargos correspondientes.

5.11. El órgano competente de la comunidad autónoma dará traslado inmediato al Ministerio de Industria, Turismo y Comercio de la inhabilitación temporal, las modificaciones y el cese de la actividad a los que se refieren los apartados precedentes para la actualización de los datos en el Registro Integrado Industrial regulado en el título IV de la Ley 21/1992, de 16 de julio, de Industria, tal y como lo establece su normativa reglamentaria de desarrollo.

6. OBLIGACIONES DE LAS EMPRESAS INSTALADORAS EN BAJA TENSIÓN

Las Empresas Instaladoras en Baja Tensión deben, en sus respectivas categorías:

a) Ejecutar, modificar, ampliar, mantener o reparar las instalaciones que les sean adjudicadas o confiadas, de conformidad con la normativa vigente y con la documentación de diseño de la instalación, utilizando, en su caso, materiales y equipos que sean conformes a la legislación que les sea aplicable.

b) Efectuar las pruebas y ensayos reglamentarios que les sean atribuidos.

c) Realizar las operaciones de revisión y mantenimiento que tengan encomendadas, en la forma y plazos previstos.

d) Emitir los certificados de instalación o mantenimiento, en su caso.

e) Coordinar, en su caso, con la empresa suministradora y con los usuarios las operaciones que impliquen interrupción del suministro.

f) Notificar a la Administración competente los posibles incumplimientos reglamentarios de materiales o instalaciones que observasen en el desempeño de su actividad. En caso de peligro manifiesto, darán cuenta inmediata de ello a los usuarios y, en su caso, a la empresa suministradora, y pondrá la circunstancia en conocimiento del órgano competente de la Comunidad Autónoma en el plazo máximo de 24 horas.

g) Asistir a las inspecciones establecidas por el Reglamento, o las realizadas de oficio por la Administración, si fuera requerido por el procedimiento.

h) Mantener al día un registro de las instalaciones ejecutadas o mantenidas.

i) Informar a la Administración competente sobre los accidentes ocurridos en las instalaciones a su cargo.

j) Conservar a disposición de la Administración, copia de los contratos de mantenimiento al menos durante los 5 años inmediatos posteriores a la finalización de los mismos.

APÉNDICE I.

MEDIOS MÍNIMOS, TÉCNICOS Y HUMANOS, REQUERIDOS PARA LAS EMPRESAS INSTALADORAS EN BAJA TENSIÓN

1. Medios humanos

Contar con el personal contratado necesario para realizar la actividad en condiciones de seguridad, en número suficiente y durante el tiempo necesario para atender las instalaciones que tengan contratadas, con un mínimo de una persona instaladora en baja tensión de la misma categoría en la que la empresa se encuentra habilitada.

Se entenderá satisfecho el requisito del párrafo anterior cuando el referido personal necesario para realizar la actividad esté contratado a través de cualquiera de las modalidades contractuales permitidas en derecho.

2. Medios técnicos

2.1. Categoría Básica

2.1.1. Equipos:

— Telurómetro;

— Medidor de aislamiento, según **ITC MIE-BT 19**;

— Multímetro o tenaza, para las siguientes magnitudes:

  • Tensión alterna y continua hasta 500 V;

  • Intensidad alterna y continua hasta 20 A;

  • Resistencia;

— Medidor de corrientes de fuga, con resolución mejor o igual que 1 mA;

— Detector de tensión;

— Analizador - registrador de potencia y energía para corriente alterna trifásica, con capacidad de medida de las siguientes magnitudes: potencia activa; tensión alterna; intensidad alterna; factor de potencia;

— Equipo verificador de la sensibilidad de disparo de los interruptores diferenciales, capaz de verificar la característica intensidad-tiempo;

— Equipo verificador de la continuidad de conductores;

— Medidor de impedancia de bucle, con sistema de medición independiente o con compensación del valor de la resistencia de los cables de prueba y con una resolución mejor o igual que 0,1 Ω;

— Herramientas comunes y equipo auxiliar;

— Luxómetro con rango de medida adecuado para el alumbrado de emergencia.

2.2. Categoría Especialista

Además de los medios anteriores, deberán contar con los siguientes, según proceda:

— Analizador de redes, de armónicos y de perturbaciones de red.

— Electrodos para la medida del aislamiento de los suelos.

— Aparato comprobador del dispositivo de vigilancia del nivel de aislamiento de los quirófanos.

Los medios técnicos que se relacionan a continuación son necesarios para todas las subcategorías de la categoría especialista (y recomendables para la categoría básica):

✓ *Analizador de redes, de armónicos y de perturbaciones de red.*

✓ *Electrodos para la medida del aislamiento de los suelos.*

Además, en el caso de la subcategoría de quirófanos y salas de intervención, es necesario el disponer también el siguiente equipo:

✓ *Aparato comprobador del dispositivo de vigilancia del nivel de aislamiento de los quirófanos.*

Los medios técnicos que se establecen para la categoría básica deberían ser propiedad del propio instalador autorizado quien debe garantizar en todo momento su estado de funcionamiento y calibración, ya que su uso es muy frecuente. Los medios específicos para la categoría especialista se pueden obtener en ocasiones a través de las correspondientes asociaciones profesionales, siempre que el usuario final pueda acreditar el estado de calibración y funcionamiento correcto de los equipos.

2.3. Herramientas, equipos y medios de protección individual

Estarán de acuerdo con la normativa vigente y las necesidades de la instalación.

APÉNDICE II.

CONOCIMIENTOS MÍNIMOS NECESARIOS PARA INSTALADORES EN BAJA TENSIÓN

I. Instalador categoría básica

A) Conocimientos teóricos

Unidad temática 1: Fundamentos de las Instalaciones Eléctricas.

1. Conceptos básicos de electrotecnia:
   - 1.1   Corriente alterna y corriente continua.
   - 1.2   Sistemas trifásicos y monofásicos.
   - 1.3   Componentes de las instalaciones eléctricas.
   - 1.4   Cables y conductores.
   - 1.5   Aparamenta de protección.
   - 1.6   Receptores y máquinas eléctricas: motores y transformadores.
2. Calculo eléctrico de las líneas de BT:
   - 2.1   Criterio de capacidad térmica.
   - 2.2   Criterio de caída de tensión.
   - 2.3   Criterio de corriente de cortocircuito.
   - 2.4   Líneas abiertas y cerradas; líneas de sección uniforme y no uniforme.
3. Reglamentación de las instalaciones eléctricas: REBT y sus ITC:
   - 3.1   Instaladores de Baja Tensión (ITC-BT-03).
   - 3.2   Documentación de las instalaciones (ITC-BT-04).
   - 3.3   Puesta en servicio.
   - 3.4   Verificaciones e inspecciones (ITC-BT-05).
4. Normativa internacional de instalaciones eléctricas de baja tensión.

Unidad temática 2: Instalaciones de enlace.

1. Previsión de cargas para suministros de BT (ITC-BT-10).
2. Esquemas de las instalaciones de enlace (ITC-BT-12).
3. Partes constituyentes de las instalaciones de enlace:
   - 3.1   Cajas Generales de Protección (CGP) (ITC-BT-13).
   - 3.2   Línea General de Alimentación (LGA) (ITC-BT-14).
   - 3.3   Centralizaciones de Contadores (CC) (ITC-BT-16).
   - 3.4   Derivaciones Individuales (DI) (ITC-BT-15).
   - 3.5   Dispositivos Generales de Mando y Protección (DGMP) (ITC-BT-17).
4. Cálculo y Montaje de las instalaciones de enlace:
   - 4.1   Caídas de tensión.
   - 4.2   Sistemas de instalación: tubos y canalizaciones (ITC-BT-20; ITC-BT-21).
   - 4.3   Tipos y emplazamiento de los cuadros eléctricos.
   - 4.4   Simbología, planos y esquemas eléctricos de las instalaciones.

Unidad temática 3: Instalaciones Interiores o Receptoras.

1. Prescripciones generales para las instalaciones interiores (ITC-BT-19).
2. Instalaciones en viviendas y edificios de viviendas (ITC-BT-25):
   2.1   Grados de electrificación, número de circuitos y características.
   2.2   Tomas de tierra y protección contra los contactos indirectos (ITC-BT-26).
   2.3   Instalaciones en locales que contienen una bañera o ducha (ITC-BT-27).
   2.4   Instalaciones comunes de edificios de viviendas.
   2.5   Dimensionamiento de tubos y canalizaciones.
3. Instalaciones en edificios comerciales, oficinas e industrias:
   3.1   Carga total correspondiente edificios comerciales, oficinas e industrias.
   3.2   Distribución de la electrificación en el edificio. Equilibrado de cargas.
   3.3   Conductores, circuitos y secciones.
4. Instalaciones en garajes y desclasificación de los garajes.

Unidad temática 4: Protecciones de las instalaciones.

1. Sistemas de conexión del neutro y de las masas en las instalaciones de distribución en BT (ITC-BT-08).
2. Instalaciones de puesta a tierra (ITC-BT-18).
3. Protección contra los choques eléctricos-contactos directos e indirectos (ITC-BT-24).
4. Protección contra las sobreintensidades-sobrecargas y cortocircuitos (ITC-BT-23).
5. Protección contra las sobretensiones (ITC-BT-22).

Unidad temática 5: Instalaciones con características especiales.

1. Instalaciones de alumbrado exterior (ITC-BT-09):
   1.1   Introducción a los conceptos luminotécnicos y al REEAE.
   1.2   Cálculos eléctricos de alumbrado.
   1.3   Cálculos luminotécnicos básicos.
2. Instalaciones en locales de pública concurrencia (ITC-BT-28):
   2.1   Suministros complementarios.
   2.2   Alumbrado de emergencia.
3. Instalaciones de infraestructura para la recarga del vehículo eléctrico (ITC-BT-52):
   3.1   Esquemas de conexión.
   3.2   Previsión de cargas.
   3.3   Requisitos generales y medidas de protección.
   3.4   Tipos de conexión y modos de carga del VE.
4. Instalaciones en locales de características especiales (ITC-BT-30):
   4.1   Locales húmedos.
   4.2   Locales mojados.
   4.3   Otros locales de características especiales.
5. Instalaciones de piscinas y fuentes (ITC-BT-31).
6. Instalaciones a muy baja tensión y a tensiones especiales (ITC-BT-36; ITC-BT-37).

7. Instalaciones de máquinas de elevación y transporte (ITC-BT-32).

8. Instalaciones provisionales y temporales de obras (ITC-BT-33).

9. Instalaciones de ferias y stands (ITC-BT-34).

10. Instalaciones de establecimientos agrícolas y hortícolas (ITC-BT-35).

11. Instalaciones de cercas eléctricas para ganado (ITC-BT-39).

12. Instalaciones en caravanas y parques de caravanas (ITC-BT-41).

13. Instalaciones en puertos y marinas para barcos de recreo (ITC-BT-42).

14. Instalaciones en locales con radiadores para saunas (ITC-BT-50).

15. Instalaciones eléctricas en muebles (ITC-BT-49).

Unidad temática 6: Instalación de Receptores.

1. Prescripciones generales para la instalación de receptores (ITC-BT-43).

2. Receptores de alumbrado (ITC-BT-44).

3. Aparatos de caldeo (ITC-BT-45).

4. Cables y folios radiantes en viviendas (ITC-BT-46).

5. Motores, transformadores, reactancias y condensadores (ITC-BT-47; ITC-BT-48).

Unidad temática 7: Instalaciones generadoras de baja tensión de potencia inferior A 10 kW. (ITC BT-40)

1. Tipos y clasificación.

2. Montaje y mantenimiento.

3. Sistemas antivertido para instalaciones sin excedentes.

4. Condiciones generales y particulares para la conexión:

    4.1 Instalaciones aisladas.

    4.2 Instalaciones asistidas.

    4.3 Instalaciones interconectadas.

5. Protecciones e instalaciones de puesta a tierra.

B) Conocimientos prácticos

1. Montaje y puesta en servicio de instalaciones de baja tensión que estén comprendidas en el ámbito de este reglamento y que no se reserven a la categoría de especialista.

2. Verificación, mantenimiento y reparación de instalaciones de baja tensión que estén comprendidas en el ámbito de este reglamento y que no se reserven a la categoría de especialista:

    2.1 Verificación inicial de instalaciones, en función de sus características, y de acuerdo a la normativa vigente.

    2.2. Mantenimiento y reparación de instalaciones.

    2.3 Mantenimiento o reparación de la aparamenta de protección, control, seccionamiento o conexión.

3. Manejo aparatos de medida y herramientas:

    3.1 Herramientas utilizadas en instalaciones eléctricas de baja tensión: tipos y manejo.

    3.2 Manejo de aparatos de medida de magnitudes eléctricas.

II. Instalador Categoría Especialista

Además de los conocimientos teóricos y prácticos indicados para la categoría básica, el instalador de categoría especialista, para cada especialidad, deberá tener los siguientes conocimientos:

A) Conocimientos teóricos

Unidad temática 1 (Especialista): Líneas de distribución en B.T.

1.   Tipos de redes de distribución: radiales, en anillo.

2.   Líneas aéreas (ITC-BT-06):

     2.1   Componentes: Conductores aislados y desnudos, Apoyos, aisladores y herrajes, accesorios de sujeción.

     2.2   Cálculo mecánico de las líneas: conductores y apoyos.

     2.3   Intensidades admisibles en régimen permanente y en cortocircuito.

3.   Líneas subterráneas (ITC-BT-07):

     3.1   Cables aislados.

     3.2   Intensidades admisibles en régimen permanente y en cortocircuito: factores de corrección por tipo de instalación.

4.   Acometidas (ITC-BT-11).

5.   Normas particulares de las empresas distribuidoras.

Unidad temática 2 (Especialista): Sistemas de automatización (ITC-BT-51).

1.   Automatismos eléctricos:

     1.1   Elementos que componen las instalaciones: sensores, actuadores, dispositivos de control y elementos auxiliares. Tipos y características.

     1.2   Cuadros eléctricos.

     1.3   Simbología normalizada en las instalaciones.

     1.4   Planos y esquemas eléctricos normalizados. Tipología.

2.   Instalaciones automatizadas:

     2.1   Tipos de sensores. Características y aplicaciones.

     2.2   Actuadores: relés, contactores, solenoides, electroválvulas (entre otros).

     2.3   Control de potencia: arranque de motores (monofásicos y trifásicos, entre otros).

     2.4   Protecciones contra cortocircuitos, derivaciones y sobrecargas.

     2.5   Arrancadores estáticos y variadores de velocidad electrónicos.

     2.6   Controladores programables. Autómatas.

     2.7   Programas de control. Programación.

Unidad temática 3 (Especialista): Instalaciones en locales con riesgo de incendio y explosión (ITC-BT-29).

1.   Clasificación de emplazamientos y Modos de protección.

2.   Condiciones de la instalación para todas las zonas peligrosas.

3.   Criterios de selección de material.

Unidad temática 4 (Especialista): Instalaciones en quirófanos y salas de intervención (ITC-BT-38).

1.   Medidas de protección.

2.   Puesta a tierra y equipontecialidad.

3.   Alimentación con transformador de aislamiento.

4.   Protección diferencial y contra sobreintensidades.

5.   Suministros complementarios.

6.   Riesgo de incendio y explosión.

7.   Control y mantenimiento.

8.   Cuadros de distribución y receptores especiales.

Unidad temática 5 (Especialista): Instalaciones generadoras de baja tensión de potencia superior o igual a 10 kW (ITC-BT-40).

1.   Tipos y clasificación.

2.   Condiciones generales y particulares para la conexión:

        2.1   Instalaciones aisladas.

        2.2   Instalaciones asistidas.

        2.3   Instalaciones interconectadas.

3.   Protecciones e instalaciones de puesta a tierra.

Unidad temática 6 (Especialista): Instalaciones de lámparas de descarga en alta tensión y rótulos luminosos (ITC-BT-44).

1.   Rótulos y tubos luminosos alimentados entre 1 kV y 10 kV: Reglas de instalación, envolventes, soportes.

2.   Protección contra los contactos indirectos, protección contra fugas y apertura de circuitos.

3.   Transformadores, convertidores e inversores.

B) Conocimientos prácticos

1.   Montaje y puesta en servicio de instalaciones de baja tensión que estén comprendidas en el ámbito de este reglamento y que estén reservadas a la categoría de especialista.

2.   Verificación, mantenimiento y reparación de instalaciones de baja tensión que estén comprendidas en el ámbito de este reglamento y que estén reservadas a la categoría de especialista:

        2.1   Verificación inicial de instalaciones, en función de sus características, y de acuerdo a la normativa vigente.

        2.2   Mantenimiento y reparación de instalaciones.

        2.3   Mantenimiento o reparación de la aparamenta de protección, control, seccionamiento o conexión.

3.   Adicionalmente, para cada categoría especialista:

        3.1   Unidad temática 1: Líneas de distribución en B.T.

                3.1.1 Ejecución de las instalaciones aéreas: Conductores aislados y desnudos; distancias de separación; Cruzamientos, proximidades y paralelismos.

                3.1.2 Ejecución de las instalaciones subterráneas: tipos de instalación y condiciones para cruzamientos, paralelismos y proximidades.

3.2   **Unidad temática 2: Sistemas de automatización.**

3.2.1   Sistemas de automatización, gestión técnica de la energía y seguridad para viviendas y edificios.

3.2.2   Sistemas de control distribuido.

3.2.3   Instalación y programación de sistemas de supervisión, control y adquisición de datos.

3.2.4   Control de procesos.

3.3   **Unidad temática 3: Instalaciones en locales con riesgo de incendio y explosión.**

3.3.1   Selección de material para trabajar en ambientes clasificados.

3.3.2   Instalaciones de estaciones de servicio, garajes y talleres de reparación.

3.4   **Unidad temática 4: Instalaciones en quirófanos y salas de intervención.**

3.4.1   Selección de material para trabajar en ambientes clasificados.

3.4.2   Instalación de receptores especiales.

3.5   **Unidad temática 5: Instalaciones generadoras de baja tensión de** potencia superior o igual a 10 kW.

3.5.1   Ejecución de las distintas instalaciones de autoconsumo.

3.5.2   Instalación de sistemas antivertido para instalaciones sin excedentes.

3.6   **Unidad temática 6: Instalaciones de lámparas de descarga en alta tensión y rótulos luminosos.**

3.6.1   Instalación de rótulos y tubos luminosos alimentados entre 1 kV y 10 kV.

3.6.2   Protecciones contra fugas.

GUÍA-BT 04

DOCUMENTACIÓN Y PUESTA EN SERVICIO DE LAS INSTALACIONES

Edición: septiembre 2003. Revisión: 1

Últimas modificaciones de la ITC-BT-04 por el R. D. 542/2020

Índice

1. OBJETO

La presente Instrucción tiene por objeto desarrollar las prescripciones del artículo 18 del Reglamento Electrotécnico para Baja Tensión, determinando la documentación técnica que deben tener las instalaciones para ser legalmente puestas en servicio, así como su tramitación ante el órgano competente de la Administración.

2. DOCUMENTACIÓN DE LAS INSTALACIONES

Las instalaciones en el ámbito de aplicación del presente Reglamento deben ejecutarse sobre la base de una documentación técnica que, en función de su importancia, deberá adoptar una de las siguientes modalidades:

2.1. Proyecto

Cuando se precise proyecto, de acuerdo con lo establecido en el apartado 3, éste deberá ser redactado y firmado por técnico titulado competente, quien será directamente responsable de que el mismo se adapte a las disposiciones reglamentarias.

El proyecto de instalación se desarrollará, bien como parte del proyecto general del edificio, bien en forma de uno o varios proyectos específicos.

En la memoria del proyecto se expresarán especialmente:

— Datos relativos al propietario;

— Emplazamiento, características básicas y uso al que se destina;

— Características y secciones de los conductores a emplear;

— Características y diámetros de los tubos para canalizaciones;

— Relación nominal de los receptores que se prevean instalar y su potencia, sistemas y dispositivos de seguridad adoptados y cuantos detalles sean necesarios de acuerdo con la importancia de la instalación proyectada y para que se ponga de manifiesto el cumplimiento de las prescripciones del Reglamento y sus Instrucciones Técnicas Complementarias.

— Esquema unifilar de la instalación y características de los dispositivos de corte y protección adoptados, puntos de utilización y secciones de los conductores.

— Croquis de su trazado;

— Cálculos justificativos del diseño.

Los planos serán los suficientes en número y detalle, tanto para dar una idea clara de las disposiciones que pretenden adoptarse en las instalaciones, como para que la Empresa instaladora que ejecute la instalación disponga de todos los datos necesarios para la realización de la misma.

2.2. Memoria Técnica de Diseño

La Memoria Técnica de Diseño (MTD) se redactará sobre impresos, según modelo determinado por el órgano competente de la Comunidad Autónoma, con objeto de proporcionar los principales datos y características de diseño de las instalaciones. La empresa instaladora para la categoría de la instalación correspondiente o el técnico titulado competente que firme dicha Memoria será directamente responsable de que la misma se adapte a las exigencias reglamentarias.

En especial, se incluirán los siguientes datos:

— Los referentes al propietario;

— Identificación de la persona que firma la memoria y justificación de su competencia;

— Emplazamiento de la instalación;

— Uso al que se destina;

— Relación nominal de los receptores que se prevea instalar y su potencia;

— Cálculos justificativos de las características de la línea general de alimentación, derivaciones individuales y líneas secundarias, sus elementos de protección y sus puntos de utilización;

— Pequeña memoria descriptiva;

— Esquema unifilar de la instalación y características de los dispositivos de corte y protección adoptados, puntos de utilización y secciones de los conductores.

— Croquis de su trazado.

Se adjunta un ejemplo de formato tipo de MTD que garantiza el contenido técnico mínimo establecido en el RBT.

BAJA TENSIÓN

MEMORIA TÉCNICA DE DISEÑO (1 / 4)

Nº EXPENDIENTE

Datos administrativos

TITULAR Y LOCALIZACIÓN DE LA INSTALACIÓN   N.I.F.

Nombre / Razón Social

Apellido 1º   Apellido 2º

Dirección

Localidad   Código Postal

Provincia   Teléfono

Datos técnicos

CARACTERÍSTICAS GENERALES DE LA INSTALACIÓN

Tensión [   ] V   Potencia máxima admisible [   ] W   Potencia instalada [   ] W

Memoria por (1) [   ]   Uso de instalación (2) [   ]   Superficie local [   ] m²

ACOMETIDA (Según información de la empresa suministradora)

Punto de conexión (3) [   ]   Tipo (4) [   ]   Sección [   ] mm²   Material (5) [   ]

C.G.P. o C/C DE SEGURIDAD

Tipo [   ]   In. Base [   ] A   In. Cartucho [   ] A

LÍNEA GENERAL DE ALIMENTACIÓN O DERIVACIÓN INDIVIDUAL

Tipo [   ]   Sección [   ] mm² Cu

MÓDULO DE MEDIDA

Tipo [   ]   Situación (6) [   ]

PROTECCIÓN MAGNETOTÉRMICA / DIFERENCIAL

Int. General Automático [   ] A   Int. Diferencial [   ] A   Sensibilidad [   ] mA

PUESTA A TIERRA

Tipo (7) [   ]

Electrodos [   ]   Línea enlace [   ] mm² Cu   Línea principal [   ] mm² Cu

_ _ _ _ _ _ _ _ _ _ _ _ _ _ _ _ _ _ , a _ _ _ _ de _ _ _ _ _ _ _ _ _ _ de _ _ _ _

Nombre y firma del titular

NOTAS:

(1)   Instalación: N (Nuevo), A (Ampliación-Reforma), CN   (3)   C.T. (Centro de Transformación); R.B.T. (Red de   (5)   Material; Cu (Cobre), Al (Aluminio)
      (Cambio de Nombre) CT (Cambio Tensión)   Baja Tensión)

(2)   Según tabla de referencia de la carpeta informativa   (4)   Aérea, Subterránea, Interior   (6)   En Cuarto de Centralización; En interior; En
                                                                                                                             fachada

                                                                                                                       (7)   Picas; Placas; Mallas

BAJA TENSIÓN

MEMORIA TÉCNICA DE DISEÑO (2 / 4)	

PREVISIÓN DE CARGAS EN INSTALACIONES INDUSTRIALES, AGRARIAS O DE SERVICIOS

RECEPTORES (agrupar puntos de luz, tomas de corriente y receptores similares):

ALUMBRADO		FUERZA	
Denominación	Potencia	Denominación	Potencia
	W		W
	W		W
	W		W
	W		W
	W		W
	W		W
	W		W

PREVISIÓN DE CARGAS EN EDIFICIOS DE VIVIENDAS

VIVIENDAS:

Grado electrificación [ ] Nº viviendas [ ] Superf. Unitaria [ ] m² Demanda máx/vivienda [ ] W

Grado electrificación [ ] Nº viviendas [ ] Superf. Unitaria [ ] m² Demanda máx/vivienda [ ] W

Coeficiente simultaneidad según MIBT010

CARGAS PREVISTA EN VIVIENDAS _ _ _ _ _ _ _ _ _ _ _ _ _ _ _ _ .(A) [ ] W

SERVICIOS GENERALES:

Ascensores [W] Alumbrado escalera [W] Otros servicios [ ]

CARGAS PREVISTA EN SERVICIOS GENERALES _ _ _ _ _ _ _ _ _ _ _ (B) [ ]

LOCALES COMERCIALES Y/U OFICINAS:

Superficie útil total [ ] m² Potencia específica prevista [ ] W/m²

CARGAS PREVISTA EN LOCALES COMERCIALES Y/U OFICINAS _ _ _ _ _ _ (C) [ ]

CARGAS TOTAL PREVISTA EN EL EDIFICIO _ _ _ _ _ _ _ _ _ _ _ _ (A+B+C) [ ]

ESQUEMA UNIFILAR Y PLANOS (Se representará la instalación completa, según normas UNE)

En el caso de viviendas individuales, se presentará esquema unifilar. En los edificios de viviendas y demás casos, se presentará esquema unifilar, planos y croquis del emplazamiento. En edificios de viviendas quedarán perfectamente definidos; Caja general de protección, línea repartidora, fusibles de seguridad, aparatos de medida, derivaciones individuales, dispositivos privados de mando y protección, instalaciones interiores de las viviendas tipo con sus características y la sección de conductores. De la centralización de contadores y de las viviendas tipo se presentará siempre planos de planta.

PRESUPUESTO DE MATERIALES Y MANO DE OBRA (OPCIONAL)

INSTALACIONES DE ENLACE

En edificios de viviendas: Acometida en su caso, caja general de protección, línea general de alimentación centralización de contadores, derivaciones individuales, dispositivos privados de mando y protección de viviendas y servicios generales.   €

En instalaciones industriales, agrarias o de servicios: Desde la acometida, en su caso, hasta el primer cuadro general de mando y protección inclusive.   €

INSTALACIONES RECEPTORAS

En edificio de viviendas: Instalaciones interiores o receptoras   €

En instalaciones industriales, agrarias o de servicios: Circuitos de salida del cuadro general, cuadros secundarios y sus salidas, canalizaciones, interruptores, guardamotores, fusibles, tomas de corriente, reactancias, etc.   €

SISTEMAS DE TIERRAS   €

PRESUPUESTO TOTAL _ _ _ _ _ _ _ _ _ _ _ _ _ _ [/] €

Nº DE INSTALACIONES INDIVIDUALES FINALES [ ] Uds.

[ ] MEMORIA REALIZADA POR INSTALADOR AUTORIZADO

Nombre [ ] Nº de carné [ ]

domiciliado en calle / plaza [ ] Núm. [ ]

Localidad [ ] Código Postal [ ] Teléfono [ ]

[ ] MEMORIA REALIZADA POR TECNICO COMPETENTE

Nombre [ ] Nº colegiado [ ]

domiciliado en calle / plaza [ ] Núm. [ ]

Localidad [ ] Código Postal [ ] Teléfono [ ]

Colegiado Oficial [ ]

Instalador autorizado o Técnico competente

(Firma)

BAJA

MEMORIA TECNICA DE DISEÑO (3/4)

CIRCUITOS			Potencia de cálculo W	Tensión de cálculo V	Intensidad de cálculo A	Nº conductore s sección material Nº - mm^2 Cu/Al	Aislamiento tensión nominal V	Tipo de instalación (4)	Intensidad máxima admisible	C/C PIA A	Int Diferencial mA	Longitud M	Caida de Tensión V
CUADRO RESUMEN DE CALCULO DE CIRCUITOS (5)													
Acometida General (1)													
Línea General de Alimentación o Derivación individual													
Instalaciones industriales Agrarias o de servicios (2)		Circuito 1											
		Circuito 2											
VIVIENDAS	Derivaciones individuales (3)	A servicios generales											
		A planta											
	Viviendas tipo												
Servicios comunes	Alumbrado	Portal											
		Escaleras											
		Garaje											
	Alumbrado Emergencia	Portal											
		Escaleras											
		Garaje											
	Fuerza												

BAJA TENSIÓN

MEMORIA TÉCNICA DE DISEÑO (4 / 4)	

CROQUIS DEL EMPLAZAMIENTO

Incluye localización de los aparatos de alumbrado de emergencia y las rutas de evacuación, si procede

MEMORIA DESCRIPTIVA

3. INSTALACIONES QUE PRECISAN PROYECTO

3.1. Para su ejecución, precisan elaboración de proyecto las nuevas instalaciones siguientes:

GRUPO	TIPO DE INSTALACIÓN	LÍMITES
a	Las correspondientes a industrias, en general	P > 20 kW
b	Las correspondientes a: - Locales húmedos, polvorientos o con riesgo de corrosión. - Bombas de extracción o elevación de agua, sean industriales o no.	P > 10 kW
c	Las correspondientes a: - Locales mojados; - Generadores y convertidores; - Conductores aislados para caldeo, excluyendo las de viviendas.	P > 10 kW
d	- De carácter temporal para alimentación de maquinaria de obras en construcción. - De carácter temporal en locales o emplazamientos abiertos.	P > 50kW
e	Las de edificios destinados principalmente a viviendas, locales comerciales y oficinas, que no tengan la consideración de locales de pública concurrencia, en edificación vertical u horizontal.	P > 100 kW por caja general de protección
f	Las correspondientes a viviendas unifamiliares.	P > 50kW
g	Las de aparcamientos o estacionamientos que requieran ventilación forzada.	Cualquiera que sea su ocupación
h	Las de aparcamientos o estacionamientos que requieran ventilación natural.	De más de 5 plazas de estacionamiento
i	Las correspondientes a locales de pública concurrencia	Sin límite
j	Las correspondientes a: - Líneas de baja tensión con apoyos comunes con las de alta tensión; - Máquinas de elevación y transporte; - Las que utilicen tensiones especiales; - Las destinadas a rótulos luminosos salvo que se consideren instalaciones de Baja Tensión según lo establecido en la ITC-BT 44; - Cercas eléctricas; - Redes aéreas o subterráneas de distribución	Sin límite de potencia
k	Instalaciones de alumbrado exterior.	P > 5 kW
l	Las correspondientes a locales con riesgo de incendio o explosión, excepto aparcamientos o estacionamientos.	Sin límite
m	Las de quirófanos y salas de intervención.	Sin límite
n	Las correspondientes a piscinas y fuentes.	P > 5 kW
z	Las correspondientes a las infraestructuras para la recarga del vehículo eléctrico.	P > 50kW
	Instalaciones de recarga situadas en el exterior.	P > 10kW
	Todas las instalaciones que incluyan estaciones de recarga previstas para el modo de carga 4.	Sin límite
o	Todas aquellas que, no estando comprendidas en los grupos anteriores, determine el Ministerio de Ciencia y Tecnología, mediante la oportuna disposición.	Según corresponda

[P = Potencia prevista en la instalación, teniendo en cuenta lo estipulado en la (ITC) BT-10].

No será necesaria la elaboración de proyecto para las instalaciones de recarga que se ejecuten en los grupos de instalación g) y h) existentes en edificios de viviendas, siempre que las nuevas instalaciones no estén incluidas en el grupo z).

A continuación se incluyen los esquemas correspondientes que comparan con las exigencias del REBT 1973:

Instalaciones que precisan Proyecto

Grupo	Tipo de instalación	REBT 2002	REBT 1973
a)	Industrias en general	P > 20 kW	Si precisan autorización previa
b)	◆ Locales húmedos, polvorientos o con riesgo de corrosión; ◆ Bombas de extracción o elevación de agua	P > 10 kW	NO
c)	◆ Locales mojados; ◆ Generadores y convertidores; ◆ Conductores aislados para caldeo, excluyendo las de viviendas		◆ SL; ◆ P > 10 kW; ◆ SL;
d)	◆ De carácter temporal para alimentación de maquinaria de obras en construcción; ◆ De carácter temporal en locales o emplazamientos abiertos	P > 50 kW	SL
e)	Edificios destinados principalmente a viviendas y locales comerciales y oficinas que no tengan la consideración de locales de pública concurrencia	P > 100 kW Por CGP	P > 100 kW
f)	Viviendas unifamiliares	P > 50 kW	
g)	Garajes que precisan ventilación forzada	SL	NO
h)	Garajes con ventilación natural	> 5 plazas	

(P = Potencia prevista en la instalación, según RBT-10)

(SL: sin límite, se requiere proyecto para cualquier potencia).

Instalaciones que precisan Proyecto

Grupo	Tipo de instalación	REBT 2002	REBT 1973
i)	Locales de pública concurrencia	SL	Excepto Comercios P < 50 kW
j)	◆ Líneas de baja tensión con apoyos comunes con las de alta tensión; ◆ Máquinas de elevación y transporte; ◆ Utilizando tensiones especiales; ◆ Rótulos luminosos según ITC BT 44, salvo que se consideren instalaciones de BT; ◆ Cercas eléctricas; ◆ Redes de distribución	SL	SL
k)	Alumbrado exterior	P > 5 kW	
l)	Locales con riesgo de incendio o explosión, excepto garajes	SL	
m)	Quirófanos y salas de intervención		
n)	Piscinas y fuentes	P > 5 kW	
	Todas las no citadas para las que así se determine por el Ministerio	Según el caso	

(P = Potencia prevista en la
instalación, según RBT-10)

3.2. Asimismo, requerirán elaboración de proyecto las ampliaciones y modificaciones de las instalaciones siguientes:

a) Las ampliaciones de las instalaciones de los tipos (b, c, g, i, j, 1, m) y modificaciones de importancia de las instalaciones señaladas en 3.1.

b) Las ampliaciones de las instalaciones que, siendo de los tipos señalados en 3.1., no alcanzasen los límites de potencia prevista establecidos para las mismas, pero que los superan al producirse la ampliación.

c) Las ampliaciones de instalaciones que requirieron proyecto originalmente si en una o en varias ampliaciones se supera el 50% de la potencia prevista en el proyecto anterior.

3.3. Si una instalación está comprendida en más de un grupo de los especificados en 3.1, se le aplicará el criterio más exigente de los establecidos para dichos grupos.

4. INSTALACIONES QUE REQUIEREN MEMORIA TÉCNICA DE DISEÑO

Requerirán Memoria Técnica de Diseño todas las instalaciones -sean nuevas, ampliaciones o modificaciones- no incluidas en los grupos indicados en el apartado 3.

5. EJECUCIÓN Y TRAMITACIÓN DE LAS INSTALACIONES

5.1. Todas las instalaciones en el ámbito de aplicación del Reglamento deben ser efectuadas por las empresas instaladoras en baja tensión a las que se refiere la Instrucción Técnica complementaria **ITC-BT-03**.

En el caso de instalaciones que requirieron Proyecto, su ejecución deberá contar con la dirección de un técnico titulado competente.

Si, en el curso de la ejecución de la instalación, la empresa instaladora considerase que el Proyecto o Memoria Técnica de Diseño no se ajusta a lo establecido en el Reglamento, deberá, por escrito, poner tal circunstancia en cono-cimiento del autor de dichos Proyectos o Memoria, y del propietario. Si no hubiera acuerdo entre las partes se someterá la cuestión al órgano competente de la Comunidad Autónoma, para que ésta resuelva en el más breve plazo posible.

5.2. Al término de la ejecución de la instalación, la empresa instaladora realizará las verificaciones que resulten oportunas, en función de las características de aquélla, según se especifica en la **ITC-BT-05** y en su caso todas las que determine la dirección de obra.

5.3. Asimismo, las instalaciones que se especifican en la **ITC-BT-05** deberán ser objeto de la correspondiente Inspección Inicial por Organismo de Control.

5.4. Finalizadas las obras y realizadas las verificaciones e inspección inicial a que se refieren los puntos anteriores, la empresa instaladora deberá emitir un Certificado de Instalación, suscrito por un instalador en baja tensión que pertenezca a la empresa, según modelo establecido por la Administración, que deberá comprender, al menos, lo siguiente:los datos referentes a las principales características de la instalación;

a) la potencia prevista de la instalación;

b) en su caso, la referencia del certificado del Organismo de Control que hubiera realizado con calificación de resultado favorable, la inspección inicial;

c) identificación de la empresa instaladora responsable de la instalación y del instalador en baja tensión que suscribe el certificado de instalación;

d) declaración expresa de que la instalación ha sido ejecutada de acuerdo con las prescripciones del Reglamento electrotécnico para baja tensión, aprobado por el Real Decreto 842/2002, de 2 de agosto, y, en su caso, con las especificaciones particulares aprobadas a la Compañía eléctrica, así como, según corresponda, con el Proyecto o la Memoria Técnica de Diseño.

5.5. Antes de la puesta en servicio de las instalaciones, la empresa instaladora deberá presentar ante el Órgano competente de la Comunidad Autónoma, al objeto de su inscripción en el correspondiente registro, el Certificado de Instalación con su correspondiente anexo de información al usuario, por quintuplicado, al que se acompañará, según el caso, el Proyecto o la Memoria Técnica de Diseño, así como el certificado de Dirección de Obra firmado por el correspondiente técnico titulado competente, y el certificado de inspección inicial del Organismo de Control, si procede.

El Órgano competente de la Comunidad Autónoma deberá diligenciar las copias del Certificado de Instalación, devolviendo cuatro a la empresa instaladora, dos para sí y las otras dos para la propiedad, a fin de que esta pueda, a su vez, quedarse con una copia y entregar la otra a la Compañía eléctrica, requisito sin el cual esta no podrá suministrar energía a la instalación, salvo lo indicado en el Artículo 18.3 del Reglamento Electrotécnico para Baja Tensión.

Si la documentación técnica indicada se presentase por medios electrónicos, solo será necesaria la presentación de una única copia del certificado de instalación eléctrica en lugar de cinco. En este caso, la administración enviará dicho certificado diligenciado por medios electrónicos a la empresa instaladora, quien deberá entregar una copia (también electrónica) del documento al titular de la instalación y conservar otra para su archivo.

En el apartado 5.5, la referencia al artículo 18.3 del Reglamento, debería ser al artículo 18.4.

5.6. Instalaciones temporales en ferias, exposiciones y similares

Cuando en este tipo de eventos exista para toda la instalación de la feria o exposición una Dirección de Obra común, podrán agruparse todas las documentaciones de las instalaciones parciales de alimentación a los distintos stands o elementos de la feria, exposición, etc., y presentarse de una sola vez ante el órgano competente de la Comunidad Autónoma, bajo una certificación de instalación global firmada por el responsable técnico de la Dirección mencionada.

Cuando se trate de montajes repetidos idénticos, se podrá prescindir de la documentación de diseño, tras el registro de la primera instalación, haciendo constar en el certificado de instalación dicha circunstancia, que será válida durante un año, siempre que no se produjeran modificaciones significativas, entendiendo como tales las que afecten a la potencia prevista, tensiones de servicio y utilización y a los elementos de protección contra contactos directos e indirectos y contra sobreintensidades y sobretensiones.

A continuación se incluye un esquema resumen relativo a la tramitación de las instalaciones,

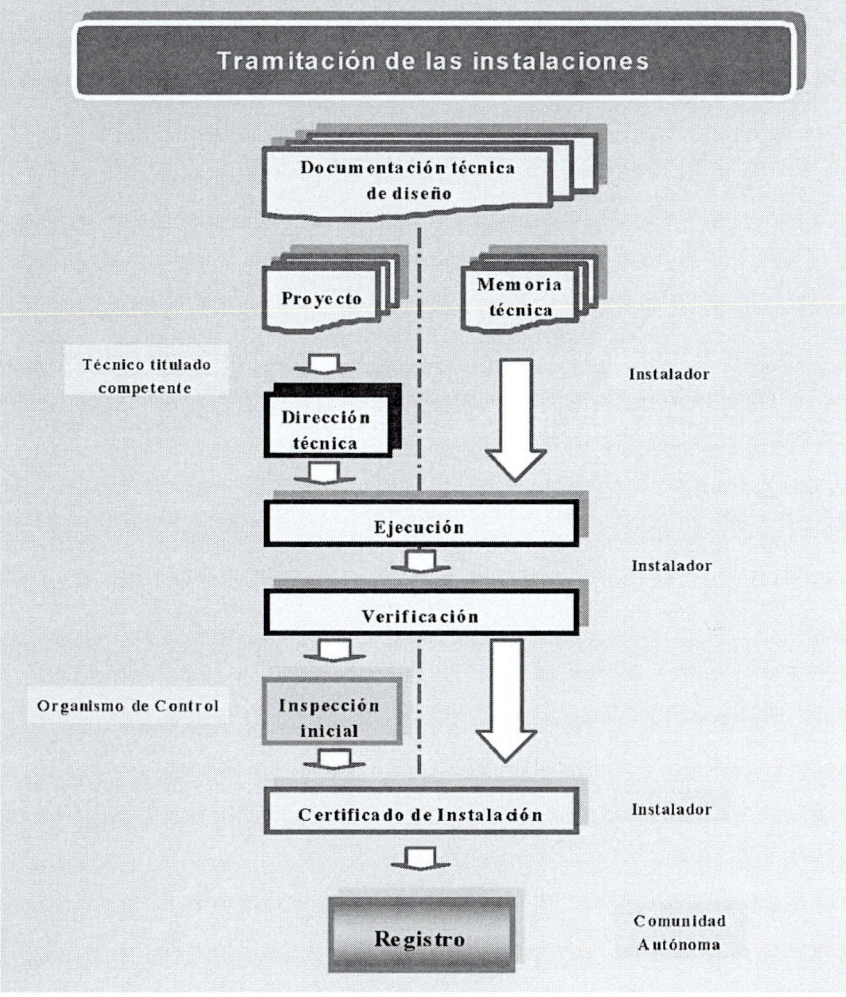

Todas las instalaciones que requieren de inspección inicial debieron de ser objeto del correspondiente proyecto, pero no todas las instalaciones que requieren proyecto precisan de una inspección inicial.

En el caso de instalaciones con proyecto el instalador es responsable también de comprobar que todas las prescripciones del proyecto son conformes a lo establecido en el RBT, en caso de que el proyecto no se ajustara al RBT el instalador debería poner tal hecho en conocimiento del autor del proyecto y de la propiedad y si no hubiera acuerdo se debería recurrir al órgano competente de la Comunidad autónoma decidiría al respecto.

Cuando se requiera proyecto, la documentación debe incluir además la supervisión del Director de Obra. En este caso, verificación y supervisión, se realizarán conjuntamente a fin de comprobar la correcta ejecución de la instalación y su funcionamiento seguro.

Todas las instalaciones deberán ser verificadas por el Instalador Autorizado que las haya ejecutado siguiendo la metodología reflejada en la norma UNE -20460-6-61. En el Anexo 4 de la guía del RBT se indican más detalladamente los contenidos de esta verificación.

Para las instalaciones especificadas en el apartado 4.1 de la ITC-BT-05, además de la verificación que efectúa el instalador, será necesaria también su inspección, realizada por un Organismo de Control autorizado por la Administración.

Como se desprende del texto y del esquema anterior, las Comunidades Autónomas registran y diligencian la documentación que se les presenta, por lo que no son necesarios más trámites ni inspecciones adicionales.

Esto significa que las administraciones públicas competentes se limitarán por lo general a registrar la documentación de la instalación, sin que ello suponga su aprobación o un reconocimiento expreso de la idoneidad de la instalación con las condiciones técnicas reglamentarias exigibles. En cualquier caso, y de acuerdo con la facultad que señala el artículo.
14 de la ley 21/1992 de industria, las Comunidades autónomas podrán llevar a cabo las actuaciones de inspección y control que estimen necesarias, por ejemplo, mediante control por muestreo estadístico para asegurar de esta forma la eficacia del sistema de autorización de instalaciones.

Para aquellas instalaciones industriales que cuenten con un proyecto general, que englobe el proyecto eléctrico, tanto el instalador autorizado, como la propiedad o quien haya firmado la dirección de obra podrán solicitar el correspondiente registro de la documentación ante la Comunidad Autónoma.

En el esquema siguiente se indica cómo el instalador autorizado debe distribuir las cuatro copias de la documentación de la instalación que recibe de la Comunidad autónoma una vez diligenciadas. De las cinco copias iniciales la Comunidad autónoma mantiene una para su propio archivo y registro.

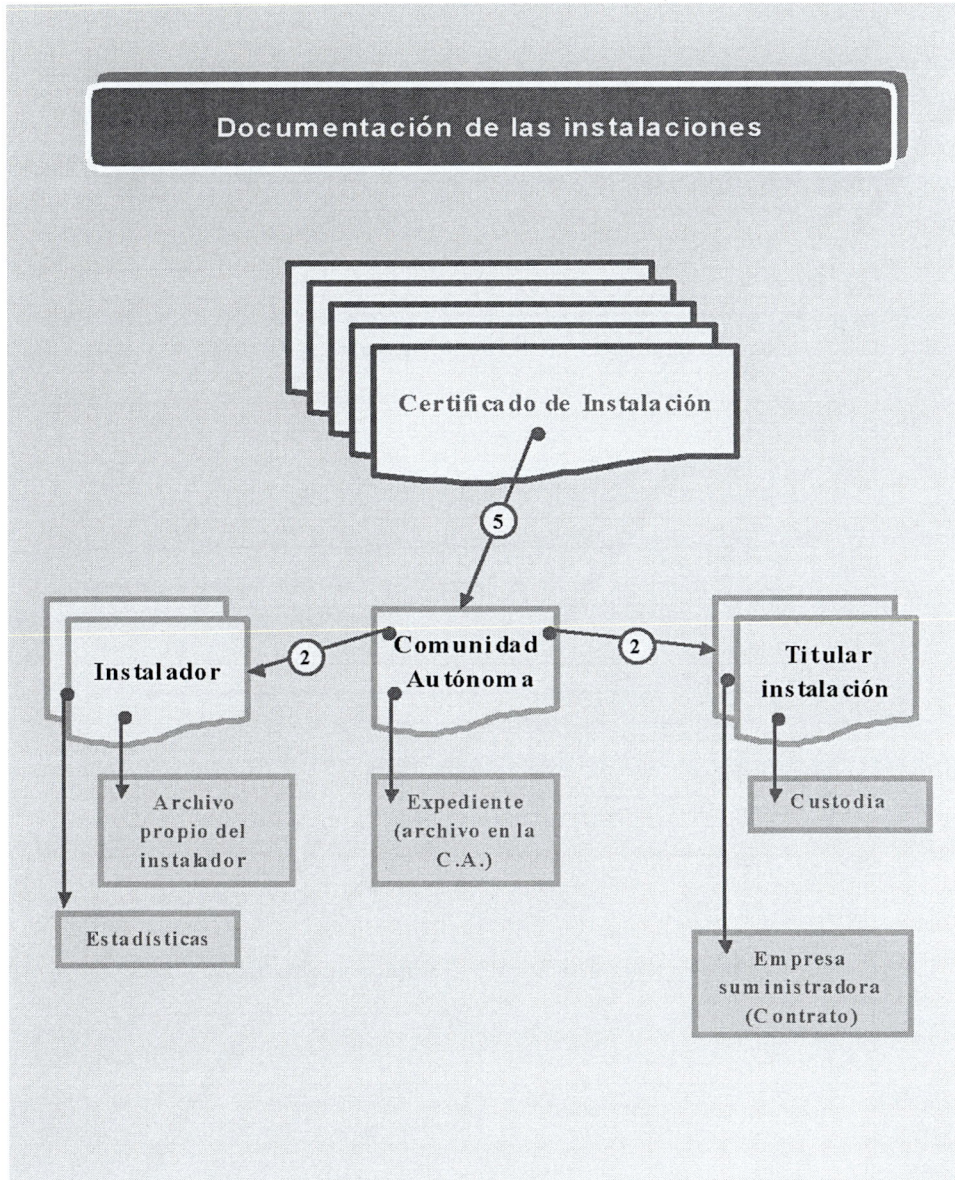

A continuación se incluye un modelo de certificado de instalación eléctrica en baja tensión

CERTIFICADO DE INSTALACIÓN ELÉCTRICA EN BAJA TENSIÓN

TITULAR	
APELLIDOS Y NOMBRE O RAZÓN SOCIAL	D.N.I. - N.I.F.
DOMICILIO (calle o plaza y número)	C.P.

MUNICIPIO	PROVINCIA	TELÉFONO	FAX
REPRESENTANTE (si procede)			D.N.I.

EMPRESA SUMINISTRADORA

CARACTERÍSTICAS DE LA INSTALACIÓN

EMPLAZAMIENTO (calle o plaza y número)	Portal	Bis	Esc	Piso	Puerta

MUNICIPIO	C.P.	PROVINCIA

TIPO DE INSTALACIÓN (ver tabla 1)

POTENCIA PREVISTA (kW)	POTENCIA INSTALADA (Kw)	TENSIÓN

EMPRESA INSTALADORA

APELLIDOS Y NOMBRE O RAZÓN SOCIAL	Nº DEL DCE
NOMBRE DEL INSTALADOR	Nº DEL CARNET INSTAL. AUTORIZAD

DERIVACIÓN INDIVIDUAL

VIVIENDAS	GRADO ELECTRIFICACIÓN: SUPERFICIE:	SECCIÓN DE LA DERIVACIÓN INDIVIDUAL
OTROS USOS	SUPERFICIE:	SECCIÓN DE LA DERIVACIÓN INDIVIDUAL
OTRAS INSTALACIONES		SECCIÓN DE LA DERIVACIÓN INDIVIDUAL

LÍNEA GENERAL DE ALIMENTACIÓN

SECCIÓN (mm²):

PROTECCIÓN CONTACTOS INDIRECTOS

INTERRUPTOR DIFERENCIAL:	Intensidad Nominal:
	Sensibilidad:

RESISTENCIA DE LA TIERRA DE PROTECCIÓN:

OTROS:

CERTIFICACIÓN DE LA EMPRESA INSTALADORA	CATEGORÍA Y ESPECIALIDAD INSTALADOR
El Instalador autorizado que suscribe, inscrito en este Servicio Territorial con el número y Documento de Calificación Empresarial arriba indicados. CERTIFICA: haber ejecutado la instalación de acuerdo con las prescripciones del vigente reglamento para baja tensión e instrucciones ITC-BT específicas que le son de aplicación, las normas específicas de la empresa suministradora aprobadas, así como del ☐ Proyecto ☐ Memoria Técnica de Diseño	☐ Básica ☐ Especialista Modalidad:
_____, a _____ de _____ de ____ Firma del instalador	SELLO DE LA EMPRESA INSTALADORA

De las dos copias diligenciadas por la C.A. para el Instalador, una de ellas está prevista para la asociación profesional correspondiente, con el objeto de que sirva para la elaboración de estadísticas. Estas asociaciones pueden facilitar tales estadísticas a la C.A.

Para facilitar el tratamiento de esta información, se recomienda el uso de medios telemáticos.

6. PUESTA EN SERVICIO DE LAS INSTALACIONES

El titular de la instalación deberá solicitar el suministro de energía a la empresa suministradora mediante entrega del correspondiente ejemplar del certificado de instalación.

La empresa suministradora podrá realizar, a su cargo, las verificaciones que considere oportunas, en lo que se refiere al cumplimiento de las prescripciones del presente Reglamento.

Cuando los valores obtenidos en la indicada verificación sean inferiores o superiores a los señalados respectivamente para el aislamiento y corrientes de fuga en la **ITC-BT-19**, las Empresas suministradoras no podrán conectar a sus redes las instalaciones receptoras.

En esos casos, deberán extender un Acta, en la que conste el resultado de las comprobaciones, la cual deberá ser firmada igualmente por el titular de la instalación, dándose por enterado. Dicha acta, en el plazo más breve posible, se pondrá en conocimiento del órgano competente de la Comunidad Autónoma, quien determinará lo que proceda.

GUÍA-BT-05

VERIFICACIONES E INSPECCIONES

Índice

Edición: Septiembre 2003. Revisión: 1

1. OBJETO

La presente Instrucción tiene por objeto desarrollar las previsiones de los artículos 18 y 20 del Reglamento Electrotécnico para Baja Tensión, en relación con las verificaciones previas a la puesta en servicio e inspecciones de las instalaciones eléctricas incluidas en su campo de aplicación.

2. AGENTES INTERVINIENTES

2.1 Las verificaciones previas a la puesta en servicio de las instalaciones deberán ser realizadas por las empresas instaladoras que las ejecuten.

2.2 De acuerdo con lo indicado en el artículo 20 del Reglamento, sin perjuicio de las atribuciones que, en cualquier caso, ostenta la Administración Pública, los agentes que lleven a cabo las inspecciones de las instalaciones eléctricas de Baja Tensión deberán tener la condición de Organismos de Control, según lo establecido en el Real Decreto 2.200/1995, de 28 de diciembre, acreditados para este campo reglamentario.

La diferencia entre verificación e inspección radica principalmente en el agente encargado de su ejecución.

Todas las instalaciones eléctricas deben ser objeto de una verificación previa a su puesta en servicio efectuada por el instalador autorizado que las realizó, con la supervisión en su caso del director de obra. El instalador autorizado es por lo tanto responsable de la correcta ejecución de la instalación y de que sea segura, lo mismo que un fabricante es responsable del producto que fabrica.

Las inspecciones las efectúan bien directamente las propias Administraciones Públicas competentes (mediante los servicios de industria de las CCAA), o como es más frecuente las efectúan los Organismos de Control autorizados por la administración (OCAs). De entre todas las instalaciones eléctricas dentro del ámbito del RBT, solamente algunas de ellas son objeto de inspecciones iniciales o periódicas.

También conviene aclarar que los titulares de las instalaciones deberán mantenerlas en buen estado de funcionamiento, utilizándolas de acuerdo con sus características y absteniéndose de intervenir en las mismas para modificarlas. Si son necesarias modificaciones, éstas deberán ser efectuadas por un instalador autorizado. Por lo tanto, no sólo las nuevas instalaciones eléctricas deben ejecutarse por instaladores autorizados, sino también cualquier ampliación o modificación de una existente. Cualquier actuación de un instalador autorizado debe por tanto ir seguida de la correspondiente verificación del trabajo realizado siendo el propio instalador quien debe verificar la instalación.

En resumen todas las instalaciones eléctricas deben ser objeto de la correspondiente verificación después de su realización o modificación.

3. VERIFICACIONES PREVIAS A LA PUESTA EN SERVICIO

Las instalaciones eléctricas en baja tensión deberán ser verificadas, previamente a su puesta en servicio y según corresponda en función de sus características, siguiendo la metodología de la norma UNE 20.460-6-61.

La verificación de las instalaciones eléctricas previa a su puesta en servicio comprende dos fases: una primera fase que no requiere efectuar medidas y que se denomina verificación por examen, y una segunda fase que requiere la utilización de equipos de medida específicos.

El alcance de esta verificación se detalla en la ITC-BT-19 y en la norma UNE 20460 parte 6-61 y comprende tanto la verificación por examen como la verificación mediante medidas eléctricas.

Adicionalmente otras instrucciones establecen verificaciones adicionales, como la ITC-BT-18 para el caso de las puestas a tierra.

<u>*Verificación por examen*</u>

Debe preceder a los ensayos y medidas, y normalmente se efectuará para el conjunto de la instalación estando ésta sin tensión.

Está destinada a comprobar:

– *Si el material eléctrico instalado permanentemente es conforme con las prescripciones establecidas en el proyecto o memoria técnica de diseño.*

– *Si el material ha sido elegido e instalado correctamente conforme a las prescripciones del Reglamento y del fabricante del material.*

– *Que el material no presenta ningún daño visible que pueda afectar a la seguridad.*

– *En concreto los aspectos cualitativos que este tipo de verificación debe tener en cuenta son los siguientes:*

  • *La existencia de medidas de protección contra los choques eléctricos por contacto de partes bajo tensión o contactos directos, como por ejemplo: el aislamiento de las partes activas, el empleo de envolventes, barreras, obstáculos o alejamiento de las partes en tensión.*

  • *La existencia de medidas de protección contra choques eléctricos derivados del fallo de aislamiento de las partes activas de la instalación, es decir, contactos indirectos. Dichas medidas pueden ser el uso de dispositivos de corte automático de la alimentación tales como interruptores de máxima corriente, fusibles, o diferenciales, la utilización de equipos y materiales de clase II, disposición de paredes y techos aislantes o alternativamente de conexiones equipotenciales en locales que no utilicen conductor de protección, etc.*

  • *La existencia y calibrado de los dispositivos de protección y señalización.*

  • *La presencia de barreras cortafuegos y otras disposiciones que impidan la propagación del fuego, así como protecciones contra efectos térmicos.*

  • *La utilización de materiales y medidas de protección apropiadas a las influencias externas.*

  • *La existencia y disponibilidad de esquemas, advertencias e informaciones similares.*

  • *La identificación de circuitos, fusibles, interruptores, bornes, etc.*

  • *La correcta ejecución de las conexiones de los conductores.*

  • *La accesibilidad para comodidad de funcionamiento y mantenimiento.*

<u>*Verificaciones mediante medidas o ensayos*</u>

Las verificaciones descritas en la ITC-BT-19 e ITC-BT-18 son las siguientes:

– *Medida de continuidad de los conductores de protección.*

– *Medida de la resistencia de puesta a tierra.*

– *Medida de la resistencia de aislamiento de los conductores.*

– *Medida de la resistencia de aislamiento de suelos y paredes, cuando se utilice este sistema de protección.*

– *Medida de la rigidez dieléctrica.*

Adicionalmente hay que considerar otras medidas y comprobaciones que son necesarias para garantizar que se han adoptado convenientemente los requisitos de protección contra choques eléctricos. Se realizarán una o varias de las medidas indicadas a continuación según el sistema de protección utilizado:

– *Medida de las corrientes de fuga.*

– *Comprobación de la intensidad de disparo de los diferenciales.*

– *Medida de la impedancia de bucle.*

– *Comprobación de la secuencia de fases.*

Las instalaciones eléctricas en baja tensión de especial relevancia que se citan en la capítulo 4 deberán ser objeto además de inspección por un Organismo de Control, a fin de asegurar, en la medida de lo posible, el cumplimiento reglamentario a lo largo de la vida de dichas instalaciones.

A continuación se adjunta una hoja de control de verificación que puede ser utilizada por los instaladores como guía de referencia de los puntos principales para el caso de viviendas:

INSTALACIONES EN VIVIENDAS

Concepto	Cumple	No Cumple	Concepto	Cumple	No Cumple
1. Protección contra contactos directos (aislamiento, envolventes, etc.)	☐	☐	7. Conformidad de los materiales		
2. Protección contra los contactos indirectos			7.1. Tubos, canales, cajas de conexión, protecciones, tomas de corriente, interruptores, etc.	☐	☐
2.1. Existencia de red de tierra	☐	☐	8. Instalación		
2.2. Existencia de unión equipotencial (tuberías metálicas, conductos metálicos accesibles, refuerzos metálicos del hormigón armado, etc.)	☐	☐	8.1. Situación y altura del cuadro general de protección	☐	☐
			8.2. Identificación de los conductores	☐	☐
2.3. Existencia de unión equipotencial suplementaria (baños, intemperie, etc.)	☐	☐	8.3. Identificación de los circuitos	☐	☐
2.4. Tomas de corriente con toma de tierra	☐	☐	8.4. Empotrado: Marcado mínimo tubos 2221 (curvables o flexibles)	☐	☐
2.5. Desconexión automática de la alimentación por un diferencial con $I_{\Delta n \geq}$ 30 mA	☐	☐	8.5. Superficiales: Marcado mínimo tubos 4321 (rígidos o curvables), canales protectoras y canalizaciones prefabricadas	☐	☐
2.6. Discriminación entre diferenciales. Diferenciales retardados tipo S	☐	☐			
3. Distribución de circuitos			8.6. Conexión entre conductores de protección y partes metálicas accesibles	☐	☐
3.1. Presencia de los circuitos mínimos	☐	☐	8.7. Conexión entre cables (regletas de conexión)	☐	☐
3.2. Máximo de 5 circuitos por cada diferencial Nota: excepto en desdoblamiento circuito C_4 y desdoblamiento circuitos C_1, C_2 y C_5 si no se supera el número máximo de puntos de utilización	☐	☐	9. Baños		
			9.1. Material eléctrico con un grado de protección adecuado al volumen al ser instalado – Volumen 0: IPX7 – Volumen 1 y 2: IPX4 – Volumen 3: IPX1	☐	☐
4. Protección contra sobreintensidades					
4.1. Presencia del Interruptor General Automático (IGA)	☐	☐	9.2. Canalizaciones limitadas a la alimentación de receptores situados en el mismo volumen o en volúmenes de índice inferior	☐	☐
4.2. Interruptores automáticos (PIAs) de corte omnipolar	☐	☐	9.3. Cajas de conexión sólo en volumen 3	☐	☐
4.3. Protección contra cortocircuitos y sobrecargas al inicio de cada circuito	☐	☐	9.4. Tomas de corriente: – Volumen 2: Protegidas por MBTP (12 V c.c. o 30 V c.a.) – Volumen 3: Protegidas por separación eléctrica, por MBTP o por diferencial con $I_{\Delta n \geq}$ 30 mA	☐	☐
4.4. Selección apropiada del dispositivo de protección de acuerdo con la sección del conductor – 1,5 mm² → PIA: 10A máx. – 2,5 mm² → PIA: 16A máx. – 4 mm² → PIA: 20A máx. – 6 mm² → PIA: 25A máx. – 10 mm² → PIA: 32A máx.	☐	☐			
			10. Mediciones		
			10.1. Resistencia de tierra: .... Ω	☐	☐
5. Protección contra sobretensiones, en su caso	☐	☐	10.2. Continuidad del conductor de protección: – terminales de tierra de las tomas de corriente – envolventes metálicas de receptores fijos – puntos de luz y placas metálicas de interruptores	☐	☐
6. Características de los conductores					
6.1. Conductores aislados de tensión asignada mínima de 450/750 V	☐	☐	10.3. Disparo de diferenciales por corriente residual	☐	☐
6.2. Sección mínima de los conductores activos: – C_1 y C_5 Alumbrado: 1,5 mm² – C_2, C_5, C_7 y C_{10} Tomas de corriente: 16A: 2,5 mm² – C_4 Lavadoras, lavavajillas y termo eléctrico: 4 mm² – C_4 Desdoblado: 2,5 mm² – C_3, C_6 y C_9 Horno, calefacción eléctrica y aire acondicionado: 6 mm²	☐	☐	10.4. Resistencia de aislamiento (R_a) MBTP o MBTS → $R_a \geq 0.25$ MΩ Un ≤ 500 V → $R_a \geq 0.5$ MΩ	☐	☐
			Otras deficiencias y observaciones:		
6.3. Conductores de protección de la misma sección que los conductores activos	☐	☐	....		
6.4. Conductores de tierra o línea de enlace con tierra: – Con protección contra la corrosión: 16 mm² Cu; – Sin protección contra la corrosión: 25 mm² Cu; 50 mm² Fe	☐	☐	....		

INSTALACIONES EN ZONAS COMUNES DE VIVIENDAS

	Cumple	No Cumple		Cumple	No Cumple
1. Protección contra contactos directos (aislamiento, envolventes, etc.)	☐	☐	7. Instalación		
2. Protección contras los contactos indirectos			7.1. Situación y altura del cuadro general de protección	☐	☐
2.1. Existencia de red de tierra	☐	☐	7.2. Identificación de los conductores	☐	☐
2.2. Existencia de unión equipotencial (tuberías metálicas, conductos metálicos accesibles, refuerzos metálicos del hormigón armado, etc.)	☐	☐	7.3. Identificación de los circuitos	☐	☐
			7.4. Empotrado: Marcado mínimo tubos 2221 (curvables o flexibles)	☐	☐
2.3. Existencia de unión equipotencial suplementaria (baños, intemperie, etc.)	☐	☐	7.5. Superficiales: Marcado mínimo tubos 4321 (rígidos o curvables), canales protectoras y canalizaciones prefabricadas	☐	☐
2.4. Tomas de corriente con toma de tierra	☐	☐			
2.5. Desconexión automática de la alimentación por un diferencial con $I_{\Delta n \geq}$ 30 mA	☐	☐	7.6. Conexión entre conductores de protección y partes metálicas accesibles	☐	☐
2.6. Discriminación entre diferenciales. Diferenciales retardados tipo S	☐	☐	7.7. Conexión entre cables (regletas de conexión)	☐	☐
			8. Servicios Generales		
3. Protección contra sobreintensidades			8.1. Aparatos de alumbrado de emergencia		
3.1. Presencia del Interruptor General Automático (IGA)	☐	☐	– funcionamiento de lámparas de señalización – funcionamiento de lámparas de emergencia	☐	☐
3.2. Interruptores automáticos (PIAs) de corte omnipolar	☐	☐	– lux a nivel de suelo entre ejes de paso (mínimo 1 lux)		
3.3. Protección contra cortocircuitos y sobrecargas al inicio de cada circuito	☐	☐	9. Mediciones		
			9.1. Resistencia de tierra: .... Ω	☐	☐
3.4. Selección apropiada del dispositivo de protección de acuerdo con la sección del conductor – 1,5 mm² → PIA: 10A máx. – 2,5 mm² → PIA: 16A máx. – 4 mm² → PIA: 20A máx. – 6 mm² → PIA: 25A máx. – 10 mm² → PIA: 32A máx.	☐	☐	9.2. Continuidad del conductor de protección: – terminales de tierra de las tomas de corriente – envolventes metálicas de receptores fijos – puntos de luz y placas metálicas de interruptores	☐	☐
			9.3. Disparo de diferenciales por corriente residual	☐	☐
4. Protección contra sobretensiones, en su caso	☐	☐	9.4. Resistencia de aislamiento (R_a) MBTP o MBTS → $R_a \geq 0.25$ MΩ Un ≤ 500 V → $R_a \geq 0.5$ MΩ	☐	☐
5. Características de los conductores					
5.1. Conductores aislados de tensión asignada mínima de 450/750V	☐	☐	Otros deficiencias y observaciones: ....
5.2. Sección mínima de los conductores activos – Alumbrado: 1,5 mm² – Tomas de corriente: 16A: 2,5 mm²	☐	☐	
5.3. Conductores de protección de la misma sección que los conductores activos	☐	☐	
5.4. Conductores de tierra o línea de enlace con tierra: – Con protección contra la corrosión: 16 mm² Cu; – Sin protección contra la corrosión: 25 mm² Cu; 50 mm² Fe	☐	☐	
6. Conformidad de los mateirales			
6.1. Tubos, canales, cajas de conexión, protecciones, tomas de corriente, interruptores, etc.	☐	☐	

4. INSPECCIONES

Las instalaciones eléctricas en baja tensión de especial relevancia que se citan a continuación, deberán ser objeto de inspección por un Organismo de Control, a fin de asegurar, en la medida de lo posible, el cumplimiento reglamentario a lo largo de la vida de dichas instalaciones.

Las inspecciones podrán ser:

• Iniciales: Antes de la puesta en servicio de las instalaciones.

• Periódicas;

4.1 Inspecciones iniciales

Serán objeto de inspección, una vez ejecutadas las instalaciones, sus ampliaciones o modificaciones de importancia y previamente a ser documentadas ante el Órgano competente de la Comunidad Autónoma, las siguientes instalaciones:

a) Instalaciones industriales que precisen proyecto, con una potencia instalada superior a 100 kW;

b) Locales de Pública Concurrencia;

c) Locales con riesgo de incendio o explosión, de clase I, excepto garajes de menos de 25 plazas;

d) Locales mojados con potencia instalada superior a 25 kW;

e) Piscinas con potencia instalada superior a 10 kW;

g) Quirófanos y salas de intervención;

h) Instalaciones de alumbrado exterior con potencia instalada superior a 5 kW.

4.2 Inspecciones periódicas

Serán objeto de inspecciones periódicas, cada 5 años, todas las instalaciones eléctricas en baja tensión que precisaron inspección inicial, según el punto 4.1 anterior, y cada 10 años, las comunes de edificios de viviendas de potencia total instalada superior a 100 kW.

5. PROCEDIMIENTO

5.1 Los Organismos de Control realizarán la inspección de las instalaciones sobre la base de las prescripciones que establezca el Reglamento de aplicación y, en su caso, de lo especificado en la documentación técnica, aplicando los criterios para la clasificación de defectos que se relacionan en el apartado siguiente. La empresa instaladora, si lo estima conveniente, podrá asistir a la realización de estas inspecciones.

5.2 Como resultado de la inspección, el Organismo de Control emitirá un Certificado de Inspección, en el cual figurarán los datos de identificación de la instalación y la posible relación de defectos, con su clasificación, y la calificación de la instalación, que podrá ser:

5.2.1 Favorable: Cuando no se determine la existencia de ningún defecto muy grave o grave. En este caso, los posibles defectos leves se anotarán para constancia del titular, con la indicación de que deberá poner los medios para subsanarlos antes de la próxima inspección. Asimismo, podrán servir de base a efectos estadísticos y de control del buen hacer de las empresas instaladoras.

5.2.2 Condicionada: Cuando se detecte la existencia de, al menos, un defecto grave o defecto leve procedente de otra inspección anterior que no se haya corregido. En este caso:

a) Las instalaciones nuevas que sean objeto de esta calificación no podrán ser suministradas de energía eléctrica en tanto no se hayan corregido los defectos indicados y puedan obtener la calificación de favorable.

b) A las instalaciones ya en servicio se les fijará un plazo para proceder a su corrección, que no podrá superar los 6 meses. Transcurrido dicho plazo sin haberse subsanado los defectos, el Organismo de Control deberá remitir el Certificado con la calificación negativa al Órgano competente de la Comunidad Autónoma.

5.2.3 Negativa: Cuando se observe, al menos, un defecto muy grave. En este caso:

a) Las nuevas instalaciones no podrán entrar en servicio, en tanto no se hayan corregido los defectos indicados y puedan obtener la calificación de favorable.

b) A las instalaciones ya en servicio se les emitirá Certificado negativo, que se remitirá inmediatamente al Órgano competente de la Comunidad Autónoma.

A continuación se incluye un esquema del procedimiento de inspección:

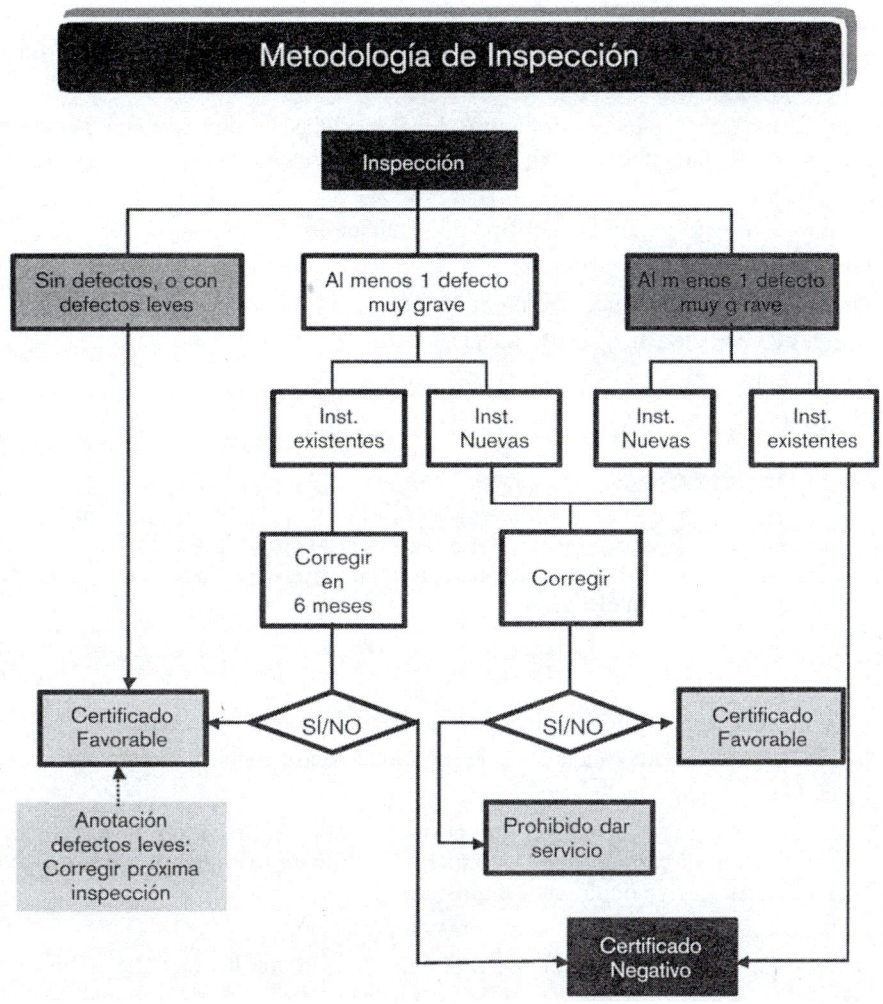

6. CLASIFICACIÓN DE DEFECTOS

Los defectos en las instalaciones se clasificarán en: Defectos muy graves, defectos graves y defectos leves.

6.1 Defecto Muy Grave

Es todo aquel que la razón o la experiencia determina que constituye un peligro inmediato para la seguridad de las personas o los bienes.

Se consideran tales los incumplimientos de las medidas de seguridad que pueden provocar el desencadenamiento de los peligros que se pretenden evitar con tales medidas, en relación con:

– Contactos directos, en cualquier tipo de instalación;

– Locales de pública concurrencia;

– Locales con riesgo de incendio o explosión;

– Locales de características especiales;

– Instalaciones con fines especiales;

– Quirófanos y salas de intervención.

6.2 Defecto Grave

Es el que no supone un peligro inmediato para la seguridad de las personas o de los bienes, pero puede serlo al originarse un fallo en la instalación. También se incluye dentro de esta clasificación, el defecto que pueda reducir de modo sustancial la capacidad de utilización de la instalación eléctrica.

Dentro de este grupo y con carácter no exhaustivo, se consideran los siguientes defectos graves:

– Falta de conexiones equipotenciales, cuando éstas fueran requeridas;

– Inexistencia de medidas adecuadas de seguridad contra contactos indirectos;

– Falta de aislamiento de la instalación;

– Falta de protección adecuada contra cortocircuitos y sobrecargas en los conductores, en función de la intensidad máxima admisible en los mismos, de acuerdo con sus características y condiciones de instalación;

– Falta de continuidad de los conductores de protección;

– Valores elevados de resistencia de tierra en relación con las medidas de seguridad adoptadas;

– Defectos en la conexión de los conductores de protección a las masas, cuando estas conexiones fueran preceptivas;

– Sección insuficiente de los conductores de protección;

– Existencia de partes o puntos de la instalación cuya defectuosa ejecución pudiera ser origen de averías o daños;

– Naturaleza o características no adecuadas de los conductores utilizados;

– Falta de sección de los conductores, en relación con las caídas de tensión admisibles para las cargas previstas;

– Falta de identificación de los conductores "neutro" y "de protección";

– Empleo de materiales, aparatos o receptores que no se ajusten a las especificaciones vigentes;

– Ampliaciones o modificaciones de una instalación que no se hubieran tramitado según lo establecido en la ITC-BT 04;

– Carencia del número de circuitos mínimos estipulados;

– La sucesiva reiteración o acumulación de defectos leves.

6.3 Defecto Leve

Es todo aquel que no supone peligro para las personas o los bienes, no perturba el funcionamiento de la instalación y en el que la desviación respecto de lo reglamentado no tiene valor significativo para el uso efectivo o el funcionamiento de la instalación.

UNIDAD TEMÁTICA N.º 2

INSTALACIONES DE ENLACE

Resumen del contenido

GUÍA-BT-10

PREVISIÓN DE CARGAS PARA SUMINISTROS EN BAJA TENSIÓN

Índice

Edición: Septiembre 2003. Revisión: 1

Esta ITC-BT tiene por objeto establecer la previsión de cargas para los suministros de baja tensión de modo que se garantice la conexión y utilización segura de los receptores usados habitualmente y que futuros aumentos de la potencia demandada por los usuarios no tengan como consecuencia inmediata la necesidad de modificar la instalación. La previsión de cargas sirve también para dimensionar la capacidad de suministro de las líneas de distribución de las compañías eléctricas, así como la potencia a instalar en los Centros de Transformación.

Las previsiones de carga establecidas son los valores teóricos mínimos a considerar. Por lo tanto, en caso de conocer la demanda real de los usuarios, es necesario utilizar estos valores cuando sean superiores a los mínimos teóricos.

---

1. CLASIFICACIÓN DE LOS LUGARES DE CONSUMO

Se establece la siguiente clasificación de los lugares de consumo:

– Edificios destinados principalmente a viviendas

– Edificios comerciales o de oficinas

– Edificios destinados a una industria específica

– Edificios destinados a una concentración de industrias

2. GRADO DE ELECTRIFICACIÓN Y PREVISIÓN DE LA POTENCIA EN LAS VIVIENDAS

La carga máxima por vivienda depende del grado de utilización que se desee alcanzar. Se establecen los siguientes grados de electrificación.

2.1 Grado de electrificación

2.1.1 Electrificación básica

Es la necesaria para la cobertura de las posibles necesidades de utilización primarias sin necesidad de obras posteriores de adecuación.

Debe permitir la utilización de los aparatos eléctricos de uso común en una vivienda.

2.1.2 Electrificación elevada

Es la correspondiente a viviendas con una previsión de utilización de aparatos electrodomésticos superior a la electrificación básica o con previsión de utilización de sistemas de calefacción eléctrica o de acondicionamiento de aire o con superficies útiles de la vivienda superiores a 160 m^2, o con cualquier combinación de los casos anteriores.

El grado de electrificación de una vivienda será "electrificación elevada" cuando se cumpla alguna de las siguientes condiciones:

– superficie útil de la vivienda superior a 160 m^2.

– si está prevista la instalación de aire acondicionado.

– si está prevista la instalación de calefacción eléctrica.

– si está prevista la instalación de sistemas de automatización.

– si está prevista la instalación de una secadora.

– si el número de puntos de utilización de alumbrado es superior a 30.

– *si el número de puntos de utilización de tomas de corriente de uso general es superior a 20.*

– *si el número de puntos de utilización de tomas de corriente de los cuartos de baño y auxiliares de cocina es superior a 6.*

– *en otras condiciones indicadas en la ITC-BT-25.*

2.2 Previsión de la potencia

El promotor, propietario o usuario del edificio fijará de acuerdo con la Empresa Suministradora la potencia a prever, la cual, para nuevas construcciones, no será inferior a 5.750 W a 230 V, en cada vivienda, independientemente de la potencia a contratar por cada usuario, que dependerá de la utilización que éste haga de la instalación eléctrica.

En las viviendas con grado de electrificación elevada, la potencia a prever no será inferior a 9.200 W.

En todos los casos, la potencia a prever se corresponderá con la capacidad máxima de la instalación, definida ésta por la intensidad asignada del interruptor general automático, según se indica en la ITC-BT-25.

Las potencias indicadas anteriormente corresponden a las potencias mínimas a prever para cada uno de los grados de electrificación.

La potencia a prever debe ser mayor cuando se conozca la previsión de carga de la vivienda y ésta sea superior a los mínimos anteriormente citados.

En consecuencia, teóricamente la previsión de carga en un grado de electrificación básico abarca el rango 5.750 W a 9.199 W, aunque en la práctica al estar condicionada esta previsión al calibre del interruptor general automático, los dos valores posibles son 5.750 W (para un calibre de 25 A) y 7.360 W (para un calibre de 32 A).

En ambos casos la potencia a contratar por cada usuario dependerá de la utilización que éste haga de la instalación eléctrica y podrá ser inferior o igual a la potencia prevista.

---

3. CARGA TOTAL CORRESPONDIENTE A UN EDIFICIO DESTINADO PREFERENTEMENTE A VIVIENDAS

La carga total correspondiente a un edificio destinado principalmente a viviendas resulta de la suma de la carga correspondiente al conjunto de viviendas, de los servicios generales del edificio, de la correspondiente a los locales comerciales y de los garajes que forman parte del mismo.

La carga total correspondiente a varias viviendas o servicios se calculará de acuerdo con los siguientes apartados:

3.1 Carga correspondiente a un conjunto de viviendas

Se obtendrá multiplicando la media aritmética de las potencias máximas previstas en cada vivienda, por el coeficiente de simultaneidad indicado en la tabla 1, según el número de viviendas.

Nº Viviendas (n)	Coeficiente de Simultaneidad
1	1
2	2
3	3
4	3,8
5	4,6
6	5,4
7	6,2
8	7
9	7,8
10	8,5
11	9,2
12	9,9
13	10,6
14	11,3
15	11,9
16	12,5
17	13,1
18	13,7
19	14,3
20	14,8
21	15,3
n>21	15,3+(n-21)·0,5

Tabla 1. *Coeficiente de simultaneidad, según el número de viviendas*

Para edificios cuya instalación esté prevista para la aplicación de la tarifa nocturna, la simultaneidad será 1 (Coeficiente de simultaneidad = nº de viviendas)

Se considerará que la instalación de tarifa nocturna está prevista, cuando el proyecto o memoria técnica del edificio así lo contemple.

Ejemplo:

Edificio de tres plantas de pisos, con cuatro viviendas por planta de 100 m^2 cada una y una planta ático con dos viviendas de 200 m^2 cada una.

Las 12 viviendas de 100 m^2 no disponen de previsión de aire acondicionado, ni previsión de sistema de calefacción eléctrica y no está prevista la instalación de receptores especiales. Por lo tanto se toma el grado de electrificación básica, con una previsión de carga de 5.750 W por vivienda ya que no se conoce la previsión exacta de demanda eléctrica.

Para las dos viviendas del ático, aunque no tienen previsión de aire acondicionado, ni previsión de sistema de calefacción eléctrica, al ser la superficie superior a 160 m^2 se toma el grado de electrificación elevada, con una previsión de carga de 9.200 W por vivienda ya que no se conoce la previsión exacta de demanda eléctrica.

La previsión de cargas de las viviendas es:

$$11,3 \cdot \left(\frac{12 \cdot 5750 \; 2 \cdot 9200}{14} \right) = 70,544 \; kW$$

3.2 Carga correspondiente a los servicios generales

Será la suma de la potencia prevista en ascensores, aparatos elevadores, centrales de calor y frío, grupos de presión, alumbrado de portal, caja de escalera y espacios comunes y en todo el servicio eléctrico general del edificio sin aplicar ningún factor de reducción por simultaneidad (factor de simultaneidad = 1).

Carga correspondiente a ascensores y montacargas:

En la siguiente tabla se indican los valores típicos de las potencias de los aparatos elevadores según especifica la Norma Tecnológica de la Edificación ITE-ITA:

Tabla A: *Previsión de potencia para aparatos elevadores.*

Tipo de aparato elevador	Carga (kg)	Nº de personas	Velocidad (m/s)	Potencia (kW)
ITA-1	400	5	0,63	4,5
ITA-2	400	5	1,00	7,5
ITA-3	630	8	1,00	11,5
ITA-4	630	8	1,60	18,5
ITA-5	1000	13	1,60	29,5
ITA-6	1000	13	2,50	46,0

Carga correspondiente a alumbrado:

Para el alumbrado de portal y otros espacios comunes se puede estimar una potencia de 15 W/m^2 si las lámparas son incandescentes y de 8 W/m^2 si son fluorescentes. Para el alumbrado de la caja de escalera se puede estimar una potencia de 7 W/m^2 para incandescencia y de 4 W/m^2 para alumbrado con fluorescencia.

3.3 Carga correspondiente a los locales comerciales y oficinas

Se calculará considerando un mínimo de 100 W por metro cuadrado y planta, con un mínimo por local de 3.450 W a 230 V y coeficiente de simultaneidad 1.

Ejemplo: edificio con dos locales comerciales y dos oficinas, en el que se desconoce la previsión real de carga de los locales

Tabla B: *Ejemplo de previsión de cargas en locales comerciales y oficinas*

	Superficie (m^2)	Previsión real de carga (W)	Previsión con 100 W/m^2	Previsión carga (W)
local 1	25	desconocida	2.500	3.450
local 2	50	desconocida	5.000	5.000
oficina 1	200	35 000	20.000	35.000
oficina 2	150	13 500	15.000	15.000
Carga total (coeficiente 1)				58.450

3.4 Carga correspondiente a los garajes

Se calculará considerando un mínimo de 10 W por metro cuadrado y planta para garajes de ventilación natural y de 20 W para los de ventilación forzada, con un mínimo de 3.450W a 230 V y coeficiente de simultaneidad 1.

Cuando en aplicación de la NBE-CPI-96 sea necesario un sistema de ventilación forzada para la evacuación de humos de incendio, se estudiará de forma específica la previsión de cargas de los garajes.

Para efectuar la previsión de cargas en lo correspondiente a garajes se tendrá en cuenta lo que indiquen los reglamentos y normas de protección contra incendios.

4. CARGA TOTAL CORRESPONDIENTE A EDIFICIOS COMERCIALES, DE OFICINAS O DESTINADOS A UNA O VARIAS INDUSTRIAS

En general, la demanda de potencia determinará la carga a prever en estos casos que no podrá ser nunca inferior a los siguientes valores.

4.1 Edificios comerciales o de oficinas

Se calculará considerando un mínimo de 100 W por metro cuadrado y planta, con un mínimo por local de 3.450 W a 230 V y coeficiente de simultaneidad 1.

4.2 Edificios destinados a concentración de industrias

Se calculará considerando un mínimo de 125 W por metro cuadrado y planta, con un mínimo por local de 10.350 W a 230 V y coeficiente de simultaneidad 1.

5. PREVISIÓN DE CARGAS

La previsión de los consumos y cargas se hará de acuerdo con lo dispuesto en la presente instrucción. La carga total prevista en los capítulos 2, 3 y 4, será la que hay que considerar en el cálculo de los conductores de las acometidas y en el cálculo de las instalaciones.

6. SUMINISTROS MONOFÁSICOS

Las empresas distribuidoras estarán obligadas, siempre que lo solicite el cliente, a efectuar el suministro de forma que permita el funcionamiento de cualquier receptor monofásico de potencia menor o igual a 5750 W a 230 V, hasta un suministro de potencia máxima de 14.490 W a 230 V.

Tabla C: *Escalones de potencia prevista en suministros monofásicos.*

Electrificación	Potencia (W)	Calibre interruptor general automático (IGA) (A)
Básica	5.750	25
	7.360	32
Elevada	9.200	40
	11.500	50
	14.490	63

GUÍA-BT-12

ESQUEMAS

Índice

Edición: Septiembre 2003. Revisión: 1

00. DIFERENCIAS MÁS IMPORTANTES ENTRE EL RBT 2002 Y EL RBT 1973

RBT 1973	RBT 2002
MI BT 11-pto.1 La parte de la instalación de enlace entre la caja general de protección y la centralización de contadores se denomina línea repartidora.	ITC-BT 12-pto.1.2 Se denomina línea general de alimentación.
MI BT 11-pto.1 Se permite la colocación de contadores de forma individual dentro o fuera del local del abonado, independientemente del número de abonados.	ITC-BT 12-pto.2.1 y 2.2.1 La colocación de contadores de forma individual sólo se permite para un usuario o dos usuarios si están alimentados desde el mismo lugar, por ejemplo en chalets adosados.
MI BT 11-pto.1 Sólo se permiten varias concentraciones de contadores en plantas intermedias para edificios de gran altura. Centralización "por plantas".	ITC-BT 12-pto.2.2.2 La concentración de contadores en varios lugares es aplicable tanto a edificación vertical u horizontal.
MI BT 11-pto.1 No existe interruptor general de maniobra.	ITC-BT 12-pto.2.2.2 y 2.2.3 En los esquemas con centralizaciones de más de dos contadores es necesario introducir un nuevo elemento: un interruptor general de maniobra que permite desconectar en carga toda la concentración de contadores.

1. INSTALACIONES DE ENLACE

1.1 Definición

Se denominan instalaciones de enlace, aquellas que unen la caja general de protección o cajas generales de protección, incluidas éstas, con las instalaciones interiores o receptoras del usuario.

Comenzarán, por tanto, en el final de la acometida y terminarán en los dispositivos generales de mando y protección.

Estas instalaciones se situarán y discurrirán siempre por lugares de uso común y quedarán de propiedad del usuario, que se responsabilizará de su conservación y mantenimiento.

La acometida (ver ITC 11) no forma parte de las instalaciones de enlace, y es responsabilidad de la empresa suministradora.

1.2 Partes que constituyen las instalaciones de enlace

– Caja General de Protección (CGP)

– Línea General de Alimentación (LGA)

– Elementos para la Ubicación de Contadores (CC)

– Derivación Individual (DI)

– Caja para Interruptor de Control de Potencia (ICP)

– Dispositivos Generales de Mando y Protección (DGMP)

El interruptor de control de potencia (ICP) es un dispositivo para controlar que la potencia realmente demandada por el consumidor no exceda de la contratada.

El ICP se utiliza para suministros en baja tensión y hasta una intensidad de 63 A.

Para suministros de intensidad superior a 63 A no se utiliza el ICP, sino que se utilizarán interruptores de intensidad regulable, maxímetros o integradores incorporados al equipo de medida de energía eléctrica. En estos casos no es preceptiva la instalación de la caja para ICP (ver también ITC-BT-17 apartado 1.1).

2. ESQUEMAS

Leyenda

1 Red de distribución

2 Acometida

3 Caja general de protección

4 Línea general de alimentación

5 Interruptor general de maniobra

6 Caja de derivación

7 Emplazamiento de contadores

8 Derivación individual

9 Fusible de seguridad

10 Contador

11 Caja para interruptor de control de potencia

12 Dispositivos generales de mando y protección

13 Instalación interior

Nota: El conjunto de derivación individual e instalación interior constituye la instalación privada.

2.1 Para un solo usuario

En este caso se podrán simplificar las instalaciones de enlace al coincidir en el mismo lugar la Caja General de Protección y la situación del equipo de medida y no existir, por tanto, la Línea general de alimentación. En consecuencia, el fusible de seguridad (9) coincide con el fusible de la CGP.

Según la ITC-BT-13 pto. 2, la caja general de protección que incluye el contador, sus fusibles de protección y, en su caso, reloj para discriminación horaria, se denomina caja de protección y medida (CPM).

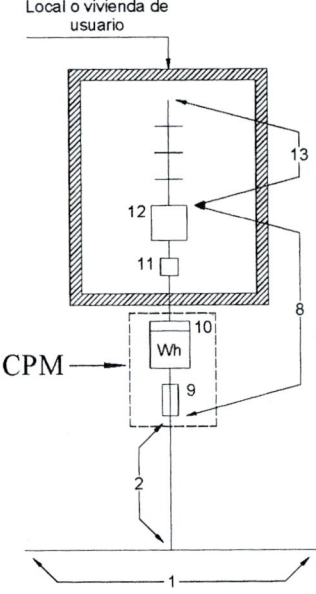

Figura 1. *Esquema 2.1. Para un solo usuario.*

2.2 Para más de un usuario

Las instalaciones de enlace se ajustarán a los siguientes esquemas según la colocación de los contadores.

2.2.1 Colocación de contadores para dos usuarios alimentados desde el mismo lugar

El esquema 2.1 puede generalizarse para dos usuarios alimentados desde el mismo lugar.

Por lo tanto es válido lo indicado para los fusibles de seguridad (9) en el apartado 2.1.

Este tipo de esquema es típico de chalets, de forma que se instalan dos cajas de protección y medida empotradas en el mismo nicho, o bien una caja doble que agrupe los contadores y fusibles de protección de los dos usuarios.

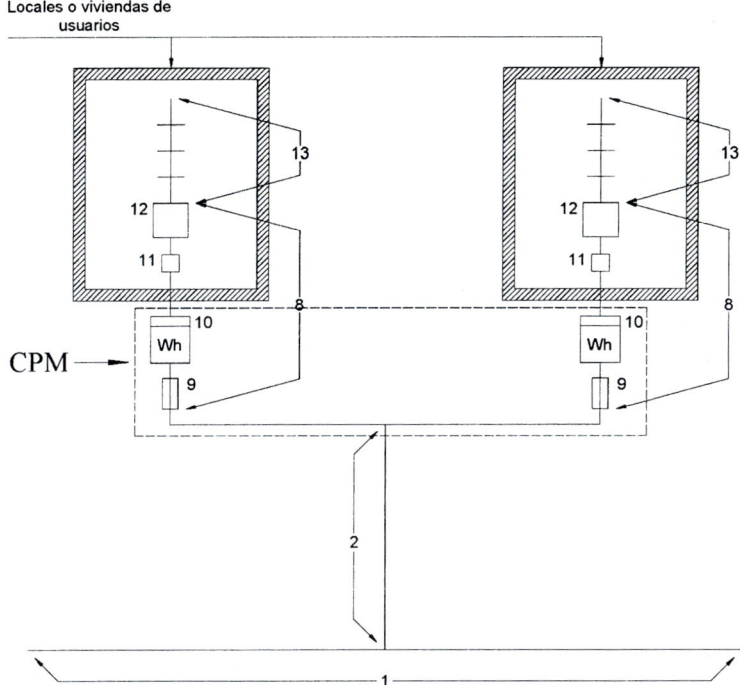

Figura 2. *Esquema 2.2.1. Para dos usuarios alimentados desde el mismo lugar.*

2.2.2 Colocación de contadores en forma centralizada en un lugar

Este esquema es el que se utilizará normalmente en conjuntos de edificación vertical u horizontal, destinados principalmente a viviendas, edificios comerciales, de oficinas o destinados a una concentración de industrias.

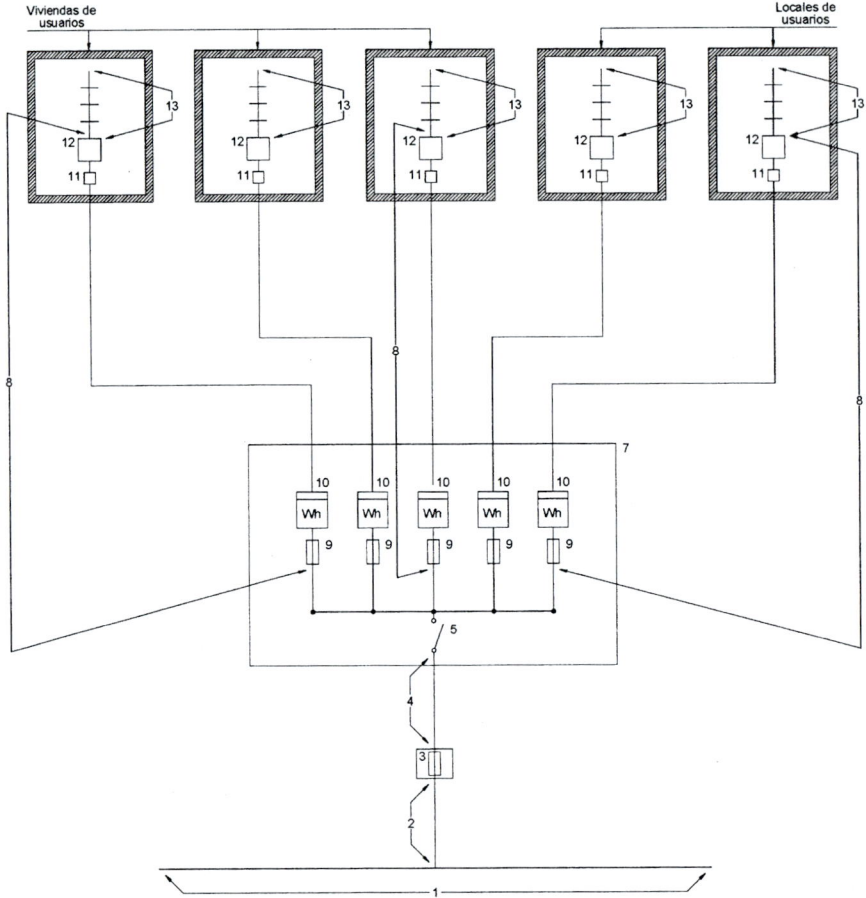

Leyenda

1 Red de distribución.
2 Acometida.
3 Caja general de protección.
4 Línea general de alimentación.
5 Interruptor general de maniobra.
6 Caja de derivación.
7 Emplazamiento de contadores.

8 Derivación individual.
9 Fusible de seguridad.
10 Contador.
11 Caja para interruptor de control de potencia.
12 Dispositivos generales de mando y protección.
13 Instalación interior.

Figura 3. *Esquema 2.2.2. Para varios usuarios con contadores en forma centralizada en un lugar.*

En los esquemas con contadores centralizados se incluye un elemento nuevo respecto del RBT 1973, que es el interruptor general de maniobra, obligatorio para concentraciones de más de dos contadores. Dicho interruptor-seccionador tiene por misión dejar fuera de servicio, por ejemplo en caso de incendio, la instalación eléctrica del edificio. Las características se detallan en la ITC 16 apartado 3.

2.2.3 Colocación de contadores en forma centralizada en más de un lugar

Este esquema se utilizará en edificios destinados a viviendas, edificios comerciales, de oficinas o destinados a una concentración de industrias donde la previsión de cargas haga aconsejable la centralización de contadores en más de un lugar o planta. Igualmente se utilizará para la ubicación de diversas centralizaciones en una misma planta en edificios comerciales o industriales, cuando la superficie de la misma y la previsión de cargas lo aconseje. También podrá ser de aplicación en las agrupaciones de viviendas en distribución horizontal dentro de un recinto privado.

Este esquema es de aplicación en el caso de centralización de contadores de forma distribuida mediante canalizaciones eléctricas prefabricadas, que cumplan lo establecido en la norma UNE-EN 60.439-2.

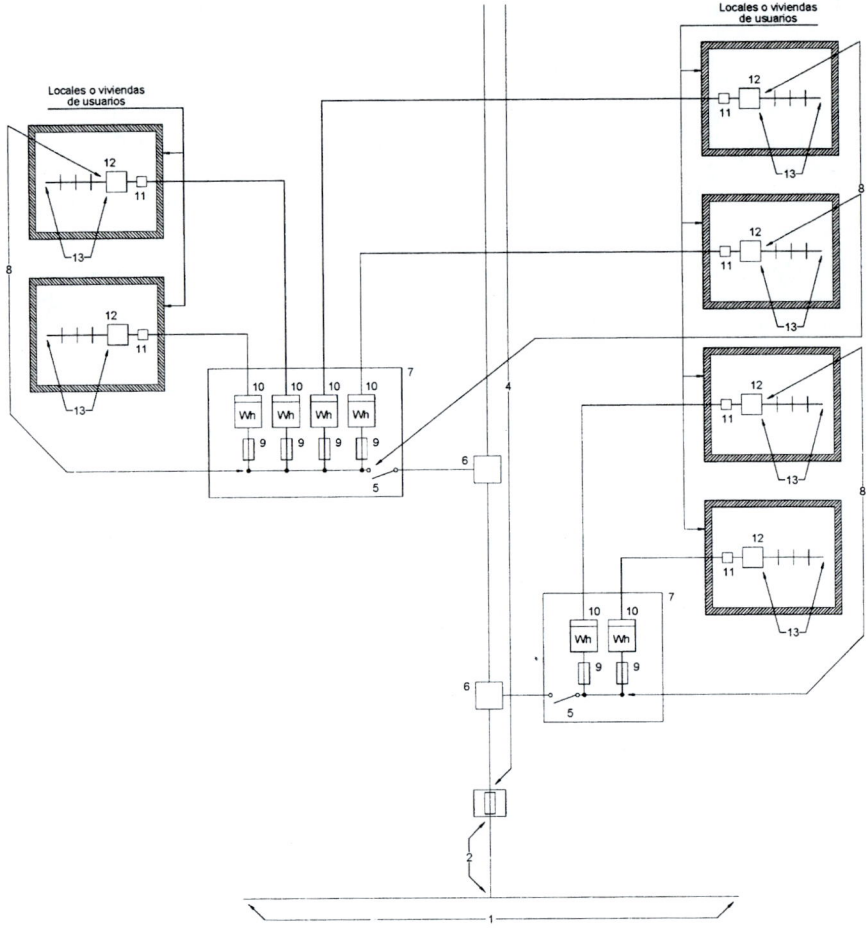

Leyenda

1 Red de distribución.
2 Acometida.
3 Caja general de protección.
4 Línea general de alimentación.
5 Interruptor general de maniobra.
6 Caja de derivación.
7 Emplazamiento de contadores.

8 Derivación individual.
9 Fusible de seguridad.
10 Contador.
11 Caja para interruptor de control de potencia.
12 Dispositivos generales de mando y protección.
13 Instalación interior.

Figura 4. *Esquema 2.2.3. Para varios usuarios con contadores en forma centralizada en más de un lugar.*

GUÍA-BT-13
CAJAS GENERALES DE PROTECCIÓN

Índice

Edición: Septiembre 2003. Revisión: 1

00. DIFERENCIAS MÁS IMPORTANTES ENTRE EL RBT 2002 Y EL RBT 1973

RBT 1973	RBT 2002
MI BT 12-aptdo.1.1 La CGP se instalará en lugar de tránsito general, de fácil y libre acceso.	ITC-BT 13-aptdo.1.1 La CGP se instalará en un lugar de fácil y permanente acceso. Cuando la fachada no linde con la vía pública se situará en el límite entre las propiedades públicas y privadas.
MI BT 12-aptdo.1.1 No se especifica.	ITC-BT 13-aptdo.1.1 Si el edificio alberga un C.T., los fusibles del cuadro de B.T. podrán utilizarse como protección de la LGA.
MI BT 12-aptdo.1.1 No se especifican detalles sobre su forma de colocación, altura, cuándo se pueden instalar sobre fachada, etc.	ITC-BT 13-aptdo.1.1 La CGP sólo se podrá instalar en montaje superficial cuando la acometida sea aérea. Si la acometida es subterránea se instalará siempre en el interior de un nicho en pared.
MI BT 12-aptdo.1.1 No se especifica.	ITC-BT 13-aptdo.1.1 En montaje superficial la CGP se instalará a una altura sobre el suelo entre 3 y 4 metros.
MI BT 12-aptdo.1.1 No se especifica.	ITC-BT 13-aptdo.1.1 Cuando el montaje sea en nicho el grado de protección de la puerta del nicho de la CGP será IK 10, y la parte inferior de la puerta se encontrará a una distancia mínima del suelo de 30 cm.
MI BT 12-aptdo.1.1 No se especifica quién tiene acceso a la CGP.	ITC-BT 13-aptdo.1.1 Los usuarios o el instalador electricista autorizado sólo tendrán acceso a la CGP y podrán actuar sobre las conexiones con la línea general de alimentación, previa comunicación a la empresa suministradora.
No se especifica.	ITC-BT 13-aptdo.1.2 Las CGP cumplirán todo lo que sobre el particular se indica en la Norma UNE-EN 60.439 -1, tendrán grado de inflamabilidad según se indica en la UNE-EN 60.439 -3, una vez instaladas tendrán un grado de protección IP43 según UNE 20.324 e IK09 según UNE-EN 50.102.

RBT 1973	RBT 2002
No existe la caja de protección y medida o CPM.	ITC-BT 13-aptdo.2 Para el caso de suministros para un único usuario o dos usuarios alimentados desde el mismo lugar conforme a los esquemas 2.1 y 2.2.1 de la Instrucción ITC-BT-12, al no existir línea general de alimentación, podrá simplificarse la instalación colocando en un único elemento, la CGP y el equipo de medida; dicho elemento se denominará caja de protección y medida: CPM.
No existe la caja de protección y medida o CPM.	ITC-BT 13-aptdo. 2.1 y 2.2 La envolvente deberá disponer de la ventilación interna necesaria que garantice la no formación de condensaciones. El material transparente para la lectura, será resistente a la acción de los rayos ultravioleta. Los contadores quedarán entre 0,7 y 1,8 m de altura.
No existe la caja de protección y medida o CPM.	ITC-BT 13-aptdo. 2.1 y 2.2 El montaje de la CPM no será superficial, tendrá características similares a la CGP, pero será IK09.

1. CAJAS GENERALES DE PROTECCIÓN

Son las cajas que alojan los elementos de protección de las líneas generales de alimentación.

1.1 Emplazamiento e instalación

Se instalarán preferentemente sobre las fachadas exteriores de los edificios, en lugares de libre y permanente acceso. Su situación se fijará de común acuerdo entre la propiedad y la empresa suministradora.

En el caso de edificios que alberguen en su interior un centro de transformación para distribución en baja tensión, los fusibles del cuadro de baja tensión de dicho centro podrán utilizarse como protección de la línea general de alimentación, desempeñando la función de caja general de protección. En este caso, la propiedad y el mantenimiento de la protección serán de la empresa suministradora.

Cuando la acometida sea aérea podrán instalarse en montaje superficial a una altura sobre el suelo comprendida entre 3 m y 4 m. Cuando se trate de una zona en la que esté previsto el paso de la red aérea a red subterránea, la caja general de protección se situará como si se tratase de una acometida subterránea.

*Tal y como se indica en la ITC-BT-11 aptdos. 1.2.1 y 1.2.4, en los tramos en que la aco-
metida circule sobre fachada a una altura inferior o igual a 2,5 m por encima del nivel del
suelo, deberá protegerse adicionalmente con un tubo o canal rígido con las características
especificadas en la tabla 2 de la ITC-BT-11.*

Cuando la acometida sea subterránea se instalará siempre en un nicho en pared, que
se cerrará con una puerta preferentemente metálica, con grado de protección IK 10 según
UNE-EN 50.102, revestida exteriormente de acuerdo con las características del entorno
y estará protegida contra la corrosión, disponiendo de una cerradura o candado normalizado por la empresa suministradora. La parte inferior de la puerta se encontrará a un
mínimo de 30 cm del suelo.

En el nicho se dejarán previstos los orificios necesarios para alojar los conductos para
la entrada de las acometidas subterráneas de la red general, conforme a lo establecido en
la ITC-BT-21 para canalizaciones empotradas.

En todos los casos se procurará que la situación elegida, esté lo más próxima posible
a la red de distribución pública y que quede alejada o en su defecto protegida adecuadamente, de otras instalaciones tales como de agua, gas, teléfono, etc., según se indica en
ITC-BT-06 y ITC-BT-07.

Cuando la fachada no linde con la vía pública, la caja general de protección se situará en el límite entre las propiedades públicas y privadas.

No se alojarán más de dos cajas generales de protección en el interior del mismo
nicho, disponiéndose una caja por cada línea general de alimentación. Cuando para un
suministro se precisen más de dos cajas, podrán utilizarse otras soluciones técnicas previo acuerdo entre la propiedad y la empresa suministradora.

---

*Se dispondrá una protección por cada línea general de alimentación ya que no es admi-
sible que una misma protección (fusibles) sirva para más de una LGA.*

El significado de los códigos IP e IK se indica en el Anexo 1 de esta Unidad Temática.

Los usuarios o el instalador electricista autorizado sólo tendrán acceso y podrán actuar
sobre las conexiones con la línea general de alimentación, previa comunicación a la
empresa suministradora.

1.2 Tipos y características

Las cajas generales de protección a utilizar corresponderán a uno de los tipos recogidos en las especificaciones técnicas de la empresa suministradora que hayan sido aprobadas por la Administración Pública competente. Dentro de las mismas se instalarán cortacircuitos fusibles en todos los conductores de fase o polares, con poder de corte al
menos igual a la corriente de cortocircuito prevista en el punto de su instalación. El neutro estará constituido por una conexión amovible situada a la izquierda de las fases, colocada la caja general de protección en posición de servicio, y dispondrá también de un
borne de conexión para su puesta a tierra si procede.

El esquema de caja general de protección a utilizar estará en función de las necesidades del suministro solicitado, del tipo de red de alimentación y lo determinará la empresa suministradora.

En el caso de alimentación subterránea, las cajas generales de protección podrán tener prevista la entrada y salida de la línea de distribución.

Las cajas generales de protección cumplirán todo lo que sobre el particular se indica en la Norma UNE-EN 60.439-1, tendrán grado de inflamabilidad según se indica en la norma UNE-EN 60.439-3, una vez instaladas tendrán un grado de protección IP43 según UNE 20.324 e IK 08 según UNE-EN 50.102 y serán precintables.

Las Cajas Generales de Protección se recomienda que sean de Clase II (doble aislamiento o aislamiento reforzado).

El significado de los códigos IP e IK se indica en el Anexo 1 de esta Unidad Temática.

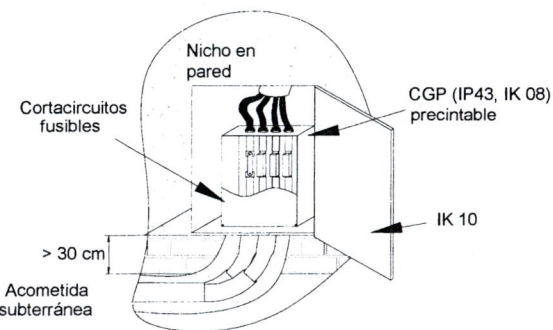

Figura A:. *Ejemplo de caja general de protección (CGP) con acometida subterránea.*

Producto		Norma de aplicación
CGP (Conjunto de aparamenta)		UNE-EN 60439-1
	Caja (para conjunto de aparamenta) de Clase II	UNE-EN 60439-1
	Cartuchos fusibles y bases abiertas	UNE-EN 60269 (serie)
	Bases cerradas (BUC) con contactos fusibles de cuchilla	UNE-EN 60269 (serie) UNE-EN 60947-3
Tubos	Rígido, hasta 2,5 m de altura, 4421	UNE-EN 50086-2-1
	Rígido 4321	
	Enterrado (Acometida subterránea)	UNE-EN 50086-2-4

Nota 1: Los diferentes componentes que conforman una CGP (caja y fusibles) deberán cumplir con su correspondiente norma de producto. Cuando se comercializan montados, todos estos elementos, constituyen el conjunto de aparamenta y deberán cumplir con las prescripciones de la norma (UNE-EN 60439-1).
Nota 2: El grado de protección IP43, el grado de protección contra los impactos mecánicos externos IK08 y el grado de inflamabilidad se verificarán de acuerdo a lo establecido en la norma UNE-EN 50298. El grado de inflamabilidad será:
– (960 ± 10) ºC para las partes que soportan partes activas
– (650 ± 10) ºC para todas las demás partes

2. CAJAS DE PROTECCIÓN Y MEDIDA

Para el caso de suministros para un único usuario o dos usuarios alimentados desde el mismo lugar conforme a los esquemas 2.1 y 2.2.1 de la Instrucción ITC-BT-12, al no existir línea general de alimentación, podrá simplificarse la instalación colocando en un único elemento, la caja general de protección y el equipo de medida; dicho elemento se denominará caja de protección y medida.

2.1 Emplazamiento e instalación

Es aplicable lo indicado en el apartado 1.1 de esta instrucción, salvo que no se admitirá el montaje superficial. Además, los dispositivos de lectura de los equipos de medida deberán estar instalados a una altura comprendida entre 0,7 m y 1,80 m.

2.2 Tipos y características

Las cajas de protección y medida a utilizar corresponderán a uno de los tipos recogidos en las especificaciones técnicas de la empresa suministradora que hayan sido aprobadas por la Administración Pública competente, en función del número y naturaleza del suministro.

Las cajas de protección y medida cumplirán todo lo que sobre el particular se indica en la Norma UNE-EN 60.439-1, tendrán grado de inflamabilidad según se indica en la UNE-EN 60.439-3, una vez instaladas tendrán un grado de protección IP43 según UNE 20.324 e IK09 según UNE-EN 50.102 y serán precintables.

La envolvente deberá disponer de la ventilación interna necesaria que garantice la no formación de condensaciones.

El material transparente para la lectura, será resistente a la acción de los rayos ultravioleta.

Las Cajas de Protección y Medida deberán ser de Clase II (doble aislamiento o aislamiento reforzado).

El significado de los códigos IP e IK se indica en el Anexo 1 de esta Unidad Temática.

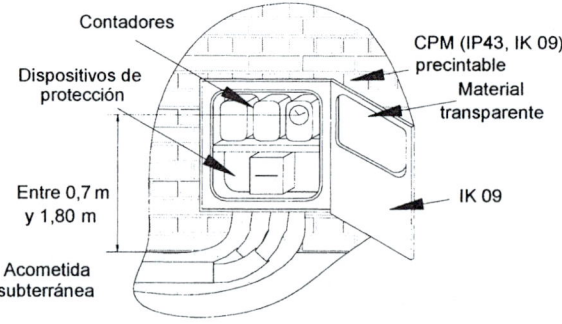

Figura B: *Ejemplo de caja de protección y medida (CPM) con acometida subterránea.*

Producto		Norma de aplicación
CPM (Conjunto de aparamenta)		UNE-EN 60439-1
Caja (para conjunto de aparamenta)		UNE-EN 60439-1
Bornes de conexión (domésticos o análogos)		UNE-EN 60998
Bornes de conexión (industriales)		UNE-EN 60947-7
Fusibles		UNE-EN 60269 (serie)
Contadores (electrónicos)		UNE-EN 61036
Contadores (inducción)		UNE-EN 60521
Interruptor horario		UNE-EN 61038
Tubos	Rígido 4321 (Acometida aérea o aéreo-subterránea)	UNE-EN 50086-2-1
	Enterrado (Acometida subterránea)	UNE-EN 50086-2-4

Nota 1: Los diferentes componentes que conforman una CGP (caja, bornes y fusibles) deberán cumplir con su correspondiente norma de producto. Cuando se comercializan montados, todos estos elementos constituyen el conjunto de aparamenta y deberán cumplir con las prescripciones de la norma (UNE-EN 60439-1).

Nota 2: El grado de protección IP43, el grado de protección contra los impactos mecánicos externos IK08 y el grado de inflamabilidad se verificarán de acuerdo a lo establecido en la norma UNE-EN 50298. El grado de inflamabilidad será:

– (960 ± 10) ºC para las partes que soportan partes activas

– (650 ± 10) ºC para todas las demás partes

GUÍA-BT-14

LÍNEA GENERAL DE ALIMENTACIÓN

Índice

Edición: Septiembre 2003. Revisión: 1

00. DIFERENCIAS MÁS IMPORTANTES ENTRE EL RBT 2002 Y EL RBT 1973

RBT 1973	RBT 2002
MI BT 13-pto.1 La parte de la instalación de enlace entre la caja general de protección y la centralización de contadores se denomina línea repartidora (LR). Cuando discurre verticalmente en el interior de un edificio de varias plantas se denomina columna montante.	ITC-BT 14-pto.1 Se denomina en todos los casos línea general de alimentación (LGA).
MI BT 13-pto.1.1 Entre las posibles formas de instalación existía la posibilidad de utilizar conductores aislados con cubierta metálica en montaje superficial.	ITC-BT 14-pto.1 Se suprime esta forma de instalación.
MI BT 13-pto.1.1 Se pueden utilizar como sistema de instalación conductores aislados en el interior de canales protectoras con paredes perforadas o provistas de tapa desmontable con la mano, si el conductor es aislado H05 y con cubierta estanca.	ITC-BT 14-pto.1 Como sistema de instalación utilizando canales protectoras, sólo se permiten las canales protectoras cuya tapa sólo se pueda abrir con ayuda de un útil.
MI BT 13-pto.1.1 No se incluye como forma de instalación la de conductores enterrados.	ITC-BT 14-pto.1 Se incluye como nueva forma de instalación la utilización de conductores aislados en el interior de tubos enterrados.
MI BT 13-pto.1.2 No se especifica que la LR incluya el conductor de protección.	ITC-BT 14-pto.1 La LGA incluirá el conductor de protección.
MI BT 13-pto.1.1 Cuando discurra verticalmente se recomienda alojar la línea repartidora en una canaladura preparada exclusivamente para ese fin de dimensiones 30x30 cm.	ITC-BT 14-pto.2 Cuando la LGA discurra verticalmente lo hará en el interior de una canaladura o conducto de obra de fábrica vertical de dimensiones mínimas de 30x30 cm. Este conducto será registrable y precintable en cada planta.
MI BT 13-pto.1.1 No se establecen los requisitos de protección frente a incendios de la canaladura.	ITC-BT 14-pto.2 Este conducto de obra tendrá paredes RF 120, las tapas registros serán RF 30, y tendrá cortafuegos cada tres plantas.

RBT 1973	RBT 2002
MI BT 13-pto.1.1 La canaladura irá en la caja de la escalera.	ITC-BT 14-pto.2 El canal de obra de fábrica podrá ir adosado o empotrado al hueco de la escalera, salvo que la escalera sea un recinto protegido según la NBE-CPI 96, en cuyo caso irá por otros lugares de uso común.
MI BT 13-pto.1.2 Los conductores serán siempre de cobre de nivel de aislamiento mínimo 750 V si son rígidos y 500 V si son flexibles. Se admitía aluminio sólo en canalizaciones eléctricas prefabricadas.	ITC-BT 14-pto.3 Los conductores podrán ser de cobre o de aluminio de nivel de aislamiento 0,6/1 kV.
MI BT 13-pto.1.2 Las LR podrán estar constituidas por tramos de diferentes secciones y composición siempre y cuando no se alimenten por su parte superior.	ITC-BT 14-pto.3 La sección de los conductores será uniforme en todo su recorrido y sin empalmes. Sección mínima $S \geq 10$ mm^2 (cobre) o $S \geq 16$ mm^2 (aluminio).
MI BT 13-pto.1.2 A los conductores aislados no se les exige ninguna característica específica de comportamiento frente al fuego.	ITC-BT 14-pto.3 Los cables serán no propagadores del incendio con emisión de humos y opacidad reducida y deberán instalarse de manera que no reduzcan las características de la estructura del edificio en la seguridad contra incendios.
MI BT 13-pto.1.2 A los tubos y canales protectoras no se les exige ninguna característica específica de comportamiento frente al fuego.	ITC-BT 14-pto.3 Los elementos de conducción de cables serán no propagadores de la llama y deberán instalarse de manera que no reduzcan las características de la estructura del edificio en la seguridad contra incendios.

1. DEFINICIÓN

Es aquella que enlaza la Caja General de Protección con la centralización de contadores.

De una misma línea general de alimentación pueden hacerse derivaciones para distintas centralizaciones de contadores.

Para algunos esquemas (alimentación a un único usuario y para dos usuarios alimentados a través de una CPM según las figuras 2.1 y 2.2.1 respectivamente de la ITC-BT-12) no existe la línea general de alimentación.

Las líneas generales de alimentación estarán constituidas por:

– Conductores aislados en el interior de tubos empotrados.
– Conductores aislados en el interior de tubos enterrados.
– Conductores aislados en el interior de tubos en montaje superficial.
– Conductores aislados en el interior de canales protectoras cuya tapa sólo se pueda abrir con la ayuda de un útil.
– Canalizaciones eléctricas prefabricadas que deberán cumplir la norma UNE-EN 60.439-2.
– Conductores aislados en el interior de conductos cerrados de obra de fábrica, proyectados y construidos al efecto.

En los casos anteriores, los tubos y canales así como su instalación, cumplirán lo indicado en la ITC-BT-21, salvo en lo indicado en la presente instrucción.

En función del trazado de la línea general de alimentación y de las características del edificio se elegirá el sistema o sistemas, más adecuados de entre los mencionados.

Cuando la forma de instalación sea la de conductores aislados en el interior de conductos cerrados de obra de fábrica no es necesario que los conductores se alojen en el interior de tubos o canales protectoras, aunque es recomendable su uso para minimizar el efecto de roces, aumentando de esta manera las propiedades mecánicas de la instalación, y para facilitar la sustitución y/o ampliación de los cables, principalmente cuando se disponen placas cortafuegos.

Las canalizaciones incluirán en cualquier caso, el conductor de protección.

Únicamente en el caso de instalaciones de enlace con concentración de contadores por plantas, según el esquema 2.2.3 de la ITC-BT-12, la LGA desde la centralización de contadores inferior o primera hasta las sucesivas, incluirá obligatoriamente el conductor de protección, que se ubicará en la misma canalización que los conductores activos.

2. INSTALACIÓN

El trazado de la línea general de alimentación será lo más corto y rectilíneo posible, discurriendo por zonas de uso común.

Cuando se instalen en el interior de tubos, su diámetro en función de la sección del cable a instalar, será el que se indica en la tabla 1.

Las dimensiones de otros tipos de canalizaciones deberán permitir la ampliación de la sección de los conductores en un 100%.

En instalaciones de cables aislados y conductores de protección en el interior de tubos enterrados se cumplirá lo especificado en la ITC-BT-07, excepto en lo indicado en la presente instrucción.

Las uniones de los tubos rígidos serán roscadas o embutidas, de modo que no puedan separarse los extremos.

Además, cuando la línea general de alimentación discurra verticalmente lo hará por el interior de una canaladura o conducto de obra de fábrica empotrado o adosado al hueco de la escalera por lugares de uso común. La línea general de alimentación no podrá ir adosada o empotrada a la escalera o zona de uso común cuando estos recintos sean protegidos conforme a lo establecido en la NBE-CPI-96. Se evitarán las curvas, los cambios de dirección y la influencia térmica de otras canalizaciones del edificio. Este conducto será registrable y precintable en cada planta y se establecerán cortafuegos cada tres plantas, como mínimo y sus paredes tendrán una resistencia al fuego de RF 120 según NBE-CPI-96. Las tapas de registro tendrán una resistencia al fuego mínima, RF 30. Las dimensiones mínimas del conducto serán de 30 x 30 cm y se destinará única y exclusivamente a alojar la línea general de alimentación y el conductor de protección.

En la práctica, para cumplir este requisito, las tapas de registro no serán accesibles desde la escalera o zona de uso común cuando éstos sean recintos protegidos.

Según la NBE-CPI 96 las condiciones para clasificar una escalera como protegida dependen del tipo de uso del edificio (uso hospitalario, uso residencial, uso vivienda, uso docente, uso administrativo), así como si se trata de escaleras para evacuación descendente o ascendente;

* *Evacuación descendente (NBE-CPI-96 Art. 7.3.1)*

    – *Uso vivienda, docente o administrativo, cuando la altura de evacuación sea mayor de 14 metros;*

    – *Cualquier otro uso, cuando la altura de evacuación sea mayor de 10 m.*

* *Evacuación ascendente (NBE-CPI-96 Art. 7.3.2)*

    – *Escaleras con altura de evacuación superior a 2,80 m si sirven a más de 100 personas;*

    – *Escaleras con altura de evacuación superior a 6 m en otros casos.*

En lo referente a la ejecución de las LGA se considerará lo siguiente:

–   *Cuando se trate de modificaciones o sustituciones en edificios ya construidos y no puedan realizarse las canaladuras según los requisitos reglamentarios, se permitirá la ins-talación en montaje superficial o empotrado en pared, bajo tubo o canal protectora.*

–   *Cuando el tramo vertical no comunique plantas diferentes, no es necesario realizar dicho tramo en canaladura, sino que valdrá directamente empotrado o en superficie, estando alojados los conductores bajo tubo o canal protectora.*

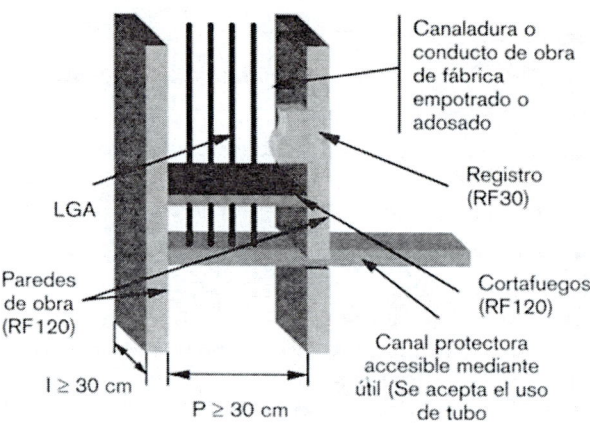

Figura A: *ejemplo orientativo de la instalación de la LGA utilizando canal o tubo y conducto cerrado de obra de fábrica.*

---

3. CABLES

Los conductores a utilizar, tres de fase y uno de neutro, serán de cobre o aluminio, unípolares y aislados, siendo su tensión asignada 0,6/1 kV.

Los cables y sistemas de conducción de cables deben instalarse de manera que no se reduzcan las características de la estructura del edificio en la seguridad contra incendios.

Los cables serán de la clase de reacción al fuego mínima C_{ca}-s1b,d1,a1. Los cables con características equivalentes a las de la norma **UNE 21123** partes 4 o 5 cumplen con esta prescripción[1].

Los elementos de conducción de cables con características equivalentes a los clasificados como "no propagadores de la llama" de acuerdo con las normas UNE-EN 50085-1 y UNE-EN 50086-1, cumplen con esta prescripción.

Los equipos y materiales utilizados, que cumplan con las normas indicadas en esta Guía-BT, se considera que reúnen las características de resistencia al fuego y duración exigidas.

---

[1] Este párrafo ha sustituido al original de la GUÍA-BT-14 para adaptar el REBT al CPR (Reglamento de los Productos de la Construcción) con la denominación actual de las Euroclases de los cables eléctricos.

Las características mínimas para los cables y los sistemas de conducción de cables son:

Sistema de instalación	Sistema de canalización (calidad mínima)		Cable	
Superficial	*Tubo 4321 No propagador de la llama*	*Compresión Fuerte (4),Impacto Media (3), Propiedades eléctricas: Aislante / continuidad eléctrica. UNE-EN 50086-2-1*	*RZ1-K (AS)*	*Cable de tensión asignada 0,6/1 kV con conductor de cobre clase 5 (-K), aislamiento de polietileno reticulado (R) y cubierta de compuesto termoplástico a base de poliolefina (Z1)*
	Canal no propagadora de la llama	*Impacto Media, No propagador de la llama, Propiedades eléctricas: Aislante / continuidad eléctrica. Que sólo puede abrirse con herramientas. IP2X mínimo. UNE-EN 50085*		
Empotrado	*Tubo 2221: No propagador de la llama*	*Compresión Ligera (2), Impacto Ligera (2). UNE-EN 50086-2-2*	*DZ1-K (AS)*	*Cable de tensión asignada 0,6/1 kV con conductor de cobre clase 5 (-K), aislamiento de etileno propileno (D) y cubierta de compuesto termoplástico a base de poliolefina (Z1)*
	Canal no propagadora de la llama	*Impacto Media, No propagador de la llama. Que sólo puede abrirse con herramientas. IP2X mínimo. UNE-EN 50085*		
Enterrado	*Tubo: (Propiedades de propagación de la llama no declaradas)*	*Compresión 250/450N (hormigón / suelo ligero), Impacto Ligera / Normal. UNE-EN 50086-2-4*	*RZ1-K (AS) DZ1-K (AS)*	*Tipos ya descritos*
Canal de obra[3]			*RZ1-K (AS) DZ1-K (AS)*	*Tipos ya descritos*
Canalización prefabricada UNE-EN 60439-2				
Nota 1: Según la norma UNE 21.022 los conductores clase 5 son aquéllos constituidos por numerosos alambres de pequeño diámetro que le dan la característica de flexible. *Nota 2: Las normas de la serie UNE 21123 también incluyen las variantes de cables armados y apantallados que puede ser conveniente utilizar en instalaciones particulares.* *Nota 3: Cuando en una canal de obra se utilicen tubos o canales protectoras, éstos deberán cumplir con las características prescritas para sistemas de instalación empotrados.*				

Los cables con conductores de aluminio corresponden al tipo RZ1-Al (AS), según la norma UNE 21123-4, habitualmente se utilizan para instalaciones singulares.

Siempre que se utilicen conductores de aluminio, las conexiones del mismo deberán realizarse utilizando las técnicas apropiadas que eviten el deterioro del conductor debido a la aparición de potenciales peligrosos originados por los efectos de los pares galvánicos.

La sección de los cables deberá ser uniforme en todo su recorrido y sin empalmes, exceptuándose las derivaciones realizadas en el interior de cajas para alimentación de centralizaciones de contadores. La sección mínima será de 10 mm^2 en cobre o 16 mm^2 en aluminio.

El requisito de sección uniforme para toda la LGA se justifica debido a que tiene un único elemento de protección frente a sobreintensidades, que son los fusibles de la caja general de protección, y por lo tanto no es admisible una reducción de sección en las derivaciones.

Ver la tabla 1 para determinar la sección del conductor neutro en función de la sección de los conductores de fase.

Para el cálculo de la sección de los cables se tendrá en cuenta, tanto la máxima caída de tensión permitida, como la intensidad máxima admisible.

La caída de tensión máxima permitida será:

– Para líneas generales de alimentación destinadas a contadores totalmente centralizados: 0,5 por 100.

– Para líneas generales de alimentación destinadas a centralizaciones parciales de contadores: 1 por 100.

La intensidad máxima admisible a considerar será la fijada en la UNE 20.460-5-523 con los factores de corrección correspondientes a cada tipo de montaje, de acuerdo con la previsión de potencias establecidas en la ITC-BT-10.

El método de cálculo de la caída de tensión se indica en el Anexo 2 de esta Unidad Temática.

En la tabla A y B se indica la intensidad máxima admisible (A) en el conductor en función de la sección del cable y del tipo de instalación. Están basadas en los valores dados en la norma UNE 20.460-5-523 y en la ITC-BT- 07.

Estos valores se refieren a tres conductores unipolares cargados, para una temperatura del terreno de 25 °C para instalaciones enterradas y para una temperatura ambiente de 40 °C para el resto. Si procede deben aplicarse los factores de corrección por agrupamiento o por temperatura ambiente dados en la norma UNE 20.460-5-523 y la ITC-BT- 07.

Tabla A: *Intensidad max. admisible (A) en el conductor de cobre (cable unipolar RZ1-K) (en función de la sección del cable y del tipo de instalación).*

tipo de instalación	Sección nominal del conductor (Cu), mm²										
	10	16	25	35	50	70	95	120	150	185	240
tubos empotrados en pared de obra[1]	60	80	106	131	159	202	245	284	338	386	455
tubos en montaje superficial											
canal protectora											
conductos cerrados de obra de fábrica											
tubos enterrados[2]	77	100	128	152	184	224	268	304	340	384	440

Nota 1: *Según tabla 1 de la ITC-19, método B, columna 8, temperatura ambiente 40 ºC,*
Nota 2: *ITC-BT 07 Aptdo. 3.1.2.1 y factor de corrección 0,8 según aptdo. 3.1.3*

Tabla B. *Intensidad max. admisible (A) en el conductor de aluminio (cable unipolar RZ1-Al) (en función de la sección del cable y del tipo de instalación).*

tipo de instalación	Sección nominal del conductor (Al), mm²									
	16	25	35	50	70	95	120	150	185	240
tubos empotrados en pared de obra[1]	65	82	102	124	158	192	223	258	294	372
tubos en montaje superficial										
canal protectora										
conductos cerrados de obra de fábrica										
tubos enterrados[2]	78	100	120	144	186	208	236	264	300	344

Nota 1: *Según UNE 20460-5-523, método B columna 8, temperatura ambiente 40 ºC,*
Nota 2: *ITC-BT 07 Aptdo. 3.1.2.1 y factor de corrección 0,8 según aptdo. 3.1.3*

Para la sección del conductor neutro se tendrán en cuenta el máximo desequilibrio que puede preverse, las corrientes armónicas y su comportamiento, en función de las protecciones establecidas ante las sobrecargas y cortocircuitos que pudieran presentarse. El conductor neutro tendrá una sección de aproximadamente el 50 por 100 de la correspondiente al conductor de fase, no siendo inferior a los valores especificados en la tabla 1.

Tabla 1

Secciones (mm^2)		Diámetro exterior de los tubos (mm)
FASE	NEUTRO	
10 (Cu)	10 (Cu)	75
16 (Cu)	10 (Cu)	75
16 (Al)	16 (Al)	75
25	16	110
35	16	110
50	25	125
70	35	140
95	50	140
120	70	160
150	70	160
185	95	180
240	120	200

El conductor neutro deberá ser, en general, de la misma sección que los conductores de fase excepto cuando se justifique que no pueden existir desequilibrios o corrientes armónicas debidos a cargas no lineales.

A partir de la sección de 25 mm^2 para fase y 16 mm^2 para neutro, el diámetro exterior del tubo no está condicionado por el tipo de material del conductor (cobre o aluminio).

GUÍA-BT-15
DERIVACIONES INDIVIDUALES

Índice

Edición: Septiembre 2003. Revisión: 1

00. DIFERENCIAS MÁS IMPORTANTES ENTRE EL RBT 2002 Y EL RBT 1973

RBT 1973	RBT 2002
MI BT 14-pto.1.1 Entre las posibles formas de instalación existía la posibilidad de utilizar conductores aislados con cubierta metálica en montaje superficial.	ITC-BT 15-pto.1 Se suprime esta forma de instalación.
MI BT 14-pto.1.1 Se pueden utilizar como sistema de instalación conductores aislados en el interior de canales protectoras con paredes perforadas o provistas de tapa desmontable con la mano, si el conductor es aislado H05 y con cubierta estanca.	ITC-BT 15-pto.1 Como sistema de instalación mediante canales protectoras, sólo se permiten aquellas cuya tapa sólo se pueda abrir con ayuda de un útil.
MI BT 14-pto.1.1 No se incluye como forma de instalación la de conductores enterrados.	ITC-BT 15-pto.1 Se incluye como nueva forma de instalación la utilización de conductores aislados en el interior de tubos enterrados.
MI BT 14-pto.1.1 La sección nominal de los tubos o canales protectores será tal que se pueda ampliar la sección de los conductores en un 50%.	ITC-BT 15-pto.2 La sección nominal de los tubos o canales protectores será tal que se pueda ampliar la sección de los conductores en un 100%.
MI BT 14-pto.1.1 Los tubos tendrán un diámetro interior 23 mm para viviendas, y $\varnothing \geq 29$ mm para los edificios comerciales destinados a concentraciones de industrias.	ITC-BT 15-pto.2 Los tubos tendrán un diámetro exterior $\varnothing \geq 32$ mm.
MI BT 14-pto.1.1 Se recomienda disponer algún tubo de reserva. En locales comerciales o de concentración de industrias se instalarán dos tubos por abonado.	ITC-BT 15-pto.2 Existirá un tubo de reserva por cada 10 DI o fracción. En locales que no tengan su partición definida se instalará un tubo por cada 50 m².
MI BT 14-pto.1.1 Cuando discurra verticalmente se recomienda alojar las DI en una canaladura preparada exclusivamente para ese fin de dimensiones 30x30 cm.	ITC-BT 15-pto.2 Cuando las DI discurran verticalmente lo harán en el interior de una canaladura o conducto de obra de fábrica vertical de dimensiones en función del número de DI. Este conducto será registrable y precintable cada tres plantas.

RBT 1973	RBT 2002
MI BT 14-pto.1.1 No se establecen los requisitos de protección frente a incendios de la canaladura.	ITC-BT 15-pto.2 Este conducto de obra tendrá paredes RF 120, las tapas registros serán RF 30, y tendrá cortafuegos cada tres plantas.
MI BT 14-pto.1.1 La canaladura irá en la caja de la escalera.	ITC-BT 15-pto.2 El canal de obra de fábrica podrá ir adosado o empotrado al hueco de la escalera, salvo que la escalera sea un recinto protegido según la NBE-CPI 96, en cuyo caso irá por otros lugares de uso común.
MI BT 14-pto.1.1 No se incluye esta especificación.	ITC-BT 15-pto.2 Cada 15 m se podrán colocar cajas de registro precintables con el objeto de facilitar el tendido de los conductores, en las que no se realizarán empalmes de conductores.
Resolución 18-1-1988. Anexo Varias DI pueden ir dentro del mismo canal protector por coincidencia en el trazado si los cables tienen cubierta estanca.	ITC-BT 15-pto.2 Varias DI pueden ir dentro del mismo canal protector por coincidencia en el trazado si los cables tienen cubierta.
MI BT 14-pto.1.2 No se prescribe conductor de protección y conductor de mando para cada DI.	ITC-BT 15-pto.3 Cada DI incluirá siempre además de los conductores de fase necesarios el conductor neutro, el conductor de protección y el hilo de mando para cambio de tarifa.
MI BT 14-pto.1.2 Los conductores serán siempre de cobre de nivel de aislamiento 750 V si son rígidos y 500 V si son flexibles.	ITC-BT 15-pto.3 Los conductores podrán ser de cobre o de aluminio de nivel de aislamiento 750 V y preferentemente unipolares. Si se utilizan cables multiconductores o conductores aislados en el interior de tubos enterrados su nivel de aislamiento será 0,6/1 kV.
MI BT 14-pto.1.2 No se especifican secciones mínimas para las DI.	ITC-BT 15-pto.3 La sección mínima será $S \geq 6$ mm^2 para conductores polares, neutro y protección y $S \geq 1,5$ mm^2 para el hilo de mando.
MI BT 14-pto.1.2 A los conductores aislados no se les exige ninguna característica específica de comportamiento frente al fuego.	ITC-BT 15-pto.3 Los cables serán no propagadores del incendio con emisión de humos y opacidad reducida (alta seguridad frente al fuego).

RBT 1973	RBT 2002
MI BT 14-pto.1.2 A los tubos y canales protectoras no se les exige ninguna característica específica de comportamiento frente al fuego.	ITC-BT 15-pto.3 Los elementos de conducción de cables serán no propagadores de la llama y deberán instalarse de manera que no reduzcan las características de la estructura del edificio en la seguridad contra incendios.
MI BT 14-pto.1.2 No se especifica cuál es la máxima caída de tensión para el caso de derivaciones individuales en suministros para un único usuario.	ITC-BT 15-pto.3 Para el caso de derivaciones individuales en suministros para un único usuario en que no existe línea general de alimentación: la máxima caída de tensión será del 1,5%.

1. DEFINICIÓN

Derivación individual es la parte de la instalación que, partiendo de la línea general de alimentación suministra energía eléctrica a una instalación de usuario.

La derivación individual se inicia en el embarrado general y comprende los fusibles de seguridad, el conjunto de medida y los dispositivos generales de mando y protección.

La derivación individual incluye el equipo de medida de energía eléctrica y sus fusibles de protección, cuyas prescripciones se dan en la ITC-BT-16, por lo tanto en todos los esquemas de instalaciones de enlace existe la derivación individual.

Las derivaciones individuales estarán constituidas por:

– Conductores aislados en el interior de tubos empotrados.

– Conductores aislados en el interior de tubos enterrados.

– Conductores aislados en el interior de tubos en montaje superficial.

– Conductores aislados en el interior de canales protectoras cuya tapa sólo se pueda abrir con la ayuda de un útil.

– Canalizaciones eléctricas prefabricadas que deberán cumplir la norma UNE-EN 60.439-2.

– Conductores aislados en el interior de conductos cerrados de obra de fábrica, proyectados y construidos al efecto.

En los casos anteriores, los tubos y canales así como su instalación, cumplirán lo indicado en la ITC-BT-21, salvo en lo indicado en la presente instrucción.

Las canalizaciones incluirán, en cualquier caso, el conductor de protección.

Cada derivación individual será totalmente independiente de las derivaciones correspondientes a otros usuarios.

En función del trazado de la línea general de alimentación y de las características del edificio se elegirá el sistema o sistemas, más adecuados de entre los mencionados.

Cuando se utilicen cables multiconductores de tensión asignada 0,6/1 kV en el interior de conductos cerrados de obra de fábrica no es necesario que éstos se alojen en el interior de tubos o canales protectoras, aunque es recomendable su uso para minimizar el efecto de roces, aumentando de esta manera las propiedades mecánicas de la instalación, y para facilitar la sustitución y/o ampliación de los cables, principalmente cuando se disponen placas cortafuegos.

2. INSTALACIÓN

Los tubos y canales protectoras tendrán una sección nominal que permita ampliar la sección de los conductores inicialmente instalados en un 100%. En las mencionadas condiciones de instalación, los diámetros exteriores nominales mínimos de los tubos en derivaciones individuales serán de 32 mm. Cuando por coincidencia del trazado, se produzca una agrupación de dos o más derivaciones individuales, éstas podrán ser tendidas simultáneamente en el interior de un canal protector mediante cable con cubierta, asegurándose así la separación necesaria entre derivaciones individuales.

En cualquier caso, se dispondrá de un tubo de reserva por cada diez derivaciones individuales o fracción, desde las concentraciones de contadores hasta las viviendas o locales, para poder atender fácilmente posibles ampliaciones. En locales donde no esté definida su partición, se instalará como mínimo un tubo por cada 50 m^2 de superficie. Las uniones de los tubos rígidos serán roscadas, o embutidas, de manera que no puedan separarse los extremos.

En el caso de edificios destinados principalmente a viviendas, en edificios comerciales, de oficinas, o destinados a una concentración de industrias, las derivaciones individuales deberán discurrir por lugares de uso común, o en caso contrario quedar determinadas sus servidumbres correspondientes.

Cuando las derivaciones individuales discurran verticalmente se alojarán en el interior de una canaladura o conducto de obra de fábrica con paredes de resistencia al fuego RF 120, preparado única y exclusivamente para este fin, que podrá ir empotrado o adosado al hueco de escalera o zonas de uso común, salvo cuando sean recintos protegidos conforme a lo establecido en la NBE-CPI-96, careciendo de curvas, cambios de dirección, cerrado convenientemente y precintables. En estos casos y para evitar la caída de objetos y la propagación de las llamas, se dispondrá como mínimo cada tres plantas, de elementos cortafuegos y tapas de registro precintables de las dimensiones de la canaladura, a fin de facilitar los trabajos de inspección y de instalación y sus características vendrán definidas por la NBE-CPI-96. Las tapas de registro tendrán una resistencia al fuego mínima, RF 30.

Cuando se indica que esta canaladura o conducto estará "preparado única y exclusivamente para este fin" quiere significar que se destinará a alojar única y exclusivamente los conductos de las derivaciones individuales. No se aceptará, por lo tanto, la presencia de canalizaciones de agua, gas, telecomunicaciones, etc., en el interior de dicho conducto de obra.

En la práctica, para cumplir este requisito, las tapas de registro no serán accesibles desde la escalera o zona de uso común, cuando éstos sean recintos protegidos.

Según la NBE-CPI 96 las condiciones para clasificar una escalera como protegida dependen del tipo de uso del edificio (uso hospitalario, uso residencial, uso vivienda, uso docente, uso administrativo), así como si se trata de escaleras para evacuación descendente o ascendente;

- *Evacuación descendente (NBE-CPI-96 Art. 7.3.1)*

  - *Uso vivienda, docente o administrativo, cuando la altura de evacuación sea mayor de 14 metros;*

  - *Cualquier otro uso, cuando la altura de evacuación sea mayor de 10 m.*

- *Evacuación ascendente (NBE-CPI-96 Art. 7.3.2)*

  - *Escaleras con altura de evacuación superior a 2,80 m si sirven a más de 100 personas;*

  - *Escaleras con altura de evacuación superior a 6 m en otros casos.*

En lo referente a la ejecución de las derivaciones individuales se considerará lo siguiente:

- *Cuando se trate de modificaciones o sustituciones en edificios ya construidos y no puedan realizarse las canaladuras según los requisitos reglamentarios, se permitirá la instalación en montaje superficial o empotrado en pared, bajo tubo o canal protectora.*

- *Cuando el tramo vertical no comunique plantas diferentes, no es necesario realizar dicho tramo en canaladura, sino que valdrá directamente empotrado o en superficie, estando alojados los conductores bajo tubo o canal protectora.*

Las dimensiones mínimas de la canaladura o conducto de obra de fábrica, se ajustarán a la siguiente tabla:

Tabla 1. *Dimensiones mínimas de la canaladura o conducto de obra de fábrica.*

Número de derivaciones	DIMENSIONES (m)	
	ANCHURA L (m)	
	Profundidad P = 0,15 m una fila	Profundidad P = 0,30 m dos filas
Hasta 12	0,65	0,50
13 - 24	1,25	0,65
25 - 36	1,85	0,95
36 - 48	2,45	1,35

Para más derivaciones individuales de las indicadas se dispondrá el número de conductos o canaladuras necesario.

La altura mínima de las tapas registro será de 0,30 m y su anchura igual a la de la canaladura.

Su parte superior quedará instalada, como mínimo, a 0,20 m del techo.

Con objeto de facilitar la instalación, cada 15 m se podrán colocar cajas de registro precintables, comunes a todos los tubos de derivación individual, en las que no se realizarán empalmes de conductores. Las cajas serán de material aislante, no propagadoras de la llama y grado de inflamabilidad V-1, según UNE-EN 60695-11-10.

Producto	Norma de aplicación
Envolvente de accesorio (cajas de registro, etc.)	UNE 20451

Nota: Aplicando criterios de seguridad equivalente, el grado de inflamabilidad de la caja, según el ensayo del hilo incandescente de la norma UNE 20.451 será de 650 ºC.

Para el caso de cables aislados en el interior de tubos enterrados, la derivación individual cumplirá lo que se indica en la ITC-BT-07 para redes subterráneas, excepto en lo indicado en la presente instrucción.

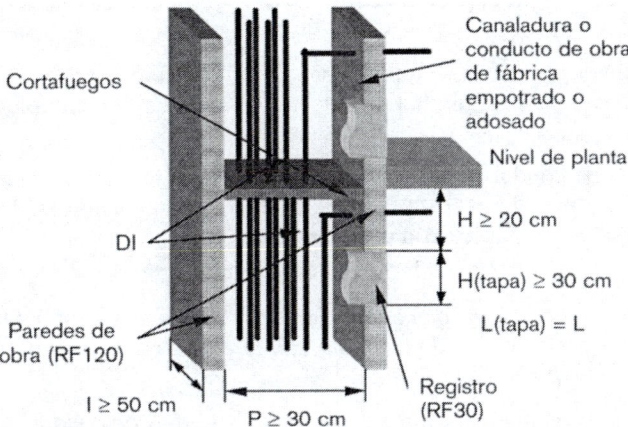

Figura A: *Ejemplo orientativo de la instalación de las derivaciones utilizando canal o tubo y conducto cerrado de obra de fábrica. Instalación en dos filas.*

3. CABLES

El número de conductores vendrá fijado por el número de fases necesarias para la utilización de los receptores de la derivación correspondiente y según su potencia, llevando cada línea su correspondiente conductor neutro así como el conductor de protección. En el caso de suministros individuales el punto de conexión del conductor de protección, se dejará a criterio del proyectista de la instalación. Además, cada derivación individual incluirá el hilo de mando para posibilitar la aplicación de diferentes tarifas. No se admitirá el empleo de conductor neutro común ni de conductor de protección común para distintos suministros.

A efecto de la consideración del número de fases que compongan la derivación individual, se tendrá en cuenta la potencia que en monofásico está obligada a suministrar la empresa distribuidora si el usuario así lo desea.

Los cables no presentarán empalmes y su sección será uniforme, exceptuándose en este caso las conexiones realizadas en la ubicación de los contadores y en los dispositivos de protección.

Los conductores a utilizar serán de cobre o aluminio, aislados y normalmente unipolares, siendo su tensión asignada 450/750 V. Se seguirá el código de colores indicado en la ITC-BT-19.

Para el caso de cables multiconductores o para el caso de derivaciones individuales en el interior de tubos enterrados, el aislamiento de los conductores será de tensión asigna- da 0,6/1 kV

La utilización de conductores unipolares aislados tiene como ventaja la posibilidad de instalar fácilmente en la misma canalización el hilo de mando.

Los cables y sistemas de conducción de cables deben instalarse de manera que no se reduzcan las características de la estructura del edificio en la seguridad contra incendios.

Los cables serán de la clase de reacción al fuego mínima C_{ca}-s1b,d1,a1. Los cables con características equivalentes a los de la norma UNE 21123, partes 4 o 5, o a la norma UNE 211002 (según la tensión asignada del cable) cumplen con esta prescripción[1].

Los elementos de conducción de cables con características equivalentes a los clasificados como "no propagadores de la llama" de acuerdo con las normas UNE-EN 50085-1 y UNE-EN 50086-1, cumplen con esta prescripción.

Los tubos, canales y bandejas de conducción de cables pueden estar fabricados en PVC u otros materiales siempre y cuando cumplan con la característica de no propagador de la llama según la norma que le corresponda.

Las características mínimas para los cables y los sistemas de conducción de cables son:

---

[1] Este párrafo ha sustituido al original de la GUÍA-BT 15 para adaptar el REBT al CPR (Reglamento de los Productos de la Construcción) con la denominación actual de las Euroclases de los cables eléctricos.

Sistema de instalación	Sistema decanalización (calidad mínima)		Cable	
Superficial	Tubo 4321 No propagador de la llama	Compresión Fuerte (4),Impacto Media (3), Propiedades eléctricas: Aislante / continuidad eléctrica. UNE-EN 50086-2-1	ES07Z1-K (AS)	Unipolar aislado de tensión asignada 450/750 V con conductor de cobre clase 5 (-K) y aislamiento de compuesto termoplástico a base de poliolefina (Z1) UNE 211 002
	Canal no propagadora de la llama	Impacto Media, No propagador de la llama, Propiedades eléctricas: Aislante / continuidad eléctrica. Que sólo puede abrirse con herramientas. IP2X mínimo. UNE-EN 50085	RZ1-K (AS)	Cable de tensión asignada 0,6/1 kV con conductor de cobre clase 5 (-K), aislamiento de polietileno reticulado (R) y cubierta de compuesto termoplástico a base de poliolefina (Z1) UNE 21.123-4
Empotrado	Tubo 2221: No propagador de la llama	Compresión Ligera (2),Impacto Ligera (2). UNE-EN 50086-2-2		
	Canal no propagadora de la llama	Impacto Media, No propagador de la llama. Que sólo puede abrirse con herramientas. IP2X mínimo. UNE-EN 50085	DZ1-K (AS)	Cable de tensión asignada 0,6/1 kV con conductor de cobre clase 5 (-K), aislamiento de etileno propileno (D) y cubierta de compuesto termoplástico a base de poliolefina (Z1) UNE 21.123-5
Enterrado	Tubo: (Propiedades de propagación de la llama no declaradas)	Compresión 250/450N (hormigón / suelo ligero), Impacto Ligera / Normal. UNE-EN 50086-2-4	RZ1-K (AS) DZ1-K (AS)	Tipos ya descritos siempre multiconductores

Sistema de instalación	Sistema decanalización (calidad mínima)		Cable	
Canal de obra	Tubo 2221: No propagador de la llama	Compresión Ligera (2), Impacto Ligera (2). UNE-EN 50086-2-2	ES07Z1-K (AS) RZ1-K (AS) DZ1-K (AS)	Tipos ya descritos
	Canal no propagadora de la llama	Impacto Media, No propagador de la llama. Que solo puede abrirse con herramientas. IP2X mínimo. UNE-EN 50085		
	Bandejas y bandejas de escalera	UNE-EN 61537	RZ1-K (AS) DZ1-K (AS)	Tipos ya descritos, siempre multicon-ductores
	Cables instalados directamente en su interior			

Canalización prefabricada UNE-EN 60439-2

Nota 1: Según la norma UNE 21 022 los conductores clase 5 son aquéllos constituidos por numerosos alambres de pequeño diámetro que le dan la característica de flexible.
Nota 2: Las normas de la serie UNE 21123 también incluyen las variantes de cables armados y apantallados que puede ser conveniente utilizar en instalaciones particulares.

Los cables con conductores de aluminio corresponden al tipo RZ1-Al (AS), según la norma UNE 21123-4, habitualmente se utilizan para instalaciones singulares.

La sección mínima será de 6 mm² para los cables polares, neutro y protección y de 1,5 mm² para el hilo de mando, que será de color rojo.

La sección de los conductores a utilizar se establecerá, en función de la previsión de carga de la instalación, del sistema de instalación elegido y la caída de tensión.

El conductor neutro deberá, en general, ser de la misma sección que los conductores de fase, excepto cuando se justifique que no puedan existir desequilibrios o corrientes armónicas por cargas no lineales. Por ejemplo, en alimentación a instalaciones en la que todos los receptores sean trifásicos.

Es necesario que a la hora de calcular el valor de la sección de la derivación individual se tenga en cuenta el nivel de electrificación especificado para la instalación según la ITC-BT-10.

Además es conveniente elegir la sección de la derivación individual de forma que un futuro aumento de la potencia utilizada por el usuario no comporte un riesgo para la seguridad de la instalación.

Para el cálculo de la sección de los conductores se tendrá en cuenta lo siguiente:

a) La demanda prevista por cada usuario, que será como mínimo la fijada por la RBT-010 y cuya intensidad estará controlada por los dispositivos privados de mando y protección.

A efectos de las intensidades admisibles por cada sección, se tendrá en cuenta lo que se indica en la ITC-BT-19 y para el caso de cables aislados en el interior de tubos enterrados, lo dispuesto en la ITC-BT-07.

b) La caída de tensión máxima admisible será:

– Para el caso de contadores concentrados en más de un lugar: 0,5%.

– Para el caso de contadores totalmente concentrados: 1%.

– Para el caso de derivaciones individuales en suministros para un único usuario en que no existe línea general de alimentación: 1,5%.

El proceso de cálculo debe contemplar los siguientes aspectos:

– calcular la intensidad en función de la previsión de cargas.

– selección del sistema de canalización.

– cálculo inicial de la sección por caída de tensión y por intensidad admisible del conductor.

– determinar las dimensiones de la canalización.

Generalmente la caída de tensión es el parámetro crítico para la elección de la sección de los conductores de la derivación individual.

A continuación se desarrolla cada uno de estos pasos intermedios y en las tablas H e I se presenta el resultado de aplicación para un edificio de viviendas.

CÁLCULO DE LA CAÍDA DE TENSIÓN

En el Anexo 2 de esta Unidad Temática se desarrolla el método para el cálculo de la sección por caída de tensión.

Según la ITC-BT-19 es posible compensar las caídas de tensión entre la instalación interior y la derivación individual, por ello es recomendable, en la mayoría de los casos, minimizar la caída de tensión en la DI para limitar la sección de los conductores en las instalaciones interiores.

En determinadas instalaciones (oficinas, locales comerciales, pequeñas industrias, etc.) en las que es previsible un futuro aumento de la potencia instalada y por consiguiente un aumento de temperatura de servicio del conductor, se recomienda realizar los cálculos para la temperatura máxima de servicio del conductor.

Como ejemplo, en las siguientes tablas se realiza el cálculo de la sección de la derivación individual en función de su longitud para cumplir el requisito de caída de tensión máxima.

Ambos ejemplos contemplan una derivación individual para vivienda, con suministro monofásico a 230 V y una temperatura estimada del conductor de 40 °C. Si la temperatura a considerar fuera 70 °C, según lo dicho anteriormente, los valores de caída de tensión, incluidos en las tablas siguientes, deberán multiplicarse por el factor de corrección 1,12.

Tabla A: *Caída de tensión (en V) de la derivación individual en función de la sección y longitud del cable (electrificación básica con 5.750 W).*

Sección mm²	Longitud de la derivación individual (m)							
	10	20	25	30	35	40	45	50
6	1,60	3,20						
10	0,96	1,92	2,40	2,88	3,36			
16	0,60	1,20	1,50	1,80	2,10	2,40	2,70	3,00
25	0,38	0,77	0,96	1,15	1,34	1,54	1,73	1,92
35	0,28	0,55	0,68	0,83	0,96	1,09	1,24	1,37
50	0,19	0,38	0,48	0,58	0,67	0,77	0,86	0,96

Tabla B: *Caída de tensión (en V) de la derivación individual en función de la sección y longitud del cable (electrificación elevada con 9.200 W).*

Sección mm²	Longitud de la derivación individual (m)							
	10	20	25	30	35	40	45	50
6	2,58							
10	1,54	3,08						
16	0,97	1,93	2,41	2,90	3,38			
25	0,62	1,23	1,54	1,85	2,16	2,47	2,78	3,08
35	0,45	0,88	1,09	1,33	1,54	1,76	1,99	2,21
50	0,31	0,62	0,77	0,93	1,08	1,23	1,39	1,54

En el ejemplo anterior, la sección del conductor depende de la caída de tensión máxima admitida, para suministros monofásicos varía según se trate de:

– contadores concentrados en más de un lugar, máximo admitido: 0,5% de 230 V = 1,65 V

– contadores totalmente concentrados, máximo admitido: 1% de 230 V = 2,3 V

– viviendas unifamiliares donde no existe LGA, 1,5% de 230 V = 3,45 V

COMPROBACIÓN DE LA INTENSIDAD ADMISIBLE

En las tablas C, D y E siguientes se indica para cada uno de los tipos de cable la intensidad máxima admisible en función de la sección del cable y del tipo de instalación. Si procede, deben aplicarse los factores de corrección por agrupamiento de circuitos o por temperatura ambiente.

Se han incluido los tipos de instalación más habituales, desestimándose aquellas que tienen menor interés práctico.

Tabla C: *Conductores unipolares ES07Z1-K (450/750 V).*

Tipo de instalación		Intensidad max. admisible en el conductor (A)											
		Sección nominal del conductor (Cu) (mm^2) tipo de instalación											
		6	10	16	25	35	50	70	95	120	150	185	240
tubos empotrados,	sm	36	50	66	84	104	-	-	-	-	-	-	-
tubos en montaje superficial	st	32	44	59	77	96	117	149	180	208	236	268	315

Nota 1: Según tabla 1 de la ITC-19, método B, columna 8, temperatura ambiente 40 °C,
Nota 2: sm: suministro monofásico; st: suministro trifásico

Tabla D: *Cables unipolares RZ1-K (0,6/1 kV).*

tipo de instalación		Intensidad max. admisible en el conductor (A)											
		Sección nominal del conductor (Cu) (mm^2) tipo de instalación											
		6	10	16	25	35	50	70	95	120	150	185	240
tubos enterrados[1]	sm	71	94	122	157	186	-	-	-	-	-	-	-
	st	58	77	100	128	152	184	224	268	304	340	384	440
tubos empotrados, tubos en montaje superficial, canales protectoras, conductos cerrados de obra de fábrica[2]	sm	49	68	91	116	144	-	-	-	-	-	-	-
	st	44	60	80	106	131	159	202	245	284	338	386	455

Nota 1: Basada en ITC-BT 07, 3.1.3, temperatura terreno 25 °C,
Nota 2: Según tabla 1 de la ITC-19, método B, columna 8, temperatura ambiente 40 °C,
Nota 3: sm: suministro monofásico; st: suministro trifásico

Tabla E: *Cable multiconductor RZ1-K (0,6/1 kV).*

tipo de instalación		Intensidad max. admisible en el conductor (A)											
		Sección nominal del conductor (Cu) (mm^2) tipo de instalación											
		6	10	16	25	35	50	70	95	120	150	185	240
tubos enterrados[1]	sm	65	86	113	147	176	-	-	-	-	-	-	-
	st	53	70	92	120	144	172	208	248	284	320	360	416
tubos empotrados, tubos en montaje superficial, canales protectoras, conductos cerrados de obra de fábrica[2]	sm	49	68	91	116	144	-	-	-	-	-	-	-
	st	44	60	80	106	131	159	202	245	284	338	386	455

Nota 1: Basada en ITC-BT 07, 3.1.3, temperatura terreno 25 °C,
Nota 2: Según tabla 1 de la ITC-19, método B, columna 8, temperatura ambiente 40 °C,
Nota 3: sm: suministro monofásico; st: suministro trifásico

DIMENSIONES DE TUBOS Y CANALES PROTECTORES:

Una vez conocida la sección de los conductores, se seleccionará la sección del sistema de canalización (tubo o canal protectora), de acuerdo a los criterios mostrados en las siguientes tablas.

Tabla F: *Diámetro de los tubos y sección eficaz mínima canales protectoras en función de la sección del conductor (suministro monofásico).*

Sección nominal conductor (mm^2)	Sección eficaz mínima canales protectoras (mm^2)			Diámetro exterior de los tubos (mm)							
				Montaje superficial			Empotrado			Enterrado	
	ES07Z1-K	RZ1-K		ES07Z1-K	RZ1-K		ES07Z1-K	RZ1-K		RZ1-K	
	3U	3U	1T(*)	3U	3U	1T	3U	3U	1T	3U	1T
6	236	560	618	32	32	32	32	40	40	40	40
10	388	744	789	32	40	40	32	40	40	50	50
16	551	975	1.179	40	40	50	40	50	50	50	63
25	874	1.283	1.558	50	50	50	50	50	63	63	63
35	1.150	1.581	2.005	63	50	63	50	63	63	63	75

Nota: U: Cable unipolar
    T: Cable 3 conductores
(*) Para este sistema particular de instalación, por coincidencia en su trazado se pueden colocar varias derivaciones individuales en el interior del mismo canal protector, en cuyo caso se multiplica la sección eficaz por el número de derivaciones individuales.

Los valores correspondientes a la sección eficaz mínima de las canales protectoras y al diámetro exterior de los tubos de las tablas F y G se adjuntan a título de ejemplo y se han considerado despreciables las secciones ocupadas por el hilo de mando $(1,5 mm^2)$. Para un cálculo más exacto, se pueden aplicar las siguientes fórmulas:

Canales protectoras:

$$S_{ef} = 2 \cdot K \cdot (n_1 \cdot \phi_1^2 + n_2 \cdot \phi_2^2 + ...)$$

En donde:

– *K es el coeficiente corrector de llenado (colocación, ventilación, etc.) y que será:*
   K=1,4 para conductores aislados sin cubierta tipo ES07Z1-K
   K=1,8 para cables con cubierta de 0,6/1 kV
– n_i *es el número de conductores de sección S_i*
– ϕi *es el diámetro exterior de los conductores de sección S_i*
– *2 tiene en cuenta la posible ampliación de sección del 100%*

Tubos:

$$\phi_{E\ tubo} = 2 \cdot e + \phi_{E\ cond} \cdot \sqrt{2 \cdot n \cdot f}$$

En donde:

– *f es el coeficiente corrector de colocación, que será:*
   f=2,5 para tubos superficiales

f=3 para tubos empotrados

f=4 para tubos enterrados

– *n es el número de conductores*

– $\phi_{E\ tubo}$ *es el diámetro exterior del tubo*

– $\phi_{E\ cond}$ *es el diámetro exterior de los conductores*

– *e es el espesor de la pared del tubo*

– *2 tiene en cuenta la posible ampliación de sección del 100%*

Tabla G: *Diámetro de los tubos y sección eficaz mínima canales protectoras en función de la sección del conductor (suministro trifásico).*

Sección nominal conductor (mm²)	Sección eficaz mínima canales protectoras (mm²)			Diámetro exterior de los tubos (mm)							
				Montaje superficial			Empotrado			Enterrado	
	ES07Z1-K	RZ1-K		ES07Z1-K	RZ1-K		ES07Z1-K	RZ1-K		RZ1-K	
	5U	5U	1P(*)	5U	5U	1P	5U	5U	1P	5U	1P
6	393	933	865	32	40	40	32	50	40	50	50
10	647	1.240	1.128	40	50	50	40	50	50	63	63
16	919	1.625	1.695	50	63	63	50	63	63	63	63
25	1.457	2.139	2.304	63	63	75	63	63	75	75	90
35	1.916	2.635	3.007	63	75		75	75	75	90	90
50	2.705	3.478	4.211	75						110	110
70	3.584	4.724								125	
95	4.637	5.639								125	
120		7.272								140	
150		9.275								160	
185		10.893								180	
240		13.514								200	

Nota: U: Cable unipolar
     P: Cable 5 conductores
(*) Para este sistema particular de instalación, por coincidencia en su trazado se pueden colocar varias derivaciones individuales en el interior del mismo canal protector, en cuyo caso se multiplica la sección eficaz por el número de derivaciones individuales.

APLICACIÓN A EDIFICIOS DE VIVIENDAS CON SUMINISTRO MONOFÁSICO

Como resumen de aplicación para edificios de viviendas con suministro monofásico y contadores centralizados en un único lugar, se adjuntan las siguientes tablas, en las que, en función de la longitud de la DI y del grado de electrificación, se calcula la sección del conductor, el diámetro exterior del tubo y la sección efectiva de la canal protectora a utilizar.

En la ITC-BT-19 se indican los criterios a seguir cuando se quieran compensar las caídas de tensión de la derivación individual y la instalación interior.

Tabla H: *Suministro monofásico. Electrificación básica con 5.750 W*
Contadores totalmente centralizados (ΔV ≤ 1%).

Cable			450/750V	0,6/1kV (3 unipolares)		0,6/1kV (1 tripolar)	
Longitud DI (m)	*Sección (mm²)*	*φ tubo (mm)*	*S* efectiva canal (mm²)*	*φ tubo (mm)*	*S* efectiva canal (mm²)*	*φ tubo (mm)*	*S* efectiva canal (mm²)*
≤ 14	6	40	236	40	560	40	618
≤ 23	10	40	388	40	744	40	789
≤ 38	16	40	551	40	975	50	1.179
≤ 59	25	50	874	50	1.283	50	1.558

* Sección efectiva mínima de la canal o del compartimiento de la canal en donde se ubica la DI

Tabla I: *Suministro monofásico. Electrificación elevada con 9.200 W.*
Contadores totalmente centralizados (ΔV ≤ 1%).

Cable			450/750V	0,6/1kV (3 unipolares)		0,6/1kV (1 tripolar)	
Longitud DI (m)	*Sección (mm²)*	*φ tubo (mm)*	*S* efectiva canal (mm²)*	*φ tubo (mm)*	*S* efectiva canal (mm²)*	*φ tubo (mm)*	*S* efectiva canal (mm²)*
≤ 8	6	40	236	40	560	40	618
≤ 14	10	40	388	40	744	40	789
≤ 23	16	40	551	40	975	50	1.179
≤ 37	25	50	874	50	1.283	50	1.558
≤ 52	35	50	1.150	50	1.581	63	2.005

* Sección efectiva mínima de la canal o del compartimiento de la canal en donde se ubica la DI

GUÍA-BT-16

CONTADORES: UBICACIÓN Y SISTEMAS DE INSTALACIÓN

Índice

Edición: Septiembre 2003. Revisión: 1

00. DIFERENCIAS MÁS IMPORTANTES ENTRE EL RBT 2002 Y EL RBT 1973

RBT 1973	RBT 2002
MI BT 15-pto.1.1 Los contadores se instalarán sobre bases constituidas por materiales adecuados y no inflamables, estando incluso autorizado que las bases sean de madera.	ITC-BT 16-pto.1 Se amplían las posibilidades de instalación, ya que los contadores estarán ubicados en módulos, paneles o armarios. Los módulos son cajas provistas de tapas precintables.
MI BT 15-pto.1.1 Características de la centralización sin especificar.	ITC-BT 16-pto.1 Independientemente del tipo de centralización el conjunto una vez montado debe cumplir con la norma UNE–EN 60439 partes 1, 2 y 3, y proporcionar un grado de protección IP 40, IK 09 para interior, y de IP 43, IK 09 para exterior.
Los conductores serán siempre de cobre de nivel de aislamiento 750 V si son rígidos y 500 V si son flexibles.	ITC-BT 16-pto.1 Los conductores serán de cobre de nivel de aislamiento 750 V, de sección mínima de 6 mm^2 y de clase 2.
MI BT 15-pto.1.1 Características sin especificar.	ITC-BT 16-pto.1 La conexión a los contadores se realizarán directamente sin emplear terminales.
MI BT 15-pto.1.1 A los conductores aislados no se les exige ninguna característica específica de comportamiento frente al fuego.	ITC-BT 16-pto.1 Los cables serán no propagadores del incendio con emisión de humos y opacidad reducida.
MI BT 15-pto.1.2 La colocación de contadores de forma individual no está limitada en cuanto al número de usuarios.	ITC-BT 16-pto.2.1 La colocación de contadores de forma individual se limita a un único usuario ampliable como máximo a dos cuando se alimente desde el mismo lugar. En estos casos los contadores y sus fusibles de protección se instalarán en una caja de protección y medida (CPM).
MI BT 15-pto.1.2 Cuando los contadores se instalan de forma individual la altura del contador estará entre 1,5 m y 1,8 m.	ITC-BT 13-pto.2.1 Cuando los contadores se instalan de forma individual el dispositivo de lectura del contador estará comprendido entre 0,7 m, y 1,8 m.
MI BT 15-pto.1.3 No se permite el uso de un armario. Los contadores se deben centralizar en un local o espacio adecuado a este fin.	ITC-BT 16-pto.2.2 Si el número de contadores a instalar es superior a 16, será obligatoria su instalación en local. Hasta 16 contadores se pueden instalar en un armario.

RBT 1973	RBT 2002
MI BT 15-pto.1.3 No se especifican los casos en los que se pueden utilizar varias centralizaciones de contadores.	ITC-BT 16-pto.2.2 Se podrán concentrar los contadores por plantas en edificios de más de 12 plantas y cuando existan más de 16 contadores en cada centralización.
MI BT 15-pto.1.3 El local donde se instalen los contadores será de fácil y libre acceso, tal como portal, recinto de portero o un departamento o habitación especialmente dedicado para ello.	ITC-BT 16-pto.2.2 El local será de fácil y libre acceso, tal como portal o recinto de portería y nunca podrá coincidir con el de otros servicios. Además estará situado en la planta baja, entresuelo o primer sótano, salvo cuando existan concentraciones por plantas, en un lugar lo más próximo posible a la entrada del edificio y a la canalización de las derivaciones individuales.
MI BT 15-pto.1.3 El local no ha de ser húmedo, no se describe nada en cuanto a las características que definen el comportamiento al fuego de las paredes y suelos.	ITC-BT 16-pto.2.2 El local estará construido con paredes de clase M0 y suelos de clase M1, separado de otros locales que presenten riesgos de incendio o produzcan vapores corrosivos y no estará expuesto a vibraciones ni humedad.
MI BT 15-pto.1.3 El local será de dimensiones suficientes para trabajar en él con garantía y seguridad. Entre el contador más saliente y la pared opuesta deberá respetarse un pasillo de 1,10 m.	ITC-BT 16-pto.2.2 El local tendrá una altura mínima de 2,30 m y una anchura mínima en paredes ocupadas por contadores de 1,50 m. Sus dimensiones serán tales que las distancias desde la pared donde se instale la concentración de contadores hasta el primer obstáculo que tenga enfrente sean de 1,10 m. La distancia entre los laterales de dicha concentración y sus paredes colindantes será de 20 cm. La resistencia al fuego del local corresponderá a lo establecido en la Norma NBE-CPI-96 para locales de riesgo especial bajo.
MI BT 15-pto.1.3 Los contadores se fijarán a la pared, nunca sobre tabique.	ITC-BT 16-pto.2.2 Las paredes donde debe fijarse la concentración de contadores tendrán una resistencia no inferior a la del tabicón de medio pie de ladrillo hueco.

RBT 1973	RBT 2002
MI BT 15-pto.1.3 No se describen las características de la puerta del local, ni se prescribe la necesidad de disponer de un extintor, ni se indica nada acerca del alumbrado de emergencia.	ITC-BT 16-pto.2.2 La puerta de acceso abrirá hacia el exterior y tendrá una dimensión mínima de 0,70 x 2 m, su resistencia al fuego corresponderá a lo establecido para puertas de locales de riesgo especial bajo en la Norma NBE-CPI-96 y estará equipada con la cerradura que tenga normalizada la empresa distribuidora. Dentro del local e inmediato a la entrada deberá instalarse un equipo autónomo de alumbrado de emergencia, de autonomía no inferior a 1 hora y proporcionando un nivel mínimo de iluminación de 5 lux. En el exterior del local y lo más próximo a la puerta de entrada, deberá existir un extintor móvil, de eficacia mínima 21B, cuya instalación y mantenimiento será a cargo de la propiedad del edificio.
MI BT 15-pto.1.3 No se admite la concentración de los contadores en el interior de un armario.	ITC-BT 16-pto.2.2 Se describen detenidamente las características del armario y los servicios auxiliares (luz, base de enchufe) con que debe contar.
MI BT 15-pto.1.3 Los contadores se instalarán sobre bases constituidas por bases de materiales adecuados y no inflamables.	ITC-BT 16-pto.3 En referente al grado de inflamabilidad de las concentraciones de contadores cumplirán con el ensayo del hilo incandescente descrito en la norma UNE-EN 60.695-2-1, a una temperatura de 960 °C para los materiales aislantes que estén en contacto con las partes que transportan la corriente y de 850 °C para el resto de los materiales tales como envolventes, tapas, etc.
MI BT 15-pto.1.3 Los contadores deberán colocarse de forma que se hallen a una altura mínima del suelo de 0,5 m, y máxima de 1,8 m. Podrá sin embargo admitirse su instalación hasta una altura máxima de 3 m, debiendo el propietario, en este caso, disponer en el local de elementos de acceso hasta esta altura que permitan la lectura de las indicaciones de los contadores.	ITC-BT 16-pto.3 La colocación de la concentración de contadores (sea en local o en armario), se realizará de tal forma que desde la parte inferior de la misma al suelo haya como mínimo una altura de 0,25 m y el cuadrante de lectura del aparato de medida situado más alto, no supere el 1,80 m.

RBT 1973	RBT 2002

MI BT 15-pto.1.3
No se describen las unidades funcionales que componen una centralización. Sólo se mencionan los contadores y sus fusibles de seguridad.
	ITC-BT 16-pto.3
	Se detallan las características de todas las unidades funcionales que existen siempre que haya una centralización de contadores:
	    Interruptor general de maniobra (obligatorio para más de dos usuarios).
	    Embarrado general y fusibles de seguridad.
	    Unidad de medida.
	    Embarrado de protección y bornes de salida.
	Además existen unidades opcionales:
	    Unidad de mando para el cambio de tarifa.
	    Unidad de telecomunicaciones.

1. GENERALIDADES

Los contadores y demás dispositivos para la medida de la energía eléctrica, podrán estar ubicados en:

– módulos (cajas con tapas precintables)

– paneles

– armarios

Todos ellos, constituirán conjuntos que deberán cumplir la norma UNE-EN 60.439 partes 1, 2 y 3.

El grado de protección mínimo que deben cumplir estos conjuntos, de acuerdo con la norma UNE 20.324 y UNE-EN 50.102, respectivamente:

– para instalaciones de tipo interior: IP40; IK 09

– para instalaciones de tipo exterior: IP43; IK 09

Deberán permitir de forma directa la lectura de los contadores e interruptores horarios, así como la del resto de dispositivos de medida, cuando así sea preciso. Las partes transparentes que permiten la lectura directa, deberán ser resistentes a los rayos ultravioleta.

Cuando se utilicen módulos o armarios, éstos deberán disponer de ventilación interna para evitar condensaciones sin que disminuya su grado de protección.

Las dimensiones de los módulos, paneles y armarios, serán las adecuadas para el tipo y número de contadores así como del resto de dispositivos necesarios para la facturación de la energía, que según el tipo de suministro deban llevar.

El significado de los códigos IP e IK se indican en el Anexo 1 de esta Unidad Temática.

El grado de protección para las centralizaciones tipo módulos o del tipo panel se refiere al conjunto de las unidades funcionales correspondientes totalmente equipadas y montadas.

Cada derivación individual debe llevar asociado en su origen su propia protección compuesta por fusibles de seguridad, con independencia de las protecciones correspondientes a la instalación interior de cada suministro. Estos fusibles se instalarán antes del contador y se colocarán en cada uno de los hilos de fase o polares que van al mismo, tendrán la adecuada capacidad de corte en función de la máxima intensidad de cortocircuito que pueda presentarse en ese punto y estarán precintados por la empresa distribuidora.

Los cables serán de 6 mm^2 de sección, salvo cuando se incumplan las prescripciones reglamentarias en lo que afecta a previsión de cargas y caídas de tensión, en cuyo caso la sección será mayor.

Teniendo en cuenta los ejemplos elaborados en la GUÍA-BT-15 de cálculo de caída de tensión en la derivación individual de suministros monofásicos, cuando los contadores se ubican en una única concentración, se recomienda la utilización de conductores de sección mínima de 10 mm^2 para el conexionado en viviendas de grado de electrificación básico y de 16 mm^2 para las de grado elevado, salvo para trazados de longitud muy corta (menos de 14 metros en electrificación básica, y menos de 8 metros en electrificación elevada).

Los cables serán de una tensión asignada de 450/750 V y los conductores de cobre, de clase 2 según norma UNE 21.022, con un aislamiento seco, extruido a base de mezclas termoestables o termoplásticas; y se identificarán según los colores prescritos en la ITC MIE-BT-26.

Los cables serán de la clase de reacción al fuego mínima C_{ca}-s1b,d1,a1. Los cables con características equivalentes a la norma UNE 21027, parte 9 (mezclas termoestables) o a la norma UNE 211002 (mezclas termoplásticas) cumplen con esta prescripción[1].

Asimismo, deberá disponer del cableado necesario para los circuitos de mando y control con el objetivo de satisfacer las disposiciones tarifarias vigentes. El cable tendrá las mismas características que las indicadas anteriormente, su color de identificación será el rojo y con una sección de 1,5 mm^2.

Las conexiones se efectuarán directamente y los conductores no requerirán preparación especial o terminales

Los cables con estas características indicados en estas normas son:

	Producto	**Norma de aplicación**
Cable tipo H07Z-R	*Conductor unipolar aislado de tensión asignada 4501750 V, conductor de cobre clase 2 (-R), aislamiento de compuesto termoestable (Z).*	*UNE 21027-9* *UNE 21102*

---

[1] Este párrafo ha sustituido al original de la GUÍA-BT 16 para adaptar el REBT al CPR (Reglamento de los Productos de la Construcción) con la denominación actual de las Euroclases de los cables eléctricos.

Producto		Norma de aplicación
Cable tipo ES07Z1-R (AS)	Conductor unipolar aislado de tensión asignada 450/750 V, conductor de cobre clase 2 (-R), aislamiento de compuesto termoplástico a base de poliolefina (Z1).	
	Este tipo de cable solamente está normalizado para las secciones de 1,5 mm² con aislamiento de color rojo y de 6, 10, 16 mm².	
Nota 1: Según la norma UNE 21.022 los conductores clase 2 son aquéllos constituidos por varios alambres cableados, formando un conductor rígido.		

2. FORMAS DE COLOCACIÓN

2.1 Colocación en forma individual

Esta disposición se utilizará sólo cuando se trate de un suministro a un único usuario independiente o a dos usuarios alimentados desde un mismo lugar.

Se hará uso de la Caja de Protección y Medida, de los tipos y características indicados en el apartado 2 de ITC-BT-13, que reúne bajo una misma envolvente, los fusibles generales de protección, el contador y el dispositivo para discriminación horaria. En este caso, los fusibles de seguridad coinciden con los generales de protección.

El emplazamiento de la Caja de Protección y Medida se efectuará de acuerdo a lo indicado en el apartado 2.1 de la ITC-BT-13.

Para suministros industriales, comerciales o de servicios con medida indirecta, dada la complejidad y diversidad que ofrecen, la solución a adoptar será la que se especifique en los requisitos particulares de la empresa suministradora para cada caso en concreto, partiendo de los siguientes principios:

– fácil lectura del equipo de medida

– acceso permanente a los fusibles generales de protección

– garantías de seguridad y mantenimiento

El usuario será responsable del quebrantamiento de los precintos que coloquen los organismos oficiales o las empresas suministradoras, así como de la rotura de cualquiera de los elementos que queden bajo su custodia, cuando el contador esté instalado dentro de su local o vivienda.

En el caso de que el contador se instale fuera, será responsable el propietario del edificio.

2.2 Colocación en forma concentrada

En el caso de:

– edificios destinados a viviendas y locales comerciales

– edificios comerciales

– edificios destinados a una concentración de industrias

Los contadores y demás dispositivos para la medida de la energía eléctrica de cada uno de los usuarios y de los servicios generales del edificio, podrán concentrarse en uno o varios lugares, para cada uno de los cuales habrá de preverse en el edificio un armario o local adecuado a este fin, donde se colocarán los distintos elementos necesarios para su instalación.

Cuando el número de contadores a instalar sea superior a 16, será obligatoria su ubicación en local, según el apartado 2.2.1 siguiente.

En función de la naturaleza y número de contadores, así como de las plantas del edificio, la concentración de los contadores se situará de la forma siguiente:

– En edificios de hasta 12 plantas se colocarán en la planta baja, entresuelo o primer sótano.

En edificios superiores a 12 plantas se podrá concentrar por plantas intermedias, comprendiendo cada concentración los contadores de 6 o más plantas.

– Podrán disponerse concentraciones por plantas cuando el número de contadores en cada una de las concentraciones sea superior a 16.

2.2.1 En local

Este local que estará dedicado única y exclusivamente a este fin podrá, además, albergar por necesidades de la Compañía Eléctrica para la gestión de los suministros que parten de la centralización, un equipo de comunicación y adquisición de datos, a instalar por la Compañía Eléctrica, así como el cuadro general de mando y protección de los servicios comunes del edificio, siempre que las dimensiones reglamentarias lo permitan.

El local cumplirá las condiciones de protección contra incendios que establece la NBE-CPI-96 para los locales de riesgo especial bajo y responderá a las siguientes condiciones:

– estará situado en la planta baja, entresuelo o primer sótano, salvo cuando existan concentraciones por plantas, en un lugar lo más próximo posible a la entrada del edificio y a la canalización de las derivaciones individuales. Será de fácil y libre acceso, tal como portal o recinto de portería y el local nunca podrá coincidir con el de otros servicios tales como cuarto de calderas, concentración de contadores de agua, gas, telecomunicaciones, maquinaria de ascensores o de otros como almacén, cuarto trastero, de basuras, etc.

– no servirá nunca de paso ni de acceso a otros locales.

– estará construido con paredes de clase M0 y suelos de clase M1, separado de otros locales que presenten riesgos de incendio o produzcan vapores corrosivos y no estará expuesto a vibraciones ni humedades.

Las exigencias de comportamiento ante el fuego de los materiales se definen fijando la clase que deben alcanzar conforme a la norma UNE 23727. Estas clases se denominan: M0, M1, M2, M3 y M4. El número de la denominación de cada clase indica la magnitud relativa con la que los materiales correspondientes pueden favorecer el desarrollo de un incendio.

La clase M0 indica que un material es no combustible ante la acción térmica normalizada del ensayo correspondiente. Un material de clase M1 es combustible, pero no inflamable, lo que implica que su combustión no se mantiene cuando cesa la aportación de calor desde un foco exterior. Los materiales de clase M2, M3 y M4 pueden considerarse de un grado de inflamabilidad moderada, media o alta respectivamente.

– dispondrá de ventilación y de iluminación suficiente para comprobar el buen funcionamiento de todos los componentes de la concentración.

– cuando la cota del suelo sea inferior o igual a la de los pasillos o locales colindantes, deberán disponerse sumideros de desagüe para que en el caso de avería, descuido o rotura de tuberías de agua, no puedan producirse inundaciones en el local.

– las paredes donde debe fijarse la concentración de contadores tendrán una resistencia no inferior a la del tabicón de medio pie de ladrillo hueco.

– el local tendrá una altura mínima de 2,30 m y una anchura mínima en paredes ocupadas por contadores de 1,50 m. Sus dimensiones serán tales que las distancias desde la pared donde se instale la concentración de contadores hasta el primer obstáculo que tenga enfrente sean de 1,10 m. La distancia entre los laterales de dicha concentración y sus paredes colindantes será de 20 cm. La resistencia al fuego del local corresponderá a lo establecido en la Norma NBECPI- 96 para locales de riesgo especial bajo.

RF90 según el artículo 19 de la NBE-CPI-96.

– la puerta de acceso abrirá hacia el exterior y tendrá una dimensión mínima de 0,70 x 2 m, su resistencia al fuego corresponderá a lo establecido para puertas de locales de riesgo especial bajo en la Norma NBE-CPI-96 y estará equipada con la cerradura que tenga normalizada la empresa distribuidora.

RF60 como mínimo excepto cuando el paso se realice desde un vestíbulo previo, caso en que la puerta será RF30, según el artículo 15 de la NBE-CPI-96.

– dentro del local e inmediato a la entrada deberá instalarse un equipo autónomo de alumbrado de emergencia, de autonomía no inferior a 1 hora y proporcionando un nivel mínimo de iluminación de 5 lux.

– en el exterior del local y lo más próximo a la puerta de entrada, deberá existir un extintor móvil, de eficacia mínima 21B, cuya instalación y mantenimiento será a cargo de la propiedad del edificio.

Se recomienda que los extintores tengan una eficacia 21A/113B, según establecen varias reglamentaciones de protección contra incendios.

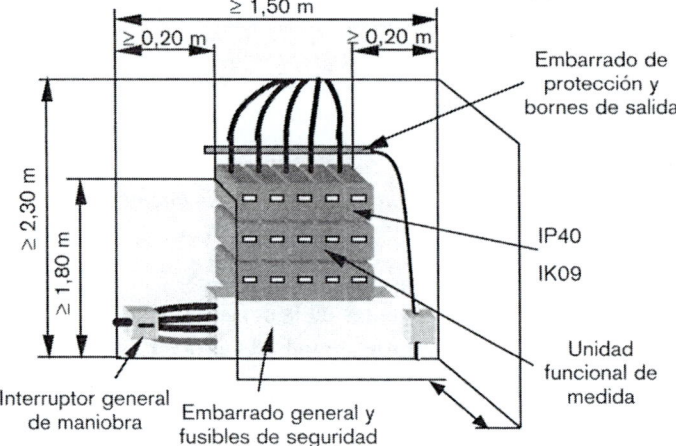

Figura B: *Ejemplo de colocación de contadores centralizados en un local.*

2.2.2 En armario

Si el número de contadores a centralizar es igual o inferior a 16, además de poderse instalar en un local de las características descritas en 2.2.1, la concentración podrá ubicarse en un armario destinado única y exclusivamente a este fin.

Este armario reunirá los siguientes requisitos:

– estará situado en la planta baja, entresuelo o primer sótano del edificio, salvo cuando existan concentraciones por plantas, empotrado o adosado sobre un paramento de la zona común de la entrada lo más próximo a ella y a la canalización de las derivaciones individuales.

– no tendrá bastidores intermedios que dificulten la instalación o lectura de los contadores y demás dispositivos.

– desde la parte más saliente del armario hasta la pared opuesta deberá respetarse un pasillo de 1,5 m como mínimo.

– los armarios tendrán una característica parallamas mínima, PF 30.

– las puertas de cierre dispondrán de la cerradura que tenga normalizada la empresa suministradora.

– dispondrá de ventilación y de iluminación suficiente y en sus inmediaciones, se instalará un extintor móvil, de eficacia mínima 21B, cuya instalación y mantenimiento será a cargo de la propiedad del edificio. Igualmente, se colocará una base de enchufe (toma de corriente) con toma de tierra de 16 A para servicios de mantenimiento.

3. CONCENTRACIÓN DE CONTADORES

Las concentraciones de contadores estarán concebidas para albergar los aparatos de medida, mando, control (ajeno al ICP) y protección de todas y cada una de las derivaciones individuales que se alimentan desde la propia concentración.

En referente al grado de inflamabilidad cumplirán con el ensayo del hilo incandescente descrito en la norma UNE-EN 60.695-2-1, a una temperatura de 960 °C para los materiales aislantes que estén en contacto con las partes que transportan la corriente y de 850 °C para el resto de los materiales tales como envolventes, tapas, etc.

Cuando existan envolventes estarán dotadas de dispositivos precintables que impidan toda manipulación interior y podrán constituir uno o varios conjuntos. Los elementos constituyentes de la concentración que lo precisen, estarán marcados de forma visible para que permitan una fácil y correcta identificación del suministro a que corresponde.

La propiedad del edificio o el usuario tendrán, en su caso, la responsabilidad del quebranto de los precintos que se coloquen y de la alteración de los elementos instalados que quedan bajo su custodia en el local o armario en que se ubique la concentración de contadores.

Las concentraciones permitirán la instalación de los elementos necesarios para la aplicación de las disposiciones tarifarias vigentes y permitirán la incorporación de los avances tecnológicos del momento.

La colocación de la concentración de contadores, se realizará de tal forma que desde la parte inferior de la misma al suelo haya como mínimo una altura de 0,25 m y el cuadrante de lectura del aparato de medida situado más alto, no supere el 1,80 m.

El cableado que efectúa las uniones embarrado-contador-borne de salida podrá ir bajo tubo o conducto.

Las concentraciones estarán formadas eléctricamente, por las siguientes unidades funcionales:

– Unidad funcional de interruptor general de maniobra

Su misión es dejar fuera de servicio, en caso de necesidad, toda la concentración de contadores. Será obligatoria para concentraciones de más de dos usuarios.

Esta unidad se instalará en una envolvente de doble aislamiento independiente, que contendrá un interruptor de corte omnipolar, de apertura en carga y que garantice que el neutro no sea cortado antes que los otros polos.

Se instalará entre la línea general de alimentación y el embarrado general de la concentración de contadores.

Cuando exista más de una línea general de alimentación se colocará un interruptor por cada una de ellas.

El interruptor será, como mínimo, de 160 A para previsiones de carga hasta 90 kW, y de 250 A para las superiores a ésta, hasta 150 kW.

Cuando en una misma instalación de enlace se instale más de un interruptor general de maniobra porque se alimenten distintas centralizaciones de contadores, se recomienda que se coloquen juntos en la centralización más próxima al acceso de los bomberos al edificio.

– Unidad funcional de embarrado general y fusibles de seguridad

Contiene el embarrado general de la concentración y los fusibles de seguridad correspondiente a todos los suministros que estén conectados al mismo. Dispondrá de una protección aislante que evite contactos accidentales con el embarrado general al acceder a los fusibles de seguridad.

– Unidad funcional de medida

Contiene los contadores, interruptores horarios y/o dispositivos de mando para la medida de la energía eléctrica.

– Unidad funcional de mando (opcional)

Contiene los dispositivos de mando para el cambio de tarifa de cada suministro.

– Unidad funcional de embarrado de protección y bornes de salida

Contiene el embarrado de protección donde se conectarán los cables de protección de cada derivación individual así como los bornes de salida de las derivaciones individuales.

El embarrado de protección deberá estar señalizado con el símbolo normalizado de puesta a tierra y conectado a tierra.

– Unidad funcional de telecomunicaciones (opcional)

Contiene el espacio para el equipo de comunicación y adquisición de datos.

La protección aislante adicional que protege el embarrado general de la concentración y los fusibles de seguridad tendrá un grado de protección mínimo IP XXB.

En los esquemas con contadores centralizados se incluye un elemento nuevo que es el interruptor general de maniobra, obligatorio para concentraciones de más de dos contadores.

Dicho interruptor-seccionador tiene por misión dejar fuera de servicio, por ejemplo en caso de incendio, la instalación eléctrica del edificio y deberá poderse enclavar en posición de abierto.

También es importante prever suficiente espacio libre en el local donde se ubica la centralización de contadores para poder instalar posteriormente las unidades funcionales opcionales o de registro de calidad de servicio.

Producto	Norma de aplicación
Conjuntos de aparamenta (módulos, paneles o armarios)	UNE-EN 60439-1 y 2
Envolvente (para conjunto de aparamenta)	UNE-EN 50298
Envolvente de accesorio (cuadros, cajas derivación, registro, etc.)	UNE 20451
Bornes de conexión	UNE-EN 60998 UNE-EN 60947-7
Interruptor general de maniobra (interruptor-seccionador)	UNE-EN 60947-3
Fusibles	UNE-EN 60269 (serie)
Contadores (electrónicos)	UNE-EN 61036
Contadores (inducción)	UNE-EN 60521
Interruptor horario	UNE-EN 61038
Base de toma de corriente	UNE 20315

Nota 1: Los diferentes componentes que conforman los módulos, paneles o armarios deberán cumplir con su correspondiente norma de producto. Cuando se comercializan montados, todos estos elementos constituyen el conjunto de aparamenta y deberán cumplir con las prescripciones de la norma (UNE-EN 60439-1).

Nota 2: El grado de protección IP 40 (interior) o IP 43 (exterior), el grado de protección contra los impactos mecánicos externos IK09 y el grado de inflamabilidad se verificarán de acuerdo a lo establecido en la norma UNE-EN 50298. El grado de inflamabilidad será:

– (960 ± 10) ºC para las partes que soportan partes activas
– (650 ± 10) ºC para todas las demás partes

4. ELECCIÓN DEL SISTEMA

Para homogeneizar estas instalaciones la Empresa Suministradora, de común acuerdo con la propiedad, elegirá de entre las soluciones propuestas la que mejor se ajuste al suministro solicitado. En caso de discrepancia resolverá el Organismo Competente de la Administración.

Se admitirán otras soluciones tales como contadores individuales en viviendas o locales, cuando se incorporen al sistema nuevas técnicas de telegestión.

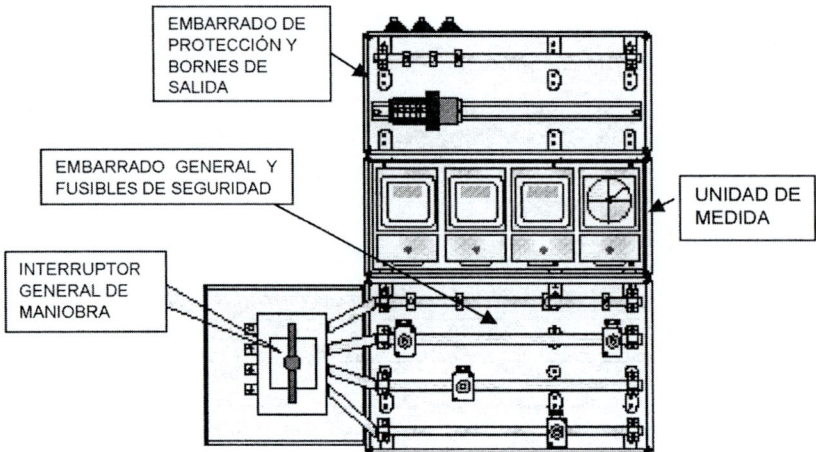

Figura C: *Ejemplo de instalación de las unidades funcionales principales de una centralización de contadores.*

GUIA-BT-17

DISPOSITIVOS GENERALES E INDIVIDUALES DE MANDO Y PROTECCIÓN. INTERRUPTOR DE CONTROL DE POTENCIA

Edición: Septiembre 2020. Revisión: 2

Índice

00 DIFERENCIAS MÁS IMPORTANTES ENTRE EL REBT 2002 Y REBT 1973

RBT 1973	RBT 2002
MI BT 16-pto.1.1 Todos los dispositivos privados de mando y protección tanto los dispositivos generales como los de protección de cada uno de los circuitos se instalarán en un único cuadro.	ITC-BT 17-pto.1.1 Los dispositivos generales e individuales de mando y protección se instalarán en un único cuadro o en varios cuadros, según las características de la instalación.
Requisito aplicable solo a los locales de pública concurrencia.	ITC-BT 17-pto.1.1 En locales de uso común o de pública concurrencia, deberán tomarse las precauciones necesarias para que los dispositivos de mando y protección no sean accesibles al público en general.
No se especifica la altura a la cual se situarán los dispositivos generales e individuales de mando y protección.	ITC-BT 17-pto.1.1 La altura a la cual se situarán los dispositivos generales e individuales de mando y protección de los circuitos, medida desde el nivel del suelo, estará comprendida entre 1,4 y 2 m, para viviendas. En locales comerciales, la altura mínima será de 1 m desde el nivel del suelo.
No se especifican las características de las envolventes de los cuadros.	ITC-BT 17-pto.1.2 Las envolventes de los cuadros se ajustarán a las normas UNE 20.451 y UNE-EN 60.439 -3, con un grado de protección mínimo IP 30 según UNE 20.324 e IK07 según UNE-EN 50.102. Después de la aparición de este reglamento se ha publicado la UNE-EN 50298 que se puede utilizar para envolventes vacías Cuando los cuadros generales de mando y protección se suministren montados serán conformes con la UNE-EN 60.439 -3
No se especifica como se efectuará el montaje del ICP (interruptor de control de potencia).	ITC-BT 17-pto.1.2 La envolvente para el interruptor de control de potencia será precintable y sus dimensiones estarán de acuerdo con el tipo de suministro y tarifa a aplicar. Sus características y tipo corresponderán a un modelo oficialmente aprobado.
No se especifican otros dispositivos de mando y protección.	ITC-BT 17-pto.1.2 Cuando sea necesario, se pueden instalar también dispositivos de protección contra sobretensiones (según ITC-BT-23), y otros dispositivos de mando para el cambio de tarifa, tales como contactores que puenteen el ICP durante las horas de aplicación de una tarifa nocturna La norma UNE 20.451 contiene requisitos para las cajas de ICP.

RBT 1973	RBT 2002
MI BT 15-pto.1.1 Cuando no existan circuitos diferentes bajo tubos o cubiertas de protección comunes podrá no instalarse el interruptor general automático en cuyo caso servirá como dispositivo de mando el interruptor diferencial.	ITC-BT 17-pto.1.3 Siempre deberá existir un interruptor general automático de corte omnipolar que tendrá poder de corte suficiente para la intensidad de cortocircuito que pueda producirse en el punto de su instalación, de 4.500 A como mínimo.
MI BT 23-pto.4.1 El interruptor diferencial deberá tener un nivel de sensibilidad mínimo de 650 mA.	ITC-BT 25-pto.2.1 En viviendas (ITC-BT-25) todos los circuitos quedarán protegidos para una intensidad diferencial residual máxima de 30 mA.
Los pequeños interruptores automáticos que protegen contra sobrecargas y cortocircuitos los circuitos interiores se recomienda que sean de corte omnipolar.	ITC-BT 17-pto.1.3 Los pequeños interruptores automáticos que protegen contra sobrecargas y cortocircuitos los circuitos interiores tendrán que ser de corte omnipolar.

1 DISPOSITIVOS GENERALES E INDIVIDUALES DE MANDO Y PROTECCIÓN. INTERRUPTOR DE CONTROL DE POTENCIA

1.1 Situación

Los dispositivos generales de mando y protección, se situarán lo más cerca posible del punto de entrada de la derivación individual en el local o vivienda del usuario. En viviendas y en locales comerciales e industriales en los que proceda, se colocará una caja para el interruptor de control de potencia, inmediatamente antes de los demás dispositivos, en compartimento independiente y precintable. Dicha caja se podrá colocar en el mismo cuadro donde se coloquen los dispositivos generales de mando y protección.

En viviendas, deberá preverse la situación de los dispositivos generales de mando y protección junto a la puerta de entrada y no podrá colocarse en dormitorios, baños, aseos, etc. En los locales destinados a actividades industriales o comerciales, deberán situarse lo más próximo posible a una puerta de entrada de éstos.

Los dispositivos individuales de mando y protección de cada uno de los circuitos, que son el origen de la instalación interior, podrán instalarse en cuadros separados y en otros lugares.

En locales de uso común o de pública concurrencia, deberán tomarse las precauciones necesarias para que los dispositivos de mando y protección no sean accesibles al público en general.

La altura a la cual se situarán los dispositivos generales e individuales de mando y protección de los circuitos, medida desde el nivel del suelo, estará comprendida entre 1,4 y 2 m, para viviendas. En locales comerciales, la altura mínima será de 1 m desde el nivel del suelo.

1.2   Composición y características de los cuadros

Los dispositivos generales e individuales de mando y protección, cuya posición de servicio
será vertical, se ubicarán en el interior de uno o varios cuadros de distribución de donde
partirán los circuitos interiores.

*La obligatoriedad de instalación de la caja para el interruptor de control de potencia no
será exigible en aquellas instalaciones en las que hasta ahora eran obligatorias, y que
tengan integrado un contador inteligente con ICP incorporado, tal y como se dispone en el
artículo 9.6 del. Real Decreto 1110/2007, de 24 de agosto, por el que se aprueba el Reglamento unificado de puntos de medida del sistema eléctrico.*

*Aplicando el principio de seguridad equivalente, es posible, en instalaciones industriales,
que los dispositivos de mando y protección (según la serie UNE-EN 60947) se dispongan
en posición horizontal, siempre que dicha posición de montaje esté prevista en las instrucciones de montaje del fabricante del dispositivo de mando y protección, aplicando en su
caso, los coeficientes reductores de intensidad que se indiquen en dichas instrucciones.*

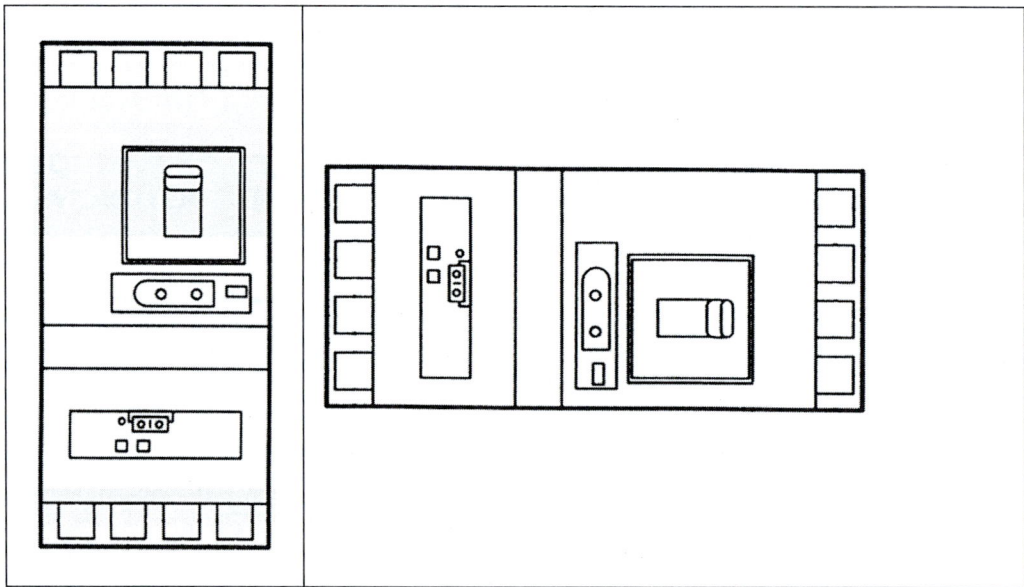

Figura A: Posiciones de montaje horizontal y vertical

Las envolventes de los cuadros se ajustarán a las normas UNE 20.451 y UNE-EN 60.439 -3,
con un grado de protección mínimo IP 30 según UNE 20.324 e IK07 según UNE-EN
50.102. La envolvente para el interruptor de control de potencia será precintable y sus dimensiones estarán de acuerdo con el tipo de suministro y tarifa a aplicar. Sus características y
tipo corresponderán a un modelo oficialmente aprobado.

La norma UNE 20451 ha sido sustituida por la UNE-EN 60670-1.

La norma UNE-EN 60439-3 ha sido sustituida por la UNE-EN 61439-3. La norma UNE 20324 ha sido sustituida por la UNE-EN 60529.

El significado de los códigos IP e IK se indica en el Anexo 1 de esta Unidad Temática.

El interruptor de control de potencia (ICP) es un dispositivo para controlar que la potencia realmente demandada por el consumidor no exceda de la contratada.

El ICP se utiliza para suministros en baja tensión y hasta una intensidad de 63 A.

Para suministros de intensidad superior a 63 A no se utiliza el ICP, sino que se utilizarán interruptores de intensidad regulable, maxímetros o integradores incorporados al equipo de medida de energía eléctrica. En estos casos no es preceptiva la instalación de la caja para ICP.

Sea cual sea el dispositivo de control de potencia utilizado, deberá estar acompañado de un interruptor general automático de corte omnipolar, ya que no puede considerarse el ICP ni cualquier otro dispositivo de control de potencia, como elemento de protección y de desconexión de la instalación.

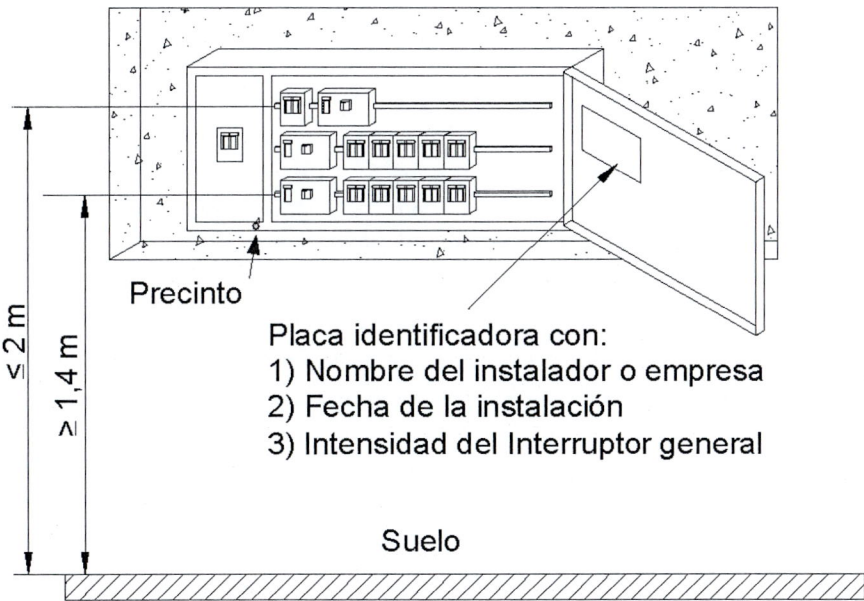

Figura B: Características y ejemplo de instalación del cuadro general de mando y protección.

Los dispositivos generales e individuales de mando y protección serán, como mínimo:

– Un interruptor general automático de corte omnipolar, que permita su accionamiento manual y que esté dotado de elementos de protección contra sobrecarga y cortocircuitos. Este interruptor será independiente del interruptor de control de potencia.

– Un interruptor diferencial general, destinado a la protección contra contactos indirectos de todos los circuitos; salvo que la protección contra contactos indirectos se efectúe mediante otros dispositivos de acuerdo con la ITC-BT-24.

– Dispositivos de corte omnipolar, destinados a la protección contra sobrecargas y cortocircuitos de cada uno de los circuitos interiores de la vivienda o local.

– Dispositivo de protección contra sobretensiones, según ITC-BT-23, si fuese necesario.

Si por el tipo o carácter de la instalación se instalase un interruptor diferencial por cada circuito o grupo de circuitos, se podría prescindir del interruptor diferencial general, siempre que queden protegidos todos los circuitos. En el caso de que se instale más de un interruptor diferencial en serie, existirá una selectividad entre ellos.

Para garantizar la selectividad total entre los diferenciales instalados en serie, se deben cumplir las siguientes condiciones:

1. *El tiempo de no-actuación del diferencial instalado aguas arriba deberá ser superior al tiempo de total de operación del diferencial situado aguas abajo.*

   Los diferenciales tipo S o los de tipo retardado de tiempo regulable cumplen con esta condición.

2. *La intensidad diferencial-residual del diferencial instalado aguas arriba deberá ser superior a la del diferencial situado aguas abajo.*

En el caso de diferenciales para uso doméstico o análogo (UNE-EN 61008 y UNE-EN 61009) la intensidad diferencial residual nominal del diferencial instalado aguas arriba deberá ser como mínimo tres veces superior a la del diferencial situado aguas abajo. Los diferenciales instalados serán de tipo S según lo establecido en ITC-BT-24 Apto 4.1.2.

En el sistema TT, el dispositivo de protección contra sobretensiones podrá instalarse tanto aguas arriba (entre el interruptor general y el propio diferencial) como aguas abajo del interruptor diferencial. En caso de instalarse aguas abajo del diferencial, éste deberá ser selectivo S (o retardado).

Para instalaciones en vivienda con un único diferencial, con el fin de evitar disparos intempestivos del interruptor diferencial en caso de actuación del dispositivo de protección contra sobretensiones, dicho dispositivo debe instalarse aguas arriba del interruptor diferencial (entre el interruptor general y el propio interruptor diferencial)."

Con el fin de optimizar la continuidad de servicio en caso de destrucción del limitador de sobretensiones transitorias a causa de una descarga de rayo superior a la máxima prevista, se debe instalar el dispositivo de protección recomendado por el fabricante, aguas arriba del limitador, con objeto de mantener la continuidad de todo el sistema, evitando el disparo del interruptor general.

Según la tarifa a aplicar, el cuadro deberá prever la instalación de los mecanismos de control necesarios por exigencia de la aplicación de esa tarifa.

Producto	*Norma de aplicación*
Envolvente cuadro general (uso doméstico o análogo) [1]	*UNE-EN 60670-1*
Envolvente cuadro general y conjuntos de aparamenta (uso industrial) [2]	*UNE-EN 62208*
Conjunto de aparamenta [2]	*UNE-EN 61439-3*
Interruptor de control de potencia	*UNE 20317*
Interruptores automáticos (uso doméstico o análogo)	*UNE-EN 60898*
Interruptores automáticos con capacidad de seccionamiento (uso industrial)	*UNE-EN 60947-2*
Interruptores diferenciales (uso doméstico o análogo)	*UNE-EN 61008*
Interruptores diferenciales con dispositivo de protección contra sobreintensidades incorporado (uso doméstico o análogo)	*UNE-EN 61009*
Interruptores diferenciales (uso industrial)	*UNE-EN 60947-2*
Fusibles	*UNE-HD 60269-3*
Interruptor horario	*UNE-EN 62052-21* *UNE-EN 62054-21*
Bornes de conexión	*UNE-EN 60998*

Nota 1: El grado de protección IP30, el grado de protección contra los impactos mecánicos externos IK07 y el grado de inflamabilidad se verificarán de acuerdo a lo establecido en la norma UNE-EN 60670-1. El grado de inflamabilidad será:

- *850 °C para las partes que soportan partes activas*
- *650 °C para todas las demás partes*

Nota 2: Los diferentes componentes que conforman el cuadro deberán cumplir con su correspondiente norma de producto. Cuando se comercializan montados, todos estos elementos, constituyen el conjunto de aparamenta y deberán cumplir con las prescripciones de la norma (UNE-EN 61439-3).

El grado de inflamabilidad será:

- *(960 ± 10) °C para las partes que soportan partes activas*
- *(650 ± 10) °C para todas las demás partes*

1.3 Características principales de los dispositivos de protección

El interruptor general automático de corte omnipolar tendrá poder de corte suficiente para la intensidad de cortocircuito que pueda producirse en el punto de su instalación, de 4.500 A como mínimo.

Los demás interruptores automáticos y diferenciales deberán resistir las corrientes de cortocircuito que puedan presentarse en el punto de su instalación. La sensibilidad de los interruptores diferenciales responderá a lo señalado en la Instrucción ITC-BT-24.

Los dispositivos de protección contra sobrecargas y cortocircuitos de los circuitos interiores serán de corte omnipolar y tendrán los polos protegidos que corresponda al número de fases del circuito que protegen. Sus características de interrupción estarán de acuerdo con las corrientes admisibles de los conductores del circuito que protegen.

Por ejemplo, en un circuito con fase y neutro, el dispositivo de protección debe tener la fase protegida, siendo necesario el corte omnipolar, es decir el corte de fase y neutro.

En un circuito trifásico con neutro se deberá proteger las tres fases; en algunos casos puede ser necesario proteger el neutro, Ver ITC 22 Tabla 1 y la norma UNE-HD 60364-4-43. Asimismo, en el caso de instalaciones trifásicas en las que se prevea la existencia de armónicos (por ejemplo, cuando haya un gran número de receptores electrónicos, como ordenadores, lámparas con balastos electrónicos, etc.) se emplearán dispositivos de protección con neutro protegido.

En el Anexo 3 se adjunta un ejemplo de cálculo de corrientes de cortocircuito.

UNIDAD TEMÁTICA N.º 3

INSTALACIONES INTERIORES

Resumen del contenido

GUÍA-BT-19

INSTALACIONES INTERIORES O RECEPTORAS. PRESCRIPCIONES GENERALES

Índice

Edición: Febrero 2009. Revisión: 1

1. CAMPO DE APLICACIÓN

Las prescripciones contenidas en esta Instrucción se extienden a las instalaciones interiores dentro del campo de aplicación del artículo 2 y con tensión asignada dentro de los márgenes de tensión fijados en el artículo 4 del Reglamento Electrotécnico para Baja Tensión.

Las instalaciones interiores o receptoras tienen por finalidad principal la utilización de la energía eléctrica, pudiendo estar situadas tanto en el interior como en el exterior, con montaje aéreo, empotrado o enterrado. Las instalaciones interiores o receptoras se pueden realizar en viviendas, industrias, comercios, etc.

Las redes de distribución de energía eléctrica no están incluidas en el campo de aplicación de esta ITC-BT.

2. PRESCRIPCIONES DE CARÁCTER GENERAL

2.1. Regla general

La determinación de las características de la instalación deberá efectuarse de acuerdo con lo señalado en la Norma UNE 20.460-3.

En función de las características de cada tipo de instalación, adicionalmente se deberán aplicar las prescripciones la ITC-BT correspondiente, por ejemplo:

– *instalaciones interiores de viviendas: ITC-BT-25, 26 y 27*
– *locales de pública concurrencia: ITC-BT-28*
– *locales con riesgo de incendio o explosión: ITC-BT-29*
– *locales húmedos, mojados, riesgo de corrosión, temperaturas elevadas o bajas, etc.: ITC-BT-30*

La determinación de las características de la instalación dependerá de varios criterios que se deben tener en cuenta con el objeto de elegir las medidas de protección más adecuadas en cada caso para garantizar la seguridad, así como para efectuar una adecuada elección de los materiales eléctricos a instalar.

Estos criterios son los siguientes:

• *La utilización prevista de la instalación, su estructura y tipo de sistema de distribución utilizado.*

Es esencial la determinación de la potencia prevista de una instalación para conseguir un diseño económico y seguro dentro de los límites admisibles de temperatura y caída de tensión. Para ello se deben seguir los criterios de la ITC-BT-10 en cuanto a previsión de cargas y factores de simultaneidad.

Si se utiliza un esquema trifásico en lugar de uno monofásico se consigue dividir por tres la intensidad para la misma carga, por ello a partir de cierta potencia (15 kW) las compañías suministran en trifásico en lugar de en monofásico. Según los tipos de puesta a tierra existen distintos tipos de esquemas de distribución recogidos en la ITC-BT-08 que condicionan a su vez los tipos de protecciones a utilizar.

En cuanto a las características de la alimentación, es importante conocer además del valor nominal de la tensión y de la frecuencia, el valor de la intensidad de cortocircuito prevista en el origen de la instalación para poder calcular el poder de corte de los dispositivos de protección.

- *Las influencias externas a las que está sometida la instalación.*

  Los materiales eléctricos instalados deben estar diseñados y fabricados para soportar las influencias externas que se produzcan en función de sus condiciones y lugar de instalación, según su utilización prevista y según las características constructivas de los edificios en que se instalen. A este respecto la norma UNE 20460-3 lista de forma pormenorizada todas las influencias externas posibles, de forma que cuando estas influencias tomen valores extremos será necesario utilizar un material especialmente fabricado para esas condiciones especificadas. Las características especiales de las canalizaciones en función de las influencias externas se detallan en la UNE 20460-5-52, mientras que las características especiales del material eléctrico y su instalación se detallan en la UNE 20460-5-51.

  Algunos ejemplos de influencias externas cuantificadas en la norma y que pueden requerir materiales o sistemas de protección especiales son los siguientes:

  - *Funcionamiento a temperaturas muy bajas o muy altas.*
  - *Condiciones extremas de humedad.*
  - *Condiciones industriales severas con previsión de choques o vibraciones importantes.*
  - *Presencia permanente de sustancias corrosivas o contaminantes.*
  - *Instalaciones en locales con polvo abundante.*
  - *Presencia en el lugar de instalación de agua en forma de gotas, pulverización, proyecciones, chorros o posibilidad de inundación intermitente o permanente.*
  - *Instalaciones a altitudes mayores de 2000 metros.*
  - *Instalaciones en entornos con influencias electromagnéticas, electrostáticas o ionizantes no despreciables.*
  - *Instalaciones de intemperie con radiaciones solares altas.*
  - *Instalaciones en lugares con presencia de flora, moho o fauna (insectos, pájaros o pequeños animales).*
  - *Instalaciones en zonas de actividad sísmica no despreciable.*
  - *Instalaciones expuestas a los efectos de caída directas de rayos o alimentadas por líneas aéreas, con probabilidad de más de 25 días de tormenta por año.*
  - *Instalaciones de intemperie con previsión de fuertes vientos o de interior con sistemas de movimiento de aire de alta velocidad.*
  - *Capacidad de las personas usuarias de la instalación según su conocimiento de los riesgos eléctricos. Por ejemplo en guarderías y hospitales la temperatura de las superficies accesibles se debe limitar para evitar riesgos a niños o enfermos.*
  - *Tipo constructivo del edificio, por ejemplo si el edificio es combustible (de madera).*
  - *Diseño del edificio en cuanto al riesgo de propagación del incendio o cuando tengan estructuras que puedan ser objeto de movimientos.*

- *Compatibilidad de los materiales eléctricos con otros materiales, servicios y con la fuente de alimentación.*

  Deben tomarse las disposiciones apropiadas cuando ciertas características de los materiales instalados puedan no ser compatibles con otros materiales, o servicios o cuando puedan alterar el funcionamiento de la fuente de alimentación.

  Estas características se refieren por ejemplo a sobretensiones transitorias y temporales, variaciones rápidas de potencia, intensidades de arranque, armónicos, componentes continuas, oscilaciones a alta frecuencia, corrientes de fuga o la necesidad de conexiones complementarias a tierra.

- *Facilidad de mantenimiento.*

   Las instalaciones eléctricas deben realizarse de forma que toda verificación periódica, ensayo, mantenimiento o reparación necesaria en el transcurso de su vida útil pueda realizarse de forma fácil y segura. Además la fiabilidad de los materiales instalados debe permitir el funcionamiento de la instalación durante toda su vida útil.

2.2. Conductores activos

2.2.1. Naturaleza de los conductores

   Los conductores y cables que se empleen en las instalaciones serán de cobre o aluminio y serán siempre aislados, excepto cuando vayan montados sobre aisladores, tal como se indica en la ITC-BT 20.

La ITC-BT-20 indica los posibles métodos de instalación y las características de los conductores y cables a emplear en cada uno de ellos.

Solamente uno de estos métodos permite la instalación de conductores de cobre desnudos sobre aisladores.

En viviendas e instalaciones similares (p. e. oficinas, locales comerciales, etc.) los conductores deben ser de cobre según establece la ITC-BT 26. Los cables con conductores de aluminio se usan habitualmente en instalaciones industriales con elevadas previsiones de carga.

2.2.2. Sección de los conductores. Caídas de tensión

   La sección de los conductores a utilizar se determinará de forma que la caída de tensión entre el origen de la instalación interior y cualquier punto de utilización sea, salvo lo prescrito en las Instrucciones particulares, menor del 3 % de la tensión nominal para cualquier circuito interior de viviendas, y para otras instalaciones interiores o receptoras, del 3% para alumbrado y del 5% para los demás usos. Esta caída de tensión se calculará considerando alimentados todos los aparatos de utilización susceptibles de funcionar simultáneamente. El valor de la caída de tensión podrá compensarse entre la de la instalación interior y la de las derivaciones individuales, de forma que la caída de tensión total sea inferior a la suma de los valores límites especificados para ambas, según el tipo de esquema utilizado.

   Para instalaciones industriales que se alimenten directamente en alta tensión mediante un transformador de distribución propio, se considerará que la instalación interior de baja tensión tiene su origen en la salida del transformador. En este caso las caídas de tensión máximas admisibles serán del 4,5% para alumbrado y del 6,5% para los demás usos.

La compensación de las caídas de tensión entre la instalación interior y la derivación individual se puede realizar en ambos sentidos.

Si se necesita limitar la sección de los conductores en las instalaciones interiores para evitar de esta forma los problemas de conexión de los conductores con los mecanismos y aparatos receptores, se recomienda aumentar la caída de tensión en el tramo de la instalación interior y sobredimensionar la sección de los conductores de la derivación individual.

Por el contrario cuando la caída de tensión en los circuitos de la instalación interior sea inferior al límite admisible, por ejemplo en viviendas pequeñas, se podrá compensar su valor con el de la derivación individual.

En el anexo de caídas de tensión se indican algunos ejemplos de cálculo.

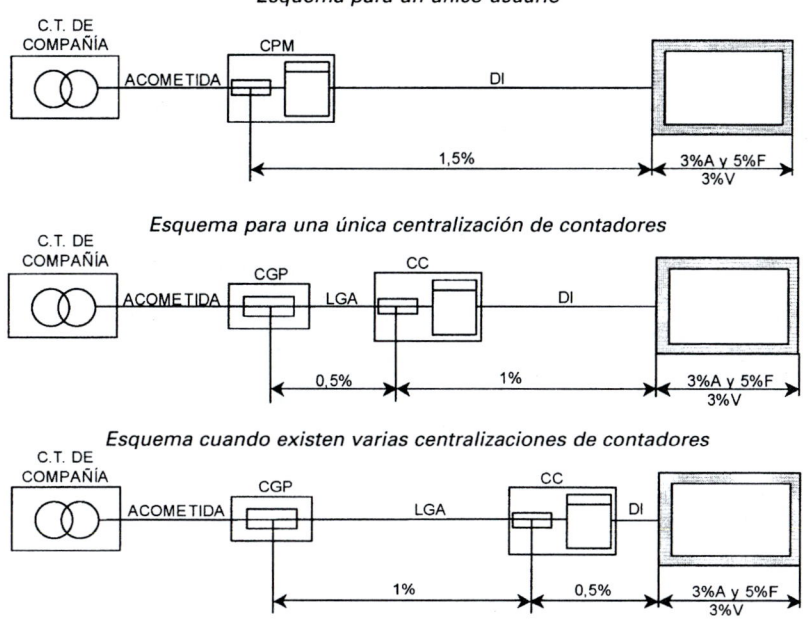

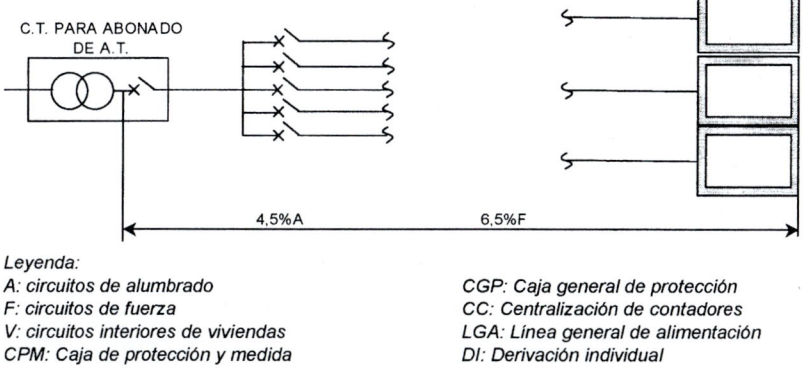

Leyenda:
A: circuitos de alumbrado
F: circuitos de fuerza
V: circuitos interiores de viviendas
CPM: Caja de protección y medida

CGP: Caja general de protección
CC: Centralización de contadores
LGA: Línea general de alimentación
DI: Derivación individual

Figura A: *Esquemas resumen de las caídas de tensión máximas admisibles.*

El número de aparatos susceptibles de funcionar simultáneamente, se determinará en cada caso particular, de acuerdo con las indicaciones incluidas en las instrucciones del presente reglamento y en su defecto con las indicaciones facilitadas por el usuario considerando una utilización racional de los aparatos.

En instalaciones interiores, para tener en cuenta las corrientes armónicas debidas a cargas no lineales y posibles desequilibrios, salvo justificación por cálculo, la sección del conductor neutro será como mínimo igual a la de las fases.

2.2.3. Intensidades máximas admisibles

Las intensidades máximas admisibles, se regirán en su totalidad por lo indicado en la Norma UNE 20.460 -5-523 y su anexo Nacional.

En la siguiente tabla se indican las intensidades admisibles para una temperatura ambiente del aire de 40°C y para distintos métodos de instalación, agrupamientos y tipos de cables. Para otras temperaturas, métodos de instalación, agrupamientos y tipos de cable, así como para conductores enterrados, consultar la Norma UNE 20.460 -5-523.

Tabla 1. *Intensidades admisibles (A) al aire 40 °C. Nº de conductores con carga y naturaleza del aislamiento.*

Método	Descripción	1	2	3	4	5	6	7	8	9	10	11
A	Conductores aislados en tubos empotrados en paredes aislantes	3x PVC	2x PVC		3x XLPE o EPR	2x XLPE o EPR						
A2	Cables multiconductores en tubos empotrados en paredes aislantes	3x PVC	2x PVC		3x XLPE o EPR	2x XLPE o EPR						
B	Conductores aislados en tubos[2] en montaje superficial o empotrados en obra				3x PVC	2x PVC			3x XLPE o EPR	2x XLPE o EPR		
B2	Cables multiconductores en tubos[2] en montaje superficial o empotrados en obra			3x PVC	2x PVC		3x XLPE o EPR		2x XLPE o EPR			
C	Cables multiconductores directamente sobre la pared[1]						2x PVC		3x XLPE o EPR	2x XLPE o EPR		
E	Cables multiconductores al aire libre[1]. Distancia a la pared no inferior a D[5]						3x PVC		2x PVC	3x XLPE o EPR	2x XLPE o EPR	
F	Cables unipolares en contacto mutuo[4]. Distancia a la pared no inferior a D[5]							3x PVC				3x XLPE o EPR
G	Cables unipolares separados mínimo D[5]										3x PVC	3x XLPE o EPR
	mm²	1	2	3	4	5	6	7	8	9	10	11
Cobre	1,5	11	11,5	13	13,5	15	16	–	18	21	24	–
	2,5	15	16	17,5	18,5	21	22	–	25	29	33	–
	4	20	21	23	24	27	30	–	34	38	45	–
	6	25	27	30	32	36	37	–	44	49	57	–
	10	34	37	40	44	50	52	–	60	68	76	–
	16	45	49	54	59	66	70	–	80	91	105	–
	25	59	64	70	77	84	88	96	106	116	123	166
	35		77	86	96	104	110	119	131	144	154	206
	50		94	103	117	125	133	145	159	175	188	250
	70				149	160	171	188	202	224	244	321
	95				180	194	207	230	245	271	296	391
	120				208	225	240	267	284	314	348	455
	150				236	260	278	310	338	363	404	525
	185				268	297	317	354	386	415	464	601
	240				315	350	374	419	455	490	552	711
	300				360	404	423	484	524	565	640	821

1) A partir ele 25 mm² de sección.
2) Incluyendo canales para instalaciones –canaletas– y conductos de sección no circular.
3) O en bandeja no perforada.
4) O en bandeja perforada.
5) D es el diámetro del cable.

INTENSIDADES MÁXIMAS ADMISIBLES SEGÚN LA NORMA UNE 20460-5-523

Esta ITC-BT-19 prescribe la aplicación de la norma UNE 20460-5-523 en las siguientes instalaciones:

ITC-BT 014   Línea general de alimentación

ITC-BT 015   Derivación individual

ITC-BT 019   Instalaciones interiores o receptoras

Sin embargo, a pesar de la referencia general hecha a la mencionada norma UNE, el Reglamento inserta como tabla 1 de esta ITC, una tabla resumen aplicable a los cables con conductor de cobre.

Esta tabla 1, corresponde al apartado 11.2 de la edición de 1994 de la norma UNE 20460-5-523. Esta Norma ha sido modificada por la edición de 2004. En las mismas condiciones de instalación, no existen grandes diferencias entre los valores indicados en ambas ediciones. En la mayoría de los casos, la intensidad admisible es muy similar y para otros, las diferencias (en más o en menos) pueden llegar hasta un 10%, aproximadamente, no obstante, se recomienda aplicar con carácter general la norma UNE 20460-5-523, en su edición de 2004.

La norma UNE 20460-5-523 no es una norma de lectura y comprensión fácil, por este motivo y para facilitar su aplicación, hace una simplificación que consiste en agrupar en dos tablas resumen las diversas tablas particulares de intensidades admisibles que hay para los diferentes tipos / construcciones de cable (unipolares o tripolares) y los diversos métodos de instalación de referencia.

Se pueden distinguir dos situaciones respecto a las intensidades admisibles.

– Instalaciones no enterradas, Tabla A-52-1bis de la norma UNE 20460-5-523:2004

– Instalaciones enterradas, Tabla A-52-2bis de la norma UNE 20460-5-523:2004

Instalaciones no enterradas de cables con conductor de cobre

En la siguiente tabla, además de repetir los valores dados en la Tabla A.52-1bis de la norma UNE 20460-5-523:2004, se incluyen los valores calculados para las secciones no contempladas en la misma (de 400 mm^2 hasta 630 mm^2).

Tabla A. *Intensidades admisibles para cables con conductores de cobre, no enterrados. Temperatura ambiente 40 °C en el aire.*

Método de instalación*	Número de conductores cargados y tipo de aislamiento											
A1		3x PVC	2x PVC		3x XLPE	2x XLPE						
A2	3x PVC	2x PVC		3x XLPE	2x XLPE							
B1				3x PVC	2x PVC		3x XLPE		2x XLPE			
B2			3x PVC	2x PVC		3x XLPE	2x XLPE					
C					3x PVC		2x PVC	3x XLPE		2x XLPE		
E						3x PVC		2x PVC	3x XLPE		2x XLPE	
F							3x PVC		2x PVC	3x XLPE		2x XLPE
Sección mm² COBRE	2	3	4	5	6	7	8	9	10	11	12	13
1,5	11	11,5	13	13,5	15	16	16,5	19	20	21	24	—
2,5	15	16	17,5	18,5	21	22	23	26	26,5	29	33	—
4	20	21	23	24	27	30	31	34	36	38	45	—
6	25	27	30	32	36	37	40	44	46	49	57	—
10	34	37	40	44	50	52	54	60	65	68	76	—
16	45	49	54	59	66	70	73	81	87	91	105	—
25	59	64	70	77	84	88	95	103	110	116	123	140
35	—	77	86	96	104	110	119	127	137	144	154	174
50	—	94	103	117	125	133	145	155	167	175	188	210
70	—	—	—	149	160	171	185	199	214	224	244	269
95	—	—	—	180	194	207	224	241	259	271	296	327
120	—	—	—	208	225	240	260	280	301	314	348	380
150	—	—	—	236	260	278	299	322	343	363	404	438
185	—	—	—	268	297	317	341	368	391	415	464	500
240	—	—	—	315	350	374	401	435	468	490	552	590
300	—	—	—	361	401	430	461	500	538	563	638	678
400	—	—	—	431	480	515	552	699	645	674	770	812
500	—	—	—	493	551	592	633	687	741	774	889	931
630	—	—	—	565	632	681	728	790	853	890	1028	1071

Se indican como 3x los circuitos trifásicos y como 2x los monofásicos.
A efecto de las intensidades admisibles los cables con aislamiento termoplástico a base de poliolefina (Z1) son equivalentes a los cables con aislamiento de policloruro de vinilo (V).

Esta tabla presenta de manera simplificada, varias tablas de la norma, de forma que en determinados casos se han agrupado en la misma columna diferentes tipos de cable y diferentes tipos de instalación cuyos valores de intensidad admisibles son prácticamente iguales. Por lo tanto, la columna de la izquierda que corresponde al "tipo de instalación" (de A hasta F) abarca los sistemas indicados en la tabla B.

Tabla B. *Tipos de instalación de cables no enterrado.*

A1	– *Conductores unipolares aislados en tubos empotrados en paredes térmicamente aislantes.* – *Cables multiconductores empotrados directamente en paredes térmicamente aislantes.* – *Conductores unipolares aislados en molduras.* – *Conductores unipolares aislados en conductos o cables uni o multiconductores dentro de los marcos de las puertas.* – *Conductores unipolares aislados en tubos o cables uni o multiconductores dentro de los marcos de las ventanas.*
A2	– *Cables multiconductores en tubos empotrados en paredes térmicamente aislantes.*
B1	– *Conductores aislados o cable unipolar en tubos empotrados en obra.* – *Conductores aislados o cable unipolar en tubo sobre pared de madera o mampostería separados a una distancia inferior a 0,3 veces el diámetro del tubo.* – *Conductores unipolares aislados en canales o conductos cerrados de sección no circular sobre pared de madera.* – *Cables unipolares o multiconductores en huecos de obra de fábrica[+].* – *Conductores unipolares aislados en tubos dentro de huecos de obra de fábrica[+].* – *Conductores unipolares aislados en conductos cerrados de sección no circular en huecos de obra de fábrica[+].* – *Conductores aislados en conductos cerrados de sección no circular empotrados en obra de fábrica con una resistividad térmica no superior a 2K · m/W[+].* – *Conductores unipolares aislados o cables unipolares en canal protectora empotrada en el suelo.* – *Conductores aislados o cables unipolares en conductos perfilados empotrados* – *Cables uni o multiconductores en falsos techos o suelos técnicos[+].* – *Conductores unipolares aislados o cables unipolares en canal protectora suspendida.* – *Conductores aislados o cables unipolares en tubos en canalizaciones no ventiladas[+].* – *Conductores unipolares aislados en tubos en canales de obra ventilados.* – *Cables uni o multiconductores en canales de obra ventilados.* – *Conductores unipolares aislados o cables unipolares dentro de zócalos acanalados (rodapiés ranurado).* – *Cables multiconductores en tubos empotrados en obra.*
B2	– *Cables multiconductores en tubos empotrados en obra.* – *Cables multiconductores en tubos sobre pared de madera o separados a una distancia inferior a 0,3 veces el diámetro del tubo.* – *Cables multiconductores en canales o conductos cerrados de sección no circular sobre pared de madera.* – *Cables multiconductores en canal protectora suspendida.* – *Cables multiconductores dentro de zócalos acanalados (rodapiés ranurado).* – *Cables multiconductores en canal protectora empotrada en el suelo.* – *Cables multiconductores en conductos perfilados empotrados*
C	– *Cables multiconductores directamente bajo un techo de madera.* – *Cables unipolares o multiconductores sobre bandejas no perforadas.* – *Cables unipolares o multiconductores fijados en el techo o pared de madera o espaciados 0,3 veces el diámetro del cable.* – *Cables uni o multiconductores empotrados directamente en paredes.*
E	– *Cables multiconductores separados de la pared una distancia no inferior a 0,3 D[5].* – *Cables unipolares o multiconductores sobre bandejas perforadas en horizontal o vertical.* – *Cables unipolares o multiconductores sobre bandejas de rejilla.* – *Cables unipolares o multiconductores sobre bandejas de escalera.* – *Cables unipolares o multiconductores suspendidos de un cable fiador.*
F	– *Se aplica a los mismos sistemas de instalación que el tipo E, cuando la sección del conductor es superior a 25 mm².* – *Cables unipolares en contacto mutuo separados de la pared una distancia no inferior a D[5].*

Ver notas [1] a [5] en la tabla 1.
  [+] Según la relación entre el diámetro del cable y su alojamiento, puede ser de aplicación el método B2. Dicha relación se indica en la norma UNE 20460-5-523.

En las tablas anteriores, la referencia a conductor aislado debe entenderse como conductor y aislamiento, y la referencia a cable como conductor o conductores aislados y con cubierta.

Instalaciones no enterradas de cables con conductor de aluminio

Las intensidades admisibles se podrán calcular teniendo en cuenta las indicaciones de la norma UNE 20460-5-523, edición de 2004. La tabla resumen es la tabla A-52-1 bis

Instalaciones enterradas

Las intensidades admisibles se calcularán teniendo en cuenta las indicaciones de la norma UNE 20460-5-523, edición de 2004.

En la ITC-BT-14 de líneas generales de alimentación y en la ITC-BT-15 de derivaciones individuales se especifica que las intensidades admisibles en el caso de instalaciones enterradas deberán seguir lo especificado en la ITC-BT-07. No obstante, la nueva edición de 2004 de la norma UNE 20-460-5-523 ya incluye la instalación bajo tubo enterrada, por lo que se recomienda utilizar esta norma para el cálculo de las intensidades admisibles con este tipo de instalación.

Las intensidades máximas admisibles para cables enterrados directamente en el terreno y sus factores de corrección, se pueden consultar en la ITC-BT-07.

Para el cálculo de la intensidad admisible en los cables enterrados uno de los factores a tener en cuenta es la resistividad térmica del terreno, la cual depende del tipo de terreno y de su humedad, aumentando cuando el terreno está mas seco. La tabla siguiente muestra valores de resistividades térmicas del terreno en función de su naturaleza y grado de humedad.

Tabla C. *Resistividad térmica del terreno en función de su naturaleza y humedad.*

Resistividad térmica del terreno (K · m/W)	Naturaleza del terreno y grado de humedad
0,40	Inundado
0,50	Muy húmedo
0,70	Húmedo
0,85	Poco húmedo
1,00	Seco
1,20	Arcilloso muy seco
1,50	Arenoso muy seco
2,00	De piedra arenisca
2,50	De piedra caliza
3,00	De piedra granítica

La tabla resumen A-52-2 bis de la norma, aplica a las instalaciones de cable enterrado, bajo tubo o directamente, que discurren por recorridos en el interior o alrededor de edificios, para una temperatura del terreno de 25 °C y una resistividad térmica del terreno de 2,5 K · m/W. Cuando el cable discurra por otros recorridos puede considerarse la posibilidad de aplicar una resistividad térmica diferente.

Por ejemplo, para un valor de resistividad térmica del terreno de referencia de 1,5 K · m/W, las intensidades admisibles para cables enterrados bajo tubo de tensión asignada 0,6/1 kV, se indican en la tabla siguiente:

Tabla D. *Intensidad admisible (en A), para cables soterrados bajo tubo (tensión asignada hasta 0,6/1 kV).*

SECCIÓN mm²	3 XLPE (3 cables unipolares o 1 tripolar)		2 XLPE (2 cables unipolares o 1 bipolar)	
	Cobre	Aluminio	Cobre	Aluminio
1,5	23	—	27	—
2,5	30	23	36	27
4	39	30	46	36
6	48	37	58	44
10	64	49	77	58
16	82	62	100	77
25	105	82	130	98
35	130	98	155	120
50	155	115	183	139
70	190	145	225	170
95	225	175	265	205
120	260	200	305	230
150	300	230	340	265
185	335	260	385	295
240	400	305	440	340
300	455	350	500	385
400	530	405	570	445
500	610	465	660	510
630	710	530	735	575
Condiciones de cálculo	Resistividad térmica del terreno: 1,5 K · m/W			
	Temperatura del terreno: 25 °C			
	Profundidad de la instalación: 70 cm			

ACTORES DE REDUCCIÓN POR AGRUPACIÓN DE CIRCUITOS

En la siguiente tabla se indican factores de reducción de la intensidad máxima admisible usuales en caso de agrupamiento de varios circuitos o de varios cables multiconductores o para el agrupamiento de varios circuitos en bandejas. No se considerarán los factores de reducción cuando la distancia en la que discurran paralelos los circuitos sea inferior a 2 m, por ejemplo en la salida de varios circuitos de un cuadro de mando y protección.

Tabla E. *Factores de reducción para agrupamiento de varios circuitos*
(tabla A.52-3 de la norma UNE 20 460-5-523:2004).

Ref.	Disposición de cables contiguos	Número de circuitos o cables multiconductores								
		1	*2*	*3*	*4*	*6*	*9*	*12*	*16*	*20*
1	Empotrados o embutidos	1,00	0,80	0,70	0,70	0,55	0,50	0,45	0,40	0,40
2	Capa única sobre pared, suelo o superficie sin perforar	1,00	0,85	0,80	0,75	0,70	0,70	*Sin reducción adicional para más de 9 circuitos o cables multiconductores.*		
3	Capa única fijada bajo techo	0,95	0,80	0,70	0,70	0,65	0,60			
4	Capa única en una bandeja perforada vertical u horizontal	1,00	0,90	0,80	0,75	0,75	0,70			
5	Capa única con apoyo de bandeja escalera o abrazaderas (collarines) etc.	1,00	0,85	0,80	0,80	0,80	0,8			

Nota 1. Estos factores son aplicables a grupos homogéneos de cables cargados por igual.
Nota 2. Cuando la distancia horizontal entre cables adyacentes es superior al doble de su diámetro exterior, no es
necesario factor de reducción alguno.
Nota 3. Los mismos factores se aplican para grupos de dos o tres cables unipolares que para cables multiconductores.
Nota 4. Si un sistema se compone de cables de dos o tres conductores, se toma el número total de cables como el
número de circuitos, y se aplica el factor correspondiente a las tablas de dos conductores cargados para los cables de
dos conductores y a las tablas de tres conductores cargados para los cables de tres conductores.
Nota 5. Si la instalación se compone de "n" conductores unipolares cargados, también pueden considerarse como "n/2" circuitos de dos conductores o "n/3" circuitos de tres conductores cargados.

En la tabla F se indican los factores de reducción por agrupamiento de circuitos en varias capas que multiplicarán al factor de reducción de la tabla E anterior.

Tabla F. *Factor de reducción adicional para cables instalados*
en varias capas.

N.º de capas	*2*	*3*	*4 ó 5*	*6 a 8*	*9 o más*
Factor	0,8	0,73	0,70	0,68	0,66

En la tabla G, se indican los factores de reducción correspondientes para agrupación de cables en el interior de tubos en contacto y en posición horizontal, instalados al aire, formando una o varias capas.

Tabla G. *Factores de reducción para cables en el interior de tubos en contacto en posición horizontal, instalados al aire, formando una o varias capas.*

N.º de capas en vertical	N.º de tubos en horizontal					
	1	*2*	*3*	*4*	*5*	*6*
1	1,00	0,94	0,91	0,88	0,87	0,86
2	0,92	0,87	0,84	0,81	0,80	0,79
3	0,85	0,81	0,78	0,76	0,75	0,74
4	0,82	0,78	0,74	0,73	0,72	0,72
5	0,80	0,76	0,72	0,71	0,70	0,70
6	0,79	0,75	0,71	0,70	0,69	0,68

Cuando los conductores enterrados se instalen bajo tubo, no se instalará más de un circuito por cada tubo, en caso de instalar agrupaciones de tubos (un cable por tubo) se pueden aplicar los siguientes factores de corrección:

Tabla H. *Factores de reducción para agrupamiento de cables multiconductores en tubos enterrados, un cable por tubo (tabla 52 E3 A de la UNE 20460-5-523:2004)*

Número de cables	Distancia entre tubos			
	Nula (tubos en contacto)	0,25 m	0,50 m	1,0 m
2	0,85	0,90	0,95	0,95
3	0,75	0,85	0,90	0,95
4	0,70	0,80	0,85	0,90
5	0,65	0,80	0,85	0,90
6	0,60	0,80	0,80	0,90

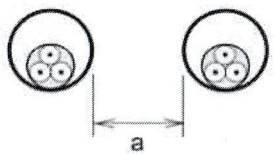

En el caso de que se instale un circuito único de conductores unipolares por tubo se pueden aplicar también los factores de corrección de la tabla H. Para el caso de canalizaciones enterradas en que se instale un único cable unipolar por tubo, los factores de corrección por agrupamiento de tubos se pueden consultar en la tabla 52 E3 B de la norma UNE 20460-5-523, edición 2004.

En la tabla I, se indican los factores de reducción correspondientes para agrupación de cables en el interior de tubos en contacto y en disposición horizontal, enterrados o embebidos en hormigón, formando varias capas.

Tabla I. *Factores de reducción para cables en el interior de tubos en contacto, enterrados o embebidos en hormigón, formando varias capas.*

N.º de capas en vertical	N.º de tubos en horizontal					
	1	2	3	4	5	6
2	0,87	0,71	0,62	0,57	0,53	0,50
3	0,77	0,62	0,53	0,48	0,45	0,42
4	0,72	0,57	0,48	0,44	0,40	0,38
5	0,68	0,53	0,45	0,40	0,37	0,35
6	0,65	0,50	0,42	0,38	0,35	0,32

2.2.4. Identificación de conductores

Los conductores de la instalación deben ser fácilmente identificables, especialmente por lo que respecta al conductor neutro y al conductor de protección. Esta identificación se realizará por los colores que presenten sus aislamientos. Cuando exista conductor neutro en la instalación o se prevea para un conductor de fase su pase posterior a conductor neutro, se identificarán éstos por el color azul claro. Al conductor de protección se le identificará por el color verde-amarillo. Todos los conductores de fase, o en su caso, aquellos para los que no se prevea su pase posterior a neutro, se identificarán por los colores marrón o negro.

Cuando se considere necesario identificar tres fases diferentes, se utilizará también el color gris.

conductor	coloración
neutro (o previsión de que un conductor de fase pase posteriormente a neutro)	azul
protección	verde-amarillo
fase	marrón negro gris

En los circuitos trifásicos, cada fase deberá identificarse con un color diferente, utilizando los colores negro, marrón y gris. El reglamento establece también que en circuitos monofásicos la fase estará identificada por el color negro o marrón, independientemente de que estos circuitos se alimenten de fases distintas.

No obstante, cuando para facilitar la identificación, la instalación o el mantenimiento, se considere necesario distinguir entre diferentes circuitos de una instalación interior monofásica, se podrán utilizar los colores negro, marrón o gris en los conductores de fase de los diferentes circuitos, siempre que en el proyecto o memoria técnica de diseño se especifiquen los colores seleccionados para cada circuito.

Los cables unipolares de tensión asignada 0,6/1 kV con aislamiento y cubierta no tienen aplicadas diferentes coloraciones, en este caso el instalador debe identificar los conductores mediante medios apropiados, por ejemplo mediante un señalizador o argolla, una etiqueta, etc., en cada extremo del cable.

En sistemas TN-C y TN-C-S descritos en la ITC-BT 08, se debe identificar a los conductores de protección y neutro (CPN), mediante el color verde-amarillo más una marca azul que podrá ser un señalizador o argolla, una etiqueta, etc., que identifique su propiedad CPN.

2.3. Conductores de protección

Se aplicará lo indicado en la Norma UNE 20.460-5-54 en su apartado 543. Como ejemplo, para los conductores de protección que estén constituidos por el mismo metal que los conductores de fase o polares, tendrán una sección mínima igual a la fijada en la tabla 2, en función de la sección de los conductores de fase o polares de la instalación; en caso de que sean de distinto material, la sección se determinará de forma que presente una conductividad equivalente a la que resulta de aplicar la tabla 2.

Tabla 2.

Secciones de los conductores de fase o polares de la instalación (mm^2)	Secciones mínimas de los conductores de protección (mm^2)
$S \leq 16$	S (*)
$16 < S \leq 35$	16
$S > 35$	S/2

(*) Con un mínimo de:

2,5 mm^2 si los conductores de protección no forman parte de la canalización de alimentación y tienen una protección mecánica.
4 mm^2 si los conductores de protección no forman parte de la canalización de alimentación y no tienen una protección mecánica

Para otras condiciones se aplicará la norma UNE 20.460-5-54, apartado 543.

En la instalación de los conductores de protección se tendrá en cuenta:

– Si se aplican diferentes sistemas de protección en instalaciones próximas, se empleará para cada uno de los sistemas un conductor de protección distinto. Los sistemas a utilizar estarán de acuerdo con los indicados en la norma UNE 20.460-3. En los pasos a través de paredes o techos estarán protegidos por un tubo de adecuada resistencia mecánica, según ITC-BT 21 para canalizaciones empotradas.

La forma de instalación de los tubos empotrados se describe en la ITC-BT-21.

El tubo presentará unas características mínimas según lo especificado en la tabla 3 de la ITC-BT-21 si la pared es de obra de fábrica o si el tubo circula por el interior de un hueco de la construcción o canal de obra. Se elegirá un tubo según la tabla 4 de la ITC-BT-21 si el tubo está empotrado en hormigón y para canalizaciones precableadas.

El diámetro exterior mínimo de los tubos se elegirá según la tabla 5 de la ITC-BT-21 en función de la sección y el número de conductores a conducir.

- No se utilizará un conductor de protección común para instalaciones de tensiones nominales diferentes.
- Si los conductores activos van en el interior de una envolvente común, se recomienda incluir también dentro de ella el conductor de protección, en cuyo caso presentará el mismo aislamiento que los otros conductores. Cuando el conductor de protección se instale fuera de esta canalización seguirá el curso de la misma.
- En una canalización móvil todos los conductores incluyendo el conductor de protección, irán por la misma canalización
- En el caso de canalizaciones que incluyan conductores con aislamiento mineral, la cubierta exterior de estos conductores podrá utilizarse como conductor de protección de los circuitos correspondientes, siempre que su continuidad quede perfectamente asegurada y su conductividad sea como mínimo igual a la que resulte de la aplicación de la Norma UNE 20.460-5-54, apartado 543.
- Cuando las canalizaciones estén constituidas por conductores aislados colocados bajo tubos de material ferromagnético, o por cables que contienen una armadura metálica, los conductores de protección se colocarán en los mismos tubos o formarán parte de los mismos cables que los conductores activos.
- Los conductores de protección estarán convenientemente protegidos contra el deterioro mecánicos y químicos, especialmente en los pasos a través de los elementos de la construcción.
- Las conexiones en estos conductores se realizarán por medio de uniones soldadas sin empleo de ácido o por piezas de conexión de apriete por rosca, debiendo ser accesibles para verificación y ensayo. Estas piezas serán de material inoxidable y los tornillos de apriete, si se usan, estarán previstos para evitar su desapriete. Se considera que los dispositivos que cumplan con la norma UNE-EN 60.998-2-1 cumplen con esta prescripción.
- Se tomarán las precauciones necesarias para evitar el deterioro causado por efectos electroquímicos cuando las conexiones sean entre metales diferentes (por ejemplo cobre-aluminio).

2.4. Subdivisión de las instalaciones

Las instalaciones se subdividirán de forma que las perturbaciones originadas por averías que puedan producirse en un punto de ellas, afecten solamente a ciertas partes de la instalación, por ejemplo a un sector del edificio, a un piso, a un solo local, etc., para lo cual los dispositivos de protección de cada circuito estarán adecuadamente coordinados y serán selectivos con los dispositivos generales de protección que les precedan.

Toda instalación se dividirá en varios circuitos, según las necesidades, a fin de:

- evitar las interrupciones innecesarias de todo el circuito y limitar las consecuencias de un fallo
- facilitar las verificaciones, ensayos y mantenimientos
- evitar los riesgos que podrían resultar del fallo de un solo circuito que pudiera dividirse, como por ejemplo si solo hay un circuito de alumbrado.

Deben preverse circuitos distintos para las partes de la instalación que es necesario controlar separadamente, por ejemplo: alumbrado, tomas de corriente, alimentación de máquinas, etc., de tal forma que estos circuitos no se vean afectados por el fallo de otros circuitos.

Por otro lado, aunque la ITC-BT-22 punto 1.1b admite que cuando se trate de circuitos derivados de uno principal y cada uno de estos circuitos derivados disponga de protección contra sobrecargas, un solo dispositivo general pueda asegurar la protección contra corto-circuitos para todos los circuitos derivados, se recomienda proteger cada circuito derivado contra sobrecargas y cortocircuitos para garantizar la debida selectividad.

Sin embargo, no es posible lograr esta selectividad con los interruptores magnetotérmicos para uso doméstico al ser el disparo instantáneo en caso de cortocircuito.

Para garantizar la selectividad total entre los diferenciales instalados en serie, se deben cumplir las siguientes condiciones:

1. *El tiempo de no-actuación del diferencial instalado aguas arriba deberá ser superior al tiempo de total de operación del diferencial situado aguas abajo.*

   Los diferenciales tipo S o los de tipo retardado de tiempo regulable cumplen con esta condición.

2. *La intensidad diferencial-residual del diferencial instalado aguas arriba deberá ser superior a la del diferencial situado aguas abajo.*

En el caso de diferenciales para uso doméstico o análogo (UNE-EN 61008 y UNE-EN 61009) la intensidad diferencial residual nominal del diferencial instalado aguas arriba deberá ser como mínimo tres veces superior a la del diferencial situado aguas abajo. Los diferenciales instalados serán de tipo S según lo establecido en ITC-BT-24 Apto 4.1.2.

2.5. Equilibrado de cargas

Para que se mantenga el mayor equilibrio posible en la carga de los conductores que forman parte de una instalación, se procurará que aquella quede repartida entre sus fases o conductores polares.

2.6. Posibilidad de separación de la alimentación

Se podrán desconectar de la fuente de alimentación de energía, las siguientes instalaciones:

a) Toda instalación cuyo origen esté en una línea general de alimentación

b) Toda instalación con origen en un cuadro de mando o de distribución.

Los dispositivos admitidos para esta desconexión, que garantizarán la separación omnipolar excepto en el neutro de las redes TN-C, son:

- Los cortacircuitos fusibles
- Los seccionadores
- Los interruptores con separación de contactos mayor de 3 mm o con nivel de seguridad equivalente
- Los bornes de conexión, sólo en caso de derivación de un circuito

Los dispositivos de desconexión se situarán y actuarán en un mismo punto de la instalación, y cuando esta condición resulte de difícil cumplimiento, se colocarán instrucciones o avisos aclaratorios. Los dispositivos deberán ser accesibles y estarán dispuestos de forma que permitan la fácil identificación de la parte de la instalación que separan.

Con posterioridad a la publicación del RBT los requisitos de separación de contactos en seccionadores de seguridad presentes en la norma EN 60669-2-4 han pasado de 3 a 4 mm, excepto cuando se satisfacen requisitos de ensayos suplementarios.

La separación omnipolar mediante el uso de cortacircuitos fusibles deberá asegurar también la separación simultánea del neutro.

Si la separación de la alimentación se produce debido a un mantenimiento o reparación, se deberán proveer medios que impidan la conexión indeseada, a menos que los medios de corte estén bajo la vigilancia continua de todas las personas que efectúan dicho mantenimiento.

Estos medios pueden comprender una o varias de las siguientes medidas:

– *bloqueo por candados*

– *paneles indicadores de peligro*

– *ubicación dentro de un local con cierre por llave o dentro de una envolvente.*

Producto	Norma de aplicación
Seccionadores fusibles	UNE-EN 60269 (serie) UNE-EN 60947-3
Seccionadores (uso industrial)	UNE-EN 60947-3
Interruptores seccionadores (uso industrial)	UNE-EN 60947-3
Interruptores automáticos (uso doméstico o análogo)	UNE-EN 60898
Interruptores automáticos con capacidad de seccionamiento (uso industrial)[1]	UNE-EN 60947-2
Interruptores diferenciales con dispositivo de protección contra sobreintensidades incorporado (uso doméstico o análogo)	UNE-EN 61009
Bornes de conexión (sin carga)	UNE-EN 60998 UNE-EN 60947-7

[1] *La norma UNE-EN 60947-2 define tanto las características de aquellos interruptores automáticos de uso industrial que poseen características de seccionamiento como de aquellos que no las poseen.*

2.7. Posibilidad de conectar y desconectar en carga

Se instalarán dispositivos apropiados que permitan conectar y desconectar en carga en una sola maniobra, en:

a) Toda instalación interior o receptora en su origen, circuitos principales y cuadros secundarios. Podrán exceptuarse de esta prescripción los circuitos destinados a relojes, a rectificadores para instalaciones telefónicas cuya potencia nominal no exceda de 500 VA y los circuitos de mando o control, siempre que su desconexión impida cumplir alguna función importante para la seguridad de la instalación. Estos circuitos podrán desconectarse mediante dispositivos independientes del general de la instalación.

b) Cualquier receptor

c) Todo circuito auxiliar para mando o control, excepto los destinados a la tarificación de la energía

d) Toda instalación de aparatos de elevación o transporte, en su conjunto.

e) Todo circuito de alimentación en baja tensión destinado a una instalación de tubos luminosos de descarga en alta tensión

f) Toda instalación de locales que presente riesgo de incendio o de explosión.

g) Las instalaciones a la intemperie

h) Los circuitos con origen en cuadros de distribución

i) Las instalaciones de acumuladores

j) Los circuitos de salida de generadores

Los dispositivos admitidos para la conexión y desconexión en carga son:

– Los interruptores manuales.

También pueden utilizarse los interruptores automáticos con accionamiento manual y contactores accionados por pulsador.

– Los cortacircuitos fusibles de accionamiento manual, o cualquier otro sistema aislado que permita estas maniobras siempre que tengan poder de corte y de cierre adecuado e independiente del operador.

– Las clavijas de las tomas de corriente de intensidad nominal no superior a 16 A.

Deberán ser de corte omnipolar los dispositivos siguientes:

– Los situados en el cuadro general y secundarios de toda instalación interior o receptora.

– Los destinados a circuitos excepto en sistemas de distribución TN-C, en los que el corte del conductor neutro esta prohibido y excepto en los TN-S en los que se pueda asegurar que el conductor neutro esta al potencial de tierra.

– Los destinados a receptores cuya potencia sea superior a 1.000 W, salvo que prescripciones particulares admitan corte no omnipolar.

– Los situados en circuitos que alimenten a lámparas de descarga o autotransformadores.

– Los situados en circuitos que alimenten a instalaciones de tubos de descarga en alta tensión.

En los demás casos, los dispositivos podrán no ser de corte omnipolar.

El conductor neutro o compensador no podrá ser interrumpido salvo cuando el corte se establezca por interruptores omnipolares.

Producto	Norma de aplicación
Seccionadores fusibles	UNE-EN 60269 (serie)
Interruptor de fusible, fusible-interruptor y fusible-interruptor-seccionador	UNE-EN 60947-3
Interruptores seccionadores (uso industrial)	UNE-EN 60947-3
Interruptores automáticos (uso doméstico o análogo)	UNE-EN 60898
Interruptores automáticos (uso industrial)[(1)]	UNE-EN 60947-2
Interruptores diferenciales con dispositivo de protección contra sobreintensidades incorporado (uso doméstico o análogo)	UNE-EN 61009
Bases de toma de corriente (fijas y móviles) para uso doméstico o análogo	UNE 20315
Bases de toma de corriente para uso industrial	UNE-EN 60309

[(1)] *La norma UNE-EN 60947-2 define tanto las características de aquellos interruptores automáticos de uso industrial que poseen características de seccionamiento como de aquellos que no las poseen.*

2.8. Medidas de protección contra contactos directos o indirectos

Las instalaciones eléctricas se establecerán de forma que no supongan riesgo para las personas y los animales domésticos tanto en servicio normal como cuando puedan presentarse averías previsibles.

En relación con estos riesgos, las instalaciones deberán proyectarse y ejecutarse aplicando las medidas de protección necesarias contra los contactos directos e indirectos.

Estas medidas de protección son las señaladas en la Instrucción ITC-BT-24 y deberán cumplir lo indicado en la UNE 20.460, parte 4-41 y parte 4-47.

2.9. Resistencia de aislamiento y rigidez dieléctrica

Las instalaciones deberán presentar una resistencia de aislamiento al menos igual a los valores indicados en la tabla siguiente:

Tabla 3.

Tensión nominal de la instalación	Tensión de ensayo en corriente continua (v)	Resistencia de aislamiento (MΩ)
Muy Baja Tensión de Seguridad (MBTS) Muy Baja Tensión de protección (MBTP)	250	>0,25
Inferior o igual a 500 V, excepto caso anterior	500	>0,5
Superior a 500 V	1000	>1,0
Nota: Para instalaciones a MBTS y MBTP, véase la ITC-BT-36		

Este aislamiento se entiende para una instalación en la cual la longitud del conjunto de canalizaciones y cualquiera que sea el número de conductores que las componen no exceda de 100 metros. Cuando esta longitud exceda del valor anteriormente citado y pueda fraccionarse la instalación en partes de aproximadamente 100 metros de longitud, bien por seccionamiento, desconexión, retirada de fusibles o apertura de interruptores, cada una de las partes en que la instalación ha sido fraccionada debe presentar la resistencia de aislamiento que corresponda.

Cuando no sea posible efectuar el fraccionamiento citado, se admite que el valor de la resistencia de aislamiento de toda la instalación sea, con relación al mínimo que le corresponda, inversamente proporcional a la longitud total, en hectómetros, de las canalizaciones.

El aislamiento se medirá con relación a tierra y entre conductores, mediante un generador de corriente continua capaz de suministrar las tensiones de ensayo especificadas en la tabla anterior con una corriente de 1 mA para una carga igual a la mínima resistencia de aislamiento especificada para cada tensión.

Durante la medida, los conductores, incluido el conductor neutro o compensador, estarán aislados de tierra, así como de la fuente de alimentación de energía a la cual están unidos habitualmente. Si las masas de los aparatos receptores están unidas al conductor neutro, se suprimirán estas conexiones durante la medida, restableciéndose una vez terminada ésta.

Cuando la instalación tenga circuitos con dispositivos electrónicos, en dichos circuitos los conductores de fases y el neutro estarán unidos entre sí durante las medidas.

Si se realiza el test sin una conexión entre conductores activos, los dispositivos electrónicos podrían resultar dañados.

Para un análisis más detallado de las pruebas necesarias para la verificación de una instalación eléctrica consultar el Anexo de esta unidad temática.

La medida de aislamiento con relación a tierra, se efectuará uniendo a ésta el polo positivo del generador y dejando, en principio, todos los receptores conectados y sus mandos en posición "paro", asegurándose que no existe falta de continuidad eléctrica en la parte de la instalación que se verifica; los dispositivos de interrupción se pondrán en posición de "cerrado" y los cortacircuitos instalados como en servicio normal. Todos los conductores se conectarán entre sí incluyendo el conductor neutro o compensador, en el origen de la instalación que se verifica y a este punto se conectará el polo negativo del generador.

Cuando la resistencia de aislamiento obtenida resultara inferior al valor mínimo que le corresponda, se admitirá que la instalación es, no obstante correcta, si se cumplen las siguientes condiciones:

- Cada aparato receptor presenta una resistencia de aislamiento por lo menos igual al valor señalado por la Norma UNE que le concierna o en su defecto 0,5 MΩ.

- Desconectados los aparatos receptores, la instalación presenta la resistencia de aislamiento que le corresponda.

La medida de la resistencia de aislamiento entre conductores polares, se efectúa después de haber desconectado todos los receptores, quedando los interruptores y cortacircuitos en la misma posición que la señalada anteriormente para la medida del aislamiento con relación a tierra. La medida de la resistencia de aislamiento se efectuará sucesivamente entre los conductores tomados dos a dos, comprendiendo el conductor neutro o compensador.

Por lo que respecta a la rigidez dieléctrica de una instalación, ha de ser tal, que desconectados los aparatos de utilización (receptores), resista durante 1 minuto una prueba de tensión de 2U + 1.000 voltios a frecuencia industrial, siendo U la tensión máxima de servicio expresada en voltios y con un mínimo de 1.500 voltios. Este ensayo se realizará para cada uno de los conductores incluido el neutro o compensador, con relación a tierra y entre conductores, salvo para aquellos materiales en los que se justifique que haya sido realizado dicho ensayo previamente por el fabricante.

Durante este ensayo los dispositivos de interrupción se pondrán en la posición de "cerrado" y los cortacircuitos instalados como en servicio normal. Este ensayo no se realizará en instalaciones correspondientes a locales que presenten riesgo de incendio o explosión.

Las corrientes de fuga no serán superiores para el conjunto de la instalación o para cada uno de los circuitos en que ésta pueda dividirse a efectos de su protección, a la sensibilidad que presenten los interruptores diferenciales instalados como protección contra los contactos indirectos.

Según las prescripciones de las normas de producto UNE-EN 61008-1 y UNE-EN 61009-1 los interruptores diferenciales pueden desconectar a partir del 50% de su intensidad diferencial-residual asignada. Por lo tanto se deben limitar las corrientes de fuga muy por debajo de dicho valor.

Para las pruebas de rigidez dieléctrica se deberán desconectar los eventuales protectores de sobretensiones de la instalación.

2.10. Bases de toma de corriente

Las bases de toma de corriente utilizadas en las instalaciones interiores o receptoras serán del tipo indicado en las figuras C2a, C3a o ESB 25-5a de la norma UNE 20315. El tipo indicado en la figura C3a queda reservado para instalaciones en las que se requiera distinguir la fase del neutro, o disponer de una red de tierras específica.

Por lo tanto, las bases de toma de corriente utilizadas en las instalaciones interiores o receptoras serán de acuerdo a la norma UNE 20315.

C2a: Base bipolar con contacto lateral de tierra 10/16 A 250 V (Base de 10/16 A de uso general)

ESB 25-5a: Base bipolar con contacto de tierra 25 A 250 V (Base de 25 A para cocina)

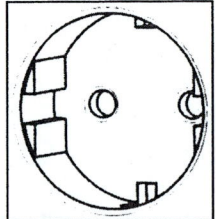
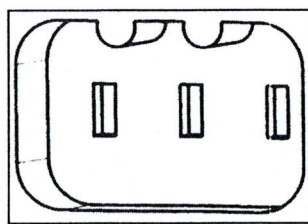

Figura B: *Figuras correspondientes a las bases de toma de corriente.*

C3a: Base bipolar con espiga de
contacto de tierra 10/16 A 250 V
(Base a utilizar cuando haya que
distinguir entre fase/neutro)

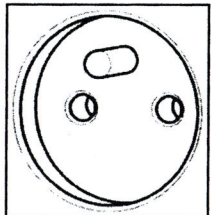

Figura B: *Figuras correspondientes a las bases de toma de corriente.*
(Continuación)

Con posterioridad a la publicación del Reglamento, se ha editado la serie de normas UNE 20315:2004 en la que las figuras C2a y C3a cambian sus características asignadas a 16A 250V ~ y disponen de obturadores automáticos de los alvéolos.

En instalaciones diferentes de las indicadas en la ITC-BT 25 para viviendas, además se admitirán las bases de toma de corriente indicadas en la serie de normas UNE EN 60309.

En la nueva serie de normas UNE 20315:2004, se define una nueva base de toma de corriente denominada ESB 32a. Su uso está destinado a las encimeras eléctricas, cocinas u hornos que tengan una intensidad asignada superior a 25 A. Esta base de toma de corriente es admisible para su instalación en el circuito C3 en viviendas, así como en instalaciones tales como bares, restaurantes, hoteles, etc.

La instalación de esta base de toma de corriente requiere la adecuación de la previsión de cargas en la instalación, que en el caso de viviendas, será de al menos 7360 W, incluyendo la instalación del PIA del circuito C3 de 32 A, así como en su caso, la adecuación de la sección de los conductores."

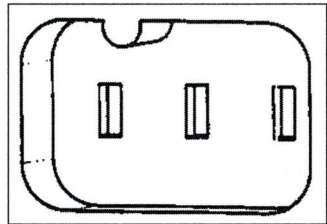

Figura C: *Base ESB 32a: Base bipolar con contacto de tierra 32A 250 V~.*

Las bases móviles deberán ser del tipo indicado en las figuras ESC 10-1a, C2a o C3a de la Norma UNE 20315. Las clavijas utilizadas en los cordones prolongadores deberán ser del tipo indicado en las figuras ESC 10-1b, C2b, C4, C6 o ESB 25-5b.

Por lo tanto, las bases móviles y clavijas utilizadas en los prolongadores serán de acuerdo a la norma UNE 20315.

> Las bases de toma de corriente del tipo indicado en las figuras C1a, las ejecuciones fijas de las figuras ESB 10-5a y ESC 10-1a, así como las clavijas de las figuras ESB 10-5b y C1b, recogidas en la norma UNE 20315, solo podrán comercializarse e instalarse para reposición de las existentes.

Las bases de toma de corriente anteriores de uso exclusivo para reposición no se podrán montar en instalaciones nuevas, ampliaciones, modificaciones ni en reparaciones de importancia de las instalaciones existentes.

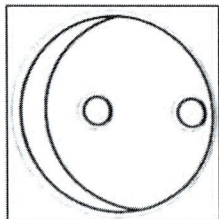

Figura D: *Base C1a: Base bipolar sin contacto de tierra 10/16A 250V.*

Con posterioridad a la publicación del Reglamento, se ha editado la serie de normas UNE 20315:2004 en la que las figuras C2a y C3a cambian sus características asignadas a 16A 250V ~ y disponen de obturadores automáticos de los alvéolos.

Los circuitos que alimenten estas bases de toma de corriente de clase 0 para reposición deben estar protegidas por diferenciales de alta sensibilidad por no disponer la base de toma de tierra.

Producto	Norma de aplicación
Bases de toma de corriente (fijas y móviles) para uso doméstico o análogo	UNE 20315
Bases de toma de corriente para uso industrial	UNE-EN 60309

2.11. Conexiones

En ningún caso se permitirá la unión de conductores mediante conexiones y/o derivaciones por simple retorcimiento o arrollamiento entre sí de los conductores, sino que deberá realizarse siempre utilizando bornes de conexión montados individualmente o constituyendo bloques o regletas de conexión; puede permitirse asimismo, la utilización de bridas de conexión. Siempre deberán realizarse en el interior de cajas de empalme y/o de derivación salvo en los casos indicados en hel apartado 3.1. de la ITC-BT-21. Si se trata de conductores de varios alambres cableados, las conexiones se realizarán de forma que la corriente se reparta por todos los alambres componentes y si el sistema adoptado es de tornillo de apriete entre una arandela metálica bajo su cabeza y una superficie metálica, los conductores de sección superior a 6 mm^2 deberán conectarse por medio de terminales adecuados, de forma que las conexiones no queden sometidas a esfuerzos mecánicos.

Cuando el sistema de conexión adoptado sea de tornillo de apriete entre una arandela metálica bajo su cabeza y una superficie metálica, la conexión de los conductores de sección superior a 6 mm^2 debe realizarse mediante terminales engastados al conductor para evitar la rotura o deterioro de los alambres al apretar el borne.

Para facilitar su verificación, ensayos, mantenimiento y substitución, las conexiones deberán ser accesibles.

Tal y como se indica en la ITC-BT21 pto. 3.1, en las canales protectoras de grado IP4X o superior y clasificadas como "canales con tapa de acceso que solo puede abrirse con herramientas" según la norma UNE-EN 50.085-1, se podrá realizar empalmes de conductores en su interior y conexiones a los mecanismos.

Producto	Norma de aplicación
Bornes de conexión	UNE-EN 60998 UNE-EN 60947-7
Cajas de empalme y/o derivación	UNE 20451 UNE-EN 60670-22

GUÍA-BT-20

INSTALACIONES INTERIORES O RECEPTORAS. SISTEMAS DE INSTALACIÓN

Índice

Edición: Septiembre 2003. Revisión: 1

00. DIFERENCIAS MÁS IMPORTANTES ENTRE EL RBT 2002 Y EL RBT 1973

En esta ITC se recogen los distintos sistemas de instalación de las canalizaciones tal y como los presenta también la norma UNE 2040-5-52, detallándose la forma de efectuar su instalación, así como las principales características de los conductores y de los tubos o canales protectores para cada uno de los sistemas más habituales.

Es de destacar que el sistema de instalación recogido en el RBT 73 como conductores aislados colocados directamente bajo enlucido, cuyo uso estaba restringido a viviendas con grado de electrificación mínima, se ha suprimido en el RBT 2002.

Sin embargo, el Reglamento ha dado paso a nuevos sistemas de instalación cuya utilización puede presentar en algunos casos ventajas importantes:

– Conductores aislados en bandeja o soporte de bandejas. (Ver detalles en el apartado 2.2.9)

– Canalizaciones eléctricas prefabricadas. (Ver detalles en el apartado 2.2.10)

RBT 1973	RBT 2002
MI BT 18-pto.4.1 Excepciones: – Todos los conductores estarán aislados para la máxima tensión de servicio. – Todos los circuitos partirán del mismo aparato general de mando y protección sin interponer aparatos que transformen la tensión. – Cada circuito estará protegido por separado contra las sobreintensidades.	ITC-BT-20-pto.2.1 Separación de circuitos: No deben instalarse circuitos de potencia y MBTS o MBTP en las mismas canalizaciones excepto: – Cada conductor de un cable esté aislado para la tensión más alta presente en el cable. – Los cables estén instalados en un compartimento separado del conducto o canal.
MI BT 17-pto.2.9.1 No se especifica	ITC-BT-20-pto.2.1.1 Con respecto a la proximidad entre canalizaciones eléctricas y no eléctricas también se tendrá en cuenta que la intervención por mantenimiento o avería en una de las canalizaciones pueda realizarse sin dañar al resto.
MI BT 18-pto.2, pto.3, pto.4 y pto.5	ITC-BT-20-pto.2.2 Se añaden dos nuevas tablas (Tabla 1 y Tabla 2) las cuales recopilan los posibles sistemas de instalación en función de los tipos de conductores o cables y en función de la situación.
MI BT 18-pto.3 Se describen las características de los sistemas de instalación mediante canalizaciones con conductores desnudos sobre aisladores.	ITC-BT-20 La instalación de canalizaciones mediante conductores desnudos sobre aisladores se contempla únicamente en las tablas 1 y 2, sin especificar sus características.

RBT 1973	RBT 2002
MI BT 18-pto.4 Cables aislados bajo tubos protectores: Los cables utilizados serán de tensión nominal no inferior a 440 V.	ITC-BT-20-pto.2.2.1 Cables aislados bajo tubos protectores: Los cables utilizados serán de tensión nominal no inferior a 450/750 V.
MI BT 18-pto.5.1 Cables aislados fijados directamente sobre las paredes: Los cables utilizados serán de tensión nominal no inferior a 750 V.	ITC-BT-20-pto.2.2.2 Cables aislados fijados directamente sobre las paredes: Los cables utilizados serán de tensión nominal no inferior a 0,6/1 kV.
MI BT 18-pto.5.1	ITC-BT-20-pto.2.2.2 Se elimina la prescripción según la cual la distancia entre dos puntos de fijación sucesivos no excederá de 0,75 m para conductores armados. Esta prescripción aplica a todo tipo de cable.
MI BT 18-pto.5.1	ITC-BT-20-pto.2.2.2 Se eliminan las prescripciones relativas a conductores aislados con papel impregnado y los conductores con cubierta de plomo.
	ITC-BT-20-pto.2.2.4 Cables aislados directamente empotrados en estructuras: Aunque este sistema de instalación ya existía, se añade la descripción de sus principales características.
	ITC-BT-20-pto.2.2.5 Cables aéreos: Aunque este sistema de instalación ya existía, se añade la descripción de sus principales características.
MI BT 18-pto.5.3 No se especifica	ITC-BT-20-pto.2.2.6 Cables aislados en el interior de huecos de la construcción: Los cables utilizados serán de tensión nominal no inferior a 450/750 V.
MI BT 18-pto.5.3 No se especifica.	ITC-BT-20-pto.2.2.6 Los cables o tubos podrán instalarse directamente en los huecos de la construcción siempre que sean no propagadores de llama.
	ITC-BT-20-pto.2.2.7 Cables aislados bajo canales protectoras: Aunque este sistema de instalación ya existía, se añade la descripción de sus principales características.

RBT 1973	RBT 2002
MI BT 18-pto.5.4 Cables aislados bajo molduras: Los conductores rígidos serán de tensión nominal no inferior a 750 V y los flexibles no inferior a 440 V.	ITC-BT-20-pto.2.2.8 Cables aislados bajo molduras: Los cables utilizados serán de tensión nominal no inferior a 450/750 V.
MI BT 18-pto.5.4 En el caso de utilizarse rodapiés ranurados, el conductor aislado más bajo estará, como mínimo, a 5 cm por encima del suelo.	ITC-BT-20-pto.2.2.8 En el caso de utilizarse rodapiés ranurados, el conductor aislado más bajo estará, como mínimo, a 1,5 cm por encima del suelo.
	ITC-BT-20-pto.2.2.9 Cables aislados en bandeja o soporte de bandejas: Se añade la descripción de sus principales características.
	ITC-BT-20-pto.2.2.10 Canalizaciones eléctricas prefabricadas: Se añade la descripción de sus principales características.
MI BT 18-pto.6	ITC-BT-20-pto.2.3 Paso a través de elementos de la construcción: Se elimina la prescripción según la cual los conductores rígidos aislados con polietileno reticulado que llevan una envolvente de protección de policloropreno cuando sean 1.000 V de tensión nominal no necesitan protección suplementaria.
MI BT 18-pto.6	ITC-BT-20-pto.3 Se elimina la prescripción sobre conductores desnudos.

1. GENERALIDADES

Los sistemas de instalación que se describen en esta Instrucción Técnica deberán tener en consideración los principios fundamentales de la norma UNE 20.460-5-52.

2. SISTEMAS DE INSTALACIÓN

La selección del tipo de canalización en cada instalación particular se realizara escogiendo, en función de las influencias externas, el que se considere más adecuado de entre los descritos para conductores y cables en la norma UNE 20.460-5-52.

2.1 Prescripciones Generales

Circuitos de potencia

Varios circuitos pueden encontrarse en el mismo tubo o en el mismo compartimento de canal si todos los conductores están aislados para la tensión asignada más elevada.

Separación de circuitos

No deben instalarse circuitos de potencia y circuitos de muy baja tensión de seguridad (MBTS o MBTP) en las mismas canalizaciones, a menos que cada cable esté aislado para la tensión más alta presente o se aplique una de las disposiciones siguientes:

– que cada conductor de un cable de varios conductores esté aislado para la tensión más alta presente en el cable;

– que los conductores estén aislados para su tensión e instalados en un compartimento separado de un conducto o de una canal, si la separación garantiza el nivel de aislamiento requerido para la tensión más elevada.

Para las instalaciones de sistemas de automatización y de gestión técnica de la energía y seguridad para viviendas y edificios, así como para las instalaciones a Muy Baja Tensión se dan prescripciones particulares en la ITC-BT-51 y ITC-BT-36 respectivamente.

2.1.1 Disposiciones

En caso de proximidad de canalizaciones eléctricas con otras no eléctricas, se dispondrán de forma que entre las superficies exteriores de ambas se mantenga una distancia mínima de 3 cm. En caso de proximidad con conductos de calefacción, de aire caliente, vapor o humo, las canalizaciones eléctricas se establecerán de forma que no puedan alcanzar una temperatura peligrosa y, por consiguiente, se mantendrán separadas por una distancia conveniente o por medio de pantallas calorífugas.

Las canalizaciones eléctricas no se situarán por debajo de otras canalizaciones que puedan dar lugar a condensaciones, tales como las destinadas a conducción de vapor, de agua, de gas, etc., a menos que se tomen las disposiciones necesarias para proteger las canalizaciones eléctricas contra los efectos de estas condensaciones.

Las canalizaciones eléctricas y las no eléctricas sólo podrán ir dentro de un mismo canal o hueco en la construcción, cuando se cumplan simultáneamente las siguientes condiciones:

a) La protección contra contactos indirectos estará asegurada por alguno de los sistemas señalados en la Instrucción ITC-BT-24, considerando a las conducciones no eléctricas, cuando sean metálicas, como elementos conductores.

b) Las canalizaciones eléctricas estarán convenientemente protegidas contra los posibles peligros que pueda presentar su proximidad a canalizaciones, y especialmente se tendrá en cuenta:

– La elevación de la temperatura, debida a la proximidad con una conducción de fluido caliente.

– La condensación.

– La inundación, por avería en una conducción de líquidos; en este caso se tomarán todas las disposiciones convenientes para asegurar su evacuación.

– La corrosión, por avería en una conducción que contenga un fluido corrosivo.

– La explosión, por avería en una conducción que contenga un fluido inflamable.

– La intervención por mantenimiento o avería en una de las canalizaciones puede realizarse sin dañar al resto.

2.1.2 Accesibilidad

Las canalizaciones deberán estar dispuestas de forma que faciliten su maniobra, inspección y acceso a sus conexiones. Estas posibilidades no deben ser limitadas por el montaje de equipos en las envolventes o en los compartimentos.

2.1.3 Identificación

Las canalizaciones eléctricas se establecerán de forma que mediante la conveniente identificación de sus circuitos y elementos, se pueda proceder en todo momento a reparaciones, transformaciones, etc. Por otra parte, el conductor neutro o compensador, cuando exista, estará claramente diferenciado de los demás conductores.

Las canalizaciones pueden considerarse suficientemente diferenciadas unas de otras, bien por la naturaleza o por el tipo de los conductores que la componen, o bien por sus dimensiones o por su trazado. Cuando la identificación pueda resultar difícil, debe establecerse un plano de la instalación que permita, en todo momento, esta identificación mediante etiquetas o señales de aviso indelebles y legibles.

2.2 Condiciones particulares

Los sistemas de instalación de las canalizaciones en función de los tipos de conductores o cables deben estar de acuerdo con la tabla 1, siempre y cuando las influencias externas estén de acuerdo con las prescripciones de las normas de canalizaciones correspondientes. Los sistemas de instalación de las canalizaciones, en función de la situación deben estar de acuerdo con la tabla 2.

Tabla 1. Elección de las canalizaciones

Conductores y cables		Sistemas de instalación							
		Sin fijación	Fijación directa	Tubos	Canales y molduras	Conductos de sección no circular	Bandejas de escalera Bandejas soportes	Sobre aisladores	Con fiador
Conductores desnudos		-	-	-	-	-	-	+	-
Conductores aislados		-	-	+	*	+	-	+	-
Cables con cubierta	Multi-polares	+	+	+	+	+	+	0	+
	Uni-polares	0	+	+	+	+	+	0	+

+: Admitido
-: No admitido
0: No aplicable o no utilizado en la práctica
*: Se admiten conductores aislados si la tapa sólo puede abrirse con un útil o con una acción manual importante y la canal es IP 4X o IP XXD

Tabla 2. Situación de las canalizaciones

Situaciones		Sistemas de instalación							
		Sin fijación	Fijación directa	Tubos	Canales y molduras	Conductos de sección no circular	Bandejas de escalera Bandejas soportes	Sobre aisladores	Con fiador
Huecos de la construcción	accesibles	+	+	+	+	+	+	-	0
	no accesibles	+	0	+	0	+	0	-	-
Canal de obra		+	+	+	+	+	+	-	-
Enterrados		+	0	+	-	+	0	-	-
Empotrados en estructuras		+	+	+	+	+	0	-	-
En montaje superficial		-	+	+	+	+	+	+	-
Aéreo		-	-	(*)	+	-	+	+	+

+: Admitido
-: No admitido
0: No aplicable o no utilizado en la práctica
(*): No se utilizan en la práctica salvo en instalaciones cortas y destinadas a la alimentación de máquinas o elementos de movilidad restringida

En los apartados 2.2.1 a 2.2.9 se indican las prescripciones para los diferentes sistemas de instalación. Para los cables eléctricos estas prescripciones se limitan a definir solamente la tensión asignada mínima.

Teniendo en cuenta que la elección del tipo de cable varía según las condiciones particulares de la instalación y que esta ITC-BT es de ámbito general, en cada uno de los apartados existe una amplia gama de posibles tipos de cable. Por lo tanto, se ha optado por incluir los tipos de cable en las diferentes ITC-BT que desarrollan ésta de ámbito general, por ejemplo en la ITC-BT-25 para instalaciones interiores de viviendas.

2.2.1 Conductores aislados bajo tubos protectores

Los cables utilizados serán de tensión asignada no inferior a 450/750 V y los tubos cumplirán lo establecido en la ITC-BT-21.

Las características mínimas para los sistemas de conducción de cables son:

Producto	Designación s/norma	Norma de aplicación
Tubo Rígido	4321 y no propagador de la llama	UNE-EN 50086-2-1
Tubo Curvable	2221 y no propagador de la llama	UNE-EN 50086-2-2
Tubo Flexible	4321 y no propagador de la llama	UNE-EN 50086-2-3

2.2.2 Conductores aislados fijados directamente sobre las paredes

Estas instalaciones se establecerán con cables de tensiones asignadas no inferiores a 0,6/1 kV, provistos de aislamiento y cubierta (se incluyen cables armados o con aislamiento mineral).

Estas instalaciones se realizarán de acuerdo a la norma UNE 20.460-5-52.

La serie UNE 21.123 define las características de los cables (unipolares y multiconductores) de tensión asignada 0,6/1 kV para instalaciones fijas. Todos los tipos de cable de esta serie UNE disponen de aislamiento y cubierta, algunos disponen de armadura (revestimiento interno constituido por flejes o alambres) destinada a proteger el cable de los efectos mecánicos externos.

Los cables con aislamiento mineral (formado por un polvo de uno o varios minerales comprimidos para formar una masa compacta) de tensión asignada 0,6/1 kV no están normalizados.

Para la ejecución de las canalizaciones se tendrán en cuenta las siguientes prescripciones:

– Se fijarán sobre las paredes por medio de bridas, abrazaderas, o collares de forma que no perjudiquen las cubiertas de los mismos.

– Con el fin de que los cables no sean susceptibles de doblarse por efecto de su propio peso, los puntos de fijación de los mismos estarán suficientemente próximos. La distancia entre dos puntos de fijación sucesivos, no excederá de 0,40 metros.

– Cuando los cables deban disponer de protección mecánica por el lugar y condiciones de instalación en que se efectúe la misma, se utilizarán cables armados. En caso de no utilizar estos cables, se establecerá una protección mecánica complementaria sobre los mismos.

– Se evitará curvar los cables con un radio demasiado pequeño y salvo prescripción en contra fijada en la Norma UNE correspondiente al cable utilizado, este radio no será inferior a 10 veces el diámetro exterior del cable.

– Los cruces de los cables con canalizaciones no eléctricas se podrán efectuar por la parte anterior o posterior a éstas, dejando una distancia mínima de 3 cm entre la superficie exterior de la canalización no eléctrica y la cubierta de los cables cuando el cruce se efectúe por la parte anterior de aquélla.

– Los puntos de fijación de los cables estarán suficientemente próximos para evitar que esta distancia pueda quedar disminuida. Cuando el cruce de los cables requiera su empotramiento para respetar la separación mínima de 3 cm, se seguirá lo dispuesto en el apartado 2.2.1 de la presente instrucción. Cuando el cruce se realice bajo molduras, se seguirá lo dispuesto en el apartado 2.2.8 de la presente instrucción.

– Los extremos de los cables serán estancos cuando las características de los locales o emplazamientos así lo exijan, utilizándose a este fin cajas u otros dispositivos adecuados. La estanqueidad podrá quedar asegurada con la ayuda de prensaestopas.

– Los cables con aislamiento mineral, cuando lleven cubiertas metálicas, no deberán utilizarse en locales que puedan presentar riesgo de corrosión para las cubiertas metálicas de estos cables, salvo que esta cubierta esté protegida adecuadamente contra la corrosión.

- Los empalmes y conexiones se harán por medio de cajas o dispositivos equivalentes provistos de tapas desmontables que aseguren a la vez la continuidad de la protección mecánica establecida, el aislamiento y la inaccesibilidad de las conexiones y permitiendo su verificación en caso necesario.

2.2.3 Conductores aislados enterrados

Las condiciones para estas canalizaciones, en las que los conductores aislados deberán ir bajo tubo salvo que tengan cubierta y una tensión asignada 0,6/1 kV, se establecerán de acuerdo con lo señalado en la Instrucciones ITC-BT-07 e ITC-BT-21.

Cuando los conductores se instalen bajo tubo enterrado, no se instalará más de un circuito por cada tubo:

Producto		*Norma de aplicación*
Tubos	*Enterrados*	*UNE-EN 50086-2-4*

2.2.4 Conductores aislados directamente empotrados en estructuras

Para estas canalizaciones son necesarios conductores aislados con cubierta (incluidos cables armados o con aislamiento mineral). La temperatura mínima y máxima de insta-lación y servicio será de -5 ºC y 90 ºC, respectivamente (por ejemplo, con polietileno reticulado o etilenopropileno).

2.2.5 Conductores aéreos

Los conductores aéreos no cubiertos en 2.2.2, cumplirán lo establecido en la ITC-BT-06.

2.2.6 Conductores aislados en el interior de huecos de la construcción

Estas canalizaciones están constituidas por cables colocados en el interior de huecos de la construcción según UNE 20.460-5-52. Los cables utilizados serán de tensión asignada no inferior a 450/750 V.

Podrán instalarse directamente en los huecos de la construcción los cables de clase de reacción al fuego mínima E_{ca} y los tubos que sean no propagadores de la llama[1].

Los huecos en la construcción admisibles para estas canalizaciones podrán estar dispuestos en muros, paredes, vigas, forjados o techos, adoptando la forma de conductos continuos o bien estarán comprendidos entre dos superficies paralelas como en el caso de falsos techos o muros con cámaras de aire. En el caso de conductos continuos, éstos no podrán destinarse simultáneamente a otro fin (ventilación, etc.).

La sección de los huecos será, como mínimo, igual a cuatro veces la ocupada por los cables o tubos, y su dimensión más pequeña no será inferior a dos veces el diámetro exterior de mayor sección de éstos, con un mínimo de 20 milímetros.

Las paredes que separen un hueco que contenga canalizaciones eléctricas de los locales inmediatos, tendrán suficiente solidez para proteger éstas contra acciones previsibles.

---

[1] Este párrafo ha sustituido al original de la GUÍA-BT 20 para adaptar el REBT al CPR (Reglamento de los Productos de la Construcción) con la denominación actual de las Euroclases de los cables eléctricos.

Se evitarán, dentro de lo posible, las asperezas en el interior de los huecos y los cambios de dirección de los mismos en un número elevado o de pequeño radio de curvatura.

La canalización podrá ser reconocida y conservada sin que sea necesaria la destrucción parcial de las paredes, techos, etc., o sus guarnecidos y decoraciones. Los empalmes y derivaciones de los cables serán accesibles, disponiéndose para ellos las cajas de derivación adecuadas.

Normalmente, como los cables solamente podrán fijarse en puntos bastante alejados entre sí, puede considerarse que el esfuerzo resultante de un recorrido vertical libre no superior a 3 metros quede dentro de los límites admisibles. Se tendrá en cuenta al disponer de puntos de fijación que no debe quedar comprometida ésta, cuando se suelten los bornes de conexión especialmente en recorridos verticales y se trate de bornes que están en su parte superior.

Se evitará que puedan producirse infiltraciones, fugas o condensaciones de agua que puedan penetrar en el interior del hueco, prestando especial atención a la impermeabilidad de sus muros exteriores, así como a la proximidad de tuberías de conducción de líquidos, penetración de agua al efectuar la limpieza de suelos, posibilidad de acumulación de aquélla en partes bajas del hueco, etc.

Cuando no se tomen las medidas para evitar los riesgos anteriores, las canalizaciones cumplirán las prescripciones establecidas para las instalaciones en locales húmedos e incluso mojados que pudieran afectarles.

Las características mínimas para los sistemas de conducción de cables son:

Producto	Designación s/norma	Norma de aplicación
Tubo Rígido	4321 y no propagador de la llama	UNE-EN 50086-2-1
Tubo Curvable	2221 y no propagador de la llama	UNE-EN 50086-2-2
Tubo Flexible	4321 y no propagador de la llama	UNE-EN 50086-2-3

Todos los cables normalizados son del tipo no propagadores de la llama ya que sus normas constructivas incluyen el ensayo de la norma UNE-EN 50265 "Ensayo de resistencia a la propagación vertical de la llama".

Cuando se instalen directamente cables en huecos de la construcción, deben tener aislamiento y cubierta y serán de tensión asignada 0,6/1 kV.

2.2.7 Conductores aislados bajo canales protectoras

La canal protectora es un material de instalación constituido por un perfil de paredes perforadas o no, destinado a alojar conductores o cables y cerrado por una tapa desmontable.

Figura A: *Instalación eléctrica, telecomunicación y datos en un canal con separadores.*
NOTA – Las siglas ISDN se refieren a los cables de telefonía, comunicación,
datos, etc.

Las canales deberán satisfacer lo establecido en la ITC-BT-21.

En las canales protectoras de grado IP4X o superior y clasificadas como "canales con tapa de acceso que sólo puede abrirse con herramientas" según la norma UNE-EN 50.085-1, se podrá:

a) Utilizar conductor aislado, de tensión asignada 450/750 V.

b) Colocar mecanismos tales como interruptores, tomas de corrientes, dispositivos de mando y control, etc., en su interior, siempre que se fijen de acuerdo con las instrucciones del fabricante.

c) Realizar empalmes de conductores en su interior y conexiones a los mecanismos.

En las canales protectoras de grado de protección inferior a IP4X o clasificadas como "canales con tapa de acceso que puede abrirse sin herramientas", según la Norma UNE EN 50085-1, solo podrá utilizarse conductor aislado bajo cubierta estanca, de tensión asignada mínima 300/500 V.

Producto	Designación s/norma	Norma de aplicación
Canal protectora	No propagador de la llama	UNE-EN 50085-1

2.2.8 Conductores aislados bajo molduras

Estas canalizaciones están constituidas por cables alojados en ranuras bajo molduras. Podrán utilizarse únicamente en locales o emplazamientos clasificados como secos, temporalmente húmedos o polvorientos.

Los cables serán de tensión asignada no inferior a 450/750 V.

Las molduras podrán ser reemplazadas por guarniciones de puertas, astrágalos o rodapiés ranurados, siempre que cumplan las condiciones impuestas para las primeras.

Las molduras cumplirán las siguientes condiciones:

– Las ranuras tendrán unas dimensiones tales que permitan instalar sin dificultad por ellas a los conductores o cables. En principio, no se colocará más de un conductor por ranura, admitiéndose, no obstante, colocar varios conductores siempre que pertenezcan al mismo circuito y la ranura presente dimensiones adecuadas para ello.

– La anchura de las ranuras destinadas a recibir cables rígidos de sección igual o inferior a 6 mm^2 serán, como mínimo, de 6 mm.

Figura B: *Instalación de conductores aislados en el interior de molduras.*

Una moldura o canal moldura es una variedad de canal de paredes llenas, de pequeñas dimensiones, conteniendo uno o varios alojamientos para conductores.

Para la instalación de las molduras se tendrá en cuenta:

– Las molduras no presentarán discontinuidad alguna en toda la longitud donde contribuyen a la protección mecánica de los conductores. En los cambios de dirección, los ángulos de las ranuras serán obtusos.

– Las canalizaciones podrán colocarse al nivel del techo o inmediatamente encima de los rodapiés. En ausencia de éstos, la parte inferior de la moldura estará, como mínimo, a 10 cm por encima del suelo.

– En el caso de utilizarse rodapiés ranurados, el conductor aislado más bajo estará, como mínimo, a 1,5 cm por encima del suelo.

– Cuando no puedan evitarse cruces de estas canalizaciones con las destinadas a otro uso (agua, gas, etc.), se utilizará una moldura especialmente concebida para estos cruces o preferentemente un tubo rígido empotrado que sobresaldrá por una y otra parte del cruce. La separación entre dos canalizaciones que se crucen será, como mínimo de 1 cm en el caso de utilizar molduras especiales para el cruce y 3 cm, en el caso de utilizar tubos rígidos empotrados.

– Las conexiones y derivaciones de los conductores se hará mediante dispositivos de conexión con tornillo o sistemas equivalentes.

– Las molduras no estarán totalmente empotradas en la pared ni recubiertas por papeles, tapicerías o cualquier otro material, debiendo quedar su cubierta siempre al aire.

– Antes de colocar las molduras de madera sobre una pared, debe asegurarse que la pared está suficientemente seca; en caso contrario, las molduras se separarán de la pared por medio de un producto hidrófugo.

2.2.9 Conductores aislados en bandeja o soporte de bandejas

Sólo se utilizarán conductores aislados con cubierta (incluidos cables armados o con aislamiento mineral), unipolares o multipolares según norma UNE 20.460-5-52.

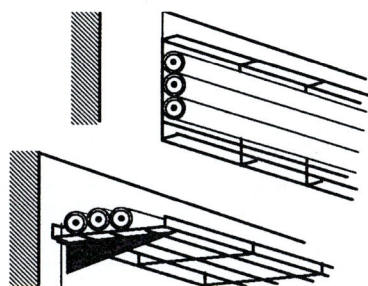

Figura C: *Instalación de cables sobre bandejas de rejilla (pueden utilizarse también bandejas ciegas, perforadas o bandejas de escalera).*

La norma aplicable a las bandejas y bandejas de escalera es la norma UNE-EN 61537 "Sistemas de bandejas y bandejas de escalera para conducción de cables".

El cometido de las bandejas es el soporte y la conducción de los cables. Debido a que las bandejas no efectúan una función de protección, se recomienda la instalación de cables de tensión asignada 0,6/1 kV.

Cabe la posibilidad de que las bandejas soporten cajas de empalme y/o derivación.

El trazado de las canalizaciones se hará siguiendo preferentemente líneas verticales y horizontales o paralelas a las aristas de las paredes que limitan al local donde se efectúa la instalación.

Las bandejas metálicas deben conectarse a la red de tierra quedando su continuidad eléctrica convenientemente asegurada.

Producto	Designación s/norma	Norma de aplicación
Bandejas y bandejas de escalera	No propagador de la llama	UNE-EN 61537

2.2.10 Canalizaciones eléctricas prefabricadas

Deberán tener un grado de protección adecuado a las características del local por el que discurren.

Las canalizaciones prefabricadas para iluminación deberán ser conformes con las especificaciones de las normas de la serie UNE EN 60570.

Las características de las canalizaciones de uso general deberán ser conformes con las especificaciones de la Norma UNE EN 60439-2.

Cuando se utilice un sistema de alimentación de luminarias por carril, deberá aplicarse la norma UNE EN 60570. Para otros casos, ya sea aplicaciones generales o luminarias, deberá aplicarse la norma UNE EN 60439-2.

Producto	*Norma de aplicación*
Sistemas de alimentación eléctrica por carril para luminarias	*UNE EN 60570*
Conjunto de aparamenta. Canalizaciones prefabricadas	*UNE-EN 60439-2*

3. PASO A TRAVÉS DE ELEMENTOS DE LA CONSTRUCCIÓN

El paso de las canalizaciones a través de elementos de la construcción, tales como muros, tabiques y techos, se realizará de acuerdo con las siguientes prescripciones:

– En toda la longitud de los pasos de canalizaciones no se dispondrán empalmes o derivaciones de cables.

– Las canalizaciones estarán suficientemente protegidas contra los deterioros mecánicos, las acciones químicas y los efectos de la humedad. Esta protección se exigirá de forma continua en toda la longitud del paso.

– Si se utilizan tubos no obturados para atravesar un elemento constructivo que separe dos locales de humedades marcadamente diferentes, se dispondrán de modo que se impida la entrada y acumulación de agua en el local menos húmedo, curvándolos convenientemente en su extremo hacia el local más húmedo. Cuando los pasos desemboquen al exterior se instalará en el extremo del tubo una pipa de porcelana o vidrio, o de otro material aislante adecuado, dispuesta de modo que el paso exterior-interior de los conductores se efectúe en sentido ascendente.

– En el caso que las canalizaciones sean de naturaleza distinta a uno y otro lado del paso, éste se efectuará por la canalización utilizada en el local cuyas prescripciones de instalación sean más severas.

– Para la protección mecánica de los cables en la longitud del paso, se dispondrán éstos en el interior de tubos normales cuando aquella longitud no exceda de 20 cm y si excede, se dispondrán tubos conforme a la tabla 3 de la Instrucción ITC-BT-21. Los extremos de los tubos metálicos sin aislamiento interior estarán provistos de boquillas aislantes de bordes redondeados o de dispositivo equivalente, o bien los bordes de los tubos estarán convenientemente redondeados, siendo suficiente para los tubos metálicos con aislamiento interior que este último sobresalga ligeramente del mismo.

También podrán emplearse para proteger los conductores los tubos de vidrio o porcelana o de otro material aislante adecuado de suficiente resistencia mecánica. No necesitan protección suplementaria los cables provistos de una armadura metálica ni los cables con aislamiento mineral, siempre y cuando su cubierta no sea atacada por materiales de los elementos a atravesar.

- Si el elemento constructivo que debe atravesarse separa dos locales con las mismas características de humedad, pueden practicarse aberturas en el mismo que permitan el paso de los conductores respetando en cada caso las separaciones indicadas para el tipo de canalización de que se trate.

- Los pasos con conductores aislados bajo molduras no excederán de 20 cm; en los demás casos el paso se efectuará por medio de tubos.

- En los pasos de techos por medio de tubo, éste estará obturado mediante cierre estanco y su extremidad superior saldrá por encima del suelo una altura al menos igual a la de los rodapiés, si existen, o a 10 centímetros en otro caso. Cuando el paso se efectúe por otro sistema, se obturará igualmente mediante material incombustible, de clase y resistencia al fuego, como mínimo, igual a la de los materiales de los elementos que atraviesa.

GUÍA-BT-21

TUBOS Y CANALES PROTECTORAS

Índice

Edición: Septiembre 2003. Revisión: 1

Esta instrucción presenta unos cambios sustanciales con respecto a las prescripciones contenidas en el anterior REBT de 1973 de entre los que se destaca que:

– El tipo de sistema de instalación marca el tipo de canalización a utilizar.

– Se determinan las características de los materiales a utilizar en cada caso.

– No todos los tipos de canalización pueden utilizarse en cualquier tipo de sistema de instalación.

– Se incluyen prescripciones de tubos y canales seguros frente la acción del fuego.

– Los tubos, canales y bandejas de conducción de cables pueden estar fabricados en PVC, acero u otros materiales siempre y cuando cumplan con la característica de no propagador de la llama según la norma que le corresponda.

---

1. TUBOS PROTECTORES

1.1 Generalidades

Los tubos protectores pueden ser:

– Tubo y accesorios metálicos.
– Tubo y accesorios no metálicos.
– Tubo y accesorios compuestos (constituidos por materiales metálicos y no metálicos).

Los tubos se clasifican según lo dispuesto en las normas siguientes:

UNE-EN 50.086-2-1: Sistemas de tubos rígidos
UNE-EN 50.086-2-2: Sistemas de tubos curvables
UNE-EN 50.086-2-3: Sistemas de tubos flexibles
UNE-EN 50.086-2-4: Sistemas de tubos enterrados

Los tubos rígidos son aquellos que requieren de técnicas especiales para su curvado. Están previstos para instalaciones superficiales y sus cambios de dirección se pueden realizar mediante accesorios específicos (curvas, derivaciones en T, etc.).

Los tubos curvables son aquellos que pueden curvarse manualmente y no están pensados para trabajar continuamente en movimiento, si bien tienen un cierto grado de flexibilidad.

Los tubos flexibles están diseñados para soportar, a lo largo de su vida útil, un número elevado de operaciones de flexión, como puede ser el caso el caso de instalaciones en elementos con partes móviles, como máquinas.

Las características de protección de la unión entre el tubo y sus accesorios no deben ser inferiores a los declarados para el sistema de tubos.

La superficie interior de los tubos no deberá presentar en ningún punto aristas, asperezas o fisuras susceptibles de dañar los conductores o cables aislados o de causar heridas a instaladores o usuarios.

Las dimensiones de los tubos no enterrados y con unión roscada utilizados en las instalaciones eléctricas son las que se prescriben en la UNE-EN 60.423. Para los tubos enterrados, las dimensiones se corresponden con las indicadas en la norma UNE-EN 50.086-2-4. Para el resto de los tubos, las dimensiones serán las establecidas en la norma correspondiente de las citadas anteriormente. La denominación se realizará en función del diámetro exterior.

El diámetro interior mínimo deberá ser declarado por el fabricante.

En lo relativo a la resistencia a los efectos del fuego considerados en la norma particular para cada tipo de tubo, se seguirá lo establecido por la aplicación de la Directiva de Productos de la Construcción (89/106/CEE).

1.2 Características mínimas de los tubos, en función del tipo de instalación

1.2.1 Tubos en canalizaciones fijas en superficie

En las canalizaciones superficiales, los tubos deberán ser preferentemente rígidos y en casos especiales podrán usarse tubos curvables. Sus características mínimas serán las indicadas en la tabla 1.

En aquellas situaciones en las que la instalación se ha realizado con tubo rígido en montaje superficial y los receptores (por ejemplo luminarias) son instalados con posterioridad, puede ser necesario el uso de tubos curvables para compensar posibles desviaciones.

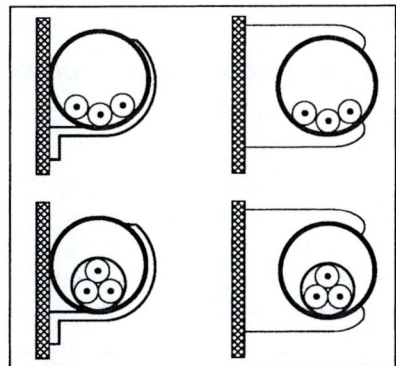

Figura A: *Tubos en canalizaciones fijas en superficie.*

Tabla 1. Características mínimas para tubos en canalizaciones superficiales ordinarias fijas

Característica	Código	Grado
Resistencia a la compresión	4	Fuerte
Resistencia al impacto	3	Media
Temperatura mínima de instalación y servicio	2	-5 °C
Temperatura máxima de instalación y servicio	1	+60 °C
Resistencia al curvado	1-1	Rígido/curvable
Propiedades eléctricas	1-2	Continuidad eléctrica/aislante
Resistencia a la penetración de objetos sólidos	4	Contra objetos D ≥ 1 mm
Resistencia a la penetración del agua	2	Contra gotas de agua cayendo verticalmente cuando el sistema de tubos está inclinado 15°
Resistencia a la corrosión de tubos metálicos y compuestos	2	Protección interior y exterior media
Resistencia a la tracción	0	No declarada
Resistencia a la propagación de la llama	1	No propagador
Resistencia a las cargas suspendidas	0	No declarada

Los códigos relativos a las resistencias a la compresión, impacto y a las temperaturas mínima y máxima de instalación y servicio definen las características básicas más relevantes de los tubos, que se suelen representar mediante un código de 4 cifras. Para el caso de tubos en canalizaciones superficiales ordinarias fijas, la codificación mínima para las cuatro primeras características de la tabla corresponde a 4321. Este código junto con la característica de "No propagador de la llama" define el producto a instalar.

Ver tablas A y B para más detalles sobre las características de resistencia a la compresión y al impacto.

Tabla A: *Resistencia a la compresión.*

Clasificación	Tubos	Fuerza de compresión (N)
2	Ligero	320
3	Medio	750
4	Fuerte	1250
5	Muy fuerte	4000

Tabla B: *Resistencia al impacto.*

Clasificación	Tubo y accesorios	Energía de impacto (J)
1	Muy ligero	0,5
2	Ligero	1
3	Medio	2
4	Fuerte	6
5	Muy fuerte	20

Tabla C: *Resistencia al curvado.*

Clasificación	Tubo y accesorios	Observaciones
1	Rígido	Curvable con medios especiales
2	Curvable	No están pensados para trabajar continuamente en movimiento aunque presentan un cierto grado de elasticidad
3	Curvable / Transversalmente elástico	Características equivalentes a los curvables, presentando además una cierta elasticidad a compresiones transversales
4	Flexible	Apto para trabajar continuamente en movimiento

El cumplimiento de estas características se realizará según los ensayos indicados en las normas UNE-EN 50.086-2-1, para tubos rígidos y UNE-EN 50.086-2-2, para tubos curvables.

Los tubos deberán tener un diámetro tal que permitan un fácil alojamiento y extracción de los cables o conductores aislados. En la tabla 2 figuran los diámetros exteriores mínimos de los tubos en función del número y la sección de los conductores o cables a conducir.

Tabla 2. Diámetros exteriores mínimos de los tubos en función del número y la sección de los conductores o cables a conducir.

Sección nominal de los conductores unipolares (mm²)	Diámetro exterior de los tubos (mm)				
	Número de conductores				
	1	2	3	4	5
1,5	12	12	16	16	16
2,5	12	12	16	16	20
4	12	16	20	20	20
6	12	16	20	20	25
10	16	20	25	32	32
16	16	25	32	32	32
25	20	32	32	40	40
35	25	32	40	40	50
50	25	40	50	50	50
70	32	40	50	63	63
95	32	50	63	63	75
120	40	50	63	75	75
150	40	63	75	75	--
185	50	63	75	--	--
240	50	75	--	--	--

Para más de 5 conductores por tubo o para conductores aislados o cables de secciones diferentes a instalar en el mismo tubo, su sección interior será, como mínimo igual a 2,5 veces la sección ocupada por los conductores.

1.2.2 Tubos en canalizaciones empotradas

En las canalizaciones empotradas, los tubos protectores podrán ser rígidos, curvables o flexibles y sus características mínimas se describen en la tabla 3 para tubos empotrados en obras de fábrica (paredes, techos y falsos techos), huecos de la construcción o canales protectoras de obra y en la tabla 4 para tubos empotrados embebidos en hormigón.

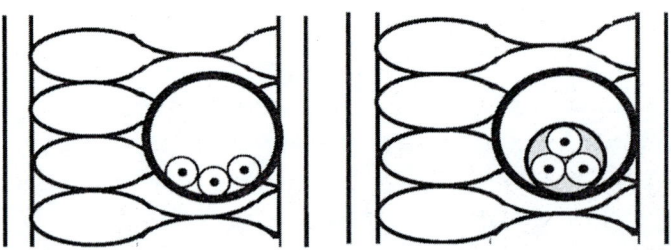

Figura B: *Tubos en canalizaciones empotradas en paredes térmicamente aislantes.*

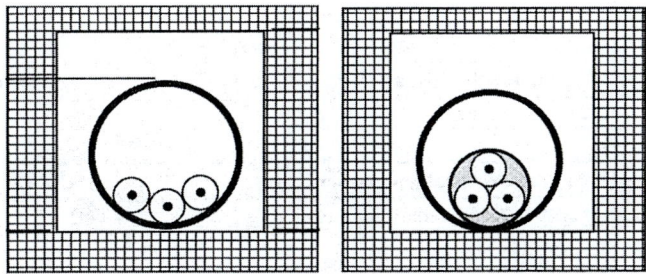

Figura C: *Tubos en canalizaciones en huecos*
de la construcción o en falsos
suelos o falsos techos.

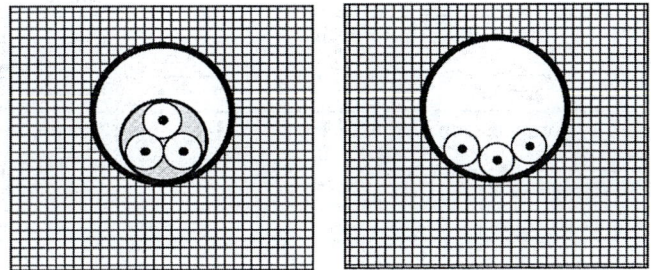

Figura D: *Tubos en canalizaciones empotradas*
en paredes de obra.

Las canalizaciones ordinarias precableadas destinadas a ser empotradas en ranuras realizadas en obra de fábrica (paredes, techos y falsos techos) serán flexibles o curvables y sus características mínimas para instalaciones ordinarias serán las indicadas en la tabla 4.

Tabla 3. Características mínimas para tubos en canalizaciones empotradas ordinarias en obra de fábrica (paredes, techos y falsos techos), huecos de la construcción y canales protectoras de obra.

Característica	Código	Grado
Resistencia a la compresión	2	Ligera
Resistencia al impacto	2	Ligera
Temperatura mínima de instalación y servicio	2	-5 °C
Temperatura máxima de instalación y servicio	1	+60 °C
Resistencia al curvado	1-2-3-4	Cualquiera de las especificadas
Propiedades eléctricas	0	No declaradas
Resistencia a la penetración de objetos sólidos	4	Contra objetos D ≥ 1 mm
Resistencia a la penetración del agua	2	Contra gotas de agua cayendo verticalmente cuando el sistema de tubos está inclinado 15°
Resistencia a la corrosión de tubos metálicos y compuestos	2	Protección interior y exterior media
Resistencia a la tracción	0	No declarada
Resistencia a la propagación de la llama	1	No propagador
Resistencia a las cargas suspendidas	0	No declarada

Tabla 4. *Características mínimas para tubos en canalizaciones empotradas ordinarias embebidas en hormigón y para canalizaciones precableadas.*

Característica	Código	Grado
Resistencia a la compresión	3	Media
Resistencia al impacto	3	Media
Temperatura mínima de instalación y servicio	2	-5 °C
Temperatura máxima de instalación y servicio	2	+90 °C
Resistencia al curvado	1-2-3-4	Cualquiera de las especificadas
Propiedades eléctricas	0	No declaradas
Resistencia a la penetración de objetos sólidos	5	Protegido contra el polvo
Resistencia a la penetración del agua	3	Protegido contra el agua en forma de lluvia
Resistencia a la corrosión de tubos metálicos y compuestos	2	Protección interior y exterior media
Resistencia a la tracción	0	No declarada
Resistencia a la propagación de la llama	1	No propagador
Resistencia a las cargas suspendidas	0	No declarada

(1) Para canalizaciones precableadas ordinarias empotradas en obra de fábrica (paredes, techos y falsos techos) se acepta una temperatura máxima de instalación y servicio código 1; +60°C.

El cumplimiento de las características indicadas en las tablas 3 y 4 se realizará según los ensayos indicados en las normas UNE-EN 50.086-2-1, para tubos rígidos, UNE-EN 50.086-2-2, para tubos curvables y UNE-EN 50.086-2-3, para tubos flexibles.

Los tubos deberán tener un diámetro tal que permitan un fácil alojamiento y extracción de los cables o conductores aislados. En la Tabla 5 figuran los diámetros exteriores mínimos de los tubos en función del número y la sección de los conductores o cables a conducir.

Ver tablas A y B para más detalles sobre las características de resistencia a la compresión y al impacto.

Las tablas 3 y 4 marcan las características mínimas para los sistemas de instalación empotrados. En este método de instalación, el tubo utilizado habitualmente es el curvable (UNE-EN 50086-2-2) si bien se acepta el uso de otros tipos de tubos (como rígidos UNE-EN 50086-2-1 y flexibles UNE-EN 50086-2-3).

Ver tablas A y B para más detalles sobre las características de resistencia a la compresión y al impacto.

Los tubos con código 3322 se corresponden con instalaciones que requieren producto con prestaciones más elevadas como por ejemplo las instalaciones embebidas en hormigón en las que los tubos se colocan durante el trabajo de encofrado y se ven sometidos a agresiones mecánicas mayores. Además en estas condiciones se pueden alcanzar temperaturas de fraguado elevadas y por eso las prestaciones en ese sentido son mayores.

Tabla 5. Diámetros exteriores mínimos de los tubos en función del número y la sección de los conductores o cables a conducir.

Sección nominal de los conductores unipolares (mm^2)	Diámetro exterior de los tubos (mm)				
	Número de conductores				
	1	2	3	4	5
1,5	12	12	16	16	20
2,5	12	16	20	20	20
4	12	16	20	20	25
6	12	16	25	25	25
10	16	25	25	32	32
16	20	25	32	32	40
25	25	32	40	40	50
35	25	40	40	50	50
50	32	40	50	50	63
70	32	50	63	63	63
95	40	50	63	75	75
120	40	63	75	75	--
150	50	63	75	--	--
185	50	75	--	--	--
240	63	75	--	--	--

Para más de 5 conductores por tubo o para conductores o cables de secciones diferentes a instalar en el mismo tubo, su sección interior será como mínimo, igual a 3 veces la sección ocupada por los conductores.

1.2.3 Canalizaciones aéreas o con tubos al aire

En las canalizaciones al aire, destinadas a la alimentación de máquinas o elementos de movilidad restringida, los tubos serán flexibles y sus características mínimas para instalaciones ordinarias serán las indicadas en la tabla 6.

Se recomienda no utilizar este tipo de instalación para secciones nominales de conductor superiores a 16 mm^2.

Tabla 6. Características mínimas para canalizaciones de tubos al aire o aéreas.

Característica	Código	Grado
Resistencia a la compresión	4	Fuerte
Resistencia al impacto	3	Media
Temperatura mínima de instalación y servicio	2	-5 °C
Temperatura máxima de instalación y servicio	1	+60 °C
Resistencia al curvado	4	Flexible
Propiedades eléctricas	1/2	Continuidad/aislado
Resistencia a la penetración de objetos sólidos	4	Contra objetos D ≥ 1 mm
Resistencia a la penetración del agua	2	Protegido contra las gotas de agua cayendo vertical-mente cuando el sistema de tubos está inclinado 15°
Resistencia a la corrosión de tubos metálicos y compuestos	2	Protección interior mediana y exterior media elevada
Resistencia a la tracción	2	Ligera
Resistencia a la propagación de la llama	1	No propagador
Resistencia a las cargas suspendidas	2	Ligera

En la tabla 6 la característica de resistencia a la corrosión, con código 2, significa una protección interior y exterior media.

Ver tablas A y B para más detalles sobre las características de resistencia a la compresión y al impacto.

El cumplimiento de estas características se realizará según los ensayos indicados en la norma UNE-EN 50.086-2-3.

Los tubos deberán tener un diámetro tal que permitan un fácil alojamiento y extracción de los cables o conductores aislados. En la tabla 7 figuran los diámetros exteriores mínimos de los tubos en función del número y la sección de los conductores o cables a conducir.

Tabla 7. Diámetros exteriores mínimos de los tubos en función del número y la sección de los conductores o cables a conducir.

Sección nominal de los conductores unipolares (mm²)	Diámetro exterior de los tubos (mm)				
	Número de conductores				
	1	2	3	4	5
1,5	12	12	16	16	20
2,5	12	16	20	20	20
4	12	16	20	20	25
6	12	16	25	25	25
10	16	25	25	32	32
16	20	25	32	32	40

Para más de 5 conductores por tubo o para conductores o cables de secciones diferentes a instalar en el mismo tubo, su sección interior será como mínimo, igual a 4 veces la sección ocupada por los conductores.

1.2.4 Tubos en canalizaciones enterradas

En las canalizaciones enterradas, los tubos protectores serán conformes a lo establecido en la norma UNE-EN 50.086-2-4 y sus características mínimas serán, para las instalaciones ordinarias las indicadas en la tabla 8.

Cuando los tubos se coloquen en montaje enterrado se tendrán en cuenta, además, las siguientes recomendaciones:

Se recomienda instalar los tubos enterrados a una profundidad mínima de 0,45 m del pavimento o nivel del terreno en el caso de tubos bajo aceras, y de 0,60 m en el resto de casos.

Se recomienda un recubrimiento mínimo inferior de 0,03 m, y un recubrimiento mínimo superior de 0,06 m.

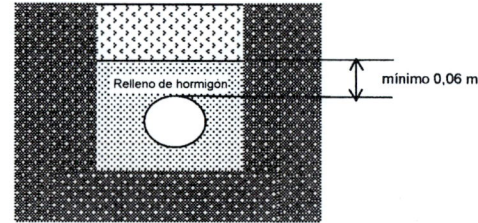

a) *Tubo en recubrimiento de arena, resistencia a la compresión mínima 450 N*

b) *Tubo en recubrimiento de hormigón, resistencia a la compresión mínima 250 N*

c) *Tubo en recubrimiento en terreno pedregoso, resistencia a la compresión mínima 750 N*

Figura E: *Ejemplos de instalación de tubos en canalizaciones enterradas.*

Se debe de tener en cuenta que cuando se coloca arena de relleno como recubrimiento de un tubo instalado en terreno pedregoso éste pasa a considerarse como instalación según la figura a), tubo en recubrimiento de arena.

Para determinar la sección del conducto y el número y la sección de los cables que hay que instalar se tendrán en cuenta los criterios de la tabla 9.

Tabla 8. Características mínimas para tubos en canalizaciones enterradas.

Característica	Código	Grado
Resistencia a la compresión*	NA	250 N / 450 N / 750 N
Resistencia al impacto	NA	Ligero / Normal / Normal
Temperatura mínima de instalación y servicio	NA	NA
Temperatura máxima de instalación y servicio	NA	NA
Resistencia al curvado	1-2-3-4	Cualquiera de las especificadas
Relleno mínimo	0,06	Relleno de hormigón de arena
Propiedades eléctricas	0	No declaradas
Resistencia a la penetración de objetos sólidos	4	Protegido contra objetos D ≥ 1 mm
Resistencia a la penetración del agua	3	Protegido contra el agua en forma de lluvia
Resistencia a la corrosión de tubos metálicos y compuestos	2	Protección interior y exterior media
Resistencia a la tracción	0	No declarada
Resistencia a la propagación de la llama	0	No declarada
Resistencia a las cargas suspendidas	0	No declarada

Notas:
NA: No aplicable
(*) Para tubos embebidos en hormigón aplica 250 N y grado Ligero; para tubos en suelo ligero aplica 450 N y grado Normal; para tubos en suelos pesados aplica 750 N y grado Normal.

Se considera suelo ligero aquel suelo uniforme que no sea del tipo pedregoso y con cargas superiores ligeras, como por ejemplo, aceras, parques y jardines. Suelo pesado es aquel del tipo pedregoso y duro y con cargas superiores pesadas, como por ejemplo, calzadas y vías férreas.

Cuando el suelo sea de tipo pedregoso y duro y además las cargas superiores sean pesadas, como por ejemplo, en vías férreas, los tubos deberán presentar obligatoriamente una resistencia a la compresión de 750 N. Cuando no se cumpla alguna de las condiciones anteriores, se acepta el uso de tubos con una resistencia a la compresión de 450 N.

El cumplimiento de estas características se realizará según los ensayos indicados en la norma UNE-EN 50.086-2-4.

Los tubos deberán tener un diámetro tal que permitan un fácil alojamiento y extracción de los cables o conductores aislados. En la tabla 9 figuran los diámetros exteriores mínimos de los tubos en función del número y la sección de los conductores o cables a conducir.

Tabla 9. Diámetros exteriores mínimos de los tubos en función del número y la sección de los conductores o cables a conducir.

Sección nominal de los conductores unipolares (mm²)	Diámetro exterior de los tubos (mm)				
	Número de conductores				
	≤ 6	7	8	9	10
1,5	25	32	32	32	32
2,5	32	32	40	40	40
4	40	40	40	40	50
6	50	50	50	63	63
10	63	63	63	75	75
16	63	75	75	75	90
25	90	90	90	110	110
35	90	110	110	110	125
50	110	110	125	125	140
70	125	125	140	160	160
95	140	140	160	160	180
120	160	160	180	180	200
150	180	180	200	200	225
185	180	200	225	225	250
240	225	225	250	250	--

Para más de 10 conductores por tubo o para conductores o cables de secciones diferentes a instalar en el mismo tubo, su sección interior será como mínimo, igual a 4 veces la sección ocupada por los conductores.

2. INSTALACIÓN Y COLOCACIÓN DE LOS TUBOS

La instalación y puesta en obra de los tubos de protección deberá cumplir lo indicado a continuación y en su defecto lo prescrito en la norma UNE 20.460-5-523 y en las ITC-BT-19 e ITC-BT-20.

2.1 Prescripciones generales

Para la ejecución de las canalizaciones bajo tubos protectores, se tendrán en cuenta las prescripciones generales siguientes:

– El trazado de las canalizaciones se hará siguiendo líneas verticales y horizontales o paralelas a las aristas de las paredes que limitan el local donde se efectúa la instalación.

– Los tubos se unirán entre sí mediante accesorios adecuados a su clase que aseguren la continuidad de la protección que proporcionan a los conductores.

- Los tubos aislantes rígidos curvables en caliente podrán ser ensamblados entre sí en caliente, recubriendo el empalme con una cola especial cuando se precise una unión estanca.

- Las curvas practicadas en los tubos serán continuas y no originarán reducciones de sección inadmisibles. Los radios mínimos de curvatura para cada clase de tubo serán los especificados por el fabricante conforme a UNE-EN 50.086-2-2.

- Será posible la fácil introducción y retirada de los conductores en los tubos después de colocarlos y fijados éstos y sus accesorios, disponiendo para ello los registros que se consideren convenientes, que en tramos rectos no estarán separados entre sí más de 15 metros. El número de curvas en ángulo situadas entre dos registros consecutivos no será superior a 3. Los conductores se alojarán normalmente en los tubos después de colocados éstos.

- Los registros podrán estar destinados únicamente a facilitar la introducción y retirada de los conductores en los tubos o servir al mismo tiempo como cajas de empalme o derivación.

- Las conexiones entre conductores se realizarán en el interior de cajas apropiadas de material aislante y no propagador de la llama. Si son metálicas estarán protegidas contra la corrosión. Las dimensiones de estas cajas serán tales que permitan alojar holgadamente todos los conductores que deban contener. Su profundidad será al menos igual al diámetro del tubo mayor más un 50 % del mismo, con un mínimo de 40 mm. Su diámetro o lado interior mínimo será de 60 mm. Cuando se quieran hacer estancas las entradas de los tubos en las cajas de conexión, deberán emplearse prensaestopas o racores adecuados.

Para evitar que en el período que transcurre entre la instalación de los circuitos fijos y la conexión de las luminarias u otros receptores se puedan producir accidentes debido a que los extremos de los cables son partes activas accesibles, todos aquellos circuitos (empotrados o superficiales) en los cuales no se instale el receptor (luminaria, etc.) deberán finalizar con algún dispositivo que evite el contacto, por ejemplo bornes de conexión, cajas de empalme o derivación empotradas, portalámparas, etc.

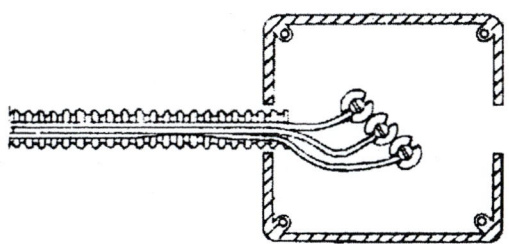

Figura F: *Ejemplo de instalación de una caja para previsión de conexión de futuros receptores.*

- En ningún caso se permitirá la unión de conductores como empalmes o derivaciones por simple retorcimiento o arrollamiento entre sí de los conductores, sino que deberá realizarse siempre utilizando bornes de conexión montados individualmente o constituyendo bloques o regletas de conexión; puede permitirse asimismo, la utilización de bridas de conexión. El retorcimiento o arrollamiento de conductores no se refiere a aquellos casos en los que se utilice cualquier dispositivo conector que asegure una correcta unión entre los conductores aunque se produzca un retorcimiento parcial de los mismos y con la posibilidad de que puedan desmontarse fácilmente. Los bornes de conexión para uso doméstico o análogo serán conformes a lo establecido en la correspondiente parte de la norma UNE-EN 60.998.

– Durante la instalación de los conductores para que su aislamiento no pueda ser dañado por su roce con los bordes libres de los tubos, los extremos de éstos, cuando sean metálicos y penetren en una caja de conexión o aparato, estarán provistos de boquillas con bordes redondeados o dispositivos equivalentes, o bien los bordes estarán convenientemente redondeados.

– En los tubos metálicos sin aislamiento interior, se tendrá en cuenta las posibilidades de que se produzcan condensaciones de agua en su interior, para lo cual se elegirá convenientemente el trazado de su instalación, previendo la evacuación y estableciendo una ventilación apropiada en el interior de los tubos mediante el sistema adecuado, como puede ser, por ejemplo, el uso de una "T" de la que uno de los brazos no se emplea.

– Los tubos metálicos que sean accesibles deben ponerse a tierra. Su continuidad eléctrica deberá quedar convenientemente asegurada. En el caso de utilizar tubos metálicos flexibles, es necesario que la distancia entre dos puestas a tierra consecutivas de los tubos no exceda de 10 metros.

– No podrán utilizarse los tubos metálicos como conductores de protección o de neutro.

– Para la colocación de los conductores se seguirá lo señalado en la ITC-BT-20.

– A fin de evitar los efectos del calor emitido por fuentes externas (distribuciones de agua caliente, aparatos y luminarias, procesos de fabricación, absorción del calor del medio circundante, etc.) las canalizaciones se protegerán utilizando los siguientes métodos eficaces:

• Pantallas de protección calorífuga
• Alejamiento suficiente de las fuentes de calor
• Elección de la canalización adecuada que soporte los efectos nocivos que se puedan producir
• Modificación del material aislante a emplear

2.2 Montaje fijo en superficie

Cuando los tubos se coloquen en montaje superficial se tendrán en cuenta, además, las siguientes prescripciones:

– Los tubos se fijarán a las paredes o techos por medio de bridas o abrazaderas protegidas contra la corrosión y sólidamente sujetas. La distancia entre éstas será, como máximo, de 0,50 metros. Se dispondrán fijaciones de una y otra parte en los cambios de dirección, en los empalmes y en la proximidad inmediata de las entradas en cajas o aparatos.

– Los tubos se colocarán adaptándose a la superficie sobre la que se instalan, curvándose o usando los accesorios necesarios.

– En alineaciones rectas, las desviaciones del eje del tubo respecto a la línea que une los puntos extremos no serán superiores al 2 por 100.

- Es conveniente disponer los tubos, siempre que sea posible, a una altura mínima de 2,50 metros sobre el suelo, con objeto de protegerlos de eventuales daños mecánicos.

- En los cruces de tubos rígidos con juntas de dilatación de un edificio, deberán interrumpirse los tubos, quedando los extremos del mismo separados entre sí 5 centímetros aproximadamente, y empalmándose posteriormente mediante manguitos deslizantes que tengan una longitud mínima de 20 centímetros.

2.3 Montaje fijo empotrado

Cuando los tubos se coloquen empotrados, se tendrán en cuenta, las recomendaciones de la tabla 8 y las siguientes prescripciones:

Esta referencia a la tabla 8 es una errata tipográfica, debe entenderse referido a las tablas 3 y 4 de esta instrucción.

- En la instalación de los tubos en el interior de los elementos de la construcción, las rozas no pondrán en peligro la seguridad de las paredes o techos en que se practiquen. Las dimensiones de las rozas serán suficientes para que los tubos queden recubiertos por una capa de 1 centímetro de espesor, como mínimo. En los ángulos, el espesor de esta capa puede reducirse a 0,5 centímetros.

- No se instalarán entre forjado y revestimiento tubos destinados a la instalación eléctrica de las plantas inferiores.

- Para la instalación correspondiente a la propia planta, únicamente podrán instalarse, entre forjado y revestimiento, tubos que deberán quedar recubiertos por una capa de hormigón o mortero de 1 centímetro de espesor, como mínimo, además del revestimiento.

- En los cambios de dirección, los tubos estarán convenientemente curvados o bien provistos de codos o "T" apropiados, pero en este último caso sólo se admitirán los provistos de tapas de registro.

- Las tapas de los registros y de las cajas de conexión quedarán accesibles y desmontables una vez finalizada la obra. Los registros y cajas quedarán enrasados con la superficie exterior del revestimiento de la pared o techo cuando no se instalen en el interior de un alojamiento cerrado y practicable.

- En el caso de utilizarse tubos empotrados en paredes, es conveniente disponer los recorridos horizontales a 50 centímetros como máximo, de suelo o techos y los verticales a una distancia de los ángulos de esquinas no superior a 20 centímetros.

Tabla 10

ELEMENTO CONSTRUCTIVO	Colocación del tubo antes de terminar la construcción y revestimiento (*)	Preparación de la roza o alojamiento durante la construcción	Ejecución de la roza des-pués de la construcción y revestimiento	OBSERVACIONES
Muros de: ladrillo macizo	SÍ	X	SÍ	Únicamente en rozas verticales y en las horizontales situadas a una distancia del borde superior del muro inferior a 50 cm.
ladrillo hueco, siendo el n° de huecos en sentido transversal:				
– uno	SÍ	X	SÍ	La roza, en profundidad, sólo interesará a un tabiquillo de hueco por ladrillo. La roza en profundidad, sólo interesará a un tabiquillo de hueco por ladrillo. No se colocarán los tubos en diagonal.
– dos o tres	SÍ	X	SÍ	
– mas de tres	SÍ	X	SÍ	
bloques macizos de hormigón	SÍ	X	X	
bloques huecos de hormigón	SÍ	X	NO	
hormigón en masa	SÍ	SÍ	X	
hormigón armado	SÍ	SÍ	X	
Forjados:				
placas de hormigón	SÍ	SÍ	NO	
forjados con nervios	SÍ	SÍ	NO	
forjados con nervios y elementos de relleno	SÍ	SÍ	NO (**)	(**) Es admisible practicar un orificio en la cara inferior del forjado para introducir los tubos en un hueco longitudinal del mismo
forjados con viguetas y bovedillas	SÍ	SÍ	NO (**)	
forjados con viguetas y tableros y revoltón	SÍ	SÍ	NO (**)	
de rasilla	SÍ	SÍ	NO	

X: Difícilmente aplicable en la práctica
(*): Tubos blindados únicamente

2.4 Montaje al aire

Solamente está permitido su uso para la alimentación de máquinas o elementos de movilidad restringida desde canalizaciones prefabricadas y cajas de derivación fijadas al techo. Se tendrán en cuenta las siguientes prescripciones:

La longitud total de la conducción en el aire no será superior a 4 metros y no empezará a una altura inferior a 2 metros.

Se prestará especial atención para que las características de la instalación establecidas en la tabla 6 se conserven en todo el sistema especialmente en las conexiones.

3. CANALES PROTECTORAS

3.1 Generalidades

La canal protectora es un material de instalación constituido por un perfil de paredes perforadas o no perforadas, destinado a alojar conductores o cables y cerrado por una tapa desmontable, según se indica en la ITC-BT-01 "Terminología".

Las canales serán conformes a lo dispuesto en las normas de la serie UNE-EN 50.085 y se clasificarán según lo establecido en la misma.

Las características de protección deben mantenerse en todo el sistema. Para garantizar éstas, la instalación debe realizarse siguiendo las instrucciones del fabricante.

En las canales protectoras de grado IP4X o superior y clasificadas como "canales con tapa de acceso que sólo puede abrirse con herramientas" según la norma UNE-EN 50.085-1, se podrá:

a) Utilizar conductor aislado, de tensión asignada 450/750 V.

b) Colocar mecanismos tales como interruptores, tomas de corrientes, dispositivos de mando y control, etc., en su interior, siempre que se fijen de acuerdo con las instrucciones del fabricante.

c) Realizar empalmes de conductores en su interior y conexiones a los mecanismos.

En las canales protectoras de grado de protección inferior a IP4X o clasificadas como "canales con tapa de acceso que puede abrirse sin herramientas", según la norma UNE-EN 50.085-1, sólo podrá utilizarse conductor aislado bajo cubierta estanca, de tensión asignada mínima 300/500 V.

Figura G: *Ejemplo de instalación de conductores unipolares aislados en canal protectora empotrada en suelo o pared.*

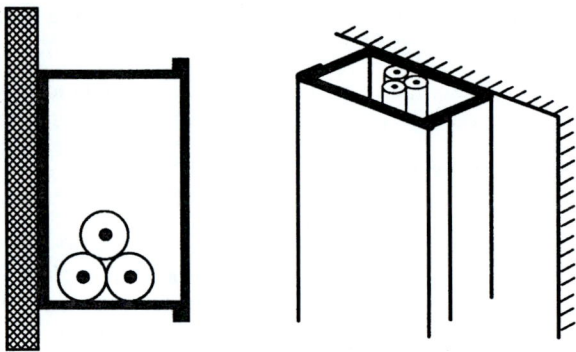

Figura H: *Ejemplo de instalación de conductores unipolares aislados en canal protectora superficial.*

3.2 Características de las canales

En las canalizaciones para instalaciones superficiales ordinarias, las características mínimas de las canales serán las indicadas en la tabla 11.

El cumplimiento de estas características se realizará según los ensayos indicados en las normas UNE-EN 50.085.

El número máximo de conductores que pueden ser alojados en el interior de una canal será el compatible con un tendido fácilmente realizable y considerando la incorporación de accesorios en la misma canal.

Salvo otras prescripciones en instrucciones particulares, las canales protectoras para aplicaciones no ordinarias deberán tener unas características mínimas de resistencia al impacto, de temperatura mínima y máxima de instalación y servicio, de resistencia a la penetración de objetos sólidos y de resistencia a la penetración de agua, adecuadas a las condiciones del emplazamiento al que se destina; asimismo las canales serán no propagadoras de la llama. Dichas características serán conformes a las normas de la serie UNE-EN 50.085.

Tabla 11. Características mínimas para canalizaciones superficiales ordinarias.

Característica	Grado	
Dimensión del lado mayor de la sección transversal	≤ 16 mm	> 16 mm
Resistencia al impacto	Muy ligera	Media
Temperatura mínima de instalación y servicio	+15 °C	-5 °C
Temperatura máxima de instalación y servicio	+60 °C	+60 °C
Propiedades eléctricas	Aislante	Continuidad eléctrica/aislante
Resistencia a la penetración de objetos sólidos	4	no inferior a 2
Resistencia a la penetración de agua	No declarada	
Resistencia a la propagación de la llama	No propagador	

4. INSTALACIÓN Y COLOCACIÓN DE LAS CANALES

4.1 Prescripciones generales

– La instalación y puesta en obra de las canales protectoras deberá cumplir lo indicado en la norma UNE 20.460-5-52 y en las Instrucciones ITC-BT-19 e ITC-BT-20.

– El trazado de las canalizaciones se hará siguiendo preferentemente líneas verticales y horizontales o paralelas a las aristas de las paredes que limitan al local donde se efectúa la instalación.

– Las canales con conductividad eléctrica deben conectarse a la red de tierra, su continuidad eléctrica quedará convenientemente asegurada.

– No se podrán utilizar las canales como conductores de protección o de neutro, salvo lo dispuesto en la Instrucción ITC-BT-18 para canalizaciones prefabricadas.

– La tapa de las canales quedará siempre accesible.

Bandejas y bandejas de escalera

Con posterioridad a la publicación del REBT se publicó la norma UNE-EN 61537 "Sistemas de bandejas y bandejas de escalera para conducción de cables" el cual, como sistema de instalación, ya se encuentra definido en la ITC-BT-20 apto. 2.2.9 y por lo tanto se hace necesario desarrollar sus características de instalación y montaje.

El cometido de las bandejas es el soporte y la conducción de los cables. Sólo podrá utilizarse conductor aislado bajo cubierta. Debido a que las bandejas no efectúan una función de protección, se recomienda la instalación de cables de tensión asignada 0,6/1 kV.

Cabe la posibilidad de que las bandejas soporten cajas de empalme y/o derivación.

Tabla D: *Características mínimas de las bandejas.*

Característica	Grado
Resistencia al impacto	2 Joules
Temperatura de instalación y servicio	-5 ≤ T ≤ 60 ºC
Propiedades eléctricas	Continuidad eléctrica / Aislante
Resistencia a la propagación de la llama	No propagador

El trazado de las canalizaciones se hará siguiendo preferentemente líneas verticales y horizontales o paralelas a las aristas de las paredes que limitan al local donde se efectúa la instalación.

Las bandejas metálicas deben conectarse a la red de tierra quedando su continuidad eléctrica convenientemente asegurada.

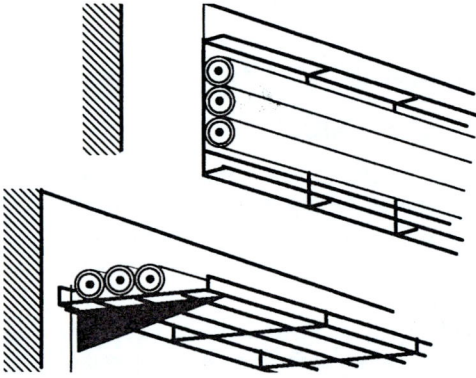

Figura I: *Instalación de cables sobre bandejas de rejilla (pueden utilizarse también bandejas ciegas, perforadas o bandejas de escalera).*

Producto	Designación s/norma	Norma de aplicación
Bandejas y bandejas de escalera	No propagador de la llama	UNE-EN 61537

GUÍA-BT-25

INSTALACIONES INTERIORES EN VIVIENDAS. NÚMERO DE CIRCUITOS Y CARACTERÍSTICAS

Índice

Edición: Julio 2012. Revisión: 2

El grado de electrificación de una vivienda será "electrificación elevada" cuando se cumpla alguna de las siguientes condiciones:

– *superficie útil de la vivienda superior a 160 m².*

– *si está prevista la instalación de aire acondicionado.*

– *si está prevista la instalación de calefacción eléctrica.*

– *si está prevista la instalación de sistemas de automatización.*

– *si está prevista la instalación de una secadora.*

– *si el número de puntos de utilización de alumbrado es superior a 30.*

– *si el número de puntos de utilización de tomas de corriente de uso general es superior a 20.*

– *si el número de puntos de utilización de tomas de corriente de los cuartos de baño y auxiliares de cocina es superior a 6.*

– *en otras condiciones específicas indicadas en el punto 2.3 de esta ITC-BT 25.*

---

1. GRADO DE ELECTRIFICACIÓN BÁSICO

El grado de electrificación básico se plantea como el sistema mínimo, a los efectos de uso, de la instalación interior de las viviendas en edificios nuevos tal como se indica en la ITC-BT-10. Su objeto es permitir la utilización de los aparatos electrodomésticos de uso básico sin necesidad de obras posteriores de adecuación.

La capacidad de instalación se corresponderá como mínimo al valor de la intensidad asignada determinada para el interruptor general automático. Igualmente se cumplirá esta condición para la derivación individual.

Los capítulos siguientes de esta ITC-BT aplican tanto al grado de electrificación básico como al elevado.

---

2. CIRCUITOS INTERIORES

2.1 Protección general

Los circuitos de protección privados se ejecutarán según lo dispuesto en la ITC-BT-17 y constarán como mínimo de:

– Un interruptor general automático de corte omnipolar con accionamiento manual, de intensidad nominal mínima de 25 A y dispositivos de protección contra sobrecargas y cortocircuitos. El interruptor general es independiente del interruptor para el control de potencia (ICP) y no puede ser sustituido por éste.

En función de la previsión de carga la intensidad nominal del interruptor general automático será:

Tabla A: escalones de potencia prevista en suministros monofásicos

Electrificación	Potencia (W)	Calibre interruptor general automático (IGA) (A)
Básica	5 750	25
	7 360	32
Elevada	9 200	40
	11 500	50
	14 490	63

El interruptor de control de potencia (ICP) es un dispositivo para controlar que la potencia realmente demandada por el consumidor no exceda de la contratada, su colocación es potestativa de la Compañía Suministradora.

> – Uno o varios interruptores diferenciales que garanticen la protección contra contactos indirectos de todos los circuitos, con una intensidad diferencial-residual máxima de 30 mA e intensidad asignada superior o igual que la del interruptor general. Cuando se usen interruptores diferenciales en serie, habrá que garantizar que todos los circuitos quedan protegidos frente a intensidades diferenciales-residuales de 30 mA como máximo, pudiéndose instalar otros diferenciales de intensidad superior a 30 mA en serie, siempre que se cumpla lo anterior.
>
> Para instalaciones de viviendas alimentadas con redes diferentes a las de tipo TT, que eventualmente pudieran autorizarse, la protección contra contactos indirectos se realizará según se indica en el apartado 4.1 de la ITC-BT-24.

La utilización de un único interruptor diferencial para varios circuitos puede provocar que su actuación desconecte ciertos aparatos, tales como equipos informáticos, frigoríficos y congeladores, cuya desconexión debe ser evitada. Para este tipo de circuitos es conveniente prever una protección diferencial individual.

Para garantizar la selectividad total entre los diferenciales instalados en serie, se deben cumplir las siguientes condiciones:

1 - El tiempo de no-actuación del diferencial instalado aguas arriba deberá ser superior al tiempo de total de operación del diferencial situado aguas abajo.

Los diferenciales tipo tipo S cumplen con esta condición.

2 - La intensidad diferencial-residual del diferencial instalado aguas arriba deberá ser como mínimo tres veces superior a la del diferencial situado aguas abajo.

Con miras a la selectividad pueden instalarse dispositivos de corriente diferencial-residual tipo "S" en serie con dispositivos de protección diferencial-residual de tipo general (disparo instantáneo).

> – Dispositivos de protección contra sobretensiones, si fuese necesario, conforme a la ITC-BT-23.

Para evitar disparos intempestivos de los interruptores diferenciales en caso de actuación del dispositivo de protección contra sobretensiones, dicho dispositivo debe instalarse aguas arriba del interruptor diferencial (entre el Interruptor General y el propio interruptor diferencial), salvo si el interruptor diferencial es selectivo S.

Con el fin de optimizar la continuidad de servicio en caso de destrucción del limitador de sobretensiones transitorias a causa de una descarga de rayo, superior a la máxima prevista, se debe instalar el dispositivo de protección recomendado por el fabricante, aguas arriba del limitador, con objeto de mantener la continuidad de todo el sistema evitando el disparo del IGA.

Para instalaciones con un único interruptor diferencial, éste debe ser de disparo instantáneo.

2.2 Previsión para instalaciones de sistemas de automatización, gestión técnica de la energía y seguridad

En el caso de instalaciones de sistemas de automatización, gestión técnica de la energía y de seguridad, que se desarrolla en la ITC-BT-51, la alimentación a los dispositivos de control y mando centralizado de los sistemas electrónicos se hará mediante un interruptor automático de corte omnipolar con dispositivo de protección contra sobrecargas y cortocircuitos que se podrá situar aguas arriba de cualquier interruptor diferencial, siempre que su alimentación se realice a través de una fuente de MBTS o MBTP, según ITC-BT-36.

2.3 Derivaciones

Los tipos de circuitos independientes serán los que se indican a continuación y estarán protegidos cada uno de ellos por un interruptor automático de corte omnipolar con accionamiento manual y dispositivos de protección contra sobrecargas y cortocircuitos con una intensidad asignada según su aplicación e indicada en el apartado 3.

2.3.1 Electrificación básica

Circuitos independientes

C_1 circuito de distribución interna, destinado a alimentar los puntos de iluminación.

C_2 circuito de distribución interna, destinado a tomas de corriente de uso general y frigorífico.

C_3 circuito de distribución interna, destinado a alimentar la cocina y horno.

C_4 circuito de distribución interna, destinado a alimentar la lavadora, lavavajillas y termo eléctrico.

C_5 circuito de distribución interna, destinado a alimentar tomas de corriente de los cuartos de baño, así como las bases auxiliares del cuarto de cocina.

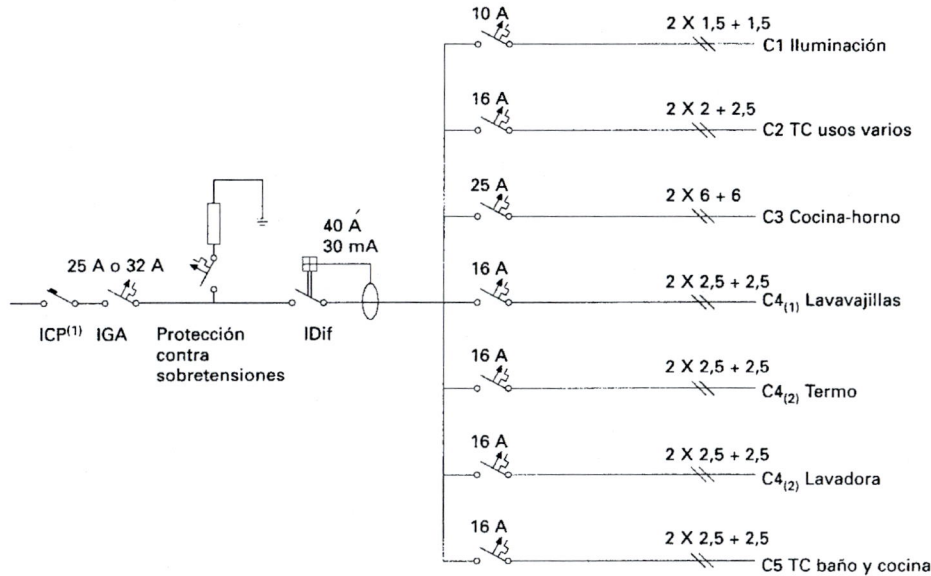

[1] Según la potencia contratada

Figura A: Ejemplo de esquema unifilar en vivienda con electrificación básica

Según la nota 8 de la tabla 1 de la presente ITC-BT, en el circuito C_4 (lavadora, lavavajillas y termo eléctrico) se recomienda el uso de dos o tres circuitos independientes, sin que esto suponga el paso a electrificación elevada ni la necesidad de disponer de un diferencial adicional. Aunque no esté prevista la instalación de un termo eléctrico, se instalará su toma de corriente, quedando disponible para otros usos, por ejemplo alimentación de caldera de gas.

Una base de toma de corriente prevista para la conexión de aparatos de iluminación, que esté comandada por un interruptor (p.e. lámparas de mesilla de noche o vestíbulo o de pie), se considera perteneciente al circuito C_1.

La eventual toma para la instalación de una bañera de hidromasaje será del circuito C_5 y su instalación debe cumplir los requisitos establecidos en la ITC-BT-27.

La toma del horno microondas se considera perteneciente al circuito C_5.

En el caso del desdoblamiento de los circuitos C_1, C_2 o C_5 cuando no se supera el número máximo de puntos de utilización establecido en la tabla 1 de esta ITC-BT (por ejemplo 22 puntos de luz en dos circuitos de 11 puntos cada uno):

– se debe mantener la sección mínima de los conductores y el calibre de los interruptores automáticos reflejados en la tabla 1 para dicho circuito.

– se debe instalar un interruptor diferencial adicional si el número total de circuitos es superior a 5.

– no supondrá el paso a electrificación elevada si se mantiene el mismo interruptor general que corresponda a la previsión de cargas inicial.

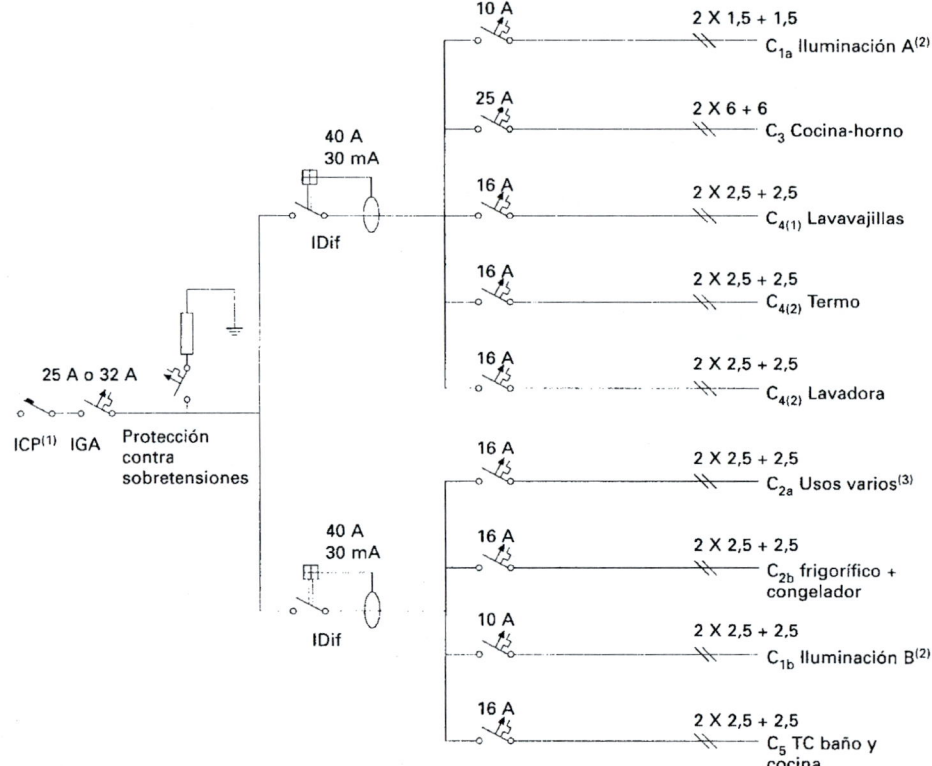

(1) Según la potencia contratada
(2) Puntos C_{1a} + puntos $C_{1b} \leq 30$
(3) Circuito C_{2a}: 18 tomas como máximo

Figura B: Ejemplo de esquema unifilar en vivienda con electrificación básica con circuitos desdoblados.

2.3.2 Electrificación elevada

Es el caso de viviendas con una previsión importante de aparatos electrodomésticos que obligue a instalar mas de un circuito de cualquiera de los tipos descritos anteriormente, así como con previsión de sistemas de calefacción eléctrica, acondicionamiento de aire, automatización, gestión técnica de la energía y seguridad o con superficies útiles de las viviendas superiores a 160 m^2. En este caso se instalará, además de los correspondientes a la electrificación básica, los siguientes circuitos:

C_6 Circuito adicional del tipo C_1, por cada 30 puntos de luz

C_7 Circuito adicional del tipo C_2, por cada 20 tomas de corriente de uso general o si la superficie útil de la vivienda es mayor de 160 m^2.

C_8 Circuito de distribución interna, destinado a la instalación de calefacción eléctrica, cuando existe previsión de ésta.

C$_9$ Circuito de distribución interna, destinado a la instalación aire acondicionado, cuando existe previsión de éste

C$_{10}$ Circuito de distribución interna, destinado a la instalación de una secadora independiente

C$_{11}$ Circuito de distribución interna, destinado a la alimentación del sistema de automatización, gestión técnica de la energía y de seguridad, cuando exista previsión de éste.

C$_{12}$ Circuitos adicionales de cualquiera de los tipos C$_3$ o C$_4$, cuando se prevean, o circuito adicional del tipo C$_5$, cuando su número de tomas de corriente exceda de 6.

Tanto para la electrificación básica como para la elevada, se colocará, como mínimo, un interruptor diferencial de las características indicadas en el apartado 2.1 por cada cinco circuitos instalados.

En el caso de que el sistema de automatización, gestión técnica de la energía y seguridad no vaya a gestionar cargas diferentes a las normalmente previstas en electrificación básica, no será necesario el paso a electrificación elevada, a no ser que el paso venga motivado por otro de los requisitos indicados en el apartado 2.3.2.

También se considerará electrificación elevada en aquellas viviendas unifamiliares que incorporen un punto de recarga para vehículo eléctrico. En este caso se añadirá el siguiente circuito:

C$_{13}$: Circuito adicional para la infraestructura de recarga de vehículos eléctricos, cuando esté prevista una o más plazas o espacios para el estacionamiento de vehículos.

El circuito C$_{13}$ deberá incorporar un interruptor diferencial de 30 mA, Clase A, exclusivo para su protección. Tendrá como máximo 3 puntos de utilización, conductores de sección mínima 2,5 mm^2 y tubo de diámetro 20 mm o conducto equivalente.

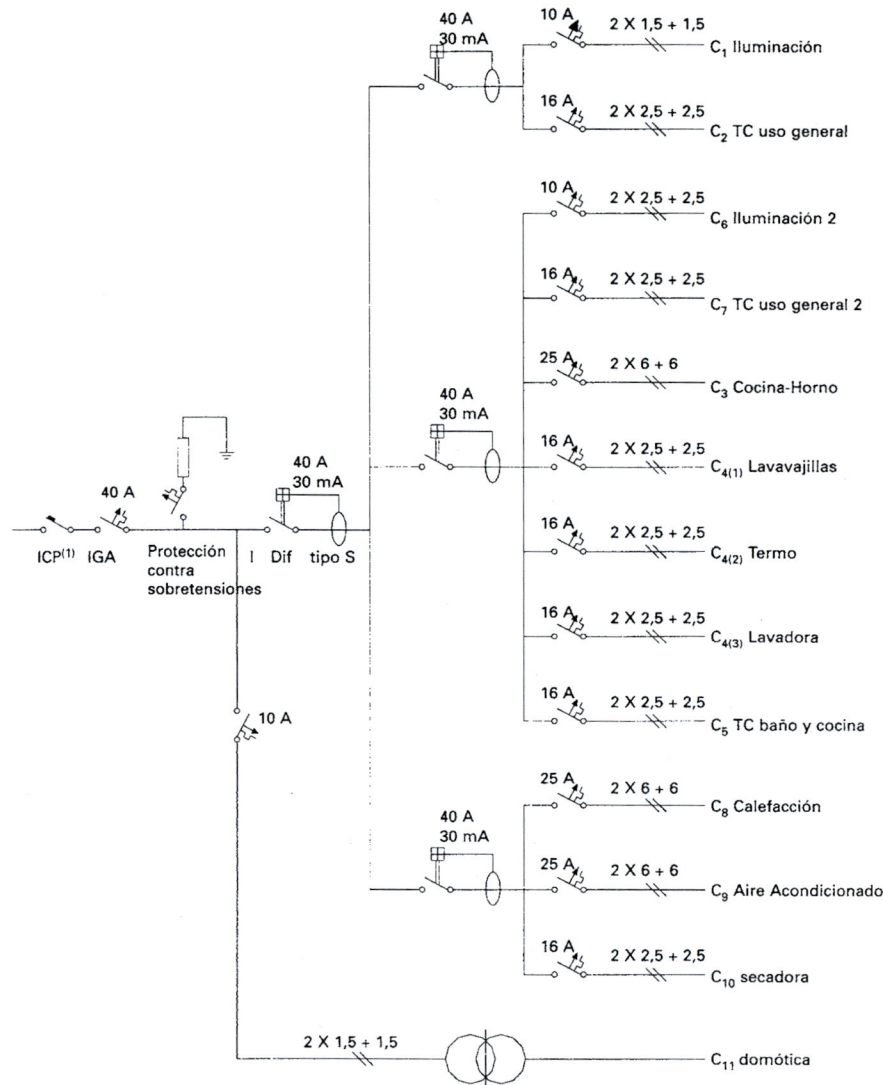

[1] Según la potencia contratada

Figura C: Ejemplo de esquema unifilar en vivienda con electrificación elevada (previsión de carga 9 200 W).

En caso de disparos intempestivos frecuentes de los diferenciales en instalaciones existentes, después de comprobar que no se debe a fallos de aislamiento o desajuste del diferencial, en cuyo caso este se debería sustituir por uno nuevo, se recomienda seguir una de las siguientes opciones:

a) Separar del resto el circuito C_3 de la cocina y horno o el circuito C_9 del aire acondicionado o ambos, protegiendo cada uno mediante un diferencial (que será de tipo A según el punto 3.5 de la ITC-BT-24).

b) *Sustituir el diferencial que dispara intempestivamente por uno de tipo rearmable, según norma EN 50557.*

Para el caso de disparos intempestivos provocados por el funcionamiento de filtros y protectores de sobretensiones instalados aguas abajo del diferencial (internos y/o externos a los receptores), se recomienda instalar protectores contra sobretensiones transitorias aguas arriba del mismo. La selección de su Tipo y características se realizará según lo indicado en la última edición de la GUÍA-BT-23, normalmente serán de Tipo 2 y se instalarán entre el interruptor general y el diferencial.

Para evitar problemas de disparos intempestivos frecuentes en instalaciones nuevas, es conveniente seguir todos los criterios anteriores al realizar la instalación.

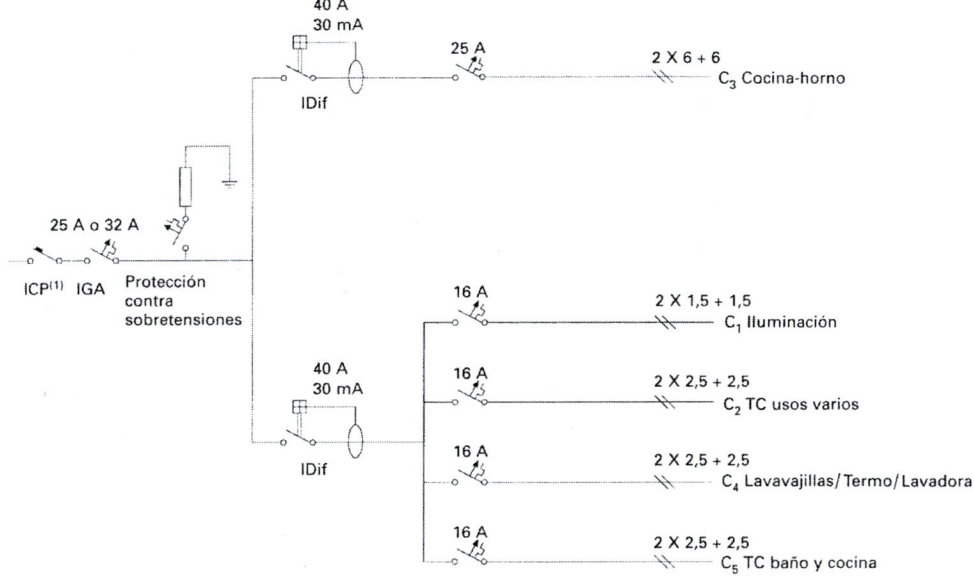

Figura D: Ejemplo de esquema unifilar en vivienda con electrificación básica, con separación del circuito C_3.

3. DETERMINACIÓN DEL NÚMERO DE CIRCUITOS, SECCIÓN DE LOS CONDUCTORES Y DE LAS CAIDAS DE TENSIÓN

En la Tabla 1 se relacionan los circuitos mínimos previstos con sus características eléctricas.

La sección mínima indicada por circuito está calculada para un número limitado de puntos de utilización. De aumentarse el número de puntos de utilización, será necesaria la instalación de circuitos adicionales correspondientes.

Cada accesorio o elemento del circuito en cuestión tendrá una corriente asignada, no inferior al valor de la intensidad prevista del receptor o receptores a conectar.

El valor de la intensidad de corriente prevista en cada circuito se calculará de acuerdo con la fórmula:

$$I = n \times I_a \times Fs \times Fu$$

N	n° de tomas o receptores
I_a	Intensidad prevista por toma o receptor
Fs (factor de simultaneidad)	Relación de receptores conectados simultáneamente sobre el total
Fu (factor de utilización)	Factor medio de utilización de la potencia máxima del receptor

Los dispositivos automáticos de protección tanto para el valor de la intensidad asignada como para la Intensidad máxima de cortocircuito se corresponderá con la intensidad admisible del circuito y la de cortocircuito en ese punto respectivamente.

Los conductores serán de cobre y su sección será como mínimo la indicada en la Tabla 1, y además estará condicionada a que la caída de tensión sea como máximo el 3%. Esta caída de tensión se calculará para una intensidad de funcionamiento del circuito igual a la intensidad nominal del interruptor automático de dicho circuito y para una distancia correspondiente a la del punto de utilización mas alejado del origen de la instalación interior. El valor de la caída de tensión podrá compensarse entre la de la instalación interior y la de las derivaciones individuales, de forma que la caída de tensión total sea inferior a la suma de los valores límite especificados para ambas, según el tipo de esquema utilizado.

En la tabla B se presentan los valores máximos de longitud de los conductores en función de su sección y de la intensidad nominal del dispositivo de protección para una caída de tensión del 3%, una temperatura estimada del conductor de 40 °C y unos valores del factor de potencia de cos φ = 1.

Tabla B: Valor de la longitud máxima del cable (m).

Sección del conductor (mm^2)	Intensidad nominal del dispositivo de protección (A)			
	10	16	20	25
1,5	27			
2,5	45	28		
4		45	36	
6			53	43

Tabla 1. Características eléctricas de los circuitos[1]

Circuito de utilización	Potencia prevista por toma (W)	Factor simultaneidad Fs	Factor utilización Fu	Tipo de toma [7]	Interruptor Automático (A)	Máximo nº de puntos de utilización o tomas por circuito	Conductores sección mínima mm² [5]	Tubo o conducto Diámetro mm [3]
C_1 Iluminación	200	0,75	0,5	Punto de luz[9]	10	30	1,5	16
C_2 Tomas de uso general	3.450	0,2	0,25	Base 16 A 2p+T	16	20	2,5	20
C_3 Cocina y horno	5.400	0,5	0,75	Base 25 A 2p+T	25	2	6	25
C_4 Lavadora, lavavajillas y termo eléctrico	3.450	0,66	0,75	Base 16 A 2p+T combinadas con fusibles o interruptores automáticos de 16 A [8]	20	3	4[6]	20
C_5 Baño, cuarto de cocina	3.450	0,4	0,5	Base 16 A 2p+T	16	6	2,5	20
C_8 Calefacción	(2)	---	---	---	25	---	6	25
C_9 Aire acondicionado	(2)	---	---	---	25	---	6	25
C_{10} Secadora	3.450	1	0,75	Base 16 A 2p+T	16	1	2,5	20
C_{11} Automatización	(4)	---	---	---	10	---	1,5	16

(1) La tensión considerada es de 230 V entre fase y neutro.
(2) La potencia máxima permisible por circuito será de 5.750 W.
(3) Diámetros externos según ITC-BT 19.
(4) La potencia máxima permisible por circuito será de 2.300 W.
(5) Este valor corresponde a una instalación de dos conductores y tierra con aislamiento de PVC bajo tubo empotrado en obra, según tabla 1 de ITC-BT-19. Otras secciones pueden ser requeridas para otros tipos de cable o condiciones de instalación.
(6) En este circuito exclusivamente, cada toma individual puede conectarse mediante un conductor de sección 2,5 mm² que parta de una caja de derivación del circuito de 4 mm².

(7) Las bases de toma de corriente de 16 A 2p+T serán fijas del tipo indicado en la figura C2a y las de 25 A 2p+T serán del tipo indicado en la figura ESB 25-5A, ambas de la norma UNE 20315.
(8) Los fusibles o interruptores automáticos no son necesarios si se dispone de circuitos independientes para cada aparato, con interruptor automático de 16 A en cada circuito. El desdoblamiento del circuito con este fin no supondrá el paso a electrificación elevada ni la necesidad de disponer de un diferencial adicional.
(9) El punto de luz incluirá conductor de protección.

4. PUNTOS DE UTILIZACIÓN

En cada estancia se utilizará como mínimo los siguientes puntos de utilización:

Tabla 2.

Estancia	Circuito	Mecanismo	n° mínimo	Superf./Longitud
Acceso	C_1	pulsador timbre	1	
Vestíbulo	C_1	Punto de luz	1	---
		Interruptor 10.A	1	---
	C_2	Base 16 A 2p+T	1	---
Sala de estar o Salón	C_1	Punto de luz	1	hasta 10 m^2 (dos si S > 10 m^2)
		Interruptor 10 A	1	uno por cada punto de luz
	C_2	Base 16 A 2p+T	3 [(1)]	una por cada 6 m^2, redondeado al entero superior
	C_8	Toma de calefacción	1	hasta 10 m^2 (dos si S > 10 m^2)
	C_9	Toma de aire acondicionado	1	hasta 10 m^2 (dos si S > 10 m^2)
Dormitorios	C_1	Puntos de luz	1	hasta 10 m^2 (dos si S > 10 m^2)
		Interruptor 10 A	1	uno por cada punto de luz
	C_2	Base 16 A 2p+T	3[(1)]	una por cada 6 m^2, redondeado al entero superior
	C_8	Toma de calefacción	1	---
	C_9	Toma de aire acondicionado	1	---
Baños	C_1	Puntos de luz	1	---
		Interruptor 10 A	1	---
	C_5	Base 16 A 2p+T	1	---
	C_8	Toma de calefacción	1	---
Pasillos o distribuidores	C_1	Puntos de luz	1	uno cada 5 m de longitud
		Interruptor/Conmutador 10 A	1	uno en cada acceso
	C_2	Base 16 A 2p + T	1	hasta 5 m (dos si L > 5 m)
	C_8	Toma de calefacción	1	---
Cocina	C_1	Puntos de luz	1	hasta 10 m^2 (dos si S > 10 m^2)
		Interruptor 10 A	1	uno por cada punto de luz
	C_2	Base 16 A 2p + T	2	extractor y frigorífico
	C_3	Base 25 A 2p + T	1	cocina/horno
	C_4	Base 16 A 2p + T	3	lavadora, lavavajillas y termo
	C_5	Base 16 A 2p + T	3 [(2)]	encima del plano de trabajo
	C_8	Toma calefacción	1	---
	C_{10}	Base 16 A 2p + T	1	secadora
Terrazas y Vestidores	C_1	Puntos de luz	1	hasta 10 m^2 (dos si S > 10 m^2)
		Interruptor 10 A	1	uno por cada punto de luz
Garajes unifamiliares y Otros	C_1	Puntos de luz	1	hasta 10 m^2 (dos si S > 10 m^2)
		Interruptor 10 A	1	uno por cada punto de luz
	C_2	Base 16 A 2p + T	1	hasta 10 m^2 (dos si S > 10 m^2)

(1) En donde se prevea la instalación de una toma para el receptor de TV, la base correspondiente deberá ser múltiple, y en este caso se considerará como una sola base a los efectos del número de puntos de utilización de la tabla 1.
(2) Se colocarán fuera de un volumen delimitado por los planos verticales situados a 0,5 m del fregadero y de la encimera de cocción o cocina.

Las ubicaciones indicadas en la tabla 2 se considera orientativa, por ejemplo la lavadora puede estar instalada en otra dependencia de la vivienda.

El timbre no computa como "punto de utilización" en el circuito C_1.

Los conmutadores, cruzamientos, telerruptores y otros dispositivos de características similares se consideran englobados en el genérico "interruptor" indicado en la anterior tabla.

Punto de luz es un punto de utilización del circuito de alumbrado que va comandado por un interruptor independiente y al que pueden conectarse una o varias luminarias.

En el caso de instalar varias tomas de corriente para receptor de TV o asociadas a la infraestructura común de la telecomunicaciones (ICT), computa como un solo punto de utilización hasta un máximo de 4 tomas.

Se recomienda que los puntos de utilización para calefacción, aire acondicionado y circuito de sistemas de automatización sean del tipo caja de conexión que incorpore regleta de conexión y dispositivo de retención de cable.

Prescripciones mínimas y de confort

Esta ITC-BT tiene como objetivo fijar los puntos de utilización mínimos que debe tener la instalación de una vivienda, desde un punto de vista de seguridad eléctrica. Sin embargo, el incremento de la utilización de la energía eléctrica en las viviendas y la aplicación del concepto "diseño para todos" aconseja que en el diseño de la instalación se tengan en cuenta las posibles necesidades particulares del usuario y sus limitaciones (debido a la edad, discapacidad, etc.), así como sus futuras demandas.

Por esto se recomienda:

- *diseñar la instalación con una suficiente previsión (instalación de conductos vacíos, reservar espacio en el cuadro de distribución para futuros dispositivos, etc.) que permita una futura ampliación sin necesidad de hacer obras.*

- *prever un número de tomas de puntos de iluminación, tomas de corriente de usos generales o en baño y auxiliares de cocina superior a los indicados en la tabla 1 de esta ITC-BT, de este modo además de tener una instalación acorde a la necesidad del usuario, se mejora la seguridad de la instalación al reducir el uso de conectores multivía o prolongadores y evitar la realización de futuras modificaciones de la instalación por personal no calificado.*

- *no intentar un ahorro ficticio apurando al máximo las tomas por circuito para reducir el número de circuitos. Incrementar los circuitos y pasar al grado de electrificación elevado no tiene obligatoriamente consecuencias prácticas de cambio de potencia contratada a la Compañía Suministradora, se obtiene mayor confort pero no mayor consumo.*

- *en viviendas con más de una altura, por ejemplo unifamiliares o duplex, se situará un cuadro general de mando y protección en cada planta de manera que los circuitos de cada planta estén protegidos en el cuadro ubicado en su planta.*

Las siguientes tablas, resumen los puntos de utilización mínimos, así como los recomendados para garantizar el adecuado confort de la instalación.

1. Electrificación del acceso a la vivienda

Prescripciones Reglamentarias	
Mecanismo	**Nº Prescrito**
Pulsador para timbre	1

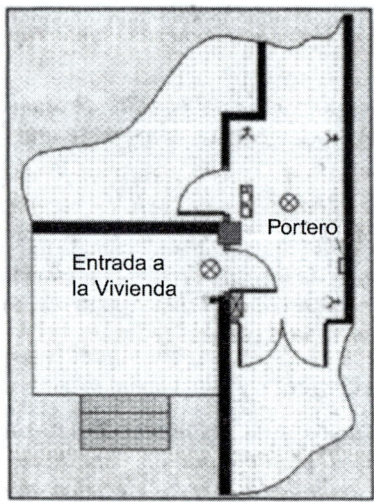

Figura D: Plano de planta del acceso de la vivienda y el vestíbulo.

Prescripciones de confort de uso no obligatorio	
Mecanismo	*Nº aconsejado*
Pulsador para timbre	*1*
Punto de luz (vivienda unifamiliar)	*1*
Vídeo portero (vivienda unifamiliar)	*1*

2. Electrificación del vestíbulo

Prescripciones Reglamentarias	
Mecanismo	**Nº Prescrito**
Punto de luz	1
Interruptor 10 A	1
Base 16 A (2P+T)	1

Prescripciones de confort de uso no obligatorio		
Mecanismo	**Superficie / Longitud**	**Nº aconsejado**
Punto de luz	1 hasta 10 m² (2 si S > 10 m²)	1 ó 2
	Luz exterior (vivienda unifamiliar)	1
Interruptor 10 A	Por punto de luz	1
Base 16 A (2P+T)	1	1
Zumbador	-	1
Toma Calefacción eléctrica*	-	1
Vídeo portero	-	1
* Cuando se prevea su instalación		

3. Electrificación de la sala de estar o salón

Prescripciones Reglamentarias		
Mecanismo	**Superficie / Longitud**	**Nº Prescrito**
Punto de luz	1 hasta 10 m² (2 si S > 10 m²)	1 ó 2
Interruptor 10 A	Por punto de luz	1 ó 2
Base 16 A (2P+T)	Una por cada 6 m² redondeando al entero superior	3
Toma Calefacción eléctrica	1 hasta 10 m² (2 si S > 10 m²)	1 ó 2
Toma Aire acondicionado	1 hasta 10 m² (2 si S > 10 m²)	1 ó 2

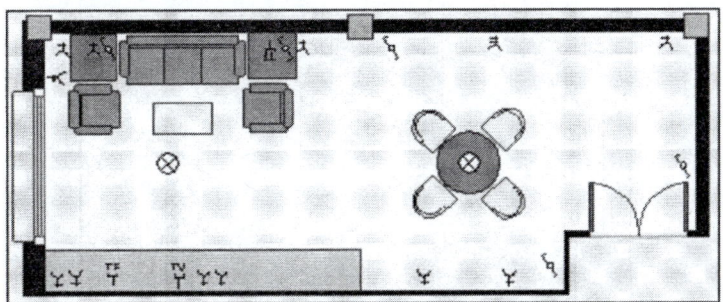

Figura E: Plano de planta de la sala de estar o salón.

Prescripciones de confort de uso no obligatorio		
Mecanismo	**Superficie / Longitud**	**Nº aconsejado**
Punto de luz	1 hasta 10 m² (2 si S > 10 m²)	1 ó 2
Interruptor	Por punto de luz	—
Toma Calefacción eléctrica *	1 hasta 10 m² (2 si S > 10 m²)	1 ó 2
Toma Aire acondicionado *	1 hasta 10 m² (2 si S > 10 m²)	1 ó 2
Base 16 A (2P+T)	Una por cada 6 m² redondeando al entero superior	4
Toma telefónica	Teléfono	2
Base 16 A (2P+T)	Televisor y vídeo	1 múltiple
Base 16 A (2P+T)	Equipo de música	1
* Cuando se prevea su instalación		

4. Electrificación del dormitorio

Prescripciones Reglamentarias		
Mecanismo	**Superficie / Longitud**	**Nº Prescrito**
Punto de luz	1 hasta 10 m² (2 si S > 10 m²)	1 ó 2
Interruptor 10 A	Por punto de luz	1
Base 16 A (2P+T)	Una por cada 6 m² redondeando al entero superior	3
Toma Calefacción eléctrica	-	1
Toma Aire acondicionado	-	1

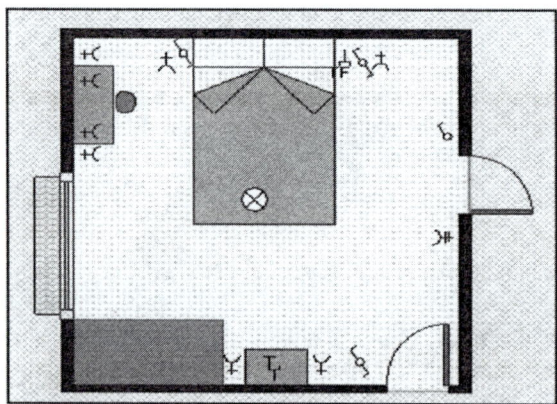

Figura F : Plano de planta del dormitorio.

Prescripciones de confort de uso no obligatorio		
Mecanismo	*Superficie / Longitud*	*Nº aconsejado*
Punto de luz	*Habitaciones individuales*	*2**
	Habitaciones dobles	*3**
Interruptor	*Por punto de luz*	*—*
Toma Calefacción eléctrica**	*1 hasta 10 m² (2 si S > 10 m²)*	*1*
Toma Aire acondicionado**	*1 hasta 10 m² (2 si S > 10 m²)*	*1*
Base 16 A (2P+T)	*Una por cada 6 m² redondeando al entero superior*	*4*
Toma telefónica	*Teléfono*	*2*
Base 16 A (2P+T)	*Televisor*	*1*
Base 16 A (2P+T)	*Ordenador*	*1*
Base 16 A (2P+T)	*Equipo de música*	*1*

*2 en habitaciones individuales, 1 en mesilla de noche y 1 en techo
3 en habitaciones dobles, 2 en mesillas de noche y 1 en techo
** Cuando se prevea su instalación

5. Electrificación de la cocina

Prescripciones Reglamentarias		
Mecanismo	**Superficie / Longitud**	**Nº Prescrito**
Punto de luz	1 hasta 10 m² (2 si S > 10 m²)	1 ó 2
Interruptor 10 A	Por punto de luz	1
Base 16 A (2P+T)	Extractor y frigorífico	2
Base 16 A (2P+T)	Cocina/horno	1
Base 16 A (2P+T)	Lavadora, lavavajillas y termo	3
Base 16 A (2P+T)	Encima del plano de trabajo	3
Toma Calefacción eléctrica	-	1
Base 16 A (2P+T)	Secadora	1

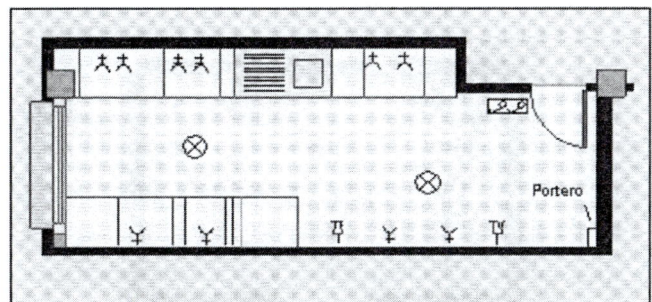

Figura G: Plano de planta de la cocina.

Prescripciones de confort de uso no obligatorio		
Mecanismo	**Superficie / Longitud**	**N° aconsejado**
Punto de luz	1 hasta 10 m² (2 si S > 10 m²)	1 ó 2
Interruptor	Por punto de luz	—
Base 16 A (2P+T)	Encima del plano de trabajo *	4
Base 16 A (2P+T)	Lavadora, Lavavajillas y Termo	3
Base 16 A (2P+T)	Extractor y Frigorífico	2
Base 25 A (2P+T)	Cocina/horno	1
Toma calefacción eléctrica**	1 hasta 10 m² (2 si S > 10 m²)	1 ó 2
Base 16 A (2P+T)**	Secadora	1
Toma telefónica	Teléfono	1
Base 16 A (2P+T)	Televisor	1
* Se colocarán fuera de un volumen delimitado por los planos verticales situados a 0,5 m del fregadero y de la encimera de cocción o cocina ** Cuando se prevea su instalación		

6. Electrificación del baño-aseo

Prescripciones Reglamentarias		
Mecanismo	**Superficie / Longitud**	**N° Prescrito**
Punto de luz	-	1
Interruptor 10 A	-	1
Base 16 A (2P+T)	-	1
Toma Calefacción eléctrica	-	1

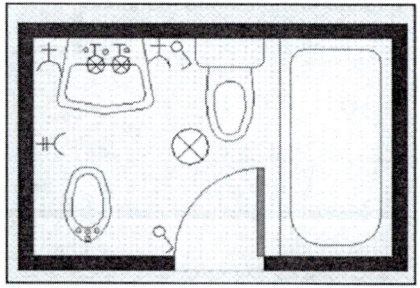

Figura H: Plano de planta del baño-aseo.

Prescripciones de confort de uso no obligatorio		
Mecanismo	Superficie / Longitud	Nº aconsejado
Punto de luz	-	2
Interruptor	Por punto de luz	2
Base 16 A (2P+T)	-	2
Toma Calefacción eléctrica*	-	1
* Cuando se prevea su instalación		

7. Electrificación del pasillo

Prescripciones Reglamentarias		
Mecanismo	Superficie / Longitud	Nº Prescrito
Punto de luz	Uno cada 5 m de longitud	1
Interruptor 10 A	Uno en cada acceso	1
Base 16 A (2P+T)	1 hasta 5 m (dos si L > 5 m)	1 ó 2
Toma Calefacción eléctrica	-	1

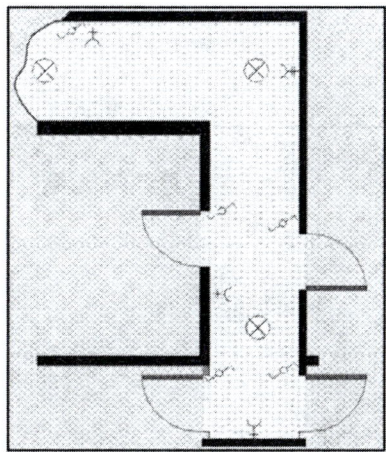

Figura I: Plano de planta del pasillo.

Prescripciones de confort de uso no obligatorio		
Mecanismo	Superficie / Longitud	Nº aconsejado
Punto de luz	Uno cada 5 m de longitud	2
Interruptor	Uno en cada acceso	2
Base 16 A (2P+T)	1 hasta 5 m (uno adicional si L > 5 m)	1 ó 2
Toma Calefacción eléctrica*	-	1
* Cuando se prevea su instalación		

8. Electrificación de la terraza o jardín

En caso de que una vivienda disponga de jardín, la instalación eléctrica de este debe de ser un circuito independiente del resto de la vivienda.

Las bases exteriores destinadas a alimentar aparatos fijos o móviles deberán estar protegidas por un diferencial independiente del de los circuitos interiores, de 30mA .

Las bases, interruptores y luminarias instaladas en el jardín, deberán tener un grado IP44.

Prescripciones Reglamentarias		
Mecanismo	Superficie / Longitud	Nº Prescrito
Punto de luz	1 hasta 10 m² (2 si S > 10 m²)	1 ó 2
Interruptor	Por punto de luz	1

Figura J: Plano de planta de la terraza.

Prescripciones de confort de uso no obligatorio		
Mecanismo	*Superficie / Longitud*	*Nº aconsejado*
Punto de luz	*Entrada*	*1*
	Otra zona *1 hasta 10 m² (2 si S > 10 m²)*	*1 ó 2*
Interruptor	*Por punto de luz*	*1**
Base 16 A (2P+T)	*-*	*2*

* El o los puntos de luz instalados en el jardín pueden estar controlados por un interruptor horario programado para su encendido y apagado.

9. Electrificación del garaje unifamiliar

Prescripciones Reglamentarias		
Mecanismo	**Superficie / Longitud**	**Nº Prescrito**
Punto de luz	1 hasta 10 m² (2 si S > 10 m²)	1 ó 2
Interruptor	Por punto de luz	1
Base 16 A (2P+T)	1 hasta 10 m² (2 si S > 10 m²)	1 ó 2

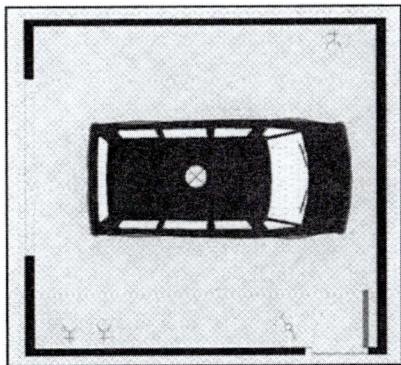

Figura K: Plano de planta del garaje unifamiliar.

Prescripciones de confort de uso no obligatorio		
Mecanismo	Superficie / Longitud	Nº aconsejado
Punto de luz*	1 hasta 10 m² (2 si S > 10 m²)	1 ó 2
Interruptor	Por punto de luz	1
Base 16 A (2P+T)	-	2

*Es recomendable llevar a cabo la instalación de un circuito de alumbrado de emergencia.
La iluminancia mínima para este tipo de estancias es de 150 lux.

GUÍA-BT-26

INSTALACIONES INTERIORES EN VIVIENDAS. PRESCRIPCIONES GENERALES DE INSTALACIÓN

Índice

Edición: Septiembre 2003. Revisión: 1

00. DIFERENCIAS MÁS IMPORTANTES ENTRE EL RBT 2002 Y EL RBT 1973

RBT 1973	RBT 2002
MI BT 23-pto.3.1 El cable a instalar para establecer la toma de tierra del edificio tendrá una sección mínima de 35 mm^2 si es de Cu y 95 mm^2 si es de acero galvanizado.	ITC-BT 26-pto.3.1 Para las secciones del cable de tierra, se remite a la ITC-BT-18, P.3.2 en donde se presenta una tabla con valores inferiores a los presentados en el reglamento del 73.
MI BT 23-pto.4 Protección contra contactos indirectos: Se describen los siguientes sistemas de protección contra contactos indirectos: – Puesta a tierra de las masas y dispositivos de corte por intensidad de defecto. – Puesta a neutro de las masas y dispositivos de corte por intensidad de defecto. – Puesta a tierra de las masas y empleo de interruptores diferenciales. – Se indica que se procurará que la resistencia de tierra no sea superior a los 37 Ω para poder utilizar diferenciales de 650 mA. – Dispositivos de corte por tensión de defecto.	ITC-BT 26-pto.4 Protección contra contactos indirectos: Únicamente se remite a la ITC-BT-25 P.2.1 que indica que los diferenciales serán de 30 mA como máximo y ni en esta ITC ni en la ITC-BT-24 se indica un valor máximo para la resistencia de tierra sino que lo que nos limita la sensibilidad de los diferenciales es la tensión de contacto (24 V locales húmedos o mojados y 50 V locales secos).
MI BT 24-pto.1.1 Sistemas de instalación: – Conductores aislados bajo tubo, empotrado o en montaje superficial. – Conductores aislados bajo molduras o rodapiés. – Conductores aislados en el interior de huecos de la construcción. – Conductores aislados instalados directamente bajo el enlucido.	ITC-BT 26-pto.7.1 Sistemas de instalación (ejecución): Instalaciones empotradas: – Cables aislados bajo tubo flexible. – Cables aislados bajo tubo curvable. Instalaciones superficiales: – Cables aislados bajo tubo curvable. – Cables aislados bajo tubo rígido. – Cables aislados bajo canal cerrada. – Canalizaciones prefabricadas.
MI BT 24-pto.1.2 Condiciones generales (ejecución): Cuando las tomas de corriente de una misma habitación no puedan ser conectadas a la misma fase, es necesario que entre aquéllas conectadas a fases diferentes exista una distancia mínima de 1,5 m.	ITC-BT 26-pto.7.2 Condiciones generales (ejecución): Las tomas de corriente de una misma habitación deben estar conectadas a las misma fase.

1. ÁMBITO DE APLICACIÓN

Las prescripciones objeto de esta Instrucción son complementarias de las expuestas en la ITCBT-19 y aplicables a las instalaciones interiores de las viviendas, así como en la medida que pueda afectarles, a las de locales comerciales, de oficinas y a las de cualquier otro local destinado a fines análogos.

2. TENSIONES DE UTILIZACIÓN Y ESQUEMA DE CONEXIÓN

Las instalaciones de las viviendas se consideran que están alimentadas por una red de distribución pública de baja tensión según el esquema de distribución "TT" (ITC-BT-08) y a una tensión de 230 V en alimentación monofásica y 230/400 V en alimentación trifásica.

3. TOMAS DE TIERRA

3.1 Instalación

En toda nueva edificación se establecerá una toma de tierra de protección, según el siguiente sistema:

Instalando en el fondo de las zanjas de cimentación de los edificios, y antes de empezar ésta, un cable rígido de cobre desnudo de una sección mínima según se indica en la ITC-BT-18, formando un anillo cerrado que interese a todo el perímetro del edificio. A este anillo deberán conectarse electrodos verticalmente hincados en el terreno cuando, se prevea la necesidad de disminuir la resistencia de tierra que pueda presentar el conductor en anillo. Cuando se trate de construcciones que comprendan varios edificios próximos, se procurará unir entre sí los anillos que forman la toma de tierra de cada uno de ellos, con objeto de formar una malla de la mayor extensión posible.

Los conductores de cobre desnudos utilizados como electrodos serán de construcción y resistencia eléctrica según la clase 2 de la norma UNE 21.022 (conductor formado por varios alambres rígidos cableados entre sí). Con una sección mínima de 35 mm² según NTE 1973 "Puesta a tierra".

La profundidad mínima de enterramiento del conductor recomendada es de 0,8 m.

Cuando se deba mejorar la eficacia de la puesta a tierra de la conducción enterrada, se añadirán el número de picas necesarias que se repartirán proporcionalmente a lo largo del anillo enterrado, conectadas a ésta y separadas una distancia no inferior a 2 veces su longitud.

Producto	Norma de aplicación
Picas de puesta a tierra para edificios	UNE 202 006
Conductor de cobre desnudo (clase 2)	UNE 21 022

Mediante la tabla A puede determinarse el número orientativo de electrodos verticales en función de las características del terreno, la longitud del anillo y según la presencia o no de pararrayos en el edificio.

La resistencia a tierra obtenida con la aplicación de los valores de esta tabla debería ser, en la práctica, inferior a 15 Ω para edificios con pararrayos y de 37 Ω para edificios sin pararrayos.

Tabla A: *Número de electrodos en función de las características del terreno y la longitud del anillo.*

Terrenos orgánicos, arcillas y margas		Arenas arcillosas y graveras, rocas sedimentarias y metamórficas		Calizas agrietadas y rocas eruptivas		Grava y arena silícea		Nº de picas de longitud (2 metros)
sin pararrayos	con pararrayos	sin pararrayos	con pararrayos	sin pararrayos	con pararrayos	sin pararrayos	con pararrayos	
25	34	28	67	54	134	162	400	0
^	30	25	63	50	130	159	396	1
	26	^	59	46	126	154	392	2
	^		55	42	122	150	388	3
			51	38	118	146	384	4
			47	34	114	142	380	5
			43	30	110	138	376	6
			39	^	106	134	372	7
			35		105	130	368	8
			^		98	126	364	9
					94	122	360	10
					74	102	340	15
					^	82	320	20
						^	280	30
							240	40
							200	50
							^	

^ *aumentar la longitud de los conductores enterrados del anillo*

ΣL: *longitud en planta de la conducción enterrada en m*

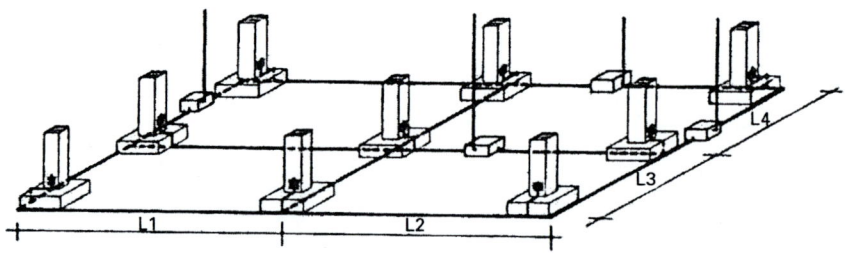

Figura A: *Ejemplo de anillo enterrado de puesta a tierra.*

La longitud en planta de este anillo es: $L = 3 L_1 + 3 L_2 + 3 L_3 + 3 L_4$

Ejemplo: Determinar el número de picas necesario para un edificio con pararrayos, en terreno de arena arcillosa y con una longitud en planta de conducción enterrada de $\Sigma L = 33\ m$

Según la tabla A, para un edificio de estas características: .

– *la longitud mínima de la conducción enterrada debe ser de 35 m, por lo que debemos disponer como mínimo de 2 m más de conducción.*

– *además, para 35 m de conducción enterrada necesitamos colocar 8 picas.*

En rehabilitación o reforma de edificios existentes, la toma de tierra se podrá realizar también situando en patios de luces o en jardines particulares del edificio, uno o varios electrodos de características adecuadas.

Al conductor en anillo, o bien a los electrodos, se conectarán, en su caso, la estructura metálica del edificio o, cuando la cimentación del mismo se haga con zapatas de hormigón armado, un cierto número de hierros de los considerados principales y como mínimo uno por zapata.

Estas conexiones se establecerán de manera fiable y segura, mediante soldadura aluminotérmica o autógena.

Las líneas de enlace con tierra se establecerán de acuerdo con la situación y número previsto de puntos de puesta a tierra. La naturaleza y sección de estos conductores estará de acuerdo con lo indicado para ellos en la Instrucción ITC-BT-18.

Según la ITC-BT-18 las secciones mínimas convencionales de los conductores de tierra o líneas de enlace con el electrodo de puesta a tierra son:

TIPO	Protegido mecánicamente	No protegido mecánicamente
Protegido contra la corrosión*	Según apartado 3.4 (1)	16 mm² Cobre 16 mm² Acero Galvanizado
No protegido contra la corrosión	25 mm² Cobre 50 mm² Hierro	
* La protección contra la corrosión puede obtenerse mediante una envolvente		

(1) El apartado 3.4 de la ITC-BT-18 establece:

Sección de los conductores de fase de la instalación S (mm²)	Sección mínima de los conductores de protección Sp(mm²)
S ≤ 16 16< S ≤ 35 S > 35	Sp = S Sp = 16 Sp = S/2

3.2 Elementos a conectar a tierra

A la toma de tierra establecida se conectará toda masa metálica importante, existente en la zona de la instalación, y las masas metálicas accesibles de los aparatos receptores, cuando su clase de aislamiento o condiciones de instalación así lo exijan.

A esta misma toma de tierra deberán conectarse las partes metálicas de los depósitos de gasóleo, de las instalaciones de calefacción general, de las instalaciones de agua, de las instalaciones de gas canalizado y de las antenas de radio y televisión.

Cuando dichas partes conductoras tengan su origen en el exterior del edificio, deberán conectarse a tierra tan cerca como sea posible de su entrada al edificio.

3.3 Puntos de puesta a tierra

Los puntos de puesta a tierra se situarán:

a) En los patios de luces destinados a cocinas y cuartos de aseo, etc., en rehabilitación o reforma de edificios existentes.

b) En el local o lugar de la centralización de contadores, si la hubiere.

c) En la base de las estructuras metálicas de los ascensores y montacargas, si los hubiere.

d) En el punto de ubicación de la caja general de protección.

e) En cualquier local donde se prevea la instalación de elementos destinados a servicios generales o especiales, y que por su clase de aislamiento o condiciones de instalación, deban ponerse a tierra.

En edificios de viviendas existen cinco posibles puntos o bornes de puesta a tierra, pudiendo coexistir varios a la vez, en cuyo caso se considera borne principal el situado en la centralización de contadores.

En nuevas instalaciones los puntos de conexión o bornes de puesta a tierra, deberán situarse en las ubicaciones b), c) y d) y si procede la e).

En la rehabilitación y reforma de edificios existentes la ubicación indicada en a) se considera orientativa ya que depende de las características particulares de cada edificio, y si es posible deben situarse en el resto de puntos indicados.

El punto de puesta a tierra ubicado en la Caja General de Protección, deberá estar situa-do junto a la misma, a efectos de ser utilizada como punto para mediciones, o durante la eje-cución, mantenimiento o reparación de la red de distribución.

3.4 Líneas principales de tierra. Derivaciones

Las líneas principales y sus derivaciones se establecerán en las mismas canalizacio-nes que las de las líneas generales de alimentación y derivaciones individuales.

Tanto las líneas principales de tierra como las derivaciones de las líneas principales de tierra forman parte de lo que la ITC-BT-18 define como conductores de protección. Las líneas principales se encuentran conectadas directamente a un borne de puesta a tierra, mientras que las derivaciones se conectan a tierra a través de las líneas principales.

En edificios para viviendas con una única centralización de contadores la línea princi-pal de tierra está formada por el conductor de protección que va desde el borne de puesta hasta el embarrado de protección y bornes de salida de la centralización de contadores. Cuando existen centralizaciones de contadores en varias ubicaciones esta línea principal de tierra discurre por la misma canalización que la LGA hasta el embarrado de protección de cada centralización.

La derivación de una línea principal de tierra está formada por el conductor de protec-ción que discurre desde el embarrado de protección de la centralización de contadores hasta el origen de la instalación interior, por la misma canalización que las derivaciones individuales.

Las líneas de tierra de la instalación interior se denominan simplemente conductores de protección.

Únicamente es admitida la entrada directa de las derivaciones de la línea principal de tierra en cocinas y cuartos de aseo, cuando, por la fecha de construcción del edificio, no se hubiese previsto la instalación de conductores de protección. En este caso, las masas de los aparatos receptores, cuando sus condiciones de instalación lo exijan, podrán ser conectadas a la derivación de la línea principal de tierra directamente, o bien a través de tomas de corriente que dispongan de contacto de puesta a tierra. Al punto o puntos de puesta a tierra indicados como a) en el apartado 3.3, se conectarán las líneas principales de tierra. Estas líneas podrán instalarse por los patios de luces o por canalizaciones inte-riores, con el fin de establecer a la altura de cada planta del edificio su derivación hasta el borne de conexión de los conductores de protección de cada local o vivienda.

Las líneas principales de tierra estarán constituidas por conductores de cobre de igual sección que la fijada para los conductores de protección en la Instrucción ITC-BT-19, con un mínimo de 16 milímetros cuadrados. Pueden estar formadas por barras planas o redondas, por conductores desnudos o aislados, debiendo disponerse una protección mecánica en la parte en que estos conductores sean accesibles, así como en los pasos de techos, paredes, etc.

La sección de los conductores que constituyen las derivaciones de la línea principal de tierra, será la señalada en la Instrucción ITC-BT-19 para los conductores de protec-ción.

Secciones de los conductores de fase o polares de la instalación (mm²)	Secciones mínimas de los conductores de protección (mm²)
$S \leq 16$	S (*)
$16 < S \leq 35$	16
$S > 35$	$S/2$

(*) Con un mínimo de:
2,5 mm² si los conductores de protección no forman parte de la canalización de alimentación y tienen una protección mecánica
4 mm² si los conductores de protección no forman parte de la canalización de alimentación y no tienen una protección mecánica

No podrán utilizarse como conductores de tierra las tuberías de agua, gas, calefacción, desagües, conductos de evacuación de humos o basuras, ni las cubiertas metálicas de los cables, tanto de la instalación eléctrica como de teléfonos o de cualquier otro servicio similar, ni las partes conductoras de los sistemas de conducción de los cables, tubos, canales y bandejas.

Las conexiones en los conductores de tierra serán realizadas mediante dispositivos, con tornillos de apriete u otros similares, que garanticen una continua y perfecta conexión entre aquéllos.

3.5 Conductores de protección

Se instalarán conductores de protección acompañando a los conductores activos en todos los circuitos de la vivienda hasta los puntos de utilización.

4. PROTECCIÓN CONTRA CONTACTOS INDIRECTOS

La protección contra contactos indirectos se realizará mediante la puesta a tierra de las masas y empleo de los dispositivos descritos en el apartado 2.1 de la ITC-BT-25.

Se podrán utilizar uno o varios interruptores diferenciales, con una intensidad diferencial-residual máxima de 30 mA e intensidad asignada superior o igual que la del interruptor general.

Cuando se usen interruptores diferenciales en serie, habrá que garantizar que todos los circuitos quedan protegidos frente a intensidades diferenciales-residuales de 30 mA como máximo, pudiéndose instalar otros diferenciales de intensidad superior a 30 mA en serie, siempre que se cumpla lo anterior.

La intensidad diferencial-nominal del diferencial instalado aguas arriba deberá ser como mínimo tres veces superior a la del diferencial situado aguas abajo. Los diferenciales instalados aguas arriba serán de tipo S.

5. CUADRO GENERAL DE DISTRIBUCIÓN

El cuadro general de distribución estará de acuerdo con lo indicado en la ITC-BT-17. En este mismo cuadro se dispondrán los bornes o pletinas para la conexión de los conductores de protección de la instalación interior con la derivación de la línea principal de tierra.

El instalador fijará de forma permanente sobre el cuadro de distribución una placa, impresa con caracteres indelebles, en la que conste su nombre o marca comercial, fecha en que se realizó la instalación, así como la intensidad asignada del interruptor general automático, que de acuerdo con lo señalado en las Instrucciones ITC-BT-10 e ITC-BT-25, corresponda a la vivienda.

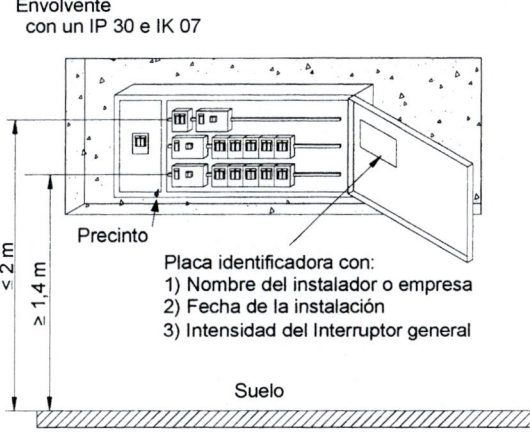

Figura A: *Características y ejemplo de instalación del cuadro general de mando y protección en una vivienda.*

Producto	Norma de aplicación
Envolvente cuadro general	UNE 20451
Conjunto de aparamenta	UNE-EN 60439-3
Interruptor de control de potencia	UNE 20317
Interruptores automáticos	UNE-EN 60898
Interruptores, seccionadores	UNE-EN 60947-3
Interruptores diferenciales	UNE-EN 61008
Interruptores diferenciales con dispositivo de protección contra sobreintensidades incorporado	UNE-EN 61009
Fusibles	UNE-EN 60269-3
Bornes de conexión	UNE-EN 60998

6. CONDUCTORES

6.1 Naturaleza y Secciones

6.1.1 Conductores activos

Los conductores activos serán de cobre, aislados y con una tensión asignada de 450/750 V, como mínimo.

Los circuitos y las secciones utilizadas serán los indicados en la ITC-BT-25.

Los conductores aislados comúnmente utilizados corresponden a los tipos:

Producto		Norma de aplicación
tipo H07V-U	*Conductor unipolar aislado de tensión asignada 450/750 V, con conductor de cobre clase 1 (-U) y, aislamiento de policloruro de vinilo (V).*	*UNE 21.031-3*
tipo H07V-R	*Conductor unipolar aislado unipolar de tensión asignada 450/750 V, con conductor de cobre clase 2 (-R) y, aislamiento de policloruro de vinilo (V)*	
tipo H07V-K	*Conductor unipolar aislado unipolar de tensión asignada 450/750 V, con conductor de cobre clase 5 (-K) y, aislamiento de policloruro de vinilo (V)*	

La norma UNE 21 022 especifica las características constructivas y eléctricas de las diferentes clases de conductor.
Las clases definidas y el símbolo utilizado en la designación del cable son:
- clase 1: conductor rígido de un solo alambre. (símbolo –U)
- clase 2: conductor rígido de varios alambres cableados. (símbolo –R)
- clase 5: conductor flexible de varios alambres finos, no apto para usos móviles (símbolo –K)

6.1.2 Conductores de protección

Los conductores de protección serán de cobre y presentarán el mismo aislamiento que los conductores activos. Se instalarán por la misma canalización que éstos y su sección será la indicada en la Instrucción ITC-BT-19.

Según lo indicado en la ITC-BT 19 y para las secciones habituales de los conductores de fase de las instalaciones interiores de viviendas, la sección del conductor de protección será igual a la del conductor de fase ya que no suelen emplearse conductores de fase de sección superior a 16 mm².

6.2 Identificación de los conductores

Los conductores de la instalación deben ser fácilmente identificados, especialmente por lo que respecta a los conductores neutro y de protección. Esta identificación se realizará por los colores que presenten sus aislamientos. Cuando exista conductor neutro en la instalación o se prevea para un conductor de fase su pase posterior a conductor neutro, se identificarán éstos por el color azul claro. Al conductor de protección se le identificará por el doble color amarilloverde. Todos los conductores de fase, o en su caso, aquellos para los que no se prevea su pase posterior a neutro, se identificarán por los colores marrón o negro. Cuando se considere necesario identificar tres fases diferentes, podrá utilizarse el color gris.

conductor	coloración		
neutro (o previsión de que un conductor de fase pase posteriormente a neutro)	azul		
protección	verde-amarillo		
fase	marrón	negro	gris

6.3 Conexiones

Se realizarán conforme a lo establecido en el apartado 2.11 de la ITC-BT-19.

Se admitirá no obstante, las conexiones en paralelo entre bases de toma de corriente cuando éstas estén juntas y dispongan de bornes de conexión previstos para la conexión de varios conductores.

Producto	Norma de aplicación
Bornes de conexión	UNE-EN 60998
Bases de toma de corriente para uso doméstico o análogo	UNE 20315
Cajas de empalme y/o derivación	UNE 20451

Las bases de toma de corriente de 16 A según la norma UNE 20315 están previstas para la conexión de dos conductores por terminal, en cambio en las bases de 25 A no se exige normativamente esta característica.

Para facilitar su verificación, ensayos, mantenimiento y substitución, las conexiones deberán ser accesibles.

Tal y como se indica en la ITC-BT-21 apto. 3.1, en las canales protectoras de grado IP4X o superior y clasificadas como "canales con tapa de acceso que sólo puede abrirse con herramientas" según la norma UNE-EN 50.085-1, se podrá realizar empalmes de conductores en su interior y conexiones a los mecanismos.

---

7. EJECUCIÓN DE LAS INSTALACIONES

7.1 Sistema de instalación

Las instalaciones se realizarán mediante algunos de los siguientes sistemas:

Instalaciones empotradas:

– Cables aislados bajo tubo flexible
– Cables aislados bajo tubo curvable

Sección nominal de los conductores unipolares (mm²)	Diámetro exterior de los tubos (mm)				
	Número de conductores				
	1	2	3	4	5
1,5	12	12	16	16	20
2,5	12	16	20	20	20
4	12	16	20	20	25
6	12	16	25	25	25

Según la ITC-BT-21 para más de 5 conductores por tubo o para conductores o cables de secciones diferentes a instalar en el mismo tubo, su sección interior será como mínimo, igual a 3 veces la sección ocupada por los conductores.

Instalaciones superficiales:

– Cables aislados bajo tubo curvable
– Cables aislados bajo tubo rígido

Sección nominal de los conductores unipolares (mm²)	Diámetro exterior de los tubos (mm)				
	Número de conductores				
	1	2	3	4	5
1,5	12	12	16	16	16
2,5	12	12	16	16	20
4	12	16	20	20	25
6	12	16	20	20	25

Según la ITC-BT-21 para más de 5 conductores por tubo o para conductores aislados o cables de secciones diferentes a instalar en el mismo tubo, su sección interior será, como mínimo igual a 2,5 veces la sección ocupada por los conductores.

– Cables aislados bajo canal protectora cerrada

– Canalizaciones prefabricadas

Las instalaciones deberán cumplir lo indicado en las ITC-BT-20 e ITC-BT-21.

Las características mínimas para los sistemas de conducción de cables son:

Producto	Designación s/norma	Norma de aplicación
Tubo Rígido	4321 y no propagador de la llama	UNE-EN 50086-2-1
Tubo Curvable	2221 y no propagador de la llama	UNE-EN 50086-2-2
Tubo Flexible	4321 y no propagador de la llama	UNE-EN 50086-2-3
Canal protectora	No propagador de la llama	UNE-EN 50085-1
Canalización prefabricada		

7.2 Condiciones generales

En la ejecución de las instalaciones interiores de las viviendas se deberá tener en cuenta:

– No se utilizará un mismo conductor neutro para varios circuitos.

– Todo conductor debe poder seccionarse en cualquier punto de la instalación en el que se realice una derivación del mismo, utilizando un dispositivo apropiado, tal como un borne de conexión, de forma que permita la separación completa de cada parte del circuito del resto de la instalación.

– Las tomas de corriente en una misma habitación deben estar conectadas a la misma fase.

– Las cubiertas, tapas o envolventes, mandos y pulsadores de maniobra de aparatos tales como mecanismos, interruptores, bases, reguladores, etc., instalados en cocinas, cuartos de baño, secaderos y, en general, en los locales húmedos o mojados, así como en aquellos en que las paredes y suelos sean conductores, serán de material aislante.

– La instalación empotrada de estos aparatos se realizará utilizando cajas especiales para su empotramiento. Cuando estas cajas sean metálicas estarán aisladas interiormente o puestas a tierra.

– La instalación de estos aparatos en marcos metálicos podrá realizarse siempre que los aparatos utilizados estén concebidos de forma que no permitan la posible puesta bajo tensión del marco metálico, conectándose éste al sistema de tierras.

– La utilización de estos aparatos empotrados en bastidores o tabiques de madera u otro material aislante, cumplirá lo indicado en la ITC-BT 49.

GUÍA-BT-27

LOCALES QUE CONTIENEN UNA BAÑERA O DUCHA

Índice

Edición: Septiembre 2003. Revisión: 1

1. CAMPO DE APLICACIÓN

Las prescripciones objeto de esta Instrucción son aplicables a las instalaciones interiores de viviendas, así como en la medida que pueda afectarles, a las de locales comerciales, de oficinas y a las de cualquier otro local destinado a fines análogos que contengan una bañera o una ducha o una ducha prefabricada o una bañera de hidromasaje o aparato para uso análogo.

Para lugares que contengan baños o duchas para tratamiento médico o para minusválidos, pueden ser necesarios requisitos adicionales.

Para duchas de emergencia en zonas industriales, son de aplicación las reglas generales.

2. EJECUCIÓN DE LAS INSTALACIONES

2.1 Clasificación de los volúmenes

Para las instalaciones de estos locales se tendrán en cuenta los cuatro volúmenes 0, 1, 2 y 3 que se definen a continuación. En el apartado 5 de la presente instrucción se presentan figuras aclaratorias para la clasificación de los volúmenes, teniendo en cuenta la influencia de las paredes y del tipo de baño o ducha. Los falsos techos y las mamparas no se consideran barreras a los efectos de la separación de volúmenes.

2.1.1 Volumen 0

Comprende el interior de la bañera o ducha.

En un lugar que contenga una ducha sin plato, el volumen 0 está delimitado por el suelo y por un plano horizontal situado a 0,05 m por encima del suelo. En este caso:

a) Si el difusor de la ducha puede desplazarse durante su uso, el volumen 0 está limitado por el plano generatriz vertical situado a un radio de 1,2 m alrededor de la toma de agua de la pared o el plano vertical que encierra el área prevista para ser ocupada por la persona que se ducha; o

b) Si el difusor de la ducha es fijo, el volumen 0 está limitado por el plano generatriz vertical situado a un radio de 0,6 m alrededor del difusor.

2.1.2 Volumen 1

Está limitado por:

a) El plano horizontal superior al volumen 0 y el plano horizontal situado a 2,25 m por encima del suelo, y

b) El plano vertical alrededor de la bañera o ducha y que incluye el espacio por debajo de los mismos, cuanto este espacio es accesible sin el uso de una herramienta; o

– Para una ducha sin plato con un difusor que puede desplazarse durante su uso, el volumen 1 está limitado por el plano generatriz vertical situado a un radio de 1,2 m desde la toma de agua de la pared o el plano vertical que encierra el área prevista para ser ocupada por la persona que se ducha; o

– Para una ducha sin plato y con un rociador fijo, el volumen 1 está delimitado por la superficie generatriz vertical situada a un radio de 0,6 m alrededor del rociador.

2.1.3 Volumen 2

Está limitado por:

a) El plano vertical exterior al volumen 1 y el plano vertical paralelo situado a una distancia de 0,6 m; y

b) El suelo y plano horizontal situado a 2,25 m por encima del suelo.

Además, cuando la altura del techo exceda los 2,25 m por encima del suelo, el espacio comprendido entre el volumen 1 y el techo o hasta una altura de 3 m por encima del suelo, cualquiera que sea el valor menor, se considera volumen 2.

2.1.4 Volumen 3

Está limitado por:

a) El plano vertical límite exterior del volumen 2 y el plano vertical paralelo situado a una distancia de éste de 2,4 m; y

b) El suelo y el plano horizontal situado a 2,25 m por encima del suelo.

Además, cuando la altura del techo exceda los 2,25 m por encima del suelo, el espacio comprendido entre el volumen 2 y el techo o hasta una altura de 3 m por encima del suelo, cualquiera que sea el valor menor, se considera volumen 3.

El volumen 3 comprende cualquier espacio por debajo de la bañera o ducha que sea accesible sólo mediante el uso de una herramienta siempre que el cierre de dicho volumen garantice una protección como mínimo IP X4. Esta clasificación no es aplicable al espacio situado por debajo de las bañeras de hidromasaje y cabinas.

En el espacio situado por debajo de las bañeras de hidromasaje y cabinas, el grado de protección será mínimo IPX5 tal como se indica en el apartado 3 de esta instrucción.

2.2 Protección para garantizar la seguridad

Cuando se utiliza MBTS, cualquiera que sea su tensión asignada, la protección contra contactos directos debe estar proporcionada por:

– barreras o envolventes con un grado de protección mínimo IP2X o IPXXB, según UNE 20.324 o

– aislamiento capaz de soportar una tensión de ensayo de 500 V en valor eficaz en alterna durante 1 minuto.

Una conexión equipotencial local suplementaria debe unir el conductor de protección asociado con las partes conductoras accesibles de los equipos de clase I en los volúmenes 1, 2 y 3, incluidas las tomas de corriente y las siguientes partes conductoras externas de los volúmenes 0, 1, 2 y 3:

– Canalizaciones metálicas de los servicios de suministro y desagües (por ejemplo agua, gas);

– Canalizaciones metálicas de calefacciones centralizadas y sistemas de aire acondicionado;

– Partes metálicas accesibles de la estructura del edificio. Los marcos metálicos de puertas, ventanas y similares no se consideran partes externas accesibles, a no ser que estén conectadas a la estructura metálica del edificio.

– Otras partes conductoras externas, por ejemplo partes que son susceptibles de transferir tensiones.

Estos requisitos no se aplican al volumen 3, en recintos en los que haya una cabina de ducha prefabricada con sus propios sistemas de drenaje, distintos de un cuarto de baño, por ejemplo un dormitorio.

Las bañeras y duchas metálicas deben considerarse partes conductoras externas susceptibles de transferir tensiones, a menos que se instalen de forma que queden aisladas de la estructura y de otras partes metálicas del edificio. Las bañeras y duchas metálicas pueden considerarse aisladas del edificio, si la resistencia de aislamiento entre el área de los baños y duchas y la estructura del edificio, medido de acuerdo con la norma UNE 20.460-6-61, anexo A, es de como mínimo 100 kΩ.

El método de medida de la resistencia de aislamiento de suelos y paredes respecto del conductor de protección se detalla en el Anexo sobre verificación de instalaciones eléctricas.

2.3 Elección e instalación de los materiales eléctricos

Tabla 1.

	Grado de Protección	Cableado	Mecanismos[2]	Otros aparatos fijos[3]
Volumen 0	IPX7	Limitado al necesario para alimentar los aparatos eléctricos fijos situados en este volumen	No permitida	Aparatos que únicamente pueden ser instalados en el volumen 0 y deben ser adecuados a las condiciones de este volumen.
Volumen 1	IPX4 IPX2, por encima del nivel más alto de un difusor fijo. IPX5, en equipo eléctrico de bañeras de hidromasaje y en los baños comunes en los que se puedan producir chorros de agua durante la limpieza de los mismos[1].	Limitado al necesario para alimentar los aparatos eléctricos fijos situados en los volúmenes 0 y 1.	No permitida, con la excepción de interruptores de circuitos MBTS alimentados a una tensión nominal de 12V de valor eficaz en alterna o de 30V en continua, estando la fuente de alimentación instalada fuera de los volúmenes 0, 1 y 2.	Aparatos alimentados a MBTS no superior a 12 V ca o 30 V cc Calentadores de agua, bombas de ducha y equipo eléctrico para bañeras de hidromasaje que cumplan con su norma aplicable, si su alimentación está protegida adicionalmente con un dispositivo de protección de corriente diferencial de valor no superior a los 30 mA, según la norma UNE 20.460 -4·41.
Volumen 2	IPX4 IPX2, por encima del nivel más alto de un difusor fijo. IPX5, en los baños comunes en los que se puedan producir chorros de agua durante la limpieza de los mismos[1].	Limitado al necesario para alimentar los aparatos eléctricos fijos situados en los volúmenes 0, 1 y 2, y la parte del volumen 3 situado por debajo de la bañera o ducha.	No permitida, con la excepción de interruptores o bases de circuitos MBTS cuya fuente de alimentación este instalada fuera de los volúmenes 0, 1 y 2. Se permiten también la instalación de bloques de alimentación de afeitadoras que cumplan con la UNE-EN 60.742 o UNE-EN 61558-2-5.	Todos los permitidos para el volumen 1. Luminarias, ventiladores, calefactores, y unidades móviles para bañeras de hidromasaje que cumplan con su norma aplicable, si su alimentación está protegida adicionalmente con un dispositivo de protección de corriente diferencial de valor no superior a los 30 mA, según la norma UNE 20.460 -4·41.
Volumen 3	IPX5, en los baños comunes en los que se puedan producir chorros de agua durante la limpieza de los mismos.	Limitado al necesario para alimentar los aparatos eléctricos fijos situados en los volúmenes 0, 1, 2 y 3.	Se permiten las bases sólo si están protegidas bien por un transformador de aislamiento; o por MBTS; o por un interruptor automático de la alimentación con un dispositivo de protección por corriente diferencial de valor no superior a los 30 mA, todos ellos según los requisitos de la norma UNE 20.460 -4·41.	Se permiten los aparatos sólo si están protegidos bien por un transformador de aislamiento; o por MBTS; o por un dispositivo de protección de corriente diferencial de valor no superior a los 30 mA, todos ellos según los requisitos de la norma UNE 20.460 -4·41.

(1): Los baños comunes comprenden los baños que se encuentran en escuelas, fábricas, centros deportivos, etc. e incluyen todos los utilizados por el público en general.

(2): Los cordones aislantes de interruptores de tirador están permitidos en los volúmenes 1 y 2, siempre que cumplan con los requisitos de la norma UNE-EN 60.669 -1.

(3): Los calefactores bajo suelo pueden instalarse bajo cualquier volumen siempre y cuando debajo de estos volúmenes estén cubiertos por una malla metálica puesta a tierra o por una cubierta metálica conectada a una conexión equipotencial local suplementaria según el apartado 2.2.

Producto	Norma de aplicación
Transformadores de separación de circuitos y transformadores de seguridad	UNE-EN 60742
Transformadores y unidades de alimentación para máquinas de afeitar	UNE-EN 61558-2-5
Bases de toma de corriente (fijas y móviles) para uso doméstico o análogo	UNE 20315
Cajas de empalme y/o derivación	UNE 20451
Interruptores para instalaciones eléctricas fijas doméstica y análogas	UNE-EN 60669-1

En el volumen 3, la norma UNE 20460-7-701 establece que el grado de protección mínimo para el equipo eléctrico será IPX1.

En el espacio existente bajo bañeras o duchas que sea accesible sólo mediante el uso de una herramienta el grado de protección del equipo eléctrico será IPX4.

Los bloques de alimentación de afeitadoras de acuerdo con la UNE-EN 60.742 o UNE-EN 61558-2-5 instalados en el volumen 2 deben presentar un grado de protección mínimo IPX1 y por lo tanto no les aplica el requisito general de IPX4.

Las cajas de conexión deberán instalarse fuera de los volúmenes 0, 1 y 2, de acuerdo con la norma UNE 20460-7-701.

---

3. REQUISITOS PARTICULARES PARA LA INSTALACIÓN DE BAÑERAS DE HIDROMASAJE, CABINAS DE DUCHA CON CIRCUITOS ELÉCTRICOS Y APARATOS ANÁLOGOS

El hecho de que en estos aparatos, en los espacios comprendidos entre la bañera y el suelo y las paredes y el techo de las cabinas y las paredes y techos del local donde se instalan, coexista equipo eléctrico tanto de baja tensión como de Muy Baja Tensión de Seguridad (MBTS) con tuberías o depósitos de agua u otros líquidos, hace necesario que se requieran condiciones especiales de instalación.

En general todo equipo eléctrico, electrónico, telefónico o de telecomunicación incorporado en la cabina o bañera, incluyendo los alimentados a MBTS, deberán cumplir los requisitos de la norma UNE-EN 60.335-2-60.

La conexión de las bañeras y cabinas se efectuará con cable con cubierta de características no menores que el de designación H05VV-F o mediante cable bajo tubo aislante con conductores aislados de tensión asignada 450/750 V. Debe garantizarse que, una vez instalado el cable o tubo en la caja de conexiones de la bañera o cabina, el grado de protección mínimo que se obtiene sea IPX5.

Los cables y conductores unipolares aislados comúnmente utilizados corresponden a los tipos:

Producto		Norma de aplicación
Cable tipo H05VV-F	Cable de tensión asignada 300/500, con conductor de cobre clase 5 (-F) y con aislamiento y cubierta de policloruro de vinilo (VV)	UNE 21.031-5
Cable tipo H07V-U	Conductor aislado unipolar de tensión asignada 450/750 V, con conductor de cobre clase 1 (-U) y aislamiento de policloruro de vinilo (V)	UNE 21.031-3
Cable tipo H07V-R	Conductor aislado unipolar de tensión asignada 450/750 V, con conductor de cobre clase 2 (-R) y aislamiento de policloruro de vinilo (V)	
Cable tipo H07V-K	Conductor aislado unipolar de tensión asignada 450/750 V, con conductor de cobre clase 5 (-K) y aislamiento de policloruro de vinilo (V)	

Según la norma UNE 21.022 que especifica las características constructivas y eléctricas de las diferentes clases de conductor:

– clase 1: conductor rígido de un solo alambre. (símbolo –U)
– clase 2: conductor rígido de varios alambres cableados. (símbolo –R)
– clase 5: conductor flexible de varios alambres finos,
– no apto para usos móviles. (símbolo –K)
– apto para usos móviles. (símbolo –F)

Todas las cajas de conexión localizadas en paredes y suelo del local bajo la bañera o plato de ducha, o en las paredes o techos del local, situadas detrás de paredes o techos de una cabina por donde discurren tubos o depósitos de agua, vapor u otros líquidos, deben garantizar, junto con su unión a los cables o tubos de la instalación eléctrica, un grado de protección mínimo IPX5. Para su apertura será necesario el uso de una herramienta.

No se admiten empalmes en los cables y canalizaciones que discurran por los volúmenes determinados por dichas superficies salvo si éstos se realizan con cajas que cumplan el requisito anterior.

4. FIGURAS DE LA CLASIFICACIÓN DE LOS VOLÚMENES

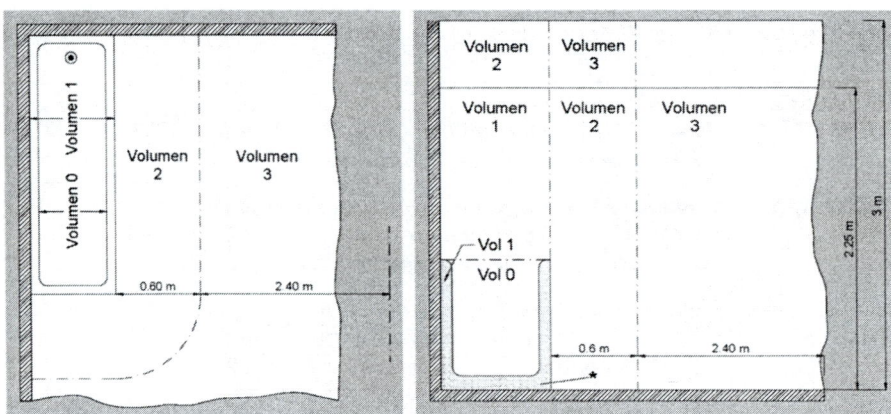

* Volumen 1 si este espacio es accesible sin el uso de una herramienta o el cierre no garantiza una protección mínima IPX4.

Volumen 3 si este espacio es accesible sólo con el uso de una herramienta y el cierre garantiza una protección mínima IPX4.

Figura 1 – *BAÑERA*

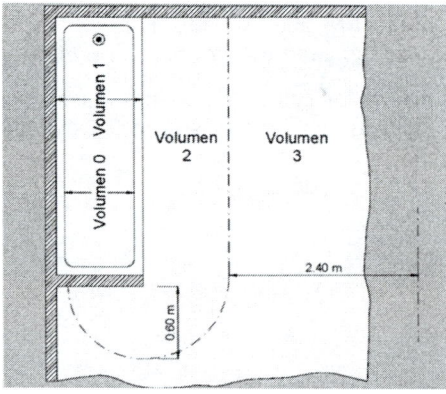

Figura 2 – *BAÑERA CON PARED FIJA*

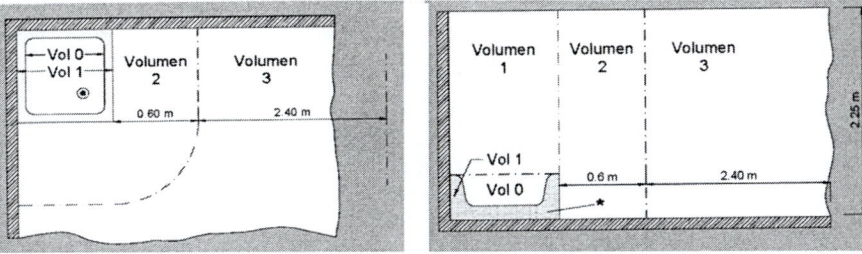

* Volumen 1 si este espacio es accesible sin el uso de una herramienta o el cierre no garantiza una protección mínima IPX4.
Volumen 3 si este espacio es accesible sólo con el uso de una herramienta y el cierre garantiza una protección mínima IPX4.

Figura 3 – *DUCHA*

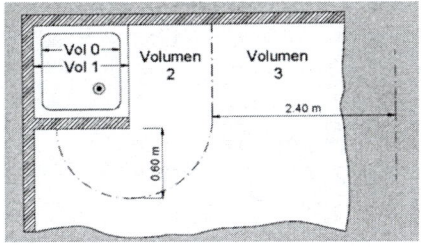

Figura 4 – *DUCHA CON PARED FIJA*

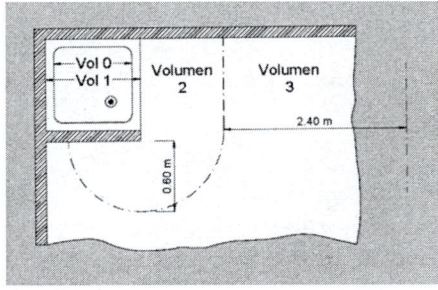

Figura 5 – *DUCHA SIN PLATO*

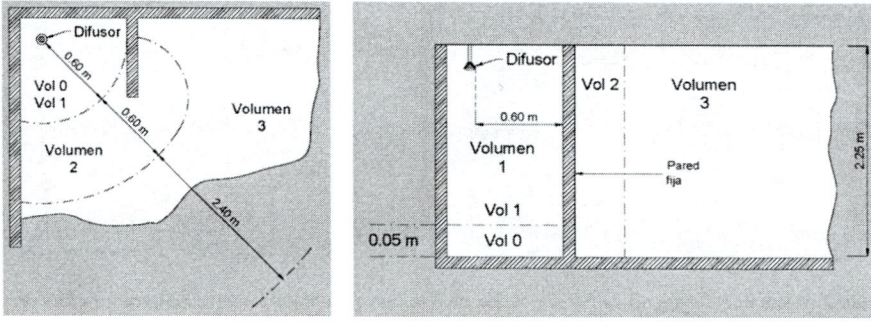

Figura 6 – *DUCHA SIN PLATO PERO CON PARED FIJA. DIFUSOR FIJO*

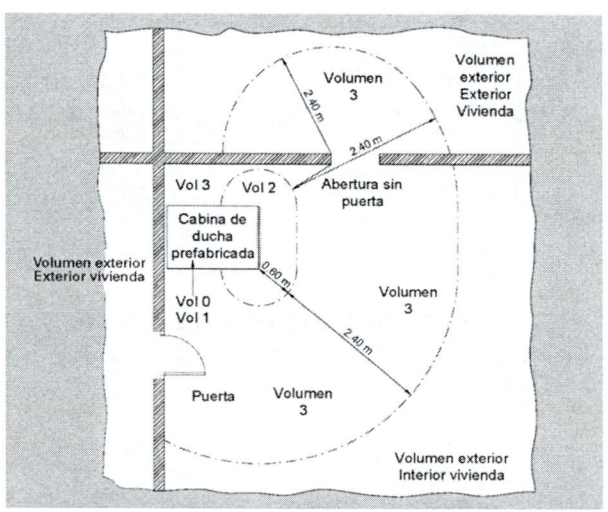

Figura 7 – *CABINA DE DUCHA PREFABRICADA*

GUÍA-BT-49

INSTALACIONES ELÉCTRICAS EN MUEBLES

Índice

Edición: Septiembre 2003. Revisión: 1

1. OBJETO Y CAMPO DE APLICACIÓN

El objeto de la presente Instrucción es determinar los requisitos de las instalaciones eléctricas en los muebles y elementos de mobiliario.

Las prescripciones de esta Instrucción son aplicables a:

– Muebles de toda clase, incluidos los muebles de despacho, mostradores, expositores, paneles fijos o móviles y análogos.

– Muebles, espejos y elementos de cuarto de baño en locales que contengan una bañera o ducha.

Los receptores que se utilicen en dichas instalaciones cumplirán los requisitos de las Directivas europeas aplicables conforme a lo establecido en el artículo 6 del Reglamento Electrotécnico para Baja Tensión. A estos efectos cualquier mueble comercializado con un equipo eléctrico montado en él (por ejemplo, luminaria, interruptor, base de toma de corriente, etc.) se considerará como un receptor.

2. MUEBLES NO DESTINADOS A INSTALARSE EN CUARTOS DE BAÑO

Se incluyen en este apartado las mesas, camas, armarios, aparadores, muebles de televisión, muebles de cocina, paneles de despacho (incluidos los tabiques movibles y amovibles), y en general muebles no situados en cuartos de baño o locales que contengan una bañera o ducha en los cuales se colocan equipos eléctricos, tales como luminarias, bases de toma de corriente, dispositivos de mando, interruptores, etc.

2.1 Aspectos generales

Los equipos y accesorios eléctricos que se coloquen en los elementos de mobiliario, estarán situados teniendo en cuenta las solicitaciones mecánicas y térmicas a las que puedan estar sometidos así como a los riesgos de incendio que puedan provocar. En particular las luminarias para instalaciones en superficies inflamables (madera, tela, etc.) deben estar marcadas con el símbolo F, según la norma UNE EN 60598-1.

El símbolo $\overline{\vee}$ incorporado en una luminaria indica que es adecuada para el montaje directo sobre superficies normalmente inflamables. Las superficies normalmente inflamables son la madera o materiales con base de madera, de más de 2 mm de espesor o también otros materiales como la tela o similares.

Que una luminaria sea adecuada para el montaje sobre este tipo de superficies inflamables asegura que en ninguna circunstancia, el funcionamiento de la luminaria pueda suponer un riesgo de inflamación o de incendio en el mueble en que se monta. Las circunstancias de funcionamiento que se consideran son:

– Fallo del balasto, transformador o equipo auxiliar de la lámpara.

– Funcionamiento anormal en cortocircuito por final de vida de la lámpara fluorescente o de descarga.

– Acercamiento excesivo de la fuente de luz a la superficie de apoyo.

Cuando la potencia disipada por los equipos eléctricos pueda producir temperaturas excesivas en un espacio cerrado, deberá instalarse un interruptor accionado por el cierre de la puerta de tal manera que los equipos queden fuera de servicio cuando la puerta esté cerrada (por ejemplo, las luminarias instaladas en las camas plegables).

2.2 Canalizaciones

Los cables se podrán colocar en tubos, canales protectoras o bien conducidos dentro de un canal realizado durante la construcción del elemento de mobiliario. La instalación de tubos y canales tiene que ser conforme a lo indicado en la ITC-BT 21.

Los cables a instalar dentro de un mueble y hasta su conexión con la instalación interior del local o vivienda serán:

– cables flexibles aislados con goma (equivalente, como mínimo, al tipo H05RR-F)

– cables flexibles aislados con policlururo de vinilo (PVC) (equivalentes como mínimo, al tipo H05VV-F)

Producto	Designación s/norma	Norma de aplicación
Tubo Curvable	2221 y no propagador de la llama	UNE-EN 50086-2-2
Tubo Flexible	4321 y no propagador de la llama	UNE-EN 50086-2-3
Canal protectora		UNE-EN 50085-1

Los cables indicados corresponden a tipos con aislamiento y una cubierta que les proporciona las características mecánicas, y por lo tanto son los adecuados a instalar en un canal interior del mueble realizado durante su construcción.

Producto		Norma de aplicación
Cable tipo H05RR-F	Cable de tensión asignada 300/500 V, con conductor de cobre clase 5 (-F) y con aislamiento (R) y cubierta de etileno proileno (R). temperatura máxima de servicio del conductor 60 °C	UNE 21.027-4
Cable tipo H05VV-F	Cable de tensión asignada 300/500 V, con conductor de cobre clase 5 (-F) y con aislamiento (V) y cubierta de policloruro de vinilo (V). temperatura máxima de servicio del conductor 70 °C	UNE 21.031-5

Nota 1: Según la norma UNE 21.022 los conductores clase 5 designados como –F, son aquéllos constituidos por numerosos alambres de pequeño diámetro que le dan la característica de flexible y son aptos para usos móviles.

Para las canalizaciones en tubos o en canales protectoras pueden utilizarse conductores unipolares aislados (tipo H07V con conductor rígido o flexible).

2.3 Sección de los conductores

La mínima sección de los conductores será de:

- 0,75 mm^2 de cobre para instalación de alumbrado exclusivamente y con conductores flexibles si la longitud entre la conexión en la instalación fija del local o vivienda y el aparato más alejado contenido en el mueble no es superior a 10 m y si éste no lleva ninguna base de toma de corriente.
- 1,5 mm^2 de cobre, flexible o rígido, en los demás casos si no hay bases de toma de corriente.
- 2,5 mm^2 de cobre, flexible o rígido, en cualquier caso, si hay bases de toma de corriente.

Sólo se podrán instalar conductores rígidos (de clase 1 o de clase 2) cuando estén alojados en el interior de tubos o canales protectores.

2.4 Protección mecánica de los cables

Los cables deben estar convenientemente protegidos contra todo daño y en especial contra la tracción y torsión, para lo cual se colocarán dispositivos antitracción en los puntos de penetración de los aparatos y próximos a las conexiones.

Los cables estarán fijados a las paredes de los muebles y en los extremos de los vanos existentes.

2.5 Conexiones

Las conexiones deben efectuarse mediante tomas de corriente o bornes situados en cajas con grado de protección mínimo IP 3X y cuya tapa sólo pueda ser abierta con la ayuda de una llave o de un útil.

Las cajas deben estar colocadas de tal manera que estén protegidas contra todo daño mecánico.

Producto	*Norma de aplicación*
Tomas de corriente	*UNE 20315*
Bornes de conexión	*UNE-EN 60998*
Cajas de empalme y/o derivación	*UNE 20451*

3. MUEBLES EN CUARTO DE BAÑO

Para las instalaciones de muebles con equipo eléctrico en cuartos de baño o aseo o locales que contengan una bañera o ducha, se tendrán en cuenta los volúmenes y prescripciones definidas en la ITC-BT-27.

Para la conexión a la instalación fija, los muebles deben llevar una caja de conexión con bornes fija, independientemente de cuál sea su equipo eléctrico. Los dispositivos de conexión de los conductores exteriores de la instalación de la edificación no deberán usarse para la conexión de conductores internos. Dicha caja de conexión con bornes debe ser accesible únicamente después de retirar una tapa o cubierta con la ayuda de una herramienta. El borne de tierra, si existe, estará identificado con su símbolo normalizado correspondiente y se conectará a la instalación de tierra del edificio.

Los muebles con equipo eléctrico para instalarse en cuartos de baño o aseo deberán ser fijos.

UNIDAD TEMÁTICA N.º 4

LOCALES DE PÚBLICA CONCURRENCIA

Resumen del contenido

GUÍA-BT-28

INSTALACIONES EN LOCALES DE PÚBLICA CONCURRENCIA

Índice

Edición: Marzo 2015. Revisión: 3

DIFERENCIAS MÁS SIGNIFICATIVAS CON EL REBT ANTERIOR:

– *Se separa la instalación de quirófanos en una Instrucción específica e independiente (ITC-BT-38).*

– *Se introduce la prescripción de alumbrado de balizamiento en rampas y escaleras.*

– *Se hace una nueva división del alumbrado de emergencia y se establecen numerosos requisitos adicionales, algunos de ellos de sus características fotométricas.*

– *El alumbrado de emergencia realizado con bloques autónomos no necesita un circuito independiente.*

– *Se establecen requisitos específicos de comportamiento al fuego para los cables y sistemas de conducción de cables.*

---

1. CAMPO DE APLICACIÓN

La presente instrucción se aplica a locales de pública concurrencia como:

Locales de espectáculos y actividades recreativas:

Cualquiera que sea su capacidad de ocupación, como por ejemplo, cines, teatros, auditorios, estadios, pabellones deportivos, plazas de toros, hipódromos, parques de atracciones y ferias fijas, salas de fiesta, discotecas, salas de juegos de azar.

Locales de reunión, trabajo y usos sanitarios:

– Cualquiera que sea su ocupación, los siguientes: Templos, museos, salas de conferencias y congresos, casinos, hoteles, hostales, bares, cafeterías, restaurantes o similares, zonas comunes en agrupaciones de establecimientos comerciales, aeropuertos, estaciones de viajeros, estacionamientos cerrados y cubiertos para más de 5 vehículos, hospitales, ambulatorios y sanatorios, asilos y guarderías.

– Si la ocupación prevista es de más de 50 personas: bibliotecas, centros de enseñanza, consultorios médicos, establecimientos comerciales, oficinas con presencia de público, residencias de estudiantes, gimnasios, salas de exposiciones, centros culturales, clubes sociales y deportivos.

La ocupación prevista de los locales se calculará como 1 persona por cada 0,8 m^2 de superficie útil, a excepción de pasillos, repartidores, vestíbulos y servicios.

Para las instalaciones en quirófanos y salas de intervención se establecen requisitos particulares en la ITC-BT-38.

Igualmente se aplican a aquellos locales clasificados en condiciones BD2, BD3 y BD4, según la norma UNE 20.460-3 y a todos aquellos locales no contemplados en los apartados anteriores, cuando tengan una capacidad de ocupación de más de 100 personas.

Para determinar si un local es de pública concurrencia se debe considerar la previsión de presencia de personas ajenas al mismo en lo relativo a la aplicación de los límites reglamentarios de 50 ó 100 personas, la capacidad de ocupación del local, y la facilidad de evacuación en caso de emergencia.

La calificación de local de pública concurrencia se puede aplicar tanto a un único local u oficina, una agrupación de locales u oficinas, un edificio completo o a parte o partes de un edificio.

Cuando un edificio o local completo es considerado como de pública concurrencia, todas sus dependencias están consideradas también como de pública concurrencia. Por ejemplo, en el caso de un teatro, los camerinos o los despachos del personal, aunque no estén abiertos al público, también se consideran locales de pública concurrencia.

Dada la dificultad para establecer una definición precisa de "local de pública concurrencia", serán locales de pública concurrencia cualquier local de características y uso similar a los listados en la ITC-BT.

Por ejemplo: canódromos y parques temáticos son asimilables a hipódromos y parques de atracciones respectivamente. Pensiones se asimilan a hostales. El uso veterinario se asimila a centro sanitario. Las zonas comunes de edificios destinados a oficinas se asimilan a las zonas comunes en agrupaciones de establecimientos comerciales.

Para el caso de centros de trabajo (fábricas, talleres, etc.) se deberá tener en cuenta la reglamentación de protección contra incendios en establecimientos industriales.

En lo relativo a los estacionamientos mencionados en la ITC-BT-28, se considerarán de pública concurrencia, si éstos son de uso público. No obstante, para los estacionamientos de uso no público, se considerará lo que en este sentido establezca el Código Técnico de la Edificación.

Tabla A. *Resumen de tipos de locales de pública concurrencia.*

TIPOS DE LOCAL		EJEMPLOS	SERÁ LOCAL DE PÚBLICA CONCURRENCIA
1. Espectáculos y actividades recreativas		*Cines, teatros, auditorios, estadios, pabellones de deportes, plazas de toros, hipódromos, parques de atracciones, ferias, salas de fiesta, discotecas, salas de juegos de azar.*	*siempre*
2. Locales de reunión, trabajo y usos sanitarios	*2.1. Locales de reunión*	*Templos, salas de conferencias y congresos, bares, cafeterías, restaurantes, museos, casinos, hoteles, hostales, zonas comunes de centros comerciales, aeropuertos, estaciones de viajeros, parking de uso público cerrado de más de 5 vehículos, asilos, guarderías.*	*siempre*
		centros de enseñanza, bibliotecas, establecimientos comerciales, residencias de estudiantes, gimnasios, salas de exposiciones, centros culturales, clubes sociales y deportivos	*Ocupación > 50 personas ajenas al local*
	2.2. Locales de trabajo	*Oficinas con presencia de público,*	*Ocupación > 50 personas ajenas al local*
	2.3. Locales de uso sanitario	*Hospitales, ambulatorios, sanatorios,*	
		consultorios médicos, clínicas	*Ocupación > 50 personas ajenas al local*
3. Según dificultad de evacuación de cualquier local	*3.1. BD2 (baja densidad de ocupación, difícil evacuación)*	*Edificios de gran altura, sótanos.*	*siempre*
	3.2. BD3 (alta densidad de ocupación, fácil evacuación)	*Locales abiertos al público: grandes almacenes*	
	3.3. BD4 (alta densidad de ocupación, difícil evacuación)	*Edificios de gran altura abiertos al público. Locales en sótanos, abiertos al público.*	
4. Otros locales		*Cualquier local no incluido en los otros epígrafes con capacidad superior a 100 personas ajenas al local*	*siempre*

Nota 1: Cuando un local pueda estar considerado bajo dos epígrafes, uno de ellos "siempre obligatorio" y el otro "dependa de la ocupación", se tomará la condición de "siempre obligatorio".
Nota 2: Cuando en un local sea difícil evaluar el número de personas ajenas al mismo o la dificultad de evacuación en caso de emergencia, se considerará el local como de pública concurrencia.

Para el cálculo de ocupación, la superficie a considerar será la útil excluyendo pasillos, repartidores y servicios. Se entiende por servicios todos aquellos que conlleva la actividad que se desarrolla en el local, como por ejemplo: Almacenes, oficinas privadas, zonas exclusivas del personal, aseos, archivos, escaparates, cuartos de calderas o cuartos de máquinas y en general todos aquellos espacios que no estén ocupados por el publico ajeno al mismo.

Dado que la determinación de la superficie útil de cada local de pública concurrencia depende de su actividad y teniendo en cuenta que existen valores de densidad de ocupación particularizados para cada tipo de actividad tanto en la NBE- CPI 96, como en el futuro

Código Técnico de la Edificación (CTE), se recomienda que el cálculo de la ocupación del local se realice utilizando los valores indicados en éstos últimos y en el caso de que la actividad del local no esté contemplada en ellos se utilice el valor genérico indicado en esta ITC-BT-28.

Dentro del campo de aplicación de esta instrucción se encuentran algunos locales que, sin ser considerados de pública concurrencia, tienen prescripciones de iluminación especiales, como por ejemplo, las escaleras de evacuación de los edificios de viviendas, la zonas clasificadas como de riesgo especial en el artículo 19 de la NBE-CPI/96 (ver apartado 3.3.1).

Esta instrucción tiene por objeto garantizar la correcta instalación y funcionamiento de los servicios de seguridad, en especial aquéllos dedicados a alumbrado que faciliten la evacuación segura de las personas o la iluminación de puntos vitales de los edificios.

Se consideran servicios de seguridad aquéllos esenciales para mantener la seguridad de las personas que se indican en el apartado 2 de esta ITC-BT.

2. ALIMENTACIÓN DE LOS SERVICIOS DE SEGURIDAD

En el presente apartado se definen las características de la alimentación de los servicios de seguridad tales como alumbrados de emergencia, sistemas contra incendios, ascensores u otros servicios urgentes indispensables que están fijados por las reglamentaciones específicas de las diferentes Autoridades competentes en materia de seguridad.

La alimentación de los servicios de seguridad no implica necesariamente el disponer de un suministro complementario o de seguridad de los definidos en el artículo 10 del RBT, ya que se pueden utilizar otros sistemas como baterías de acumuladores con la autonomía de funcionamiento requerida. En el apartado 2.3 se indican concretamente los locales de pública concurrencia que deben disponer de suministro complementario o de seguridad.

La alimentación para los servicios de seguridad, en función de lo que establezcan las reglamentaciones específicas, puede ser automática o no automática.

En una alimentación automática la puesta en servicio de la alimentación no depende de la intervención de un operador.

Una alimentación automática se clasifica, según la duración de conmutación, en las siguientes categorías:

- Sin corte: alimentación automática que puede estar asegurada de forma continua en las condiciones especificadas durante el periodo de transición, por ejemplo, en lo que se refiere a las variaciones de tensión y frecuencia.
- Con corte muy breve: alimentación automática disponible en 0,15 segundos como máximo.
- Con corte breve: alimentación automática disponible en 0,5 segundos como máximo.
- Con corte mediano: alimentación automática disponible en 15 segundos como máximo.
- Con corte largo: alimentación automática disponible en más de 15 segundos.

La conmutación no automática se considera conmutación con corte largo.

Es posible conseguir una alimentación automática sin corte cuando se disponga de una UPS o aparato autónomo que nos proporciona el consumo eléctrico requerido durante la conmutación.

2.1 Generalidades y fuentes de alimentación

Para los servicios de seguridad la fuente de energía debe ser elegida de forma que la alimentación esté asegurada durante un tiempo apropiado.

Para que los servicios de seguridad funcionen en caso de incendio, los equipos y materiales utilizados deben presentar, por construcción o por instalación, una resistencia al fuego de duración apropiada.

Los equipos y materiales utilizados, que cumplan con las normas indicadas en esta Guía-BT, se considera que reúnen las características de resistencia al fuego y duración exigidas.

Se elegirán preferentemente medidas de protección contra los contactos indirectos sin corte automático al primer defecto. En el esquema IT debe preverse un controlador permanente de aislamiento que al primer defecto emita una señal acústica o visual.

En caso de fallo de la alimentación normal se recomienda utilizar un esquema IT para la alimentación de los servicios de seguridad que no sean autónomos. Solamente cuando se emplee el esquema IT la protección contra contactos indirectos deberá ser sin corte al primer defecto.

Producto	Norma de aplicación
Dispositivos de control de aislamiento para sistemas IT	*UNE-EN 61557-8*

Los equipos y materiales deberán disponerse de forma que se facilite su verificación periódica, ensayos y mantenimiento.

Se pueden utilizar las siguientes fuentes de alimentación:

– Baterías de acumuladores. Generalmente las baterías de arranque de los vehículos no satisfacen las prescripciones de alimentación para los servicios de seguridad

– Generadores independientes

– Derivaciones separadas de la red de distribución, efectivamente independientes de la alimentación normal

Las fuentes para servicios complementarios o de seguridad deben estar instaladas en lugar fijo y de forma que no puedan ser afectadas por el fallo de la fuente normal.

Además, con excepción de los equipos autónomos, deberán cumplir las siguientes condiciones:

– se instalarán en emplazamiento apropiado, accesible solamente a las personas cualificadas o expertas.

– el emplazamiento estará convenientemente ventilado, de forma que los gases y los humos que produzcan no puedan propagarse en los locales accesibles a las personas.

– no se admiten derivaciones separadas, independientes y alimentadas por una red de distribución pública, salvo si se asegura que las dos derivaciones no puedan fallar simultáneamente.

– cuando exista una sola fuente para los servicios de seguridad, ésta no debe ser utilizada para otros usos. Sin embargo, cuando se dispone de varias fuentes, pueden utilizarse igualmente como fuentes de reemplazamiento, con la condición, de que en caso de fallo de una de ellas, la potencia todavía disponible sea suficiente para garantizar la puesta en funcionamiento de todos los servicios de seguridad, siendo necesario generalmente, el corte automático de los equipos no concernientes a la seguridad.

2.2 Fuentes propias de energía

Fuente propia de energía es la que está constituida por baterías de acumuladores, aparatos autónomos o grupos electrógenos.

La puesta en funcionamiento se realizará al producirse la falta de tensión en los circuitos alimentados por los diferentes suministros procedentes de la Empresa o Empresas distribuidoras de energía eléctrica, o cuando aquella tensión descienda por debajo del 70% de su valor nominal.

La capacidad mínima de una fuente propia de energía será, como norma general, la precisa para proveer al alumbrado de seguridad en las condiciones señaladas en el apartado 3.1 de esta instrucción.

2.3 Suministros complementarios o de seguridad

El suministro normal es el que se efectúa habitualmente por una empresa suministradora; el suministro complementario se efectúa por la misma empresa suministradora, cuando disponga de medios de distribución de energía independientes, por otra empresa suministradora distinta o por el usuario mediante medios de producción propios.

Los suministros complementarios se clasifican según el artículo 10 del RBT en tres tipos:

– Suministro de socorro: limitado a una potencia receptora mínima del 15% del total contratado para el suministro normal.

– Suministro de reserva: limitado a una potencia receptora mínima del 25% del total contratado para el suministro normal.

– Suministro duplicado: capaz de mantener un servicio mayor del 50% de la potencia total contratada para el suministro normal.

La conmutación del suministro normal al de seguridad en caso de fallo del primero se debe realizar de forma que se impida el acoplamiento entre ambos suministros. Esta conmutación se puede realizar mediante interruptores automáticos motorizados con enclavamiento mecánico y eléctrico o conmutadores motorizados.

El artículo 10 del RBT indica que se considera suministro complementario aquel que, aun partiendo del mismo transformador, dispone de línea de distribución independiente del suministro normal desde su mismo origen en baja tensión. Por tanto, pueden considerarse *independientes los suministros de energía en baja tensión a un mismo usuario siempre que las canalizaciones o circuitos de alimentación estén protegidos separadamente en origen, aunque partan de un mismo transformador AT/BT.*

No obstante, para mejorar la fiabilidad del suministro complementario, es conveniente que cuando tanto el suministro normal como el suministro de seguridad procedan de la red de distribución pública, las líneas de alimentación de ambos suministros procedan de transformadores de distribución distintos.

Todos los locales de pública concurrencia deberán disponer de alumbrado de emergencia.

Esta prescripción no implica que todos los locales de pública concurrencia deban disponer también de un suministro complementario, sino únicamente los que se indican a continuación:

Deberán disponer de suministro de socorro los locales de espectáculos y actividades recreativas cualquiera que sea su ocupación y los locales de reunión, trabajo y usos sanitarios con una ocupación prevista de más de 300 personas.

Deberán disponer de suministro de reserva:

– Hospitales, clínicas, sanatorios, ambulatorios y centros de salud
– Estaciones de viajeros y aeropuertos
– Estacionamientos subterráneos para más de 100 vehículos
– Establecimientos comerciales o agrupaciones de éstos en centros comerciales de más de 2.000 m^2 de superficie
– Estadios y pabellones deportivos

Cuando un local se pueda considerar tanto en el grupo de locales que requieren suministro de socorro como en el grupo que requieren suministro de reserva, se instalará suministro de reserva.

En aquellos locales singulares, tales como los establecimientos sanitarios, grandes hoteles de más de 300 habitaciones, locales de espectáculos con capacidad para más de 1.000 espectadores, estaciones de viajeros, estacionamientos subterráneos con más de 100 plazas, aeropuertos y establecimientos comerciales o agrupaciones de éstos en centros comerciales de más de 2.000 m^2 de superficie, las fuentes propias de energía deberán poder suministrar, con independencia de los alumbrados especiales, la potencia necesaria para atender servicios urgentes indispensables cuando sean requeridos por la autoridad competente.

La referencia en el texto anterior a alumbrados especiales debe entenderse como alumbrado de emergencia.

La entrada en funcionamiento de los dispositivos de seguridad debe producirse cuando la tensión de alimentación desciende por debajo del 70% de la tensión nominal, aunque teniendo en cuenta que este límite es el valor mínimo inferior, se considerará adecuado que entren en funcionamiento cuando la tensión nominal esté comprendida entre el 80% y el 70% de su valor nominal.

Tabla B. *Resumen de suministros de seguridad.*

Alumbrado de emergencia	Grupos de Locales	Suministro de socorro	Locales específicos	Suministro de reserva
siempre	Espectáculos	siempre	Estadios y pabellones deportivos	siempre
	Actividades recreativas		---	---
	Reunión	ocupación mayor de 300 perso- nas ajenas al centro	Estaciones - aeropuertos	siempre
			Estacionamientos subterráneos de uso público	más de 100 vehículos
			Comercios y centros comerciales	más de 2000 m² de superficie
	Trabajo		---	---
	Uso sanitario		Hospitales, clínicas, sanatorios y centros de salud	siempre

Nota: cuando se requiere suministro de socorro y de reserva se instalará el de reserva únicamente.

3. ALUMBRADO DE EMERGENCIA

Las instalaciones destinadas a alumbrado de emergencia tienen por objeto asegurar, en caso de fallo de la alimentación al alumbrado normal, la iluminación en los locales y accesos hasta las salidas, para una eventual evacuación del público o iluminar otros puntos que se señalen.

La alimentación del alumbrado de emergencia será automática con corte breve.

Se incluyen dentro de este alumbrado el alumbrado de seguridad y el alumbrado de reemplazamiento.

3.1 Alumbrado de seguridad

Es el alumbrado de emergencia previsto para garantizar la seguridad de las personas que evacuen una zona o que tienen que terminar un trabajo potencialmente peligroso antes de abandonar la zona.

El alumbrado de seguridad estará previsto para entrar en funcionamiento automáticamente cuando se produce el fallo del alumbrado general o cuando la tensión de éste baje a menos del 70% de su valor nominal.

La instalación de este alumbrado será fija y estará provista de fuentes propias de energía. Sólo se podrá utilizar el suministro exterior para proceder a su carga, cuando la fuente propia de energía esté constituida por baterías de acumuladores o aparatos autónomos automáticos.

Esquema explicativo del alumbrado de emergencia

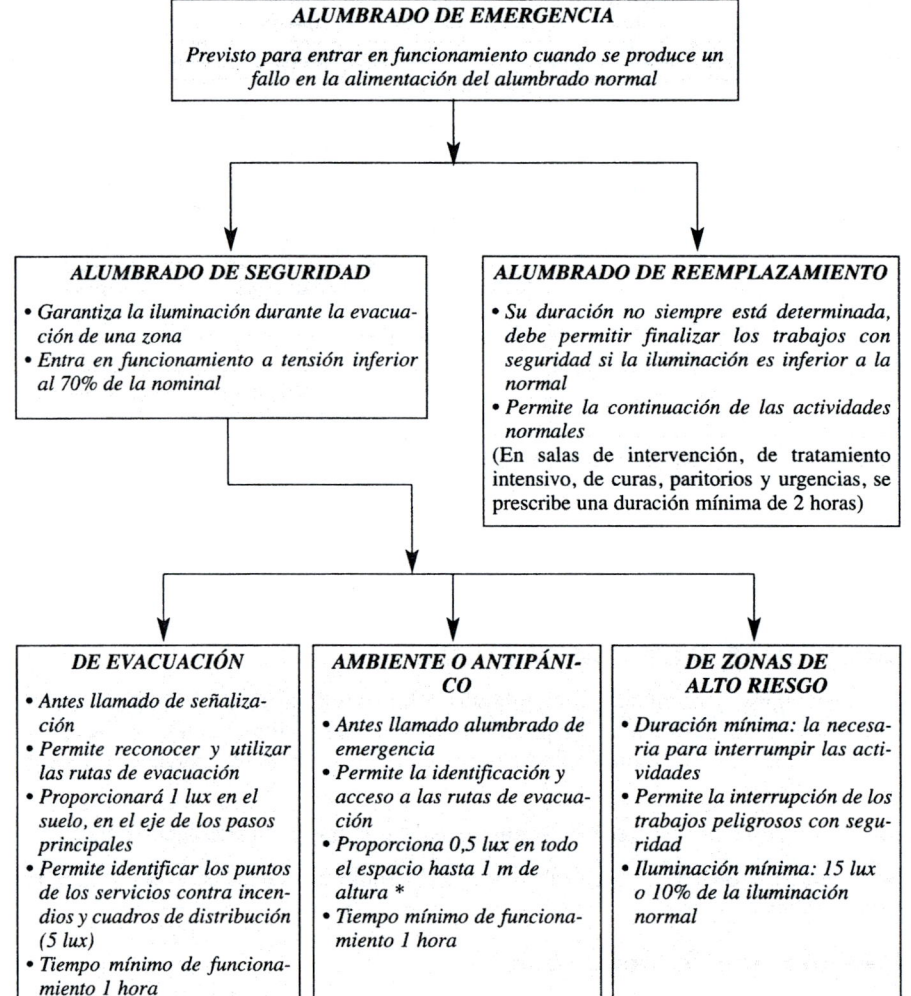

3.1.1 Alumbrado de evacuación

Es la parte del alumbrado de seguridad previsto para garantizar el reconocimiento y la utilización de los medios o rutas de evacuación cuando los locales estén o puedan estar ocupados.

En rutas de evacuación, el alumbrado de evacuación debe proporcionar, a nivel del suelo y en el eje de los pasos principales, una iluminancia horizontal mínima de 1 lux.

En los puntos en los que estén situados los equipos de las instalaciones de protección contra incendios que exijan utilización manual y en los cuadros de distribución del alumbrado, la iluminancia mínima será de 5 lux.

La relación entre la iluminancia máxima y la mínima en el eje de los pasos principales será menor de 40.

El alumbrado de evacuación deberá poder funcionar, cuando se produzca el fallo de la alimentación normal, como mínimo durante una hora, proporcionando la iluminancia prevista.

Se debe garantizar que las vías de evacuación de los locales de pública concurrencia estén siempre señalizadas e iluminadas cuando el local esté o pueda estar ocupado. Bien sea con alumbrado normal o con alumbrado de evacuación.

La función de señalización se debe realizar mediante señales con símbolos normalizados.

Cuando no se produzca fallo de la alimentación, el alumbrado normal puede realizar la función de iluminación de las vías de evacuación, ya que el local no podrá estar ocupado cuando el alumbrado normal no esté encendido. En este caso se debe garantizar que su interrupción no pueda ser realizada por el público en general, sino sólo por personal autorizado.

No obstante, hay determinados locales en los que el alumbrado normal no garantiza la identificación de las rutas de evacuación porque, o es insuficiente o no está permanentemente encendido, en cuyo caso deberá complementarse con otro tipo de alumbrado que permita la identificación de las mencionadas rutas de evacuación (puertas, pasillos, escaleras, etc.).

Ejemplos de estos tipos de situación: garajes en los que el alumbrado sea temporizado y pueda apagarse; hoteles u hospitales en los que en horario nocturno el alumbrado normal se reduce a valores insuficientes; rutas de evacuación que discurren por zonas habitualmente no iluminadas; etc.

El proyecto de instalación del local de pública concurrencia deberá detallar los recorridos de evacuación, así como los valores de iluminancia previstos. Por ejemplo:

– *En un salón de espectáculos, los pasillos de acceso a las butacas formarían parte de este recorrido siendo el origen del mismo los extremos de cada línea de butacas.*

– *En viviendas y recintos pequeños de baja densidad de ocupación y de menos de 50 m^2 (como habitaciones de hotel, o de hospitales, oficinas), el origen del recorrido de evacuación es la puerta de la vivienda o del recinto.*

– *Cuando hay varios recintos comunicados entre sí, cuya superficie total es inferior a 50 m^2 también puede considerarse la puerta de salida a los espacios generales de circulación como el origen de la ruta de evacuación.*

– *En garajes las rutas de evacuación incluyen todas las calles donde haya plazas de aparcamiento.*

– *En los centros comerciales con comercios de superficie inferior a 50 m^2, las puertas de los mismos son el origen de las rutas de evacuación.*

3.1.2 Alumbrado ambiente o anti-pánico

Es la parte del alumbrado de seguridad previsto para evitar todo riesgo de pánico y proporcionar una iluminación ambiente adecuada que permita a los ocupantes identificar y acceder a las rutas de evacuación e identificar obstáculos.

El alumbrado ambiente o anti-pánico debe proporcionar una iluminancia horizontal mínima de 0,5 lux en todo el espacio considerado, desde el suelo hasta una altura de 1 m.

La relación entre la iluminancia máxima y la mínima en todo el espacio considerado será menor de 40.

El alumbrado ambiente o anti-pánico deberá poder funcionar, cuando se produzca el fallo de la alimentación normal, como mínimo durante una hora, proporcionando la iluminancia prevista.

Para cumplir los requisitos de iluminación de alumbrado de evacuación y ambiente con un único equipo de alumbrado de emergencia, se recomienda su instalación al menos 2 m por encima del suelo salvo en casos especiales como salas de proyección, cines y teatros.

3.1.3 Alumbrado de zonas de alto riesgo

Es la parte del alumbrado de seguridad previsto para garantizar la seguridad de las personas ocupadas en actividades potencialmente peligrosas o que trabajan en un entorno peligroso.

Permite la interrupción de los trabajos con seguridad para el operador y para los otros ocupantes del local.

El alumbrado de las zonas de alto riesgo debe proporcionar una iluminancia mínima de 15 lux o el 10% de la iluminancia normal, tomando siempre el mayor de los valores.

La relación entre la iluminancia máxima y la mínima en todo el espacio considerado será menor de 10.

El alumbrado de las zonas de alto riesgo deberá poder funcionar, cuando se produzca el fallo de la alimentación normal, como mínimo el tiempo necesario para abandonar la actividad o zona de alto riesgo.

3.2 Alumbrado de reemplazamiento

Parte del alumbrado de emergencia que permite la continuidad de las actividades normales.

Cuando el alumbrado de reemplazamiento proporcione una iluminancia inferior al alumbrado normal, se usará únicamente para terminar el trabajo con seguridad.

Se puede utilizar el mismo aparato de alumbrado de emergencia para cubrir los requisitos de varios tipos de alumbrado simultáneamente, como por ejemplo alumbrado de evacuación y antipánico.

3.3 Lugares en que deberán instalarse alumbrado de emergencia

3.3.1 Con alumbrado de seguridad

Es obligatorio situar el alumbrado de seguridad en las siguientes zonas de los locales de pública concurrencia:

a) en todos los recintos cuya ocupación sea mayor de 100 personas.

b) los recorridos generales de evacuación de zonas destinadas a usos residencial u hospitalario y los de zonas destinadas a cualquier otro uso que estén previstos para la evacuación de más de 100 personas.

c) en los aseos generales de planta en edificios de acceso público.

d) en los estacionamientos cerrados y cubiertos para más de 5 vehículos, incluidos los pasillos y las escaleras que conduzcan desde aquéllos hasta el exterior o hasta las zonas generales del edificio.

e) en los locales que alberguen equipos generales de las instalaciones de protección.

f) en las salidas de emergencia y en las señales de seguridad reglamentarias.

g) en todo cambio de dirección de la ruta de evacuación.

h) en toda intersección de pasillos con las rutas de evacuación.

i) en el exterior del edificio, en la vecindad inmediata a la salida.

j) cerca[1] de las escaleras, de manera que cada tramo de escaleras reciba una iluminación directa.

k) cerca[1] de cada cambio de nivel.

l) cerca[1] de cada puesto de primeros auxilios.

m) cerca[1] de cada equipo manual destinado a la prevención y extinción de incendios.

n) en los cuadros de distribución de la instalación de alumbrado de las zonas indicadas anteriormente.

[1] Cerca significa a una distancia inferior a 2 metros, medida horizontalmente.

En las zonas incluidas en los apartados m) y n), el alumbrado de seguridad proporcionará una iluminancia mínima de 5 lux al nivel de operación.

Sólo se instalará alumbrado de seguridad para zonas de alto riesgo en las zonas que así lo requieran, según lo establecido en 3.1.3.

También será necesario instalar alumbrado de evacuación, aunque no sea un local de pública concurrencia, en todas las escaleras de incendios, en particular toda escalera de evacuación de edificios para uso de viviendas excepto las unifamiliares; así como toda zona clasificada como de riesgo especial en el artículo 19 de la Norma Básica de Edificación NBE-CPI-96.

El artículo 19 de la NBE-CPI-96 incluye los siguientes locales y zonas como de riesgo especial:

– Cuarto de baterías de acumuladores de tipo no estanco centralizadas,

– Talleres de mantenimiento, almacenes de lencería, de mobiliario, de limpieza o de otros elementos combustible cuando el volumen total de la zona sea mayor que 100 m^3.

– Depósitos de basura y residuos cuando la superficie construida sea mayor de 5 m^2.

– Archivos de documentos, depósitos de libros, o cualquier otro uso para el que se prevea la acumulación de papel, cuando la superficie construida sea mayor de 25 m^2.

– *Cocinas cuya superficie construida sea mayor de 50 m² y no estén protegidas con sistema automático de extinción.*

– *Garajes y aparcamientos de uso público como máximo de 5 vehículos y todos los de uso privado.*

– *Los trasteros de viviendas cuando su superficie total construida sea mayor de 50 m².*

– *Imprentas y locales anejos, cuando el volumen sea mayor de 100 m³.*

– *Reprografías y locales anejos cuando el volumen sea mayor de 200 m³.*

– *Zonas destinadas a la destrucción de documentación, cuando su superficie construida sea mayor de 15 m².*

– *A criterio del autor del proyecto, los laboratorios y talleres de centros universitarios y de formación profesional dependiendo de la cantidad y grado de peligrosidad de los productos utilizados y el riesgo de los procesos en que se utilicen dichos productos.*

– *Locales comerciales con almacenes que contengan productos combustibles en los que la carga de fuego total aportada por éstos sea superior a 50.000 MJ. Ejemplos orientativos de éstos son: almacenes de pinturas, barnices y librería de más de 50 m³, de farmacia y deportes de más de 62,5 m³, de alimentación y papelería de más de 71,4 m³, de ropa de más de 83 m³.*

3.3.2 Con alumbrado de reemplazamiento

En las zonas de hospitalización, la instalación de alumbrado de emergencia proporcionará una iluminancia no inferior de 5 lux y durante 2 horas como mínimo. Las salas de intervención, las destinadas a tratamiento intensivo, las salas de curas, paritorios, urgencias dispondrán de un alumbrado de reemplazamiento que proporcionará un nivel de iluminancia igual al del alumbrado normal durante 2 horas como mínimo.

En las zonas de hospitalización la iluminancia mínima prescrita se entiende horizontal y se medirá a nivel del suelo y en el eje de los pasos principales.

3.4 Prescripciones de los aparatos para alumbrado de emergencia

3.4.1 Aparatos autónomos para alumbrado de emergencia

Luminaria que proporciona alumbrado de emergencia de tipo permanente o no permanente en la que todos los elementos, tales como la batería, la lámpara, el conjunto de mando y los dispositivos de verificación y control, si existen, están contenidos dentro de la luminaria o a una distancia inferior a 1 m de ella.

Los aparatos autónomos destinados a alumbrado de emergencia deberán cumplir las normas UNE-EN 60.598 -2-22 y la norma UNE 20.392 o UNE 20.062, según sea la luminaria para lámparas fluorescentes o incandescentes, respectivamente.

Producto	Norma de aplicación
Luminaria para alumbrado de emergencia	*UNE-EN 60598-2-22*
Aparatos autónomos para alumbrado de emergencia con lámparas de fluorescencia	*UNE 20392*
Aparatos autónomos para alumbrado de emergencia con lámparas de incandescencia	*UNE 20062*
Nota: Las luminarias de emergencia deben tener un dispositivo de puesta en reposo integrado o a distancia con objeto de evitar la descarga de las baterías cuando no sea necesaria la iluminación de emergencia.	

Las luminarias para alumbrado de emergencia pueden ser de los siguientes tipos:

		CON TENSIÓN DE RED	CON FALLO DE RED
PERMANENTE *Las lámparas para alumbrado de emergencia están alimentadas permanentemente, ya se requiera el alumbrado normal o el de emergencia.*			
NO PERMANENTE *Las lámparas para alumbrado de emergencia están en funcionamiento únicamente cuando falla la alimentación del alumbrado normal.*			
COMBINADO *Contiene 2 o más lámparas, de las que al menos una está alimentada a partir de la alimentación de alumbrado de emergencia y las otras a partir de la alimentación de alumbrado normal.*	*PERMANENTE*		
	NO PERMANENTE		

MARCADO DE LOS APARATOS DE EMERGENCIA

En función de la construcción de la luminaria el marcado que debe aparecer sobre el aparato, se indica de la siguiente forma:

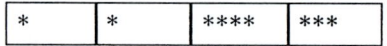

*	*	****	***

*1ª celda indica el **TIPO de la luminaria**:*
   X aparato autónomo
   Z aparato alimentado por fuente central

*2ª celda indica el **modo de funcionamiento***
   0 No permanente
   1 Permanente
   2 Combinado no permanente
   3 Combinado permanente
   4 Compuesto no permanente
   5 Compuesto permanente
   6 Satélite

*3ª **dispositivos***
   A dispositivo de verificación incorporado
   B con puesta en estado de reposo a distancia
   C con puesta en estado de neutralización
   D luminaria para zonas de alto riesgo

*4ª celda, sólo en aparatos autónomos, indica la **duración** en minutos*
   *60   1 hora (valor mínimo según el RBT)
   120   2 horas
   180   3 horas

Ejemplo

X	2	*B**	*60

Significaría: Aparato autónomo, Combinado no permanente, con puesta en estado de reposo a distancia y 60 minutos de duración.

Transitoriamente y hasta octubre de 2005 el marcado sobre el aparato puede incluir únicamente en letra:

• El tipo de luminaria y dispositivo de verificación.

• Modo de funcionamiento Permanente, No Permanente o Combinado.

• Duración en horas.

3.4.2 Luminaria alimentada por fuente central

Luminaria que proporciona alumbrado de emergencia de tipo permanente o no permanente y que está alimentada a partir de un sistema de alimentación de emergencia central, es decir, no incorporado en la luminaria.

Las luminarias que actúan como aparatos de emergencia alimentados por fuente central deberán cumplir lo expuesto en la norma UNE-EN 60.598-2-22.

Los distintos aparatos de control, mando y protección generales para las instalaciones del alumbrado de emergencia por fuente central entre los que figurará un voltímetro de clase 2,5 por lo menos, se dispondrán en un cuadro único, situado fuera de la posible intervención del público.

Las líneas que alimentan directamente los circuitos individuales de los alumbrados de emergencia alimentados por fuente central, estarán protegidas por interruptores automáticos con una intensidad nominal de 10 A como máximo. Una misma línea no podrá alimentar más de 12 puntos de luz o, si en la dependencia o local considerado existiesen varios puntos de luz para alumbrado de emergencia, éstos deberán ser repartidos, al menos, entre dos líneas diferentes, aunque su número sea inferior a doce.

Las canalizaciones que alimenten los alumbrados de emergencia alimentados por fuente central se dispondrán, cuando se instalen sobre paredes o empotradas en ellas, a 5 cm como mínimo, de otras canalizaciones eléctricas y, cuando se instalen en huecos de la construcción estarán separadas de éstas por tabiques incombustibles no metálicos.

4. PRESCRIPCIONES DE CARÁCTER GENERAL

Las instalaciones en los locales de pública concurrencia, cumplirán las condiciones de carácter general que a continuación se señalan.

a) El cuadro general de distribución deberá colocarse en el punto más próximo posible a la entrada de la acometida o derivación individual y se colocará junto o sobre él, los dispositivos de mando y protección establecidos en la instrucción ITC-BT-17. Cuando no sea posible la instalación del cuadro general en este punto, se instalará en dicho punto un dispositivo de mando y protección.

En general, el dispositivo a instalar será un interruptor automático magnetotérmico.

Del citado cuadro general saldrán las líneas que alimentan directamente los aparatos receptores o bien las líneas generales de distribución a las que se conectará mediante cajas o a través de cuadros secundarios de distribución los distintos circuitos alimentadores. Los aparatos receptores que consuman más de 16 amperios se alimentarán directamente desde el cuadro general o desde los secundarios.

Se recomienda instalar en el origen de todo cuadro de mando o distribución un interruptor con bloqueo en posición de abierto, de corte omnipolar con capacidad de seccionamiento y apertura en carga para realizar, de forma segura, operaciones de mantenimiento o reparación. En cualquier caso la protección contra cortocircuitos debe estar garantizada.

Los interruptores automáticos conforme a la norma UNE-EN 60947-2 clasificados como aptos para el seccionamiento cumplen con las prescripciones anteriores.

b) El cuadro general de distribución e, igualmente, los cuadros secundarios, se instalarán en lugares a los que no tenga acceso el público y que estarán separados de los locales donde exista un peligro acusado de incendio o de pánico (cabinas de proyección, escenarios, salas de público, escaparates, etc.), por medio de elementos a prueba de incendios y puertas no propagadoras del fuego. Los contadores podrán instalarse en otro lugar, de acuerdo con la empresa distribuidora de energía eléctrica, y siempre antes del cuadro general.

> c) En el cuadro general de distribución o en los secundarios se dispondrán dispositivos de mando y protección para cada una de las líneas generales de distribución y las de alimentación directa a receptores. Cerca de cada uno de los interruptores del cuadro se colocará una placa indicadora del circuito al que pertenecen.

Producto	Norma de aplicación
Envolvente cuadro general (uso doméstico o análogo)	UNE 20451
Cajas de empalme y/o derivación	UNE 20451
Envolvente cuadro general y conjuntos de aparamenta (uso industrial) [1]	UNE-EN 50298
Interruptores automáticos (uso doméstico o análogo)	UNE-EN 60898
Interruptores automáticos (uso industrial)	UNE-EN 60947-2
Interruptores temporizados (minuteros) (uso doméstico o análogo)	UNE-EN 60669-2-3
Interruptores-seccionadores (uso doméstico o análogo)	UNE-EN 60669-2-4
Interruptores-seccionadores (uso industrial)	UNE-EN 60947-3
Interruptores diferenciales (uso doméstico o análogo)	UNE-EN 61008
Interruptores diferenciales con dispositivo de protección contra sobreintensidades incorporado (uso doméstico o análogo)	UNE-EN 61009
Interruptores diferenciales (uso industrial)	UNE-EN 60947-2
Fusibles	UNE-EN 60269-3
Bornes de conexión	UNE-EN 60998

Nota 1: Los diferentes componentes que conforman el cuadro deberán cumplir con su correspondiente norma de producto. Cuando se comercializan montados, todos estos elementos, constituyen el conjunto de aparamenta y deberán cumplir con las prescripciones de la norma (UNE-EN 60439-3).

> d) En las instalaciones para alumbrado de locales o dependencias donde se reúna público, el número de líneas secundarias y su disposición en relación con el total de lámparas a alimentar deberá ser tal que el corte de corriente en una cualquiera de ellas no afecte a más de la tercera parte del total de lámparas instaladas en los locales o dependencias que se iluminan alimentadas por dichas líneas. Cada una de estas líneas estarán protegidas en su origen contra sobrecargas, cortocircuitos, y si procede contra contactos indirectos.

Cuando el alumbrado de emergencia esté conectado en el mismo circuito que el alumbrado normal, deberá existir un interruptor manual que permita la desconexión del alumbrado normal sin desconectar el alumbrado de emergencia.

e) Las canalizaciones deben realizarse según lo dispuesto en las ITC-BT-19 e ITC-BT-20 y estarán constituidas por:

– Conductores aislados, de tensión asignada no inferior a 450/750 V, colocados bajo tubos o canales protectores, preferentemente empotrados en especial en las zonas accesibles al público.

– Conductores aislados, de tensión asignada no inferior a 450/750 V, con cubierta de protección, colocados en huecos de la construcción totalmente construidos en materiales incombustibles de resistencia al fuego RF-120, como mínimo.

– Conductores rígidos aislados, de tensión asignada no inferior a 0,6/1 kV, armados, colocados directamente sobre las paredes.

En el caso de canales protectoras empotradas, éstas tendrán siempre su tapa accesible.

Figura A: *Ejemplo de instalación de conductores unipolares aislados en canal protectora empotrada en suelo o pared.*

Teniendo en cuenta que el apartado 2.2.9 de la ITC-BT-20 permite la utilización de cables de tensión asignada mínima de 0,6/1 kV colocados en bandejas, bandejas de escalera o soporte de bandejas, se considera que el objetivo principal de protección mecánica de los conductores, se cumple también cuando las bandejas se instalen en el interior de falsos techos, falsos suelos, o bien a una altura no inferior a 2,5 m desde el nivel del suelo si las bandejas están adosadas a la pared o a una altura no inferior a 4 m desde el nivel del suelo en el resto de los casos (por ejemplo si sobrevuelan pasillos o corredores).

Se considera que las canalizaciones eléctricas prefabricadas conforme a lo indicado en el apartado 2.2.10 de la ITC-BT-20 y las bandejas de paredes llenas adosadas al techo que se instalen a una altura mayor de 2,5 m, garantizan el mismo nivel de protección que las canales protectoras.

Las características mínimas para los cables y los sistemas de conducción de cables son:

Sistema de instalación	Sistema de canalización (calidad mínima)		Cable	
Empotrado	Tubo 2221: No propagador de la llama	Compresión Ligera (2), Impacto Ligera (2). UNE-EN 50086-2-2	ES07Z1-K (AS)	Conductor unipolar aislado de tensión asignada 450/750 V con conductor de cobre clase 5 (-K) y aislamiento de compuesto termoplástico a base de poliolefina (Z1) UNE 211 002
	Canal no propagadora de la llama	Impacto Media, No propagador de la llama. UNE-EN 50085		Cable de tensión asignada 0,6/1 kV con conductor de cobre clase 5 (-K), aislamiento de polietileno reticulado (R) y cubierta de compuesto termoplástico a base de poliolefina (Z1) UNE 21.123-4
Superficial	Tubo 4321 No propagador de la llama	Compresión Fuerte (4), Impacto Media (3), Propiedades eléctricas: Aislante / continuidad eléctrica. UNE-EN 50086-2-1	RZ1-K (AS)	
	Canal no propagadora de la llama	Impacto Media, No propagador de la llama, Propiedades eléctricas: Aislante / continuidad eléctrica. UNE-EN 50085	DZ1-K (AS)	Cable de tensión asignada 0,6/1 kV con conductor de cobre clase 5 (-K), aislamiento de etileno propileno (D) y cubierta de compuesto termoplástico a base de poliolefina (Z1) UNE 21.123-5
Superficial	Bandejas y bandejas de escalera no propagadoras de la llama	UNE-EN 61537	RZ1-K (AS) DZ1-K (AS)	Tipos ya descritos
	Cables armados colocados directamente sobre las paredes		RZ1-K (AS) DZ1-K (AS)	Tipos ya descritos clasificados como armados
Canal de obra	Tubo 2221: No propagador de la llama	Compresión Ligera (2), Impacto Ligera (2). UNE-EN 50086-2-2	ES07Z1-K (AS) RZ1-K (AS) DZ1-K (AS)	Tipos ya descritos
	Canal no propagadora de la llama	Impacto Media, No propagador de la llama. UNE-EN 50085		
	Bandejas y bandejas de escalera	UNE-EN 61537	RZ1-K (AS) DZ1-K (AS)	Tipos ya descritos
	cables instalados directamente en su interior			
Canalización prefabricada UNE-EN 60439-2				
Conexionado interior de los cuadro eléctricos			ES07Z1-K (AS)	Tipo ya descrito
			ES05Z1-K (AS)	Conductor unipolar aislado de tensión asignada 300/500 V con conductor de cobre clase 5 (-K) y aislamiento de compuesto termoplástico a base de poliolefina (Z1) (para conexionado interior de los cuadros eléctricos) UNE 211 002

f) Los cables y sistemas de conducción de cables deben instalarse de manera que no se reduzcan las características de la estructura del edificio en la seguridad contra incendios.

Los cables eléctricos a utilizar en las instalaciones de tipo general y en el conexionado interior de cuadros eléctricos en este tipo de locales, serán de la clase de reacción al fuego mínima C_{ca}-s1b,d1,a1. Los cables con características equivalentes a las de la norma **UNE 21123**, partes 4 o 5, o a la norma UNE 211002 (según la tensión asignada del cable) cumplen con esta prescripción[1].

Los cables con características equivalentes a las de la norma UNE 21.123 parte 4 o 5; o a la norma UNE 21.1002 (según la tensión asignada del cable), cumplen con esta prescripción.

Los elementos de conducción de cables con características equivalentes a los clasificados como "no propagadores de la llama" de acuerdo con las normas UNE-EN 50.085-1 y UNE-EN 50.086-1, cumplen con esta prescripción.

Los tubos, canales y bandejas para conducción de cables pueden estar fabricados en PVC u otros materiales siempre y cuando cumplan con la característica de no propagador de la llama según la norma que le corresponda.

Los cables eléctricos destinados a circuitos de servicios de seguridad no autónomos o a circuitos de servicios con fuentes autónomas centralizadas, deben mantener el servicio durante y después del incendio, siendo conformes a las especificaciones de la norma UNE-EN 50.200 y tendrán emisión de humos y opacidad reducida. Los cables con características equivalentes a la norma UNE 21.123 partes 4 o 5, apartado 3.4.6, cumplen con la prescripción de emisión de humos y opacidad reducida.

La norma UNE-EN 50200 no es una norma constructiva de un tipo de cable, sino que es una norma que especifica el método de ensayo comúnmente llamado de "resistencia al fuego", y permite clasificar el cable según su capacidad de mantener de forma fiable el suministro de energía eléctrica cuando esté expuesto al fuego. Se recomienda que la clasificación de los cables a instalar sea PH 90.

Por lo tanto los cables resistentes al fuego pueden corresponder a varios diseños (material de aislamiento, material de cubierta, etc.) completamente diferentes, siendo la condición final cumplir con el ensayo indicado en la mencionada norma UNE-EN.

Además de ser resistentes al fuego, los cables utilizados para los circuitos de servicios de seguridad no autónomos o circuitos de servicios con fuentes autónomas centralizadas, deben cumplir con el apartado 3.4.6 "Ensayos de reacción al fuego" de la norma UNE 21123-4 o UNE 21123-5.

Los cables con todas las propiedades descritas anteriormente se distinguen en el mercado por las siglas (AS+).

g) Las fuentes propias de energía de corriente alterna a 50 Hz, no podrán dar tensión de retorno a la acometida o acometidas de la red de Baja Tensión pública que alimenten al local de pública concurrencia.

---

[1] Este párrafo sustituye al original de la ITC-BT 28 para adaptar el REBT al CPR (Reglamento de los Productos de la Construcción) con la denominación actual de las Euroclases de los cables eléctricos.

5. PRESCRIPCIONES COMPLEMENTARIAS PARA LOCALES DE ESPECTÁCULOS Y ACTIVIDADES RECREATIVAS

Además de las prescripciones generales señaladas en el capítulo anterior, se cumplirán en los locales de espectáculos las siguientes prescripciones complementarias:

a) A partir del cuadro general de distribución se instalarán líneas distribuidoras generales, accionadas por medio de interruptores omnipolares con la debida protección al menos, para cada uno de los siguientes grupos de dependencias o locales:

   - Sala de público.

   - Vestíbulo, escaleras y pasillos de acceso a la sala desde la calle, y dependencias anexas a ellos.

   - Escenario y dependencias anexas a él, tales como camerinos, pasillos de acceso a estos, almacenes, etc.

   - Cabinas cinematográficas o de proyectores para alumbrado.

   Cada uno de los grupos señalados dispondrá de su correspondiente cuadro secundario de distribución, que deberá contener todos los dispositivos de protección. En otros cuadros se ubicarán los interruptores, conmutadores, combinadores, etc. que sean precisos para las distintas líneas, baterías, combinaciones de luz y demás efectos obtenidos en escena.

b) En las cabinas cinematográficas y en los escenarios así como en los almacenes y talleres anexos a éstos, se utilizarán únicamente canalizaciones constituidas por conductores aislados, de tensión asignada no inferior a 450/750V, colocados bajo tubos o canales protectores, preferentemente empotrados. Los dispositivos de protección contra sobreintensidades estarán constituidos siempre por interruptores automáticos magnetotérmicos; las canalizaciones móviles estarán constituidas por conductores con aislamiento del tipo doble o reforzado y los receptores portátiles tendrán un aislamiento de la clase II.

c) Los cuadros secundarios de distribución deberán estar colocados en locales independientes o en el interior de un recinto construido con material no combustible.

d) Será posible cortar, mediante interruptores omnipolares, cada una de las instalaciones eléctricas correspondientes a:

Camerinos.

Almacenes.

Talleres.

Otros locales con peligro de incendio.

Los reostatos, resistencias y receptores móviles del equipo escénico.

e) Las resistencias empleadas para efectos o juegos de luz o para otros usos, estarán montadas a suficiente distancia de los telones, bambalinas y demás material del decorado y protegidas suficientemente para que una anomalía en su funcionamiento no pueda producir daños. Estas precauciones se hacen extensivas a cuantos dispositivos eléctricos se utilicen y especialmente a las linternas de proyección y a las lámparas de arco de las mismas.

f) El alumbrado general deberá ser completado por un alumbrado de evacuación, conforme a las disposiciones del apartado 3.1.1, el cual funcionará permanentemente durante el espectáculo y hasta que el local sea evacuado por el público.

g) Se instalará iluminación de balizamiento en cada uno de los peldaños o rampas con una inclinación superior al 8% del local con la suficiente intensidad para que puedan iluminar la huella. En el caso de pilotos de balizado, se instalará a razón de 1 por cada metro lineal de la anchura o fracción.

La instalación de balizamiento debe estar construida de forma que el paso de alerta al de funcionamiento de emergencia se produzca cuando el valor de la tensión de alimentación descienda por debajo del 70% de su valor nominal.

La iluminación de balizamiento se puede garantizar con el uso de pilotos de balizado, pudiendo ser éstos autónomos o centralizados. Cuando sean centralizados no son aplicables los requisitos descritos en el apartado 3.4.2

Ejemplo de aplicación del alumbrado de seguridad a un teatro

	Alumbrado ambiente	*Alumbrado de evacuación*	
		Origen	*Final*
Salón de actos	*Toda la sala*	*Extremos de las filas de butacas*	*Salida exterior*
Aseos de público	*Todo el espacio*	*En el interior, sobre la puerta de salida*	*Salida exterior*
Todos los recorridos, pasillos, escaleras, cambios de nivel y dirección	*Todo el espacio*	*Inicio del recorrido*	*Salida exterior*
Camerinos y recintos de uso de los empleados, almacenes...	*Todo el espacio*	*En el interior, sobre la puerta de salida*	*Salida exterior*
Vestíbulos	*Todo el espacio*	*En el interior, sobre la puerta de salida*	*Salida exterior*
Cuadros de distribución de alumbrado, equipos manuales de prevención y extinción de incendios		*Sobre el punto indicado (5 lux)*	
Local con equipo general de la instalación de protección	*Todo el espacio*		
Bar	*Toda la sala*	*En el interior, sobre la puerta de salida*	*Salida exterior*
Aparcamiento	*Todo el espacio*	*Cada plaza de aparcamiento*	*Salida exterior*

6. PRESCRIPCIONES COMPLEMENTARIAS PARA LOCALES DE REUNIÓN Y TRABAJO

Además de las prescripciones generales señaladas en el capítulo 4, se cumplirán en los locales de reunión las siguientes prescripciones complementarias:

– A partir del cuadro general de distribución se instalarán líneas distribuidoras generales, accionadas por medio de interruptores omnipolares, al menos para cada uno de los siguientes grupos de dependencias o locales:

Salas de venta o reunión, por planta del edificio.

Escaparates.

Almacenes.

Talleres.

Pasillos, escaleras y vestíbulos.

Anexo
Otros ejemplos de distribución de alumbrado de seguridad

Hotel –Hospital

	Alumbrado ambiente	Alumbrado de evacuación	
		Origen	Final
Habitaciones	Todo el espacio	Exterior de la puerta de la habitación	Salida exterior
Todos los recorridos, pasillos, escaleras, cambios de nivel y dirección.	Todo el espacio	Inicio del recorrido	Salida exterior
Recintos uso empleados	Todo el espacio	En el interior, sobre la puerta de salida	Salida exterior

UNIDAD TEMÁTICA Nº. 5

INSTALACIONES DE ALUMBRADO EXTERIOR

Resumen del contenido

GUÍA-BT-09

INSTALACIONES DE ALUMBRADO EXTERIOR

Edición: Julio 2020. Revisión: 2

Índice

00. Diferencias más importantes entre el REBT 2002 y el REBT 1973

RBT 1973	RBT 2002
RBT- art. 11 Instalaciones de alumbrado público. MI BT09 No define el campo de aplicación.	RBT- art. 9 Instalaciones de alumbrado exterior. ITC-BT 09- aptdo. 1 Alumbrado de autopistas, carreteras, calles, plazas, jardines, pasos elevados o subterráneos para vehículos o personas, caminos, etc. Instalaciones de alumbrado para cabinas telefónicas, anuncios publicitarios, mobiliario urbano en general, monumentos o similares. Todos los receptores que se conecten a la red de alumbrado exterior.
MI BT09 No se concretan las acometidas.	ITC-BT 09- aptdo. 2 No se permiten acometidas con conductores desnudos.
MI BT 09 - aptdo. 3.3 No se fija valor de factor de potencia. MI BT09 No se especifica límite en la caída de tensión, aunque remite a la Instrucción MI BT 17 que limitaba la caída de tensión en un 3%.	ITC-BT 09 - aptdo. 3 El factor de potencia de cada punto de luz deberá corregirse hasta un valor0,90. La máxima caída de tensión entre el origen de la instalación y cualquier punto de la misma, será menor o igual al 3%.
MI BT09 No se determina nada respecto al ahorro energético.	ITC-BT 09- aptdo. 3 Siempre que sea posible, se deben proyectar las instalaciones con distintos niveles de iluminación, al objeto de lograr ahorros energéticos.
MI BT 09 - aptdo. 1.3 Se dispone que en los puntos de conexión de las redes de alumbrado con las de distribución pública, se instalen los dispositivos de protección señalados en la Instrucción MI BT 20. No se pronuncia respecto a las características del cuadro en relación al grado de protección mínima IP e IK. HOJA DE INTERPRETACIÓN No 11 Puntualiza que no es preceptivo el empleo de interruptores diferenciales en las instalaciones de alumbrado público.	ITC-BT 09- aptdo. 4 Prevé la protección individual de las líneas de alimentación de los puntos de luz y de control, cuando existan. Las líneas estarán protegidas con corte omnipolar contra sobreintensidades (sobrecargas y cortocircuitos) y sobretensiones cuando los equipos instalados lo precisen. Obliga a la instalación de interruptores diferenciales, que podrán ser de reenganche automático. La envolvente del cuadro proporcionará un grado de protección mínima IP 55 e IK 10.

RBT 1973	RBT 2002
MI BT 09- aptdo. 1.1	ITC-BT 09- aptdo. 5
No se contempla que los conductores estén entubados ni se regula el tipo de canalización en los cruzamientos, ni otras características de las zanjas.	En las redes subterráneas los conductores irán entubados.
Se permiten las redes aéreas con conductores desnudos.	En los cruzamientos de calzadas, la canalización, además de entubada, irá hormigo- nada y se instalará como mínimo un tubo de reserva.
La sección mínima de los conductores en las redes sobre fachadas será de 2,5 mm².	Los empalmes y derivaciones deberán realizarse en cajas de bornes adecuadas situadas dentro de los soportes o en una arqueta registrable.
No se tienen en cuenta redes de control y auxiliares.	Los conductores deberán ser aislados, por lo que no se permiten las redes aéreas con conductores desnudos.
	La sección mínima de los conductores en las redes aéreas será de 4 mm².
	Se regulan las redes de control y auxiliares, con una sección mínima de los conductores de 2,5 mm².
MI BT 09- aptdo. 2.1	ITC-BT 09- aptdo. 6.1
No se significa normativa de aplicación. Los soportes se dimensionarán con un coeficiente de seguridad no inferior a 3,5.	Cumplirán la normativa vigente (RD 2642/85, RD 401189 y OM de 16/5/89).
No se señalan exigencias en el grado de protección de la puerta o trampilla.	Los soportes se dimensionarán con un coeficiente de seguridad no inferior a 2,5.
	Los soportes que lo requieran estarán dotados de puerta o trampilla con grado de protección IP44 e IK 10.
MI BT 09 - aptdo. 2.4	ITC-BT 09- aptdo. 6.2
La sección mínima de los conductores será de 1,5 mm².	En la instalación eléctrica en el interior del soporte, los conductores aislados serán de cobre, de sección mínima 2,5 mm², y de tensión 0,6/1 kV.
MI BT 09- aptdo. 3.4	
En la conexión de las luminarias, columnas o brazos a la red se emplearán conductores aislados de cobre para modalidad aérea de 1,5 mm², o sección equivalente si es de otro material. Para modalidad subterránea la sección de los conductores será de 2,5 mm².	Para las conexiones de los conductores de la red con los del soporte, se utilizarán elementos de derivación que contendrán los bornes apropiados, así como los elementos de protección necesarios para el punto de luz.
La conexión se hará en una caja que contendrá los dispositivos de conexión, protección y compensación.	
MI BT 09- aptdo. 3.2	ITC-BT 09 - aptdo. 7.2
No se indica coeficiente de seguridad de los cables de acero, ni altura mínima sobre el nivel de suelo.	La suspensión de las luminarias se hará mediante cables de acero protegido contra la corrosión, con coeficiente de seguridad no inferior a 3,5.
	La altura mínima sobre el nivel del suelo será de 6 m.

RBT 1973	RBT 2002
MI BT 09- aptdo. 3.3	ITC-BT 09- aptdo. 8
No se consideran los equipos eléctricos de los puntos de luz ni, por tanto, su grado de protección.	Los equipos eléctricos de los puntos de luz podrán ser de tipo interior o exterior.
Cuando el sistema de alumbrado que se utilice lo requiera, se tomarán las medidas necesarias para la compensación del factor de potencia.	Los de tipo exterior tendrán un grado de protección mínimo IP54 e IK08, e irán montados a una altura no inferior a 2,5 m sobre el nivel del suelo.
Cada luminaria estará dotada de dispositivos de protección contra cortocircuitos.	Cada punto de luz deberá tener compensa- do individualmente el factor de potencia para que sea igual o superior a 0,90.
La protección podrá hacerse por grupos de lámparas cuando la intensidad total sea menor de 6 amperios, o individualmente cuando la misma resulte superior a 6 amperios.	Asimismo, cada punto de luz estará protegido contra sobreintensidades.
MI BT 09 - aptdo. 3	ITC-BT 09- aptdo. 9
No se determina la clase de las luminarias ni demás prescripciones.	Las luminarias serán de clase I o de clase 11.
MI BT 09- aptdo. 2.5	Las partes metálicas accesibles de los soportes de las luminarias estarán conecta- das a tierra.
Las columnas y los apoyos accesibles que soportan las luminarias, estarán unidos a tierra si son metálicos.	Para el acceso al interior de las luminarias que estén instaladas a una altura inferior a 3 m sobre el suelo o en un espacio accesible al público, se precisará el empleo de útiles especiales.
	Las partes metálicas de los kioscos, marquesinas, cabinas telefónicas, etc., que estén a una distancia inferior a 2 m de las partes metálicas de la instalación de alumbrado exterior y que sean susceptibles de ser toca- das simultáneamente, deberán estar puestas a tierra.
MI BT 09- aptdo. 2.5	ITC-BT 09- aptdo. 10
Las columnas y los apoyos accesibles que soportan las luminarias, estarán unidos a tierra si son metálicos.	Resistencia adecuada a $U_{contacto} \leq 24$ V, en las partes metálicas accesibles de la instalación (soportes, cuadros metálicos, etc.). Conexión a una red de tierra común para todas las líneas que parten del mismo cuadro de protección medida y control.
	Un electrodo por cada 5 soportes de luminarias y siempre en el primero y en el último de cada línea.
	Conexiones protegidas contra la corrosión ejecutadas mediante terminales, grapas, soldaduras o elementos apropiados que garanticen un buen contacto permanente.

1 CAMPO DE APLICACIÓN

Esta instrucción complementaria, se aplicará a las instalaciones de alumbrado exterior, destinadas a iluminar zonas de dominio público o privado, tales como autopistas, carreteras, calles, plazas, parques, jardines, pasos elevados o subterráneos para vehículos o personas, caminos, etc. Igualmente se incluyen las instalaciones de alumbrado para cabinas telefónicas, anuncios publicitarios, mobiliario urbano en general, monumentos o similares, así como todos receptores que se conecten a la red de alumbrado exterior. Se excluyen del ámbito de aplicación de esta instrucción la instalación para la iluminación de fuentes y piscinas y las de los semáforos y las balizas, cuando sean completamente autónomos.

Dentro del ámbito de aplicación de esta ITC-BT-09, además de las instalaciones de alumbrado exterior propiamente dichas, se consideran las siguientes: las de alumbrado u otros servicios eléctricos para mobiliario urbano, edículos en vía pública, iluminación ornamental, balizas luminosas, señalización luminosa no autónoma para la regulación de tráfico, así como otros receptores. Asimismo, de acuerdo con el artículo 57.4 de la Directiva (UE) 2018/1972 del Parlamento Europeo y del Consejo, de 11 de diciembre de 2018, por la que se establece el Código Europeo de las Comunicaciones Electrónicas, las autoridades nacionales, regionales o locales deben permitir que las operadoras accedan a las instalaciones de alumbrado exterior que sean aptas técnicamente y que están controladas por ellas, para acoger y conectar a una red troncal los puntos de acceso inalámbrico para pequeñas áreas (SAWAP) y en consecuencia deberá considerarse la alimentación eléctrica de dichos dispositivos y la coexistencia con otras redes troncales de telecomunicaciones. Las autoridades públicas satisfarán todas las solicitudes razonables de acceso, que deberán cumplir las condiciones establecidas en el apartado 5.2.3, en lo relativo a la instalación y protecciones de las redes de alimentación de energía eléctrica.

Mobiliario urbano

Comprende el mobiliario dotado de equipamiento eléctrico para su propia iluminación u otras necesidades funcionales.

Entre otros se pueden encontrar los siguientes: anuncios publicitarios (mupis, columnas, etc.), marquesinas (paradas de bus, de taxis, de tranvías), cabinas telefónicas, carteles de señalización (tráfico, escuelas, policía, hospitales, etc.), equipamientos diversos (parquímetros, aparatos de acceso a aparcamientos, mojones escamoteables, sistemas de elevación de contenedores soterrados, etc.).

A efectos de protección contra contactos directos e indirectos por su proximidad a instalaciones de alumbrado exterior, tal y como se desarrolla en el apartado 9 de esta Guía Técnica de Aplicación, también debe tenerse en cuenta el mobiliario urbano que carece de equipamiento eléctrico y que engloba los siguientes: paneles publicitarios, carteles de señalización, bancos públicos, señales de tráfico, barandillas y vallas, guardarraíles, mástiles y tiestos, soportes para toldos, pivotes anti-aparcamiento, salidas de ventilación, tapas de arquetas, buzones, papeleras y armarios metálicos, etc.

Aun cuando figuren en las estadísticas e inventarios municipales, los soportes de alumbrado público (columnas, báculos y brazos) no se consideran mobiliario urbano, sino parte integrante de la instalación de alumbrado exterior.

Edículos de la vía pública

Son pequeños edificios implantados en la vía pública dotados de la correspondiente iluminación y, en su caso, equipamiento eléctrico: kioscos (venta de periódicos, venta de loterías, etc.), aseos públicos.

Iluminación ornamental

Corresponde a la iluminación de monumentos, fachadas de edificios, construcciones singulares, etc. que puede ser integrada en el monumento o accesible desde la vía pública.

Balizas luminosas

Soportes luminosos cuya función es el guiado visual tanto para la circulación de vehículos (glorietas, rotondas, cambios de dirección, carriles bus, emergencias sobre la vía pública, etc.) como de peatones.

Señalización luminosa no autónoma para la regulación de tráfico

- *semáforos*
- *señales luminosas de tráfico*

Instalaciones de telecomunicaciones

Las instalaciones de alimentación y de datos a los puntos de acceso inalámbrico para pequeñas áreas (SAWAP) que se especifican por los actos de ejecución publicados al amparo del artículo 57 de la Directiva (UE) 2018/1972 del Parlamento Europeo y del Consejo, de 11 de diciembre de 2018, por la que se establece el Código Europeo de las Comunicaciones Electrónicas.

Otras instalaciones

Todos los receptores que se conecten a la red de alumbrado exterior.

Exclusiones del ámbito de aplicación

Se consideran excluidas de la aplicación de esta ITC-BT-09:

- *las de los semáforos y las balizas, cuando sean completamente autónomos.*

  Las instalaciones completamente autónomas son aquellas dotadas una acometida independiente, es decir, cuya alimentación no tenga su origen en el cuadro de protección medida y control de la red de alumbrado exterior.

- *las instalaciones eléctricas de las piscinas, pediluvios y fuentes están recogidas en la Instrucción Técnica Complementarias ITC-BT-31 que desarrolla el artículo 11 del Reglamento.*

- *las instalaciones eléctricas temporales de ferias, exposiciones, muestras, stands, alumbrados festivos de calles, verbenas y manifestaciones análogas están reguladas en la ITC-BT-34.*

- *las instalaciones de alumbrado exterior de viviendas unifamiliares, cuando tengan menos de 5 puntos de luz exteriores, sin contabilizar los puntos de luz instalados en fachadas; en este caso, la instalación del alumbrado en el exterior de dicha vivienda se realizará según lo prescrito en la ITC-BT-25.*

2 ACOMETIDAS DESDE LAS REDES DE DISTRIBUCIÓN DE LA COMPAÑÍA SUMINISTRADORA

La acometida podrá ser subterránea o aérea con cables aislados, y se realizará de acuerdo con las prescripciones particulares de la compañía suministra-dora, aprobadas según lo previsto en este Reglamento para este tipo de instalaciones.

La acometida finalizará en la caja general de protección y a continuación de la misma se dispondrá el equipo de medida.

Las acometidas en el Reglamento Electrotécnico para Baja Tensión vienen reguladas en el artículo 15, así como en la Instrucción Técnica Complementaria ITC-BT-11.

El apartado 2 de la ITC-BT-09 determina que la acometida podrá ser subterránea, o aérea o mixta con cables o conductores aislados. Es decir, no se permiten acometidas con conductores desnudos.

En el caso de acometidas aéreas se cumplirá lo dispuesto en la ITC-BT-06 y cuando sean subterráneas lo establecido en la ITC-BT-07.

Continuidad del conductor neutro

Tanto en el esquema de conexión TT como en el esquema de conexión TN, el neutro de la instalación de alumbrado exterior debe estar conectado al neutro de la red de distribución, de forma que se garantice la continuidad del neutro desde la salida del transformador de distribución AT/BT hasta los receptores de alumbrado.

3 DIMENSIONAMIENTO DE LAS INSTALACIONES

Las líneas de alimentación a puntos de luz con lámparas o tubos de descarga, estarán previstas para transportar la carga debida a los propios receptores, a sus elementos asociados, a sus corrientes armónicas, de arranque y desequilibrio de fases. Como consecuencia, la potencia aparente mínima en VA, se considerará 1,8 veces la potencia en vatios de las lámparas o tubos de descarga.

Cuando se conozca la carga que supone cada uno de los elementos asociados a las lámparas o tubos de descarga, las corrientes armónicas, de arranque y desequilibrio de fases, que tanto éstas como aquellos puedan producir, se aplicará el coeficiente corrector calculado con estos valores.

Además de lo indicado en párrafos anteriores, el factor de potencia de cada punto de luz, deberá corregirse hasta un valor mayor o igual a 0,90. La máxima caída de tensión entre el origen de la instalación y cualquier otro punto de la instalación, será menor o igual que 3%.

Para el cálculo de la potencia aparente señalado en el primer párrafo, la potencia en vatios a multiplicar será la potencia nominal de las lámparas o tubos de descarga.

A los efectos de lo indicado en esta ITC-BT-09, se define como origen de la instalación de alumbrado exterior el cuadro de protección, medida y control. En el caso de instalaciones de alumbrado con un gran número de puntos de luz, se recomienda que para el cálculo de la caída de tensión se considere también la originada en la acometida.

Cálculo de la sección de los conductores

La determinación de la sección de un cable o conductor estriba en calcular la sección mínima normalizada que cumple simultáneamente los criterios de intensidad máxima admisible (o de calentamiento), de caída de tensión y de intensidad de cortocircuito.

En el caso de las instalaciones de alumbrado exterior, suele ser determinante el criterio de la caída de tensión. La limitación del 3% como máxima caída de tensión entre el origen de la instalación y el punto más alejado, se debe a que las caídas de tensión deben permitir siempre el encendido y funcionamiento correcto de las lámparas de descarga.

No obstante, efectuados dichos cálculos es conveniente comprobar las intensidades en los tramos con mayor carga, de forma que se cumplan las intensidades máximas admisibles reguladas en la Instrucción Técnica Complementaria ITC-BT-06 para redes aéreas y la ITC-BT- 07 para redes subterráneas. En el apartado 5 de esta guía se incluyen las tablas de carga más usuales.

Respecto a la ejecución de los cálculos de caídas de tensión en la red de alimentación de los puntos de luz, debe tenerse en cuenta la Guía Técnica de Aplicación - Anexo 2: "Cálculo de caídas de tensión".

En los circuitos trifásicos, se deben repartir los puntos de luz entre las tres fases de la forma más equilibrada posible, conectándolos, por ejemplo, alternativamente a cada fase.

Con el fin de conseguir ahorros energéticos y siempre que sea posible, las instalaciones de alumbrado público se proyectarán con distintos niveles de iluminación, de forma que ésta decrezca durante las horas de menor necesidad de iluminación.

Eficiencia energética

En las instalaciones de alumbrado público, en general y siempre que sea posible, se proyectarán con dispositivos o sistemas para regular el nivel luminoso mediante, por ejemplo, balastos serie de tipo inductivo para doble nivel de potencia, reguladores - estabilizadores en cabecera de línea o balastos electrónicos para doble nivel de potencia.

Para el establecimiento del porcentaje de ahorro energético y la elección, en cada caso, del sistema idóneo deberán considerarse las variaciones de tensión de la red, sus características, tipos de lámparas a implantar, etc. y, en el caso de instalaciones existentes, el estado de las líneas eléctricas de alimentación de los puntos de luz secciones, caídas de tensión, equilibrio de fases, armónicos, etc.

En las vías de tráfico, zonas peatonales, plazas, etc. podrán reducirse los niveles luminosos a ciertas horas de la noche, siempre que quede garantizada la seguridad de los usuarios. En ningún caso la reducción descenderá por debajo del nivel de iluminación aconsejable para la seguridad de tráfico y para el movimiento peatonal.

En puntos concretos con elevados porcentajes de accidentalidad nocturna, zonas peatonales con riesgo considerable de criminalidad, etc. se recomienda por razones de seguridad no llevar a cabo variaciones temporales de los niveles de iluminación.

Otro método para obtener ahorro energético en instalaciones de alumbrado ornamental de fachadas de edificios y monumentos, anuncios luminosos, espacios deportivos o culturales, áreas de trabajo exteriores, etc., consiste en establecer los correspondientes ciclos de funcionamiento (encendido y apagado) de dichas instalaciones, disponiendo de relojes capaces de ser programados por ciclos diarios, semanales, mensuales o anuales.

Producto	Norma de aplicación
Interruptor astronómico	*UNE-EN 60730-2-7*
Interruptor crepuscular (células fotoeléctricas)	*UNE-EN 60669-2-1*

4 CUADROS DE PROTECCIÓN, MEDIDA Y CONTROL

Las líneas de alimentación a los puntos de luz y de control, cuando existan, partirán desde un cuadro de protección y control; las líneas estarán protegidas individualmente, con corte omnipolar, en este cuadro, tanto contra sobreintensidades (sobrecargas y cortocircuitos), como contra corrientes de defecto a tierra y contra sobretensiones cuando los equipos instalados lo precisen. La intensidad de defecto, umbral de desconexión de los interruptores diferenciales, que podrán ser de reenganche automático, será como máximo de 300 mA y la resistencia de puesta a tierra, medida en la puesta en servicio de la instalación, será como máximo de 30 Ω. No obstante, se admitirán interruptores diferenciales de intensidad máxima de 500 mA o 1 A, siempre que la resistencia de puesta a tierra medida en la puesta en servicio de la instalación sea inferior o igual a 5 Ω y a 1 Ω, respectivamente.

Si el sistema de accionamiento del alumbrado se realiza con interruptores horarios o fotoeléctricos, se dispondrá además de un interruptor manual que permita el accionamiento del sistema, con independencia de los dispositivos citados.

Lo descrito en los apartados 4 y 9 de la ITC-BT-09 se circunscribe a las redes de alimentación que tengan un esquema tipo TT. No obstante, en el caso de instalaciones de alumbrado exterior particulares o privadas en las que las redes de alimentación no estén realizadas según el esquema TT, serán de aplicación en lo relativo a la protección contra los contactos directos y contactos indirectos, las prescripciones de la ITC-BT-24. Además, en lo referente a la protección contra sobreintensidades y sobretensiones se seguirá lo indicado en la ITC-BT-22 e ITC-BT-23, respectivamente.

En lo que concierne a los dispositivos generales e individuales de mando y protección se tendrá en cuenta lo señalado en la ITC-BT-17.

La envolvente del cuadro, proporcionará un grado de protección mínima IP55 según UNE 20.324 e IK10 según UNE-EN 50.102 y dispondrá de un sistema de cierre que permita el acceso exclusivo al mismo, del personal autorizado, con su puerta de acceso situada a una altura comprendida entre 2m y 0,3 m. Los elementos de medidas estarán situados en un módulo independiente.

Las partes metálicas del cuadro irán conectadas a tierra.

El significado de los códigos IP e IK se indica en la Guía-BT-Anexo1.

Los grados IP55 e IK10 podrán obtenerse mediante la utilización de envolventes múltiples proporcionando el grado de protección requerido el conjunto de las envolventes completamente montadas. En este caso, en la documentación del fabricante del cuadro deberá estar perfectamente definido el método para la obtención de los diferentes grados de protección IP e IK.

Producto	*Norma de aplicación*
Envolvente cuadro general (uso doméstico o análogo) (1)	*UNE-EN 60670-1*
Envolvente cuadro y conjuntos de aparamenta (1) (2)	*UNE-EN 62208*
Conjunto de aparamenta (2)	*UNE-EN 61439-5*
Interruptor de control de potencia	*UNE 20317*
Interruptores automáticos (uso doméstico o análogo)	*UNE-EN 60898*
Interruptores automáticos con capacidad de seccionamiento	*UNE-EN 60947-2*
Interruptores diferenciales (uso doméstico o análogo)	*UNE-EN 61008*
Interruptores diferenciales con dispositivo de protección contra sobreintensidades incorporado (uso doméstico o análogo)	*UNE-EN 61009*
Interruptores diferenciales	*UNE-EN 60947-2*
Fusibles	*UNE-HD 60269-3*
Interruptor horario	*UNE-EN 62054-21*
Bornes de conexión	*UNE-EN 60998*

Nota 1: El grado de protección IP55 se verificará de acuerdo a lo establecido en la norma UNE 20324, el grado de protección contra los impactos mecánicos externos IK10 de acuerdo con la norma UNE EN 50102.

Según la norma UNE EN 60695-2-11, y para equipos instalados cerca del punto de alimentación, la temperatura de ensayo de inflamabilidad (hilo incandescente) será de:

- *(960 ± 10) °C para las partes que soportan partes activas*

- *(650 ± 10) °C para todas las demás partes*

Nota 2: Los diferentes componentes que conforman el cuadro deberán cumplir con su correspondiente norma de producto. Cuando se comercializan montados, todos estos elementos, constituyen el conjunto de aparamenta y deberán cumplir con las prescripciones de la norma UNE-EN 61439-5

5 REDES DE ALIMENTACIÓN

5.1 Cables

Los cables serán multipolares o unipolares con conductores de cobre y tensión asignada de 0,6/1 kV.

El conductor neutro de cada circuito que parte del cuadro, no podrá ser utilizado por ningún otro circuito.

Tipos de conductores

Según el apartado 5.1 de la ITC-BT-09 los conductores serán de cobre; no obstante, el apartado

5.2.1 establece la utilización de sistemas y materiales análogos a los de las redes subterráneas de distribución reguladas en la ITC-BT-07 que dispone que los conductores serán de cobre o de aluminio.

Asimismo, en el apartado 5.2.2 correspondiente a las redes aéreas, que remite a la ITC-BT-06 determina que los cables serán de cobre, aluminio o de otros materiales o aleaciones.

Como consecuencia de lo anterior, puesto que no existen condicionantes técnicos para prohibir los conductores de aluminio, y teniendo en cuenta el principio de seguridad equivalente que con carácter general establece el propio Reglamento para Baja Tensión, podrán utilizarse conductores de aluminio siempre que se tomen las precauciones adecuadas en su instalación. Concretamente, para garantizar en este caso la adecuada conexión al dispositivo de protección, dicho dispositivo será del tipo definido en la norma UNE-EN 60947-2.

En todos los casos los cables o conductores deberán ser aislados, por lo que no se permiten las redes aéreas con conductores desnudos, autorizados en el RBT 1973.

De acuerdo con las reglas de la buena práctica en la ejecución de las redes de alimentación de los puntos de luz, se recomienda limitar la sección máxima de los conductores a 25 mm² de cobre, al objeto de poder manipular adecuadamente los conductores. En consecuencia, se recomienda la subdivisión de las redes, cuando los resultados de los cálculos obliguen a la instalación de conductores de mayor sección.

5.2 Tipos

5.2.1 Redes subterráneas

Se emplearán sistemas y materiales análogos a los de las redes subterráneas de distribución reguladas en la ITC-BT-07. Los cables serán de las características especificadas en la UNE 21123, e irán entubados; los tubos para las canalizaciones subterráneas deben ser los indicados en la ITC-BT-21 y el grado de protección mecánica el indicado en dicha instrucción, y podrán ir hormigonados en zanja o no. Cuando vayan hormigonados el grado de resistencia al impacto será ligero según UNE-EN 50.086 –2- 4.

Los tubos irán enterrados a una profundidad mínima de 0,4 m del nivel del suelo medidos desde la cota inferior del tubo y su diámetro interior no será inferior a 60 mm.

Se colocará una cinta de señalización que advierta de la existencia de cables de alumbrado exterior, situada a una distancia mínima del nivel del suelo de 0,10 m y a 0,25 m por encima del tubo.

En los cruzamientos de calzadas, la canalización, además de entubada, irá hormigonada y se instalará como mínimo un tubo de reserva.

La sección mínima a emplear en los conductores de los cables, incluido el neutro, será de 6 mm². En distribuciones trifásicas tetrapolares, para conductores de fase de sección superior a 6 mm², la sección del neutro será conforme a lo indicado en la tabla 1 de la ITC-BT-07.

Para garantizar las distancias mínimas entre el suelo, la cinta de señalización y el tubo enterrado, la profundidad de enterramiento deberá ser superior a 0,4 m. Se recomienda que la distancia mínima entre la parte superior del tubo y el nivel del suelo sea de 0,4 m y para los cruzamientos de calzadas de 0,5 m.

Dada la problemática ocasionada por las lámparas de descarga y el equipo auxiliar asociado en lo referente a los armónicos e intensidades en el neutro, se recomienda en este tipo de instalaciones que el conductor neutro tenga la misma sección que la fase.

Los cables y tubos de instalación habitual con estas características son:

Sistema de canalización (calidad mínima)		Cable
Tubo	Compresión 450N, Impacto Normal. UNE-EN 61386-24	VV-K	*Cable de tensión asignada 0,6/1 kV, con conductor de cobre clase 5 (-K), aislamiento y cubierta de policloruro de vinilo (VV) UNE 21123-1[1]*
		RV-K	*Cable de tensión asignada 0,6/1 kV, con conductor de cobre clase 5 (-K), aislamiento de polietileno reticulado (R) y cubierta policloruro de vinilo (V) UNE 21123-2[1]*
Nota 1: Las normas de la serie UNE 21123 también incluyen las variantes de cables armados y apantallados que puede ser conveniente utilizar en instalaciones particulares			

En la tabla A se especifica para cada uno de los tipos de cables la intensidad máxima admisible en función de la sección del cable y del tipo de instalación. Si procede, deben aplicarse los factores de corrección por temperatura del terreno distinta de 25°C, por resistividad térmica del terreno diferente de 1K.m/W, por agrupamiento de circuitos o por profundidad de enterramiento distinta de 70 cm.

La tabla de referencia corresponde a la ITC-BT 07, apartado 3.1.2 para condiciones tipo de instalación enterrada entubada. Por tanto, se ha aplicado un factor de corrección 0,8, según el apartado 3.1.3 de la ITC- BT-07, para una instalación en la que cada conductor tripolar o terna de conductores unipolares va alojado en el interior de un tubo. No se agruparán varios circuitos en el interior del mismo tubo.

Tabla A. Intensidad máxima admisible, en amperios, para cables con conductores de cobre en instalación enterrada entubada (servicio permanente).

Sección nominal mm^2	Terna de cables unipolares (1) (2)		1 cable tripolar o tetrapolar (3)	
	Tipo de aislamiento			
	XLPE	PVC	XLPE	PVC
6	58	50	53	45
10	77	68	70	60
16	100	88	92	78
25	128	112	120	100
35	152	136	144	120

temperatura ambiente del terreno: 25 °C,

conductividad térmica del terreno 1K·m/W.

un sólo circuito de cables unipolares en contacto, bajo tubo

(1) *incluye el conductor neutro.*

(2) *para el caso de dos cables unipolares, la intensidad máxima admisible será la correspondiente a la columna de la terna de cables unipolares de la misma sección y aislamiento, multiplicada por 1,225*

(3) *para el caso de un cable bipolar, la intensidad máxima admisible será la correspondiente a la columna del cable tripolar o tetrapolar de la misma sección y aislamiento, multiplicada por 1,225*

Si las exigencias reales de instalación no coinciden con las condiciones tipo se aplicarán los factores de corrección indicados en las tablas 6, 7, 8 y 9 de la ITC-BT-07

Los tubos, cuando vayan hormigonados presentarán una resistencia a la compresión mínima de 250 N.

Producto	Norma de aplicación
Tubo enterrado	UNE-EN 61386-24
Bornes de conexión	UNE-EN 60998

Los empalmes y derivaciones deberán realizarse en cajas de bornes adecuadas, situadas dentro de los soportes de las luminarias, y a una altura mínima de 0,3 m sobre el nivel del suelo o en una arqueta registrable, que garanticen, en ambos casos, la continuidad, el aislamiento y la estanqueidad del conductor.

Cuando se utilice una arqueta registrable para albergar los empalmes o derivaciones, se recomienda que su construcción se realice de forma que el agua que pudiera entrar en ella se drene fácilmente, por ejemplo mediante la utilización de un lecho de grava gruesa o método similar y que los empalmes o derivaciones, así como los dispositivos de protección se alojen en una caja estanca con un grado de protección IP X7, sellando la entrada y salida de los conductores a la misma y situada a una profundidad que minimice el riesgo de inundación en la misma.

5.2.2 Redes aéreas

Se emplearán los sistemas y materiales adecuados para las redes aéreas aisladas descritas en la ITC-BT-06.

Podrán estar constituidas por cables posados sobre fachadas o tensados sobre apoyos. En este último caso, los cables serán autoportantes con neutro fiador o con fiador de acero.

La sección mínima a emplear, para todos los conductores incluido el neutro, será de 4 mm². En distribuciones trifásicas tetrapolares con conductores de fase de sección superior a 10 mm², la sección del neutro será como mínimo la mitad de la sección de fase. En caso de ir sobre apoyos comunes con los de una red de distribución, el tendido de los cables de alumbrado será independiente de aquel.

Respecto a las redes aéreas aisladas serán de las características señaladas en la ITC-BT-06, bien posadas sobre fachadas o tensadas sobre apoyos con cable fiador de acero, con una sección mínima de 4 mm², a diferencia de los 2,5 mm² que se fijaban anteriormente.

El régimen de distancias al suelo, ventanas, terrazas, balcones, etc., así como las condiciones para cruzamientos y paralelismos, será el establecido en la Instrucción Complementaria ITC-BT-06.

El cable de instalación habitual es del tipo RZ, aunque cuando la red aérea posada se instale en el interior de un tubo o canal protector, se podrán utilizar cables del tipo VV-K o RV-K. El tubo o canal será de las características indicadas en la ITC-BT-21 para canalizaciones fijas en superficie, siempre que su altura de instalación sea superior a 2,5 m y de las características indicadas en la ITC-BT-11 para alturas de instalación inferiores.

En instalaciones de alumbrado exterior especiales (por ejemplo, en fábricas) en las que sus canalizaciones discurran por el interior de los edificios podrá utilizarse cable del tipo RZ sobre bandejas.

En la tabla siguiente se indican los sistemas de instalación más habituales:

Sistema de instalación	Sistema de canalización (calidad mínima)		Cable	
Aéreo - Posados sobre fachada	Altura < 2,5m	Tubo 4421 No propagador de la llama	*Compresión Fuerte (4), Impacto Fuerte (4), Propiedades eléctricas: Aislante / continuidad eléctrica. UNE-EN 61386-21*	VV-K	*Cable de tensión asignada 0,6/1 kV, con conductor de cobre clase 5 (-K), aislamiento y cubierta de policloruro de vinilo (VV) UNE 21123-1[1]*
		Canal no propagadora de la llama	*Impacto 6J, No propagador de la llama, Propiedades eléctricas: Aislante / continuidad eléctrica. UNE-EN 50085*	RV-K	*Cable de tensión asignada 0,6/1 kV, con conductor de cobre clase 5 (-K), aislamiento de polietileno reticulado (R) y cubierta policloruro de vinilo (V) UNE 21123-2[1]*
				RZ	*Cable de tensión asignada 0,6/1 kV, con cubierta aislante de poli- etileno reticulado (R) y conductores de cobre cableados a de- rechas (Z) UNE 21030-2*
	Altura ≥ 2,5 m	Tubo 4321 No propagador de la llama	*Compresión Fuerte (4), Impacto Media (3), Propiedades eléctricas: Aislante / continuidad eléctrica. UNE-EN 61386-21*	VV-K RV-K	*Tipos ya descritos*
		Canal no propagadora de la llama	*No propagador de la llama, Pro- piedades eléctricas: Aislante / continuidad eléctrica. UNE-EN 50085*		
		Sin canalización		RZ	*Tipo ya descrito*
Aéreo - Tensados sobre apoyo	*Sin canalización*			RZ[2]	*Tipo ya descrito*

Nota 1: *Las normas de la serie UNE 21123 también incluyen las variantes de cables armados y apantallados que puede ser conveniente utilizar en instalaciones particulares.*

Nota 2: *El conductor neutro nunca tiene las funciones de fiador.*

En la tabla B se detalla para cada uno de los tipos de cables la intensidad máxima admisible en función de la sección del cable y del tipo de instalación. Si procede, deben aplicarse los factores de corrección por temperatura ambiente distinta de 40 °C, o por agrupamiento de circuitos.

Tabla B. Intensidad máxima admisible en amperios a temperatura ambiente de 40 °C

Número de conductores por sección mm²	Intensidad máxima en A	
	Posada sobre fachada	Tendida con fiador de acero
2 x 4 Cu	45	50
4 x 4 Cu	37	41
2 x 6 Cu	57	63
4 x 6 Cu	47	52
2 x 10 Cu	77	85
4 x 10 Cu	65	72
4 x 16 Cu	86	95

Si las condiciones reales de instalación no coinciden con las condiciones tipo se aplicarán los factores de corrección indicados en las tablas 6, 7, y 8 de la ITC-BT-06.

Para cables expuestos directamente al sol se utilizará el coeficiente 0,9 o inferior (a criterio del proyectista).

Redes aéreas de alumbrado en apoyos comunes con redes de distribución en baja tensión

Cuando las redes de distribución pública en baja tensión (DP) y de alumbrado público (AP) se instalen en los mismos apoyos, los conductores de alumbrado público se situarán siempre por debajo de los conductores de la red de distribución pública en baja tensión y, por tanto, en todos los casos el tendido de los conductores de alumbrado público será independiente de la red de distribución pública en baja tensión.

La disposición de los conductores y luminarias de la instalación de alumbrado público (AP), así como de la red de distribución pública en baja tensión (DP), se determina en las figuras 1, 2, 3 y 4. Se recomienda el siguiente régimen de distancias mínimas:

- *Conductores aislados en redes AP y DP (figs. 1 y 2)*

  - *0,10 m entre conductores AP y DP*

  - *0,35 m para la caja de conexión C y brazo*

- *Conductores aislados en red AP y desnudos en red DP (figs. 3 y 4)*

  - *1 m para la luminaria y equipo auxiliar*

  - *0,50 m entre conductor AP y DP*

  - *(d) en m entre conductores DP en función de la longitud del vano (punto 3.2.2 de la ITC- BT-06)*

- *Cuando la luminaria esté implantada por encima de las redes públicas de distribución y alumbrado (figs. 1 y 3), la distancia mínima de la luminaria al apoyo será de 1 m.*

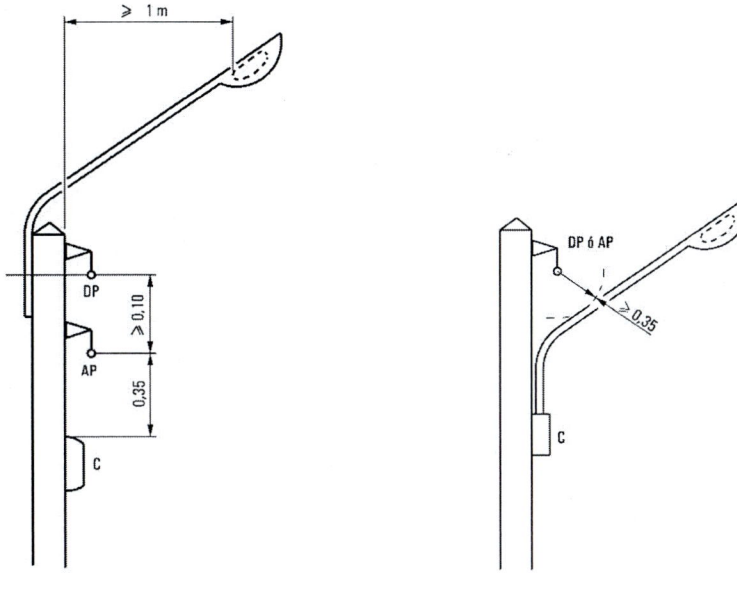

Figura 1   Figura 2

Red de distribución pública con conductores aislados.

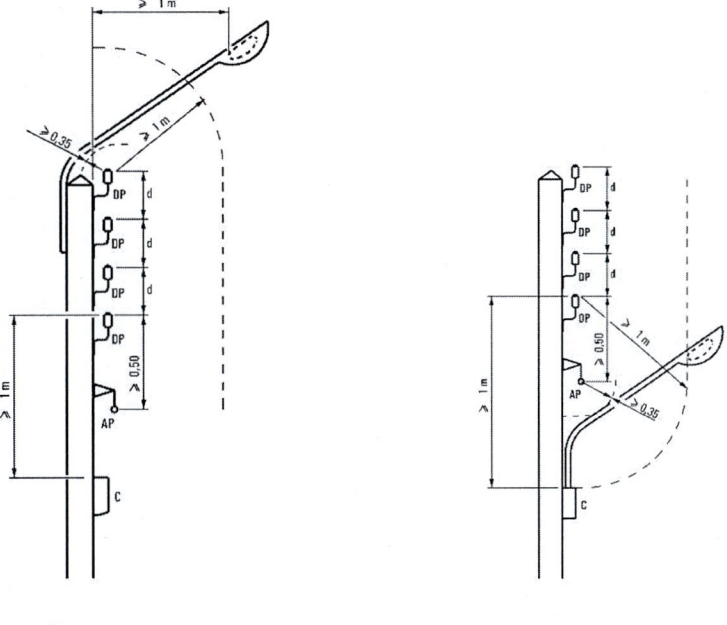

Figura 3   Figura 4

Red de distribución pública con conductores desnudos.

5.2.3   Redes de control y auxiliares

Se emplearán sistemas y materiales similares a los indicados para los circuitos de alimentación, la sección mínima de los conductores será 2,5 mm².

Redes de control y servicios auxiliares

Los circuitos de alimentación para las instalaciones de telecomunicaciones destinadas a alimentar los puntos de acceso inalámbrico para pequeñas áreas tendrán la consideración de redes auxiliares.

De forma general se considerarán para la instalación de los circuitos de las redes de control y auxiliares, los requisitos aplicables de redes aéreas y subterráneas de alimentación.

Por tanto, no será admisible la utilización de las conducciones subterráneas que alimentan instalaciones de alumbrado exterior para desplegar los circuitos de alimentación de los servicios auxiliares.

No obstante, atendiendo a que la carga de estos circuitos no es elevada, se pueden admitir varios circuitos de servicios auxiliares compartiendo la misma conducción subterránea independiente de la principal, siempre y cuando se cumplan, como mínimo, los siguientes requisitos:

- *El tubo enterrado para los circuitos auxiliares debe admitir la colocación del número de conductores totales que utilizarán los varios circuitos que se van a canalizar en ese con- ducto.*

- *Todos los circuitos deben partir del mismo cuadro de protección, medida y control.*

- *Los circuitos coincidentes deben derivarse y tener sus protecciones situadas físicamente muy próximas en el cuadro de protección, medida y control, adecuadamente marcadas indicando que discurren por la misma canalización.*

- *Las tensiones de aislamiento de los cables de diferentes circuitos se deben corresponder a la máxima tensión de los circuitos coincidentes.*

- *Tras el tendido de nuevos circuitos en un tubo con cables instalados previamente, se deberá comprobar que existe el aislamiento adecuado entre todos.*

Adicionalmente la operadora que quieran tener acceso a las canalizaciones de redes de control y servicios auxiliares que sean de titularidad pública, deberán realizar una solicitud para la autorización al titular de la instalación en la que deberán incluir, además del proyecto técnico de la instalación que contemple la conformidad con los puntos anteriores, un análisis de impacto e implicaciones de seguridad sobre la instalación existente.

En cuanto a la fibra óptica, hay que tener en cuenta que no se trata de cables conductores de energía eléctrica, sino de cables dieléctricos, por lo que es posible la coexistencia de redes de telecomunicaciones de fibra óptica en las canalizaciones de redes de alimentación de alumbrado exterior, siempre que se tengan en cuentan todos los requisitos mecánicos en su montaje.

6 SOPORTES DE LUMINARIAS

6.1 Características

Los soportes de las luminarias de alumbrado exterior, se ajustarán a la normativa vigente (en el caso de que sean de acero deberán cumplir el RD 2642/85, RD 401/89 y OM de 16/5/89). Serán de materiales resistentes a las acciones de la intemperie o estarán debidamente protegidas contra éstas, no debiendo permitir la entrada de agua de lluvia ni la acumulación del agua de condensación. Los soportes, sus anclajes y cimentaciones, se dimensionarán de forma que resistan las solicitaciones mecánicas, particularmente teniendo en cuenta la acción del viento, con un coeficiente de seguridad no inferior a 2,5, considerando las luminarias completas instaladas en el soporte.

Normativa y su ámbito de aplicación

Desde la publicación del Reglamento Electrotécnico para Baja Tensión, en septiembre del 2002, se han producido cambios muy sustanciales en la legislación que regula los soportes de alumbrado, motivados por el desarrollo de la Directiva 89/106/CEE, de 21 de diciembre de 1989, que dicta las disposiciones para la libre circulación de productos de construcción, y posteriormente por el Reglamento (UE) n.o 305/2011 del Parlamento Europeo y del Consejo que deroga la anterior directiva.

Mediante la Comunicación 2002/C 212/06 de la Comisión en el marco de la aplicación de la Directiva 89/106/CEE del Consejo, se declara, entre otras, como norma armonizada la EN 40-5: 2002 "Columnas y báculos de alumbrado. Parte 5: Requisitos para las columnas y báculos de alumbrado fabricados en acero". Esta norma se ratifica como norma armonizada en aplicación del Reglamento citado anteriormente en la Comunicación de la Comisión 2018/C 092/06.

La Resolución de 16 de enero de 2003, de la Dirección General de Política Tecnológica amplía los anexos I, II y III de la Orden de 29 de noviembre de 2001, por la que se publican las referencias a las normas UNE que son transposición de las normas armonizadas, entre otras, la UNE-EN 40-5: 2003.

La norma UNE-EN 40-5:2003, es aplicable a columnas de alumbrado de acero que no sobrepasen 20 m de altura para luminarias montadas en la parte superior, y a báculos de alumbrado de acero que no superen los 18 m de altura para luminarias con entrada lateral.

Se considera que los soportes de acero (columnas y báculos) de alturas superiores a las señaladas anteriormente, continúan sometidos a los requisitos establecidos en el Real Decreto 2642/85, Real Decreto 401/89 y Orden Ministerial de 16/5/89.

Respecto a los soportes realizados en otros materiales (aluminio, hormigón, etc.) serán de aplicación las normas de la serie EN 40 "Columnas y báculos de alumbrado" relativas a cada tipo de material.

Fechas de aplicabilidad y coexistencia.

En virtud de lo dispuesto en la referenciada normativa, la entrada en vigor del marcado CE con carácter obligatorio para los soportes metálicos de luminarias y que marca el final del periodo de coexistencia con el RD 2642/85, RD 401/89 y OM de 16/5/89, es el:

1-02-2004

Debe aclararse que la fecha en que finaliza el periodo de coexistencia coincide con la fecha en la que se retiran las especificaciones técnicas contradictorias (RD 2642/85, RD 401/89 y OM de 16/5/89 para columnas de alumbrado de acero que no excedan de 20 m de altura y a báculos también de acero que no rebasen 18 m de altura para luminarias con entrada lateral), después de lo cual la presunción de conformidad debe basarse siempre en la norma armonizada UNE- EN 40-5:2003 "Columnas y báculos de alumbrado. Parte 5: Requisitos para las columnas y báculos de alumbrado fabricados en acero"

Para las columnas y báculos de acero de alturas superiores a las referidas con anterioridad, la presunción de conformidad debe fundamentarse en el Real Decreto 2642/85, Real Decreto 401/89 y Orden Ministerial de 16/5/89.

Marcado CE de los soportes

El fabricante, o su representante autorizado establecido dentro de la UE es el responsable de la realización del Marcado CE.

El símbolo CE debe ser conforme a la Directiva 93/68/CEE, y los soportes contendrán marcas o indicaciones de acuerdo con la norma UNE-EN 40-5:2003. El Marcado CE y la información que lo acompaña deben colocarse, al menos, en uno de los siguientes lugares:

- *En el propio producto.*
- *En una etiqueta adherida al mismo*
- *En su embalaje*
- *En la documentación comercial adjunta*

Los soportes que lo requieran, deberán poseer una abertura de dimensiones adecuadas al equipo eléctrico para acceder a los elementos de protección y maniobra; la parte inferior de dicha abertura estará situada, como mínimo, a 0,30 m de la rasante, y estará dotada de puerta o trampilla con grado de protección IP 44 según UNE 20.324 (EN 60529) e IK10 según UNE-EN 50.102. La puerta o trampilla solamente se podrá abrir mediante el empleo de útiles especiales y dispondrá de un borne de tierra cuando sea metálica.

Cuando por su situación o dimensiones, las columnas fijadas o incorporadas a obras de fábrica no permitan la instalación de los elementos de protección y maniobra en la base, podrán colocarse éstos en la parte superior, en lugar apropiado o en el interior de la obra de fábrica.

Códigos IP e IK

Cuando en el texto de la ITC-BT-09 se alude a un grado de protección IP44 e IK10 en la puerta o trampilla, quiere referirse al grado de protección mínimo que se debe proporcionar al equipo eléctrico que normalmente vaya alojado en el interior del soporte (caja de fusibles u otro tipo de protección).

Como según las normas armonizadas de la serie EN 40, el grado de protección de las puertas de los soportes deben ser como mínimo IP3X o IP2X (en función de la altura sobre la rasante a la que estén situadas las puertas) e IK08, el grado de protección requerido, podrá obtenerse, o bien por la propia construcción de la trampilla del soporte, o bien me-

diante la utilización suplementaria de una caja u otra envolvente que esté alojada en el interior del soporte de forma que, el conjunto del soporte y la envolvente completamente montada, proporcione el grado de protección exigido.

En este último caso, en la documentación del fabricante del soporte deberán estar definidas las características de la caja para la obtención de los grados de protección pedidos. Será responsabilidad del instalador la adecuada instalación de la caja correspondiente para garantizar el cumplimiento de la normativa de soportes del conjunto completo.

Borne de tierra en la portezuela o trampilla metálica

Cuando el equipo eléctrico se aloje en una caja cerrada aislante o metálica puesta a tierra en el interior del soporte, podrá evitarse la colocación del borne de tierra en la portezuela. En cualquier caso, se instalará en el fuste del soporte un borne de toma de tierra.

Dimensionamiento del fuste

La sección del fuste del soporte tendrá las dimensiones suficientes para alojar con holgura la caja de protección e instalar el borne de toma de tierra.

Factores de carga parciales.

La Directiva 89/106/CEE, al establecer como norma armonizada la UNE-EN 40-5, fija como factores de carga parciales para el peso propio 1,2 y para el viento 1,4, los cuales permiten garantizar la seguridad por combinación de ambos efectos, con mayor rigor técnico que el coeficiente de seguridad de 2,5 reflejado en el texto actual de la Instrucción Técnica Complementaria ITC-BT-09 del Reglamento del 2002, que quedaría sustituido por los dos mencionados factores de carga parciales, siempre y cuando las cargas características debidas al peso propio y a la acción del viento se ajusten estrictamente a lo dispuesto en la norma UNE- EN 40-5, que remite a lo especificado en la norma UNE-EN 40-3-1 (Parte 3-1: Diseño y verificación. Especificación para cargas características).

Lo cual exige que la presión característica del viento se obtenga teniendo en cuenta la presión del viento de referencia ($q_{(10)}$), el coeficiente (δ) dependiente del tamaño del soporte, el coeficiente (β) que es función del comportamiento dinámico del soporte, el coeficiente topográfico (f) y, por último, el coeficiente de exposición ($Ce_{(z)}$) que depende del terreno y de la altura por encima del suelo (z).

Asimismo, se deberá considerar el coeficiente de forma de las columnas y báculos (sección circular, octogonal regular y otras diferentes), así como el coeficiente de forma de las luminarias.

Calculadas las cargas características, se evaluarán las fuerzas debidas a la presión del viento y a las cargas propias, tanto sobre el fuste del soporte como sobre la luminaria, calculando los momentos de flexión que actúan sobre el fuste de la columna o báculo y sobre el brazo, así como los momentos de torsión que actúan sobre el fuste del soporte debidos a las cargas del viento. Para lo cual, en cumplimiento de lo dispuesto en la norma UNE-EN 40-5, se considerarán las secciones transversales críticas definidas por la norma UNE-EN 40-3-3 (Parte 3-3: Diseño y verificación: Verificación mediante cálculo).

Deformaciones horizontal y vertical

Como criterios de aceptación, la flecha horizontal y la deformación vertical de la conexión de las luminarias, bajo el efecto de las cargas características, en cumplimiento de lo establecido en la norma UNE-EN 40-5 no sobrepasarán los valores determinados en la norma UNE-EN 40-3-3, en las condiciones señaladas por la misma.

Verificación del diseño estructural

En cumplimiento de lo dispuesto de la norma UNE-EN 40-5, el diseño estructural de una columna o báculo de alumbrado debe verificarse, bien por ensayo de acuerdo con la norma UNE-EN 40- 3-2 (Parte 3-2: Diseño y verificación: Verificación mediante ensayo), o por cálculo en consonancia con la norma UNE-EN 40-3-3 (Parte 3-3: Diseño y verificación: Verificación mediante cálculo).

6.2 Instalación eléctrica

En la instalación eléctrica en el interior de los soportes, se deberán respetar los siguientes aspectos:

– Los conductores serán de cobre, de sección mínima 2,5 mm^2, y de tensión asignada 0,6/1kV, como mínimo; no existirán empalmes en el interior de los soportes.

– En los puntos de entrada de los cables al interior de los soportes, los cables tendrán una protección suplementaria de material aislante mediante la prolongación del tubo u otro sistema que lo garantice.

– La conexión a los terminales, estará hecha de forma que no ejerza sobre los conductores ningún esfuerzo de tracción. Para las conexiones de los conductores de la red con los del soporte, se utilizarán elementos de derivación que contendrán los bornes apropiados, en número y tipo, así como los elementos de protección necesarios para el punto de luz.

Los tipos de cable a utilizar corresponden a los indicados en el apartado (5.2.1) o (5.2.2).

---

7 LUMINARIAS

7.1 Características

Las luminarias utilizadas en el alumbrado exterior serán conformes la norma UNE-EN 60.598-2-3 y la UNE-EN 60.598 -2-5 en el caso de proyectores de exterior.

La Instrucción ITC-BT-09 determina que las luminarias se ajustarán a la norma UNE-EN-60598- 2-3 y los proyectores cumplirán la UNE-EN 60598-2-5.

Una luminaria es un conjunto óptico, mecánico y eléctrico equipado para recibir una o varias lámparas, que se compone de cuerpo o carcasa, elementos auxiliares (balasto, arrancador y condensador) instalados generalmente en un compartimento de la luminaria, portalámparas, etc. y bloque óptico.

En el caso en el que el fabricante suministre tanto la luminaria y el proyector con los equipos auxiliares (balasto, arrancador y condensador) incorporados, el responsable del cumplimiento de la norma de luminarias será el fabricante.

Cuando la luminaria, dotada de alojamiento para el equipo auxiliar, y el proyector se suministre sin equipamiento eléctrico (balasto, arrancador y condensador), será responsabilidad del instalador la utilización y conexión adecuada de dichos equipos para asegurar el cumplimiento de los requisitos incluidos en la norma de luminarias del conjunto completo. Para ello se deberán seguir escrupulosamente las instrucciones proporcionadas por el fabricante de la envolvente de la luminaria especialmente en lo relativo a los calentamientos y protección contra los choques eléctricos, así como en el tipo y potencia de lámpara máxima a instalar en la luminaria.

Las luminarias utilizadas en el alumbrado exterior deben tener como mínimo el grado de protección IP 23.

Como caso particular en ambientes con contaminación o existencia de componentes corrosivos (zonas industriales, urbanas, costeras, etc.) y con el fin de mantener el rendimiento de la luminaria, es recomendable que tenga los siguientes grados de protección:

- *IP66 para el compartimiento óptico.*

- *IP44 para el alojamiento del equipo auxiliar.*

En lo que atañe a la resistencia mecánica, en el caso de luminarias de alumbrado exterior, la norma UNE-EN 60.598-2-3 establece como mínimo los siguientes valores:

- *IK04 (0,5 julios) para las partes frágiles (cierres de vidrio, metacrilato, etc.).*

- *IK05 (0,7 julios) para el resto de las partes (cuerpo o carcasa).*

La protección contra los choques mecánicos debe ser apropiada al emplazamiento donde las luminarias están instaladas, cuyo grado mínimo será IK 08 (5 julios), si están situadas a menos de 1,5 m del suelo.

7.2 Instalación eléctrica de luminarias suspendidas

La conexión se realizará mediante cables flexibles, que penetren en la luminaria con la holgura suficiente para evitar que las oscilaciones de ésta provoquen esfuerzos perjudiciales en los cables y en los termina-les de conexión, utilizándose dispositivos que no disminuyan el grado de protección de luminaria IP X3 según UNE 20.324.

La suspensión de las luminarias se hará mediante cables de acero protegido contra la corrosión, de sección suficiente para que posea una resistencia mecánica con coeficiente de seguridad de no inferior a 3,5. La altura mínima sobre el nivel del suelo será de 6 m.

Los tipos de cable a utilizar corresponden a los indicados en el apartado 5.2.1, siempre con conductor flexible de clase 5.

Tipos de cable habituales:

cable tipo VV-K (norma UNE 21123-1)	cable de tensión asignada 0,6/1 kV, con conductor de cobre clase 5 (-K), aislamiento y cubierta de policloruro de vinilo (VV)
cable tipo RV-K (norma UNE 21123-2)	cable de tensión asignada 0,6/1 kV, con conductor de cobre clase 5 (-K), aislamiento de polietileno reticulado (R) y cubierta policloruro de vinilo (V)
Nota 1: Las normas de la serie UNE 21123 también incluyen las variantes de cables armados y apantallados que puede ser conveniente utilizar en instalaciones particulares.	

8 EQUIPOS ELÉCTRICOS DE LOS PUNTOS DE LUZ

Podrán ser de tipo interior o exterior, y su instalación será la adecuada al tipo utilizado.

Los equipos eléctricos para montaje exterior poseerán un grado de protección mínima IP54, según UNE 20.324 e IK 8 según UNE-EN 50.102, e irán montados a una altura mínima de 2,5 m sobre el nivel del suelo, las entradas y salidas de cables serán por la parte inferior de la envolvente.

Cada punto de luz deberá tener compensado individualmente el factor de potencia para que sea igual o supe-rior a 0,90; asimismo deberá estar protegido contra sobreintensidades.

Las lámparas de descarga tienen en común una impedancia negativa, lo que supone que la intensidad de corriente suministrada para una tensión constante se incremente hasta la destrucción de la lámpara.

Por esta causa, debe instalarse un balasto para limitar la intensidad de la corriente que fluye por la lámpara y suministrar a la misma los parámetros necesarios.

Cuando el balasto es electromagnético, asociado al mismo deberán instalarse los condensadores precisos para la corrección del factor de potencia. Además algunas lámparas de descarga, necesitan incorporar un arrancador que proporcione en el instante del encendido, la alta tensión necesaria para el cebado de la corriente de arco de la lámpara.

Los balastos electrónicos cumplen la misión de limitar la intensidad de corriente, al tiempo que realizan las funciones de los arrancadores y condensadores de compensación del factor de potencia.

Se recomienda que las pérdidas en los conjuntos equipo auxiliar y lámpara de descarga no superen los valores determinados en la siguiente tabla:

LÁMPARAS DE DESCARGA

Potencia nominal de lámpara (W)	Potencia total del conjunto (W)		
	Vapor de mercurio (W)	Vapor de sodio alta presión (W)	Halogenuros metálicos (W)
50	60	62	--
70	--	84	84
80	92	--	--
100	--	116	116
125	139	--	--
150	--	171	171
250	270	277	270 (2,15A) 277 (3A)
400	425	435	425 (3,5A) 435 (4,6A)

Nota: Ensayo según norma EN 60923: 1997 y a tensión nominal de red de 230 V.

Estos valores se aplicarán a los balastos estándares de mercado (los balastos de ejecución especial no están contemplados, p. ej. "secciones reducidas, balastos de doble nivel").

Las pérdidas del conjunto equipo auxiliar y lámpara fluorescente se ajustarán a los valores admitidos por la Directiva 2000/55/CE "Eficiencia energética de los balastos para lámparas fluorescentes" y por el R.D. 838/2002 de 2 de Agosto, que constituye su trasposición.

Para la instalación del equipo auxiliar se consideran las dos tipologías existentes, es decir, los equipos eléctricos de tipo exterior utilizados generalmente en instalaciones de alumbrado con puntos de luz implantados en fachadas o apoyos, alimentados mediante redes aéreas posadas sobre muros o tensadas sobre apoyos. En este supuesto, se fijan los grados de protección IP54 e IK08 y se establece que dichos equipos eléctricos de tipo exterior irán instalados a una altura mínima sobre el nivel del suelo de 2,5 m.

En el caso de los equipos eléctricos de tipo interior, al estar instalados en el alojamiento de auxiliares de las propias luminarias, o en el interior del soporte, no precisan se exija grado de protección IP e IK, ya que las envolventes donde están ubicados ya lo poseen.

Cada punto de luz deberá estar protegido contra sobreintensidades (interruptor automático o fusible) de acuerdo a lo establecido en la ITC-BT-22.

Producto	Norma de aplicación
Balastos para lámparas de descarga (Vapor de sodio, Vapor de mercurio, Halogenuros, etc.)	UNE-EN 61347-2-9
Balastos para lámparas fluorescentes	UNE-EN 61347-2-8
Aparatos arrancadores para lámparas de descarga y fluorescentes	UNE-EN 61347-2-1
Condensadores para alumbrado	UNE-EN 61048
Bornes de conexión	UNE-EN 60998
Portalámparas de rosca Edison	UNE-EN 60238
Portalámparas de tipo Bayoneta	UNE-EN 61184
Portalámparas para lámparas de fluorescencia	UNE-EN 60400
Otros portalámparas	UNE-EN 60838

9 PROTECCIÓN CONTRA CONTACTOS DIRECTOS E INDIRECTOS

Podrán ser de tipo interior o exterior, y su instalación será la adecuada al tipo utilizado.

Las luminarias serán de Clase I o de Clase II.

Las partes metálicas accesibles de los soportes de luminarias estarán conectadas a tierra. Se excluyen de esta prescripción aquellas partes metálicas que, teniendo un doble aislamiento, no sean accesibles al público en general. Para el acceso al interior de las luminarias que estén instaladas a una altura inferior a 3 m sobre el suelo o en un espacio accesible al público, se requerirá el empleo de útiles especiales. Las partes metálicas de los quioscos, marquesinas, cabinas telefónicas, paneles de anuncios y demás elementos de mobiliario urbano, que estén a una distancia inferior a 2 m de las partes metálicas de la instalación de alumbrado exterior y que sean susceptibles de ser tocadas simultáneamente, deberán estar puestas a tierra.

Cuando las luminarias sean de Clase I, deberán estar conectadas al punto de puesta a tierra del soporte, mediante cable unipolar aislado de tensión asignada 450/750V con recubrimiento de color verde-amarillo y sección mínima 2,5 mm^2 en cobre.

Mobiliario urbano y edículos en vía pública

El mobiliario urbano y edículos en vía pública, dotados de equipamiento eléctrico (como mínimo iluminación), definidos en el apartado 1 de la presente Guía Técnica de Aplicación, se recomienda que estén protegidos por un dispositivo diferencial-residual de 30 mA, cualquiera que sea la clase del material eléctrico.

El interruptor diferencial de protección, generalmente, está instalado en el propio mobiliario urbano o edículo, en el punto de conexión con la canalización de alimentación.

El mobiliario urbano y los edículos en vía pública, habitualmente, son alimentados mediante una derivación de la red de alumbrado público, cuyos conductores son, en principio, de sección inferior a los de dicha red. Debe llevarse a efecto la protección contra los cortocircuitos en el referido cambio de sección de los conductores.

Instalaciones de alumbrado exteriores particulares:

Este tipo de instalaciones pueden tener su origen:

   – en un ramal de la red de distribución pública de baja tensión

   – en una derivación sobre la distribución de los servicios generales del inmueble

En este último caso debe establecerse un circuito independiente de los otros circuitos del inmueble (caja de escaleras, garaje, etc.). La protección mediante interruptor diferencial debe estar coordinada con las condiciones de puesta a tierra de la instalación en consonancia con el esquema TT ó TN que corresponda.

Se recomienda efectuar la puesta a tierra de la instalación de alumbrado exterior mediante conductor de protección (CP) con aislamiento de color verde–amarillo, incorporado en la misma canalización que la alimentación de los puntos de luz. El tipo de canalización a utilizar se escogerá de acuerdo a lo establecido en la ITC-BT-21.

Las uniones o empalmes de interconexión deben ser ejecutadas correctamente en cajas de conexión al objeto de asegurar su continuidad y la buena derivabilidad de las puestas a tierra.

Protección de las partes metálicas accesibles

La ejecución de una unión equipotencial entre las masas y elementos conductores simultáneamente accesibles resulta, en general, recomendable en las instalaciones eléctricas, ya que dicha conexión equipotencial evita la aparición de la tensión de contacto. Sin embargo, en las instalaciones de alumbrado exterior, la situación y gran extensión de los elementos conductores puede hacer, en algunos casos, más peligrosa la ejecución de tales enlaces equipotenciales que su ausencia.

A continuación se estudian los casos característicos siguientes:

– Soporte de alumbrado y elementos conductores sin equipamiento eléctrico (fig. 5).

– Soporte de alumbrado y mobiliario urbano o edículos con equipamiento eléctrico (fig. 6).

En el primer caso se considera la situación de algún elemento conductor sin equipamiento eléctrico del mobiliario urbano, como ocurre en las señales de tráfico, paneles publicitarios, bancos públicos, barandillas y vallas, pivotes anti-aparcamiento, etc. en las proximidades (a distancia igual o inferior a 2 m) de un soporte de alumbrado exterior. Como el elemento conductor perteneciente al mobiliario urbano no tiene equipamiento eléctrico, no es necesario establecer una conexión equipotencial (véase fig. 5), dado que dichos elementos conductores del mobiliario urbano, de hecho se encuentran al potencial de la tierra, por lo que una conexión de dicha naturaleza no aportaría seguridad suplementaria.

El segundo caso corresponde a la ubicación en la cercanía de un soporte de alumbrado público (a distancia igual o inferior a 2 m), de mobiliario urbano o edículos con equipamiento eléctrico, como sucede con las cabinas telefónicas, marquesinas, kioscos, aseos públicos o cualesquiera otros elementos reseñados en el epígrafe 1 de esta Guía Técnica de Aplicación.

El mobiliario urbano o el edículo de la vía pública es una masa como el soporte (columna o báculo) de alumbrado exterior. Estas masas deben unirse de manera que se asegure su equipotencialidad (véase fig. 6).

Asimismo, cuando se trate de 2 soportes de alumbrado público, simultáneamente accesibles, es decir, situados a una distancia igual o inferior a 2 m, sus masas deben unirse, de modo que quede asegurada su equipotencialidad.

En todos los supuestos, el valor de la resistencia de puesta a tierra y del dispositivo diferencial– residual, asociado a la misma, correspondientes a la instalación de alumbrado exterior, deberán ajustarse a lo señalado en este apartado 9 de la Guía Técnica de Aplicación para los esquemas TT y TN-S.

Soporte y elementos conductores sin equipamiento eléctrico

(soportes de señalización, barandillas y vallas, bancos públicos, pivotes antiaparcamiento, etc.)

Si el elemento conductor no comporta equipamiento eléctrico, no tiene que ejecutarse la conexión equipotencial, dado que no aporta seguridad suplementaria

Figura 5

Soporte y elementos conductores con equipamiento eléctrico

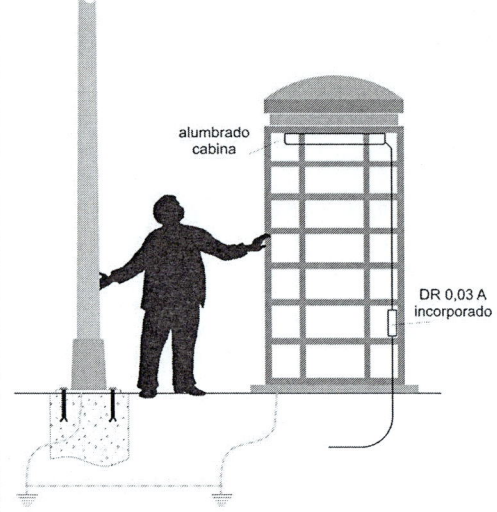

El mobiliario urbano puede estar alimentado por la misma fuente o no

El mobiliario urbano y edículo en vía pública es una masa como el soporte. Tienen que conectarse estas masas a tierra al objeto de asegurar la equipotencialidad.
La alimentación del mobiliario debe estar protegida por un interruptor diferencial (DR) de 30 mA.

Figura 6

PROTECCIÓN CONTRA CONTACTOS INDIRECTOS

En consonancia con la Instrucción Complementaria, ITC-BT-24, debe existir una adecuada coordinación entre el esquema de conexiones a tierra de la instalación de alumbrado exterior y las características de los dispositivos de protección.

La protección contra los contactos indirectos puede asegurarse mediante:

— *Corte automático de la alimentación en un tiempo compatible con la seguridad de las personas y una tensión de contacto no mayor de 24 V. Esta primera medida está ligada a la puesta a tierra de la instalación.*

— *Ejecutando la instalación de manera que todo defecto entre las partes bajo tensión y las accesibles sea improbable y, por tanto, los riesgos correspondientes puedan ser despreciados. Esta segunda medida requiere la utilización de materiales clase II.*

Las dos medidas pueden combinarse, que es lo que en la práctica normalmente se lleva a cabo.

La ITC-BT-08 que establece los sistemas de conexión del neutro y de las masas en redes de distribución de energía eléctrica, contempla la aplicación de los esquemas TT, TN e IT.

Las redes de distribución pública de baja tensión, como es el caso de las instalaciones de alumbrado exterior, según la ITC-BT-08, deben tener un esquema de conexión TT, en el que las intensidades de defecto fase-masa o fase-tierra pueden alcanzar valores inferiores a los de cortocircuito pero que, no obstante, pueden ser suficientes para provocar la aparición de tensiones peligrosas.

Esquema TT

Para los esquemas TT se seguirá todo lo indicado en el apartado 4.1.2 de la ITC-BT-24, considerando la tensión de contacto límite convencional de 24 V.

Esquema TN

La autorización de un esquema TN está subordinada a ciertas condiciones de orden técnico en lo que concierne a la adecuación con la distribución pública en baja tensión, relativas, por ejemplo, al neutro a la salida del transformador, a estudiar con la Empresa distribuidora de energía eléctrica.

En el esquema TN, una corriente de defecto en un aparato, entre una fase y la masa, llega a ser una corriente de cortocircuito fase / neutro, que, normalmente, es eliminada por los dispositivos de protección contra las sobreintensidades previstos en la instalación. En este caso se seguirá todo lo señalado en el apartado 4.1.1 de la ITC-BT-24,

Esquema TN-C

En el esquema TN-C en el que el conductor neutro (N) y el conductor de protección (CP) son comunes (CPN), no pueden utilizarse dispositivos de protección de corriente diferencial-residual (interruptores diferenciales).

Este esquema TN-C no permite el seccionamiento del neutro, ya que el conductor de protección (CP) jamás debe ser cortado. Por todo ello, en instalaciones de alumbrado exterior, no es recomendable el esquema TN-C.

Esquema TN-S

En el esquema TN-S el conductor de protección (CP) es distinto del neutro (N), por lo que se permite el seccionamiento del neutro, disposición que presenta la ventaja de poder dejar fuera de tensión por seccionamiento todos los conductores activos de un mismo circuito.

Si las condiciones locales de distribución eléctrica no lo impiden, el esquema TN-S debe elegirse en relación al esquema TN-C, que resulta desaconsejable. En el supuesto de adoptar, en su caso, el esquema TN-S, debe prestarse atención a no sobrecalibrar las protecciones.

Elección y coordinación de los interruptores diferenciales

En las instalaciones de alumbrado exterior es trascendental la elección y correcta coordinación de los dispositivos de protección contra contactos indirectos, con la finalidad de asegurar un correcto equilibrio entre la continuidad en el servicio y la seguridad eléctrica.

En todos los casos la concepción de una instalación de alumbrado exterior debe ser tal que, en lo posible, un defecto localizado no provoque la interrupción de todo el alumbrado.

A nivel de alimentación general respecto a la distribución de las distintas salidas o circuitos, el interruptor diferencial puede ser del tipo "S", o del tipo retardado de tiempo regulable al objeto de asegurar la selectividad de los interruptores diferenciales eventualmente instalados aguas abajo.

Protección por utilización de equipos clase II o por aislamiento equivalente

Esta medida de protección definida en la Instrucción Complementaria ITC-BT-24, consiste en ejecutar la instalación de alumbrado exterior de tal manera que sea excluido todo riesgo de defecto de aislamiento.

Es decir, las luminarias y los materiales del circuito de alimentación deben fabricarse en Clase II o dotarlos, cuando se realiza la obra, de un aislamiento suplementario.

En algunas ocasiones, esto no puede llevarse a cabo en toda la extensión de la instalación de alumbrado público, pero puede efectuarse en partes concretas de la misma como son:

- *Conjunto soporte con luminaria y equipo auxiliar: El conjunto se admite que es de Clase II, cuando se satisfacen las condiciones siguientes:*

  - *Luminarias Clase II.*

  - *Canalización interior constituida por conductores aislados en el interior de tubos para soportes con partes metálicas accesibles al público, exceptuando soportes con envolventes duraderas y prácticamente continuas de material aislante, encerrando todas las partes metálicas accesibles al público.*

  - *Los cables deben estar fijados a la extremidad superior del soporte, mediante un dispositivo de amarre previsto por la Norma UNE-EN 60.598-2-3.*

  - *Protección suplementaria de material aislante para los cables, mediante prolongación del tubo u otro sistema que lo garantice, en los puntos de entrada de los cables al interior de los soportes.*

  - *Aparamenta instalada en una caja Clase II.*

- *Brazo con luminaria implantado sobre fachada o apoyo: El conjunto de luminaria Clase II instalado en un brazo montado sobre fachada, con protección situada en una caja Clase II, de forma que el equipamiento interno de la caja presente un grado de protección IP 2X, cuando la tapa esté abierta, constituye un conjunto Clase II. El brazo no se une a tierra, teniendo en cuenta la excepción del apartado 9 de la ITC-BT-09.*

- *Alimentación en derivación a un soporte.*

- *Mobiliario urbano y edículos de la vía pública con equipamiento eléctrico Debe llamarse la atención sobre los puntos siguientes:*

- *La envolvente aislante no debe ser atravesada por partes conductoras susceptibles de propagar un potencial.*

Las partes accesibles, cuando la portezuela de los soportes o las tapas de las cajas estén abiertas, deben tener, al menos, un grado de protección IP 2X, y si esto no es posible debe instalarse una barrera aislante para obtener una protección equivalente.

10 PUESTAS A TIERRA

La máxima resistencia de puesta a tierra será tal que, a lo largo de la vida de la instalación y en cualquier época del año, no se puedan producir tensiones de contacto mayores de 24 V, en las partes metálicas accesibles de la instalación (soportes, cuadros metálicos, etc.).

La puesta a tierra de los soportes se realizará por conexión a una red de tierra común para todas las líneas que partan del mismo cuadro de protección, medida y control.

En las redes de tierra, se instalará como mínimo un electrodo de puesta a tierra cada 5 soportes de luminarias, y siempre en el primero y en el último soporte de cada línea.

Los conductores de la red de tierra que unen los electrodos deberán ser:

- Desnudos, de cobre, de 35 mm^2 de sección mínima, si forman parte de la propia red de tierra, en cuyo caso irán por fuera de las canalizaciones de los cables de alimentación.

- Aislados, mediante cables de tensión asignada 450/750V, con recubrimiento de color verde-amarillo, con conductores de cobre, de sección mínima 16 mm^2 para redes subterráneas, y de igual sección que los conductores de fase para las redes posadas, en cuyo caso irán por el interior de las canalizaciones de los cables de alimentación.

El conductor de protección que une de cada soporte con el electrodo o con la red de tierra, será de cable unipolar aislado, de tensión asignada 450/750 V, con recubrimiento de color verde-amarillo, y sección mínima de 16 mm^2 de cobre.

Todas las conexiones de los circuitos de tierra, se realizarán mediante terminales, grapas, soldadura o elementos apropiados que garanticen un buen contacto permanente y protegido contra la corrosión.

Características de los conductores:

- *Desnudos: serán de construcción y resistencia eléctrica según la clase 2 de la norma UNE-EN 60228 (conductor formado por varios alambres rígidos cableados entre sí)*

- *Aislados: los conductores aislados de tensión asignada 450/750 V y de instalación habitual con estas características son:*

cable H07V-U (norma UNE-EN 50525-2-31)	conductor unipolar aislado de tensión asignada 450/750 V, con conductor de cobre clase 1 (-U) y aislamiento de policloruro de vinilo (V) Nota: mayor sección normalizada 10 mm², por lo tanto solamente pueden utilizarse como conductor de protección para las redes posadas
cable H07V-R (norma UNE-EN 50525-2-31)	conductor unipolar aislado de tensión asignada 450/750 V, con conductor de cobre clase 2 (-R) y aislamiento de policloruro de vinilo (V)
cable H07V-K (norma UNE-EN 50525-2-31)	conductor unipolar aislado de tensión asignada 450/750 V, con conductor de cobre clase 5 (-K) y aislamiento de policloruro de vinilo (V)

Cuando en las redes aéreas el conductor de protección forme parte del cable RZ (cable de tensión asignada 0,6/1 kV, con cubierta aislante de polietileno reticulado y conductores de cobre cableados a derechas) no es necesaria la coloración verde-amarillo; en este caso el conductor de protección debe estar identificado con un marcado apropiado, por ejemplo mediante el símbolo de tierra o CP, cada 0,5 m.

Ejemplos de puesta a tierra

En las figuras 7 y 8 se representan dos ejemplos de puestas a tierra en instalaciones de alumbrado público en esquemas TT y TN-S

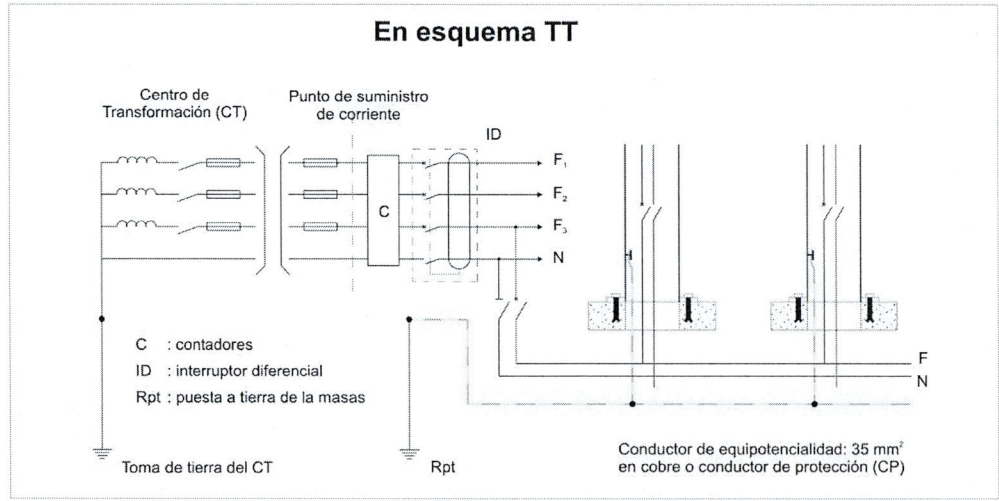

Figura 7

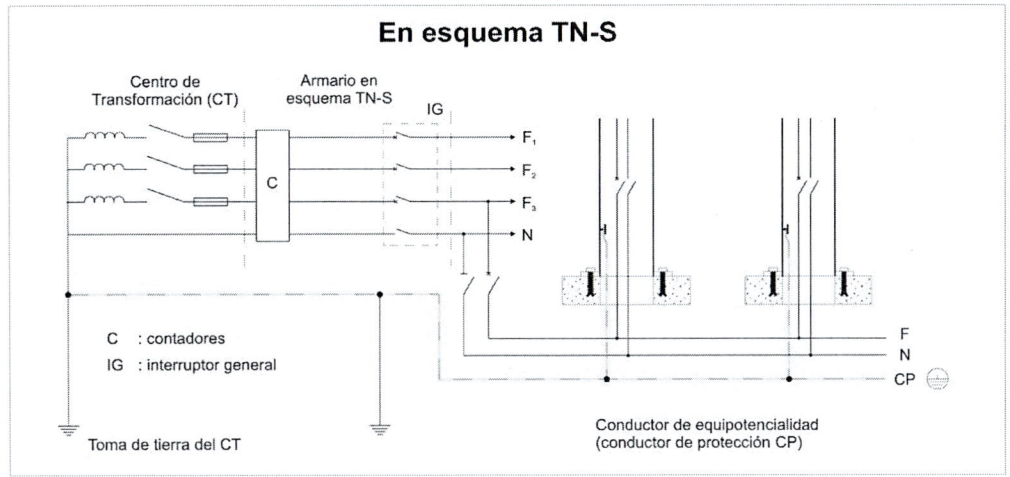

En esquema TN-S

Centro de Transformación (CT)

Armario en esquema TN-S

IG

F₁
F₂
F₃
N

C : contadores
IG : interruptor general

Toma de tierra del CT

F
N
CP

Conductor de equipotencialidad
(conductor de protección CP)

Figura 8

La instalación de la puesta a tierra asegura las funciones siguientes:

– *La protección de las personas contra los choques eléctricos*

– *La protección de los equipamientos contra las sobretensiones*

La red de los conductores de equipotencialidad y la puesta a tierra deben presentar una débil impedancia para derivar las corrientes de defecto.

Puesta a tierra: conductor desnudo y conductor de protección

En los esquemas de las figuras siguientes, en las que no se han incluido los conductores activos, se representa la puesta a tierra mediante cable de cobre desnudo de 35 mm² de sección mínima (fig. 9) y mediante conductor de protección (CP) aislado con recubrimiento de color verde-amarillo (fig. 10). En ambas figuras las luminarias Clase I se han unido a tierra, mientras que en las de Clase II no se ha realizado dicha conexión.

En la figura 9 el cable de cobre desnudo de 35 mm² está enterrado directamente en la tierra de la zanja para obtener la mejor conductividad posible, aun cuando el subsuelo sea heterogéneo. La conexión AB es facultativa en el esquema TT, mientras resulta obligatoria en el esquema TN-S.

En este caso (fig. 9), la resistencia de puesta a tierra resulta generalmente inferior a 5Ω, aunque el terreno esté constituido por materiales dispersos, como por ejemplo rellenos compactados. Esta solución permite obtener la más débil resistencia de puesta a tierra, con la ventaja de conseguir la mejor salida de la corriente de fuga.

En la figura 10 se representa la puesta a tierra por conductor de protección (CP) con recubrimiento de color verde-amarillo, que se ha incorporado en el mismo tubo, enterrado en la zanja por el que se han tendido los cables de alimentación de la red de alumbrado exterior.

Puesta a tierra mediante un conductor de equipotencialidad de cobre desnudo de sección al menos igual a 35 mm² asegurando una conexión entre todas las masas de los aparatos de alumbrado público

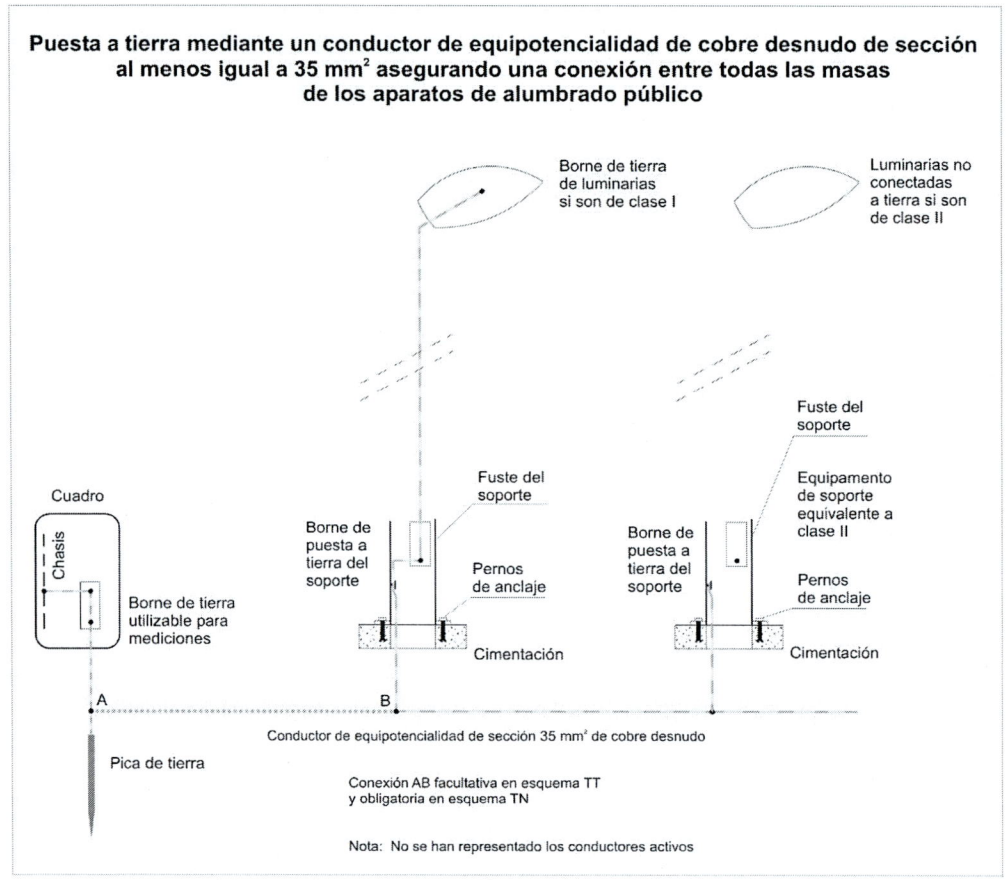

Figura 9

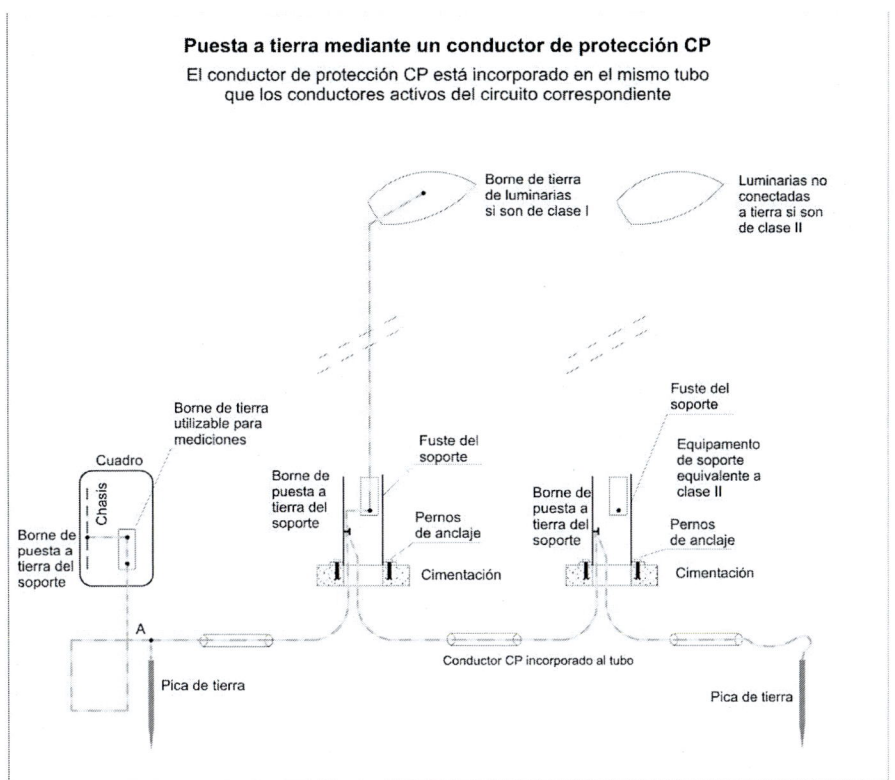

Puesta a tierra mediante un conductor de protección CP

El conductor de protección CP está incorporado en el mismo tubo
que los conductores activos del circuito correspondiente

Borne de tierra
de luminarias
si son de clase I

Luminarias no
conectadas
a tierra si son
de clase II

Fuste del
soporte

Borne de tierra
utilizable para
mediciones

Cuadro

Fuste del
soporte

Equipamento
de soporte
equivalente a
clase II

Chasis

Borne de
puesta a
tierra del
soporte

Borne de
puesta a
tierra del
soporte

Borne de
puesta a
tierra del
soporte

Pernos
de anclaje

Pernos
de anclaje

Cimentación

Cimentación

A

Conductor CP incorporado al tubo

Pica de tierra

Pica de tierra

Figura 10

*NOTA de las figuras 9 y 10: la instalación de las picas de tierra deberá realizarse, tal
como se indica en el texto reglamentario, en el primer y último soporte de cada línea y
cada 5 soportes de luminarias.*

UNIDAD TEMÁTICA N.º 6

PROTECCIONES

Resumen del contenido

GUÍA-BT-08

SISTEMAS DE CONEXIÓN DEL NEUTRO Y DE LAS MASAS EN REDES DE DISTRIBUCIÓN DE ENERGÍA ELÉCTRICA

Índice

Edición: Octubre 2005. Revisión: 1

En la ITC-BT-08 se presentan los tres posibles esquemas de distribución en función de la puesta a tierra del neutro y de las masas. Las características de los sistemas de protección contra contactos directos e indirectos dependerán del tipo de esquema de distribución. Dichas características se definen en la ITC-BT-24.

Según se indica en el apartado 1.4 el esquema de distribución para instalaciones receptoras alimentadas directamente desde una red de distribución pública en baja tensión es el esquema TT, mientras que para instalaciones de baja tensión alimentadas desde un centro de transformación de abonado, se podrá elegir cualquiera de los tres esquemas.

1. ESQUEMAS DE DISTRIBUCIÓN

Para la determinación de las características de las medidas de protección contra choques eléctricos en caso de defecto (contactos indirectos) y contra sobreintensidades, así como de las especificaciones de la aparamenta encargada de tales funciones, será preciso tener en cuenta el esquema de distribución empleado.

Los esquemas de distribución se establecen en función de las conexiones a tierra de la red de distribución o de la alimentación, por un lado, y de las masas de la instalación receptora, por otro.

La denominación se realiza con un código de letras con el significado siguiente:

Primera letra: Se refiere a la situación de la alimentación con respecto a tierra.

  T = Conexión directa de un punto de la alimentación a tierra.

  I = Aislamiento de todas las partes activas de la alimentación con respecto a tierra o conexión de un punto a tierra a través de una impedancia.

Segunda letra: Se refiere a la situación de las masas de la instalación receptora con respecto a tierra.

  T = Masas conectadas directamente a tierra, independientemente de la eventual puesta a tierra de la alimentación.

  N = Masas conectadas directamente al punto de la alimentación puesto a tierra (en corriente alterna, este punto es normalmente el punto neutro).

Otras letras (eventuales): Se refieren a la situación relativa del conductor neutro y del conductor de protección.

  S = Las funciones de neutro y de protección, aseguradas por conductores separados.

  C = Las funciones de neutro y de protección, combinadas en un solo conductor (conductor CPN).

1.1 Esquema TN

Los esquemas TN tienen un punto de la alimentación, generalmente el neutro o compensador, conectado directamente a tierra y las masas de la instalación receptora conectadas a dicho punto mediante conductores de protección. Se distinguen tres tipos de esquemas TN según la disposición relativa del conductor neutro y del conductor de protección:

Esquema TN-S: En el que el conductor neutro y el de protección son distintos en todo el esquema (figura 1)

Figura 1. *Esquema de distribución tipo TN-S*

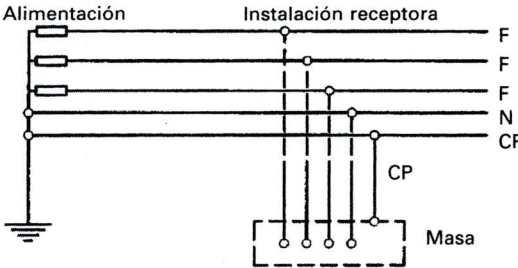

Esquema TN-C: En el que las funciones de neutro y protección están combinados en un solo conductor en todo el esquema (figura 2).

Figura 2. *Esquema de distribución tipo TN-C*

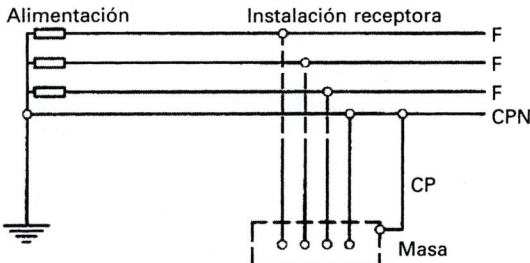

Esquema TN-C-S: En el que las funciones de neutro y protección están combinadas en un solo conductor en una parte del esquema (figura 3).

Figura 3. *Esquema de distribución tipo TN-C-S*

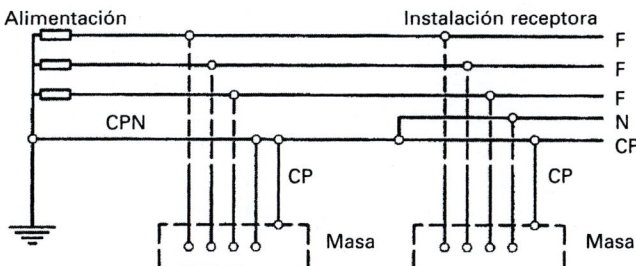

En los esquemas TN cualquier intensidad de defecto franco fase-masa es una intensidad de cortocircuito. El bucle de defecto está constituido exclusivamente por elementos conductores metálicos.

1.2 Esquema TT

El esquema TT tiene un punto de alimentación, generalmente el neutro o compensador, conectado directamente a tierra. Las masas de la instalación receptora están conectadas a una toma de tierra separada de la toma de tierra de la alimentación (figura 4).

Figura 4. *Esquema de distribución tipo TT*

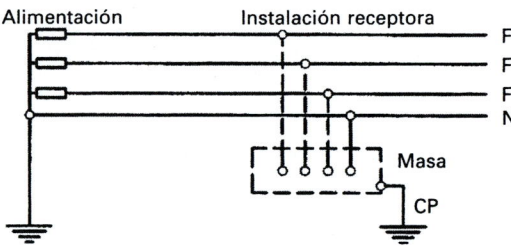

En este esquema las intensidades de defecto fase-masa o fase-tierra pueden tener valores inferiores a los de cortocircuito, pero pueden ser suficientes para provocar la aparición de tensiones peligrosas.

En general, el bucle de defecto incluye resistencia de paso a tierra en alguna parte del circuito de defecto, lo que no excluye la posibilidad de conexiones eléctricas voluntarias o no, entre la zona de la toma de tierra de las masas de la instalación y la de la alimentación. Aunque ambas tomas de tierra no sean independientes, el esquema sigue siendo un esquema TT si no se cumplen todas las condiciones del esquema TN. Dicho de otra forma, no se tienen en cuenta las posibles conexiones entre ambas zonas de toma de tierra para la determinación de las condiciones de protección.

1.3 Esquema IT

El esquema IT no tiene ningún punto de la alimentación conectado directamente a tierra. Las masas de la instalación receptora están puestas directamente a tierra (figura 5).

Figura 5. *Esquema de distribución tipo IT*

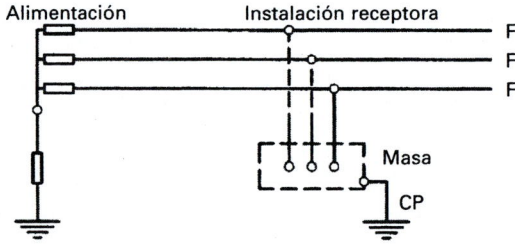

En este esquema la intensidad resultante de un primer defecto fase-masa o fase-tierra, tiene un valor lo suficientemente reducido como para no provocar la aparición de tensiones de contacto peligrosas.

La limitación del valor de la intensidad resultante de un primer defecto fase-masa o fase-tierra se obtiene bien por la ausencia de conexión a tierra en la alimentación, o bien por la inserción de una impedancia suficiente entre un punto de la alimentación (generalmente el neutro) y tierra. A este efecto puede resultar necesario limitar la extensión de la instalación para disminuir el efecto capacitivo de los cables con respecto a tierra.

En este tipo de esquema se recomienda no distribuir el neutro.

1.4 Aplicación de los tres tipos de esquemas

La elección de uno de los tres tipos de esquemas debe hacerse en función de las características técnicas y económicas de cada instalación. Sin embargo, hay que tener en cuenta los siguientes principios.

a) Las redes de distribución pública de baja tensión tienen un punto puesto directamente a tierra por prescripción reglamentaria. Este punto es el punto neutro de la red. El esquema de distribución para instalaciones receptoras alimentadas directamente de una red de distribución pública de baja tensión es el esquema TT.

b) En instalaciones alimentadas en baja tensión, a partir de un centro de transformación de abonado, se podrá elegir cualquiera de los tres esquemas citados.

c) No obstante lo dicho en a), puede establecerse un esquema IT en parte o partes de una instalación alimentada directamente de una red de distribución pública mediante el uso de transformadores adecuados, en cuyo secundario y en la parte de la instalación afectada se establezcan las disposiciones que para tal esquema se citan en el apartado 1.3.

2. PRESCRIPCIONES ESPECIALES EN LAS REDES DE DISTRIBUCIÓN PARA LA APLICACIÓN DEL ESQUEMA TN

Para que las masas de la instalación receptora puedan estar conectadas a neutro como medida de protección contra contactos indirectos, la red de alimentación debe cumplir las siguientes prescripciones especiales:

a) La sección del conductor neutro debe, en todo su recorrido, ser como mínimo igual a la indicada en la tabla siguiente, en función de la sección de los conductores de fase.

Tabla 1. *Sección del conductor neutro en función de la sección de los conductores de fase.*

Sección de los conductores de fase (mm^2)	Sección nominal del conductor neutro (mm^2)	
	Redes aéreas	Redes subterráneas
16	16	16
25	25	16
35	35	16
50	50	25
70	50	35
95	50	50
120	70	70
150	70	70
185	95	95
240	120	120
300	150	150
400	185	185

b) En las líneas aéreas, el conductor neutro se tenderá con las mismas precauciones que los conductores de fase.

c) Además de las puestas a tierra de los neutros señaladas en las instrucciones ITC-BT-06 e ITC-BT-07, para las líneas principales y derivaciones serán puestos a tierra igualmente en los extremos de éstas cuando la longitud de las mismas sea superior a 200 metros.

d) La resistencia de tierra del neutro no será superior a 5 ohmios en las proximidades de la central generadora o del centro de transformación, así como en los 200 últimos metros de cualquier derivación de la red.

e) La resistencia global de tierra, de todas las tomas de tierra del neutro, no será superior a 2 ohmios.

f) En el esquema TN-C, las masas de las instalaciones receptoras deberán conectarse al conductor neutro mediante conductores de protección.

GUÍA-BT-18

INSTALACIONES DE PUESTA A TIERRA

Edición: Octubre 2005; Revisión: 1

Índice

1. OBJETO

Las puestas a tierra se establecen principalmente con objeto de limitar la tensión que, con respecto a tierra, puedan presentar en un momento dado las masas metálicas, asegurar la actuación de las protecciones y eliminar o disminuir el riesgo que supone una avería en los materiales eléctricos utilizados.

Cuando otras instrucciones técnicas prescriban como obligatoria la puesta a tierra de algún elemento o parte de la instalación, dichas puestas a tierra se regirán por el contenido de la presente instrucción.

2. PUESTA O CONEXIÓN A TIERRA. DEFINICIÓN

La puesta o conexión a tierra es la unión eléctrica directa, sin fusibles ni protección alguna, de una parte del circuito eléctrico o de una parte conductora no perteneciente al mismo mediante una toma de tierra con un electrodo o grupos de electrodos enterrados en el suelo.

Mediante la instalación de puesta a tierra se deberá conseguir que en el conjunto de instalaciones, edificios y superficie próxima del terreno no aparezcan diferencias de potencial peligrosas y que, al mismo tiempo, permita el paso a tierra de las corrientes de defecto o las de descarga de origen atmosférico.

3. UNIONES A TIERRA

Las disposiciones de puesta a tierra pueden ser utilizadas a la vez o separadamente, por razones de protección o razones funcionales, según las prescripciones de la instalación.

La elección e instalación de los materiales que aseguren la puesta a tierra deben ser tales que:

– El valor de la resistencia de puesta a tierra esté conforme con las normas de protección y de funcionamiento de la instalación y se mantenga de esta manera a lo largo del tiempo, teniendo en cuenta los requisitos generales indicados en la ITC-BT-24 y los requisitos particulares de las Instrucciones Técnicas aplicables a cada instalación.

– Las corrientes de defecto a tierra y las corrientes de fuga puedan circular sin peligro, particularmente desde el punto de vista de solicitaciones térmicas, mecánicas y eléctricas.

– La solidez o la protección mecánica quede asegurada con independencia de las condiciones estimadas de influencias externas.

– Contemplen los posibles riesgos debidos a electrólisis que pudieran afectar a otras partes metálicas.

En la figura 1 se indican las partes típicas de una instalación de puesta a tierra:

Figura 1. *Representación esquemática de un circuito de puesta a tierra*

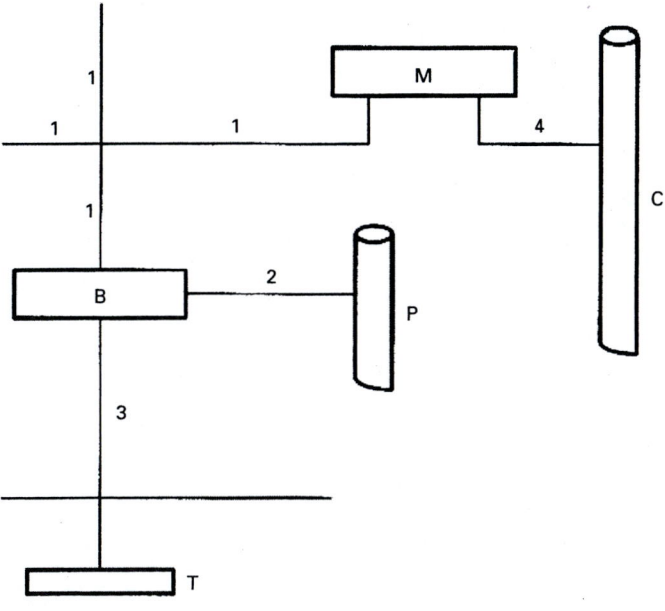

Leyenda

1   Conductor de protección.
2   Conductor de unión equipotencial principal.
3   Conductor de tierra o línea de enlace con el electrodo de puesta a tierra.
4   Conductor de equipotencialidad suplementaria.
B   Borne principal de tierra o punto de puesta a tierra.
M Masa.
C   Elemento conductor.
P   Canalización metálica principal de agua.
T   Toma de tierra.

3.1 Tomas de tierra

Para la toma de tierra se pueden utilizar electrodos formados por:

– barras, tubos;

– pletinas, conductores desnudos;

– placas;

– anillos o mallas metálicas constituidos por los elementos anteriores o sus combinaciones;

– armaduras de hormigón enterradas; con excepción de las armaduras pretensadas;

– otras estructuras enterradas que se demuestre que son apropiadas.

Los conductores de cobre utilizados como electrodos serán de construcción y resistencia eléctrica según la clase 2 de la norma UNE 21.022.

El tipo y la profundidad de enterramiento de las tomas de tierra deben ser tales que la posible pérdida de humedad del suelo, la presencia del hielo u otros efectos climáticos, no aumenten la resistencia de la toma de tierra por encima del valor previsto. La profundidad nunca será inferior a 0,50 m.

La profundidad de enterramiento del electrodo deberá medirse desde la parte superior del mismo. Además, en lugares en los que existan riesgo continuado de heladas, se recomienda una profundidad mínima de enterramiento de la parte superior del electrodo de 0,8 m.

Los materiales utilizados y la realización de las tomas de tierra deben ser tales que no se vea afectada la resistencia mecánica y eléctrica por efecto de la corrosión de forma que comprometa las características del diseño de la instalación

Las canalizaciones metálicas de otros servicios (agua, líquidos o gases inflamables, calefacción central, etc.) no deben ser utilizadas como tomas de tierra por razones de seguridad.

Las envolventes de plomo y otras envolventes de cables que no sean susceptibles de deterioro debido a una corrosión excesiva, pueden ser utilizadas como toma de tierra, previa autorización del propietario, tomando las precauciones debidas para que el usuario de la instalación eléctrica sea advertido de los cambios del cable que podría afectar a sus características de puesta a tierra.

La ITC-BT-26 aplicable a viviendas, locales comerciales, oficinas y otros locales con usos análogos, exige que la toma de tierra se realice en forma de anillo cerrado que interese a todo el perímetro del edificio al que se conectan, en su caso, los electrodos verticalmente hincados en el terreno cuando se prevea la necesidad de disminuir la resistencia de tierra que pueda presentar el conductor en anillo. En otros casos no contemplados en la ITC-BT-26, se recomienda también utilizar esta disposición constructiva.

Producto	Norma de aplicación
Picas cilíndricas de acero-cobre	UNE 21056 UNE 202006
Conductor de cobre desnudo (clase 2)	UNE 21022 UNE-EN 60228

Las dimensiones mínimas recomendadas para los electrodos de puesta a tierra, son las siguientes:

Tipo de electrodo		Dimensión mínima
Picas	barras	Ø ≥ 14,2 mm (acero-cobre 250μ) Ø ≥ 20 mm (acero galvanizado 78μ)
	perfiles	Espesor ≥ 5 mm y Sección ≥ 350 mm²
	tubos	Ø$_{ext}$ ≥ 30 mm y Espesor ≥ 3 mm
Placas	rectangular	1 m x 0,5 m Espesor ≥ 2 mm (cobre); Espesor ≥ 3 mm (acero galvanizado 78μ)
	cuadrada	1 m x 1 m Espesor ≥ 2 mm (cobre); Espesor ≥ 3 mm (acero galvanizado 78μ)
Conductor desnudo		35 mm² (cobre)

La longitud mínima de las picas cilíndricas se indica en la norma de producto aplicable.

3.2 Conductores de tierra

La sección de los conductores de tierra tienen que satisfacer las prescripciones del apartado 3.4 de esta Instrucción y, cuando estén enterrados, deberán estar de acuerdo con los valores de la tabla 1. La sección no será inferior a la mínima exigida para los conductores de protección.

Tabla 1. *Secciones mínimas convencionales de los conductores de tierra*

TIPO	Protegido mecánicamente	No protegido mecánicamente
Protegido contra la corrosión*	Según apartado 3.4	16 mm² Cobre 16 mm² Acero Galvanizado
No protegido contra la corrosión	25 mm² Cobre 50 mm² Hierro	
* La protección contra la corrosión puede obtenerse mediante una envolvente		

Durante la ejecución de las uniones entre conductores de tierra y electrodos de tierra debe extremarse el cuidado para que resulten eléctricamente correctas.

Debe cuidarse, en especial, que las conexiones, no dañen ni a los conductores ni a los electrodos de tierra.

No obstante a lo indicado en la tabla, es recomendable que la sección mínima del conductor de tierra de cobre enterrado y desnudo sea de 35 mm².

Se considera que las conexiones son eléctricamente correctas, si se realizan, por ejemplo, mediante grapas de conexión, soldadura aluminotérmica o autógena.

La determinación de la sección de los conductores de tierra se debe realizar utilizando el método de calculo indicado en la Norma UNE 20460-5-54 (descrito en el apartado 3.4), respetando los valores mínimos indicados en la Tabla 1.

3.3 Bornes de puesta a tierra

En toda instalación de puesta a tierra debe preverse un borne principal de tierra, al cual deben unirse los conductores siguientes:

– Los conductores de tierra,

– Los conductores de protección.

– Los conductores de unión equipotencial principal.

– Los conductores de puesta a tierra funcional, si son necesarios.

Debe preverse sobre los conductores de tierra y en lugar accesible, un dispositivo que permita medir la resistencia de la toma de tierra correspondiente. Este dispositivo puede estar combinado con el borne principal de tierra, debe ser desmontable necesariamente por medio de un útil, tiene que ser mecánicamente seguro y debe asegurar la continuidad eléctrica

---

Figura A. *Ejemplo de puente seccionador de tierra*

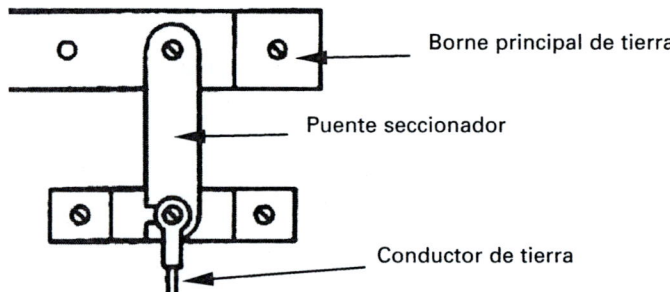

Borne principal de tierra

Puente seccionador

Conductor de tierra

La sección del puente seccionador de tierra debe ser la misma que la del conductor de tierra o sección equivalente si se utilizan otros materiales.

Se recomienda desconectar la instalación eléctrica en su origen antes de abrir el puente seccionador de tierra, para evitar que quede sin protección contra los contactos indirectos. Una vez realizada la medida de resistencia de puesta a tierra, se debe volver a conectar el puente antes de ponerla de nuevo en servicio.

3.4 Conductores de protección

Los conductores de protección sirven para unir eléctricamente las masas de una instalación a ciertos elementos con el fin de asegurar la protección contra contactos indirectos.

En el circuito de conexión a tierra, los conductores de protección unirán las masas al conductor de tierra.

En otros casos reciben igualmente el nombre de conductores de protección, aquellos conductores que unen las masas:

– al neutro de la red,

– a un relé de protección.

La sección de los conductores de protección será la indicada en la tabla 2, o se obtendrá por cálculo conforme a lo indicado en la Norma UNE 20.460 -5-54 apartado 543.1.1.

Tabla 2. *Relación entre las secciones de los conductores de protección y los de fase*

Sección de los conductores de fase de la instalación S (mm^2)	Sección mínima de los conductores de protección Sp (mm^2)
S ≤ 16 16 < S ≤ 135 S > 35	$S_p = S$ $S_p = 16$ $S_p = S/2$

Si la aplicación de la tabla conduce a valores no normalizados, se han de utilizar conductores que tengan la sección normalizada superior más próxima.

Los valores de la tabla 2 solo son válidos en el caso de que los conductores de protección hayan sido fabricados del mismo material que los conductores activos; de no ser así, las secciones de los conductores de protección se determinarán de forma que presenten una conductividad equivalente a la que resulta aplicando la tabla 2.

En todos los casos los conductores de protección que no forman parte de la canalización de alimentación serán de cobre con una sección, al menos de:

– 2,5 mm^2, si los conductores de protección disponen de una protección mecánica.

– 4 mm^2, si los conductores de protección no disponen de una protección mecánica.

Cuando el conductor de protección sea común a varios circuitos, la sección de ese conductor debe dimensionarse en función de la mayor sección de los conductores de fase.

Para instalaciones interiores, tal y como se indica en la ITC-BT-19, la sección mínima de los conductores de protección serán las indicadas en la Tabla 2.

Cuando por aplicación de la Tabla 2 la sección del conductor de protección pueda ser inferior a la sección de los conductores de fase, se recomienda verificar que por aplicación del método de cálculo indicado en la Norma UNE 20460-5-54, no resulta una sección mayor (por ejemplo en un sistema de distribución TN).

Este método de cálculo establece que la sección debe ser, como mínimo igual a la determinada por la fórmula siguiente, que resulta aplicable solamente para tiempos de corte no superiores a 5 s:

$$S = \frac{\sqrt{I^2\, t}}{k}$$

Siendo:

t   *duración del cortocircuito en segundos*

S   *sección del conductor de protección en mm^2*

I   *corriente de defecto en A, que puede atravesar el dispositivo de protección para un defecto de impedancia despreciable, expresada en valor eficaz*

k   *constante que toma los valores siguientes:*

conductores de protección no incorporados a los cables y conductores de protección desnudos en contacto con el revestimiento de cables

	Naturaleza del aislante de los conductores de protección o de los revestimientos de cables		
	PVC	PR/EPR	Caucho butilo
Temperatura inicial	30 °C	30 °C	30 °C
Temperatura final	160 °C	250 °C	220 °C
Material del conductor	k		
Cobre	143	176	166
Aluminio	95	116	110
Acero	52	64	60

conductores de protección que constituyen un cable multiconductor

	Naturaleza del aislamiento		
	PVC	PR/EPR	Caucho butilo
Temperatura inicial	70 °C	90 °C	85 °C
Temperatura final	160 °C	250 °C	220 °C
Material del conductor	k		
Cobre	115	143	134
Aluminio	76	94	89

conductores desnudos que no corren el riesgo de dañar materiales próximos
para las temperaturas indicadas

Materiales del conductor	Condiciones		
	Visible y en los emplazamientos reservados	Condiciones normales	Riesgo de incendio
Temperatura máxima	500 °C	200 °C	150 °C
Cobre (valor de k)	228	159	138
Temperatura máxima	300 °C	200 °C	150 °C
Aluminio (valor de k)	125	105	91
Temperatura máxima	500 °C	200 °C	150 °C
Acero (valor de k)	82	58	50
Nota: La temperatura inicial del conductor se considera que es de 30 °C			

Como conductores de protección pueden utilizarse:

– conductores en los cables multiconductores, o

– conductores aislados o desnudos que posean una envolvente común con los conductores activos, o

– conductores separados desnudos o aislados.

Cuando la instalación consta de partes de envolventes de conjuntos montadas en fábrica o de canalizaciones prefabricadas con envolvente metálica, estas envolventes pueden ser utilizadas como conductores de protección si satisfacen, simultáneamente, las tres condiciones siguientes:

a) Su continuidad eléctrica debe ser tal que no resulte afectada por deterioros mecánicos, químicos o electroquímicos.

b) Su conductibilidad debe ser, como mínimo, igual a la que resulta por la aplicación del presente apartado.

c) Deben permitir la conexión de otros conductores de protección en toda derivación predeterminada.

La cubierta exterior de los cables con aislamiento mineral, puede utilizarse como conductor de protección de los circuitos correspondientes, si satisfacen simultáneamente las condiciones a) y b) anteriores. Otros conductos (agua, gas u otros tipos) o estructuras metálicas, no pueden utilizarse como conductores de protección (CP ó CPN).

Los conductores de protección deben estar convenientemente protegidos contra deterioros mecánicos, químicos y electroquímicos y contra los esfuerzos electrodinámicos.

Las conexiones deben ser accesibles para la verificación y ensayos, excepto en el caso de las efectuadas en cajas selladas con material de relleno o en cajas no desmontables con juntas estancas.

Ningún aparato deberá ser intercalado en el conductor de protección, aunque para los ensayos podrán utilizarse conexiones desmontables mediante útiles adecuados.

Las masas de los equipos a unir con los conductores de protección no deben ser conectadas en serie en un circuito de protección, con excepción de las envolventes montadas en fábrica o canalizaciones prefabricadas mencionadas anteriormente.

4. PUESTA A TIERRA POR RAZONES DE PROTECCIÓN

Para las medidas de protección en los esquemas TN, TT e IT, ver la ITC-BT 24.

Cuando se utilicen dispositivos de protección contra sobreintensidades para la protección contra el choque eléctrico, será preceptiva la incorporación del conductor de protección en la misma canalización que los conductores activos o en su proximidad inmediata.

4.1 Tomas de tierra y conductores de protección para dispositivos de control de tensión de defecto.

La toma de tierra auxiliar del dispositivo debe ser eléctricamente independiente de todos los elementos metálicos puestos a tierra, tales como elementos de construcciones metálicas, conducciones metálicas, cubiertas metálicas de cables. Esta condición se considera como cumplida si la toma de tierra auxiliar se instala a una distancia suficiente de todo elemento metálico puesto a tierra, tal que quede fuera de la zona de influencia de la puesta a tierra principal.

La unión a esta toma de tierra debe estar aislada, con el fin de evitar todo contacto con el conductor de protección o cualquier elemento que pueda estar conectado a él.

El conductor de protección no debe estar unido más que a las masas de aquellos equipos eléctricos cuya alimentación pueda ser interrumpida cuando el dispositivo de protección funcione en las condiciones de defecto.

5. PUESTA A TIERRA POR RAZONES FUNCIONALES

Las puestas a tierra por razones funcionales deben ser realizadas de forma que aseguren el funcionamiento correcto del equipo y permitan un funcionamiento correcto y fiable de la instalación.

6. PUESTA A TIERRA POR RAZONES COMBINADAS DE PROTECCIÓN Y FUNCIONALES

Cuando la puesta a tierra sea necesaria a la vez por razones de protección y funcionales, prevalecerán las prescripciones de las medidas de protección.

7. CONDUCTORES CPN (TAMBIÉN DENOMINADOS PEN)

En el esquema TN, cuando en las instalaciones fijas el conductor de protección tenga una sección al menos igual a 10 mm^2, en cobre o aluminio, las funciones de conductor de protección y de conductor neutro pueden ser combinadas, a condición de que la parte de la instalación común no se encuentre protegida por un dispositivo de protección de corriente diferencial residual.

Sin embargo, la sección de mínima de un conductor CPN puede ser de 4 mm^2, a condición de que el cable sea de cobre y del tipo concéntrico y que las conexiones que aseguran la continuidad estén duplicadas en todos los puntos de conexión sobre el conductor externo. El conductor CPN concéntrico debe utilizarse a partir del transformador y debe limitarse a aquellas instalaciones en las que se utilicen accesorios concebidos para este fin.

El conductor CPN debe estar aislado para la tensión más elevada a la que puede estar sometido, con el fin de evitar las corrientes de fuga.

El conductor CPN no tiene necesidad de estar aislado en el interior de los aparatos.

Si a partir de un punto cualquiera de la instalación, el conductor neutro y el conductor de protección están separados, no estará permitido conectarlos entre sí en la continuación del circuito por detrás de este punto. En el punto de separación, deben preverse bornes o barras separadas para el conductor de protección y para el conductor neutro. El conductor CPN debe estar unido al borne o a la barra prevista para el conductor de protección.

8. CONDUCTORES DE EQUIPOTENCIALIDAD

El conductor principal de equipotencialidad debe tener una sección no inferior a la mitad de la del conductor de protección de sección mayor de la instalación, con un mínimo de 6 mm^2. Sin embargo, su sección puede ser reducida a 2,5 mm^2, si es de cobre.

Si el conductor suplementario de equipotencialidad uniera una masa a un elemento conductor, su sección no será inferior a la mitad de la del conductor de protección unido a esta masa.

La unión de equipotencialidad suplementaria puede estar asegurada, bien por elementos conductores no desmontables, tales como estructuras metálicas no desmontables, bien por conductores suplementarios, o por combinación de los dos.

9. RESISTENCIA DE LAS TOMAS DE TIERRA

El electrodo se dimensionará de forma que su resistencia de tierra, en cualquier circunstancia previsible, no sea superior al valor especificado para ella, en cada caso.

Este valor de resistencia de tierra será tal que cualquier masa no pueda dar lugar a tensiones de contacto superiores a:

– 24 V en local o emplazamiento conductor
– 50 V en los demás casos.

Si las condiciones de la instalación son tales que pueden dar lugar a tensiones de contacto superiores a los valores señalados anteriormente, se asegurará la rápida eliminación de la falta mediante dispositivos de corte adecuados a la corriente de servicio.

La resistencia de un electrodo depende de sus dimensiones, de su forma y de la resistividad del terreno en el que se establece. Esta resistividad varía frecuentemente de un punto a otro del terreno, y varía también con la profundidad.

La resistividad del terreno depende de su humedad y temperatura, las cuales varían durante las estaciones. La humedad está influenciada por la granulación y porosidad del terreno.

La resistividad del terreno aumenta considerablemente debido a:

– Bajas temperaturas: La resistividad puede alcanzar varios miles de $\Omega \cdot m$ en el estrato helado, cuyo grosor puede alcanzar 1 m en algunas zonas.

– Sequedad: Este problema puede encontrarse en algunas áreas hasta una profundidad de 2 m. Los valores alcanzados por la resistividad pueden ser del mismo orden de aquellos debidos a heladas.

Los estratos del terreno a través de los cuales puede fluir una corriente de agua, por ejemplo cerca de un río, raramente son apropiados para la instalación de electrodos de puesta a tierra. Estos estratos se componen usualmente de suelos pedregosos, muy permeables, saturados del agua proveniente de filtración natural que presentan resistividades elevadas. En estos casos se recomienda instalar picas de gran longitud que permitan alcanzar terrenos más profundos y con mejor conductividad. Por ello, los electrodos no se instalarán de forma que se encuentren parcial o totalmente inmersos en agua (ríos, estanques, etc.).

La tabla 3 muestra, a título de orientación, unos valores de la resistividad para un cierto número de terrenos. Con objeto de obtener una primera aproximación de la resistencia a tierra, los cálculos pueden efectuarse utilizando los valores medios indicados en la tabla 4.

Aunque los cálculos efectuados a partir de estos valores no dan más que un valor muy aproximado de la resistencia a tierra del electrodo, la medida de resistencia de tierra de este electrodo puede permitir, aplicando las fórmulas dadas en la tabla 5, estimar el valor medio local de la resistividad del terreno. El conocimiento de este valor puede ser útil para trabajos posteriores efectuados, en condiciones análogas.

Tabla 3. *Valores orientativos de la resistividad en función del terreno*

Naturaleza terreno	Resistividad en Ohm.m
Terrenos pantanosos	de algunas unidades a 30
Limo	20 a 100
Humus	10 a 150
Turba húmeda	5 a 100
Arcilla plástica	50
Margas y Arcillas compactas	100 a 200
Margas del Jurásico	30 a 40
Arena arcillosas	50 a 500
Arena silícea	200 a 3.000
Suelo pedregoso cubierto de césped	300 a 5.00
Suelo pedregoso desnudo	1500 a 3.000
Calizas blandas	100 a 300
Calizas compactas	1.000 a 5.000
Calizas agrietadas	500 a 1.000
Pizarras	50 a 300
Roca de mica y cuarzo	800
Granitos y gres procedente de alteración	1.500 a 10.000
Granito y gres muy alterado	100 a 600

Tabla 4. *Valores medios aproximados de la resistividad en función del terreno.*

Naturaleza del terreno	Valor medio de la resistividad Ohm.m
Terrenos cultivables y fértiles, terraplenes compactos y húmedos	50
Terraplenes cultivables poco fértiles y otros terraplenes	500
Suelos pedregosos desnudos, arenas secas permeables	3.000

Tabla 5. *Fórmulas para estimar la resistencia de tierra en función de la resistividad del terreno y las características del electrodo*

Electrodo	Resistencia de Tierra en Ohm
Placa enterrada	$R = 0,8\ \rho/P$
Pica vertical	$R = \rho/L$
Conductor enterrado horizontalmente	$R = 2\ \rho/L$
ρ, resistividad del terreno (Ohm.m) P , perímetro de la placa (m) L, longitud de la pica o del conductor (m)	

Placa enterrada

El valor de resistencia de tierra de la tabla anterior se refiere a la instalación de la placa en posición vertical; de este modo se consigue el máximo contacto de las dos caras con el terreno, por ello se recomienda instalar las placas en posición vertical.

Cuando por condicionantes del terreno no sea posible la instalación vertical, el valor de la resistencia de tierra se calculará según la fórmula siguiente:

$$R = 1,6\ \frac{\rho}{P}$$

Pica vertical

Es posible reducir el valor de la resistencia del electrodo si se disponen varias picas conectadas en paralelo, manteniendo una distancia mínima entre ellas igual al doble de su longitud.

Se debe prestar atención al hecho de que, en el caso de picas de gran longitud, éstas pueden alcanzar estratos con resistividades menores.

Conductor enterrado horizontalmente

La colocación de conductores en trazado sinuoso dentro de la zanja no mejora la resistencia del electrodo de puesta a tierra.

En la práctica, estos conductores se colocan de dos maneras diferentes:

– Electrodo de puesta a tierra en los cimientos del edificio: estos electrodos se instalan embebidos en los cimientos y están constituidos por un bucle alrededor del perímetro del edificio.

– Zanjas horizontales: los conductores están enterrados a una profundidad aproximada de 0,8 m en zanjas excavadas al efecto.

Las zanjas no se llenarán con piedras o materiales similares, sino con tierra que mantenga la humedad.

---

10. TOMAS DE TIERRA INDEPENDIENTES

Se considerará independiente una toma de tierra respecto a otra, cuando una de las tomas de tierra, no alcance, respecto a un punto de potencial cero, una tensión superior a 50 V cuando por la otra circula la máxima corriente de defecto a tierra prevista.

Este apartado aplica a la distancia entre la tierra de protección alta tensión (R) y la tierra de las masas de utilización de baja tensión (R_A). La separación entre R y la tierra del neutro del transformador de distribución (R_B) se trata en la MIE-RAT-13 del Reglamento sobre Condiciones Técnicas y Garantía de Seguridad en Centrales Eléctricas, Subestaciones y Centros de Transformación.

En el ejemplo siguiente se calculan las tensiones que se originan en caso de defecto fase-tierra en el lado de AT, tanto entre masas de AT y conductores de fase de BT (U_1) como entre los conductores de fase de BT y las masas de utilización de BT (U_2).

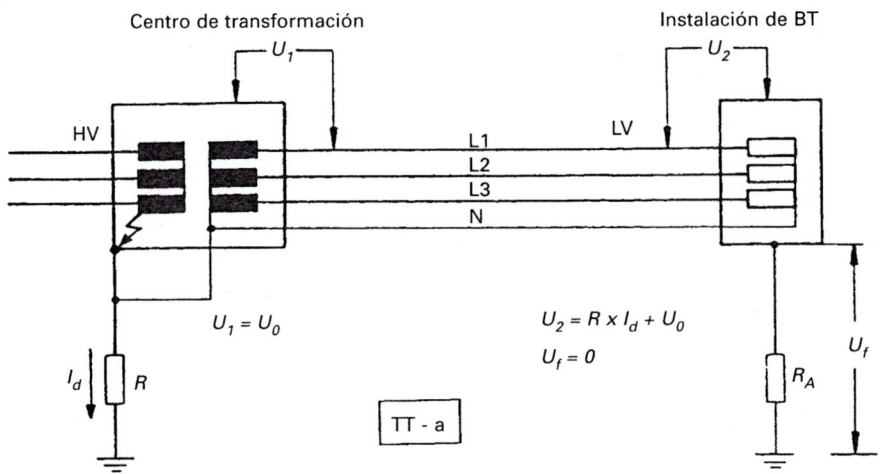

Figura B – *Ejemplo de puestas a tierra en un esquema TT*

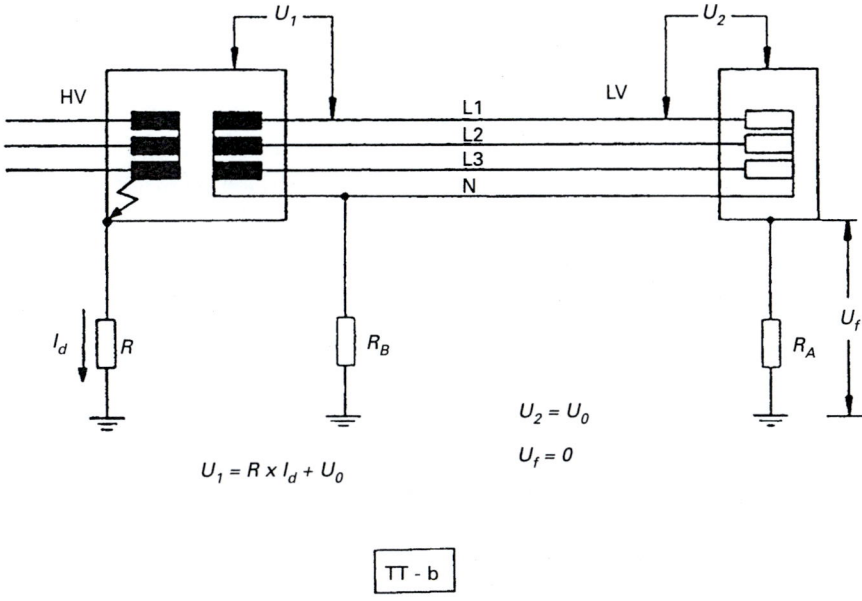

$$U_1 = R \times I_d + U_0$$

$$U_2 = U_0$$

$$U_f = 0$$

TT - b

Figura B – *Ejemplo de puestas a tierra en un esquema TT (Contniuación)*

Se podrían considerar las tensiones inducidas por defectos en ambos sentidos: de AT a BT (U_1 y U_2 en el esquema anterior) y de BT a AT. En el segundo caso se tienen valores bastante bajos por lo que en general, no es necesario su toma en consideración.

Para los defectos en AT (Fase-Tierra), la máxima corriente de defecto (I_d) es un valor que generalmente proporcionan las compañías eléctricas (por ejemplo 500A a 25kV; 650A a 11kV; 25 A por kV; etc.).

Para comprobar si R y R_A son independientes, se seguirán los siguientes pasos:

a) Desconectar la instalación eléctrica de BT lo más cerca posible de la salida del transformador AT/BT, por ejemplo mediante los fusibles de la CGP.

b) Desconectar la línea de enlace del borne de puesta a tierra tanto en AT (R), como en las masas de utilización de BT (R_A), mediante los puentes seccionadores correspondientes.

c) Clavar un electrodo auxiliar a una distancia suficientemente grande para garantizar que la tensión del terreno en una zona intermedia sea nula. (generalmente superior a 50 m) (R_{aux1})

d) Hacer circular una corriente (I_d) entre los anteriores puntos, R y R_{aux1}.

e) Clavar un nuevo electrodo auxiliar R_{aux2} en un punto intermedio de los dos anteriores.

f) A fin de verificar que el electrodo auxiliar R_{aux2} está en una zona en que el terreno está a potencial nulo, se debe medir la tensión entre R_{aux2} y la tierra de utilización de BT (R_A); el electrodo auxiliar debe acercarse y alejarse un mínimo de 2 m con respecto a

R_A, *para verificar que la tensión medida no varía. Si no se cumpliera esta condición habrá que aumentar la distancia entre R y R_{aux1} repitiendo el proceso anterior desde el punto d).*

g) Registrar el valor final de la tensión entre RA y R_{aux2}

Se considerará que las tierras son independientes si la tensión registrada en el punto g) es inferior o igual a 50 V. En caso contrario se seguirá lo indicado en el capítulo 11.

Cuando durante el procedimiento anterior no sea posible inyectar la corriente I_d, se podrá utilizar una fracción de ésta considerando que la tensión registrada en el punto g) debe corregirse multiplicando por el cociente entre I_d y la corriente realmente inyectada, que como mínimo debería ser de 5 A.

11. SEPARACIÓN ENTRE LAS TOMAS DE TIERRA DE LAS MASAS DE LAS INSTALACIONES DE UTILIZACIÓN Y DE LAS MASAS DE UN CENTRO DE TRANSFORMACIÓN

Se verificará que las masas puestas a tierra en una instalación de utilización, así como los conductores de protección asociados a estas masas o a los relés de protección de masa, no están unidas a la toma de tierra de las masas de un centro de transformación, para evitar que durante la evacuación de un defecto a tierra en el centro de transformación, las masas de la instalación de utilización puedan quedar sometidas a tensiones de contacto peligrosas. Si no se hace el control de independencia del punto 10, entre las puesta a tierra de las masas de las instalaciones de utilización respecto a la puesta a tierra de protección o masas del centro de transformación, se considerará que las tomas de tierra son eléctricamente independientes cuando se cumplan todas y cada una de las condiciones siguientes:

a) No exista canalización metálica conductora (cubierta metálica de cable no aislada especialmente, canalización de agua, gas, etc.) que una la zona de tierras del centro de transformación con la zona en donde se encuentran los aparatos de utilización.

b) La distancia entre las tomas de tierra del centro de transformación y las tomas de tierra u otros elementos conductores enterrados en los locales de utilización es al menos igual a 15 metros para terrenos cuya resistividad no sea elevada (<100 ohmios.m). Cuando el terreno sea muy mal conductor, la distancia se calculará, aplicando la fórmula:

$$D = \frac{\rho l_d}{2\pi U}$$

siendo:

D : distancia entre electrodos, en metros

ρ : resistividad media del terreno en ohmios.metro

I_d : intensidad de defecto a tierra, en amperios, para el lado de alta tensión, que será facilitado por la empresa eléctrica

U : 1200 V para sistemas de distribución TT, siempre que el tiempo de eliminación del defecto en la instalación de alta tensión sea menor o igual a 5 segundos y 250 V, en caso contrario. Para redes TN, U será inferior a dos veces la tensión de contacto máxima admisible de la instalación definida en el punto 1.1 de la

MIE-RAT 13 del Reglamento sobre Condiciones Técnicas y Garantía de Seguridad en Centrales Eléctricas, Subestaciones y Centros de Transformación.

c) El centro de transformación está situado en un recinto aislado de los locales de utilización o bien, si esta contiguo a los locales de utilización o en el interior de los mismos, está establecido de tal manera que sus elementos metálicos no están unidos eléctricamente a los elementos metálicos constructivos de los locales de utilización.

Sólo se podrán unir la puesta a tierra de la instalación de utilización (edificio) y la puesta a tierra de protección (masas) del centro de transformación, si el valor de la resistencia de puesta a tierra única es lo suficientemente baja para que se cumpla que en el caso de evacuar el máximo valor previsto de la corriente de defecto a tierra (I_d) en el centro de transformación, el valor de la tensión de defecto ($V_d = I_d * R_t$) sea menor que la tensión de contacto máximo aplicada, definida en el punto 1.1 de la MIE-RAT 13 del Reglamento sobre Condiciones Técnicas y Garantía de Seguridad en Centrales Eléctricas, Subestaciones y Centros de Transformación.

El valor de la tensión de defecto que se indica en la ITC no siempre es proporcional al valor de la corriente de defecto a tierra Id sino a una fracción de este valor denominada intensidad de puesta a tierra IE en el Reglamento sobre Condiciones Técnicas y Garantía de Seguridad en Centrales Eléctricas, Subestaciones y Centros de Transformación.

El valor de IE depende del sistema de instalación de la red de AT y de los tipos de conductores utilizados. Por ejemplo, en líneas subterráneas con cables XLPE unipolares apantallados con pantalla de cobre de 16 mm², el valor del coeficiente reductor está comprendido entre 0,5 y 0,6 conforme a lo especificado en la Norma UNE 207003. Por tanto, se podrá aplicar el valor de IE en lugar de Id, cuando se conozca el coeficiente reductor a aplicar en la instalación considerada.

Cuando las tierras no sean eléctricamente independientes según lo establecido en el capítulo 10 u 11, se admite la unión de la puesta a tierra de protección de AT (R) y la puesta a tierra de las masas de utilización (R_A), si se cumple lo establecido en el siguiente procedimiento.

Sin embargo, esta unión no es posible en el caso de redes TT en las que la tierra del neutro y la tierra del centro de transformación estén unidas, dado que por la definición de un sistema TT, debe existir separación entre la puesta a tierra del neutro y la puesta a tierra de las masas de utilización de BT (ver figura B, esquema TT-a).

El objetivo del procedimiento es garantizar que se cumpla la condición siguiente:

$$V_d < V_c$$

Siendo:

$V_d = I_d * R_t$ *(Tensión de defecto, según RAT, tensión de puesta a tierra)*

$$V_C = \frac{k}{t^n} = \left(1 + \frac{1,5 \cdot \rho_s}{1000}\right)$$ *(tensión de contacto máxima admisible según MIE-RAT-13)*

donde:

I_d : *Intensidad de defecto a tierra en el lado de AT. Este valor debe ser proporcionado por la empresa suministradora eléctrica,*

R_t : *Resistencia de puesta a tierra resultante de la unión de R y R_A*

ρ_S : *Resistividad superficial. Resistividad correspondiente al tipo de terreno que conforma la superficie de contacto.*

t: la duración del defecto en AT;

k=72 y n=1   *para t ₍≤ 0,9s*

k=78,5 y n=0,18   *para 0,9 < t ₍≤ 3s*

Esta condición reglamentaria resulta muy restrictiva, ya que la tensión de contacto que puede aparecer en una instalación de alta tensión (V'_c) y que puede ser puenteada por una persona entre la mano y el pie (considerando una separación de 1m) o entre las dos manos, es generalmente sólo una fracción de la tensión de puesta a tierra (V_d)

Para garantizar el cumplimiento de la condición anterior se puede seguir el siguiente procedimiento:

a) Se calcula el sistema de puesta a tierra que nos proporcionará R_t.

b) De acuerdo con lo establecido en la MIE-RAT-13, se calcula la tensión de contacto máxima admisible en la instalación, V_c, teniendo en cuenta la resistividad superficial del terreno y los tiempos de actuación de las protecciones en alta tensión.

c) Se comprueba si se cumple la condición: $V_d < V_c$

En caso de que no se cumpliera la condición se empezaría de nuevo por el apartado a), modificando el diseño inicial del sistema de puesta a tierra.

d) Finalmente, una vez realizada la red de tierras, se medirá la V_{ca} (tensión de contacto aplicada), para comprobar que está dentro de los límites admitidos, tal como se indica en el apartado 8.1 de la MIE RAT 13

---

12. REVISIÓN DE LAS TOMAS DE TIERRA

Por la importancia que ofrece, desde el punto de vista de la seguridad cualquier instalación de toma de tierra, deberá ser obligatoriamente comprobada por el Director de la Obra o Instalador Autorizado en el momento de dar de alta la instalación para su puesta en marcha o en funcionamiento.

Personal técnicamente competente efectuará la comprobación de la instalación de puesta a tierra, al menos anualmente, en la época en la que el terreno esté mas seco. Para ello, se medirá la resistencia de tierra, y se repararán con carácter urgente los defectos que se encuentren.

En los lugares en que el terreno no sea favorable a la buena conservación de los electrodos, éstos y los conductores de enlace entre ellos hasta el punto de puesta a tierra, se pondrán al descubierto para su examen, al menos una vez cada cinco años.

En el caso que las tomas de tierra de alta y baja tensión coincidan, también será de aplicación la MIE-RAT 13, apartado 8.

ANEXO 1

Puesta a tierra y conexión equipotencial en instalaciones con equipos de tecnología de la información.

A. Introducción

La puesta a tierra de instalaciones con equipos de tecnología de la información requiere una topología especial para mitigar los efectos de las interferencias electromagnéticas.

B. Topología de las redes de puesta a tierra y de la unión equipotencial

Existen cuatro posibilidades distintas:

B1 - Red de puesta a tierra tipo estrella, sin conexiones equipotenciales.

Este tipo de red se aplica a instalaciones pequeñas tales como viviendas, pequeños edificios comerciales, etc., y en general, a equipos que no están interconectados por cables de señal.

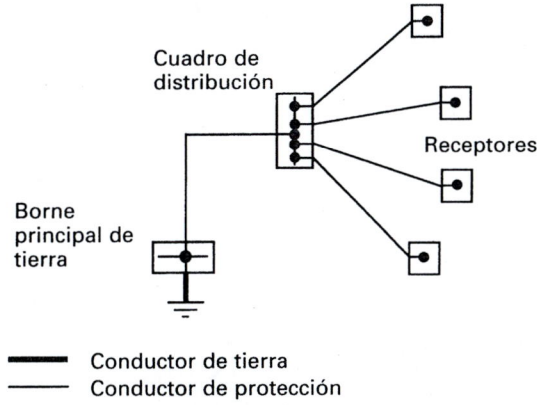

Cuadro de distribución

Receptores

Borne principal de tierra

━━━ Conductor de tierra
─── Conductor de protección

Figura B1 – *Ejemplos de red de tierras en estrella*

B2 - Red de puesta a tierra tipo estrella, con conexiones equipotenciales.

Este tipo de red se aplica a instalaciones pequeñas tales como viviendas, pequeños edificios comerciales, etc., con equipos que están interconectados por cables de señal y donde se requiere una conexión equipotencial funcional, bien integrada en el propio cable de señal, o bien dispuesta de forma externa.

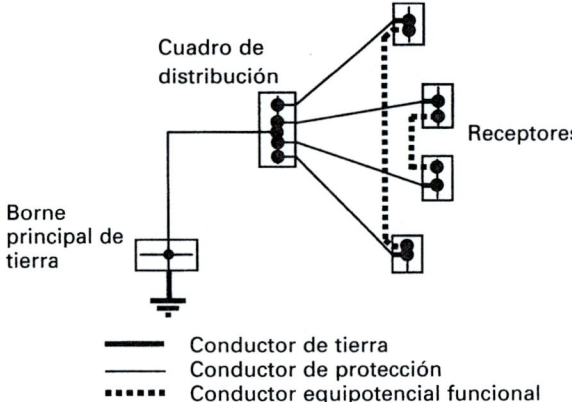

Conductor de tierra
Conductor de protección
Conductor equipotencial funcional

Figura B2 – *Ejemplos de red de tierras en estrella con equipos interconectados mediante cables de señal*

B3 – Red de tierras en estrella y red equipotencial de tipo malla múltiple

Este tipo de red se aplica a instalaciones pequeñas con diferentes grupos de equipos interconectados. Esto permite la dispersión local de corrientes causadas por interferencias electromagnéticas.

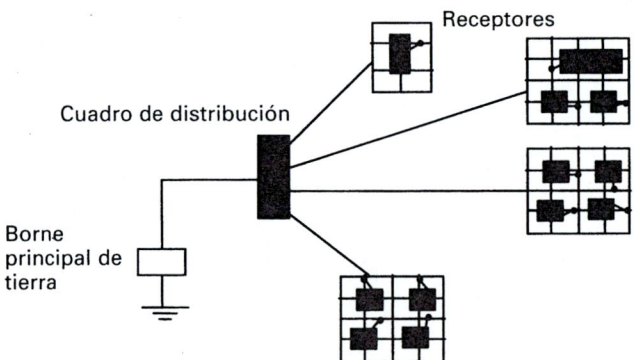

Figura B3 – *Ejemplo de red tipo malla múltiple en estrella*

B4 – Red de tierras en estrella y red equipotencial de tipo malla única

Este tipo de red se aplica a instalaciones de equipos que normalmente tienen funciones críticas o que estén ubicados muy próximos unos a otros o que pueden tener ubicaciones variables a lo largo del tiempo.

El tamaño de la malla depende del nivel elegido de protección contra el rayo, del nivel de inmunidad del equipo que forma parte de la instalación y de las frecuencias utilizadas para la transmisión de datos.

Las dimensiones del entramado deben adaptarse a las dimensiones de la instalación a proteger aunque la cuadrícula no debe superar los 2 m x 2 m.

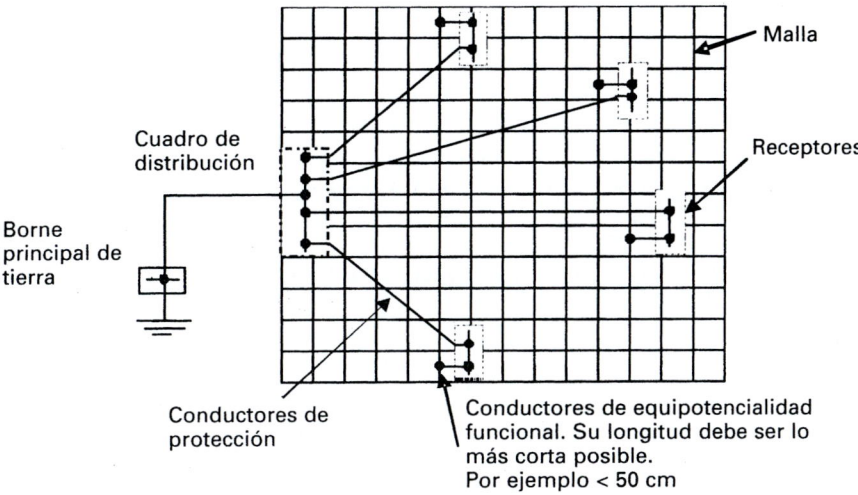

Figura B4 – *Ejemplo de red de tierras en estrella y red equipotencial tipo malla única*

C. Conexiones a la red equipotencial

Las conexiones a la malla de la red equipotencial deben tener una impedancia tan baja como sea posible. Esto se consigue mediante:

- longitudes lo más cortas posibles, o

- cables con una forma específica, por ejemplo de sección plana tal como una trenza flexible con una relación anchura-altura no inferior a 5.

Las siguientes partes metálicas también deben conectarse a la malla de la red equipotencial:

- pantallas conductoras, cubiertas o armaduras conductoras de cables de transmisión de datos o de equipos de tecnología de la información;

- el polo conectado a tierra de la alimentación en corriente continua de los equipos de tecnología de la información;

- conductores de tierra funcional

La efectividad de esta red equipotencial depende de la ruta y de la impedancia del conductor utilizado. Por esta razón, para instalaciones grandes, se recomienda que el conductor de protección que une el borne principal de tierra con las redes equipotenciales tipo malla o desde el que se derivan las conexiones equipotenciales a equipos, tenga una sección no inferior a 50 mm^2.

Cuando se utilicen cables apantallados de datos o señal, se deberá tener cuidado de limitar la corriente de defecto desde sistemas de potencia a través de la pantalla puesta a tierra de dichos cables. Pueden utilizarse conductores adicionales tales como los conductores de conexión equipotencial de by-pass.

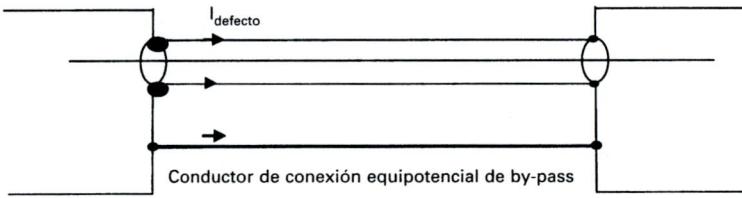

Figura C – *Ejemplo de instalación de conductor de conexión equipotencial de by-pass*

GUÍA-BT-22

PROTECCIÓN CONTRA SOBREINTENSIDADES

Edición: Octubre 2005; Revisión: 1

Índice

1. PROTECCIÓN DE LAS INSTALACIONES

1.1 Protección contra sobreintensidades

Todo circuito estará protegido contra los efectos de las sobreintensidades que puedan presentarse en el mismo, para lo cual la interrupción de este circuito se realizará en un tiempo conveniente o estará dimensionado para las sobreintensidades previsibles.

Las sobreintensidades pueden estar motivadas por:

- Sobrecargas debidas a los aparatos de utilización o defectos de aislamiento de gran impedancia.

- Cortocircuitos.

- Descargas eléctricas atmosféricas

a) Protección contra sobrecargas. El límite de intensidad de corriente admisible en un conductor ha de quedar en todo caso garantizada por el dispositivo de protección utilizado.

El dispositivo de protección podrá estar constituido por un interruptor automático de corte omnipolar con curva térmica de corte, o por cortacircuitos fusibles calibrados de características de funcionamiento adecuadas.

b) Protección contra cortocircuitos. En el origen de todo circuito se establecerá un dispositivo de protección contra cortocircuitos cuya capacidad de corte estará de acuerdo con la intensidad de cortocircuito que pueda presentarse en el punto de su conexión. Se admite, no obstante, que cuando se trate de circuitos derivados de uno principal, cada uno de estos circuitos derivados disponga de protección contra sobrecargas, mientras que un solo dispositivo general pueda asegurar la protección contra cortocircuitos para todos los circuitos derivados.

También se recomienda proteger todos los circuitos secundarios frente a los cortocircuitos, con el fin de garantizar la continuidad de servicio de aquellos circuitos no afectados por la falta. Esto exigirá también la coordinación y selectividad de las protecciones (interruptores automáticos (IA) o fusibles).

Para la protección contra sobreintensidades en instalaciones domésticas, únicamente se utilizan interruptores automáticos (magnetotérmicos) ya que protegen simultáneamente tanto contra cortocircuitos como contra sobrecargas

Para la protección contra sobrecargas en instalaciones industriales se puede utilizar tanto relés térmicos o equivalentes asociados con IA, como fusibles, aunque la protección proporcionada por el IA con relé térmico es mas eficiente que la proporcionada por el fusible.

Se admiten como dispositivos de protección contra cortocircuitos los fusibles calibrados de características de funcionamiento adecuadas y los interruptores automáticos con sistema de corte omnipolar.

Así se tiene que, de forma general, el poder de corte del dispositivo de protección deberá ser mayor o igual a la intensidad de cortocircuito máxima que pueda producirse en el punto de su instalación y que corresponde a un cortocircuito trifásico, en el lugar de colocación de los dispositivos de protección.

De acuerdo con la ITC-BT 17, apartado 1.3, el poder de corte del interruptor general automático será de 4500 A como mínimo.

En particular, para los Interruptores automáticos, se cumplirá lo siguiente:

<u>*Para IA modulares fabricados según UNE EN 60898 (magnetotérmicos):*</u>

$I_{cn} > I_{cc}$ *máxima prevista en el punto de instalación del IA,*

Poder de corte mínimo del Interruptor General Automático (IGA): $I_{cn} \geq 4500$ A

Siendo: Icn el poder de corte asignado

<u>*Para IA de caja moldeada y de bastidor metálico fabricados según UNE EN 60947-2:*</u>

Se aplicará una de las condiciones siguientes:

a) $I_{cu} > I_{cc}$ máxima prevista en el punto de instalación del IA,

Poder de corte mínimo del IGA: $I_{cu} \geq 4500$ A

o bien,

b) $I_{cs} > I_{cc}$ máxima prevista en el punto de instalación del IA

Poder de corte mínimo del IGA: $I_{cs} \geq 4500$ A

Siendo: I_{cu} el poder de corte último asignado

I_{cs} el poder de corte de servicio

En la práctica es habitual usar la condición a), ya que los cortocircuitos de valor elevado ocurren raramente. La condición b) se aplicaría en aquellos casos especiales con mayor probabilidad de que se produzcan defectos en la instalación o cuando se trate de instalaciones o circuitos particularmente críticos a juicio del proyectista, como por ejemplo los circuitos con exigencia de continuidad de servicio.

En todo caso, se recomienda que para aplicar el criterio de selección del dispositivo se tengan en cuenta:

– Las condiciones de selectividad o protección en serie de la instalación,

– La importancia económica y/o estratégica de los equipos alimentados,

– La probabilidad de faltas y

– Las consideraciones de tipo económico.

Para instalaciones análogas a las domésticas, incluyendo las de los locales de pública concurrencia, y para aquellas instalaciones en las que, por razones de seguridad, no sea aconsejable el corte prolongado del suministro eléctrico, se recomienda el uso de IA en lugar de fusibles, garantizándose de esta forma la restauración del suministro eléctrico en el tiempo más breve posible.

La norma UNE 20.460 -4-43 recoge en su articulado todos los aspectos requeridos para los dispositivos de protección en sus apartados:

432 - Naturaleza de los dispositivos de protección.

433 - Protección contra las corrientes de sobrecarga.

Producto	*Norma de aplicación*
Interruptores automáticos para instalaciones domésticas y análogas para la protección contra sobreintensidades (IA modulares o magnetotérmicos)	*UNE-EN 60898 (serie)*
Interruptores automáticos (asociado a disparadores de sobrecarga y cortocircuito)	*UNE-EN 60947-2*
Interruptores diferenciales con dispositivo de protección contra sobreintensidades incorporado (uso doméstico o análogo)	*UNE-EN 61009 (serie)*
Fusible con curva de fusión tipo "g"	*UNE-60269 (serie)*

Las características de funcionamiento de un dispositivo que protege un cable (o conductor) contra sobrecargas deben satisfacer las dos condiciones siguientes:

1) $I_B \leq I_n \leq I_z$

2) $I_2 \leq 1,45\ I_z$

Siendo:

I_B corriente para la que se ha diseñado el circuito según la previsión de cargas.

I_z corriente admisible del cable en función del sistema de instalación utilizado (ver GUÍA-BT-19 pto. 2.2.3 y la norma UNE 20460-5-523).

I_n corriente asignada del dispositivo de protección.
Nota: Para los dispositivos de protección regulables, I_n es la intensidad de regulación seleccionada.

I_2 corriente que asegura la actuación del dispositivo de protección para un tiempo largo (t_c tiempo convencional según norma).

El valor de I_2 se indica en la norma de producto o se puede leer en las instrucciones o especificaciones proporcionadas por el fabricante:

$I_2 = 1,45\ I_n$ (para interruptores según UNE EN 60898 o UNE EN 61009)

$I_2 = 1,30\ I_n$ (para interruptores según UNE EN 60947-2)

En el caso de fusibles, la característica equivalente a la I_2 de los interruptores automáticos es la denominada If (intensidad de funcionamiento) que para los fusibles del tipo gG toma los valores siguientes:

$I_f = 1,60\ I_n$ si In $\geq$ 16A

$I_f = 1,90\ I_n$ si 4A $< I_n <$16A

$I_f = 2,10\ I_n$ si $I_n \leq$ 4A

---

434 - Protección contra las corrientes de cortocircuito.

Producto	Norma de aplicación
Interruptores automáticos para instalaciones domésti-cas y análogas para la protección contra sobreintensi-dades (IA modulares o magnetotérmicos)	UNE-EN 60898 (serie)
Interruptores automáticos (asociado a disparadores de sobrecarga y cortocircuito)	UNE-EN 60947-2
Interruptores diferenciales con dispositivo de protec-ción contra sobreintensidades incorporado (uso domés-tico o análogo)	UNE-EN 61009 (serie)
Fusibles	UNE-EN 60269 (serie)

El funcionamiento de los IA se define mediante una curva en la que se observan dos tramos:

– Disparo por sobrecarga: característica térmica de tiempo inverso o de tiempo dependiente

– Disparo por cortocircuito: Sin retardo intencionado, caracterizados por la corriente de disparo instantáneo (I_m), también denominados de característica magnética o de tiempo independiente.

En Interruptores automáticos para instalaciones domésticas y análogas (IA modulares o magnetotérmicos) se definen tres clases de disparo magnético (I_m) según el múltiplo de la corriente asignada (I_n), cuyos valores normalizados son:

– Curva B: $I_m = (3 \div 5) I_n$

– Curva C: $I_m = (5 \div 10) I_n$

– Curva D: $I_m = (10 \div 20) I_n$

La curva B tiene su aplicación para la protección de circuitos en los que no se producen transitorios, mientras que la curva D se utiliza cuando se prevén transitorios importantes (por ejemplo arranque de motores). La curva C se utiliza para protección de circuitos con carga mixta y habitualmente en las instalaciones de usos domésticos o análogos.

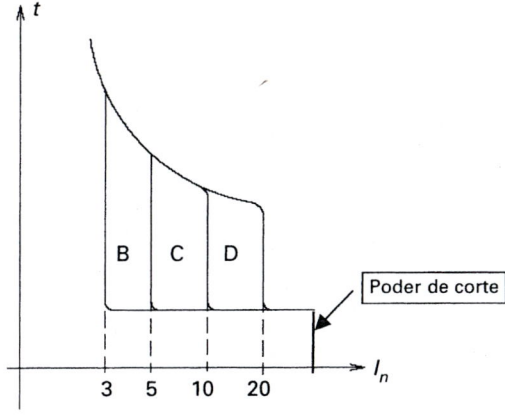

Figura A: *Tipos de disparo magnético de los interruptores automáticos modulares*

Los fusibles se clasifican, según su curva de fusión, mediante dos letras. La primera letra indica la zona de corrientes previstas donde el poder de corte del fusible está garantizado. La segunda letra indica la categoría de empleo en función del tipo de receptor o circuito a proteger.

En la siguiente tabla se detalla la clasificación descrita.

CLASES DE CURVAS DE FUSIÓN		
1ª Letra	*g*	*Cartucho fusible limitador de la corriente que es capaz de interrumpir todas las corrientes desde su intensidad asignada (I_n) hasta su poder de corte asignado.* *Cortan intensidades de sobrecarga y de cortocircuito*
	a	*Cartucho fusible limitador de la corriente que es capaz de interrumpir las corrientes comprendidas entre el valor mínimo indicado en sus características tiempo-corriente (k_2I_n) y su poder de corte asignado.* *Cortan solo intensidades de cortocircuito*
2ª Letra	*G*	*Cartuchos fusibles para uso general*
	M	*Cartuchos fusibles para protección de motores*
	Tr	*Cartuchos fusibles para protección de transformadores*
	B	*Cartuchos fusibles para protección de líneas de gran longitud*
	R	*Cartuchos fusibles para la protección de semiconductores*
	D	*Cartuchos fusibles con tiempo de actuación retardado*

Las figuras siguientes representan las características tiempo-corriente de los cartuchos fusibles tipo "g", capaces de proteger contra sobrecargas y cortocircuitos y tipo "a" capaces de proteger solo contra cortocircuitos. Por lo tanto si se utilizan los de tipo "a" deberán ir acompañados por un elemento de protección contra sobrecargas.

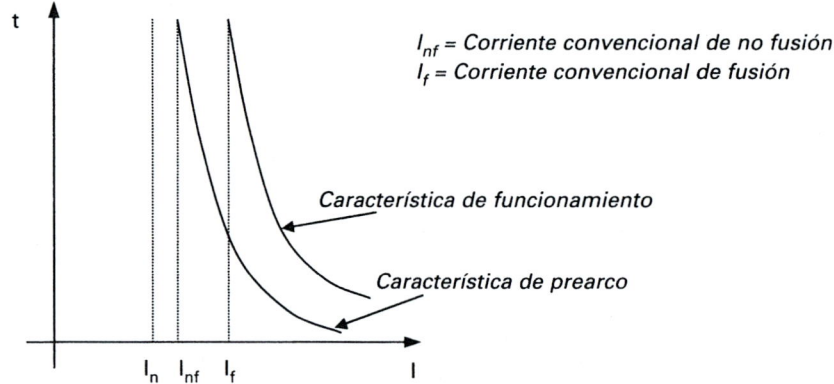

Figura B: *Características tiempo-corriente de un cartucho fusible tipo "g"*

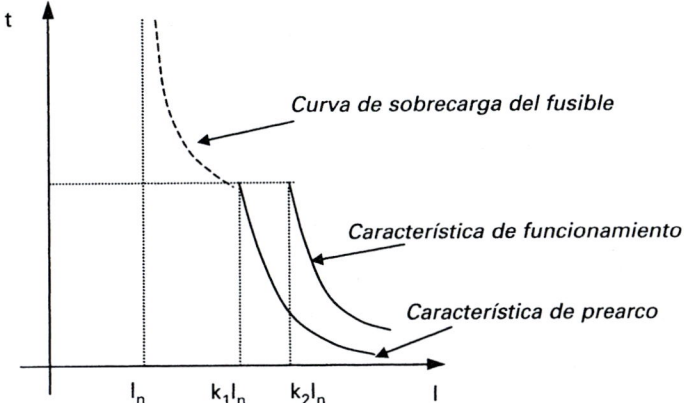

Figura C: *Características tiempo-corriente de un cartucho fusible tipo "a"*

Todo dispositivo de protección contra cortocircuitos deberá cumplir las dos condiciones siguientes:

1) El poder de corte del dispositivo de protección debe ser igual o mayor que la intensidad de cortocircuito máxima prevista en su punto de instalación, tal y como se ha explicado anteriormente.

   Se acepta un poder de corte inferior al resultante de la aplicación de la condición anterior si existe otro dispositivo con el suficiente poder de corte instalado aguas arriba. En este caso, las características de ambos dispositivos deben coordinarse de forma que la energía que dejan pasar ambos dispositivos de protección no exceda la que pueden soportar, sin dañarse, el dispositivo y el cableado situado aguas abajo del primer dispositivo.

   La protección que combina dos dispositivos de protección en serie, se denomina protección serie o de acompañamiento.

2) El tiempo de corte de toda corriente que resulte de un cortocircuito que se produzca en un punto cualquiera del circuito, no debe ser superior al tiempo que los conductores tardan en alcanzar su temperatura límite admisible.

   Para los cortocircuitos de una duración no superior a 5 s, el tiempo t máximo de duración del cortocircuito, durante el que se eleva la temperatura de los conductores desde su valor máximo admisible en funcionamiento normal hasta la temperatura límite admisible de corta duración, se puede calcular mediante la siguiente fórmula:

$$\sqrt{t} = k \times \frac{S}{I}$$

que se puede presentar en la forma práctica por:

$$(I^2 t)_A \leq (I^2 t)_{Cable} = k^2 \, S^2$$

Siendo:

t   duración del cortocircuito en segundos

S   sección en mm^2

I corriente de cortocircuito efectiva en A, expresada en valor eficaz

k constante que toma los valores siguientes, tomados de la norma UNE 20460-4-43:

Esta condición debe verificarse tanto para la I_{cc} máxima, como para la I_{cc} mínima.

	Aislamiento de los conductores							
	PVC 70°C ≤ 300 mm²	PVC 70°C > 300 mm²	PVC 90°C ≤ 300 mm²	PVC 90°C > 300 mm²	PR/EPR	Goma 60 °C	Mineral Con PVC	Mineral Desnudo
Temperatura inicial °C	70	70	90	90	90	60	70	105
Temperatura final °C	160	140	160	140	250	200	160	250
Material del conductor								
Cobre	115	103	100	86	143	141	115 *)	135
Aluminio	76	68	66	57	94	93	-	-
Conexiones soldadas con estaño para conductores de cobre	115	-	-	-	-	-	-	-

*) Este valor se debe utilizar para cables desnudos expuestos al contacto.
NOTA 1 Para duraciones muy cortas (< 0,1 s) donde la asimetría de la intensidad es importante y para dispositivos limitadores de la intensidad, k^2S^2 debe ser superior a la energía (I^2t) que deja pasar el dispositivo de protección, indicada por el fabricante.
NOTA 2 Otros valores de k están en estudio para:
   - los conductores de pequeña sección (especialmente para secciones inferiores a 10mm²);
   - las duraciones de cortocircuitos superiores a 5s;
   - otros tipos de conexiones en los conductores;
   - los conductores desnudos.
NOTA 3 La corriente nominal del dispositivo de protección contra los cortocircuitos puede ser superior a la corriente admisible de los conductores del circuito.
NOTA 4 Los valores de esta tabla están basados en la norma UNE 211003-1.

Para una mayor seguridad y como medida adicional de protección contra el riesgo de incendio, esta condición 2) se puede transformar, en el caso de instalar un IA, en la condición siguiente, que resulta más fácil de aplicar y es generalmente más restrictiva:

$$I_{cc\ mín} > I_m$$

Siendo:

$I_{cc\ mín}$ corriente de cortocircuito mínima que se calcula en el extremo del circuito protegida por el IA. La $I_{cc\ mín}$ para un sistema TT corresponde a un cortocircuito fase-neutro.

I_m corriente mínima que asegura el disparo magnético, por ejemplo, para un IA de uso doméstico y con curva C, se tiene: $I_m = 10\ I_n$

435 - Coordinación entre la protección contra las sobrecargas y la protección contra los cortocircuitos.

Cuando se utilicen dispositivos distintos, sus características deberán coordinarse de forma que la energía que deja pasar el dispositivo de protección contra cortocircuitos no supere la que puede soportar sin daño el dispositivo de protección contra sobrecargas.

En cuanto a la coordinación entre dispositivos de protección contra sobrecargas se recomienda consultar la documentación del fabricante.

---

436 - Limitación de las sobreintensidades por las características de alimentación.

Se consideran protegidos contra cualquier sobreintensidad los conductores alimentados por una fuente cuya impedancia sea tal que la corriente máxima que pueda suministrar no sea superior a la corriente admisible en los conductores (tales como ciertos transformadores para timbres, ciertos transformadores de soldadura, ciertos generadores accionados por motor térmico).

1.2 Aplicación de las medidas de protección

La norma UNE 20.460 -4-473 define la aplicación de las medidas de protección expuestas en la norma UNE 20.460 -4-43 según sea por causa de sobrecargas o cortocircuito, señalando en cada caso su emplazamiento u omisión, resumiendo los diferentes casos en la siguiente tabla.

Tabla 1.

Circuitos	3 F + N								3 F			F + N		2 F	
	$S_N \geq S_F$				$S_N < S_F$										
Esquemas	F	F	F	N	F	F	F	N	F	F	F	F	N	F	F
TN – C	P	P	P	-	P	P	P	$-$ (1)	P	P	P	P	-	P	P
TN – S	P	P	P	-	P	P	P	P (3)(5)	P	P	P	P	-	P	P
TT	P	P	P	-	P	P	P	P (3)(5)	P	P	P (2)(4)	P	-	P	P (2)
IT	P	P	P	P (3)(6)	P	P	P	P (3)(6)	P	P	P	P	P (6)(3)	P	P (2)

NOTAS:

P: significa que debe preverse un dispositivo de protección (detección) sobre el conductor correspondiente

S_N: Sección del conductor de neutro

S_F: Sección del conductor de fase

(1): admisible si el conductor de neutro esta protegido contra los cortocircuitos por el dispositivo de protección de los conductores de fase y la intensidad máxima que recorre el conductor neutro en servicio normal es netamente inferior al valor de intensidad admisible en este conductor.

(2): excepto cuando haya protección diferencial

(3): en este caso el corte y la conexión del conductor de neutro debe ser tal que el conductor neutro no sea cortado antes que los conductores de fase y que se conecte al mismo tiempo o antes que los conductores de fase.

(4): en el esquema TT sobre los circuitos alimentados entre fases y en los que el conductor de neutro no es distribuido, la detección de sobreintensidad puede no estar prevista sobre uno de los conductores de fase, si existe sobre el mismo circuito aguas arriba, una protección diferencial que corte todos los conductores de fase y si no existe distribución del conductor de neutro a partir de un punto neutro artificial en los circuitos situados aguas abajo del dispositivo de protección diferencial antes mencionado.

(5): salvo que el conductor de neutro esté protegido contra los cortocircuitos por el dispositivo de protección de los conductores de fase y la intensidad máxima que recorre el conductor neutro en servicio normal sea netamente inferior al valor de intensidad admisible en este conductor.

(6): salvo si el conductor neutro esta efectivamente protegido contra los cortocircuitos o si existe aguas arriba una protección diferencial cuya corriente diferencial-residual nominal sea como máximo igual a 0,15 veces la corriente admisible en el conductor neutro correspondiente. Este dispositivo debe cortar todos los conductores activos del circuito correspondiente, incluido el conductor neutro.

Reglas generales sobre la posición de los dispositivos de protección contra sobrecargas:

Los dispositivos de protección contra sobrecargas deben situarse en el punto en el que se produce un cambio, tal como una variación de la sección, naturaleza o sistema de instalación, que produzca una reducción del valor de la corriente admisible de los conductores.

Los dispositivos de protección contra sobrecargas podrán situarse aguas abajo del cambio arriba indicado si la parte del cableado situada entre el punto del cambio y el dispositivo de protección no incluye ni derivaciones ni tomas de corriente y cumple al menos con una de las condiciones siguientes:

– _Se encuentra protegido contra cortocircuitos de acuerdo con los requisitos de esta instrucción;_

– _Su longitud no supera los 3 m, está realizada de manera que reduzca al mínimo el riesgo de cortocircuito, y está instalado de manera que se reduzca al mínimo el riesgo de incendio o peligro para las personas._

Por razones de seguridad, es posible omitir la protección contra sobrecargas en circuitos en los que una desconexión imprevista puede originar un peligro.

Ejemplos de tales circuitos son:

– _circuitos de excitación de maquinas rotativas_

– _circuitos de alimentación de electroimanes de aparatos elevadores y grúas_

– _circuitos de alimentación de dispositivos de extinción de incendios_

– _circuitos de alimentación de servicios de seguridad (alarmas antirrobo, alarmas de gas, etc.)_

– _circuitos secundarios de transformadores de corriente._

Para definir las características de instalación de varios cables conectados en paralelo (alimentando la misma carga), aquellos casos en los que es posible prescindir de protección contra sobrecargas, así como otros requisitos adicionales, se deberán tener en cuenta las prescripciones requeridas en las normas UNE 20460-4-43 sección 433 y UNE 20460-4-473 apartado 473.1.

Posición de los dispositivos de protección contra cortocircuitos:

Los dispositivos de protección contra cortocircuitos deben situarse en el punto en el que se produce un cambio, tal como una variación de la sección, naturaleza o sistema de instalación produce una reducción del valor de la corriente admisible de los conductores, salvo cuando otro dispositivo situado aguas arriba posea una característica tal que proteja contra cortocircuitos aguas abajo del cambio.

Los dispositivos de protección contra cortocircuitos podrán situarse aguas abajo del punto donde se produce el cambio de la sección, naturaleza o sistema de instalación, si la parte del cableado situada entre el punto del cambio y el dispositivo de protección cumple las tres condiciones siguientes:

– No excede los 3 m de longitud;

– Está instalado de manera que se minimice el riesgo de cortocircuito (por ejemplo reforzando el sistema de cableado contra las influencias externas);

– Está instalado de manera que se minimice el riesgo de incendio o de peligro para las personas.

Para definir las características de instalación de varios cables conectados en paralelo (alimentando la misma carga), aquellos casos en los que es posible prescindir de protección contra cortocircuitos ,así como otros requisitos adicionales, se deberán tener en cuenta las prescripciones requeridas en las normas UNE 20460-4-43 sección 434 y UNE 20460-4-473 apartado 473.2.

Método gráfico de protección de líneas contra cortocircuitos

En este apartado se presenta un método gráfico para determinar la necesidad de instalar una protección contra cortocircuitos en circuitos derivados de una línea principal.

Este método se aplica fundamentalmente a aquellos circuitos en los que se puede omitir la protección contra sobrecargas y en los que se debe comprobar que existe una protección efectiva contra cortocircuitos.

Según la norma UNE 20460-4-473, en los locales que no presenten riesgos de incendio o explosión y que no tengan condiciones específicas diferentes, se admite no prever protección contra las sobrecargas:

a) En una canalización situada por detrás de un cambio de sección, de naturaleza, de forma de instalación o de constitución, y que esté efectivamente protegida contra las sobrecargas por un dispositivo de protección situado por delante;

b) En una canalización que no es susceptible de ser recorrida por corrientes de sobrecarga a condición de que esté protegida contra los cortocircuitos y que no incluya ni derivación ni tomas de corriente;

c) Sobre las instalaciones de telecomunicación, control, señalización y análogas.

Ejemplos ilustrativos de la condición b) anterior, son:

i) *Cuando el equipo de utilización dispone de una protección incorporada contra las sobrecargas que protege también eficazmente la canalización que lo alimenta.*

ii) *Canalización que alimenta a un equipo de utilización conectado de forma fija no susceptible de producir sobrecargas y no protegido contra sobrecargas. La corriente de utilización de este equipo no será superior a la corriente admisible en la canalización. Por ejemplo, calentadores de agua, radiadores, cocinas y luminarias.*

iii) *Canalización que alimenta varias derivaciones protegidas individualmente contra las sobrecargas siempre que la suma de las corrientes asignadas de los dispositivos de protección de las derivaciones sea inferior a la corriente asignada del dispositivo que protegería contra sobrecargas la canalización considerada.*

El método se basa en la utilización de un triángulo rectángulo del cuál se determinan la longitud de los catetos en función de las características del suministro, de la protección y del conductor.

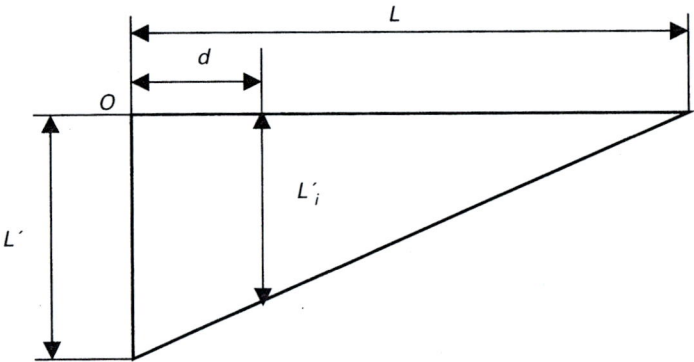

En la figura anterior se representan las siguientes distancias:

O   *origen del circuito principal*

d   *distancia entre el origen del circuito principal y el origen del circuito derivado.*

L   *longitud máxima del circuito principal de sección S_1.*

L' *longitud máxima de un circuito derivado con origen en el punto O y de sección S_2.*

L'i *longitud máxima de un circuito derivado con origen a una distancia "d" del punto O y de sección S_2.*

Los circuitos principal y derivado pueden ser trifásicos o monobásicos. Las longitudes L y L', se determinan mediante las siguientes fórmulas:

Circuitos trifásicos con neutro o monofásicos:

$$L = \frac{0,8 \cdot U \cdot S_F \cdot \gamma}{I_m} \cdot \left(\frac{1}{1 + m} \right)$$

Siendo $m = \dfrac{S_F}{S_N}$

Circuitos trifásicos sin neutro:

$$L = \frac{0,8 \cdot \sqrt{3} \cdot U \cdot S_F \cdot \gamma}{2 \cdot I_m}$$

Siendo:

U tensión Fase-Neutro

S_F *sección del conductor de fase del circuito principal (S_{F1} para L) o de la derivación (S_{F2} para L')*

S_N *sección del conductor neutro del circuito principal (S_{N1} para L) o de la derivación (S_{N2} para L')*

γ *conductividad del conductor en caliente.*
Para el cobre, a 20°C, $\gamma_{Cu} = 56\ \Omega^{-1}.mm^{-2}.\ m$. Las normas de cálculo de cortocircuitos consideran una temperatura del conductor en cortocircuito de 145 °C, lo que equivale a dividir el valor de la conductividad a 20 °C por 1,5. No obstante, se pueden justificar otros valores si se calcula la temperatura máxima probable de conductor teniendo en cuenta el tiempo de actuación de las protecciones de sobreintensidad.

I_m *corriente que provoca el disparo en 5 segundos; para los IA se recomienda utilizar el valor de intensidad de disparo magnético.*

El uso del triángulo anterior permite calcular la longitud máxima del circuito principal y de cualquier circuito derivado en función de su distancia al origen.

Ejemplo de utilización del método gráfico

Circuito monofásico para alumbrado con las siguientes secciones de cobre y con secciones de neutro iguales a las de fase.

Circuito principal: $S_{F1} = S_{N1} = S_1 = 2,5\ mm^2$
Derivaciones. $S_{F2} = S_{N2} = S_2 = 1,5\ mm^2$

Se quieren instalar una derivación para luminaria cada 10 m a lo largo de un local, siendo 5 el total de derivaciones y estando la primera derivación a 10 m del origen.

La protección se efectúa mediante un magnetotérmico cuya $I_n = 16$ A, curva C.

Al ser las secciones de neutro que de fase iguales para todos los circuitos, tendremos que:

$$m = \frac{S_F}{S_N} = 1$$

Según la figura A, el valor de Im estará comprendido entre $5I_n$ y $10I_n$ por lo que se elige el caso más desfavorable, Im $= 10\ I_n$:

$$I_m = 10 \cdot 16\ A = 160\ A$$

La longitud máxima del circuito principal L, es:

$$L = \frac{0,8 \cdot U \cdot S_{F1} \cdot \gamma}{I_m} \cdot \left(\frac{1}{1+m}\right) = \frac{0,8 \cdot 230 \cdot 2,5 \cdot \dfrac{56}{1,5}}{160} \cdot \left(\frac{1}{1+1}\right) = 53,7\ m$$

La longitud máxima del circuito derivado L', es:

$$L' = \frac{0,8 \cdot U \cdot S_{F2} \cdot \gamma}{I_m} \cdot \left(\frac{1}{1+m}\right) = \frac{0,8 \cdot 230 \cdot 1,5 \cdot \dfrac{56}{1,5}}{160} \cdot \left(\frac{1}{1+1}\right) = 32,2 \ m$$

Así, se tiene el siguiente triángulo:

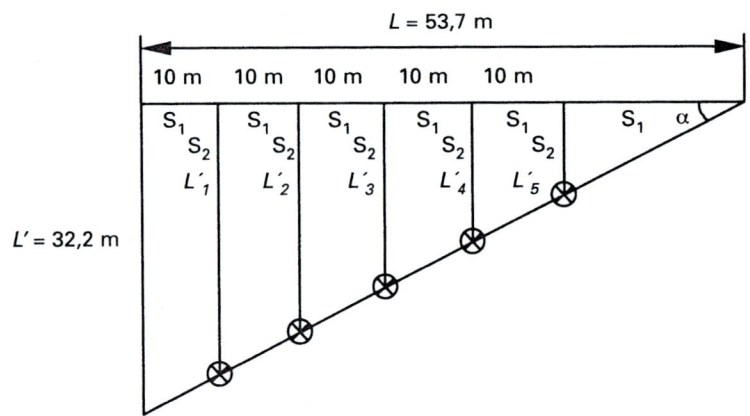

El ángulo α se calcula como

$$\alpha = artctg \ \frac{L'}{L} \approx 31°$$

Las longitudes L'_1, L'_2, etc., se calcularán con la expresión:

$$L'_i = (L - d) \cdot tg\alpha$$

Así tendremos las siguientes longitudes máximas:

$L'_1 = (53,7 - 10) \cdot tg31° = 26,2 \ m$ *para la luminaria con derivación a 10 m del cuadro,*

$L'_2 = (53,7 - 20) \cdot tg31° = 20,2 \ m$ *para la luminaria con derivación a 20 m del cuadro,*

$L'_3 = (53,7 - 30) \cdot tg31° = 14,2 \ m$ *para la luminaria con derivación a 30 m del cuadro,*

$L'_4 = (53,7 - 40) \cdot tg31° = 8,2 \ m$ *para la luminaria con derivación a 40 m del cuadro y*

$L'_5 = (53,7 - 50) \cdot tg31° = 2,2 \ m$ *para la luminaria con derivación a 50 m del cuadro.*

En el caso que una derivación tenga una longitud superior a L'_X, se podrá resolver la situación empleando una sección mayor.

GUÍA-BT-23

PROTECCIÓN CONTRA SOBRETENSIONES

Edición: Noviembre 2019. Revisión: 4

Índice

1. OBJETO Y CAMPO DE APLICACIÓN[1]

Esta instrucción trata de la protección de las instalaciones eléctricas interiores contra las sobretensiones transitorias que se transmiten por las redes de distribución y que se originan, fundamentalmente, como consecuencia de las descargas atmosféricas, conmutaciones de redes y defectos en las mismas

Conforme al artículo 16.1 del Reglamento, dentro del concepto de instalación interior hay que incluir cualquier instalación receptora aunque toda ella o alguna de sus partes esté situada a la intemperie, por lo que las instalaciones receptoras para fines especiales tales como parques de caravanas, marinas, ferias y stands, instalaciones provisionales y de obra, instalaciones agrícolas, generadores eólicos, etc., se consideran incluidas en el campo de aplicación de esta instrucción, dado que pueden estar muy expuestas a las sobretensiones transitorias de origen atmosférico.

Las causas más frecuentes de aparición de sobretensiones transitorias de origen atmosférico son las siguientes:

— *La caída de un rayo sobre la línea de distribución o en sus proximidades*

— *El funcionamiento de un sistema de protección externa contra descargas atmosféricas (pararrayos, puntas Franklin, jaulas de Faraday, etc.), situado en el propio edificio o en sus proximidades.*

— *La incidencia directa de una descarga atmosférica en el propio edificio, tanto más probable cuanto más alto sea éste, o en sus proximidades.*

A estos efectos se considera proximidad una distancia de aproximadamente 50 m.

El nivel de sobretensión que puede aparecer en la red es función del: nivel isoceráunico estimado, tipo de acometida aérea o subterránea, proximidad del transformador de MT/BT, etc. La incidencia que la sobretensión puede tener en la seguridad de las personas, instalaciones y equipos, así como su repercusión en la continuidad del servicio es función de:

La coordinación del aislamiento de los equipos

- Las características de los dispositivos de protección contra sobretensiones, su instalación y su ubicación.

- La existencia de una adecuada red de tierras.

Esta instrucción contiene las indicaciones a considerar para cuando la protección contra sobretensiones está prescrita o recomendada en las líneas de alimentación principal 230/400 V en corriente alterna, no contemplándose en la misma otros casos como, por ejemplo, la protección de señales de medida, control y telecomunicación.

En general, las sobretensiones originadas por maniobras en las redes son inferiores, en valor de cresta, a las atmosféricas y por ello generalmente, los requisitos de protección contra sobretensiones atmosféricas garantizan la protección contra sobretensiones de maniobra.

La instrucción ITC-BT-23 no trata la protección contra sobretensiones temporales, también denominadas permanentes o a frecuencia industrial, por ejemplo, debidas a la rotura o desconexión del neutro.

2. CATEGORÍAS DE LAS SOBRETENSIONES

2.1. Objeto de las categorías

Las categorías de sobretensiones permiten distinguir los diversos grados de tensión soportada a las sobretensiones en cada una de las partes de la instalación, equipos y receptores. Mediante una adecuada selección de la categoría, se puede lograr la coordinación del aislamiento necesario en el conjunto de la instalación, reduciendo el riesgo de fallo a un nivel aceptable y proporcionando una base para el control de la sobretensión.

Las categorías indican los valores de tensión soportada a la onda de choque de sobretensión que deben de tener los equipos, determinando, a su vez, el valor límite máximo de tensión residual que deben permitir los diferentes dispositivos de protección de cada zona para evitar el posible daño de dichos equipos. La reducción de las sobretensiones de entrada a valores inferiores a los indicados en cada categoría se consigue con una estrategia de protección en cascada que integra tres niveles de protección: basta, media y fina, logrando de esta forma un nivel de tensión residual no peligroso para los equipos y una capacidad de derivación de energía que prolonga la vida y efectividad de los dispositivos de protección.

2.2. Descripción de las categorías de sobretensiones

En la tabla 1 se distinguen 4 categorías diferentes, indicando en cada caso el nivel de tensión soportada a impulsos, en kV, según la tensión nominal de la instalación.

Categoría I

Se aplica a los equipos muy sensibles a las sobretensiones y que están destinados a ser conectados a la instalación eléctrica fija. En este caso, las medidas de protección se toman fuera de los equipos a proteger, ya sea en la instalación fija o entre la instalación fija y los equipos, con objeto de limitar las sobretensiones a un nivel específico.

Ejemplo: ordenadores, equipos electrónicos muy sensibles, etc.

Categoría II

Se aplica a los equipos destinados a conectarse a una instalación eléctrica fija.

Ejemplo: electrodomésticos, herramientas portátiles y otros equipos similares.

Categoría III

Se aplica a los equipos y materiales que forman parte de la instalación eléctrica fija y a otros equipos para los cuales se requiere un alto nivel de fiabilidad.

Ejemplo: armarios de distribución, embarrados, aparamenta (interruptores, seccionadores, tomas de corriente...), canalizaciones y sus accesorios (cables, caja de derivación...), motores con conexión eléctrica fija (ascensores, máquinas industriales...), etc.

Categoría IV

Se aplica a los equipos y materiales que se conectan en el origen o muy próximos al origen de la instalación, aguas arriba del cuadro de distribución.

Ejemplo: contadores de energía, aparatos de telemedida, equipos principales de protección contra sobreintensidades, etc.

3. MEDIDAS PARA EL CONTROL DE LAS SOBRETENSIONES

Es preciso distinguir dos tipos de sobretensiones:

- Las producidas como consecuencia de la descarga directa del rayo. Esta instrucción no trata este caso

Esta instrucción no contempla las características del sistema externo de protección contra el rayo (dispositivo captador, derivadores o bajadas y la toma de tierra), que están recogidas en el Código Técnico de la Edificación, Artículo 12.8 Exigencia básica SUA 8 Seguridad frente al riesgo causado por la acción del rayo y Anejo B Características de las instalaciones de protección contra el rayo. Sin embargo, sí que se consideran los sistemas internos mediante dispositivos de protección contra sobretensiones transitorias que reducen los efectos eléctricos y magnéticos de la corriente de la descarga atmosférica dentro del espacio a proteger

---

- Las debidas a la influencia de la descarga lejana del rayo, conmutaciones de la red, defectos de red, efectos inductivos, capacitivos, etc.

Los efectos capacitivos e inductivos son debidos a:

— *descargas atmosféricas en:*

  – *el propio sistema de protección externa (pararrayos,...);*

  – *las inmediaciones (árboles, estructuras, etc.);*

— *el acoplamiento capacitivo entre primario y secundario en el caso de descargas atmosféricas en la línea aérea de AT; y*

— *el acoplamiento inductivo por las maniobras de equipos con reactancia de valor elevado (hornos de inducción, máquinas de soldadura eléctrica, transformadores, etc.).*

Se pueden presentar dos situaciones diferentes:

- Situación natural: cuando no es preciso la protección contra las sobretensiones transitorias
- Situación controlada: cuando es preciso la protección contra las sobretensiones transitorias

3.1   Situación natural

Cuando se prevé un bajo riesgo de sobretensiones en una instalación (debido a que está alimentada por una red subterránea en su totalidad), se considera suficiente la resistencia a las sobretensiones de los equipos que se indica en la Tabla 1 y no se requiere ninguna protección suplementaria contra las sobretensiones transitorias.

Una línea aérea constituida por conductores aislados con pantalla metálica unida a tierra en sus dos extremos, se considera equivalente a una línea subterránea.

3.2   Situación controlada

Cuando una instalación se alimenta por, o incluye, una línea aérea con conductores desnudos o aislados, se considera necesaria una protección contra sobretensiones de origen atmosférico en el origen de la instalación.

El nivel de sobretensiones puede controlarse mediante dispositivos de protección contra las sobretensiones colocados en las líneas aéreas (siempre que estén suficientemente próximos al origen de la instalación) o en la instalación eléctrica del edificio.

También se considera situación controlada aquella situación natural en que es conveniente incluir dispositivos de protección para una mayor seguridad (por ejemplo, continuidad de servicio, valor económico de los equipos, pérdidas irreparables, etc.).

En base a un análisis de riesgos contemplado en la Norma UNE EN 62305-2, se consideran situaciones controladas que deberán disponer de protección contra sobretensiones, todas aquellas instalaciones en las que el fallo del suministro o de los equipos debido a la sobretensión pudiera afectar a:

— la vida humana, por ejemplo, servicios de seguridad, centros de emergencias, equipo médico en hospitales.

— la vida de los animales, por ejemplo, explotaciones ganaderas, piscifactorías, etc.

— los servicios públicos, por ejemplo, pérdida de servicios para el público, centros informáticos, sistemas de telecomunicación.

— las instalaciones de los locales de pública concurrencia cubiertos por la ITC-BT-28.

— la actividad agrícola o industrial en función del impacto económico que pudieran implicar las sobretensiones (continuidad del servicio, destrucción de equipos, etc.).

Por otro lado, la nueva ITC-BT-52 incluye la necesidad de protección contra sobretensiones en las instalaciones para la recarga de vehículos eléctricos.

Además, es recomendable tener en cuenta el coste y sensibilidad de los equipos ya que cuanto más sensible sea un aparato y mayor coste tenga, mayor protección debería recibir. Este es el caso de equipos informáticos en general, pantallas de plasma o LED, electrodomésticos de última generación, autómatas, equipos electrónicos de máquinas industriales etc. Para estos casos la disposición de protecciones se realizará conforme a lo establecido en el capítulo A de esta Guía con dispositivos de protección contra sobretensiones transitorias de tipo 3.

Para instalaciones especialmente expuestas como las exteriores (ej: alumbrado exterior, fotovoltaicas), la integración de un mayor número de equipos y elementos electrónicos precisan de la utilización de dispositivos de protección contra sobretensiones transitorias. Para estos casos la disposición de protecciones se realizará conforme a lo establecido en el capítulo A de esta Guía con dispositivos de protección contra sobretensiones transitorias de tipo 2. Las recomendaciones específicas para la protección contra sobretensiones de instalaciones fotovoltaicas se proporcionan en la Guía BT 40.

Asimismo, aunque la situación sea natural, la instalación de dispositivos de protección contra sobretensiones transitorias es recomendable en aquellas provincias con al menos 20 días de tormenta al año y muy recomendable en aquellas con al menos 25 días, según el mapa A.

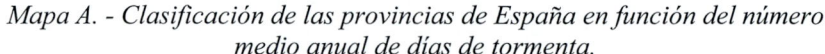

Mapa A. - Clasificación de las provincias de España en función del número medio anual de días de tormenta.

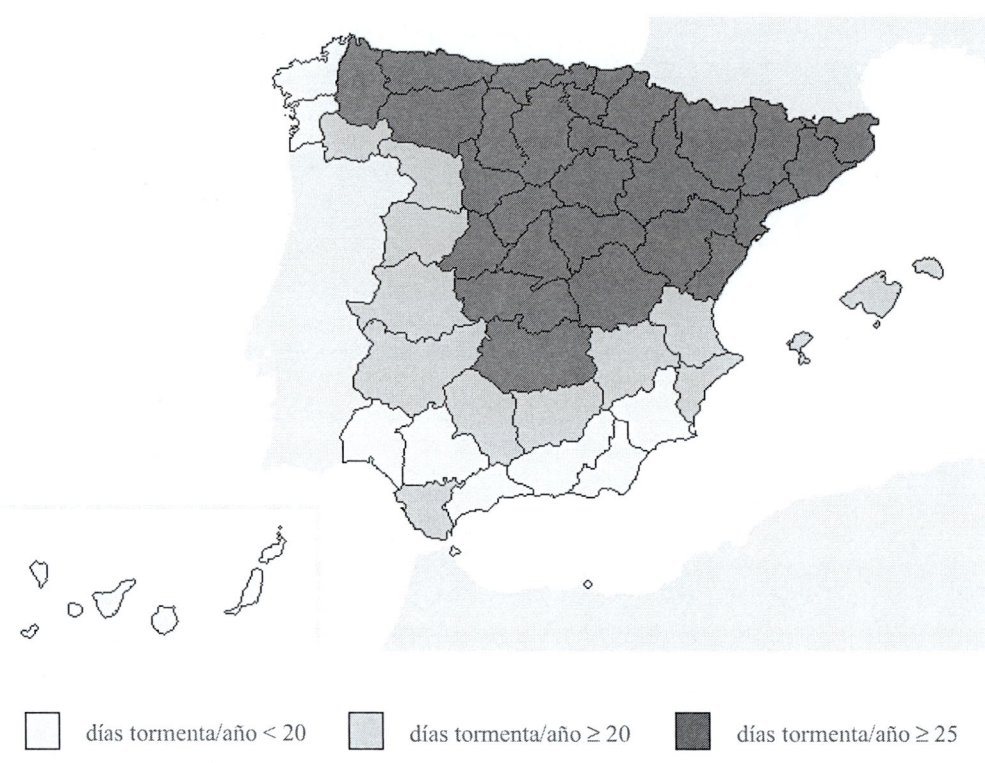

☐ días tormenta/año < 20   ▨ días tormenta/año ≥ 20   ■ días tormenta/año ≥ 25

Cuando la instalación esté en un lugar elevado (sobre una montaña, colina o promontorio), se considerará como criterio de seguridad adecuado, escoger el nivel inmediato superior al asignado a la provincia.

En las instalaciones de edificios que tengan sistemas de protección externa contra el rayo (pararrayos, puntas Franklin, jaulas de Faraday, etc.), según lo establecido en el CTE, SUA 8, y anejo B.2, los conductores de los circuitos eléctricos sometidos a la tensión de alimentación de red y los conductores de los circuitos de telecomunicación deben ser protegidos mediante dispositivos de protección contra sobretensiones transitorias instalados en el origen de la instalación del edificio, estos deberán ser de Tipo 1. Cuando se utilice una protección de sobretensiones en cascada, la selección de dispositivos se realizará de acuerdo a lo establecido en el apartado A de la sección 4 de la presente Guía.

En las instalaciones ubicadas en un radio de aproximadamente de 50 m alrededor de un pararrayos (aunque no estén en el mismo edificio) se recomienda disponer de dispositivos de protección contra sobretensiones transitorias de tipo 1. Cuando se utilice una protección de sobretensiones en cascada, la selección de dispositivos se realizará de acuerdo a lo establecido en el apartado A de la sección 4 de la presente Guía.

Los dispositivos de protección contra sobretensiones de origen atmosférico deben seleccionarse de forma que su nivel de protección sea inferior a la tensión soportada a impulso de la categoría de los equipos y materiales que se prevé que se vayan a instalar. En redes TT o IT, los descargadores se conectarán entre cada uno de los conductores, incluyendo el neutro o compensador y la tierra de la instalación. En redes TN-S, los descargadores se conectarán entre cada uno de los conductores de fase y el conductor de protección. En redes TN-C, los descargadores se conectarán entre cada uno de los conductores de fase y el neutro o compensador. No obstante, se permiten otras formas de conexión, siempre que se demuestre su eficacia.

En el sistema TT, el dispositivo de protección contra sobretensiones transitorias podrá instalarse tanto aguas arriba (entre el interruptor general y el propio diferencial) como aguas abajo del interruptor diferencial. En caso de instalarse aguas abajo del diferencial, éste deberá ser selectivo de tipo S (o retardado).

Para instalaciones en viviendas con un único diferencial, con el fin de evitar disparos intempestivos del interruptor diferencial en caso de actuación del dispositivo de protección contra sobretensiones transitorias, dicho dispositivo debe instalarse aguas arriba del interruptor diferencial (entre el interruptor general y el propio interruptor diferencial).

Con el fin de optimizar la continuidad de servicio en caso de destrucción del dispositivo de protección contra sobretensiones transitorias a causa de una descarga de rayo superior a la máxima prevista, cuando el dispositivo de protección contra sobretensiones transitorias no lleve incorporada su propia protección, se debe instalar el dispositivo de protección recomendado por el fabricante, aguas arriba del dispositivo de protección contra sobretensiones transitorias , con objeto de mantener la continuidad de todo el sistema, evitando el disparo del interruptor general.

Ante la eventual necesidad de instalar varios dispositivos de protección contra sobretensiones transitorias en cascada (por ejemplo, uno general o de cabecera y otros en determinados circuitos de salida), se deberá consultar la información de utilización facilitada por el fabricante para conseguir la adecuada coordinación. En instalaciones de grandes longitudes, y que dispongan o permitan la instalación de cuadros secundarios, es conveniente la instalación de dispositivos de protección contra sobretensiones transitorias de tipo 2 adicionales cada 10 m aproximadamente, según se establece en al UNE-CLC TS 61643-12.

En las tablas A y B se resumen las situaciones en las que es obligatorio y/o recomendable respectivamente, el uso de dispositivos de protección contra sobretensiones transitorias. Cuando una instalación pueda estar considerada en ambas tablas, se aplicará la tabla A

Tabla A. Situaciones en las que es obligatorio el uso de dispositivos de protección contra sobretensiones transitorias, sea cual sea el sistema de alimentación.

Situaciones	Ejemplos	Requisitos
Línea de alimentación de baja tensión total o parcialmente aérea o cuando la instalación incluye líneas aéreas.	Todas las instalaciones, ya sean industriales, terciarias viviendas, etc.	Obligatorio
Riesgo de fallo afectando la vida humana	Los servicios de seguridad, centros de emergencias, equipo médico en hospitales.	Obligatorio
Riesgo de fallo afectando la vida de los animales	Las explotaciones ganaderas, piscifactorías, etc.	Obligatorio
Riesgo de fallo afectando los servicios públicos	La pérdida de servicios para el público, centros informáticos, sistemas de telecomunicación.	Obligatorio
Riesgo de fallo afectando actividades agrícolas o industriales no interrumpibles	Industrias con hornos o en general procesos industriales continuos no interrumpibles	Obligatorio
Riesgo de fallo afectando las instalaciones y equipos de los locales de pública concurrencia que tengan servicios de seguridad no autónomos	Sistemas de alumbrado de emergencia no autónomos, ascensores, sistemas de extracción de aire, etc.	Obligatorio
Instalaciones en edificios con sistemas de protección externa contra descargas atmosféricas o contra rayos tales como: Pararrayos, puntas Franklin, jaulas de Faraday instalados en el mismo edificio	Todas las instalaciones, ya sean industriales, terciarias, viviendas, etc.	Obligatorio según CTE-SUA: Sección 8 y Anejo B
Las instalaciones para la recarga de vehículos eléctricos cubiertas por la ITC- BT-52	Instalaciones de recarga de vehículos eléctricos.	Obligatorio

*Tabla B. Situaciones en las que es recomendable el uso de dispositivos
de protección contra sobretensiones transitorias*

Situaciones	Ejemplos	Requisitos
Instalaciones en edificios con sistemas de protección externa contra descargas atmosféricas o contra rayos tales como: Pararrayos, puntas Franklin, jaulas de Faraday instalados en un radio menor de 50 m del edificio.	Todas las instalaciones, ya sean industriales, terciarias, viviendas, etc.	Recomendado
Viviendas (cuando no sea obligatorio según los casos anteriores)	- con sistemas domóticos (ITC-BT-51) - con sistemas de telecomunicaciones en azotea.	Recomendado
Instalaciones en zonas con más de 20 días de tormenta al año	Todas las instalaciones, ya sean industriales, terciarias, viviendas, etc.	Recomendado
Equipos especialmente sensibles y costosos	Pantallas de plasma o LED, ordenadores, electrodomésticos de última generación, etc.	Recomendado
Riesgo de fallo afectando las instalaciones y equipos de los locales de pública concurrencia que no sean servicios de seguridad	Los locales incluidos en la ITC-BT-28	Recomendado
Actividades industriales y comerciales no incluidas en la tabla A		Recomendado
Instalaciones especialmente expuestas como las exteriores	fotovoltaicas	Recomendado

4. SELECCIÓN DE LOS MATERIALES EN LA INSTALACIÓN

Los equipos y materiales deben escogerse de manera que su tensión soportada a impulsos no sea inferior a la tensión soportada prescrita en la tabla 1, según su categoría.

Los equipos y materiales que tengan una tensión soportada a impulsos inferior a la indicada en la tabla 1, se pueden utilizar, no obstante:

- en situación natural, cuando el riesgo sea aceptable.

- en situación controlada, si la protección contra las sobretensiones es adecuada.

Tabla 1

Tensión nominal de la instalación		Tensión soportada a impulsos 1,2/50 (kV)			
Sistemas Trifásicos	Sistemas Monofásicos	Categoría IV	Categoría III	Categoría II	Categoría I
230/400	230	6	4	2,5	1,5
400/690 1000	— —	8	6	4	2,5

A. SELECCIÓN DEL TIPO DE LOS DISPOSITIVOS DE PROTECCIÓN CONTRA SOBRETENSIONES TRANSITORIAS A INSTALAR

Los dispositivos de protección contra sobretensiones transitorias son dispositivos capaces de garantizar la protección contra sobretensiones de origen atmosférico, debidas a conmutaciones, etc., que se producen en la instalación. Estos dispositivos pueden ser descargadores a gas, varistores de óxido de zinc, diodos supresores, descargadores de arco, combinaciones de los anteriores, etc.

Se considera que cumplen con las prescripciones de esta instrucción los dispositivos de características equivalentes a los establecidos en la serie de normas UNE-EN 61643. Según la norma UNE-EN 61643-11 existen 3 tipos de protectores de sobretensión transitoria denominados: Tipo 1, Tipo 2 y Tipo 3.

Los parámetros más significativos para cada uno de estos tipos son:

	Tipo 1	*Tipo 2*	*Tipo 3*
Capacidad de absorción de energía	*Muy alta - Alta*	*Media - Alta*	*Baja*
Rapidez de respuesta	*Baja - Media*	*Media - Alta*	*Muy alta*
Origen de la sobretensión	*Impacto directo de rayo*	*Sobretensiones de origen atmosférico y conmutaciones, conducidas o inducidas*	

El objetivo a conseguir es que la actuación del dispositivo de protección reduzca la sobretensión transitoria a un valor de tensión inferior a la soportada por el equipo protegido (de acuerdo con su categoría de sobretensión según se definen en la Tabla 1). Para alcanzar este objetivo puede ser necesario utilizar más de un dispositivo de protección.

En general, se puede lograr la protección de la instalación mediante un dispositivo Tipo 2, instalado lo más cerca posible del origen de la instalación interior, en el cuadro de distribución principal.

El objetivo a conseguir es que la actuación del dispositivo de protección reduzca la sobretensión transitoria a un valor de tensión inferior a la soportada por el equipo protegido (de acuerdo con su categoría de sobretensión según se definen en la Tabla 1). Para alcanzar este objetivo puede ser necesario utilizar más de un dispositivo de protección.

En general, se puede lograr la protección de la instalación mediante un dispositivo Tipo 2, instalado lo más cerca posible del origen de la instalación interior, en el cuadro de distribución principal.

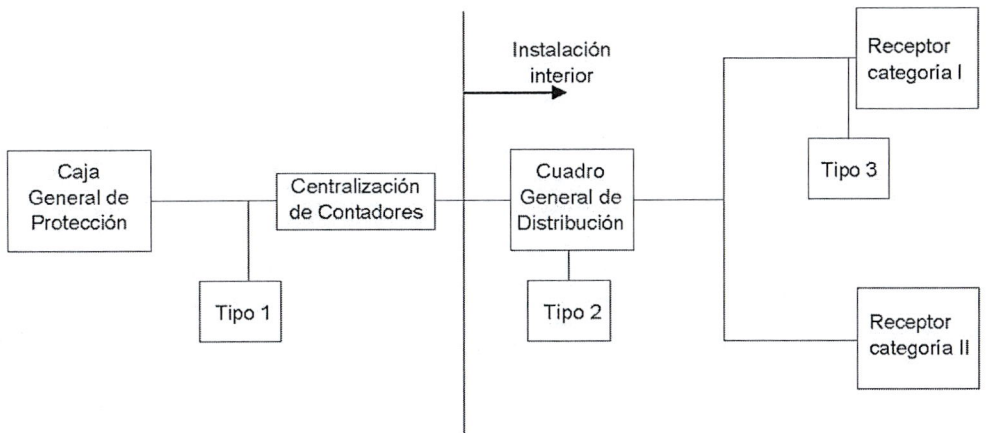

Ejemplo de instalación que incluye los tres tipos de dispositivos de protección contra sobretensiones transitorias.

B. SELECCIÓN DE LAS CARACTERÍSTICAS Y TIPO DE CONEXIÓN DEL DISPOSITIVO DE PROTECCIÓN CONTRA SOBRETENSIONES TRANSITORIAS

Para la correcta selección de los dispositivos de protección contra sobretensiones transitorias es necesario consultar al fabricante, ya que deben tenerse en cuenta varios factores, tales como:

— *Nivel de protección o tensión limitada, en función de la categoría de los equipos a proteger.*

— *Tensión máxima de servicio permanente.*

— *Intensidad nominal de descarga e intensidad máxima de descarga, en función de las intensidades de descarga previstas.*

— *Tipo de conexión (régimen de neutro, tipo de red, ...).*

Nivel de protección (U_p): es el parámetro que caracteriza el funcionamiento del dispositivo de protección contra sobretensiones transitorias por limitación de la tensión entre sus bornes. Debe ser inferior a la categoría de sobretensión de la instalación o equipo a proteger (Ver punto 2.2 y Tabla 1). No obstante, si el protector está alejado de dicho punto puede ser necesario utilizar protectores adicionales.

Ejemplo: instalación en la que los equipos más sensibles correspondan a la Categoría de sobretensión II, como electrodomésticos o herramientas portátiles, la U_p del protector seleccionado debe ser ≤ 2,5 kV.

Tensión máxima de servicio permanente (U_c): es el valor eficaz de tensión máximo que puede aplicarse permanentemente a los bornes del dispositivo de protección.

Ejemplo: en una red de distribución TT 230/400V, la tensión máxima permanente se considerará un 10% superior al valor nominal ($230 \times 1,1 = 253$ V). Por tanto, la tensión máxima de servicio permanente U_c del protector seleccionado debe ser superior a 253 V.

Corriente nominal de descarga (I$_n$): Este parámetro caracteriza a los dispositivos de protección contra sobretensiones transitorias de Tipo 2. Es la corriente de cresta repetitiva que puede soportar el dispositivo de protección sin fallo. La forma de onda de la corriente aplicada está normalizada como 8/20 µs.

La elección del dispositivo se puede realizar según lo establecido en la UNE-HD 60364-5-534, en donde la In no debe ser inferior a 5 kA 8/20 µs, entre fase y neutro.

Corriente de impulso (I$_{imp}$): Este parámetro caracteriza a los dispositivos de protección contra sobretensiones transitorias de Tipo 1. Es la corriente de cresta que puede soportar el dispositivo de protección sin fallo. Habitualmente se utiliza la forma de onda de la corriente aplicada normalizada como 10/350 µs.

La elección del dispositivo se puede realizar según lo establecido en la UNE-HD 60364-5-534, en donde la I$_{imp}$ no debe ser inferior a 12,5 kA.

C. COORDINACIÓN ENTRE LOS DISPOSITIVOS DE PROTECCIÓN CONTRA SOBRETENSIONES TRANSITORIAS

Para garantizar la coordinación adecuada entre dispositivos se seguirán las recomendaciones del fabricante.

Para asegurar la coordinación entre los dispositivos de protección instalados en cascada, puede ser necesaria la instalación de inductancias de desacoplo, si la longitud del cable que los conecta es inferior a la mínima especificada por el fabricante. Por ello y para verificar que existe coordinación entre los dispositivos ubicados en cuadros principales y cuadros secundarios, se debe comprobar la distancia del cable entre los mismos.

Asimismo, será necesaria la instalación en cascada de un segundo dispositivo de protección contra sobretensiones transitorias próximo al receptor, cuando la distancia entre el dispositivo de protección contra sobretensiones y el receptor sea superior a la especificada por el fabricante.

D. CONEXIÓN A TIERRA DE LOS DISPOSITIVOS DE PROTECCIÓN CONTRA SOBRETENSIONES TRANSITORIAS

Para el correcto funcionamiento de los dispositivos de protección será necesario que el conductor que une el dispositivo con la instalación de tierra del edificio tenga una sección mínima de cobre, en toda su longitud, según la siguiente tabla:

Tipo de dispositivo	Sección mínima del conductor (mm²)	Conexión entre el dispositivo y
Tipo 1	16	el borne principal de tierra o punto de puesta a tierra del edificio
Tipo 2	4	el borne de entrada de tierra de la instalación interior
Tipo 3	2,5 o lo especificado por el fabricante	un borne de tierra de la instalación interior

GUÍA-BT-24

PROTECCIONES: PROTECCIÓN CONTRA LOS CONTACTOS DIRECTOS E INDIRECTOS

Edición: junio 2019. Revisión: 2

Índice

1. INTRODUCCIÓN

La presente instrucción describe las medidas destinadas a asegurar la protección de las personas y animales domésticos contra los choques eléctricos.

En la protección contra los choques eléctricos se aplicarán las medidas apropiadas:
- para la protección contra los contactos directos y contra los contactos indirectos.
- para la protección contra contactos directos.
- para la protección contra contactos indirectos.

Esta nueva edición de la GUIA-BT-24 está motivada principalmente por la publicación de la norma UNE-HD 60364-4-41, que sustituye a la UNE 20.460-4-41 usada como referencia por la ITC-BT-24. La norma UNE-HD 60364-4-41 define y enumera las medidas de protección frente a los riesgos asociados a los contactos directos e indirectos en las instalaciones eléctricas.

En esta norma, los conceptos de" protección contra los contactos directos" y "protección contra los contactos indirectos" han pasado a denominarse "protección principal" y "protección en caso de defecto", respectivamente.

La regla fundamental para la protección contra el choque eléctrico, tal como la define la Norma UNE-EN 61140, es que las partes activas peligrosas no deben ser accesibles y que las partes conductoras accesibles no deben ser peligrosas, ni en condiciones normales ni en condiciones de defecto simple. La protección en condiciones normales la proporcionan las disposiciones para la protección contra los contactos directos (o de protección principal) y la protección en caso de defecto simple la proporcionan las disposiciones para la protección contra los contactos indirectos (o de protección en caso de defecto). Además, y con carácter alternativo, la protección contra los choques eléctricos se puede conseguir simultáneamente contra los contactos directos e indirectos, mediante una disposición de protección reforzada que garantiza la protección en condiciones normales y en condiciones de defecto simple.

2. PROTECCIÓN CONTRA CONTACTOS DIRECTOS E INDIRECTOS

La protección contra los choques eléctricos para contactos directos e indirectos a la vez se realiza mediante la utilización de muy baja tensión de seguridad MBTS, que debe cumplir las siguientes condiciones:
- Tensión nominal en el campo I de acuerdo a la norma UNE 20.481 y la ITC-BT-36.
- Fuente de alimentación de seguridad para MBTS de acuerdo con lo indicado en la norma UNE 20.460 -4-41.
- Los circuitos de instalaciones para MBTS, cumplirán lo que se indica en la Norma UNE 20.460-4-41 y en la ITC-BT-36.

La norma UNE 20.460-4-41 ha sido reemplazada por la UNE-HD 60364-4-41 que define y enumera las medidas de protección frente a los riesgos asociados a los contactos directos e indirectos en las instalaciones eléctricas.

Aunque la norma UNE-HD 60364-4-41 establece el límite de la Muy Baja Tensión (MBT) en corriente continua en 120 V, el Artículo 4 del REBT y la ITC-BT-36 lo establecen en 75 V. El requisito del REBT es el que prevalece para las instalaciones eléctricas en España.

La protección por aislamiento doble o reforzado también protege a la vez contra contactos directos e indirectos. Los requisitos y recomendaciones se incluyen en el punto 4.2 de esta Guía.

3. PROTECCIÓN CONTRA CONTACTOS DIRECTOS

Esta protección consiste en tomar las medidas destinadas a proteger las personas contra los peligros que pueden derivarse de un contacto con las partes activas de los materiales eléctricos.

Salvo indicación contraria, los medios a utilizar vienen expuestos y definidos en la Norma UNE 20.460 -4-41, que son habitualmente:

– Protección por aislamiento de las partes activas.

– Protección por medio de barreras o envolventes.

– Protección por medio de obstáculos.

– Protección por puesta fuera de alcance por alejamiento.

– Protección complementaria por dispositivos de corriente diferencial residual.

La norma UNE-HD 60364-4-41 incluye:

- *en su Anexo A los requisitos aplicables al uso de aislamiento de las partes activas y al uso de barreras o envolventes*

- *en su Anexo B los requisitos aplicables a obstáculos y puesta fuera del alcance*

- *en su apartado 415.1 la protección complementaria por dispositivos de corriente diferencial residual, también denominados interruptores diferenciales*

3.1   Protección por aislamiento de las partes activas

Las partes activas deberán estar recubiertas de un aislamiento que no pueda ser eliminado más que destruyéndolo.

Las pinturas, barnices, lacas y productos similares no se considera que constituyan un aislamiento suficiente en el marco de la protección contra los contactos directos.

3.2. Protección por medio de barreras o envolventes

Las partes activas deben estar situadas en el interior de las envolventes o detrás de barreras que posean, como mínimo, el grado de protección IP XXB, según UNE 20.324. Si se necesitan aberturas mayores para la reparación de piezas o para el buen funcionamiento de los equipos, se adoptarán precauciones apropiadas para impedir que las personas o animales domésticos toquen las partes activas y se garantizará que las personas sean conscientes del hecho de que las partes activas no deben ser tocadas voluntariamente.

Una envolvente o barrera que proporcione al menos un grado de protección IP 2X, proporcionará siempre un grado de protección IP XXB. El significado de los códigos IP e IK se indica en la GUIA-BT-ANEXO 1.

Las superficies superiores de las barreras o envolventes horizontales que son fácilmente accesibles, deben responder como mínimo al grado de protección IP4X o IP XXD.

Las barreras o envolventes deben fijarse de manera segura y ser de una robustez y Las barreras o envolventes deben fijarse de manera segura y ser de una robustez y durabilidad suficientes para mantener los grados de protección exigidos, con una separación suficiente de las partes activas en las condiciones normales de servicio, teniendo en cuenta las influencias externas.

Cuando sea necesario suprimir las barreras, abrir las envolventes o quitar partes de éstas, esto no debe ser posible más que:

- bien con la ayuda de una llave o de una herramienta;

- o bien, después de quitar la tensión de las partes activas protegidas por estas barreras o estas envolventes, no pudiendo ser restablecida la tensión hasta después de volver a colocar las barreras o las envolventes;

- o bien, si hay interpuesta una segunda barrera que posee como mínimo el grado de protección IP2X o IP XXB, que no pueda ser quitada más que con la ayuda de una llave o de una herramienta y que impida todo contacto con las partes activas.

Cuando para suprimir las barreras, abrir las envolventes o quitar partes de éstas sea necesario el uso de una llave o herramienta, dicha llave sólo estará al alcance de personas cualificadas que garantizarán que las barreras o las envolventes queden cerradas cuando se finalice la intervención.

Producto	*Norma de aplicación*
Cajas y envolventes de Conjuntos de aparamenta de baja tensión	*UNE-EN 61439 (serie)*
Cajas y envolventes para accesorios eléctricos en instalaciones eléctricas fijas para uso doméstico y análogos	*UNE-EN 60670 (serie)*
Envolventes vacías destinadas a los conjuntos de aparamenta	*UNE-EN 62208*

3.3. Protección por medio de obstáculos

Esta medida no garantiza una protección completa y su aplicación se limita, en la práctica, a los locales de servicio eléctrico solo accesibles al personal autorizado..

De acuerdo con la norma UNE-HD 60364-4-41, personal autorizado son las personas cualificadas o instruidas para reconocer y evitar los riesgos que puede crear la electricidad.

Los obstáculos están destinados a impedir los contactos fortuitos con las partes activas, pero no los contactos voluntarios por una tentativa deliberada de salvar el obstáculo.

Los obstáculos deben impedir:

- bien, un acercamiento físico no intencionado a las partes activas;

- bien, los contactos no intencionados con las partes activas en el caso de intervenciones en equipos bajo tensión durante el servicio.

Los obstáculos pueden ser desmontables sin la ayuda de una herramienta o de una llave; no obstante, deben estar fijados de manera que se impida todo desmontaje involuntario.

3.4. Protección por puesta fuera de alcance por alejamiento

Esta medida no garantiza una protección completa y su aplicación se limita, en la práctica a los locales de servicio eléctrico solo accesibles al personal autorizado.

La puesta fuera de alcance por alejamiento está destinada solamente a impedir los contactos fortuitos con las partes activas.

Las partes accesibles simultáneamente, que se encuentran a tensiones diferentes no deben encontrarse dentro del volumen de accesibilidad.

El volumen de accesibilidad de las personas se define como el situado alrededor de los emplazamientos en los que pueden permanecer o circular personas, y cuyos límites no pueden ser alcanzados por una mano sin medios auxiliares. Por convenio, este volumen está limitado conforme a la figura 1, entendiendo que la altura que limita el volumen es 2,5 m.

Figura 1. Volumen de accesibilidad

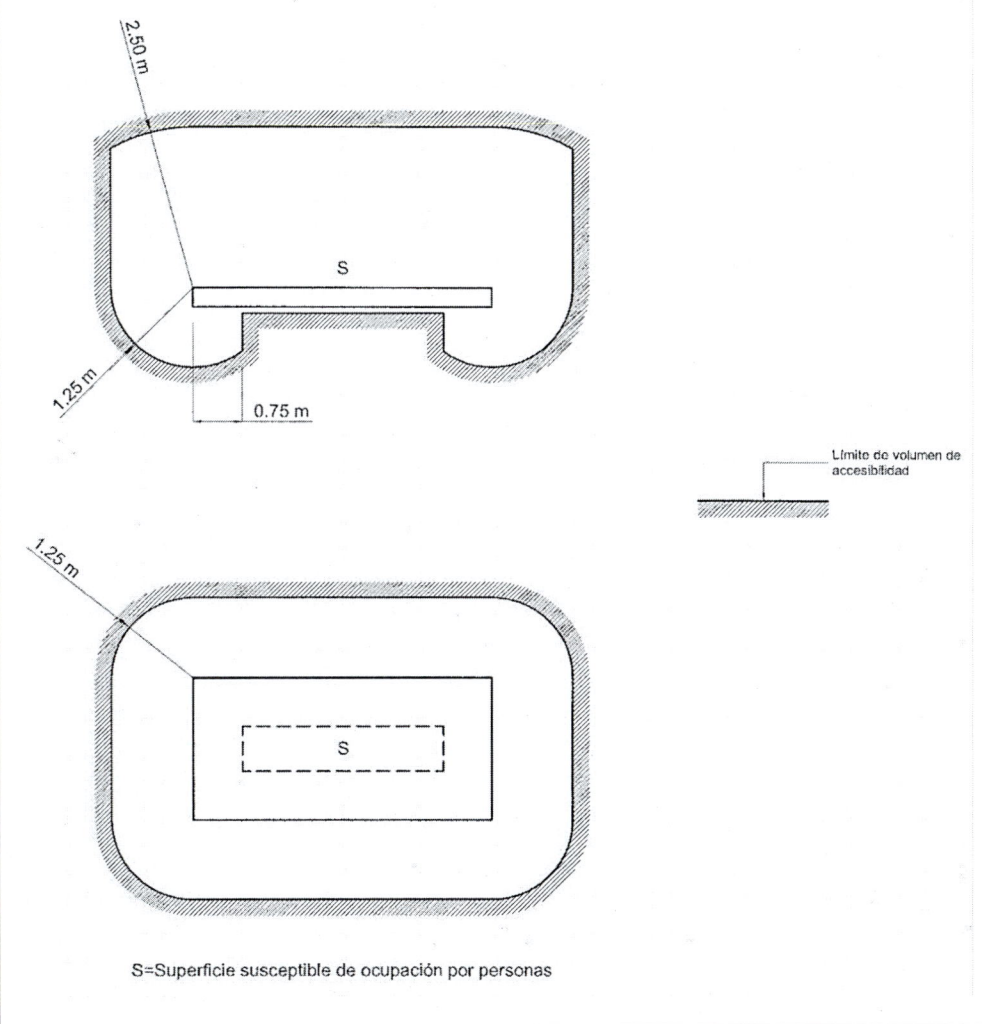

S=Superficie susceptible de ocupación por personas

La norma UNE 21302-826 define el volumen de accesibilidad al contacto o alcance del brazo como aquella zona que se extiende desde cualquier punto de una superficie en la que las personas permanecen y circulan habitualmente, y el límite que una persona puede alcanzar con la mano, en cualquier dirección y sin ayuda.

El concepto de volumen de accesibilidad, si bien se introduce en esta prescripción aplicado a la accesibilidad a partes con tensión, tiene un campo de aplicación mucho más amplio. En las diferentes ITCs del REBT 2002 se utilizan en diversas ocasiones, las mismas distancias para definir otros requisitos, por ejemplo:

- *Altura mínima de los conductores posados sobre fachada (ITC-BT-06);*

- *Altura mínima de montaje de los equipos eléctricos de las luminarias para montaje exterior de instalaciones de alumbrado exterior (ITC-BT-09);*

- *Altura sobre el nivel del suelo hasta la que las canalizaciones para acometidas aéreas sobre fachada deben presentar unas características especiales de protección mecánica (ITC-BT-11);*

- *Recomendación de la altura mínima de tubos en montaje superficial para garantizar el requisito de protección mecánica (ITC-BT-21);*

- *Altura de los volúmenes de piscinas y fuentes (ITC-BT-31);*

- *Altura mínima de instalación de luminarias en lugares accesibles al público de ferias y stands (ITC-BT-34); y*

- *Altura del alumbrado general de quirófanos por debajo de la cual deberá disponer de protección diferencial (ITC-BT-38).*

Cuando el espacio en el que permanecen y circulan normalmente personas está limitado por un obstáculo (por ejemplo, listón de protección, barandillas, panel enrejado) que presenta un grado de protección inferior al IP2X o IP XXB, según UNE 20 324, el volumen de accesibilidad comienza a partir de este obstáculo.

En los emplazamientos en que se manipulen corrientemente objetos conductores de gran longitud o voluminosos, las distancias prescritas anteriormente deben aumentarse teniendo en cuenta las dimensiones de estos objetos.

3.5. Protección complementaria por dispositivos de corriente diferencial-residual

Esta medida de protección está destinada solamente a complementar otras medidas de protección contra los contactos directos.

El empleo de dispositivos de corriente diferencial-residual, cuyo valor de corriente diferencial asignada de funcionamiento sea inferior o igual a 30 mA, se reconoce como medida de protección complementaria en caso de fallo de otra medida de protección contra los contactos directos o en caso de imprudencia de los usuarios.

Cuando se prevea que las corrientes diferenciales puedan ser no senoidales (como por ejemplo en salas de radiología intervencionista), los dispositivos de corriente diferencial-residual utilizados serán de clase A que aseguran la desconexión para corrientes alternas senoidales así como para corrientes continuas pulsantes.

La utilización de tales dispositivos no constituye por sí mismo una medida de protección completa y requiere el empleo de una de las medidas de protección enunciadas en los apartados 3.1 a 3.4 de la presente instrucción.

El apartado 531.3 de la norma UNE-HD 60364-5-53 está dedicado a la selección e instalación de los interruptores diferenciales (DDR) utilizados para proteger contra el choque eléctrico.

En el Anexo I de esta guía se incluyen los criterios para seleccionar los interruptores diferenciales y su eventual rearme automático.

---

4. PROTECCIÓN CONTRA LOS CONTACTOS INDIRECTOS

Esta protección se consigue mediante la aplicación de algunas de las medidas siguientes:

4.1. Protección por corte automático de la alimentación

El corte automático de la alimentación después de la aparición de un fallo está destinado a impedir que una tensión de contacto de valor suficiente, se mantenga durante un tiempo tal que puede dar como resultado un riesgo.

Debe existir una adecuada coordinación entre el esquema de conexiones a tierra de la instalación utilizado de entre los descritos en la ITC-BT-08 y las características de los dispositivos de protección.

En el apartado 411 de la norma UNE-HD 60364-4-41 se desarrollan los requisitos y soluciones para proteger contra los contactos directos e indirectos al utilizar la medida de protección por corte automático de la alimentación.

De acuerdo con la norma UNE-HD 60364-4-41 la protección complementaria mediante interruptores diferenciales con corriente diferencial asignada de funcionamiento inferior o igual a 30 mA también puede complementar a la protección contra los contactos indirectos.

En el apartado 531 de la norma UNE-HD 60364-5-53 se desarrollan los requisitos y soluciones para la selección e instalación de dispositivos de protección contra el choque eléctrico mediante la desconexión automática de la alimentación

---

El corte automático de la alimentación está prescrito cuando puede producirse un efecto peligroso en las personas o animales domésticos en caso de defecto, debido al valor y duración de la tensión de contacto. Se utilizará como referencia lo indicado en la norma UNE20.572 -1.

La norma UNE 20572-1 ha sido anulada y sustituida por la Especificación Técnica UNE-IEC/TS 60479-1.

Además de la prescripción general anterior, otras ITC-BT de carácter particular incluyen requisitos adicionales y/o complementarios para caracterizar esta protección, tales como la ITC- BT-25, ITC-BT-26, ITC-BT-34, ITC-BT-38, etc.

Para proteger contra los contactos indirectos mediante el corte automático de la alimentación, es necesario que se respeten las dos condiciones siguientes:

– *Se produzca el denominado "bucle de defecto" que permite la circulación de la corriente de defecto. La constitución de este bucle de defecto depende del esquema de conexión a tierra de la instalación (TN, TT o IT).*

   Esta condición implica la instalación de los correspondientes conductores de protección que unen las masas de todos los equipos eléctricos con su respectiva puesta a tierra según esquema de conexión a tierra de la instalación. Las características generales de los conductores de protección se definen en las ITC-BT-18 e ITC-BT-19.

– *De acuerdo con el esquema de conexión a tierra de la instalación se haya seleccionado el dispositivo de protección apropiado que desconecte la corriente de defecto en un tiempo adecuado de acuerdo con lo indicado en los apartados 4.1.1 a 4.1.3 de la ITC- BT-24.*

La tensión límite convencional es igual a 50 V, valor eficaz en corriente alterna, en condiciones normales. En ciertas condiciones pueden especificarse valores menos elevados, como por ejemplo, 24 V para las instalaciones de alumbrado público contempladas en la ITC-BT-09, apartado 10.

La tensión límite convencional de 24 V es aplicable tanto a las instalaciones de alumbrado exterior como a los locales o emplazamientos que por sus características puedan hacer más vulnerable a personas y animales a los efectos de un choque eléctrico, por ejemplo, locales húmedos, mojados, instalaciones a la intemperie e instalaciones temporales y provisionales de obra.

Uno de los dispositivos de protección utilizados más habitualmente para la protección contra los contactos indirectos mediante el corte automático de la alimentación son los interruptores diferenciales. En la elección del interruptor diferencial, una de las características que deben considerarse es el valor de la corriente diferencial de funcionamiento asignada $I_{\Delta n}$.

De acuerdo con las correspondientes normas de producto, los valores normales de la corriente diferencial de funcionamiento asignada $I_{\Delta n}$ son:

   UNE-EN 61008-1; $I_{\Delta n} = (0,01 – 0,03 – 0,1 – 0,3 – 0,5 – 1)$ A

   UNE-EN 61009-1; $I_{\Delta n} = (0,01 – 0,03 – 0,1 – 0,3 – 0,5 – 1)$ A

   UNE-EN 62423; $I_{\Delta n} = (0,01 – 0,03 – 0,1 – 0,3 – 0,5 – 1)$ A

   UNE-EN 60947-2; $I_{\Delta n} = (0,006 – 0,01 – 0,03 – 0,1 – 0,3 – 0,5 – 1 – 3 – 10 – 30)$ A

aunque se pueden encontrar diferenciales con valores diferentes

   El umbral de disparo en todos los casos es de $(0,5/1)$ $I_{\Delta n}$

   Por ejemplo:

   – *Para $I_{\Delta n} = 30$ mA el disparo estará comprendido entre 15 y 30 mA, y*

   – *Para $I_{\Delta n} = 300$ mA el disparo estará comprendido entre 150 y 300 mA.*

En la elección de $I_{\Delta n}$ se debe cumplir:

a) Con las consideraciones de los apartados 4.1.1 a 4.1.3.

b) $I_{fuga} < \dfrac{I_{\Delta n}}{2}$, siendo la corriente de fuga en condiciones normales de funcionamiento de la instalación, medida aguas abajo del diferencial.

Con el objetivo de minimizar los disparos intempestivos de los interruptores diferenciales, en el Anexo III se detallan sus causas y cómo limitarlos.

Se describen a continuación aquellos aspectos más significativos que deben reunir los sistemas de protección en función de los distintos esquemas de conexión de la instalación, según la ITC-BT-08 y que la norma UNE 20.460 -4-41 define en cada caso.

Según la ITC-BT-08 las redes de distribución de las empresas suministradoras que alimentan a los usuarios en Baja Tensión deben corresponder al esquema TT.

Los usuarios que contraten en Alta Tensión (aunque la utilización sea en BT) podrán elegir, además, el esquema TN o IT.

4.1.1. Esquemas TN, características y prescripciones de los dispositivos de protección

Todas las masas de los equipos eléctricos protegidos por un mismo dispositivo de protección deben estar unidas por un conductor de protección (CP o CPN) a la toma de tierra de la alimentación (también denominada fuente).

Una puesta a tierra múltiple, en puntos repartidos con regularidad, puede ser necesaria para asegurarse de que el potencial del conductor de protección se mantiene, en caso de fallo, lo más próximo posible al de tierra. Por la misma razón, se recomienda conectar el conductor de protección a tierra en el punto de entrada de cada edificio o establecimiento.

Las características de los dispositivos de protección y las secciones de los conductores se eligen de manera que, si se produce en un lugar cualquiera un fallo, de impedancia despreciable, entre un conductor de fase y el conductor de protección o una masa, el corte automático se efectúe en un tiempo igual, como máximo, al valor especificado, y se cumpla la condición siguiente:

$$Z_s \times I_a \times U_0$$

donde

Z_s, es la impedancia del bucle de defecto, incluyendo la de la fuente, la del conductor activo hasta el punto de defecto y la del conductor de protección, desde el punto de defecto hasta la fuente.

I_a, es la corriente que asegura el funcionamiento del dispositivo de corte automático en un tiempo como máximo igual al definido en la tabla 1 para tensión nominal igual a U_0. En caso de utilización de un dispositivo de corriente diferencial-residual, I_a es la corriente diferencial asignada

U_0 es la tensión nominal entre fase y tierra, valor eficaz en corriente alterna.

Tabla 1

U_0 (V)	Tiempos de interrupción (s)
230	0,4
400	0,2
> 400	0,1

En la norma UNE 20.460 -4-41 se indican las condiciones especiales que deben cumplirse para permitir tiempos de interrupción mayores o condiciones especiales de instalación.

De acuerdo con la norma UNE-HD 60364-4-41 los tiempos máximos de interrupción (tiempos máximos de desconexión según la norma de instalaciones) establecidos en la tabla 1 deben aplicarse a los circuitos finales que tengan una corriente asignada que no supere:

- *63 A con una o más tomas de corriente, y*

- *32 A alimentando solo receptores conectados de forma fija.*

Se admite un tiempo de desconexión que no exceda de 5 s para los circuitos de distribución y para circuitos distintos a los mencionados en el párrafo anterior de esta Guía.

En circuitos de distribución y a efectos de selectividad, retardos de hasta 1 s pueden asegurar suficientes niveles de selectividad para la mayoría de las instalaciones. En este caso es necesario comprobar que se cumplen todos los condicionantes de la Norma UNE-HD 60364-4-41.

En el esquema TN pueden utilizarse los dispositivos de protección siguientes:

- Dispositivos de protección de máxima corriente, tales como fusibles, interruptores automáticos.
- Dispositivos de protección de corriente diferencial-residual.

En el Anexo I se incluyen los requisitos generales para seleccionar los interruptores diferenciales y su eventual rearme automático

En el Anexo II se incluyen los requisitos generales de los dispositivos de protección contra sobreintensidades (dispositivos de protección de máxima corriente) y su eventual rearme automático.

Cuando el conductor neutro y el conductor de protección sean comunes (esquemas TN-C), no podrá utilizarse dispositivos de protección de corriente diferencial-residual.

Cuando se utilice un dispositivo de protección de corriente diferencial-residual en esquemas TN-C-S, no debe utilizarse un conductor CPN aguas abajo. La conexión del conductor de protección al conductor CPN debe efectuarse aguas arriba del dispositivo de protección de corriente diferencial-residual.

Con miras a la selectividad pueden instalarse dispositivos de corriente diferencial-residual temporizada (por ejemplo del tipo "S") en serie con dispositivos de protección diferencial- residual de tipo general.

Figura 2. Esquema TN-C

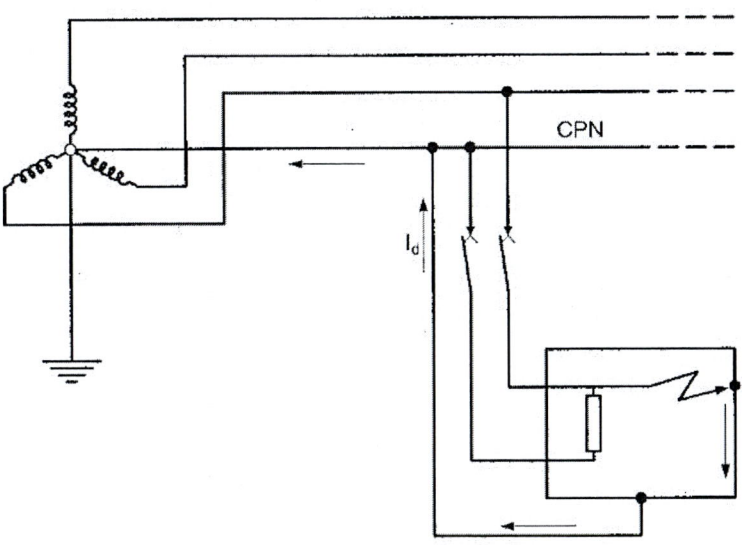

Figura 3. Esquema TN-S

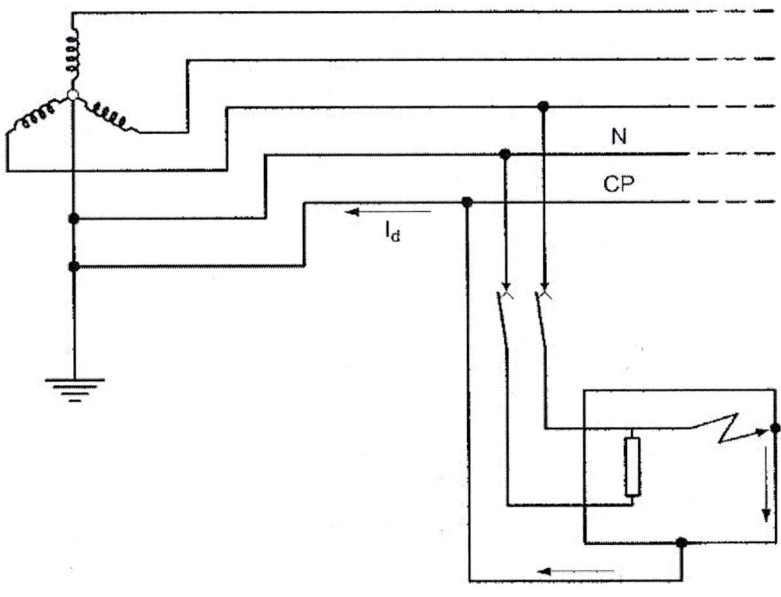

4.1.2. Esquemas TT. Características y prescripciones de los dispositivos de protección

Todas las masas de los equipos eléctricos protegidos por un mismo dispositivo de protección, deben ser interconectadas y unidas por un conductor de protección a una misma toma de tierra. Si varios dispositivos de protección van montados en serie, esta prescripción se aplica por separado a las masas protegidas por cada dispositivo.

El punto neutro de cada generador o transformador, o si no existe, un conductor de fase de cada generador o transformador, debe ponerse a tierra.

Se cumplirá la siguiente condición:

$$R_A \times I_a \leq U$$

donde:

R_A, es la suma de las resistencias de la toma de tierra y de los conductores de protección de masas.

I_a, es la corriente que asegura el funcionamiento automático del dispositivo de protección. Cuando el dispositivo de protección es un dispositivo de corriente diferencial-residual es la corriente diferencial-residual asignada.

U, es la tensión de contacto límite convencional (50, 24V u otras, según los casos).

Además, y de acuerdo con la norma UNE-HD 60364-4-41 la desconexión de la alimentación debe producirse en los tiempos máximos indicados en la Tabla A en caso de circuitos finales que tengan una corriente asignada que no supere los

—   63 A con una o más tomas de corriente, y

—   32 A alimentando solo receptores conectados de forma fija.

Tabla A

U_0 (V)	Tiempos máximos de desconexión (s)
230	0,2
400	0,07
> 400	0,04

Se admite un tiempo de desconexión que no exceda de 1 s para los circuitos de distribución y para circuitos distintos a los mencionados en el párrafo anterior de esta Guía.

En las normas de producto para interruptores diferenciales se establecen los tiempos de corte máximos siguientes para diferenciales de tipo general:

	$I_{\Delta n}$	$2I_{\Delta n}$	$5I_{\Delta n}$
Tiempo máximo de corte (s)	0,3	0,15	0,04

En la práctica, los defectos de aislamiento generalmente son de baja impedancia por lo que la corriente originada es del orden de 5 $I_{\Delta n}$ o mayor. Por tanto, con el uso de interruptores diferenciales normalizados se cumple con el requisito que la norma de instalaciones fija para el tiempo máximo de desconexión.

Cuando se instalen diversos dispositivos que protegen diferentes equipos con sus correspondientes masas unidas a la misma toma de tierra, el valor de I_a a utilizar en la fórmula anterior será el correspondiente al dispositivo de la instalación con mayor intensidad nominal si se trata de una protección con fusibles o interruptores automáticos y con mayor intensidad diferencial residual para el caso de protección con diferenciales. De esta forma se determina el valor máximo de la resistencia de la toma de tierra de las masas en función de las características de funcionamiento de los dispositivos de protección.

En el esquema TT, se utilizan los dispositivos de protección siguientes:

– Dispositivos de protección de corriente diferencial-residual.

– Dispositivos de protección de máxima corriente, tales como fusibles, interruptores automáticos. Estos dispositivos solamente son aplicables cuando la resistencia RA tiene un valor muy bajo.

En el Anexo I se incluyen los criterios para seleccionar los interruptores diferenciales y su eventual rearme automático.

En el Anexo II se incluyen los criterios para seleccionar los dispositivos de protección contra sobreintensidades (dispositivos de protección de máxima corriente) y su rearme automático.

Cuando el dispositivo de protección es un dispositivo de protección contra las sobreintensidades, debe ser:

– - bien un dispositivo que posea una característica de funcionamiento de tiempo inverso e I_a debe ser la corriente que asegure el funcionamiento automático en 5 s como máximo;

– - o bien, un dispositivo que posea una característica de funcionamiento instantánea e I_a debe ser la corriente que asegura el funcionamiento instantáneo.

En la práctica, los dispositivos de protección contra sobreintensidades no son de aplicación para la protección contra los contactos indirectos en esquemas TT, ya que para alcanzar, sin riesgo para las personas, una intensidad suficiente para provocar la desconexión del circuito con defecto, debería garantizarse, una resistencia de puesta a tierra extremadamente pequeña, de forma fiable, estable y permanente durante toda la vida de la instalación.

En una instalación industrial en la que se utilizan Interruptores Automáticos (IA) según la norma UNE-EN 60898, la corriente de disparo según la característica térmica correspondiente a 5 segundos es del orden de 5 I_n.

Si por ejemplo el calibre del IA fuera de 25 A, se tendría

$$I_a = 5 \cdot 25 = 125 \text{ A}$$

Aplicando la condición más restrictiva para esquemas TT y suponiendo una tensión de contacto máxima de 24 V, correspondiente a locales húmedos:

$$R_A \cdot I_A \leq U \Rightarrow R_A \leq \frac{U}{I_a} = \frac{24}{125} \approx 0,2 \ \Omega$$

que debería garantizarse a lo largo de toda la vida útil de la instalación para todas las masas de la misma.

La utilización de dispositivos de protección de tensión de defecto no está excluida para aplicaciones especiales cuando no puedan utilizarse los dispositivos de protección antes señalados.

Los dispositivos de protección de tensión de defecto se utilizaron antiguamente pero han sido desplazados por el uso de interruptores diferenciales. Actualmente están en desuso y carecen de norma de producto.

Con miras a la selectividad pueden instalarse dispositivos de corriente diferencial-residual temporizada (por ejemplo del tipo "S") en serie con dispositivos de protección diferencial-residual de tipo general, con un tiempo de funcionamiento como máximo igual a 1 s.

Figura 4 Esquema TT

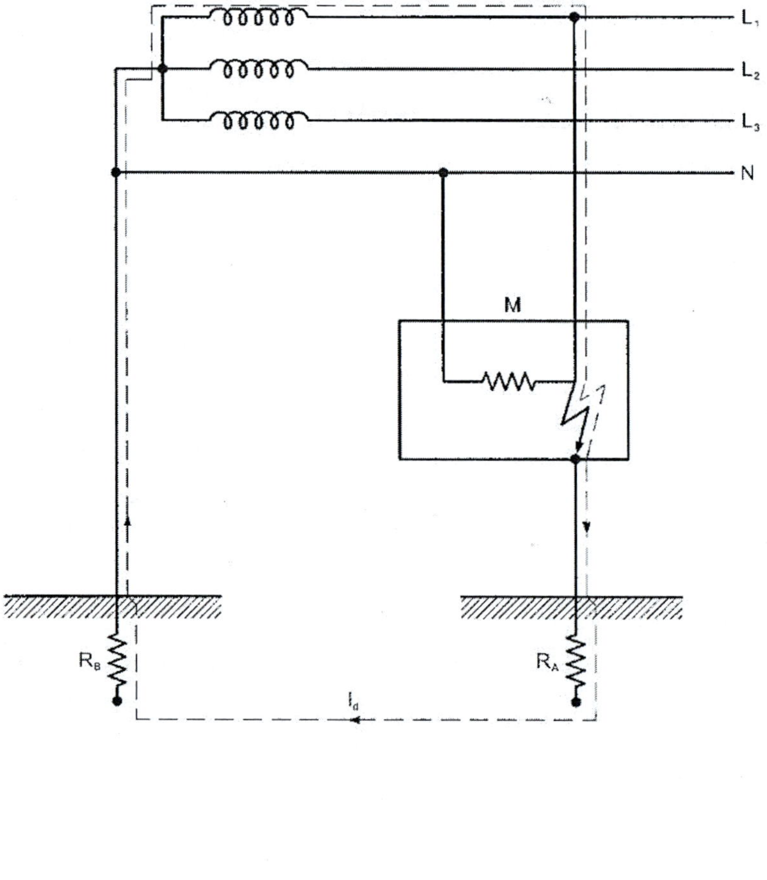

4.1.3. Esquemas IT. Características y prescripciones de los dispositivos de protección

En el esquema IT, la instalación debe estar aislada de tierra o conectada a tierra a través de una impedancia de valor suficientemente alto. Esta conexión se efectúa bien sea en el punto neutro de la instalación, si está montada en estrella, o en un punto neutro artificial. Cuando no exista ningún punto de neutro, un conductor de fase puede conectarse a tierra a través de una impedancia.

En caso de que exista un sólo defecto a masa o a tierra, la corriente de fallo es de poca intensidad y no es imperativo el corte. Sin embargo, se deben tomar medidas para evitar cualquier peligro en caso de aparición de dos fallos simultáneos.

Ningún conductor activo debe conectarse directamente a tierra en la instalación.

Las masas deben conectarse a tierra, bien sea individualmente o por grupos.

Debe ser satisfecha la condición siguiente:

$$R_A \times I_d \leq U_L$$

donde:

R_A, es la suma de las resistencias de toma de tierra y de los conductores de protección de las masas.

I_d , es la corriente de defecto en caso de un primer defecto franco de baja impedancia entre un conductor de fase y una masa. Este valor tiene en cuenta las corrientes de fuga y la impedancia global de puesta a tierra de la instalación eléctrica

U_L, es la tensión de contacto límite convencional (50, 24V u otras, según los casos).

C_1; C_2; C_3; Capacidad homopolar de los conductores respecto de tierra.

Figura 5. Esquema IT aislado de tierra.

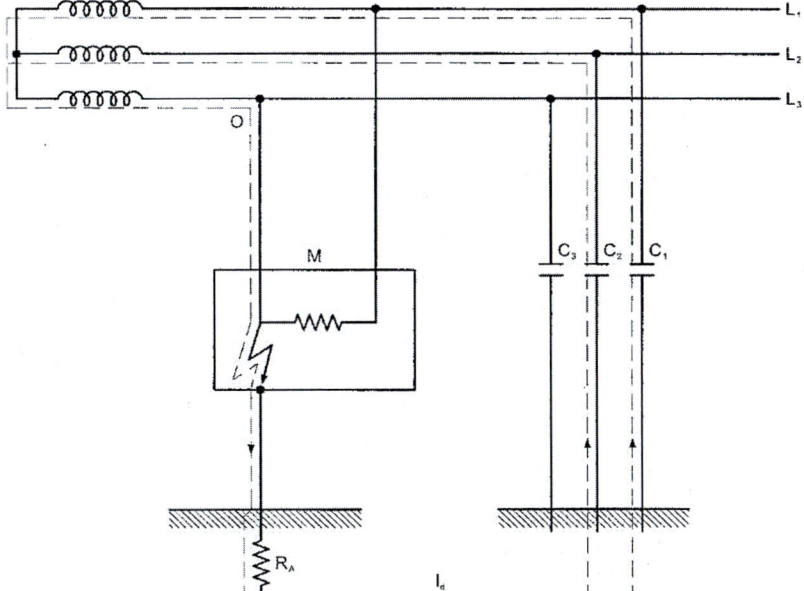

Figura 6. Esquema IT unido a tierra por impedancia Z y con las puestas a tierra de la alimentación y de las masas separadas

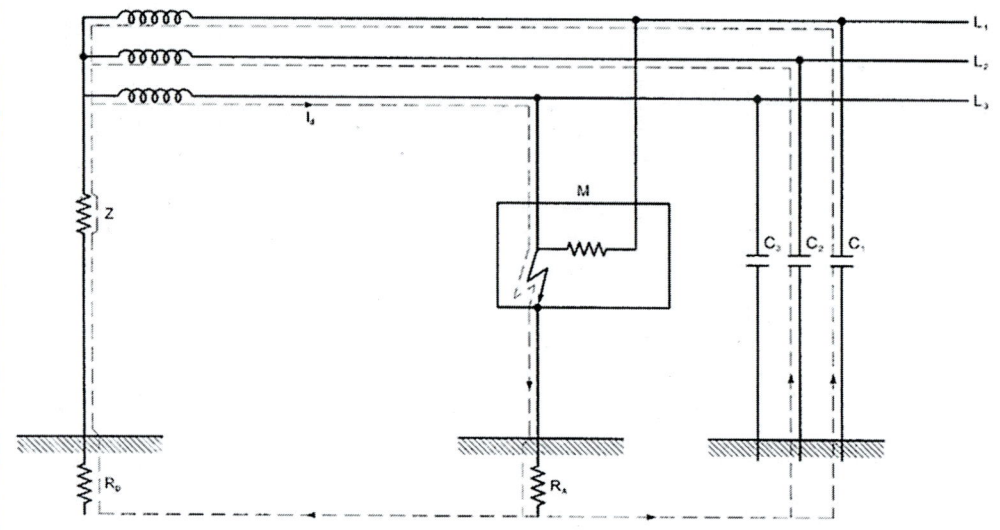

En el esquema IT, se utilizan los dispositivos de protección siguientes:

– Controladores permanentes de aislamiento

En el apartado 538.1 de la norma UNE-HD 60364-5-53 se incluyen los requisitos y recomendaciones para la instalación de dispositivos de detección del aislamiento (DDAs) para esquemas IT.

– Dispositivos de protección de corriente diferencial-residual

– Dispositivos de protección de máxima corriente, tales como fusibles, interruptores automáticos.

En estas instalaciones también pueden utilizarse los sistemas y dispositivos de protección siguientes:

– *Equipos para localización de defecto de aislamiento en esquemas IT, cuyos requisitos de instalación se describen en el apartado 538.2 de la norma UNE-HD 60364-5-53.*

– *Controladores de aislamiento por corriente diferencial residual (RCMs), cuyos requisitos de instalación se describen en el apartado 538.4 de la norma UNE-HD 60364-5-53.*

Producto	Norma de aplicación
Interruptores diferenciales sin dispositivo de protección contra sobreintensidades (uso doméstico o análogo)	*UNE-EN 61008-1 y UNE-EN 61008-2-1*
Interruptores diferenciales con dispositivo de protección contra sobreintensidades incorporado (uso doméstico o análogo)	*UNE-EN 61009-1 y UNE-EN 61009-2-1*
Interruptores diferenciales tipo F y tipo B, con y sin dispositivo de protección contra sobreintensidades incorporado (uso doméstico o análogo)	*UNE-EN 62423*
Interruptores automáticos para instalaciones domésticas y análogas para la protección contra sobreintensidades (IA modulares o magnetotérmicos)	*UNE-EN 60898 (serie)*
Fusibles de baja tensión. Reglas suplementarias para los fusibles destinados a ser utilizados por personas autorizadas (fusibles para usos principalmente industriales)	*UNE-HD 60269-2*
Fusibles de baja tensión. Reglas suplementarias para los fusibles	*UNE-HD 60269-3*
destinados a ser utilizados por personas comunes (fusibles para usos principalmente para aplicaciones domésticas y análogas)	*UNE-EN 60947-2*
Interruptores automáticos (uso industrial u otras aplicaciones)	*UNE-EN 60947-6-2*
Aparatos de conexión de mando y de protección (ACP)	*UNE-EN 61557-8*
Dispositivos de detección del aislamiento para esquemas IT (DDAs)	*UNE-EN 61557-9*
Equipos para localización de defecto de aislamiento en esquemas IT	*UNE-EN 62020*

Si se ha previsto un controlador permanente de primer defecto para indicar la aparición de un primer defecto de una parte activa a masa o a tierra, debe activar una señal acústica o visual.

Generalmente, el esquema IT se utiliza para garantizar una continuidad del servicio, siendo necesario, en este caso, el uso de un controlador permanente de aislamiento

Después de la aparición de un primer defecto, las condiciones de interrupción de la alimentación en un segundo defecto deben ser las siguientes:

– Cuando se pongan a tierra masas por grupos o individualmente, las condiciones de protección son las del esquema TT, salvo que el neutro no debe ponerse a tierra.

Por tanto, en este caso deben aplicarse los requisitos del apartado 4.1.2 de esta ITC-BT incluyendo la fórmula y los tiempos máximos de desconexión de la Tabla A.

Del mismo modo que en los esquemas TT, en la práctica, los dispositivos de protección contra sobreintensidades no son de aplicación para la protección contra los contactos indirectos, ya que para alcanzar, sin riesgo para las personas, una intensidad suficiente para provocar la desconexión del circuito con defecto, debería garantizarse, una resistencia de puesta a tierra extremadamente pequeña, de forma fiable, estable y permanente durante toda la vida de la instalación.

– Cuando las masas estén interconectadas mediante un conductor de protección, colectivamente a tierra, se aplican las condiciones del esquema TN, con protección mediante un dispositivo contra sobreintensidades de forma que se cumplan las condiciones siguientes:

a) si el neutro no esta distribuido: $2 \times Z_s \times I_a \leq U$

b) si el neutro esta distribuido: $2 \times Z_s' \times I_a \leq U_0$

donde:

Zs , es la impedancia del bucle de defecto constituido por el conductor de fase y el conductor de protección.

Zs', es la impedancia del bucle de defecto constituido por el conductor neutro, el conductor de protección y el de fase.

Ia, es la corriente que garantiza el funcionamiento del dispositivo de protección de la instalación en un tiempo t, según la tabla 2, ó tiempos superiores, con 5 segundos como máximo, para aquellos casos especiales contemplados en la norma UNE 20.460-4-41.

U, es la tensión entre fases, valor eficaz en corriente alterna.

U_0, es la tensión entre fase y neutro, valor eficaz en corriente alterna.

Tabla 2

Tensión nominal de la instalación (U_0/U)	Tiempo de interrupción (s)	
	Neutro no distribuido	Neutro distribuido
230/400	0,4	0,8
400/690	0,2	0,4
580/1000	0,1	0,2

A partir de la edición de 2010 de la norma UNE-HD 60364-4-41 en esquemas IT con las masas interconectadas mediante un conductor de protección, colectivamente a tierra, ya no se especifican tiempos de interrupción distintos en función de si el neutro está distribuido o no. La norma sólo requiere que se respeten los tiempos máximos de desconexión que en el REBT se prescriben en la Tabla 1 de esta ITC-BT (esquemas TN).

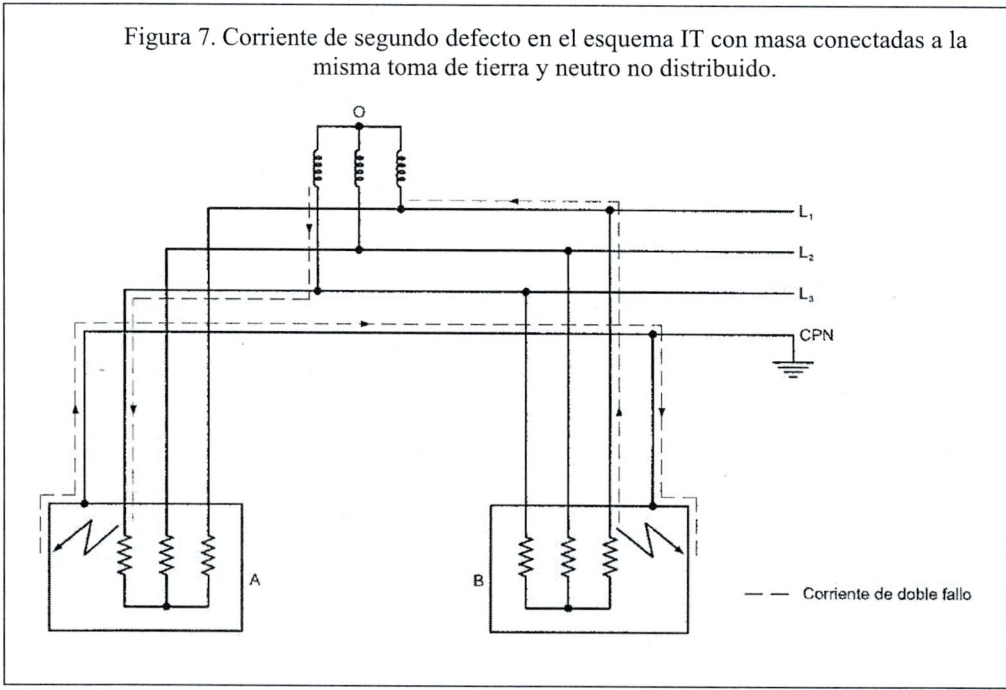

Figura 7. Corriente de segundo defecto en el esquema IT con masa conectadas a la misma toma de tierra y neutro no distribuido.

— — Corriente de doble fallo

Se llama la atención que en la anterior figura donde se dice CPN debe indicarse CP, ya que el esquema corresponde a neutro no distribuido.

Figura 8. Corriente de segundo defecto en el esquema IT con masa conectadas a la misma toma de tierra y neutro distribuido

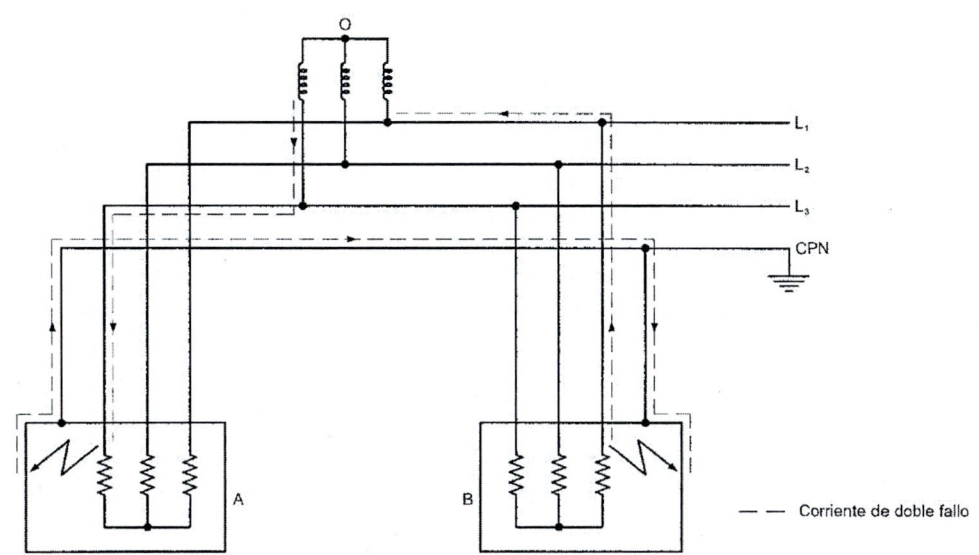

Si no es posible utilizar dispositivos de protección contra sobreintensidades de forma que se cumpla lo anterior, se utilizarán dispositivos de protección de corriente diferencial-residual para cada aparato de utilización o se realizará una conexión equipotencial complementaria según lo dispuesto en la norma UNE 20. 460 -4-41.

4.2. Protección por empleo de equipos de la clase II o por aislamiento equivalente

Se asegura esta protección por:

– Utilización de equipos con un aislamiento doble o reforzado (clase II).

– Conjuntos de aparamenta construidos en fábrica y que posean aislamiento equivalente (doble o reforzado).

– Aislamientos suplementarios montados en el curso de la instalación eléctrica y que aíslen equipos eléctricos que posean únicamente un aislamiento principal.

– Aislamientos reforzados montados en el curso de la instalación eléctrica y que aíslen las partes activas descubiertas, cuando por construcción no sea posible la utilización de un doble aislamiento.

Los equipos de clase II se identifican mediante el símbolo ☐ .

También se utiliza el símbolo ⊠ *para indicar que estos equipos no deben conectarse a tierra.*

La norma UNE 20.460 -4-41 describe el resto de características y revestimiento que deben cumplir las envolventes de estos equipos.

En el apartado 412 de la norma UNE-HD 60364-4-41 se desarrollan los requisitos y soluciones para proteger a la vez contra los contactos directos e indirectos utilizando la medida de protección por aislamiento doble o reforzado.

De acuerdo con el citado apartado 412, se considera que las canalizaciones instaladas de acuerdo con la ITC-BT-20 e ITC-BT-21 cumplen con los requisitos de aislamiento doble o reforzado si son conformes a una de las condiciones siguientes:

   a)   *Se utilicen conductores que tengan un aislamiento de tensión asignada no inferior a la tensión nominal del sistema y como mínimo de 300/500 V, instalados en el interior de canales o conductos cerrados de sección no circular con características de aislamiento eléctrico que cumplan con la serie de Normas UNE-EN 50085 (que en el futuro cambiará su numeración por la nueva serie de normas UNE-EN 61084), o de tubos con características de aislamiento eléctrico que cumplan con la serie de Normas UNE-EN-61386.*

   b)   *Se utilicen cables adecuados para resistir los esfuerzos eléctricos, térmicos, mecánicos y ambientales con la misma fiabilidad de protección que la proporcionada por un doble aislamiento.*

En el momento de la redacción de esta Guía está en estudio qué cables cumplen con la prescripción b). Como ejemplo, la norma UNE-EN 50618 "Cables eléctricos para sistemas fotovoltaicos" indica que estos cables son adecuados para ser utilizados en instalaciones y equipos de clase II, aunque los cables no se clasifiquen como tales.

4.3. Protección en los locales o emplazamientos no conductores

La norma UNE 20.460 -4-41 indica las características de las protecciones y medios para estos casos.

En el apartado C.1 del Anexo C de la norma UNE-HD 60364-4-41 se desarrollan los requisitos y soluciones para protección contra los contactos indirectos utilizando la medida de protección por emplazamiento no conductor. La norma UNE-HD 60364-4-41 contempla el uso de esta medida de protección únicamente cuando la instalación se encuentre controlada o supervisada por personas cualificadas o advertidas.

Esta medida de protección está destinada a impedir en caso de fallo del aislamiento principal de las partes activas, el contacto simultáneo con partes que pueden ser puestas a tensiones diferentes. Se admite la utilización de materiales de la clase 0 a condición que se respete el conjunto de las condiciones siguientes:

Las masas deben estar dispuestas de manera que, en condiciones normales, las personas no hagan contacto simultáneo: bien con dos masas, bien con una masa y cualquier elemento conductor, si estos elementos pueden encontrarse a tensiones diferentes en caso de un fallo del aislamiento principal de las partes activas

En estos locales (o emplazamientos), no debe estar previsto ningún conductor de protección.

Las prescripciones del apartado anterior se consideran satisfechas si el emplazamiento posee paredes aislantes y si se cumplen una o varias de las condiciones siguientes:

a) Alejamiento respectivo de las masas y de los elementos conductores, así como de las masas entre sí. Este alejamiento se considera suficiente si la distancia entre dos elementos es de 2 m como mínimo, pudiendo ser reducida esta distancia a 1,25 m por fuera del volumen de accesibilidad.

b) Interposición de obstáculos eficaces entre las masas o entre las masas y los elementos conductores. Estos obstáculos son considerados como suficientemente eficaces si dejan la distancia a franquear en los valores indicados en el punto a). No deben conectarse ni a tierra ni a las masas y, en la medida de lo posible, deben ser de material aislante.

c) Aislamiento o disposición aislada de los elementos conductores. El aislamiento debe tener una rigidez mecánica suficiente y poder soportar una tensión de ensayo de un mínimo de 2.000 V. La corriente de fuga no debe ser superior a 1 mA en las condiciones normales de empleo.

Las figuras siguientes contienen ejemplos explicativos de las disposiciones anteriores.

Figura 9.

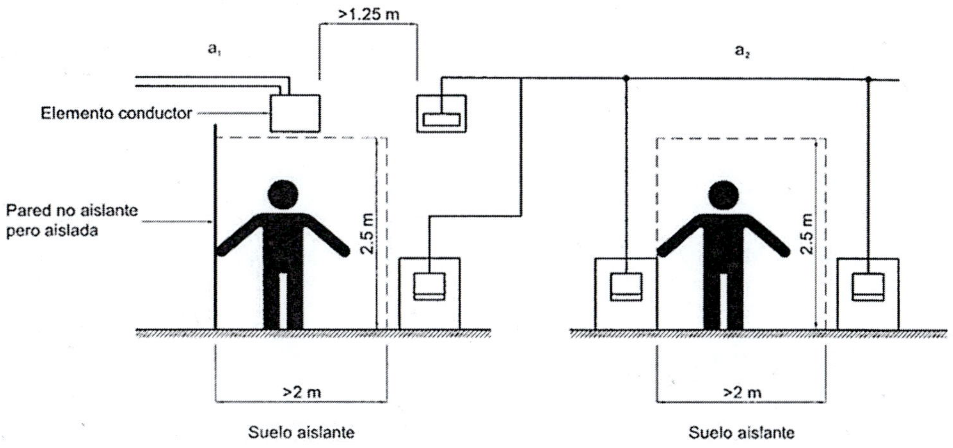

Figura 10.

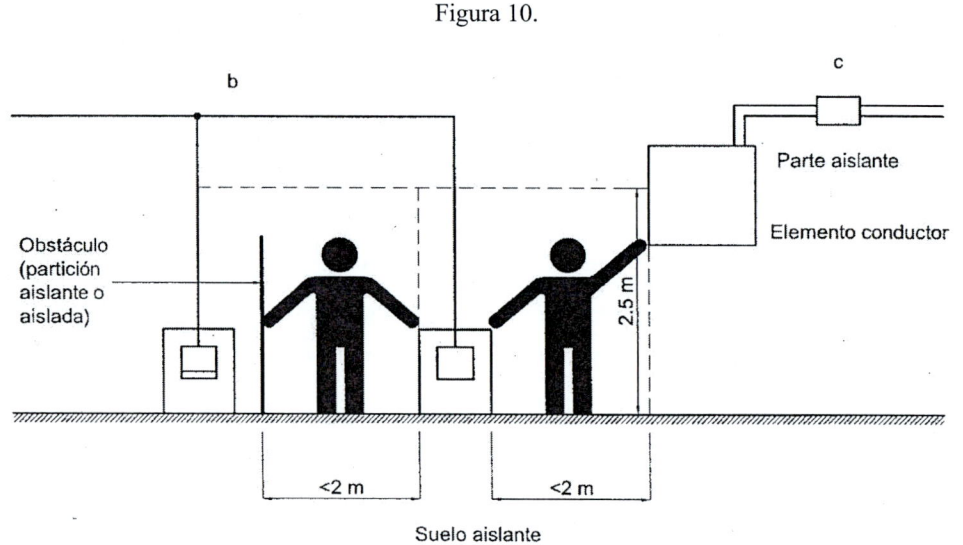

Las paredes y suelos aislantes deben presentar una resistencia no inferior a:

– 50 kΩ, si la tensión nominal de la instalación no es superior a 500 V; y

– 100 kΩ, si la tensión nominal de la instalación es superior a 500 V,

Si la resistencia no es superior o igual, en todo punto, al valor prescrito, estas paredes y suelos se considerarán como elementos conductores desde el punto de vista de la protección contra las descargas eléctricas.

Las disposiciones adoptadas deben ser duraderas y no deben poder inutilizarse. Igualmente deben garantizar la protección de los equipos móviles cuando esté prevista la utilización de éstos.

Deberá evitarse la colocación posterior, en las instalaciones eléctricas no vigiladas continuamente, de otras partes (por ejemplo, materiales móviles de la clase I o elementos conductores, tales como conductos de agua metálicos), que puedan anular la conformidad con el apartado anterior.

Deberá evitarse que la humedad pueda comprometer el aislamiento de las paredes y de los suelos.

Deben adoptarse medidas adecuadas para evitar que los elementos conductores puedan transferir tensiones fuera del emplazamiento considerado.

4.4. Protección mediante conexiones equipotenciales locales no conectadas a tierra

En el apartado C.2 del Anexo C de la norma UNE-HD 60364-4-41 se desarrollan los requisitos y soluciones para proteger contra los contactos indirectos utilizando la medida de protección por conexión equipotencial local no conectada a tierra. La norma UNE-HD 60364-4-41 contempla el uso de esta medida de protección únicamente cuando la instalación se encuentre controlada o supervisada por personas cualificadas o advertidas.

Los conductores de equipotencialidad deben conectar todas las masas y todos los elementos conductores que sean simultáneamente accesibles.

La conexión equipotencial local así realizada no debe estar conectada a tierra, ni directamente ni a través de masas o de elementos conductores.

Deben adoptarse disposiciones para asegurar el acceso de personas al emplazamiento considerado sin que éstas puedan ser sometidas a una diferencia de potencial peligrosa. Esto se aplica concretamente en el caso en que un suelo conductor, aunque aislado del terreno, está conectado a la conexión equipotencial local.

4.5 Protección por separación eléctrica

En el apartado 413 de la norma UNE-HD 60364-4-41 se desarrollan los requisitos y soluciones para la protección contra los contactos indirectos utilizando la medida de protección por separación eléctrica.

El circuito debe alimentarse a través de una fuente de separación, es decir:

– un transformador de aislamiento,

– una fuente que asegure un grado de seguridad equivalente al transformador de aislamiento anterior, por ejemplo un grupo motor generador que posea una separación equivalente.

La norma UNE 20.460 -4-41 enuncia el conjunto de prescripciones que debe garantizar esta protección.

En el caso de que el circuito separado no alimente más que un solo aparato, las masas del circuito no deben ser conectadas a un conductor de protección.

En el caso de un circuito separado que alimente muchos aparatos, se satisfarán las siguientes prescripciones:

a) Las masas del circuito separado deben conectarse entre sí mediante conductores de equipotencialidad aislados, no conectados a tierra. Tales conductores, no deben conectarse ni a conductores de protección, ni a masas de otros circuitos ni a elementos conductores.

b) Todas las bases de tomas de corriente deben estar previstas de un contacto de tierra que debe estar conectado al conductor de equipotencialidad descrito en el apartado anterior.

c) Todos los cables flexibles de equipos que no sean de clase II, deben tener un conductor de protección utilizado como conductor de equipotencialidad.

d) En el caso de dos fallos francos que afecten a dos masas y alimentados por dos conductores de polaridad diferente, debe existir un dispositivo de protección que garantice el corte en un tiempo como máximo igual al indicado en la tabla 1 incluida en el apartado 4.1.1, para esquemas TN.

En el apartado C.3 del Anexo C de la norma UNE-HD 60364-4-41 se desarrollan los requisitos y soluciones para proteger contra los contactos indirectos utilizando la medida de protección por separación eléctrica para la alimentación de más de un receptor. La norma UNE-HD 60364-4-41 contempla el uso de esta medida de protección únicamente cuando la instalación se encuentre controlada o supervisada por personas cualificadas o advertidas.

En relación al anterior punto d), cuando el sistema de conexión del neutro sea un TT, los tiempos máximos de desconexión utilizados serán conformes a la Tabla A del apartado 4.1.2 de esta guía.

Anexo I
Requisitos generales para la selección e instalación de interruptores diferenciales

I.1 Selección en función de la accesibilidad a las protecciones

En instalaciones en corriente alterna en las que los interruptores diferenciales (DDRs) sean accesibles a personas comunes (BA1), niños (BA2) o a personas discapacitadas (BA3) los interruptores diferenciales deben cumplir con alguna de las siguientes normas:

Producto	Norma de aplicación
Interruptores diferenciales sin dispositivo de protección contra sobre-intensidades (uso doméstico o análogo)	*UNE-EN 61008-1 y UNE-EN 61008-2-1*
Interruptores diferenciales con dispositivo de protección contra sobre-intensidades incorporado (uso doméstico o análogo)	*UNE-EN 61009-1 y UNE-EN 61009-2-1*
Interruptores diferenciales tipo F y tipo B, con y sin dispositivo de protección contra sobreintensidades incorporado (uso doméstico o análogo)	*UNE-EN 62423*

En instalaciones en corriente alterna en las que los interruptores diferenciales (DDRs) sean accesibles solamente a personas instruidas (BA4) o a personas cualificadas (BA5) los interruptores diferenciales deben cumplir con alguna de las siguientes normas:

Producto	Norma de aplicación
Interruptores diferenciales sin dispositivo de protección contra sobreintensidades (uso doméstico o análogo)	*UNE-EN 61008-1 y UNE-EN 61008-2-1*
Interruptores diferenciales con dispositivo de protección contra sobreintensidades incorporado (uso doméstico o análogo)	*UNE-EN 61009-1 y UNE-EN 61009-2-1*
Interruptores diferenciales tipo F y tipo B, con y sin dispositivo de protección contra sobreintensidades incorporado (uso doméstico o análogo)	*UNE-EN 62423*
Interruptores diferenciales (uso industrial u otras aplicaciones)	*UNE-EN 60947-2*

I.2 Rearme automático

Para mantener la continuidad de la alimentación eléctrica cuando se utilicen interruptores diferenciales para uso doméstico o análogo, independientemente del tipo de usuario (BA1, BA2, BA3, BA4 y BA5) puede utilizarse rearme automático mediante dispositivos que cumplan la Norma UNE-EN 50557.

El rearme automático de los interruptores automáticos de uso industrial también está permitido, tal como se especifica en la norma UNE-EN 60947-2.

I.3 Tipos de interruptores diferenciales

Existen distintos tipos de interruptores diferenciales (DDRs) dependiendo de su funcionamiento ante las componentes en corriente continua y de frecuencias distintas de la frecuencia asignada:

- *DDR de Tipo AC: dispara con corrientes diferenciales alternas sinusoidales, ya sean aplicadas bruscamente o bien aumentadas progresivamente. Las normas aplicables son: UNE-EN 61008-1 y UNE-EN 61008-2-1; UNE-EN 61009-1 y UNE-EN 61009-2-1; y UNE-EN 60947-2.*

–   *DDR de Tipo A: dispara con corrientes diferenciales alternas sinusoidales o conti-*
    nuas pulsantes, ya sean aplicadas bruscamente o bien aumentándolas progresiva-
    mente. El disparo está asegurado con corrientes diferenciales continuas pulsantes
    a las que se superpone una corriente continua alisada de hasta 0,006 A. Las nor-
    mas aplicables son: UNE-EN 61008-1 y UNE-EN 61008-2-1; UNE-EN 61009-1 y
    UNE-EN 61009-2-1; y UNE-EN 60947-2.

–   *DDR de Tipo F: el disparo está asegurado en las mismas situaciones que el Tipo A*
    y, además:

    •   *para corrientes diferenciales compuestas (con componentes de varias frecuen-*
        cias), ya sean aplicadas bruscamente o bien aumentándolas progresivamente,
        para circuitos con convertidores electrónicos alimentados entre fase y neutro o
        entre fase y conductor medio puesto a tierra;

    •   *para corrientes diferenciales continuas pulsantes superpuestas sobre una co-*
        rriente continua alisada de hasta 0,010 A.

    La norma aplicable es UNE-EN 62423.

–   *DDR de Tipo B: el disparo está asegurado en las mismas situaciones que el Tipo F*
    y, además:

    •   *para corrientes diferenciales alternas sinusoidales hasta 1000 Hz;*

    •   *para corrientes diferenciales alternas superpuestas sobre una corriente conti-*
        nua alisada;

    •   *para corrientes diferenciales continuas pulsantes superpuestas sobre una co-*
        rriente continua alisada de hasta 0,006 A;

    •   *para corrientes diferenciales continuas pulsantes rectificadas que resultan de*
        una o más fases;

    •   *para corrientes diferenciales continuas alisadas ya sean aplicadas bruscamente*
        o bien aumentándolas progresivamente, independientemente de la polaridad.

    Las normas de aplicación son: UNE -EN 62423 y UNE-EN 60947-2.

La norma UNE-HD 60364-5-53 proporciona una guía para la correcta utilización de
los interruptores diferenciales para uso doméstico o análogo. En el Anexo IV de esta
GUIA-BT-24 se muestran con carácter informativo, las formas de onda de las corrientes
diferenciales típicas en circuitos que incluyen semiconductores, así como los tipos de DDR
recomendados en cada caso.

I.4 Protección suplementaria contra el incendio

Aunque el objeto de la ITC-BT-24 no es la protección contra incendio, la norma UNE-HD
60364-5-53 indica que los interruptores diferenciales (DDR) con una corriente diferencial
de funcionamiento asignada que no supere los 300 mA, instalados en el origen del circuito,
protegen contra el riesgo de incendio producido por fugas a tierra

Además, otras posibles causas de incendio son los arcos eléctricos entre conductores ac-
tivos o entre conductores activos y tierra. Los dispositivos de detección de defecto por arco
eléctrico (AFDD) según la norma UNE-EN 62606, instalados en el origen de los circuitos fi-
nales a proteger y en circuitos monofásicos o bifásicos con tensión que no supere los 240 V,
son una medida de protección contra el riesgo de incendio producido por arcos eléctricos,
tanto como dispositivo único o asociado a un interruptor automático y/o diferencial. Los cri-
terios para selección de AFDD puede consultarse en la norma UNE-HD 60364-5-53).

Anexo II

Requisitos generales para la selección e instalación de dispositivos de protección contra sobreintensidades para la protección en caso de defecto

II.1. Selección en función de la accesibilidad a las protecciones

En instalaciones en corriente alterna en las que las protecciones sean accesibles a personas comunes (BA1), niños (BA2) o a personas discapacitadas (BA3) los dispositivos de protección deben cumplir con alguna de las siguientes normas:

Producto	*Norma de aplicación*
Interruptores automáticos para instalaciones domésticas y análogas para la protección contra sobreintensidades (IA modulares o magnetotérmicos)	*UNE-EN 60898 (serie)*
Interruptores diferenciales con dispositivo de protección contra sobreintensidades incorporado (uso doméstico o análogo)	*UNE-EN 61009-1 y UNE-EN 61009-2-1*
Interruptores diferenciales tipo F y tipo B, con dispositivo de protección contra sobreintensidades incorporado (uso doméstico o análogo)	*UNE-EN 62423*
Fusibles de baja tensión. Reglas suplementarias para los fusibles destinados a ser utilizados por personas comunes (fusibles para usos principalmente para aplicaciones domésticas y análogas)	*UNE-HD 60269-3*

En instalaciones en corriente alterna en las que las protecciones sean accesibles solamente a personas instruidas (BA4) o a personas cualificadas (BA5) los dispositivos de protección deben cumplir con alguna de las siguientes normas:

Producto	*Norma de aplicación*
Interruptores automáticos para instalaciones domésticas y análogas para la protección contra sobreintensidades (IA modulares o magnetotérmicos)	*UNE-EN 60898 (serie)*
Interruptores diferenciales con dispositivo de protección contra sobreintensidades incorporado (uso doméstico o análogo)	*UNE-EN 61009-1 y UNE-EN 61009-2-1*
Interruptores diferenciales tipo F y tipo B, con dispositivo de protección contra sobreintensidades incorporado (uso doméstico o análogo)	*UNE-EN 62423*
Fusibles de baja tensión. Reglas suplementarias para los fusibles destinados a ser utilizados por personas autorizadas (fusibles para usos principalmente industriales)	*UNE-HD 60269-2*
Fusibles de baja tensión. Reglas suplementarias para los fusibles destinados a ser utilizados por personas comunes (fusibles para usos principalmente para aplicaciones domésticas y análogas)	*UNE-HD 60269-3*
Interruptores automáticos (uso industrial u otras aplicaciones)	*UNE-EN 60947-2*
Aparatos de conexión de mando y de protección (ACP)	*UNE-EN 60947-6-2*

II.2 Rearme automático

Para mantener la continuidad de la alimentación eléctrica cuando se utilicen interruptores automáticos para uso doméstico o análogo (normas UNE-EN 60898 (serie), UNE-EN 61009-1 y UNE-EN 61009-2-1 o UNE-EN 62423), independientemente del tipo de usuario (BA1, BA2, BA3, BA4 y BA5) puede utilizarse el rearme automático de los interruptores automáticos mediante dispositivos que cumplan la Norma UNE-EN 50557.

El rearme automático de los interruptores automáticos de uso industrial también está permitido, tal como se especifica en la norma UNE-EN 60947-2.

Anexo III

Causas de los disparos intempestivos en dispositivos diferenciales y cómo limitarlos

Cuando un diferencial dispara debido a que ha detectado una corriente de fuga cuyo origen no es un defecto en la instalación que protege, se habla de disparos intempestivos.

III.1. Origen de las corrientes de fuga no debidas a defectos de aislamiento

Corresponden a las corrientes que circulan hacia tierra directamente o a través de elementos conductores en un circuito sin defecto eléctrico.

Existen 2 tipos de corrientes de fuga, no peligrosas, que no son debidas a defectos de aislamiento:

a) *Corrientes de fuga permanente, debidas a:*

   – *Las características de los aislantes.*

   – *Las capacidades parásitas por las que circulan las componentes de alta frecuencia de las corrientes consumidas por las cargas.*

   – *Los condensadores de los filtros capacitivos.*

b) *Corrientes de fuga temporales debidas a perturbaciones de corta duración, generadas principalmente por:*

   – *Puesta en tensión de circuitos que poseen una elevada capacidad respecto a tierra.*

   – *Corrientes de cortocircuito en otras fases o partes de la instalación que provocan desequilibrio de tensiones con respecto a tierra en la alimentación del circuito.*

c) *Corrientes de fuga transitorias, generadas principalmente por:*

   – *Sobretensiones de maniobra.*

   – *Sobretensiones atmosféricas (rayos).*

Además, algunas de estas corrientes de fuga también pueden bloquear su disparo cuando se produce un defecto de aislamiento que sí suponga peligro.

A continuación, se verán los diferentes tipos de corrientes de fuga, qué problemas producen sobre los diferenciales y cómo solucionar dichas anomalías.

III.2. Corrientes de fuga permanentes y temporales a 50 Hz

En el proceso de estudio de una instalación, conviene considerar las longitudes de los diferentes circuitos y los equipos que dispongan de elementos capacitivos conectados a tierra. Asimismo, es deseable dividir la instalación con objeto de reducir la importancia de ambos parámetros.

Los filtros antiparásitos capacitivos que incorporan los equipos electrónicos y otros aparatos electrodomésticos habituales pueden generar corrientes de fuga permanentes del orden de 0,3 mA a 3,5 mA por aparato.

Los siguientes son ejemplos típicos de valores de corriente de fuga susceptibles de ser producidos por aparatos domésticos de uso habitual:

- *De 0,5 mA a 2 mA para equipos informáticos (ordenadores, impresoras, etc.).*

- *De 0,5 mA a 0,75 mA para aparatos electrodomésticos de pequeña potencia (<1000 W)*

- *De 1 mA a 3,5 mA para otros electrodomésticos de potencias elevada >1000 W)*

- *Hasta 2 mA/kW en equipos de climatización.*

Estas corrientes de fuga tienden a sumarse si estos aparatos están conectados sobre una misma fase. Si los aparatos están conectados sobre las tres fases, estas corrientes tienden a anularse mutuamente cuando están equilibradas (suma vectorial).

Para evitar los disparos intempestivos, la acumulación de la corriente de fuga aguas abajo del DDR no debería ser superior al 30% de IΔn, por lo que se recomienda lo siguiente:

- *En el momento de realizar el diseño de la instalación hay que efectuar un balance de las corrientes de fuga previstas en cada circuito. Según la ITC-BT-25 se deberá instalar, como mínimo, un DDR por cada 5 circuitos en vivienda, pero puede ser aconsejable limitar el número de circuitos por diferencial a menos de 5.*

- *Los circuitos que alimentan a aparatos con elevadas corrientes de fuga (por ejemplo, lavadora, lavavajillas, termo, aparatos de climatización, horno, etc.) pueden protegerse con DDR exclusivos para cada circuito.*

En definitiva, hay que fraccionar la instalación en partes lo suficientemente pequeñas para que la corriente de fuga acumulada en ellas sea inferior al 30% de la sensibilidad de los DDR que la protejan.

III.3. Corrientes de fuga permanentes de altas frecuencias

Ciertas cargas que incorporan elementos del tipo rectificadores con tiristores, donde los filtros incorporan condensadores, generan una corriente de fuga de alta frecuencia que puede alcanzar el 5% de la corriente nominal. Por otro lado, estas corrientes de alta frecuencia no están sincronizadas sobre las tres fases y, de este modo, su suma produce una corriente de fuga que no es nula, incluso en circuitos trifásicos.

Para evitar los disparos intempestivos de los diferenciales debido a estas corrientes de alta frecuencia, se pueden tener en cuenta las recomendaciones del Anexo I.

III.4. Corrientes de fuga transitorias

Los diferenciales de tipo S o selectivo (⃞S), con IΔn = 300 mA, y los que incorporen filtros de alta frecuencia (denominados comercialmente como de alta inmunidad, superinmunizados o superresistentes), con IΔn = 30 mA o 300 mA, así como los diferenciales para uso industrial con retardo programable, pueden evitar los disparos intempestivos.

Los dispositivos de protección contra sobretensiones transitorias actúan derivando a tierra las corrientes asociadas a las sobretensiones, las cuales pueden causar el disparo intempestivo de los diferenciales instalados aguas arriba. Por ello, si la instalación dispone de un dispositivo de protección contra sobretensiones transitorias, es recomendable instalar este dispositivo aguas arriba del interruptor diferencial. No obstante, es posible instalar el dispositivo de protección contra sobretensiones transitorias aguas abajo del interruptor diferencial. En caso de instalarse aguas abajo del diferencial, éste deberá ser selectivo de tipo S (o retardado).

III.5. Disparos por "simpatía"

Estos disparos consisten en la apertura simultánea de uno o varios dispositivos diferenciales que protegen salidas en paralelo de la misma instalación debida a cualquiera de las causas indicadas anteriormente. En este caso se puede decir también que se ha perdido la selectividad horizontal entre diferenciales.

Para evitar este tipo de disparos es recomendable tomar las siguientes precauciones a varios niveles:

– *Cuando se esté proyectando una nueva instalación donde vayan a tener que repartirse líneas de cable muy largas para poder llegar hasta los receptores (iluminación, tomas de corriente, alimentación directa de receptores, etc.), es muy conveniente realizar la máxima subdivisión posible de circuitos a fin de acumular el menor número de metros de cable por debajo de un solo diferencial, pudiéndose llegar a tener en muchos casos un diferencial para proteger cada circuito.*

– *Limitar, en la medida de lo posible, el número de receptores electrónicos que incluyan filtros capacitivos conectados a tierra, por debajo de cada diferencial. En circuitos para alimentar tomas informáticas, por ejemplo, hay que minimizar el número de líneas por debajo de cada diferencial.*

– *Para disminuir o eliminar el número de disparos intempestivos en instalaciones ya existentes, en la mayoría de ocasiones no es posible tomar las precauciones anteriores. En estos casos es aconsejable la sustitución de los dispositivos diferenciales que ocasionan los problemas por dispositivos diferenciales con filtros de altas frecuencias (filtros pasobajo).*

– *En los casos en que la continuidad de servicio en la instalación sea un punto crítico, es aconsejable proyectar de entrada la colocación de dispositivos diferenciales con filtros de altas frecuencias (filtros pasobajo) en los circuitos más conflictivos y en cabecera, además de haber tomado las precauciones anteriores.*

Anexo IV (Informativo)

Corrientes de defecto típicas en sistemas con semiconductores

	Diagrama del circuito con localización del defecto	Forma de la corriente de carga I_L	Forma de la corriente de defecto a tierra I_F	Protección proporcionada por un DDR con característica de disparo
1	Control de fase			AC, A, F, B
2	Control de arranque			AC, A, F, B
3	Monofásico			A, F, B
4	Puente de dos pulsos			A, F, B
5	Puente de dos pulsos, con control medio			A, F, B

	Diagrama del circuito con localización del defecto	Forma de la corriente de carga I_L	Forma de la corriente de defecto a tierra I_F	Protección proporcionada por un DDR con característica de disparo
6	Monofásico con alisado L1 L2 I_L L3 N PE I_F			B
7	Puente de dos pulsos entre fases L1 I_L L2 N PE I_F			B
8	Estrella trifásica L1 L2 L3 I_L N PE I_F			B
9	Puente de seis pulsos L1 I_L L2 L3 N PE I_F			B

UNIDAD TEMÁTICA N.º 7

INSTALACIONES DOMÓTICAS

Resumen del contenido

GUÍA-BT-51

INSTALACIONES DE SISTEMAS DE AUTOMATIZACIÓN, GESTION TECNICA DE LA ENERGIA Y SEGURIDAD PARA VIVIENDAS Y EDIFICIOS

Índice

Edición: Febrero 2007; Revisión: 4

1. OBJETO Y CAMPO DE APLICACIÓN

Esta Instrucción establece los requisitos específicos de la instalación de los sistemas de automatización, gestión técnica de la energía y seguridad para viviendas y edificios, también conocidos como sistemas domóticos.

El campo de aplicación comprende las instalaciones de aquellos sistemas que realizan una función de automatización para diversos fines, como gestión de la energía, control y accionamiento de receptores de forma centralizada o remota, sistemas de emergencia y seguridad en edificios, entre otros, con excepción de aquellos sistemas independientes e instalados como tales, que puedan ser considerados en su conjunto como aparatos, por ejemplo, los sistemas automáticos de elevación de puertas, persianas, toldos, cierres comerciales, sistemas de regulación de climatización, redes privadas independientes para transmisión de datos exclusivamente y otros aparatos, que tienen requisitos específicos recogidos en las Directivas europeas aplicables conforme a lo establecido en el artículo 6 del Reglamento Electrotécnico para Baja Tensión.

Quedan excluidas también las instalaciones de redes comunes de telecomunicaciones en el interior de los edificios y la instalación de equipos y sistemas de telecomunicaciones a los que se refiere el Reglamento de Infraestructura Común de Telecomunicaciones (I.C.T.), aprobado por el R.D. 279/1999.

Igualmente están excluidos los sistemas de seguridad reglamentados por el Ministerio del Interior y Sistemas de Protección contra Incendios, reglamentados por el Ministerio de Fomento (NBE-CPI) y el Ministerio de Industria y Energía (RIPCI).

No obstante, a las instalaciones excluidas anteriormente, cuando formen parte de un sistema más complejo de automatización, gestión de la energía o seguridad de viviendas o edificios, se les aplicarán los requisitos de la presente Instrucción además los requisitos específicos reglamentarios correspondientes.

Los sistemas de automatización, gestión técnica de la energía y seguridad para viviendas y edificios, se conocen internacionalmente como HBES (Home and Building Electronic Systems – sistemas electrónicos para viviendas y edificios). Actualmente la norma que define los requisitos técnicos generales de estos sistemas es la UNE-EN 50090-2-2.

De modo general, la instalación de estos sistemas se conoce como domótica y la instalación en edificios como inmótica, aunque en esta guía se utiliza el término domótica para referirse a los dos, ya que es el término más ampliamente empleado.

Los sistemas domóticos realizan el control integrado de múltiples elementos de una instalación con los fines principales de:

– Aumentar el confort, mediante la automatización de elementos de la instalación.

– La gestión técnica del la energía, por ejemplo para el ahorro o la eficiencia energética.

– Garantizar la seguridad de las personas, los animales y los bienes.

– Permitir la comunicación del sistema con redes de telecomunicación externas.

La red de control del sistema domótico, deberá integrarse con la red de energía eléctrica y coordinarse con el resto de redes con las que tenga relación, como por ejemplo de telefonía, televisión y tecnologías de la información, cumpliendo con las reglas de instalación aplicables a cada una de ellas.

En la figura 1 se muestran las distintas redes que pueden convivir en una instalación de una vivienda o edificio. Para referirse al conjunto de estas redes y las posibles aplicaciones mediante su conexión con el exterior, se pueden utilizar varios términos: hogar digital, hogar inteligente (smarthouse), vivienda conectada, casa del futuro, tecnologías digitales en el hogar, edificio inteligente, etc.

Figura 1 *– Redes de una instalación*

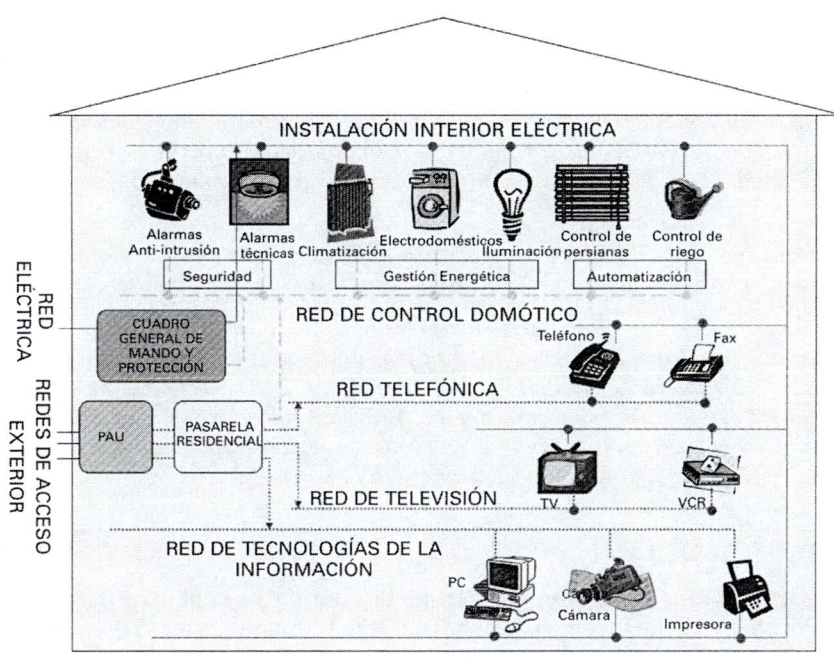

La instalación interior eléctrica (línea roja continua) y la red de control del sistema domótico (línea verde discontinua) están reguladas por el REBT. En particular, la red de control del sistema domótico está regulada por esta instrucción en lo referente a seguridad eléctrica y compatibilidad electromagnética.

La red de control del sistema domótico puede realizarse mediante un cableado específico, por ondas portadoras acopladas a la red eléctrica de baja tensión o por señales radiadas. La línea verde discontinua no tendrá soporte físico en el caso de comunicación por señales radiadas y coincidirá con la línea de alimentación eléctrica (línea roja continua) en el caso de comunicación por ondas portadoras.

Las redes de telefonía, televisión y tecnologías de la información (líneas azules de puntos) están reguladas por el RICT (Reglamento de las infraestructuras comunes de telecomunicaciones para el acceso a los servicios de telecomunicación en el interior de los edificios) aunque también están afectadas por el REBT en lo referente a la seguridad eléctrica.

El R.D. 279/1999 ha sido derogado por el R.D. 401/2003 que tiene por objeto "establecer la normativa técnica de telecomunicación relativa a la infraestructura común de telecomunicaciones (ICT) para el acceso a los servicios de telecomunicación; las especificaciones técnicas de telecomunicación que se deberán incluir en la normativa técnica básica de la edificación, que regule la infraestructura de obra civil en el interior de los edificios para garantizar la capacidad suficiente que permita el acceso a los servicios de telecomunicación y el paso de las redes de los distintos operadores; los requisitos que debe cumplir la ICT para el acceso a los distintos servicios de telecomunicación en el interior de los edificios y determinar las condiciones para el ejercicio profesional de la actividad de instalador de telecomunicaciones, a fin de garantizar que las instalaciones y su puesta en servicio permitan el funcionamiento eficiente de los servicios y redes de telecomunicación".

En consecuencia, teniendo en cuenta las categorías de instaladores autorizados definidos en la ITC-BT 03 del REBT (RD 842/2002) y lo establecido en el RICT (RD 401/2003), se describen a continuación la división de competencias entre los instaladores autorizados de baja tensión y los instaladores autorizados en el ámbito de las telecomunicaciones:

– *la realización, mantenimiento o reparación de las instalaciones domóticas se deberá llevar a cabo por un instalador autorizado en baja tensión de la categoría especialista en la modalidad de sistemas de automatización, gestión técnica de la energía y seguridad para viviendas y edificios.*

– *la instalación eléctrica que sea necesaria para la puesta en servicio de los sistemas independientes que puedan ser considerados en su conjunto como un aparto la podrá realizar un instalador autorizado en baja tensión de categoría básica.*

– *las instalaciones en el interior de los edificios destinadas a permitir el acceso a los servicios de telecomunicación definidos en el articulo 2 del RD 401/2003 (por ejemplo, teléfono, televisión, acceso a Internet, etc.) serán realizadas por un instalador de telecomunicaciones tal como se indica en el nuevo reglamento regulador de las infraestructuras comunes de telecomunicaciones (ICT).*

---

2. TERMINOLOGÍA

Sistemas de Automatización, Gestión de la Energía y Seguridad para Viviendas y Edificios: Son aquellos sistemas centralizados o descentralizados, capaces de recoger información proveniente de unas entradas (sensores o mandos), procesarla y emitir ordenes a unos actuadores o salidas, con el objeto de conseguir confort, gestión de la energía o la protección de personas animales y bienes.

Estos sistemas pueden tener la posibilidad de accesos a redes exteriores de comunicación, información o servicios, como por ejemplo, red telefónica conmutada, servicios INTERNET, etc.

---

*Ejemplos de **Sistemas de Automatización, Gestión de la Energía y Seguridad para Viviendas y Edificios**, denominados en el ámbito de esta guía como Sistemas domóticos, son:*

1. *Sistemas de automatización que controlan aparatos o sistemas tales como iluminación, climatización, persianas y toldos, sistemas de riego, control de electrodomésticos, etc.*

   Un sistema que controla la climatización, la apertura de persianas, la iluminación del local y el riego del jardín, que tenga en cuenta las condiciones meteorológicas presentes o sus previsiones, mediante una lógica, se considera que es un sistema domótico, ya que recibe información de diferentes entradas, la procesa y decide el tipo de actuación sobre cada elemento controlado.

   Un reloj-programador simple de encendido/apagado o similar no se considera un sistema domótico en sí mismo ya que, aunque emita una orden de encendido o apa-

gado, no recibe información externa ni procesa ninguna información. Sin embargo, si el reloj programador esta integrado en un sistema como el descrito en el párrafo anterior, se considera parte del sistema domótico.

2. *Sistemas de gestión de la energía que controlan o secuencian el encendido de varios electrodomésticos, con objeto de realizar un uso más racional de la energía, limitando la potencia máxima demandada o adaptando el consumo a horarios en los que el precio de la energía es menor.*

   Cuando un alumbrado cuenta únicamente con un sensor de presencia para evitar que la luz permanezca encendida sin ocupación del local, no se considerará un sistema domótico en sí mismo, pero si estuviera integrado en un sistema más complejo debería considerarse como parte del sistema domótico.

3. *Sistemas de seguridad que sirvan para la detección de intrusos, incendios, fugas de agua o gas, disparos de protecciones eléctricas y gestión de su reenganche, recibiendo información de los distintos subsistemas y ejecutando ordenes de aviso, corte de suministro, previamente establecidas.*

   Los diferentes subsistemas (central de detección de incendios, central antirrobo, etc.) además deberán cumplir las prescripciones reglamentarias propias que le sean de aplicación individualmente.

Nodo: Cada una de las unidades del sistema capaces de recibir y procesar información comunicando, cuando proceda con otras unidades o nodos, dentro del mismo sistema.

Actuador: Es el dispositivo encargado de realizar el control de algún elemento del Sistema, como por ejemplo, electroválvulas (suministro de agua, gas, etc.), motores (persianas, puertas, etc.), sirenas de alarma, reguladores de luz, etc.

Dispositivo de entrada: Sensor, mando a distancia, teclado u otro dispositivo que envía información al nodo.

Los elementos definidos anteriormente pueden ser independientes o estar combinados en una o varias unidades distribuidas.

Sistemas centralizados: Sistema en el cual todos los componentes se unen a un nodo central que dispone de funciones de control y mando.

Sistema descentralizado: Sistema en que todos sus componentes comparten la misma línea de comunicación, disponiendo cada uno de ellos de funciones de control y mando.

En el primer ejemplo anterior:

– *El **nodo** sería un ordenador o un autómata que reciba señales de sensores de temperatura, humedad, luz, etc. y procese dichas señales para dar órdenes a los sistemas que actúan sobre la climatización, la iluminación, las persianas o el sistema de riego. Asimismo, podría estar conectada a la red de tecnologías de la información (RTI) para recibir información de las previsiones meteorológicas.*

– *Los **actuadores** serían el contactor que alimenta los motores de las persianas, la electroválvula del sistema de riego o un regulador de intensidad de luz.*

– *Los **dispositivos de entrada** serían los medidores de temperatura o humedad, las células fotoeléctricas, etc. que envían información al nodo.*

A continuación se resume otra terminología complementaria utilizada en este ámbito:

- *BUS (Binary Unit System): Línea de intercambio de datos a la que se pueden conectar gran cantidad de componentes, permitiendo la comunicación entre éstos. Los componentes que se pueden conectar pueden ser nodos, actuadores o dispositivos de entrada.*

- *Pasarela residencial (Residential Gateway): Elemento de conexión entre diferentes redes de una vivienda o edificio (control domótico, telefonía, televisión y tecnologías de la información) a una red pública de datos, como por ejemplo Internet, efectuando en su caso, la adaptación y traducción entre diferentes protocolos. La red de control del sistema domótico puede estar o no conectada a la pasarela residencial; en el caso de que esté conectada, el nodo puede desempeñar también las funciones de pasarela residencial.*

- *Punto de acceso al usuario (PAU): Es el elemento en el que comienza la red interior de telecomunicación del domicilio del usuario, que permite la delimitación de responsabilidades en cuanto al origen, localización y reparación de averías. Se ubica en el interior del domicilio del usuario.*

- *Protocolo: Lenguaje de comunicación entre periféricos con objeto de establecer la transmisión de datos con un sistema central o entre sí, de forma ordenada.*

- *Radiofrecuencia (RF): Transmisión de señal sin requerir de un medio físico, ni de alineación libre de obstáculos entre el emisor y el receptor, generalmente de frecuencia comprendida entre 3 kHz y 3 GHz.*

- *Topología: Término utilizado para definir la estructura de la red y la configuración del sistema.*

3. TIPOS DE SISTEMAS

Los sistemas de Automatización, Gestión de la energía y Seguridad considerados en la presente instrucción, se clasifican en los siguientes grupos:

- Sistemas que usan en todo o en parte señales que se acoplan y transmiten por la instalación eléctrica de Baja Tensión, tales como sistemas de corrientes portadoras.

- Sistemas que usan en todo o en parte señales transmitidas por cables específicos para dicha función, tales como cables de pares trenzados, paralelo, coaxial, fibra óptica.

- Sistemas que usan señales radiadas, tales como ondas de infrarrojo, radiofrecuencia, ultrasonidos, o sistemas que se conectan a la red de telecomunicaciones.

Un sistema domótico puede combinar varios de los sistemas anteriores, debiendo cumplir los requisitos aplicables en cada parte del sistema. La topología de la instalación puede ser de distintos tipos, tales como, anillo, árbol, bus o lineal, estrella o combinaciones de éstas.

En la clasificación establecida en el último guión, la referencia a sistemas que se conectan a la red de telecomunicaciones se refiere, en este caso, a sistemas domóticos que usan dicha red como soporte de transmisión de las señales domóticas, sean o no radiadas.

4. REQUISITOS GENERALES DE LA INSTALACIÓN

Todos los nodos, actuadores y dispositivos de entrada deben cumplir, una vez instalados, los requisitos de Seguridad y Compatibilidad Electromagnética que le sean de aplicación, conforme a lo establecido en la legislación nacional que desarrolla la Directiva de Baja Tensión (73/23/CEE) y la Directiva de Compatibilidad Electromagnética (89/336/CEE). En el caso de que estén incorporados en otros aparatos se atendrán, en lo que sea aplicable, a lo requisitos establecidos para el producto o productos en los que vayan a ser integrados.

La Directiva de Compatibilidad Electromagnética (89/336/CEE) ha sido sustituida en diciembre de 2004, por la nueva directiva 2004/108/CE que se aplicará de forma obligatoria a los aparatos, componentes, subsistemas e instalaciones a partir del 20 de julio de 2009.

La evaluación de conformidad establecida en dicha directiva para los aparatos, es aplicable a todos los componentes y subsistemas que estén disponibles comercialmente, por ejemplo actuadores, nodos, dispositivos de entrada, etc.

La norma UNE-EN 50090-2-2:1998 está incluida en la lista de normas armonizadas que otorgan presunción de conformidad con los requisitos esenciales establecidos en la Directiva de Compatibilidad Electromagnética y en la Directiva de Baja Tensión. Dicha norma establece los requisitos de compatibilidad electromagnética y de seguridad que son aplicables a componentes y subsistemas de la red de control del sistema domótico.

Todos los nodos, actuadores y dispositivos de entrada que se instalen en el sistema, deberán incorporar instrucciones o referencias a las condiciones de instalación y uso que deban cumplirse para garantizar la seguridad y compatibilidad electromagnética de la instalación, como por ejemplo, tipos de cable a utilizar, aislamiento mínimo, apantallamientos, filtros y otras informaciones relevantes para realizar la instalación. En el caso de que no se requieran condiciones especiales de instalación, esta circunstancia deberá indicarse expresamente en las instrucciones.

Dichas instrucciones se incorporarán en el proyecto o memoria técnica de diseño, según lo establecido en la ITC-BT-04.

Toda instalación nueva, modificada o ampliada de un sistema de automatización, gestión de la energía y seguridad deberá realizarse conforme a lo establecido en la presente Instrucción y lo especificado en las instrucciones del fabricante, anteriormente citadas.

DOCUMENTOS DE LA INSTALACIÓN

La documentación técnica debe incluir, como mínimo, el manual del usuario y el manual del instalador, con los contenidos mínimos establecidos en los siguientes apartados:

Manual de usuario

a) Instrucciones para el correcto uso y mantenimiento de la instalación, incluyendo

– el esquema unifilar de la instalación del sistema domótico;

– *la relación de los dispositivos instalados con sus características técnicas fundamentales;*

– *trazado de la instalación del sistema domótico indicando la ubicación de los dispositivos;*

– *Parámetros y especificaciones de funcionamiento del sistema domótico.*

b) *Datos para la programación del sistema, incluyendo las explicaciones necesarias que permitan al usuario final cambiar los parámetros preestablecidos por el fabricante o el instalador.*

c) *Posibilidades de ampliación de la instalación.*

d) *Declaración de entrega firmada por el instalador, incluyendo la dirección y teléfono de la empresa instaladora y del servicio de mantenimiento o post-venta.*

Manual de instalador

a) *Identificación de la instalación, con datos del emplazamiento, características básicas de la instalación incluyendo información sobre datos particulares relevantes de la instalación.*

b) *Planos de la instalación:*

– *Planta general de la vivienda o edificio;*

– *Indicación del trazado de los sistemas de conducción de cables, tanto de la red de control del sistema domótico como de la red eléctrica asociada;*

– *Trazado de la instalación del sistema domótico indicando la ubicación de los dispositivos;*

– *Esquema unifilar de la instalación identificando los circuitos de control del sistema domótico y los de la red eléctrica asociada, incluyendo las secciones de los cables.*

c) *Relación de los dispositivos instalados con sus características técnicas fundamentales y las instrucciones de instalación del fabricante de dichos dispositivos.*

d) *Asignación de entradas y salidas de cada uno de los nodos indicando las entradas y salidas utilizadas con sus direcciones físicas y tipos de señal, así como su localización en la topología del sistema, incluyendo también las que estén disponibles para futuras ampliaciones.*

e) *Parámetros del sistema que se han establecido de acuerdo con las especificaciones de funcionamiento del fabricante de cada dispositivo.*

f) *Programación de los niveles de aviso y alarma.*

g) *Instrucciones del fabricante del sistema completo o de los subsistemas y componentes a la empresa instaladora para la puesta en marcha y verificación del correcto funcionamiento, con indicación de las etapas apropiadas para asegurar que las partes, componentes, subconjuntos, cableados, etc. están de acuerdo con las normas de instalación.*

h) *Relación de disposiciones legales y normas con las que se declara el cumplimiento de la instalación.*

i) *Condiciones y requisitos a cumplir en caso de ampliación o modificación de la instalación.*

Conforme a lo requerido por el artículo 19 del REBT, se entiende que ambos manuales deben formar parte de las "instrucciones de la instalación para el correcto uso y mantenimiento" que se entregarán al usuario de la instalación y deberán estar disponibles para la empresa que realice el servicio de mantenimiento o post-venta de la instalación.

Es aceptable la entrega de estos documentos en soporte informático, siempre que se garantice que los archivos no son modificables por el usuario.

En lo relativo a la Compatibilidad Electromagnética, las emisiones voluntarias de señal, conducidas o radiadas, producidas por las instalaciones domóticas para su funcionamiento, serán conformes a las normas armonizadas aplicables y, en ausencia de tales normas, las señales voluntarias emitidas en ningún caso superarán los niveles de inmunidad establecidos en las normas aplicables a los aparatos que se prevea puedan ser instalados en el entorno del sistema, según el ambiente electromagnético previsto.

Cuando el sistema domótico esté alimentado por muy baja tensión o la interconexión entre nodos y dispositivos de entrada este realizada en muy baja tensión, las instalaciones e interconexiones entre dichos elementos seguirán lo indicado en la ITC-BT-36.

Para el resto de los casos, se seguirán los requisitos de instalación aplicables a las tensiones ordinarias.

Las instalaciones receptoras del sistema domótico que no satisfagan los requisitos establecidos para MBTS o MBTP cumplirán los requisitos de seguridad y de instalación definidos en las ITCBT correspondientes a Instalaciones interiores o receptoras en lo relativo a su nivel de aislamiento, protecciones y sistemas de instalación, al igual que el resto de instalaciones para baja tensión.

---

5. CONDICIONES PARTICULARES DE INSTALACIÓN

Además de las condiciones generales establecidas en el apartado anterior, se establecen los siguientes requisitos particulares.

5.1 Requisitos para sistemas que usan señales que se acoplan y transmiten por la instalación eléctrica de baja tensión

Los nodos que inyectan en la instalación de baja tensión señales de 3 kHz hasta 148,5 kHz cumplirán lo establecido en la norma UNE-EN 50.065-1 en lo relativo a compatibilidad electromagnética. Para el resto de frecuencias se aplicará la norma armonizada en vigor y en su defecto se aplicará lo establecido en el apartado 4.

5.2 Requisitos para sistemas que usan señales transmitidas por cables específicos para dicha función

Sin perjuicio de los requisitos que los fabricantes de nodos, actuadores o dispositivos de entrada establezcan para la instalación, cuando el circuito que transmite la señal transcurra por la misma canalización que otro de baja tensión, el nivel de aislamiento de los cables del circuito de señal será equivalente a la de los cables del circuito de baja tensión adyacente, bien en un único o en varios aislamientos.

Los cables coaxiales y los pares trenzados usados en la instalación serán de características equivalentes a los cables de las normas de la serie EN 61.196 y CEI 60.189-2.

Las normas de cables indicadas han sido adoptadas como norma UNE con los siguientes códigos:

- *UNE-EN 61196 (serie): Cables de radiofrecuencia*

- *UNE 212002 (serie): Cables y conductores aislados de baja frecuencia con aislamiento y cubierta de PVC*

5.3 Requisitos para sistemas que usan señales radiadas

Adicionalmente, los emisores de los sistemas que usan señales de radiofrecuencia o señales de telecomunicación, deberán cumplir la legislación nacional vigente del "Cuadro Nacional de Atribución de Frecuencias de Ordenación de las Telecomunicaciones".

RECOMENDACIONES PARA LA INSTALACIÓN DE LOS SISTEMAS DOMÓTICOS

El avance y desarrollo de las nuevas tecnologías hace recomendable que las instalaciones eléctricas en viviendas y edificios estén preparadas para incorporar sistemas domóticos.

Preinstalación de los sistemas domóticos

En los proyectos de obra nueva en los que no se contemple la instalación de sistemas domóticos se recomienda, con objeto de evitar costosas obras de instalación posteriores, realizar una preinstalación que facilite la adecuación del sistema domótico a las necesidades del usuario, así como a sus futuras demandas en este campo.

Los elementos y características de la preinstalación recomendada son los siguientes:

- *Canalización desde punto de acceso de usuario a las instalaciones de telecomunicación (PAU) hasta la caja de distribución.*

- *Caja de distribución: el nodo junto con su fuente de alimentación y protecciones, se podrá instalar en el cuadro general de distribución previsto para los dispositivos generales de mando y protección de la instalación eléctrica o en una caja de distribución independiente. Se recomienda que se instale una caja de 24 módulos DIN por cada 100 m² o por planta, si se trata de viviendas de más de una planta.*

- *Cajas de registro: se instalará una junto a cada caja de empalme y derivación de la instalación eléctrica o bien, la caja de empalme y derivación se ampliará en superficie al menos un 50%, para poder ubicar los dispositivos del sistema domótico.*

- *Canalizaciones: se instalará una canalización independiente (de sección equivalente a la de un tubo de diámetro 20 mm) entre las cajas de registro específicas para la instalación domótica o, en caso de utilizarse las cajas de empalme y derivación eléctricas para la instalación domótica, se aumentará la sección de la canalización, como mínimo en 200 mm².*

- *Cajas de mecanismos domóticos: Se instalarán cajas para alojar los componentes domóticos de la instalación (accionamientos, detectores, alarmas, etc.), junto con sus correspondientes canalizaciones, hasta la caja de registro.*

En las figuras 2 a 10 se muestra un ejemplo de trazado de preinstalación del sistema domótico en cada estancia de una vivienda, así como el número mínimo de elementos de cada tipo a preinstalar.

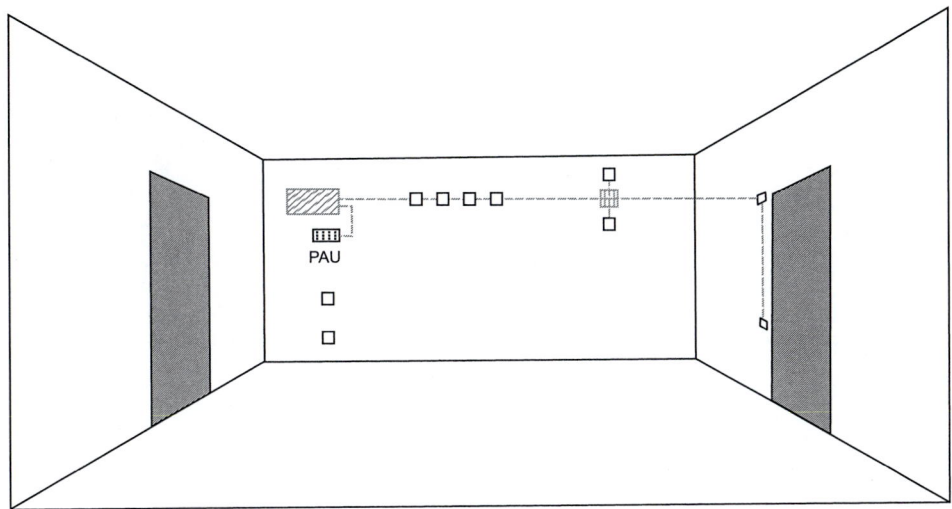

Figura 2 – *Vestíbulo*

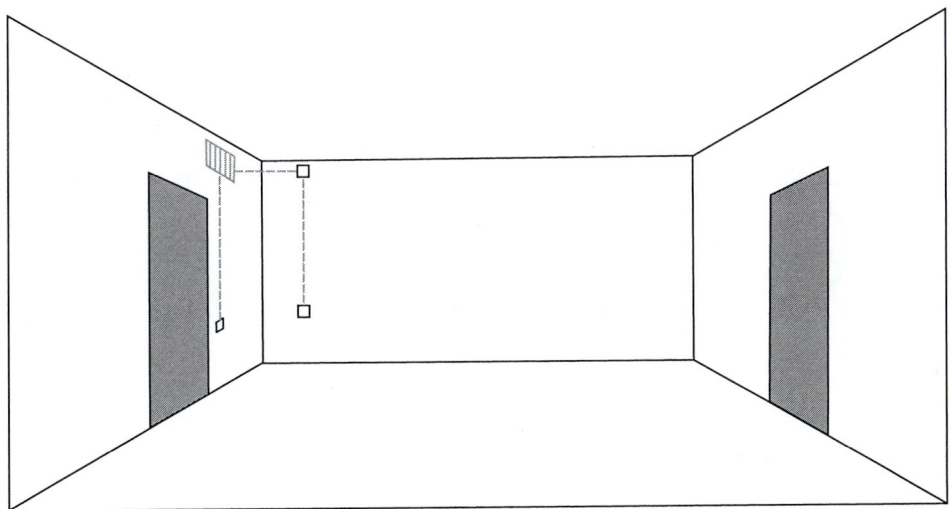

Figura 3 – *Pasillo*

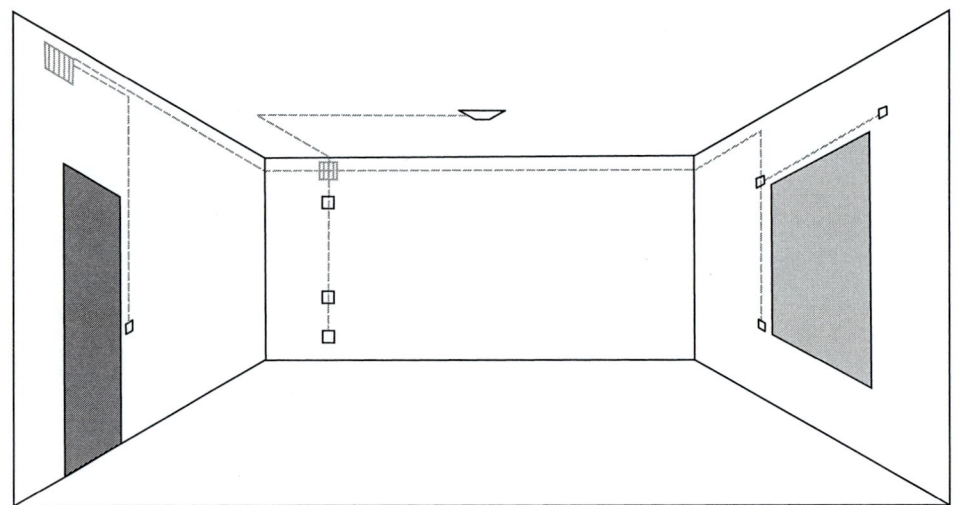

Figura 4 – *Cocina*

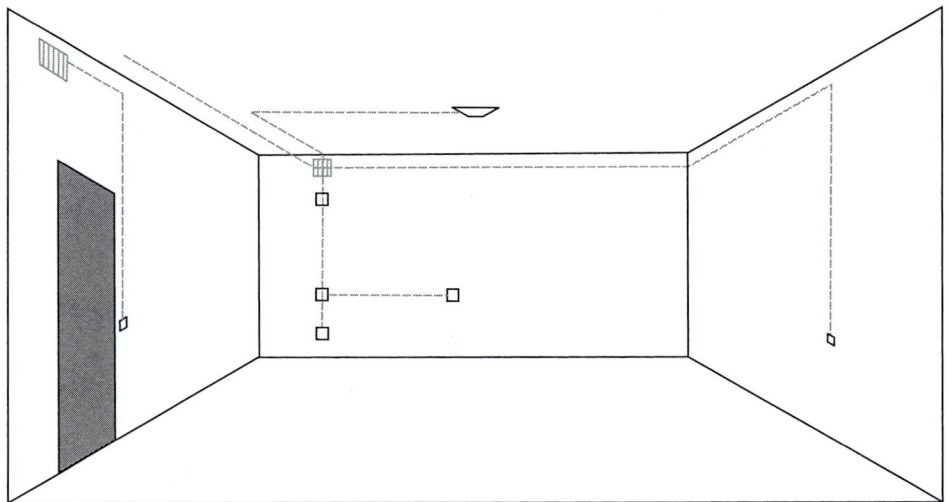

Figura 5 – *Baño-aseo*

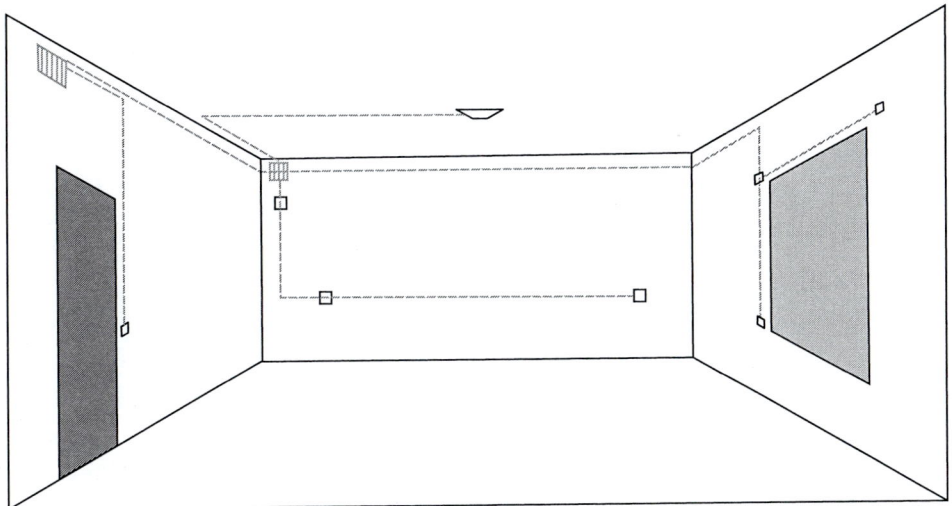

Figura 6 – *Salón-comedor*

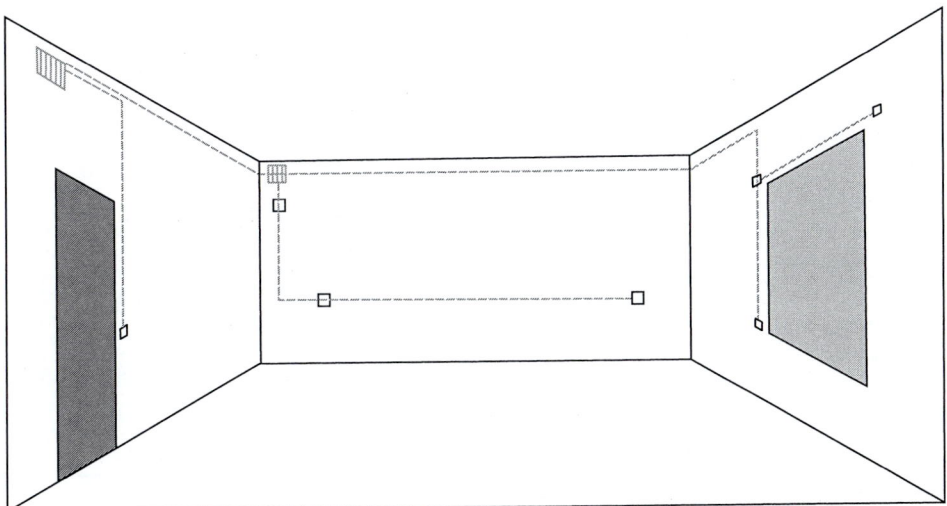

Figura 7 – *Dormitorio*

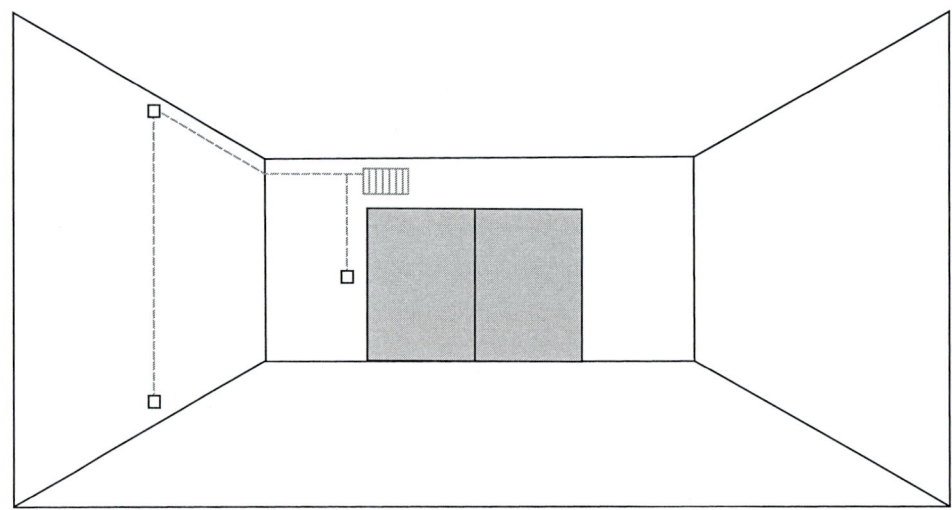

Figura 9 – *Terraza*

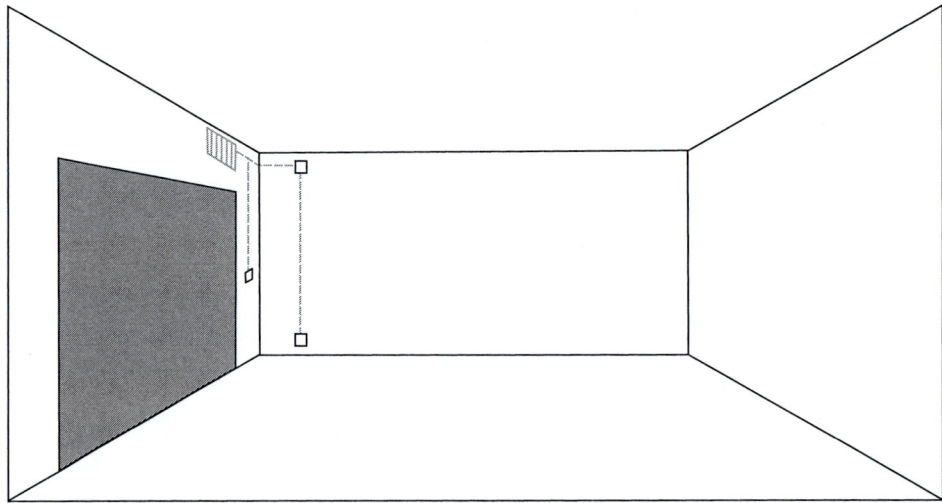

Figura 10 – *Garaje*

GRADOS DE AUTOMATIZACIÓN

En esta guía y con el fin de clasificar las prestaciones de los sistemas domóticos que actualmente se utilizan, se distinguen los grados de automatización, básico y normal, con el fin de satisfacer dos niveles de servicios y confort para los usuarios.

La preinstalación descrita anteriormente, permitirá la utilización de las aplicaciones domóticas para discapacitados o personas de la tercera edad, aunque los dispositivos concretos a utilizar en cada caso no estén incluidos en las tablas que describen los grados de automatización.

Grado de automatización básico

FUNCIONALIDAD	APLICACIÓN	DISPOSITIVOS
Seguridad	Intrusión	– Dos detectores de presencia.
	Alarmas técnicas	– Detección de inundación en zonas húmedas (baños, cocina, lavadero, garaje…) asociada a electroválvula de agua
		– Detección de concentraciones de gas butano o natural (si hay suministro de gas), asociada a electroválvula de gas
		– Detección de incendios en cocina.
Confort y ahorro energético	Control de climatización	– Un crono-termostato o equivalente en salón-comedor.
	Control de iluminación	– Detector de presencia para control de la iluminación en zonas de paso
	Control de persianas	– Motorización y control de persianas en el salón y dormitorio principal

Grado de automatización normal

FUNCIONALIDAD	APLICACIÓN	DISPOSITIVOS
Seguridad	Intrusión	– Un detector de presencia por estancia – Contactos magnéticos en las ventana – Detectores de impactos en las ventanas
	Alarmas técnicas	– Detección de inundación en zonas húmedas (baños, cocina, lavadero, garaje…) asociada a electroválvula de agua
		– Detección de concentraciones de gas butano o natural (si hay suministro de gas), asociada a electroválvula de gas
		– Detectores de humo en todas las estancias
	Simulación de presencia	– Sistema programable de encendido y apagado de luces

FUNCIONALIDAD	APLICACIÓN	DISPOSITIVOS
Confort y ahorro energético	Control de iluminación	– Detector de presencia para control de la iluminación en zonas de paso – Regulación luminosa en salas de estar con elección de ambientes de iluminación pre-definidos – Control de los puntos de luz y tomas de corriente más significativas de la vivienda (mínimo 80% de los puntos de luz y el 20% de las tomas de corriente)
	Control de per-sianas	– Motorización y control de las persianas
	Programación	– Posibilidad de realizar programaciones horarias sobre los equipos controlados (mínimo 12 temporizadores) – Sistemas de gestión de energía
	Control de iluminación exterior	– En viviendas con jardín o grandes terrazas se instalará un detector crepuscular o un interruptor horario astronómico para el control de la iluminación exterior

Las figuras 11 a 18 muestran un ejemplo de sistema domótico de grado normal para una vivienda provista de una instalación similar a la mostrada en las figuras 2 a 10. Las figuras muestran los dispositivos a colocar en las diferentes estancias de la vivienda, incluyendo alguna de las ayudas técnicas típicas para discapacitados y personas de la tercera edad.

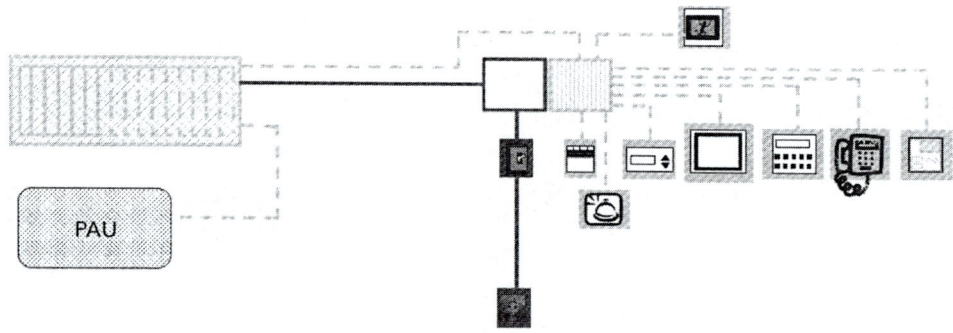

Figura 11 – *Vestíbulo*

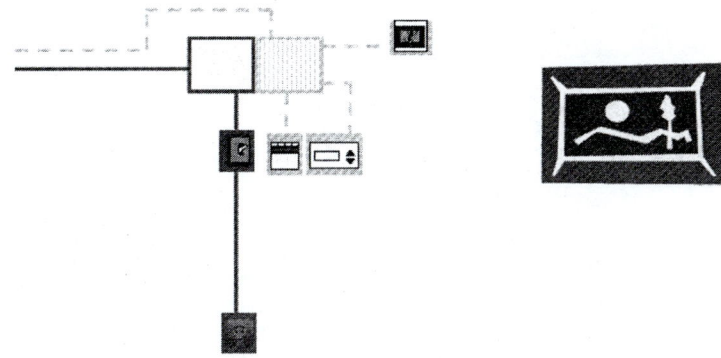

Figura 12 – *Pasillo*

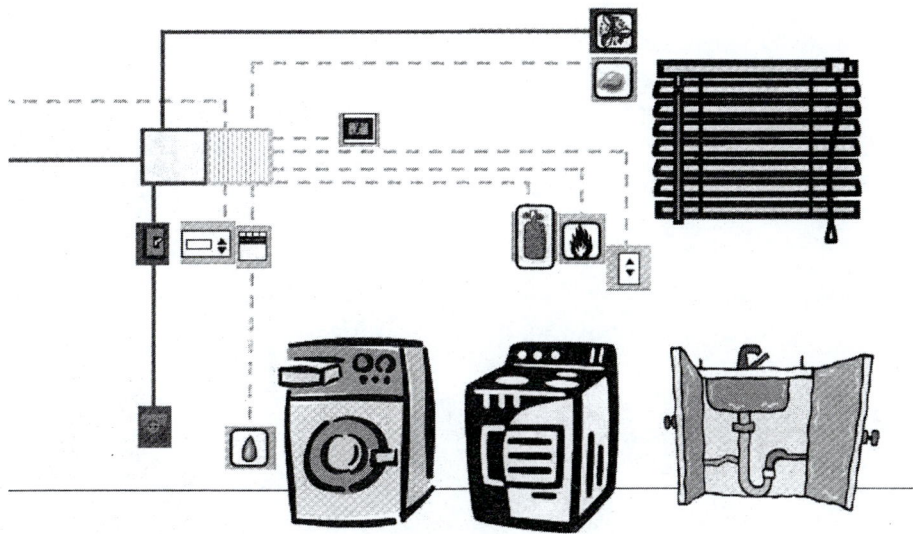

Figura 13 – *Cocina*

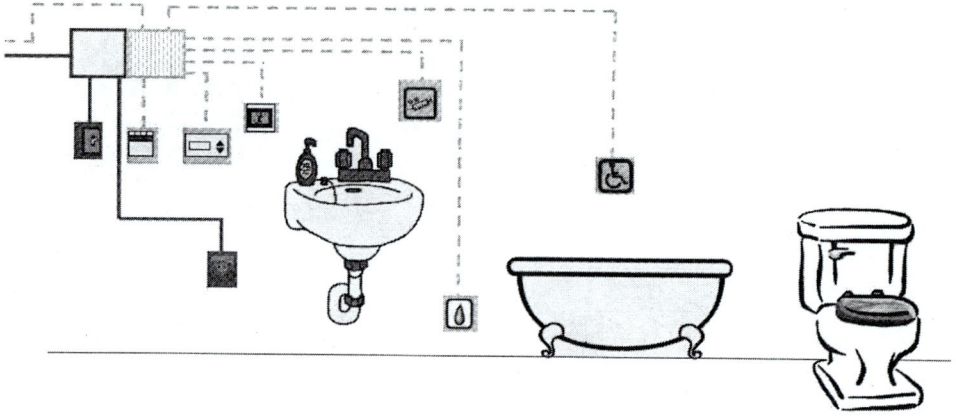

Figura 14 – *Baño-aseo*

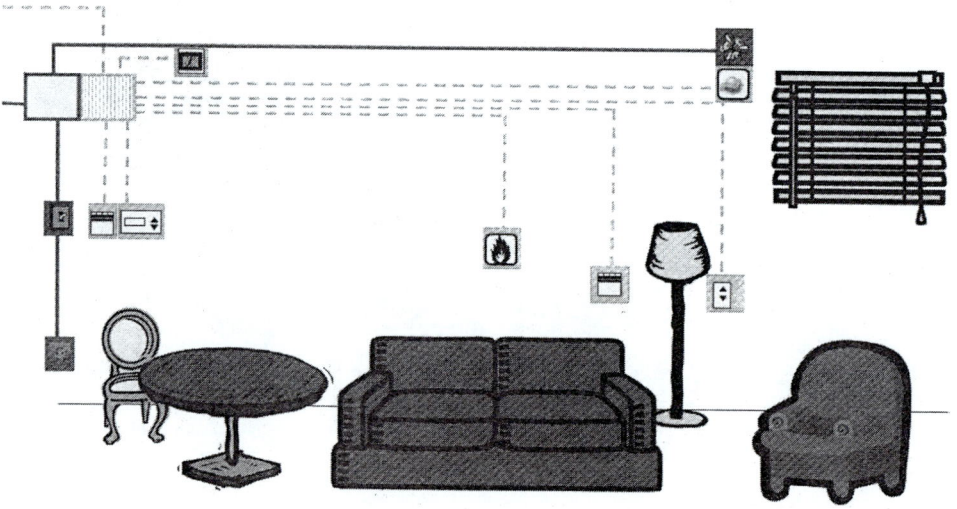

Figura 15 – *Salón-comedor*

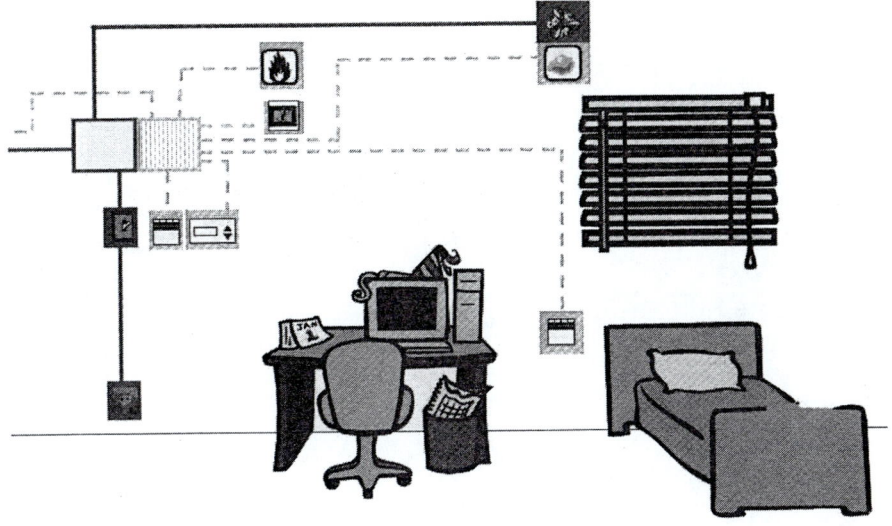

Figura 16 – *Dormitorio*

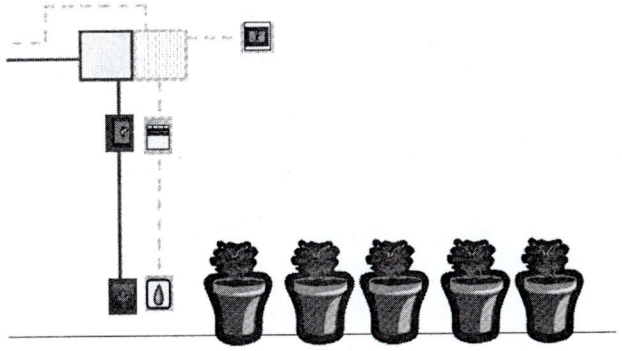

Figura 17 – *Terraza*

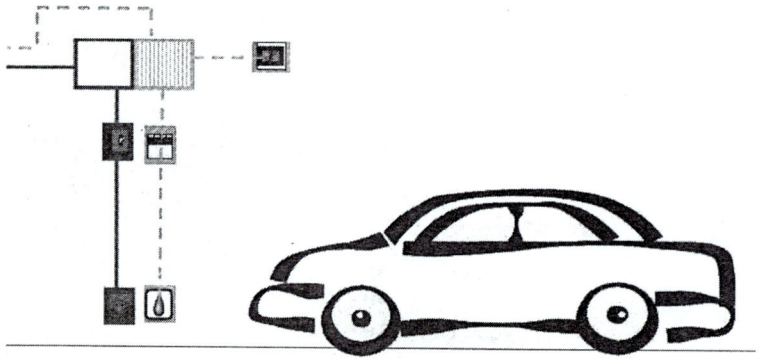

Figura 18 – *Garaje*

Leyenda:

Motor persianas		Caja de distribución de la instalación domótica	
Detector de impactos			
Sensor de presencia			
Cronotermostato programable			
Interfaz usuario		Punto de Acceso al Usuario (PAU)	
Control de persianas			
Detector de incendios		Caja de registro de la instalación domótica	
Detector de gas		Caja de empalme y derivación de la instalación eléctrica	
Pulsador domótico			
Telemedicina		Caja de mecanismos domóticos	
Ayudas técnicas			
Pulsador convencional		Caja de mecanismos eléctricos	
Toma de corriente convencional			
Sensor de humedad		Canalización de la instalación domótica	
Sistema de alarma con habla/escucha			
Sirena interior		Canalización de la instalación eléctrica	
Gestor energético			
Videoportero			

UNIDAD TEMÁTICA Nº. 8

INSTALACIONES ESPECIALES

Resumen del contenido

GUÍA-BT-29

INSTALACIONES ELÉCTRICAS DE LOS LOCALES CON RIESGO DE INCENDIO O EXPLOSIÓN

Edición: Noviembre 2019. Revisión: 4

Índice

1. CAMPO DE APLICACIÓN[1]

La presente Instrucción tiene por objeto especificar las reglas esenciales para el diseño, ejecución, explotación, mantenimiento y reparación de las instalaciones eléctricas en emplazamientos en los que existe riesgo de explosión o de incendio debido a la presencia de sustancias inflamables para que dichas instalaciones y sus equipos no puedan ser, dentro de límites razonables, la causa de inflamación de dichas sustancias.

Dentro del concepto de atmósferas potencialmente explosivas se consideran aquellos emplazamientos en los que se fabriquen, procesen, manipulen, traten, utilicen o almacenen sustancias sólidas, líquidas o gaseosas, susceptibles de inflamarse, deflagrar, o explosionar, siendo sostenida la reacción por el aporte de oxígeno procedente del aire ambiente en que se encuentran.

Debido a que son objeto de normativas específicas no se consideran incluidas en esta Instrucción las instalaciones eléctricas siguientes

- Las instalaciones correspondientes a los equipos excluidos del campo de aplicación del R.D. 400/1996, de 1 de marzo, por el que se dictan las disposiciones de aplicación de la Directiva del Parlamento Europeo y del Consejo 94/9/CE, relativa a los aparatos y sistemas de protección para uso en atmósferas potencialmente explosivas.

- Cualquier otro entorno que disponga de una reglamentación particular.

En esta Instrucción sólo se consideran los riesgos asociados a la coexistencia en el espacio y tiempo de equipos e instalaciones eléctricas con atmósferas explosivas; para otras eventuales fuentes de ignición se aplicará lo dispuesto en las reglamentaciones pertinentes.

Las instalaciones y equipos eléctricos en emplazamientos en los que hay riesgo simultáneo por sustancias inflamables de tipo gaseoso y pulverulento cumplirán los requisitos particulares de cada caso.

Además de la situación anterior, así como en atmósferas enriquecidas en oxígeno, se pueden requerir medidas especiales en relación con lo aquí prescrito; estas medidas se justificarán en el Proyecto de la instalación.

---

[1] El alcance de esta Instrucción, en el marco del Reglamento Electrotécnico para Baja Tensión, se limita a los equipos e instalaciones eléctricas de baja tensión, en atmósferas potencialmente explosivas. Se llama la atención sobre el hecho de que el R.D. 400/1996, por el que se dictan las disposiciones de aplicación de la Directiva 94/9/CE, sobre aparatos y sistemas de protección para uso en atmósferas potencialmente explosivas, afecta a todo tipo de instalaciones en atmósferas potencialmente explosivas, incluyendo aquellas manifestaciones energéticas de origen no eléctrico.

- *La nota 1 a pie de página es singular en la reglamentación, pues ésta no suele ser informativa, sino simplemente preceptiva. En este caso, se pretende llamar la atención del lector sobre el hecho (que debería ser obvio) de que esta ITC solo es exigible en sus propios términos, es decir, dentro de los límites y condiciones establecidos en el Reglamento electrotécnico para baja tensión, aprobado por Real Decreto 842/2002 junto con sus instrucciones técnicas complementarias (ITCs):*

    Eso quiere decir que esta ITC se aplica, como el Reglamento y las demás ITCs, únicamente a instalaciones eléctricas. En el caso de la ITC BT 29, tales instalaciones incluyen o pueden incluir materiales y equipos afectados por el Real Decreto 144/2016[A]

[A] *En referencia a las instalaciones anteriores al 20 de Abril del año 2016, se tendrá en cuenta la aplicación del R.D.400/1996 (Directiva 94/9/CE ATEX).*

(Directiva 2014/34/UE sobre ATEX), pero ese real decreto tiene un campo de aplicación propio, que no debe ser confundido con el de la ITC, de la misma manera que tampoco debe confundirse con el propósito y campo de aplicación del Real Decreto 681/2003, de 12 de junio, sobre la protección de la salud y la seguridad de los trabajadores expuestos a los riesgos derivados de atmósferas explosivas en el lugar de trabajo.

Por lo tanto, esta ITC no se aplica a las instalaciones:

a) *No eléctricas.*

b) *Las que, siendo eléctricas, son de tensión superior a 1000 V en corriente alterna o superior a 1500 V en corriente continua (artículo 2.1 del Reglamento).*

c) *Las correspondientes a equipos que, aun siendo eléctricos, el propio Real Decreto 400/1996 los declara excluidos de su ámbito de aplicación.*

d) *A cualesquiera otras instalaciones, equipos o materiales sujetos a reglamentación específica.*

– *El Real Decreto 681/2003, de 12 de junio, sobre la protección de la salud y la seguridad de los trabajadores expuestos a los riesgos derivados de atmósferas explosivas en el lugar de trabajo requiere la protección de los trabajadores en amplia gama de supuestos, entre ellos cuando se utilizan las instalaciones eléctricas que son objeto de esta ITC, pero también en otro tipo de situaciones. Los conceptos, prescripciones y orientaciones de esta ITC y las de esta guía podrían considerarse útiles en supuestos análogos, siempre que no exista regulación específica y que se utilicen de forma coherente con la propia guía[B] preparada por el Instituto Nacional de Seguridad e Higiene en el Trabajo para dicho real decreto.*

– *Asimismo, según establece el artículo 2.5 del Reglamento electrotécnico para baja tensión, las instalaciones eléctricas en locales con riesgo de incendio o explosión deben cumplir los requisitos de la presente ITC en todo lo que ésta sea específica, pero también deberán cumplir los requisitos que sean aplicables de las demás ITCs, salvo aquellos que se contradigan con la presente Instrucción.*

– *En el ámbito de esta instrucción se entienden los conceptos de "aparato" y "equipo" como sinónimos.*

– *Hay que hacer notar que cuando se dice:*
   "Debido a que son objeto de normativas específicas no se consideran incluidas en esta Instrucción las instalaciones eléctricas siguientes":

   – *Las instalaciones correspondientes a los equipos excluidos del campo de aplicación del R.D. 400/1996...",*

la ITC-BT 29 se está refiriendo a las instalaciones correspondientes a los equipos, no a éstos mismos, los cuales se regulan por aquel Real Decreto y no por el REBT.

Por lo tanto, esta ITC no se aplica a las instalaciones correspondientes a:

a) *Los dispositivos médicos para uso en un entorno sanitario.*

b) *Los aparatos y sistemas de protección cuando el peligro de explosión se deba exclusivamente a la presencia de sustancias explosivas o sustancias químicas inestables.*

[B] *Véase la página web del Instituto Nacional de Seguridad e Higiene en el Trabajo: http://www.insht.es/InshtWeb/Contenidos/Normativa/GuiasTecnicas/Ficheros/ATMÓSFERAS%20EXPLOSIVAS.pdf.*

c) Los equipos destinados a usos en entornos domésticos y no comerciales, donde las atmósferas potencialmente explosivas se crean muy rara vez, únicamente como consecuencia de una fuga fortuita de gas.

d) Los equipos de protección individual que están regulados por el Real Decreto 1407/1992, de 20 de noviembre, modificado por el Real Decreto 159/1995, de 3 de febrero, de aplicación de la Directiva 89/686/CEE.

e) Los navíos marinos y las unidades móviles «offshore», así como los equipos a bordo de dichos navíos o unidades.

f) Los medios de transporte, es decir, los vehículos y sus remolques destinados únicamente al transporte de personas por vía aérea, red vial, red ferroviaria o vías acuáticas, y los medios de transporte, cuando estén concebidos para el transporte de mercancías por vía aérea, red vial pública, red ferroviaria o vías acuáticas. No estarán excluidos los vehículos destinados al uso en una atmósfera potencialmente explosiva.

g) Los equipos contemplados en el párrafo b) del apartado 1 del artículo 223 del Tratado de Roma (vinculados a la seguridad de los Estados).

– Se entenderá como "entorno que disponga de una reglamentación particular" aquel cuya reglamentación contemple los requisitos particulares de la instalación eléctrica en atmósfera potencialmente explosiva y que no remita al presente reglamento. Como ejemplo cabe citar a las minas subterráneas cuya atmósfera explosiva es debida a la presencia de grisú; sin embargo, sí aplicará la presente instrucción a aquellos emplazamientos de las minas donde existan gases distintos del grisú así como a sus instalaciones eléctricas en superficie.

– Se deberá prestar atención especial a los entornos donde se dan mezclas híbridas de gas, vapor o niebla junto con polvo combustible, ya que las características de sensibilidad y explosividad pueden resultar mucho más severas que las correspondientes al gas y al polvo por separado.

En estos casos es aconsejable la determinación experimental de las características de explosión de la mezcla[C].

Los modos de protección normalizados no son, por lo general, válidos para este tipo de atmósferas. Deberán utilizarse equipos especiales en los que se haya evaluado su seguridad en la atmósfera particular.

---

2. TERMINOLOGÍA

A los efectos de la presente Instrucción se entenderá:

Modo de protección: conjunto de medidas específicas aplicadas a un equipo eléctrico para impedir la inflamación de una atmósfera explosiva que lo circunde.

Envolvente antideflagrante "d": modo de protección en el que las partes que pueden inflamar una atmósfera explosiva están situadas dentro de una envolvente que puede soportar los efectos de la presión derivada de una explosión interna de la mezcla y que impide la transmisión de la explosión a la atmósfera explosiva circundante. Las reglas de este modo de protección se definen en la Norma UNE-EN 50.018.

[C] El informe técnico UNE-CLC TR 60079-33 trata de la protección de equipos e instalaciones en situaciones especiales, como las debidas a la presencia de mezclas híbridas.

Inmersión en aceite "o": modo de protección en el que el equipo eléctrico o partes de éste, se sumergen en un líquido de protección de modo que la atmósfera explosiva que pueda encontrarse sobre la superficie del líquido o en el entorno de la envolvente, no resulta inflamado. Las reglas de este modo de protección se definen en la norma UNE-EN 50.015.

Seguridad intrínseca "i": modo de protección que aplicado a un circuito o a los circuitos de un equipo hace que cualquier chispa o cualquier efecto térmico producido en condiciones normalizadas, lo que incluye funcionamiento normal y funcionamiento en condiciones de fallo especificadas, no sea capaz de provocar la inflamación de una determinada atmósfera explosiva. Las reglas de este modo de protección se definen en la norma UNE-EN 50.020.

Sistema de seguridad intrínseca: conjunto de materiales y equipos eléctricos interconectados entre sí, descritos en un documento, en el que los circuitos o partes de circuitos destinados a ser empleados en atmósferas con riesgo de explosión, son de seguridad intrínseca. Las reglas a que deben someterse estos sistemas se encuentran en la norma UNE-EN 50.039.

Además de estos modos de protección existen otros específicos para utilizar en atmósferas de gas (zonas 0, 1 y 2) y en atmósferas de polvo (zonas 20, 21 y 22), que se citan más adelante.

La situación actual normativa supone un cambio con la adopción de las normas de la serie UNE-EN 60079-x, tanto para los modos de protección de gases y polvos, como las correspondientes a instalaciones (ver Anexos I y II).

Categoría de aparatos: Clasificación de los equipos eléctricos o no eléctricos establecida por la Directiva 94/9/CE en función de la peligrosidad del emplazamiento en que se van a utilizar. Dentro del Grupo II[2] de aparatos se distinguen:

Categoría 1: Aparatos diseñados para que puedan funcionar dentro de los parámetros operativos determinados por el fabricante y asegurar un nivel de protección muy alto.

_____
[2] *No se consideran las categorías del Grupo I por pertenecer a un entorno reglamentario minas- distinto a este.*

Los modos de protección típicos que proporcionan esta categoría son:

– *Aparatos y sistemas de seguridad intrínseca con nivel de protección 'ia' para gases y polvos.*

– *Encapsulado 'ma' (gases y polvos).*

– *Protección por envolvente 'ta' (polvo).*

– *Equipos con doble modo de protección conformes con la norma UNE-EN 60079-26.*

– *Cabezales de sensores de gases antideflagrantes "da".*

Categoría 2: Aparatos diseñados para poder funcionar en las condiciones prácticas fijadas por el fabricante y asegurar un alto nivel de protección.

Los modos de protección típicos que proporcionan esta categoría son:

– *Envolvente antideflagrante 'db' (gases).*

– *Sobrepresión interna 'pxb' o 'pyb '(gases y polvos).*

– *Relleno pulverulento 'qb'(gases).*

– *Inmersión en aceite 'ob" (gases).*

– *Seguridad aumentada 'eb' (gases).*

– *Encapsulado 'mb' (gases y polvos).*

– *Aparatos y sistemas de seguridad intrínseca con nivel de protección 'ib' (gases y polvos).*

– *Protección por envolvente 'tb'(polvos).*

Categoría 3: Aparatos diseñados para poder funcionar en las condiciones prácticas fijadas por el fabricante y asegurar un nivel normal de protección.

Los modos de protección típicos que proporcionan esta categoría son:

– *Envolvente antideflagrante 'dc' (gases).*

– *Sobrepresión interna 'pzc' (gases y polvos).*

– *Seguridad aumentada 'ec' (gases).*

– *Encapsulado 'mc' (gases y polvos).*

– *Aparatos y sistemas de seguridad intrínseca con nivel de protección 'ic' (gases y polvos).*

– *Protección por envolvente 'tc' (polvos).*

Declaración CE de conformidad: Documento emitido por el fabricante, o por su representante legal, por el que se afirma que un determinado aparato, sistema o componente cumple todas las prescripciones de la directiva o directivas aplicables.

Esta declaración deberá realizarse para los productos afectados por el R.D. 144/2016 (Directiva 2014/34/UE). La citada declaración, junto con el manual de instrucciones, ambos al menos en castellano, son los dos únicos documentos obligatorios que el fabricante o mandatario está obligado a entregar con el producto, además de realizar sobre el mismo el marcado CE y el complementario.

El contenido mínimo de la declaración UE de conformidad, de acuerdo con el R.D. 144/2016, Anexo X será:

1. Modelo de producto/producto (producto, tipo, lote, o número de serie):

2. Nombre y dirección del fabricante y, en su caso, de su representante autorizado:

3. La presente declaración de conformidad se expide bajo la exclusiva responsabilidad del fabricante.

4. *Objeto de la declaración* (*identificación del producto que permita su trazabilidad; si fuera necesario para la identificación del producto, podrá incluirse una imagen*):

5. *El objeto de la declaración descrita anteriormente es conforme con la legislación de armonización pertinente de la Unión Europea*:

6. *Referencias a las normas armonizadas pertinentes utilizadas, o referencias a las otras especificaciones técnicas respecto a las cuales se declara la conformidad*:

7. *Si procede, el organismo notificado... (nombre, número) ... ha efectuado ...(descripción de la intervención) ... y expide el certificado: ...*

8. *Información adicional*:

    Firmado en nombre de:

    (*Lugar y fecha de expedición*):

    (*Nombre, cargo*) (*firma*):

Para equipos de categorías 1 y 2, denominación, número de identificación y domicilio del organismo notificado que interviene en el procedimiento y número del certificado de examen UE de tipo[D].

No es de aplicación la declaración UE de conformidad el caso de los componentes a que se refiere la definición del artículo 2,c del R.D. 144/2016; en su lugar, el fabricante o mandatario debe suministrar un certificado que declare la conformidad de dichos componentes con las disposiciones pertinentes de la Directiva 2014/34/UE y que indique las características de dichos componentes y las condiciones de incorporación a un aparato o sistema de protección.

La Comisión Europea ha editado una Guía sobre la Directiva 2014/34/UE [E]. *Las orientaciones sobre los documentos de conformidad figuran en el artículo 14 de la misma.*

---

3. FUNDAMENTOS PARA ALCANZAR LA SEGURIDAD

El procedimiento para alcanzar un nivel de seguridad aceptable se fundamenta en el empleo de equipamiento construido y seleccionado de acuerdo a ciertas reglas así como en la adopción de medidas de seguridad especiales de instalación, inspección, mantenimiento y reparación, en relación con la acotación del riesgo de presencia de atmósfera explosiva mediante una clasificación de los emplazamientos en los que se pueden producir atmósferas explosivas.

Según la clasificación en que se incluye el emplazamiento, es necesario recurrir a un tipo determinado de medidas constructivas de los equipos, de instalación, supervisión o intervención, como se detalla en la presente Instrucción y normas que en ella se citan.

Adicionalmente, es preciso llevar a cabo la explotación, conservación y mantenimiento de la instalación y sus componentes, dentro de unos límites estrictos, para que las condiciones de seguridad no se vean comprometidas durante su vida útil.

[D] *Nótese que, salvo para certificados de verificación por unidad, existen dos tipos de documentos emitidos por un organismo notificado: el certificado de examen CE de tipo y otro correspondiente a uno de los módulos de control de calidad; esto puede suponer la intervención de dos organismos notificados diferentes, uno para la fase de diseño (certificación) y otro para la fase de fabricación (notificación del sistema de calidad del fabricante).*
[E] *https://ec.europa.eu/docsroom/documents/26861 (válido a fecha de la versión de esta guía).*

Es de aplicación el R.D. 681/2003 (Directiva 1999/92/CE) cuyos principios de seguridad se basan en tres objetivos principales:

– *Impedir la formación de atmósferas explosivas.*

– *Cuando la naturaleza de la actividad no lo permita evitar la ignición de la atmósfera explosiva.*

– *Atenuar los efectos perjudiciales de una explosión de forma que se garantice la salud y seguridad de los trabajadores.*

Se deberá elaborar el "Documento de Protección contra Explosiones" requerido en dicho R.D.

4. CLASIFICACIÓN DE EMPLAZAMIENTOS

Para establecer los requisitos que han de satisfacer los distintos elementos constitutivos de la instalación eléctrica en emplazamientos con atmósferas potencialmente explosivas, estos emplazamientos se agrupan en dos clases según la naturaleza de la sustancia inflamable, denominadas como Clase I si el riesgo es debido a gases, vapores o nieblas y como Clase II si el riesgo es debido a polvo.

En las anteriores clases se establece una subdivisión en zonas según la probabilidad de presencia de la atmósfera potencialmente explosiva.

Si como análisis previo, según establece el R.D. 681/2003, se determina que el riesgo de explosión en la instalación persiste, se debe entonces clasificar el emplazamiento con la finalidad de delimitarlo y poder tomar las acciones necesarias de prevención y protección.

La clasificación de emplazamientos se realizará considerando la instalación en funcionamiento normal, es decir, no se consideran los escapes que se originen en situaciones catastróficas como la rotura de una tubería o recipiente.

El objetivo de la clasificación por zonas es doble:

– *Precisar las categorías del equipo utilizado y su instalación en las zonas indicadas, a condición de que éstas estén adaptadas a los gases, vapores o niebla y/o polvo.*

– *Señalar las limitaciones de acceso, de la ejecución de trabajos y selección de materiales con fuente de ignición no cubiertos por esta instrucción..*

La clasificación de un entorno requiere, como mínimo, la realización de:

– *Lista de sustancias y sus características relacionadas con la explosión.*

– *Lista de fuentes de escape indicando sus parámetros.*

– *Plano de áreas peligrosas.*

La clasificación de emplazamientos se llevará a cabo por un técnico competente que justificarán los criterios y procedimientos aplicados. Esta decisión tendrá preferencia sobre las interpretaciones literales o ejemplos que figuran en los textos y figuras de los documentos de referencia que se citan para establecer esta clasificación.

Dado que las instalaciones eléctricas de los locales con riesgo de incendio o explosión, según la ITC-BT-04, requieren de un proyecto, la clasificación de los emplazamientos será realizada por el técnico titulado competente que elabora el proyecto.

4.1. Clases de emplazamientos

Los emplazamientos se agrupan como sigue:

Clase I: Comprende los emplazamientos en los que hay o puede haber gases, vapores o nieblas en cantidad suficiente para producir atmósferas explosivas o inflamables; se incluyen en esta clase los lugares en los que hay o puede haber líquidos inflamables.

Clase II: Comprende los emplazamientos en los que hay o puede haber polvo inflamable.

Clase I:

Los datos relevantes de las sustancias de la clase I se enumeran en la norma UNE-EN 60079-10-1, y entre estos datos se requiere conocer:

- *Estado físico de la sustancia.*
- *Si el sistema de contención es abierto o cerrado.*
- *Punto de inflamación y de ebullición.*
- *Densidad relativa del gas o vapor.*
- *Temperatura de ignición.*
- *Límites de explosión, inferior y superior.*
- *Presión de vapor.*
- *Subgrupo (IIA, IIB o IIC).*
- *Ventilación: tipo, grado y disponibilidad.*

Los datos de las sustancias más comunes pueden encontrarse en la norma UNE-EN 60079-20-1, aunque es válida cualquier otra fuente información y, en su caso, determinación por ensayo.

Clase II:

La clase II incluye polvos y fibras inflamables, en general sustancias sólidas que pueden ponerse en suspensión y que se depositan por su propio peso. Bajo esta definición cabe considerar tamaños de partículas inferiores a 1 mm.

Es necesario recopilar los datos de las sustancias del entorno particular, tales como:

- *Granulometría.*
- *Humedad.*
- *Temperatura de inflamación (en capa y en nube).*
- *Conductividad eléctrica.*
- *Concentración mínima explosiva.*
- *Energía mínima de inflamación.*
- *Presión máxima de explosión y velocidad máxima de aumento de presión ($K_{máx}$).*

A diferencia de la Clase I, los datos de estas sustancias dependen mucho de las características particulares del proceso y de la propia sustancia (distribución granulométrica, humedad, etc.). Aunque existen datos de muchas sustancias se recomienda la determinación experimental de las características explosivas.

Se establecen tres subgrupos para las sustancias de clase II:

– *IIIA fibras.*

– *IIIB polvos no conductores.*

– *IIIC polvos conductores.*

4.1.1. Zonas de emplazamientos clase I

Se distinguen:

Zona 0: Emplazamiento en el que la atmósfera explosiva constituida por una mezcla de aire de sustancias inflamables en forma de gas, vapor o niebla, está presente de modo permanente, o por un espacio de tiempo prolongado, o frecuentemente.

Zona 1: Emplazamiento en el que cabe contar, en condiciones normales de funcionamiento, con la formación ocasional de atmósfera explosiva constituida por una mezcla con aire de sustancias inflamables en forma de gas, vapor o niebla.

Zona 2: Emplazamiento en el que no cabe contar, en condiciones normales de funcionamiento, con la formación de atmósfera explosiva constituida por una mezcla con aire de sustancias inflamables en forma de gas, vapor o niebla o, en la que , en caso de formarse, dicha atmósfera explosiva sólo subsiste por espacios de tiempo muy breves.

En la Norma UNE-EN 60079-10 se recogen reglas precisas para establecer zonas en emplazamientos de Clase I.

Para la clasificación de emplazamientos de clase I deberá seguirse la norma UNE-EN 60079-10-1[F].

En cualquier caso, es necesario tomar precauciones cuando las zonas solapadas conciernen a sustancias inflamables que tienen diferente subgrupo y/o clase de temperatura. Así, por ejemplo, si una zona 1 con un gas de subgrupo IIA y clase de temperatura T3 se solapa por una zona 2 con un gas IIC T1 la clasificación de la zona solapada será zona 1 con características IIC T3. Es decir, se tomarán las características más restrictivas para la zona solapada.

4.1.2. Zonas de emplazamientos clase II

Se distinguen:

Zona 20: Emplazamiento en el que la atmósfera explosiva en forma de nube de polvo inflamable en el aire está presente de forma permanente, o por un espacio de tiempo prolongado, o frecuentemente.

Las capas en sí mismas no constituyen una zona 20. En general estas condiciones se dan en el interior de conducciones, recipientes, etc. Los emplazamientos en los que hay capas de polvo pero no hay nubes de forma continua o durante largos períodos de tiempo, no entran en este concepto.

Zona 21: Emplazamientos en los que cabe contar con la formación ocasional, en condiciones normales de funcionamiento, de una atmósfera explosiva, en forma de nube de polvo inflamable en el aire.

Esta zona puede incluir entre otros, los emplazamientos en la inmediata vecindad de, por ejemplo, lugares de vaciado o llenado de polvo.

[F] *Un documento de gran ayuda para la clasificación de emplazamientos de Clase I es el informe UNE 202007 IN: Clasificación de emplazamientos peligrosos. (Proviene de la Norma Italiana CEI 31-35).*

Zona 22: Emplazamientos en el que no cabe contar, en condiciones normales de funciona-miento, con la formación de una atmósfera explosiva peligrosa en forma de nube de polvo in-flamable en el aire o en la que, en caso de formarse dicha atmósfera explosiva, sólo subsiste por breve espacio de tiempo.

Esta zona puede incluir, entre otros, entornos próximos de sistemas conteniendo polvo de los que puede haber fugas y formar depósitos de polvo.

En la Norma CEI 61241-3 se recogen reglas para establecer zonas en emplazamientos de Clase II.

Para la clasificación de emplazamientos de clase II deberá seguirse la norma UNE-EN 60079-10-2 (ver anexo I)[G].

4.2. Ejemplos de emplazamientos peligrosos

A título orientativo, sin que esta lista sea exhaustiva, y salvo que el proyectista pueda justificar que no existe el correspondiente riesgo, son ejemplos de emplazamientos peligrosos:

Debe considerarse que en todas aquellas instalaciones donde se manipulen o almace-nen sustancias inflamables es difícil asegurar que nunca van a aparecer atmósferas explo-sivas. Por lo tanto se considerarán como emplazamientos peligrosos, salvo que por clasifi-cación de zonas se demuestre lo contrario, bien porque se demuestra que no hay cantidad suficiente, porque no hay fuentes de escape o, bien, porque la extensión de las zonas es despreciable.

De Clase I:

- Lugares donde se trasvasen líquidos volátiles inflamables de un recipiente a otro.

- Garajes y talleres de reparación de vehículos. Se excluyen los garajes de uso privado para estacionamiento de 5 vehículos o menos.

- Interior de cabinas de pintura donde se usen sistemas de pulverización y su entorno cer-cano cuando se utilicen disolventes.

- Secaderos de material con disolventes inflamables.

- Locales de extracción de grasas y aceites que utilicen disolventes inflamables.

- Locales con depósitos de líquidos inflamables abiertos o que se puedan abrir.

- Zonas de lavanderías y tintorerías en las que se empleen líquidos inflamables.

- Salas de gasógenos.

- Instalaciones donde se produzcan, manipulen, almacenen o consuman gases inflamables.

- Salas de bombas y/o de compresores de líquidos y gases inflamables.

- Interiores de refrigeradores y congeladores en los que se almacenen materias inflamables en recipientes abiertos, fácilmente perforables o con cierres poco consistentes.

[G] *Una fuente de información para localizar datos de sustancias de clase II es la base de datos GESTIS de IFA:*
https://www.dguv.de/ifa/gestis/gestis-stoffdatenbank/index-2.jsp (válido a fecha de la versión de esta guía)

Para garajes véase Anexo III.

De Clase II:

- – Zonas de trabajo, manipulación y almacenamiento de la industria alimentaria que maneja granos y derivados.

- – Zonas de trabajo y manipulación de industrias químicas y farmacéuticas en las que se produce polvo.

- – Emplazamientos de pulverización de carbón y de su utilización subsiguiente.

- – Plantas de coquización.

- – Plantas de producción y manipulación de azufre.

- – Zonas en las que se producen, procesan, manipulan o empaquetan polvos metálicos de materiales ligeros (Al, Mg, etc.).

- – Almacenes y muelles de expedición donde los materiales pulverulentos se almacenan o manipulan en sacos y contenedores.

- – Zonas de tratamiento de textiles como algodón, etc.

- – Plantas de fabricación y procesado de fibras.

- – Plantas desmotadoras de algodón.

- – Plantas de procesado de lino.

- – Talleres de confección.

- – Industria de procesado de madera tales como carpinterías, etc.

---

5. REQUISITOS DE LOS EQUIPOS

Los equipos eléctricos y los sistemas de protección y sus componentes destinados a su empleo en emplazamientos comprendidos en el ámbito de ésta Instrucción, deberán cumplir las condiciones que se establecen en el R.D. 400/1996 de 1 de Marzo.

Los reglamentos son obligatorios desde la fecha que se indica en las correspondientes disposiciones que los aprueban. Habitualmente, carecen de efectos retroactivos.

Con carácter general, esta ITC establece que se utilicen en las instalaciones productos conformes con el Real Decreto 144/2016, el cual fue obligatorio a partir de 20 de abril de 2016 para los nuevos productos fabricados en los Estados miembros de la Unión Europea y para los nuevos y usados introducidos en la Unión Europea desde terceros países.

Otros equipos, instalados o almacenados en las instalaciones del usuario final, adquiridos con anterioridad a la fecha indicada y que no cumplan los requisitos de dicho real decreto (aunque amparados por la legislación vigente en el momento de su adquisición, basados en modos de protección adecuados) solamente podrán usarse en las instalaciones realizadas de acuerdo a esta ITC siempre que se justifique en la documentación técnica de la instalación su seguridad y su adecuada instalación de acuerdo a lo previsto en el artículo 23.1,b) del Reglamento (aplicación de técnicas de seguridad equivalentes).

Para aquellos elementos que no entran en el ámbito del mencionado R.D. 400/1996 y para los que se estipule el cumplimiento de una norma, se considerarán conformes con las prescripciones de la presente Instrucción aquellos que estén amparados por las correspondientes certificaciones de conformidad otorgadas por Organismos de control autorizados según lo dispuesto en el R. D. 2200/1995, de 28 de diciembre.

6. PRESCRIPCIONES GENERALES

En todo lo que aquí no se indique explícitamente son de aplicación, en lo que corresponda, las demás Instrucciones de este Reglamento; caso de conflicto predominará la interpretación correspondiente a esta Instrucción.

6.1. Condiciones Generales

En la medida de lo posible, los equipos eléctricos se ubicarán en áreas no peligrosas. Si esto no es posible, la instalación se llevará a cabo donde exista menor riesgo.

Los equipos eléctricos se instalarán de acuerdo con las condiciones de su documentación particular, se pondrá especial cuidado en asegurar que las partes recambiables, tales como lámparas, sean del tipo y características asignadas correctas. Las inspecciones de las instalaciones objeto de esta Instrucción se realizarán según lo establecido en la norma UNE-EN 60079-17.

No deben confundirse las inspecciones contempladas en la norma UNE-EN 60079-17 con las inspecciones prescritas en la ITC BT 05.

La primeras son inspecciones técnicas internas, que deben realizarse siguiendo los procedimientos operativos que a modo informativo se recogen en la norma UNE-EN 60079-17 (gases y polvos). La realización de estas Inspecciones Técnicas corresponde al empresario (la propiedad), con sus propios recursos o con la concurrencia de cualquier entidad o empresa que considere oportuno, ya que es de su absoluta competencia y responsabilidad.

Es en este entorno, donde las variaciones en la frecuencia de las inspecciones y la metodología seguida, pueden supeditarse a la experiencia previa en el comportamiento de los equipos eléctricos y las instalaciones eléctricas, pudiéndose aplicar procedimientos de supervisión continua.

Las inspecciones que se establecen en la ITC-BT-05 son inspecciones administrativas, tanto inicial como periódica, que deben ser efectuadas por un organismo de control acreditado por ENAC para la actividad, de acuerdo con el Reglamento de la Infraestructura para la Calidad y Seguridad Industrial (Inicialmente aprobado por Real Decreto 2200/1995, de 28 de diciembre). En estas inspecciones administrativas el organismo de control aplicará el procedimiento que considere más adecuado, pudiendo tomar como referencia el establecido en las normas UNEEN 60079-17 y/o teniendo en consideración las inspecciones técnicas realizadas por la propiedad.

En el caso de circunstancias excepcionales, como por ejemplo, ciertas tareas de reparación que precisan soldadura, trabajos de investigación y desarrollo (operación en plantas piloto, realización de trabajos experimentales etc.) no será necesario que se reúnan todos los requisitos de los capítulos 6, 7 y 8 siguientes, supuesto que la instalación va a estar en operación solo durante un periodo limitado, está bajo la supervisión de personal especialmente formado, y se reúnen las siguientes condiciones:

– Se han tomado medidas para prevenir la aparición de atmósferas explosivas peligrosas.

– Se han tomado medidas para asegurar que el equipo eléctrico se desconecta en caso de formación de una atmósfera peligrosa.

– Se han tomado medidas para asegurar que las personas no van a resultar dañadas por incendios o explosiones.

Y adicionalmente, estas medidas se han comunicado por escrito a personal que está familiarizado con los requisitos de esta Instrucción y con las normas que tratan de equipos e instalaciones en lugares con riesgo de explosión y tienen acceso a toda la información necesaria para llevar a cabo la actuación.

Para llevar a cabo estas operaciones será necesaria la previa elaboración de un permiso especial de trabajo autorizado por el responsable de la planta o instalación.

6.2. Documentación

Para instalaciones nuevas o ampliaciones de las existentes, en el ámbito de aplicación de la presente ITC, se incluirá la siguiente información (según corresponda) en el proyecto de la instalación:

– Clasificación de emplazamientos y plano representativo.

– Adecuación de la categoría de los equipos a los diferentes emplazamientos y zonas.

– Instrucciones de implantación, instalación y conexión de los aparatos y equipos.

– Condiciones especiales de instalación y utilización.

El propietario deberá conservar:

– Copia del proyecto en su forma definitiva.

– Manual de instrucciones de los equipos.

– Declaraciones de Conformidad de los equipos.

– Documentos descriptivos del sistema para los de seguridad intrínseca.

– Todo documento que pueda ser relevante para las condiciones de seguridad.

Lo anteriormente indicado es una parte de lo que debe contener el proyecto requerido por la instrucción BT-04.

Además del proyecto se debe realizar el "documento de protección contra explosiones - DCPE-"indicado en el art. 8 del RD 681/2003.

Tanto para inspecciones iniciales como periódicas de este tipo de instalaciones según los criterios establecidos en la ITC BT 05, es preceptivo disponer del citado documento de clasificación de emplazamientos el cual contenga la información referida en el punto 6.2 de la ITC BT 29, o bien la preceptiva indicada en su propia reglamentación (p.e. garajes ejecutados con el D. 2413/1973 con los criterios de las hojas de interpretación 12A y 12B, estaciones de servicio en las que le sea de aplicación los preceptos de la instrucción técnica IP04 del Reglamento de instalaciones petrolíferas con R.D. 2085/1994, etc.

6.3. Mantenimiento y reparación

Las instalaciones objeto de esta instrucción se someterán a un mantenimiento que garantice la conservación de las condiciones de seguridad. Como criterio al respecto, se seguirá lo establecido en la norma UNE-EN 60079-17.

Dentro del contexto correspondiente al mantenimiento de las condiciones técnicas de seguridad durante la vida útil de la instalación, se seguirán las actuaciones de inspección y mantenimiento técnico que deben realizarse en las instalaciones.

Los procedimientos indicados en estas normas son orientativos, no obligatorios, sirven de guía para que la propiedad pueda confeccionarse sus propios procedimientos que se adecuen a la instalación a inspeccionar.

La reparación de equipos y sistemas de protección deberán ser llevados a cabo de forma que no comprometa la seguridad. Como criterio técnico se seguirá lo establecido en la norma CEI 60079-19.

Las normas UNE-EN 60079-17 y UNE-EN 60079-19 establecen una serie de requisitos a seguir por las entidades mantenedoras y reparadoras ya sean externas o internas a la propiedad de la instalación.

Dado que la responsabilidad de uso seguro de dicha instalación es de la propiedad de la misma, sería procedente y recomendable que ésta, exigiese/solicitase que estas entidades mantenedoras y reparadoras dispusiesen de acreditación necesaria que validase la capacidad y competencia técnica de las personas para la ejecución de estos trabajos.

7. EMPLAZAMIENTOS DE CLASE I

7.1. Generalidades

Estas instalaciones eléctricas se ejecutarán de acuerdo a lo especificado en la norma UNE-EN 60.079 –14, salvo que se contradiga con lo indicado en la presente Instrucción, la cual prevalecerá sobre la norma.

7.2. Selección de equipos eléctricos (excluidos cables y conductos)

Para seleccionar un equipo eléctrico el procedimiento a seguir comprende las siguientes fases:

a)   Caracterizar la sustancia o sustancias implicadas en el proceso.

b)   Clasificar el emplazamiento en el que se va a instalar el equipo.

c)   Seleccionar los equipos eléctricos de tal manera que la categoría esté de acuerdo a las limitaciones de la tabla 1 y que éstos cumplan con los requisitos que les sea de aplicación, establecidos en la norma UNE EN 60079-14. Si la temperatura ambiente prevista no está en el rango comprendido entre –20 ºC y +40 ºC el equipo deberá estar marcado para trabajar en el rango de temperatura correspondiente.

d)   Instalar el equipo de acuerdo con las instrucciones del fabricante.

Deben recopilarse las características de las sustancias peligrosas existentes en el proceso, como por ejemplo: Temperatura de ignición, LIE, Grupo de gases, etc.

Cuando aplique, seleccionar el equipo en función de la sustancia concreta o su grupo de gases, como sigue:

Equipo diseñado para sustancias del subgrupo	Subgrupos de sustancias peligrosas
II A	II A
II B	IIA y IIB
II C	IIA, IIB y IIC

Asociar la clase térmica del equipo (en forma de T1 a T6 o su temperatura máxima determinada por ensayo), con la temperatura de ignición de la sustancia peligrosa, para ello seguir las instrucciones indicadas en la norma UNE-EN 60079-14.

Adicionalmente tener en cuenta que en ciertos casos el equipo requiere condiciones especiales para una segura utilización que de haberlas, deben de estar en el manual de instrucciones de uso del mismo. Estas condiciones especiales además se denotan por un símbolo "X" a continuación del código del marcado.

Tabla 1: Categorías de equipos admisibles para atmósfera de gases y vapores

Categoría del equipo	Zonas en que se admiten
Categoría 1	0, 1 y 2
Categoría 2	1 y 2
Categoría 3	2

7.3. Reglas de instalación de equipos eléctricos

La instalación de los equipos eléctricos se realizará de acuerdo a lo especificado en la norma UNE-EN 60079-14.

Adicionalmente se tendrá en cuenta que la utilización de equipos con modo de protección por inmersión en aceite "o" queda restringida a equipos de instalación fija y que no tengan elementos generadores de arco en el seno del líquido de protección. Para la instalación de sistemas de seguridad intrínseca, se tendrá en cuenta también, lo indicado en la Norma UNE-EN 50039.

La norma para los sistemas de seguridad intrínseca es actualmente UNE-EN 60079-25 y se recoge parcialmente en la norma general de instalaciones eléctricas para atmósferas explosivas UNE-EN 60079-14. Tal como se indica en el apartado 6.2 de la presente instrucción lo s sistemas de seguridad intrínseca deberán de ser evaluados reflejando los resultados de tal evaluación en el denominado "documento descriptivo del sistema de seguridad intrínseca". Este documento formará parte del "documento de protección contra explosiones".

El documento del sistema es, en general, realizado por el instalador y mantenido por la propiedad.

8. EMPLAZAMIENTOS DE CLASE II

8.1. Generalidades

Estas instalaciones se ejecutarán de acuerdo a lo especificado en la norma EN 50281-1-2, salvo que contradiga con lo indicado en la presente Instrucción, la cual prevalecerá sobre la norma.

La norma existente a la fecha de esta guía para instalaciones en emplazamiento de clase II es la UNE-EN 60079-14 en sustitución de la mencionada EN 50281-1-2. (Para la relación de normas relacionadas véase el Anexo II de esta Guía-BT).

8.2. Selección de equipos eléctricos (excluidos cables y conductos)

Para seleccionar un equipo eléctrico el procedimiento a seguir comprende las siguientes fases:

1) Caracterizar la sustancia o sustancias implicadas en el proceso.

Recopilar las características de las sustancias peligrosas existentes en el proceso, como por ejemplo: Temperatura de ignición en capa y en nube, Concentración mínima explosiva, $K_{máx}$, St, etc.

Asociar la clase térmica del equipo (en forma de su temperatura máxima superficial determinada por ensayo), con la temperatura de ignición de la sustancia peligrosa en forma de nube o de capa, para ello seguir las instrucciones indicadas en la norma UNE-EN 60079-14.

2) Clasificar el emplazamiento en el que se va a instalar el equipo.

3) Seleccionar los equipos eléctricos de tal manera que la categoría esté de acuerdo a las limitaciones de la tabla 2 y que éstos cumplan con los requisitos que les sea de aplicación, establecidos en la norma EN 50281-1-2.

Disponer de la categoría del equipo según el emplazamiento peligroso, ver tabla 2.

4) Instalar el equipo de acuerdo con las instrucciones del fabricante.

Adicionalmente tener en cuenta que en ciertos casos el equipo requiere condiciones especiales para una segura utilización que de haberlas, deben de estar en el manual de instrucciones. Estas condiciones especiales además se indican con un símbolo "X" a continuación del código del marcado.

Tabla 2: Categorías de equipos admisibles para atmósferas con polvo explosivo.

Categoría del equipo	Zonas en que se admiten
Categoría 1	20, 21 y 22
Categoría 2	21 y 22
Categoría 3	22

Cuando el polvo inflamable sea conductor de la electricidad los requisitos de los equipos en zona 22 serán los de la Tabla 1 de la UNE-EN 60079-14.

8.3 Reglas de instalación de equipos eléctricos

La instalación de los equipos eléctricos destinados a emplazamientos de clase II se hará de acuerdo con lo especificado en la norma EN 50281-1-2.

Es necesario tener presente que si un equipo eléctrico dispone de un modo de protección para gases, no garantiza que su protección sea adecuada contra el riesgo de inflamación de polvo.

La norma actual para instalaciones en emplazamiento de clase II es UNE-EN 60079-14 en sustitución de la mencionada EN 50281-1-2. (Para la relación de normas relacionadas véase el Anexo II de esta Guía-BT).

Los equipos para Clase I (gases), pueden usarse en Clase II (polvos inflamables), siempre y cuando, adicionalmente estén debidamente evaluados de acuerdo con los requisitos particulares de esta Clase II. Por ejemplo, una envolvente antideflagrante será adecuada para polvos inflamables si dispone, adicionalmente, de un modo de protección por envolvente "t".

9. SISTEMAS DE CABLEADO

9.1. Generalidades

Para instalaciones de seguridad intrínseca, los sistemas de cableado cumplirán los requisitos de la norma UNE-EN 60079-14 y de la norma UNE-EN 50039.

Instalaciones de seguridad intrínseca

La norma UNE-EN 50039 ha sido reemplazada por la UNE-EN 60079-25.

Los circuitos eléctricos que integran los sistemas de cableado podrán ser utilizados en Zona 0 y 20 si están de acuerdo con los requisitos establecidos por las normas UNE EN 60079-14 y UNE-EN 60079-25 siempre que correspondan a circuitos de seguridad intrínseca de categoría 1.

No obstante, un circuito de seguridad intrínseca en el que se combinen o puedan combinarse (por cableado) más de dos aparatos de categoría 1, el resultado global por defecto es categoría 2 para todos ellos. Solo un análisis detallado por un experto podría justificar el mantenimiento de la categoría.

Se llama la atención a las disposiciones especiales para la conexión y puesta a tierra así como la instalación de dispositivos de descarga de sobretensiones."

El resto de exigencias incluidas en el apartado 9 de esta GUIA-BT y sus subapartados no son de aplicación a instalaciones de seguridad intrínseca.

Los cables para el resto de las instalaciones tendrán una tensión mínima asignada de 450/750 V.

Las entradas de los cables y de los tubos a los aparatos eléctricos se realizarán de acuerdo con el modo de protección previsto. Los orificios de los equipos eléctricos para entradas de cables o tubos que no se utilicen deberán cerrarse mediante piezas acordes con el modo de protección de que vayan dotados dichos equipos.

Para las canalizaciones para equipos móviles se tendrá en cuenta lo establecido en la Instrucción ITC MIE-BT 21.

Los sistemas de cableado para alimentar a equipos móviles deben realizarse según ITC-BT-21, salvo que ésta contradiga a la presente.

La intensidad admisible en los conductores deberá disminuirse en un 15% respecto al valor correspondiente a una instalación convencional. Además todos los cables de longitud igual o superior a 5 m estarán protegidos contra sobrecargas y cortocircuitos; para la protección de sobrecargas se tendrá en cuenta la intensidad de carga resultante fijada en el párrafo anterior y para la protección de cortocircuitos se tendrá en cuenta el valor máximo para un defecto en el comienzo del cable y el valor mínimo correspondiente a un defecto bifásico y franco al final del cable.

En el punto de transición de una canalización eléctrica de una zona a otra, o de un emplazamiento peligroso a otro no peligroso, se deberá impedir el paso de gases, vapores o líquidos inflamables. Eso puede precisar del sellado de zanjas, tubos, bandejas, etc., una ventilación adecuada o el relleno de zanjas con arena.

Para el uso de canalizaciones eléctricas prefabricadas deberá considerarse la conformidad a la UNE-EN 61439-6 y las prescripciones aplicables a equipos que figuran en esta guía.

Para la selección, según emplazamiento, de las canalizaciones eléctricas prefabricadas, se considerarán especialmente los apartados 7 y 8 de esta guía.

9.2. Requisitos de los cables

Los cables a emplear en los sistemas d cableado en los emplazamientos de clase I y clase II serán:

a) En instalaciones fijas:

  – Cables de tensión asignada mínima 450/750V, aislados con mezclas termoplásticas o termoestables; instalados bajo tubo (según 9.3) metálico rígido o flexible conforme a norma UNE-EN 50086-1.

  – Cables construidos de modo que dispongan de una protección mecánica; se consideran como tales:

    • Los cables con aislamiento mineral y cubierta metálica, según UNE 21157[H] parte 1.

    • Los cables armados con alambre de acero galvanizado y con cubierta externa no metálica, según la serie UNE 21.123.

Los cables a utilizar en las instalaciones fijas deben cumplir, respecto a la reacción al fuego (lo indicado en la norma UNE 20432-3[H]), como mínimo la clase C_{ca}-s1b,d1,a1[I].

[H] *La norma UNE 21157-1 ha sido sustituida por UNE-EN 60702-1 y la norma UNE 20432-3 ha sido sustituida por la serie UNE-EN 60332-3.*

[I] *Esto sustituye al párrafo original de la ITC-BT 29 para adaptar el REBT al CPR (Reglamento de los Productos de la Construcción) con la denominación actual de las Euroclases de los cables eléctricos.*

Como desarrollo del Reglamento (UE) nº 305/2011 se publicó en el Diario Oficial de la Unión Europea el Reglamento Delegado (UE) 2016/364, en cuyo cuadro 4 se establecen las clases posibles de reacción al fuego de los cables eléctricos a nivel europeo.

Se pueden entender cumplidas las exigencias establecidas en el Reglamento Electrotécnico para Baja Tensión (REBT) (Real Decreto 842/2002) si los cables son de la clase de reacción al fuego mínima C_{ca}-s1b,d1,a1.

En el caso de esta ITC, las prestaciones de fuego mínimas aplicables a partir del 1 de Julio de 2017 son las siguientes:
"Los cables a utilizar en las instalaciones fijas deben cumplir, respecto a la reacción al fuego, como mínimo la clase C_{ca}-s1b,d1,a1.

NOTA: La norma UNE 21157-1 ha sido sustituida por UNE-EN 60702-1 y la norma UNE 20432-3 ha sido sustituida por la serie UNE-EN 60332-3.

Siguiendo lo establecido en la ITC-BT-04 del REBT de 2002, en los locales con riesgo de incendio y explosión el proyectista deberá justificar la aplicación de las soluciones utilizadas y tener en cuenta la legislación vigente aplicable.

Al realizar el proyecto, el proyectista deberá prestar especial atención al definir la clasificación de zonas, la posibilidad de riesgo mecánico y la selección de los materiales idóneos en cada caso y aplicación.

Además de las canalizaciones indicadas en el apartado 9.2 a) se podrán instalar las canalizaciones que se citan en la Tabla A.

Las características mínimas para los cables y los sistemas de conducción de cables instalados en superficie son:

Tabla A. Características mínimas para los cables y los sistemas de conducción de cables para instalaciones fijas en superficie (zonas 1, 21, 2 y 22)

Sistema de conducción de cable (prescripción mínima)			Cable
Tubos. Serie UNE-EN 50086	Compresión Fuerte (4), Impacto Fuerte (4), Temperatura mínima de instalación y servicio –5 °C (2) Temperatura máxima de instalación y servicio +60 °C (1) Resistencia al curvado Rígido/curvable (1-2) Propiedades eléctricas: Continuidad eléctrica/ Aislante2 Resistencia a la penetración de objetos sólidos: contra objetos D = 1 mm Resistencia a la penetración del agua: contra gotas de agua cayendo verticalmente cuando el sistema de tubos está inclinado 15° Resistencia a la corrosión de tubos metálicos y compuestos: Protección interior y exterior media Resistencia a la tracción: no declarada No propagador de la llama Resistencia a las cargas suspendidas: no declarada		**H07Z1-K (AS)**; *conductor no propagador del incendio, unipolar aislado de tensión asignada 450/750 V, conductor de cobre clase 5 (-K), aislamiento de compuesto termoplástico a base de poliolefina (Z1)* *UNE 211002* *Clase mínima de reacción al fuego:* C_{ca}-*s1b,d1,a1*
Canales. UNE-EN 50085	Impacto: Fuerte (6 Julios) Temperatura mínima de instalación y servicio (ver tabla 4)	IP4X o IPXXD o superior y que sólo puede abrirse con útil	**RZ1-K (AS)**; *cable de tensión asignada 0,6/1 kV con conductor de cobre clase 5 (-K), aislamiento de polietileno reticulado (R) y cubierta de compuesto termoplástico a base de poliolefina (Z1)* *UNE 21123-4*
	Temperatura máxima de instalación y servicio (ver tabla 4) Propiedades eléctricas: Continuidad eléctrica/Aislante2 Resistencia a la penetración de objetos sólidos(ver tabla 4) No propagadora de la llama	IP menor que IP4X o IPXXD o que puede abrirse sin útil	
Bandejas y bandejas de escalera. UNE-EN 61537	Impacto: 5 Julios Temperatura mínima de instalación y servicio –5 °C Temperatura máxima de instalación y servicio +60 °C Propiedades eléctricas: Continuidad eléctrica/Aislante2 No propagadora de la llama Resistencia a la corrosión grado 2	Sin riesgo mecánico[1]	*Clase mínima de reacción al fuego:* *Cca-s1b,d1,a1*
		Con riesgo mecánico[1]	**RZ1MZ1-K (AS)**; *cable no propagador del incendio, de tensión asignada 0,6/1 kV, con aislamiento de polietileno reticulado (R), cubierta interna a base de poliolefina (Z1), armadura de alambres de acero galvanizado (M) y cubierta externa a base de poliolefina (Z1) y conductor de cobre flexible clase 5 (-K)* *UNE 21123-4*
Cables colocados directamente sobre las paredes.			*Clase mínima de reacción al fuego* *Cca-s1b,d1,a1* *Nota: para cables unipolares la armadura es de aluminio en lugar de acero galvanizado.*

Nota 1: *El proyectista deberá considerar la posibilidad de riesgo mecánico en el lugar de la instalación. Como riesgo mecánico se considerará cualquier causa que pueda dañar el aislamiento tal como el impacto, compresión, roedores, etc. Véase el apartado 9.3.7 de la norma UNE-EN 60079-14.*

Nota 2: *Consideraciones sobre el uso de canalizaciones eléctricas no metálicas (cables, sistemas de conducción de cables y elementos de fijación):*

Además de los requisitos de resistencia mecánica expuestos en la tabla A, para las canalizaciones deberán tenerse en cuenta los riesgos electrostáticos que de ellas puedan derivarse. La minimización de tales riesgos podrá conseguirse cumpliendo uno de los siguientes requisitos:

a) *Empleo de materiales con una resistencia eléctrica superficial no mayor de 1 GΩ (de acuerdo a lo indicado en el apartado 7.4, relativo a cargas electrostáticas de la norma de UNE-EN 60079-0). Se garantizará una unión.*

b) *Si la resistencia eléctrica superficial es mayor de 1 GΩ se establecerán las siguientes limitaciones:*

- *No se deberán utilizar nunca en zonas 0 ó 20.*

- *La instalación en otras zonas (1, 21, 2 y 22) deberá reducirse a ubicaciones no accesibles al personal u objetos. Las condiciones de no accesibilidad de las canalizaciones deberán definirse en el proyecto de la instalación de acuerdo con las condiciones de utilización de la misma. En ausencia de tales justificaciones en el proyecto, en general el cumplimiento con esta prescripción se considera cubierto instalando las canalizaciones a una altura de 2.5 m cuando están instaladas sobre pared o a 4 m en el resto de los casos.*

- *Durante la colocación y mantenimiento deberán tomarse medidas adicionales tales como la verificación de que no existe una atmósfera explosiva presente.*

- *Las inserciones metálicas, tales como tornillos o remaches, no deberán presentar una capacidad a tierra que supere 5 pF. En caso contrario deberán estar conectadas a tierra con una resistencia no mayor de 1MΩ.*

- *Deberán incluirse etiquetas claramente visibles de aviso del riesgo electrostático.*

- *Las operaciones de limpieza deberán ser realizadas con paños húmedos y utilizando ropa y calzado antiestáticos.*

En cualquier caso los materiales utilizados serán no propagadores de la llama.

---

b) En alimentación de equipos portátiles o móviles. Se utilizarán cables con cubierta de policloropreno según UNE 21027 parte 4 o UNE 21150, que sean aptos para servicios móviles, de tensión asignada mínima 450/750 V, flexibles y de sección mínima 1,5 mm².

La utilización de estos cables flexibles se restringirá a lo estrictamente necesario y como máximo a una longitud de 30 m.

Nota: *La norma UNE 21027-4 ha sido anulada y sustituida por la norma UNE-EN 50525-2-21.*

La limitación de 30 m solo se aplica a herramientas portátiles que no formen parte de la instalación. Cuando los equipos portátiles o móviles formen parte de la instalación permanente (por ejemplo, puentes grúa), no se aplicará la limitación de 30m si el cable no está expuesto a daños mecánicos y se justifica en el proyecto.

Los cables de instalación habitual con estas características son:

cable H07RN-F (*norma UNE-EN 50525-2-21*)	*cable de tensión asignada 450/750 V, con conductor de cobre clase 5 apto para servicios móviles (-F), aislamiento de compuesto de goma (R) y cubierta de policloropreno (N)*
cable H07ZZ-F (AS) (*norma UNE-EN 50525-3-21*)	*cable no propagador del incendio, de tensión asignada 450/750 V, con conductor de cobre clase 5 apto para servicios móviles (-F), aislamiento y cubierta de compuesto reticulado (Z)*

Los equipos eléctricos portátiles o transportables, deben estar equipados con cables de una cubierta robusta de policloropreno, o una cubierta elastómera sintética equivalente, con cables que tengan una cubierta reforzada de caucho, o con cables que tengan una construcción igualmente robusta. Los conductores deben tener una sección transversal mínima de 1,0 mm². Si es necesario el uso de un conductor de protección, este debería estar aislado separadamente de una forma similar a los demás conductores y debería estar incorporado dentro de la cubierta del cable de alimentación.

Los equipos eléctricos portátiles con tensión nominal no mayor de 250 V respecto de tierra y con corriente asignada no mayor de 6 A, se pueden conectar con cables con cubiertas de policloropreno ordinario, o con cualquier otro elastómero sintético equivalente, con cables con cubierta de goma de resistencia normal, o con cables de construcción equivalente en robustez. No son admisibles estos cables para equipos eléctricos portátiles o transportables expuestos a esfuerzos mecánicos intensos, como por ejemplo lámparas de mano, interruptores de pedal, bombas para trasvase, etc.

Si en los equipos eléctricos portátiles o transportables, se incorpora a los cables una armadura metálica flexible o una vaina metálica, esta no deberá utilizarse como único conductor de protección.

Cables flexibles. *Los cables flexibles para áreas peligrosas se deben seleccionar de la lista siguiente:*

– *Cables flexibles recubiertos con caucho normal.*

– *Cables flexibles recubiertos con policloropreno normal.*

– *Cables flexibles recubiertos con goma resistente reforzada.*

– *Cables flexibles recubiertos con policloropreno reforzado.*

– *Cables con aislamiento de plástico con una construcción de robustez equivalente a la de los cables flexibles con recubrimiento de goma de resistencia reforzada.*

9.3 Requisitos de los conductos

Tubos

Cuando el cableado de las instalaciones fijas se realice mediante tubo o canal protector, éstos serán conformes a las especificaciones dadas en las tablas siguientes:

Tabla 3. Características mínimas para tubos

Característica	Código	Grado
Resistencia a la compresión	4	Fuerte
Resistencia al impacto	4	Fuerte
Temperatura mínima de instalación y servicio	2	–5°C
Temperatura mínima de instalación y servicio	1	+ 60 °C
Resistencia al curvado	1-2	Rígido/curvable
Propiedades eléctricas	1-2	Continuidad eléctrica/aislante
Resistencia a la penetración de objetos sólidos	4	Contra objetos D $\geq$ 1 mm
Resistencia a la penetración del agua	2	Contra gotas de agua cayendo verticalmente cuando el sistema de tubos está inclinado 15°
Resistencia a la corrosión de tubos metálicos y compuestos	2	Protección interior y exterior media
Resistencia a la tracción	0	No declarada
Resistencia a la propagación de la llama	1	No propagador
Resistencia a las cargas suspendidas	0	No declarada

El cumplimiento de estas características se realizará según los ensayos indicados en la norma UNE-EN 61386. Esta norma sustituye a la norma UNE-EN 50086.

Para facilitar la entrada del cable al equipo eléctrico y en el caso que eso no fuera posible mediante el empleo de tubos rígidos, podrán utilizarse tubos curvables o flexibles, de material resistente a la corrosión y nivel de protección mecánica igual al exigido a los tubos rígidos. Estos tubos curvables o flexibles tendrán la mínima longitud posible.

Excepcionalmente la entrada del cable al equipo eléctrico podría realizarse mediante cable sin protección mecánica. En este caso, la zona libre (desprotegida) del cable entre la canalización y la entrada al equipo eléctrico tendrá la mínima longitud posible. El proyectista deberá justificar que no existe ningún tipo de riesgo mecánico sobre este cable.

Usando estos tubos protectores, la entrada a aparatos con modo de protección será por prensaestopas (tanto para soluciones fijas como para móviles) que dispongan de un modo de protección compatible con el modo de protección del aparato en cuestión o, en zonas 2 y 22, a través de accesorios adecuados al modo de protección.

Nota: una clavija de toma de corriente tiene la misma consideración que un equipo eléctrico.

Canales protectoras:

Tabla 4. Características mínimas para canales protectoras

Característica	Grado	
Dimensión del lado mayor de la sección transversal	≤ 16 mm	> 16 mm
Resistencia al impacto	Fuerte	Fuerte
Temperatura mínima de instalación y servicio	+15°C	–5°C
Temperatura máxima de instalación y servicio	+60°C	+60°C
Propiedades eléctricas	Aislante	Continuidad eléctrica/ Aislante
Resistencia a la penetración de objetos sólidos	4	no inferior a 2
Resistencia a la penetración de agua	No declarada	
Resistencia a la propagación de la llama	No propagador	

Usando estas canales protectoras, la entrada a aparatos con modo de protección será siempre por prensaestopas (tanto para soluciones fijas como para móviles) que dispongan de un modo de protección compatible con el modo de protección del aparato en cuestión.

Las canales protectoras metálicas deben ponerse a tierra siguiendo las prescripciones de la ITC –BT 18.

Bandejas portacables
Cuando el cableado de las instalaciones fijas se realice mediante bandeja portacables, éstas serán conformes a las especificaciones dadas en la tabla siguiente:

Puesto que la bandeja no representa una protección mecánica sobre los cables, salvo que el proyectista justifique la ausencia de riesgo mecánico, deberá instalarse cable armado (Ver tabla A)."

Tabla B. Características mínimas de las bandejas

Característica	Grado
Resistencia al impacto	5 julios
Temperatura mínima de instalación y servicio	–5 °C
Temperatura máxima de instalación y servicio	+60 °C
Propiedades eléctricas	Continuidad eléctrica/Aislante
Resistencia a la propagación de la llama	No propagador
Resistencia a la corrosión	2

El cumplimiento de estas características se realizará según los ensayos indicados en la norma UNE-EN 61537.

Las bandejas portacables metálicas deben ponerse a tierra siguiendo las prescripciones de la ITC –BT 18.

Tubos para la interconexión de envolventes antideflagrantes provistos de cortafuegos:

Esto no es aplicable en el caso de canalizaciones bajo tubo que se conecten a aparatos eléctricos con modo de protección antideflagrante provistos de cortafuegos, en donde el tubo resistirá una presión interna mínima de 3 MPa durante 1 minuto y será, o bien de acero sin soldadura, galvanizado interior y exteriormente, conforme a la norma UNE 36582, o bien conforme a la norma UNE EN 50086, con el grado de resistencia de la tabla siguiente:

El texto "Esto no es aplicable" hace referencia a las características mínimas para tubos incluidas en la Tabla 3.

Tabla 5. Características mínimas para tubos que se conectan a aparatos eléctricos con modo de protección antideflagrante provistos de cortafuegos

Característica	Código	Grado
Resistencia a la compresión	5	Muy fuerte
Resistencia al impacto	5	Muy fuerte
Temperatura mínima de instalación y servicio	3	–15ºC
Temperatura máxima de instalación y servicio	2	+90ºC
Resistencia al curvado	1	Rígido
Propiedades eléctricas	1	Continuidad eléctrica
Resistencia a la penetración de objetos sólidos	5	Contra el polvo
Resistencia a la penetración del agua	2	Contra gotas de agua cayendo verticalmente cuando el sistema de tubos está inclinado 15º
Resistencia a la corrosión de tubos metálicos y compuestos	4	Protección interior y exterior elevada
Resistencia a la tracción	2	Ligera
Resistencia a la propagación de la llama	1	No propagador
Resistencia a las cargas suspendidas	2	Ligero

Los tubos de protección de la Tabla 5 únicamente se usan para entradas a aparatos con modo de protección por envolvente antideflagrante, ya sea a través de cortafuegos o sin él de acuerdo con lo establecido en la norma UNE-EN 60079-1.

En caso de que la entrada requiera cortafuegos, los cables serán preferentemente unipolares con el fin de poder realizar con garantía el sellado del cortafuegos.

Cuando por exigencias de la instalación, se precisen tubos flexibles (p.ej.: por existir vibraciones en la conexión del cableado bajo tubo), estos serán metálicos corrugados de material resistente a la oxidación y características semejantes a los rígidos.

Normalmente estos tubos flexibles se usan para entrada de cables a aparatos en modo de protección antideflagrante, los cuales por su instalación y/o características en condiciones normales de uso tienen vibraciones, por lo que estos tubos flexibles deben de disponer de un adecuado certificado de acuerdo con el modo de protección antideflagrante según lo establecido en la norma UNE-EN 60079-1.

Los tubos con conductividad eléctrica deben conectarse a la red de tierra, su continuidad eléctrica quedará convenientemente asegurada. En el caso de utilizar tubos metálicos flexibles, es necesario que la distancia entre dos puesta a tierra consecutivas de los tubos no exceda de 10 metros.

ANEXO I

RELACIÓN NO EXHAUSTIVA DE NORMAS RELACIONADAS CON EQUIPOS ELÉCTRICOS PARA ATMÓSFERAS EXPLOSIVAS Y EN RELACIÓN CON LA DIRECTIVA 2014/34/UE (R.D. 144/2016)

GASES

Modo de protección	Símbolo de marcado	Norma UNE-EN 60079-x
Reglas generales		60079-0
Envolvente antideflagrante	d	60079-1
Presurización interna	p	60079-2
Relleno pulverulento	q	60079-5
Inmersión en aceite	o	60079-6
Seguridad aumentada	e	60079-7
Seguridad intrínseca	i	60079-11
Simplificado	n	60079-15
Encapsulado	m	60079-18
Radiación óptica	op	60079-28

POLVOS

Modo de protección	Símbolo de marcado	Norma UNE-EN 60079-x
Reglas generales		60079-0
Protección por envolvente	t	60079-31
Presurización interna	p	60079-2
Seguridad intrínseca	i	60079-11
Encapsulado	m	60079-18
Radiación óptica	op	60079-28

OTRAS

Modo de protección	Símbolo de marcado	Norma UNE-EN 500xx	Norma UNE-EN 60079-x
Cintas calefactoras	e	—	60079-30-1
Equipos de categoría 1		50284	60079-26
Dispositivos ópticos	op	—	60079-28

ANEXO II

RELACIÓN NO EXHAUSTIVA DE NORMAS RELACIONADAS CON INSTALACIONES ELÉCTRICAS PARA ATMÓSFERAS EXPLOSIVAS Y EN RELACIÓN CON LA DIRECTIVA 1999/92/CE (R.D. 681/2003)

GASES

Título	Norma UNE-EN 6xxx-x	Norma UNE-EN 60079-x
Clasificación de zonas	60079-10	60079-10-1
Instalaciones eléctricas	60079-14	60079-14
Inspección y mantenimiento	60079-17	60079-17
Reparación	60079-19	60079-19
Sistemas de seguridad intrínseca	60079-25	60079-25
Buses de campo (FISCO/FNICO)	60079-27	60079-11
Instalación de cintas calefactoras	—	60079-30-2

POLVOS

Título	Norma UNE-EN 60079-x
Clasificación de zonas	60079-10-2
Instalaciones eléctricas	60079-14
Inspección y mantenimiento	60079-17
Reparación	60079-19
Sistemas de seguridad intrínseca	60079-25

OTRAS

Título	Documento
Presurización de edificios y salas	UNE-EN 60079-13
Riesgos de explosión por electricidad estática	CLC/TR 60079-32-1
Riesgos de explosión por radiofrecuencia	CLC/TR 50427
Atmósferas explosivas: Conceptos básicos y metodología	UNE-EN 1127-1

ANEXO III

INSTALACIONES ELÉCTRICAS EN GARAJES

III.1 INTRODUCCIÓN

Los garajes de vehículos son aquel tipo de locales destinados al depósito de diversos tipos de vehículos tales como motocicletas, ciclomotores, coches, todo terrenos, SUV, furgonetas, etc., ya sea para largas estancias, cortas estancias o bien en régimen de pupilaje. A efectos de este documento se entiende que los garajes afectados son aquellos locales destinados a garaje de vehículos excepto aquellos al aire libre.

Los garajes son susceptibles de estar afectados por varias ITC debido a las especiales condiciones que les aplican. Entre estas ITC particulares podemos destacar la ITC-BT-29, Prescripciones particulares para las instalaciones eléctricas de los locales con riesgo de incendio o explosión, y la ITC-BT-28, Instalaciones en locales de Pública concurrencia, además de lo descrito en la ITC-BT-20, Sistemas de instalación, aplicando los principios de selección de la canalización eléctrica en función de las influencias externas según la norma UNE 20460-5-52.

De modo paralelo se incluyen prescripciones aplicables a los garajes según las condiciones de seguridad en caso de incendio al ser también relevantes en lo que se refiere a las condiciones que afectan a la instalación eléctrica.

III.2 PRESCRIPCIONES GENERALES

Al tratarse los garajes de zonas de especial riesgo de impactos mecánicos deberán considerarse las siguientes prescripciones ya que en general no existe una separación física entre las zonas de rodadura de los vehículos (incluyendo los bienes transportados) o de estacionamiento de los mismos y las paredes o techos por las que discurren las canalizaciones superficiales. Además, en muchos casos se consideran Locales de Pública Concurrencia por lo que debe prestarse especial atención a la protección de la instalación eléctrica.

En las instalaciones donde puedan producirse choques mecánicos, puede asegurarse la protección mediante uno de los medios siguientes:

- las características mecánicas de las canalizaciones;
- el emplazamiento elegido[1];
- la disposición de una protección mecánica complementaria, local o general; o
- la combinación de estas medidas.

En la medida de lo posible no se dispondrán canalizaciones eléctricas o aparatos (aparamenta eléctrica) por debajo de 1 m respecto de la superficie del suelo en su punto más alto de la planta.

Se deberán tener en cuenta los requisitos aplicables respecto a espacios ocultos y el paso de instalaciones a través de elementos de compartimentación de incendios descrito en el Código Técnico de la Edificación, Documento Básico, Seguridad en caso de incendio CTE DB-SI 1.

Las instalaciones que atraviesen un garaje (por ejemplo Línea General de Alimentación, Derivaciones Individuales, etc.) deberán cumplir igualmente las prescripciones de sus ITC específicas.

---

[1] En general se considera adecuada una altura de instalación mínima de 2,5 m o una distancia de separación lateral de 1,25 m. El proyectista podrá definir distancias diferentes en función de las influencias externas previsibles.

Las características mínimas para los cables y los sistemas de conducción de cables instalados en superficie en zonas desclasificadas son acorde a la Tabla III-1

Tabla III-1: Características mínimas para los cables y los sistemas de conducción de cables instalados en superficie en zonas desclasificadas de garajes

Altura de instalación (h)[(1)]	Sistema de conducción de cable (prescripción mínima)			Cables[(3)]
h ≥ 2,5 m	Tubos. Serie UNE-EN 61386	Compresión Fuerte (4), Impacto Medio (3), Propiedades eléctricas: Continuidad eléctrica /Aislante No propagador de la llama		*H07V-K*; unipolar aislado de tensión asignada 450/750 V, con conductor de cobre clase 5 (-K) y, aislamiento de policloruro de vinilo (V). UNE-EN 50525-2-31
	Canales. UNE-EN 50085	Impacto medio (2 Julios), Propiedades eléctricas: Continuidad eléctrica/Aislante No propagadora de la llama	IP4X o IPXXD o superior y que sólo puede abrirse con útil	*H07Z1-K (AS)*; conductor no propagador del incendio, unipolar aislado de tensión asignada 450/750 V, conductor de cobre clase 5 (-K), aislamiento de compuesto termoplástico a base de poliolefina (Z1) UNE 211002 Clase mínima de reacción al fuego C_{ca}-s1b,d1,a1
			IP menor que IP4X o IPXXD o que puede abrirse sin útil	*RV*: cable de tensión asignada 0,6/1 kV, con conductor de cobre clase 5 (-K), aislamiento de polietileno reticulado (R) y cubierta policloruro de vinilo (V) UNE 21123-2
	Bandejas y bandejas de escalera. UNE-EN 61537	Impacto 2 Julios Propiedades eléctricas: Continuidad eléctrica /Aislante	No Locales de Pública Concurrencia	*RZ1-K (AS)*: cable de tensión asignada 0,6/1 kV con conductor de cobre clase 5 (-K), aislamiento de polietileno reticulado (R) y cubierta de compuesto termoplástico a base de poliolefina (Z1) UNE 21123-4 Clase mínima de reacción al fuego C_{ca}-s1b,d1,a1
			Locales de Pública Concurrencia	*RZ1-K (AS)*: cable de tensión asignada 0,6/1 kV con conductor de cobre clase 5 (- K), aislamiento de polietileno reticulado (R) y cubierta de compuesto termoplástico a base de poliolefina (Z1) UNE 21123-4 Clase mínima de reacción al fuego C_{ca}-s1b,d1,a1
	Cables fijados directamente sobre las paredes.			*RVMV-K*; cable de tensión asignada 0,6/1 kV, con aislamiento de polietileno reticulado (R), cubierta interna de PVC (V), armadura de alambres de acero galvanizado (M) y cubierta externa de PVC (V), con conductor de cobre flexible clase 5 (-K) UNE 21123-2 *RZ1MZ1-K (AS)*; cable no propagador del incendio, de tensión asignada 0,6/1 kV, con aislamiento de polietileno reticulado (R), cubierta interna a base de poliolefina (Z1), armadura de alambres de acero galvanizado (M) y cubierta externa a base de poliolefina (Z1) y conductor de cobre flexible clase 5 (-K) UNE 21123-4 Clase mínima de reacción al fuego Cca-s1b,d1,a1 Nota: para cables unipolares la armadura es de aluminio en lugar de acero galvanizado.

Altura de instalación $(h)^{(1)}$	Sistema de conducción de cable (prescripción mínima)			Cables$^{(3)}$
$1,5\ m \leq h < 2,5\ m$	Tubos. Serie UNE-EN 50086$^{(3)}$	Compresión Fuerte (4), Impacto Medio (3), Propiedades eléctricas: Continuidad eléctrica/Aislante No propagador de la llama		H07V-K; Tipo de cable ya descrito H07Z1-K (AS); Tipo de cable ya descrito
	Canales. UNE-EN 50085	Impacto Medio (2 Julios), Propiedades eléctricas: Continuidad eléctrica/ Aislante No propagadora de la llama	IP4X o IPXXD o superior y que sólo puede abrirse con útil	
			IP menor que IP4X o IPXXD o que puede abrirse sin útil	RV: Tipo de cable ya descrito RZ1-K (AS); Tipo de cable ya descrito
	Bandejas y bandejas de escalera. UNE-EN 61537	Impacto 2 Julios Propiedades eléctricas: Continuidad eléctrica/ Aislante No propagadora de la llama		RVMV-K; Tipo de cable ya descrito RZ1MZ1-K (AS); Tipo de cable ya descrito
	Cables fijados directamente sobre las paredes.			
$h < 1,5\ m^{(2)}$	Tubos. Serie UNE-EN 50086(3)	Compresión Fuerte (4), Impacto Muy Fuerte (5), Propiedades eléctricas: Continuidad eléctrica /Aislante No propagador de la llama		H07V-K; Tipo de cable ya descrito H07Z1-K (AS); Tipo de cable ya descrito
	Canales. UNE-EN 50085	Impacto: Muy Fuerte (20Julios), Propiedades eléctricas: Continuidad eléctrica/ Aislante No propagadora de la llama	IP4X o IPXXD o superior y que sólo puede abrirse con útil	
			IP menor que IP4X o IPXXD o que puede abrirse sin útil	RV: Tipo de cable ya descrito RZ1-K (AS); Tipo de cable ya descrito
	Bandejas y bandejas de escalera. UNE-EN 61537	Impacto: 20 Julios Propiedades eléctricas: Continuidad eléctrica /Aislante No propagadora de la llama.		RVMV-K; Tipo de cable ya descrito RZ1MZ1-K (AS); Tipo de cable ya descrito
	Cables fijados directamente sobre las paredes.			

Nota (1): Medida desde el nivel del suelo en el punto de instalación.

Nota (2): En la medida de lo posible no se dispondrán canalizaciones eléctricas o aparatos (aparamenta eléctrica) por debajo de 1 m respecto de la superficie del suelo en su punto más alto de la planta a fin de evitar el efecto de la posible presencia de gases combustibles.

Nota (3) Cuando los garajes tengan la consideración de locales de pública concurrencia, (véase apartado III.3.3 de esta Guía) solamente podrán instalarse cables de reacción al fuego mínima C_{ca}-s1b,d1,a1.

Las características mínimas para los sistemas de conducción de cables para las instalaciones eléctricas de extracción, suministros complementarios y las acometidas a cuadros de sistemas de seguridad contra incendios y sus accionamientos de seguridad, cualquiera que sea su altura de instalación, serán las indicadas en la tabla III-2.

Tabla III-2: Características mínimas para los sistemas de conducción de cables para las instalaciones eléctricas de extracción, suministros complementarios y las acometidas a cuadros de sistemas de seguridad contra incendios y sus accionamientos de seguridad instalados en superficie en zonas desclasificadas de garajes

Sistema de conducción de cable (prescripción mínima)		
Tubos. Serie UNE-EN 50086	Compresión Fuerte (4), Impacto muy Fuerte (5), Propiedades eléctricas: Continuidad eléctrica/Aislante No propagador de la llama	
Canales. UNE-EN 50085	Impacto: Muy Fuerte (20 Julios), Propiedades eléctricas: Continuidad eléctrica/Aislante No propagadora de la llama	IP4X o IPXXD o superior y que sólo puede abrirse con útil.
		IP menor que IP4X o IPXXD o que puede abrirse sin útil
Bandejas y bandejas de escalera. UNE-EN 61537	Impacto: 20 Julios Propiedades eléctricas: Continuidad eléctrica / Aislante No propagadora de la llama.	
Cables armados fijados directamente sobre las paredes.		
Nota: Los suministros complementarios se refieren a aquellos definidos en la ITC-BT 28 apartado 2.3.		

Los cables instalados serán adecuados a la altura de instalación según la tabla III-1.

Los cables adecuados para este tipo de circuitos se distinguen en el mercado por las siglas (AS+) y corresponden a la norma UNE 211025 "Cables con una resistencia intrínseca al fuego destinados a circuitos de seguridad"

Tipo constructivo	Designación
Cables sin pantalla	SZ1-K 300/500 V PH 90 (AS+)
	SZ1-K 0,6/1 kV PH 90 (AS+)
Nota 1: La norma UNE 211025 también incluye las variantes de cables armados y apantallados que puede ser conveniente utilizar en instalaciones particulares.	
Nota 2: Los cables de tensión asignada 300/500 V se pueden utilizar en circuitos auxiliares de control.	

III.3 PRESCRIPCIONES PARTICULARES

III.3.1 Garajes según la ITC-BT-29

En la ITC-BT-29 se establecen las condiciones para la realización de instalaciones eléctricas en locales con riesgo de incendio o explosión.

En función de la afectación por este riesgo se pueden distinguir dos tipologías:

– Garajes clasificados: son aquellos en los que no se han determinado medidas especiales para su desclasificación, y puede existir el riesgo de una atmósfera explosiva, siendo de aplicación expresa la ITC-BT-29 y su guía técnica. Se deberá tener en cuenta adicionalmente lo dispuesto en este documento en lo referente a las medidas a aplicar por los requisitos de otras ITC del REBT o bien por las condiciones de protección contra incendios respecto a la instalación eléctrica del apartado 4.

– *Garajes desclasificados*: *son aquellos en los que se han determinado medidas espe-*
cíficas de desclasificación de la atmósfera explosiva. Las instalaciones se realizarán
de acuerdo a lo expuesto en este anexo III así como las ITCs del REBT que el pro-
yectista considere aplicables.

III.3.2 Método de desclasificación de garajes

Se detalla a continuación un caso muy concreto pero que, por su controversia, se considera
de gran importancia y en el que se indica una serie de prescripciones a seguir para el caso de
los garajes en edificios o construcciones similares, para vehículos ligeros que en general, no
superen 3500 kg. Para el caso de aparcamientos o garajes que puedan albergar vehículos de
características diferentes, por ejemplo autobuses, camiones o grandes furgonetas, los consi-
derandos siguientes puede que no se cumplan, por lo que será necesario realizar un estudio
de detalle en función de los volúmenes reales ocupados por cada plaza, la distribución de
vehículos por la naturaleza de su combustible, las tasas de escape esperadas, etc.

1º. *Puesto que los vehículos, por si mismos, poseen fuentes de ignición no controla-*
das, en la medida de lo posible se debe dotar a los garajes de la suficiente ventila-
ción permanente que permita desclasificarlos frente al riesgo de presencia de at-
mósferas explosivas.

2º. *Existe la siguiente distribución de riesgos en función del tipo de combustible que*
utilizan los vehículos del parque automovilista actual de vehículos ligeros, que no
superan los 3500 kg.

— *Vehículos de Gas-oil ≈ 54 % del parque automovilístico actual.*
  – *Punto de inflamación del Gas-oil > 55°C.*
— *Vehículos de Gasolina ≈ 45 % del parque automovilístico actual, de los que el*
  75% son posteriores a 1992.
  – *Punto de inflamación de la Gasolina < 20°C.*
— *Vehículos de GLP y GN ≈ 1 % del parque automovilístico actual.*
  – *Punto de inflamación de los GLP y GN << 0°C.*
— *Vehículos eléctricos de carretera.*

3º. *En función de esta distribución deberán tenerse en cuenta las siguientes medidas.*

— *Gas-oil: Si la temperatura del combustible almacenado en los depósitos de los*
  vehículos de gas-oil existentes en un garaje no alcanza este valor en condicio-
  nes normales, no se alcanza el LIE (límite inferior de explosividad) del gas-oil y
  no es necesario clasificar las zonas teniendo en cuenta este combustible.
— *Gasolina: En condiciones ambientales normales se supera la temperatura de*
  su punto de inflamación y por tanto en el entorno próximo a la fuente de emi-
  sión se alcanza la concentración del LIE de la gasolina. A efectos de la clasi-
  ficación de zonas se deberá tomar en cuenta este combustible.
— *GLP y GN: En condiciones ambientales normales se supera la temperatura de*
  su punto de inflamación y por tanto en el entorno próximo a la fuente de emi-
  sión se alcanza la concentración del LIE del GLP y GN. A efectos de la clasi-
  ficación de zonas se deberá tomar en cuenta este combustible.
— *Baterías de vehículos eléctricos de carretera: No son necesarios requisitos*
  especiales de clasificación de áreas para los vehículos eléctricos cuyas bate-
  rías sean estancas de Li-ION o de Ni-MH.

4°. *Para evaluar el número de renovaciones necesarias en función de las condiciones de los locales y las características de la sustancias, se seguirá el siguiente procedimiento según lo establecido en la norma UNE-EN 60079-10-1.*

   a) *Determinación o estimación de la tasa de escape existente o previsible por el tipo de vehículo y combustible utilizado ($G_{máx}$), en g/día o kg/s.*

   b) *Selección de los parámetros f y k más adecuados. El parámetro "f" expresa la eficacia de la ventilación en la dilución de la atmósfera explosiva con valores que van de f = 1 (situación ideal) a f = 5 (circulación de aire con dificultades debido a los obstáculos) y el parámetro "k" es un factor de seguridad impuesto al LIE, correspondiendo el valor de k = 0,25 (si el escape es continuo o primario) o k = 0,5 (si el escape es secundario).*

   c) *Estimación de un radio para el volumen de zona peligrosa (considerado semiesférico) alrededor de la fuente de escape, que pueda considerarse de extensión despreciable (R).*

   d) *Selección del volumen ocupado por vehículo ($V_{vehículo}$), incluyendo las zonas comunes y de circulación del garaje.*

   e) *Obtención del caudal de aire fresco mínimo ($Q_{min\ total}$), el número de renovaciones necesarias de aire (C) y la ventilación mínima por vehículo ($Q_{min\ vehículo}$), según las ecuaciones siguientes, tomadas del Anexo B de la norma UNE-EN 60079-10-1:*

$$Q_{min\ total} = \frac{G_{máx}}{k \cdot LIE}$$

$$C = \frac{f \cdot Q_{min\ total}}{\frac{1}{2}\left(\frac{4}{3}\pi \cdot R^3\right)}$$

$$Q_{min\ vehículo} = C \cdot V_{vehículo}$$

5°. *Se tomarán en consideración las siguientes tasas de escape para el cálculo de las zonas con riesgo de presencia de atmósferas explosivas, a una temperatura ambiente de 20°C.*

   — *Gas-oíl: no se considera.*

   — *Gasolina:*

      Para vehículos posteriores a 1992: $G_{máx > 1992}$ = 2 g/día.

      Para vehículos de 1992 o anteriores: $G_{máx ≤ 1992}$ = 20 g/día.

   — *GLP: $G_{máx\ GLP}$ = 8,75 g/día (equivalente a 160 cm³/h).*

   — *GN: $G_{máx\ GN}$ = 129 g/día.*

6°. *Ejemplo generalizado.*
   Para la realización de este ejemplo se ha tomado un LIE para el vapor de gasolina de 1,6 % en volumen (0,061 kg/m³), para el GLP un LIE de 2,1% en volumen (0,039 kg/m³) y para el GNC un LIE de 5% en volumen (0,033 kg/m³).

   a) *Determinación de la tasa de escape existente.*

      Turismos de gasolina existentes en la actualidad = 45 % del parque.

      Turismos de gasolina posteriores a 1992 = 75 %.

      Turismos de gasolina anteriores a 1992 = 25 %.

      Turismos con GLP o GN en la actualidad = 0,5 % del parque, respectivamente.

Tasa de escape promedio función de las características actuales del parque automovilístico:

$G_{máx}$ *(gasolina)= 0,45 · [(0,75 · $G_{máx > 1992}$) + (0,25 · $G_{máx ≤ 1992}$)] = 339·10⁻¹⁰ kg/s.*

$G_{máx}$ *(GLP) = 0,005 · $G_{máx}$ = 5,06·10⁻¹⁰ kg/s.*

$G_{máx}$ *(GN) = 0,005 · $G_{máx}$ = 74,7·10⁻¹⁰ kg/s.*

b) *Selección de los parámetros f y k.*
   Se consideran los parámetros más desfavorables: f = 5 (circulación de aire con dificultades debido a los obstáculos) y k = 0,25 (escape continuo para gasolina) y k= 0,5 (escape secundario para GLP o GNC).

c) *Estimación de un radio para el volumen de la extensión de zona despreciable.*

   Variable: desde R =50 cm hasta 10 cm

d) *Selección del volumen ocupado por vehículo, considerando la propia plaza de aparcamiento e incluyendo la parte proporcional de superficie de zonas de paso, circulación y rampas correspondientes a la plaza (30 m² con altura de 3 m).*
   $V_{vehículo}$ = 90 m³

e) *Obtención del caudal de aire fresco, número de renovaciones de aire necesarias y ventilación mínima por vehículo.*

Para vehículos con gasolina:

Radio de zona (R) m	Volumen de zona m³	Caudal de ventilación total ($Q_{mín.total}$) m³/s	Renovaciones (C) h⁻¹	Caudal de ventilación por vehículo m³/s
0,50	262·10⁻³	221·10⁻⁸	0,15	0,0038
0,20	16,8·10⁻³	221·10⁻⁸	2,37	0,0593
0,10	2,10.10⁻³	221·10⁻⁸	18,98	0,4744

Para vehículos con GLP:

Radio de zona (R) m	Volumen de zona m³	Caudal de ventilación total ($Q_{mín.total}$) m³/s	Renovaciones (C) h⁻¹	Caudal de ventilación por vehículo m³/s
0,50	262·10⁻³	2,63·10⁻⁸	0,002	< 0,0001
0,20	16,8·10⁻³	2,63·10⁻⁸	0,028	0,0007
0,10	2,10·10⁻³	2,63·10⁻⁸	0,226	0,0056

Para vehículos con GNC:

Radio de zona (R) m	Volumen de zona m³	Caudal de ventilación total ($Q_{mín.total}$) m³/s	Renovaciones (C) h⁻¹	Caudal de ventilación por vehículo m³/s
0,50	262·10⁻³	44,7·10⁻⁸	0,031	0,0008
0,20	16,8·10⁻³	44,7·10⁻⁸	0,480	0,0120
0,10	16,8·10⁻³	44,7·10⁻⁸	3,844	0,0961

Y sumando las contribuciones de cada tipo de combustible:

Radio de zona (R) m	Volumen de zona m³	Caudal de ventilación total ($Q_{mín.total}$) m³/s	Renovaciones (C) h⁻¹	Caudal de ventilación por vehículo m³/s
0,50	262·10⁻³	268·10⁻⁸	0,184	0,005
0,20	16,8·10⁻³	268·10⁻⁸	2,881	0,072
0,10	2,10·10⁻³	268·10⁻⁸	23,047	0,576

El procedimiento anterior es el inverso al habitual en clasificación de zonas; en este caso se parte de un volumen de zona y se calcula el caudal necesario para ventilar dicho volumen al 0,25 del LIE, cuando normalmente se parte del caudal de ventilación y se determina el radio o volumen de la zona.

Como puede observarse en la anterior tabla, es determinante el radio de la zona (R) que se considere ya que el número de renovaciones será mayor cuanto menor volumen de zona peligrosa se quiera alcanzar.

A modo de ejemplo, el CTE, sección HS3, apartado 2 tabla 2.1 prescribe, para garantizar la calidad de aire, un caudal de ventilación mínimo de 120 l/s (432 m^3/h) por plaza en aparcamientos y garajes de edificios. Este valor corresponde, para un plaza tipo de 25 a 30 m^2 (teniendo en cuenta las zonas de paso, circulación y rampas del garaje) y una altura de 2,5 a 3 m, se obtendrán valores comprendidos entre 6,9 y 4,8 renovaciones/hora.

Tomado un valor prudente y conservador para el radio de la extensión de zona despreciable de 0,2 m (20 cm), el número de renovaciones por hora sería bastante inferior a 4,8, valor inferior al número de renovaciones por hora mínimo, exigido por el CTE. Por lo tanto aquellos garajes que cumplan con los requisitos establecidos en CTE, Sección HS3, se consideran como "garaje desclasificado".

Conclusión:

1. No cabe considerar la clasificación de garajes por razones prácticas: presencia de fuentes de ignición no controladas de los propios vehículos y de las personas.

2. Se debe garantizar un caudal de ventilación permanente, natural o forzada, con una tasa de al menos el valor mínimo exigido por motivos de salubridad.

3. La ventilación exigida por la dilución de monóxido de carbono no se debe considerar a estos efectos debido a su carácter periódico o no permanente.

III.3.3 Garajes según la ITC-BT-28

Los garajes de pública concurrencia además de lo indicado en este anexo cumplirán con ITCBT 28 y el CTE.

Se consideran garajes de pública concurrencia los siguientes:

1. Los garajes considerados de uso público.

2. Los garajes que forman parte de un edificio considerado como Local de Pública Concurrencia (LPC).

3. Los garajes vinculados a una actividad sujeta a horarios y con una superficie mayor de 1500 m^2, y

4. Los estacionamientos de uso público, cerrados y cubiertos para más de 5 vehículos para cualquier ocupación.

III.4 OTRAS CONSIDERACIONES RELATIVAS AL RIESGO DE INCENDIO

En general respecto a las condiciones de seguridad contra incendios se aplicará lo dispuesto en el CTE DB-SI.

Los elementos de la instalación eléctrica del sistema de extracción de humos del garaje deberán cumplir los requisitos del CTE DB-SI3 Apdo. 8.

ANEXO IV

INSTALACIONES ELÉCTRICAS EN LOCALES CON RIESGO DE EXPLOSIÓN: PARTICULARIDADES A TENER EN CUENTA CON RESPECTO A LA EXISTENCIA DE UN SISTEMA DE DETECCIÓN DE GASES EN INSTALACIONES COLECTIVAS, COMERCIALES E INDUSTRIALES

IV.1 INTRODUCCIÓN

Entre los locales con riesgo de explosión se encuentran aquel tipo de locales en los que se ubican aparatos que consumen cualquier tipo de gas susceptible de ser explosivo.

Estos locales son susceptibles de estar afectados por varias ITC debido a las especiales condiciones que les aplican. Entre estas ITC particulares podemos destacar la ITC-BT-29, Prescripciones particulares para las instalaciones eléctricas de los locales con riesgo de incendio o explosión, y la ITC-BT-28, Instalaciones en locales de Pública concurrencia, además de lo descrito en la ITC-BT-20, Sistemas de instalación, aplicando los principios de selección de la canalización eléctrica en función de las influencias externas según la norma UNE-HD 60364-5- 52.

IV.2 PRESCRIPCIONES PARTICULARES

Al considerarse los locales con riesgo de explosión en muchos de sus casos como Locales de Pública Concurrencia se debe prestar especial atención a la protección de la instalación eléctrica, adicionalmente puede tratarse de locales de ámbito colectivo, comercial e industrial, debiendo valorarse las medidas aplicadas para mitigar dicho riesgo. A tal fin se verificará la medida de seguridad selecciona, y en el caso de hallarse un sistema de detección de gases, se deberá verificar la conformidad a la normativa de aplicación. Para tal fin el Organismo de Control solicitará y verificará la declaración UE de conformidad, donde se indicará el cumplimiento con la Norma UNE EN 60079-29-1 y el Organismo Notificado (cuando aplique) que certifica dicho cumplimiento.

Normativa relacionada con los detectores de gas y su instalación

Producto	Norma de aplicación
Sistema de detección de gases inflamables (1) (requisitos de funcionamiento)	UNE-EN 60079-29-1
Sistema de detección de gases inflamables y de oxígeno (1) (selección, instalación, uso y mantenimiento)	UNE-EN 60079-29-2
Atmosferas en lugares de trabajo (1) (detección y medición de gases y vapores tóxicos)	UNE-EN 45544 (serie)
Detector de gases combustibles (2) (métodos de ensayo y requisitos de funcionamiento)	UNE-EN 50194-1
Detector de gases combustibles (3) (métodos de ensayo y requisitos de funcionamiento)	UNE-EN 50194-2
Detector de gases combustibles (2) (guía de selección, instalación, uso y mantenimiento)	UNE-EN 50244
Detector de gas monóxido de carbono (CO) (2) (métodos de ensayo y requisitos de funcionamiento)	UNE-EN 50291-1
Detector de gas monóxido de carbono (CO) (3) (métodos de ensayo y requisitos de funcionamiento)	UNE-EN 50291-2
Detector de gas monóxido de carbono (CO) (4) (guía de selección, instalación, uso y mantenimiento)	UNE-EN 50292
Nota 1: Normativa de producto para uso en ambientes colectivos, comerciales e industriales. Nota 2: Normativa de producto para uso en ambientes domésticos. Nota 3: Normativa de producto para uso en instalaciones fijas de vehículos recreativos y emplazamientos similares. Nota 4: Normativa de producto para uso en ambientes domésticos, caravanas y embarcaciones.	

GUÍA-BT-30

INSTALACIONES EN LOCALES DE CARACTERÍSTICAS ESPECIALES

Edición: Febrero 2027; Revisión: 4

Índice

---

1. INSTALACIONES EN LOCALES HÚMEDOS

Locales o emplazamientos húmedos son aquellos cuyas condiciones ambientales se manifiestan momentánea o permanentemente bajo la forma de condensación en el techo y paredes, manchas salinas o moho aún cuando no aparezcan gotas, ni el techo o paredes estén impregnados de agua.

Debido a la necesidad de asegurar para este tipo de locales tensiones de contacto muy bajas, las masas y elementos conductores deben conectarse mediante conductores de protección, o de equipotencialidad, a la instalación de puesta a tierra, garantizándose que la tensión de contacto no supere los 24 V. La realización se hará según la ITC-BT-18.

Cuando el agua pueda acumularse o condensarse en las canalizaciones, deberán tomarse disposiciones para asegurar su evacuación.

En estos locales o emplazamientos el material eléctrico cuando no se utilice muy bajas tensiones de seguridad, cumplirá con las siguientes condiciones:

1.1. Canalizaciones eléctricas

Las canalizaciones serán estancas, utilizándose, para terminales, empalmes y conexiones de las mismas, sistemas o dispositivos que presenten el grado de protección correspondiente a la caída vertical de gotas de agua (IPX1). Este requisito lo deberán cumplir las canalizaciones prefabricadas.

1.1.1. Instalación de conductores y cables aislados en el interior de tubos

Los conductores tendrán una tensión asignada de 450/750V y discurrirán por el interior de tubos:

- Empotrados: según lo especificado en la Instrucción ITC-BT-21.

- En superficie: según lo especificado en la ITC-BT-21, pero que dispondrán de un grado de resistencia a la corrosión 3.

De acuerdo con la norma UNE-EN 50086 o UNE-EN 61386 (que sustituye a la anterior) los tubos metálicos y compuestos deben tener una resistencia apropiada a la corrosión. Se considera que los tubos no metálicos son resistentes a la corrosión.

Los cables de instalación habitual con estas características son:

cable H07V-K (norma UNE 21031-3)	conductor unipolar aislado de tensión asignada 450/750 V, con conductor de cobre clase 5 (-K) y aislamiento de policloruro de vinilo (V)
cable H07Z1-K (AS) (norma UNE 211002)	conductor no propagador del incendio, unipolar aislado de tensión asignada 450/750 V, conductor de cobre clase 5 (-K), aislamiento de compuesto termoplástico a base de poliolefina con baja emisión de humos y gases corrosivos (Z1)

NOTA: Recientemente los cables con denominación ES07Z1-K (AS) han cambiado su denominación normativa a: H07Z1-K (AS)

1.1.2. Instalación de cables aislados con cubierta en el interior de canales aislantes

Se instalarán en superficie y las conexiones, empalmes y derivaciones se realizarán en el interior de cajas.

Los cables de instalación habitual son:

cable H07RN-F (norma UNE 21027-4)	*cable de tensión asignada 450/750 V, con conductor de cobre clase 5 apto para servicios móviles (-F), aislamiento de compuesto de goma (R) y cubierta de policloropreno (N).*
cable H07ZZ-F (AS) (norma UNE 21027-13)	*cable no propagador del incendio, de tensión asignada 450/750 V, con conductor de cobre clase 5 apto para servicios móviles (-F), aislamiento y cubierta de compuesto reticulado con baja emisión de humos y gases corrosivos (Z)*
cable RV-K (norma UNE 21123-2)	*cable de tensión asignada 0,6/1 kV, con conductor de cobre clase 5 (-K), aislamiento de polietileno reticulado (R) y cubierta policloruro de vinilo (V)*
cable RZ1-K (AS) (norma UNE 21123-4)	*cable no propagador del incendio, de tensión asignada 0,6/1 kV con conductor de cobre clase 5 (-K), aislamiento de polietileno reticulado (R) y cubierta de compuesto termoplástico a base de poliolefina con baja emisión de humos y gases corrosivos (Z1)*

1.1.3. Instalación de cables aislados y armados con alambres galvanizados sin tubo protector

Los conductores tendrán una tensión asignada de 0,6/1 kV y discurrirán por:

– En el interior de huecos de la construcción

– Fijados en superficie mediante dispositivos hidrófugos y aislantes.

Los cables de instalación habitual con estas características son:

RVMV-K (serie UNE 21123)	*cable de tensión asignada 0,6/1 kV, con aislamiento de polietileno reticulado (R), cubierta interna de PVC (V), armadura de alambres de acero galvanizado (M) y cubierta externa de PVC (V), con conductor de cobre flexible clase 5 (-K)*
RVMV-K (serie UNE 21123)	*cable no propagador del incendio, de tensión asignada 0,6/1 kV, con aislamiento de polietileno reticulado (R), cubierta interna libre de halógenos (Z1), armadura de alambres de acero galvanizado (M) y cubierta externa libre de halógenos (Z1) y conductor de cobre flexible clase 5 (-K)*
Nota: para cables unipolares, la armadura es de aluminio en lugar de acero galvanizado.	

OTROS SISTEMAS DE INSTALACIÓN NO DETALLADOS EN EL REGLAMENTO

A Bandejas portacables

Con posterioridad a la publicación del REBT se publicó la norma UNE-EN 61537 "Sistemas de bandejas y bandejas de escalera para conducción de cables" el cuál, como sistema de instalación, ya se encuentra definido en la ITC-BT-20 apto. 2.2.9 y por lo tanto se hace necesario desarrollar a continuación, sus características de instalación y montaje.

El cometido de las bandejas es el soporte y la conducción de los cables. Sólo podrá utilizarse conductor aislado bajo cubierta. Debido a que las bandejas no efectúan una función de protección, se recomienda la instalación de cables de tensión asignada 0,6/1 kV como los indicados a continuación:

cable RV-K (norma UNE 21123-2)	cable de tensión asignada 0,6/1 kV, con conductor de cobre clase 5 (-K), aislamiento de polietileno reticulado (R) y cubierta policloruro de vinilo (V)
cable RZ1-K (AS) (norma UNE 21123-4)	cable no propagador del incendio, de tensión asignada 0,6/1 kV con conductor de cobre clase 5 (-K), aislamiento de polietileno reticulado (R) y cubierta de compuesto termoplástico a base de poliolefina con baja emisión de humos y gases corrosivos (Z1)

Los empalmes y/o derivaciones deberán realizarse en el interior de cajas de empalme y/o derivación, que podrán estar soportadas por las bandejas.

El resto de características de las bandejas serán conformes a lo indicado en la ITC-BT-20 e ITC-BT-21

Las bandejas deberán presentar, como mínimo, la siguiente resistencia a la corrosión, según la norma UNE-EN 61537:

Tipo de bandeja	Clase mínima
Bandejas no metálicas (ver nota 1)	—
Bandejas de acero con recubrimiento metálico o de acero inoxidable	Clase 5
Bandejas de aleaciones de aluminio u otros metales	Equivalente a clase 5
Bandejas con recubrimientos orgánicos	Equivalente a clase 5
Nota 1: De acuerdo con la norma UNE-EN 61537 las bandejas no metálicas son resistentes a la corrosión.	

B Canales metálicas

Se acepta el sistema de instalación de cables en el interior de canales metálicas si éstas poseen como mínimo una resistencia a la corrosión equivalente a la exigida para otros sistemas de conducción de cables (bandejas y tubos metálicos).

Se instalarán en superficie y las conexiones, empalmes y derivaciones se realizarán en el interior de cajas.

Los cables habitualmente utilizados en este tipo de instalación son los mismos que los indicados en el apartado 1.1.2.

Las normas de producto aplicables para los diferentes sistemas de instalación descritos en este apartado 1.1, son las siguientes:

Producto	Norma de aplicación
Tubo Rígido	UNE-EN 50086-2-1
Tubo Curvable	UNE-EN 50086-2-2
Tubo Flexible	UNE-EN 50086-2-3
Canal protectora	UNE-EN 50085-1
Bandejas y bandejas de escalera	UNE-EN 61537

1.2. Aparamenta

Las cajas de conexión, interruptores, tomas de corriente y, en general, toda la aparamenta utilizada, deberá presentar el grado de protección correspondiente a la caída vertical de gotas de agua, IPX1. Sus cubiertas y las partes accesibles de los órganos de accionamiento no serán metálicos.

1.3. Receptores de alumbrado y aparatos portátiles de alumbrado

Los receptores de alumbrado estarán protegidos contra la caída vertical de agua, IPX1 y no serán de clase 0.

Los aparatos de alumbrado portátiles serán de la Clase II, según la Instrucción ITC-BT-43.

2. INSTALACIONES EN LOCALES MOJADOS

Locales o emplazamientos mojados son aquellos en que los suelos, techos y paredes estén o puedan estar impregnados de humedad y donde se vean aparecer, aunque sólo sea temporalmente, lodo o gotas gruesas de agua debido a la condensación o bien estar cubiertos con vaho durante largos períodos.

Se considerarán como locales o emplazamientos mojados los lavaderos públicos, las fábricas de apresto, tintorerías, etc., así como las instalaciones a la intemperie.

Para instalaciones a la intemperie, la elección de la aparamenta, del sistema de instalación y de sus características, está condicionado además, a las correspondientes ITC-BT que contemplan instalaciones específicas situadas a la intemperie.

Debido a la necesidad de asegurar para este tipo de locales tensiones de contacto muy bajas, las masas y elementos conductores deben conectarse mediante conductores de protección, o de equipotencialidad, a la instalación de puesta a tierra, garantizándose que la tensión de contacto no supere los 24 V. La realización se hará según la ITC-BT-18.

En estos locales o emplazamientos se cumplirán, además de las condiciones para locales húmedos del apartado 1, las siguientes:

2.1. Canalizaciones

Las canalizaciones serán estancas, utilizándose para terminales, empalmes y conexiones de las mismas, sistemas y dispositivos que presenten el grado de protección correspondiente a las proyecciones de agua, IPX4. Las canalizaciones prefabricadas tendrán el mismo grado de protección IPX4.

2.1.1. Instalación de conductores y cables aislados en el interior de tubos

Los conductores tendrán una tensión asignada de 450/750 V y discurrirán por el interior de tubos:

– Empotrados: según lo especificado en la ITC-BT-21.

– En superficie: según lo especificado en la ITC-BT-21, pero que dispondrán de un grado de resistencia a la corrosión 4.

De acuerdo con la norma UNE-EN 50086 o UNE-EN 61386 (que sustituye a la anterior) los tubos metálicos y compuestos deben tener una resistencia apropiada a la corrosión. Se considera que los tubos no metálicos son resistentes a la corrosión.

Los cables habitualmente utilizados en este tipo de instalación son los mismos que los indicados en el apartado 1.1.1.

2.1.2. Instalación de cables aislados con cubierta en el interior de canales aislantes

Los conductores tendrán una tensión asignada de 450/750 V y discurrirán por el interior de canales que se instalarán en superficie y las conexiones, empalmes y derivaciones se realizarán en el interior de cajas.

Los cables habitualmente utilizados en este tipo de instalación son los mismos que los indicados en el apartado 1.1.2.

OTROS SISTEMAS DE INSTALACIÓN NO DETALLADOS EN EL REGLAMENTO

A Bandejas portacables

Con posterioridad a la publicación del REBT se publicó la norma UNE-EN 61537 "Sistemas de bandejas y bandejas de escalera para conducción de cables" el cuál, como sistema de instalación, ya se encuentra definido en la ITC-BT-20 apto. 2.2.9 y por lo tanto se hace necesario desarrollar a continuación, sus características de instalación y montaje.

En el caso particular de instalaciones a la intemperie, el uso de bandejas se limitará a recintos de acceso restringido, salvo que estén situadas a una altura mínima de 2,5 m sobre el nivel del suelo o para aquellas que se instalen sobre pasos de vehículos, a la altura necesaria en función del gálibo previsto, con un valor mínimo de 4 m sobre el nivel del suelo.

El cometido de las bandejas es el soporte y la conducción de los cables. Sólo podrá utilizarse conductor aislado bajo cubierta. Debido a que las bandejas no efectúan una función de protección, se recomienda la instalación de cables de tensión asignada 0,6/1 kV de los indicados a continuación.

cable RV-K (norma UNE 21123-2)	cable de tensión asignada 0,6/1 kV, con conductor de cobre clase 5 (-K), aislamiento de polietileno reticulado (R) y cubierta policloruro de vinilo (V)
cable RZ1-K (AS) (norma UNE 21123-4)	cable no propagador del incendio, de tensión asignada 0,6/1 kV con conductor de cobre clase 5 (-K), aislamiento de polietileno reticulado (R) y cubierta de compuesto termoplástico a base de poliolefina con baja emisión de humos y gases corrosivos (Z1)
NOTA: Cuando de utilicen estos cables en las instalaciones de intemperie se deberá asegurar que hayan soportado el ensayo de resistencia a condiciones climáticas o ensayo de intemperie.	

Los empalmes y/o derivaciones deberán realizarse en el interior de cajas de empalme y/o derivación con un grado de protección mínimo IP X4, que podrán estar soportadas por las bandejas. Si las cajas de empalme o derivación están a la intemperie, el grado de protección mínimo será IP 44.

El resto de características de las bandejas serán conformes a lo indicado en la ITC-BT-20 e ITC-BT-21

Las bandejas deberán presentar, como mínimo, la siguiente resistencia a la corrosión, según la norma UNE-EN 61537:

Tipo de bandeja	Clase mínima
Bandejas no metálicas (ver nota 1)	—
Bandejas de acero con recubrimiento metálico o de acero inoxidable	Clase 5
Bandejas de aleaciones de aluminio u otros metales	Equivalente a clase 5
Bandejas con recubrimientos orgánicos	Equivalente a clase 5
Nota 1: De acuerdo con la norma UNE-EN 61537 las bandejas no metálicas son resistentes a la corrosión.	

B Canales metálicas

Se acepta el sistema de instalación de cables en el interior de canales metálicas si éstas poseen como mínimo una resistencia a la corrosión equivalente a la exigida para otros sistemas de conducción de cables (bandejas y tubos metálicos).

Se instalarán en superficie y las conexiones, empalmes y derivaciones se realizarán en el interior de cajas.

Los cables habitualmente utilizados en este tipo de instalación son los mismos que los indicados en el apartado 2.1.2.

Las normas de producto aplicables para los diferentes sistemas de instalación descritos en este apartado 2.1, son las siguientes:

Producto	Norma de aplicación
Tubo Rígido	UNE-EN 50086-2-1
Tubo Curvable	UNE-EN 50086-2-2
Tubo Flexible	UNE-EN 50086-2-3
Canal protectora	UNE-EN 50085-1
Bandejas y bandejas de escalera	UNE-EN 61537

2.2. Aparamenta

Se instalarán los aparatos de mando y protección y tomas de corriente fuera de estos locales. Cuando esto no se pueda cumplir, los citados aparatos serán, del tipo protegido contra las proyecciones de agua, IPX4, o bien se instalarán en el interior de cajas que les proporcionen un grado de protección equivalente.

2.3. Dispositivos de protección

De acuerdo con lo establecido en la ITC-BT-22, se instalará, en cualquier caso, un dispositivo de protección en el origen de cada circuito derivado de otro que penetre en el local mojado.

2.4. Aparatos móviles o portátiles

Queda prohibido en estos locales la utilización de aparatos móviles o portátiles, excepto cuando se utilice como sistema de protección la separación de circuitos o el empleo de muy bajas tensiones de seguridad, MBTS según la Instrucción ITC-BT-36.

2.5. Receptores de alumbrado

Los receptores de alumbrado estarán protegidos contra las proyecciones de agua, IPX4. No serán de clase 0.

3. INSTALACIONES EN LOCALES CON RIESGO DE CORROSIÓN

Locales o emplazamientos con riesgo de corrosión son aquellos en los que existan gases o vapores que puedan atacar a los materiales eléctricos utilizados en la instalación.

Se considerarán como locales con riesgo de corrosión: las fábricas de productos químicos, depósitos de estos, etc.

En estos locales o emplazamientos se cumplirán las prescripciones señaladas para las instalaciones en locales mojados, debiendo protegerse además, la parte exterior de los aparatos y canalizaciones con un revestimiento inalterable a la acción de dichos gases o vapores.

El uso de cintas adecuadas, pinturas o grasas pueden constituir métodos apropiados para asegurar una protección complementaria en la instalación.

4. INSTALACIONES EN LOCALES POLVORIENTOS SIN RIESGO DE INCENDIO O EXPLOSIÓN

Los locales o emplazamientos polvorientos son aquellos en que los equipos eléctricos están expuestos al contacto con el polvo en cantidad suficiente como para producir su deterioro o un defecto de aislamiento.

En estos locales o emplazamientos se cumplirán las siguientes condiciones:

- Las canalizaciones eléctricas prefabricadas o no, tendrán un grado de protección mínimo IP5X (considerando la envolvente como categoría 1 según la norma UNE 20.324), salvo que las características del local exijan uno más elevado.

- Los equipos o aparamenta utilizados tendrán un grado de protección mínimo IP5X (considerando la envolvente como categoría 1 según la norma UNE 20.324) o estará en el interior de una envolvente que proporcione el mismo grado de protección IP 5X, salvo que las características del local exijan uno más elevado.

En emplazamientos en los que se encuentren cantidades importantes de polvo (AE 4), deben tomarse precauciones adicionales para impedir la acumulación de polvo o de otras substancias en cantidades que pudieran afectar la evacuación de calor de las canalizaciones.

5. INSTALACIONES EN LOCALES A TEMPERATURA ELEVADA

Locales o emplazamientos a temperatura elevada son aquellos donde la temperatura del aire ambiente es susceptible de sobrepasar frecuentemente los 40 °C, o bien se mantiene permanentemente por encima de los 35 °C.

En estos locales o emplazamientos se cumplirán las siguientes condiciones:

- Los cables aislados con materias plásticas o elastómeras podrán utilizarse para una temperatura ambiente de hasta 50 °C aplicando el factor de reducción, para los valores de la intensidad máxima admisible, señalados en la norma UNE 20.460-5-523.

  Para temperaturas ambientes superiores a 50 °C se utilizarán cables especiales con un aislamiento que presente una mayor estabilidad térmica.

- En estos locales son admisibles las canalizaciones con conductores desnudos sobre soportes aislantes. Los soportes estarán construidos con un material cuyas propiedades y estabilidad queden garantizadas a la temperatura de utilización.

- Los aparatos utilizados deberán poder soportar los esfuerzos resultantes a que se verán sometidos debido a las condiciones ambientales. Su temperatura de funcionamiento a plena carga no deberá sobrepasar el valor máximo fijado en la especificación del material.

Tipos de cable que cumplen con la característica de tener una mayor estabilidad térmica son:

cable H07V2-K (norma UNE 21031-7)	conductor unipolar aislado de tensión asignada 450/750 V, con conductor de cobre clase 5 (-K) y aislamiento de compuesto de policloruro de vinilo (V2) (temperatura máxima del conductor 90 °C)
cable H07G-K (norma UNE 21027-7)	conductor unipolar aislado de tensión asignada 450/750 V, con conductor de cobre clase 5 (-K) y aislamiento de goma resistente al calor (G)

Ya que estos locales suelen tener condiciones particulares especiales, por ejemplo puntas de temperatura, se recomienda consultar las características técnicas del cable con objeto de comprobar que el cable es capaz de soportar la punta de temperatura durante los tiempos requeridos.

6. INSTALACIONES EN LOCALES A MUY BAJA TEMPERATURA

Locales o emplazamientos a muy baja temperatura son aquellos donde pueden presentarse y mantenerse temperaturas ambientales inferiores a –20 °C.

Se considerarán como locales a temperatura muy baja las cámaras de congelación de las plantas frigoríficas.

En estos locales o emplazamientos se cumplirán las siguientes condiciones:

– El aislamiento y demás elementos de protección del material eléctrico utilizado, deberá ser tal que no sufra deterioro alguno a la temperatura de utilización.

– Los aparatos eléctricos deberán poder soportar los esfuerzos resultantes a que se verán sometidos debido a las condiciones ambientales.

Ya que estos locales suelen tener condiciones particulares especiales, se recomienda consultar las características técnicas del cable con objeto de comprobar que el cable es capaz de soportar la temperatura durante los tiempos requeridos.

7. INSTALACIONES EN LOCALES EN QUE EXISTAN BATERÍAS DE ACUMULADORES

Los locales en que deban disponerse baterías de acumuladores con posibilidad de desprendimiento de gases, se considerarán como locales o emplazamientos con riesgo de corrosión debiendo cumplir, además de las prescripciones señaladas para estos locales, las siguientes:

– El equipo eléctrico utilizado estará protegido contra los efectos de vapores y gases desprendidos por el electrolito.

– Los locales deberán estar provistos de una ventilación natural o forzada que garantice una renovación perfecta y rápida del aire. Los vapores evacuados no deben penetrar en locales contiguos.

– La iluminación artificial se realizará únicamente mediante lámparas eléctricas de incandescencia o de descarga.

– Las luminarias serán de material apropiado para soportar el ambiente corrosivo y evitar la penetración de gases en su interior.

– Los acumuladores que no aseguren por sí mismos y permanentemente un aislamiento suficiente entre partes en tensión y tierra, deberán ser instalados con un aislamiento suplementario. Este aislamiento no podrá ser afectado por la humedad.

– Los acumuladores estarán dispuestos de manera que pueda realizarse fácilmente la sustitución y el mantenimiento de cada elemento. Los pasillos de servicio tendrán una anchura mínima de 0,75 metros.

– Si la tensión de servicio en corriente continua es superior a 75 voltios con relación a tierra y existen partes desnudas bajo tensión que puedan tocarse inadvertidamente, el suelo de los pasillos de servicio será eléctricamente aislante.

– Las piezas desnudas bajo tensión, cuando entre éstas existan tensiones superiores a 75 voltios en corriente continua, deberán instalarse de manera que sea imposible tocarlas simultánea e inadvertidamente.

8. INSTALACIONES EN LOCALES AFECTOS A UN SERVICIO ELÉCTRICO

Locales o emplazamientos afectos a un servicio eléctrico son aquellos que se destinan a la explotación de instalaciones eléctricas y, en general, sólo tienen acceso a los mismos personas cualificadas para ello. Se considerarán como locales o emplazamientos afectos a un servicio eléctrico: los laboratorios de ensayos, las salas de mando y distribución instaladas en locales independientes de las salas de máquinas de centrales, centros de transformación, etc.

En estos locales se cumplirán las siguientes condiciones:

– Estarán obligatoriamente cerrados con llave cuando no haya en ellos personal de servicio.

– El acceso a estos locales deberá tener al menos una altura libre de 2 metros y una anchura mínima de 0,7 metros. Las puertas se abrirán hacia el exterior.

– Si la instalación contiene instrumentos de medida que deban ser observados o aparatos que haya que manipular constante o habitualmente, tendrá un pasillo de servicio de una anchura mínima de 1,10 metros. No obstante, ciertas partes del local o de la instalación que no estén bajo tensión podrán sobresalir en el pasillo de servicio, siempre que su anchura no quede reducida en esos lugares a menos de 0,80 metros. Cuando existan a los lados del pasillo de servicio piezas desnudas bajo tensión, no protegidas, aparatos a manipular o instrumentos a observar, la distancia entre equipos eléctricos instalados enfrente unos de otros, será como mínimo de 1,30 metros.

– El pasillo de servicio tendrá una altura de 1,90 metros, como mínimo. Si existen en su parte superior piezas no protegidas bajo tensión, la altura libre hasta esas piezas no será inferior a 2,30 metros.

– Sólo se permitirá colocar en el pasillo de servicio los objetos necesarios para el empleo de aparatos instalados.

– Los locales que tengan personal de servicio permanente, estarán dotados de un alumbrado de seguridad.

– Los locales que estén bajo rasante deberán disponer de un sumidero.

9. INSTALACIONES EN OTROS LOCALES DE CARACTERÍSTICAS ESPECIALES

Cuando en los locales o emplazamientos donde se tengan que establecer instalaciones eléctricas concurran circunstancias especiales no especificadas en estas Instrucciones y que puedan originar peligro para las personas o cosas, se tendrá en cuenta lo siguiente:

- Los equipos eléctricos deberán seleccionarse e instalarse en función de las influencias externas definidas en la Norma UNE 20.460-3, a las que dichos materiales pueden estar sometidos de forma que garanticen su funcionamiento y la fiabilidad de las medidas de protección

- Cuando un equipo no posea por su construcción, las características correspondientes a las influencias externas del local (o las derivadas de su ubicación), podrá utilizarse a condición de que se le proporcione, durante la realización de la instalación, una protección complementaria adecuada. Esta protección no deberá perjudicar las condiciones de funcionamiento del material así protegido.

- Cuando se produzcan simultáneamente diferentes influencias externas, sus efectos podrá ser independientes o influirse mutuamente, y los grados de protección deberán seleccionarse en consecuencia.

9.1. Clasificación de las influencias externas

La norma UNE 20.460-3 establece una clasificación y una codificación de las influencias que deben ser tenidas en cuenta para el proyecto y la ejecución de las instalaciones eléctricas.

Esta codificación no está prevista para su utilización el marcado de los equipos.

El material eléctrico deberá seleccionarse e instalarse en función de las influencias externas definidas en las normas UNE 20460-3 y UNE 20460-5-51, y en la norma UNE 20460-5-52 para las canalizaciones.

GUÍA-BT-33

INSTALACIONES PROVISIONALES Y TEMPORALES DE OBRAS

Edición: Julio 2012; Revisión: 1

Índice

1. CAMPO DE APLICACIÓN

Las prescripciones particulares de esta instrucción se aplican a las instalaciones temporales destinadas:

- a la construcción de nuevos edificios;

- a trabajos de reparación, modificación, extensión o demolición de edificios existentes;

- a trabajos públicos;

- a trabajos de excavación, y

- a trabajos similares.

Las partes de edificios que sufran transformaciones tales como ampliaciones, reparaciones importantes o demoliciones serán consideradas como obras durante el tiempo que duren los trabajos correspondientes, en la medida que esos trabajos necesitan la realización de una instalación eléctrica temporal.

En los locales de servicios de las obras (oficinas, vestuarios, salas de reunión, restaurantes, dormitorios, locales sanitarios, etc.) serán aplicables las prescripciones técnicas recogidas en la ITC-BT-24.

Para los locales de servicios de las obras serán aplicables, además de la ITC-BT-24, el articulado del REBT y todas las demás Instrucciones Técnicas Complementarias de carácter general, y en especial:

- *ITC-BT-18   Instalaciones de puesta a tierra*

- *ITC-BT-19   Instalaciones interiores o receptoras. Prescripciones generales*

- *ITC-BT-20   Instalaciones interiores o receptoras. Sistemas de instalación*

- *ITC-BT-21   Instalaciones interiores o receptoras. Tubos y canales protectoras*

- *ITC-BT-22   Instalaciones interiores o receptoras. Protección contra sobreintensidades*

- *ITC-BT-23   Instalaciones interiores o receptoras. Protección contra sobretensiones*

- *Otras   Requisitos para instalaciones concretas, p.ej. locales que contienen duchas*

Además de lo indicado anteriormente, la maquinaria y equipos de trabajo que puedan ser alcanzados por rayos durante su utilización deberán estar protegidos mediante un sistema de protección externa contra el rayo y una red de tierra adecuada.

En las instalaciones de obras, las instalaciones fijas están limitadas al conjunto que comprende el cuadro general de mando y los dispositivos de protección principales.

Según lo especificado en la Norma UNE-EN 60439-4, así como en el Informe Técnico UNE 201008 IN, se distinguen dos tipos de conjuntos para obras (CO):

- *Conjunto transportable (o semi-fijo): CO previsto para utilizarse en un lugar dado, sin fijación definitiva, pudiendo variar este lugar dentro de una misma obra. Cuando el equipo se ha de mover a otro sitio, debe primero desconectarse de la alimentación.*

- *Conjunto móvil: CO que puede desplazarse conforme va avanzando la construcción y sin necesidad de desconectarlo de la alimentación.*

El cuadro general de mando y protección se encontraría dentro del primer grupo, ya que su movilidad dentro de la obra sólo se realiza por causas excepcionales por lo que se puede considerar como parte fija de la instalación.

Un mismo CO puede ejercer la función de "cuadro general" o "sub-cuadro de distribución".

---

2. CARACTERÍSTICAS GENERALES

2.1 Alimentación

Toda instalación deberá estar identificada según la fuente que la alimente y sólo debe incluir elementos alimentados por ella, excepto circuitos de alimentación complementaria de señalización o control.

Para la correcta identificación de la alimentación se deben especificar los siguientes datos que deberán estar reflejados como mínimo en la documentación técnica de la instalación:

- *Tensión asignada (y la frecuencia en caso de corriente alterna)*
- *Corriente máxima admisible*
- *Tipo de red (TT, TN, …)*
- *Tipo y naturaleza del elemento de protección aguas arriba*

Estos datos deberán estar accesibles para los responsables de la obra

---

Una misma obra puede ser alimentada a partir de varias fuentes de alimentación incluidos los generadores fijos o móviles.

Las distintas alimentaciones deben ser conectadas mediante dispositivos diseñados de modo que impidan la interconexión entre ellas.

Como dispositivos diseñados de modo que impidan la interconexión se pueden usar:

Dispositivo	Norma
Interruptores automáticos con enclavamiento mecánico	*UNE EN 60947-2*
Conmutadores manuales o automáticos	*UNE EN 60947-3*

---

3. INSTALACIONES DE SEGURIDAD

Cuando debido al posible fallo de la alimentación normal de un circuito o aparato existan riesgos para la seguridad de las personas, deberán preverse instalaciones de seguridad.

Deben tomarse precauciones ya que la falta de tensión y su restablecimiento pueden ocasionar peligro para las personas o para los bienes. De igual manera se deben tomar las precauciones adecuadas cuando una parte de la instalación o algún receptor puedan averiarse por una bajada de tensión.

No se exige dispositivo de protección contra las bajadas de tensión, si los perjuicios sufridos por la instalación o por el receptor se consideran un riesgo aceptable siempre y cuando no se cause peligro a las personas.

Cuando el rearme de un dispositivo de protección puede originar situaciones peligrosas, el rearme no debe ser automático.

Las medidas de protección contra bajadas de tensión pueden elegirse de la siguiente forma:

- *Relés de mínima tensión directos:*

- *Relés de mínima tensión indirectos:*

- *Cierre automático cuando la tensión se restablece con o sin prevención de cierre. Deben elegirse los dispositivos adecuados para las operaciones de conexión y desconexión.*

3.1 Alumbrado de seguridad

Según el tipo de obra o la reglamentación existente, el alumbrado de seguridad permitirá, en caso de fallo del alumbrado normal, la evacuación del personal y la puesta en marcha de las medidas de seguridad previstas.

La alimentación del alumbrado de seguridad será automática con corte breve (disponible en 0,5 segundos como máximo).

La conmutación del suministro normal al de seguridad en caso de fallo del primero se debe realizar de forma que se impida el acoplamiento entre ambos suministros. Esta conmutación se puede realizar mediante interruptores automáticos motorizados con enclavamientos mecánicos y eléctricos o conmutadores motorizados. Para más información, véase la ITC-BT-28, apartado 2, y su Guía de aplicación.

3.2 Otros circuitos de seguridad

Otros circuitos como los que alimentan bombas de elevación, ventiladores y elevadores o montacargas para personas, cuya continuidad de servicio sea esencial, deberán preverse de tal forma que la protección contra los contactos indirectos quede asegurada sin corte automático de la alimentación. Dichos circuitos estarán alimentados por un sistema automático con corte breve que podrá ser de uno de los tipos siguientes:

- Grupos generadores con motores térmicos, o

- Baterías de acumuladores asociadas a un rectificador o un ondulador.

4. PROTECCIÓN CONTRA LOS CHOQUES ELÉCTRICOS

Las medidas generales para la protección contra los choques eléctricos serán las indicadas en la ITC-BT-24, teniendo en cuenta lo indicado a continuación:

4.1 Medidas de protección contra contactos directos

Las medidas de protección contra los contactos directos serán preferentemente:

- Protección por aislamiento de partes activas

- Protección por medio de barreras o envolventes

La Norma UNE-HD 60364-7-704:2009, cláusula 704.410.3.5, no admite las medidas de protección por medio de obstáculos ni por puesta fuera de alcance. Por tanto, estas dos medidas mencionadas en la ITC-BT-24 (Protección por medio de obstáculos y Protección por puesta fuera de alcance por alejamiento) no son aplicables en instalaciones temporales de obra, ni siquiera cuando se utilice como medida complementaria la instalación de un dispositivo de corriente diferencial inferior a 30 mA; su aplicación se limita en la práctica a locales de servicio eléctrico, sólo accesible a personal autorizado.

Como medida complementaria, en caso de fallo de alguna de las medidas preferentes de protección contra los contactos directos, pueden utilizarse dispositivos de corriente diferencial residual cuyo valor de corriente diferencial asignada de funcionamiento sea inferior o igual a 30 mA, de acuerdo al apartado 3.5 de la ITC-BT-24.

Como dispositivos para la protección contra contactos directos se pueden usar:

Dispositivo	*Norma*
Envolventes	*UNE EN 62208*
Conjuntos	*UNE EN 60439-4*
Interruptores diferenciales (uso doméstico o análogo)	*UNE-EN 61008 (serie)*
Interruptores diferenciales con dispositivo de protección contra sobreintensidades incorporado (uso doméstico o análogo)	*UNE-EN 61009 (serie)*
Interruptores diferenciales (uso industrial u otras aplicaciones)	*UNE-EN 60947-2*

4.2 Medidas de protección contra contactos indirectos

Además de las medidas generales señaladas en la ITC-BT-24, serán aplicables las siguientes:

La ITC-BT-24 propone cinco posibles soluciones para la protección contra contactos indirectos:

1. Protección por corte automático de la alimentación

   1.1. Esquema TN

   1.2. Esquema TT

   1.3. Esquema IT

2. *Protección por empleo de equipos de la clase II o por aislamiento equivalente*

3. *Protección en los locales o emplazamientos no conductores*

4. *Protección mediante conexiones equipotenciales locales no conectadas a tierra*

5. *Protección por separación eléctrica*

Cuando la protección de las personas contra los contactos indirectos está asegurada por corte automático de la alimentación, según esquema de alimentación TT, la tensión límite convencional no debe ser superior a 24 V de valor eficaz en corriente alterna, ó 60 V en corriente continua.

Cada base o grupo de bases de toma de corriente deben estar protegidas por dispositivos diferenciales de corriente diferencial residual asignada igual como máximo a 30 mA; o bien alimentadas a muy baja tensión de seguridad MBTS; o bien protegidas por separación eléctrica de los circuitos mediante un transformador individual.

Los circuitos de salida de CO pueden realizarse mediante bases de toma de corriente o mediante bloques de conexión. Para los circuitos conectados mediante bloques de conexión se recomienda que estén protegidos por dispositivos diferenciales de corriente diferencial residual asignada máxima de 300 mA.

Atendiendo a las especificaciones del RD806/2003 por el que se aprueba una nueva ITC MIE-AEM-2 del Reglamento de aparatos de elevación y manutención, referente a grúas torre para obras u otras aplicaciones, los circuitos que alimentan exclusivamente grúas o aparatos de elevación (tanto mediante tomas de corriente, de corriente asignada superior a 32A, como de forma fija) deben estar protegidos por dispositivos diferenciales de corriente diferencial residual asignada máxima de 300 mA. Estos circuitos deben estar claramente identificados en el Conjunto para Obras.

Como dispositivos para la protección contra contactos indirectos se pueden usar:

Dispositivo	Norma
Interruptores diferenciales (uso doméstico o análogo)	*UNE-EN 61008 (serie)*
Interruptores diferenciales con dispositivo de protección contra sobreintensidades incorporado (uso doméstico o análogo)	*UNE-EN 61009 (serie)*
Interruptores diferenciales (uso industrial u otras aplicaciones)	*UNE-EN 60947-2*
Fusibles	*UNE-EN 60269 (serie)*
Transformadores de aislamiento	*UNE-EN 61558-2-1*
Bloques de conexión	*UNE-EN 60947-7-1*

5. ELECCIÓN E INSTALACIÓN DE LOS EQUIPOS

5.1 Reglas comunes

Todos los conjuntos de aparamenta empleados en las instalaciones de obras deben cumplir las prescripciones de la norma UNE-EN 60439-4.

Complementariamente a la norma UNE-EN 60439-4 deben tenerse en consideración el Informe Técnico UNE 201008 IN: "Requisitos constructivos de los conjuntos para obras" y la Norma UNE-HD 60364-7-704: Instalaciones eléctricas de baja tensión. Requisitos para instalaciones o emplazamientos Especiales. Instalaciones en obras y demoliciones".

Debe tenerse en cuenta que la actual serie de Normas UNE-EN 60439 será sustituida paulatinamente por la nueva serie de Normas UNE-EN 61439.

Las envolventes, aparamenta, las tomas de corriente y los elementos de la instalación que estén a la intemperie, deberán tener como mínimo un grado de protección IP45, según UNE 20.324.

El resto de los equipos tendrán los grados de protección adecuados, según las influencias externas determinadas por las condiciones de instalación.

Se entiende a la intemperie aquello que se encuentre situado directamente a cielo abierto, lo situado bajo tejadillos, lo situado dentro de la estructura de la edificación sin haber cerrado en su totalidad los paramentos horizontales o lo situado bajo cualquier protección que no garantice por sí misma un grado de protección IP45 o superior.

Las envolventes y conjuntos se deben construir con materiales capaces de soportar los esfuerzos mecánicos, eléctricos y térmicos así como los efectos de la humedad, que sean susceptibles de presentarse en servicio normal. Todas las envolventes y tabiques, así como los dispositivos de cierre de puertas, las partes desenchufables, etc., deben tener una resistencia mecánica suficiente para soportar los esfuerzos a los que puedan estar sometidos en servicio normal.

El capítulo 6 del Informe Técnico UNE 201008 IN describe los elementos constitutivos mínimos que debe integrar un CO de modo que se garantice el correcto funcionamiento del CO y se garantice la seguridad de la instalación y de los usuarios de la misma.

Los elementos de conexión de las unidades de salida de un CO podrán ser bases de toma de corriente o mediante bornas de conexión directa. Las bases de toma de corriente deberán ser conformes a las Normas UNE-EN 60309-1, UNE-EN 60309-2. Adicionalmente podrán utilizarse tomas de corriente de intensidad asignada de 16A según la Norma UNE 20315, 2P+T lateral (denominada tipo Schuko). De esta Norma se ha publicado recientemente la parte 2-11: requisitos particulares para grado de protección IP65/IP67, donde la figura 7a garantiza el grado de protección IP mínimo especificado para los CO.

Como elementos de conexión de las unidades de salida se pueden usar:

Dispositivo	Norma
Bornas	UNE-EN 60947-7-1
Bases de toma de corriente de uso industrial	UNE-EN 60309-1 UNE-EN 60309-2
Bases de toma de corriente de uso doméstico y análogos	UNE 20315-1-1 UNE 20315-1-2 UNE 20315-2-11

5.2 Canalizaciones

Las canalizaciones deben estar dispuestas de manera que no se ejerza ningún esfuerzo sobre las conexiones de los cables, a menos que estén previstas especialmente a este efecto.

Con el fin de evitar el deterioro de los cables, éstos no deben estar tendidos en pasos para peatones o vehículos. Si tal tendido es necesario, debe disponerse protección especial contra los daños mecánicos y contra contactos con elementos de la construcción.

Como canalizaciones se pueden usar:

Dispositivo	*Norma*
Tubos	*UNE-EN 50086* *UNE-EN 61386*
Canales	*UNE-EN 50085*
Bandejas	*UNE-EN 61537*

En caso de cables enterrados su instalación será conforme a lo indicado en ITC-BT-20 e ITC-BT-21.

El grado de protección mínimo suministrado por las canalizaciones será el siguiente:

Para tubos, según UNE-EN 50.086-1:

– Resistencia a la compresión "Muy Fuerte"

– Resistencia al impacto "Muy Fuerte"

Para otros tipos de canalización:

– Resistencia a la compresión y Resistencia al Impacto, equivalentes a las definidas para tubos.

5.3 Cables eléctricos

Los cables a emplear en acometidas e instalaciones exteriores serán de tensión asignada mínima 450/750V, con cubierta de policloropreno o similar, según UNE 21.027 ó UNE 21.150 y aptos para servicios móviles.

La serie de normas UNE 21027 ha sido sustituida por la UNE-EN 50525

Los cables de instalación habitual con estas características son:

cable H07RN-F (norma UNE-EN 50525-2-21)	*cable de tensión asignada 450/750 V, con conductor de cobre clase 5 apto para servicios móviles (-F), aislamiento de compuesto de goma (R) y cubierta de policloropreno (N).*

cable H07ZZ-F (AS) (norma UNE-EN 50525-3-21)	cable no propagador del incendio, de tensión asignada 450/750 V, con conductor de cobre clase 5 apto para servicios móviles (-F), aislamiento y cubierta de compuesto reticulado (Z)
cable DN-F (norma UNE 21150)	cable de tensión asignada 0,6/1 kV, con conductor de cobre clase 5 apto para servicios móviles (-F), aislamiento de compuesto de etileno propileno (D) y cubierta de policloropreno (N).

Para instalaciones interiores los cables serán de tensión asignada mínima 300/500 V, según UNE 21.027 ó UNE 21.031, y aptos para servicios móviles.

Las series de normas UNE 21027 y UNE 21031 han sido sustituidas por la UNE-EN 50525

Los cables de instalación habitual con estas características son:

cable H05VV-F (norma UNE-EN 50525-2-11)	cable de tensión asignada 300/500 V, con conductor de cobre clase 5 apto para servicios móviles (-F), aislamiento de compuesto de PVC (V) y cubierta de compuesto de PVC (V)
cable H07RN-F (norma UNE-EN 50525-2-21)	cable de tensión asignada 450/750 V, con conductor de cobre clase 5 apto para servicios móviles (-F), aislamiento de compuesto de goma (R) y cubierta de policloropreno (N).
cable H07ZZ-F (AS) (norma UNE-EN 50525-3-21)	cable no propagador del incendio, de tensión asignada 450/750 V, con conductor de cobre clase 5 apto para servicios móviles (-F), aislamiento y cubierta de compuesto reticulado (Z)

6. APARAMENTA

6.1 Aparamenta de mando y seccionamiento

En el origen de cada instalación debe existir un conjunto que incluya el cuadro general de mando y los dispositivos de protección principales.

En la alimentación de cada sector de distribución debe existir uno o varios dispositivos que aseguren las funciones de seccionamiento y de corte omnipolar en carga.

En la alimentación de todos los aparatos de utilización deben existir medios de seccionamiento y corte omnipolar en carga.

Los dispositivos de seccionamiento y de protección de los circuitos de distribución pueden estar incluidos en el cuadro principal o en cuadros distintos del principal.

Los dispositivos de seccionamiento de las alimentaciones de cada sector deben poder ser bloqueados en posición abierta (por ejemplo, por enclavamiento o ubicación en el interior de una envolvente cerrada con llave).

La alimentación de los aparatos de utilización debe realizarse a partir de cuadros de distribución, en los que se integren:

– Dispositivos de protección contra las sobreintensidades

– Dispositivos de protección contra los contactos indirectos

– Bases de toma de corriente

Además de los dispositivos indicados y conforme a lo indicado en la GUIA-BT-23, deben incluirse:

– Dispositivos de protección contra sobretensiones transitorias según la Norma UNE-EN 61643-11.

– Dispositivos de protección contra sobretensiones temporales según la Norma UNE-EN 50550.

Según el Informe Técnico UNE 201008, todas las salidas deberán estar protegidas contra sobretensiones asegurándose que aguas arriba siempre existe una protección adecuada que evite que una sobretensión de cualquier tipo pueda destruir los equipos o máquinas unidos a dichas salidas o provocar cualquier otro tipo de accidente.

Las protecciones serán de los tipos:

– Protecciones contra sobretensiones transitorias tipo 1 para descargas tipo rayo o descargas provenientes de red.

– Protecciones contra sobretensiones transitorias tipo 2 para descargas de conmutación y arranque de grandes cargas (elevadores, grúas, hormigoneras etc.). Dado que estas protecciones nunca podrán descargar sobretensiones de alta energía, deben siempre coordinarse con protecciones tipo 1.

– Protecciones contra sobretensiones permanentes, recomendables debido a fallos de neutro y otras contingencias imprevistas que se originan en la red.

Como aparamenta de mando y seccionamiento se pueden usar:

Dispositivo	*Norma*
Interruptores-Seccionadores	*UNE-EN 60947-3*
Cortacircuitos Seccionables	*UNE-EN 60269-2*
Protectores contra sobretensiones transitorias	*UNE-EN 61643-11*
Protectores contra sobretensiones permanentes	*EN 50550*

GUÍA-BT-40

INSTALACIONES GENERADORAS
DE BAJA TENSIÓN

Edición: septiembre 2019. Revisión: 1
Últimas modificaciones de la ITC-BT-40 por el R. D. 244/2019

Índice

1. OBJETO Y CAMPO DE APLICACIÓN

La presente instrucción se aplica a las instalaciones generadoras, entendiendo como tales, las destinadas a transformar cualquier tipo de energía no eléctrica en energía eléctrica.

A los efectos de esta Instrucción se entiende por "Redes de Distribución Pública" a las redes eléctricas que pertenecen o son explotadas por empresas cuyo fin principal es la distribución de energía eléctrica para su venta a terceros. Asimismo, se entiende por "Autogenerador" a la empresa que, subsidiariamente a sus actividades principales, produce, individualmente o en común, la energía eléctrica destinada en su totalidad o en parte, a sus necesidades propias.

PREAMBULO

Aunque el objetivo de la presente instrucción, es dar normas generales que apliquen a todas a las instalaciones generadoras de energía eléctrica, debido al auge de las energías renovables en los últimos años, y en particular al de la energía solar fotovoltaica, con una gran penetración principalmente en las redes de media y baja tensión, se ha creído conveniente particularizar en algunos aspectos la aplicación de esta Guía a este tipo de instalaciones, sobre todo habida cuenta de sus grandes perspectivas de futuro en el mix de generación.

Por lo tanto, se pretenden establecer una serie de recomendaciones para la conexión a red de esta generación distribuida, siendo necesario definir los ensayos y recomendaciones normativas que deben cumplir las partes integrantes de estos sistemas, y no dar lugar a situaciones no contempladas en el diseño de este tipo de generación y su forma de acoplarse a la red a través de convertidores alterna continua, teniendo siempre en cuenta aquellos posibles problemas que pudieran afectar a la seguridad de las personas y de los equipos eléctricos.

No obstante, la aplicación de esta guía afecta al resto de tecnologías de generación, dado que están cubiertas por la presente ITC.

El presente documento aplica a todas las instalaciones generadoras de baja tensión, tales como:

- *Motores de combustión*

- *Turbinas*

- *Generadores fotovoltaicos (FV)*

- *Generadores eólicos de BT*

- *Acumuladores mecánicos o electroquímicos*

- *Células de combustible*

- *Otras fuentes de energía en BT*

En lo relativo a la definición de autogenerador debe entenderse que la referencia a "empresa" incluye "persona física o jurídica".

2. CLASIFICACION

Las Instalaciones generadoras se clasifican, atendiendo a su funcionamiento respecto a la Red de Distribución Pública, en:

a) Instalaciones generadoras aisladas: aquellas en las que no puede existir conexión eléctrica alguna con la Red de Distribución Pública.

b) Instalaciones generadoras asistidas: Aquellas en las que existe una conexión con la Red de Distribución Pública, pero sin que los generadores puedan estar trabajando en paralelo con ella. La fuente preferente de suministro podrá ser tanto los grupos generadores como la Red de Distribución Pública, quedando la otra fuente como socorro o apoyo. Para impedir la conexión simultánea de ambas, se deben instalar los correspondientes sistemas de conmutación. Será posible, no obstante, la realización de maniobras de transferencia de carga sin corte, siempre que se cumplan los requisitos técnicos descritos en el apartado 4.2

c) Instalaciones generadoras interconectadas: las que están trabajando normalmente en paralelo con la Red de Distribución Pública.

Las instalaciones generadoras interconectadas para autoconsumo, podrán pertenecer a las modalidades de suministro con autoconsumo sin excedentes o modalidades de suministro con autoconsumo con excedentes definidas en el artículo 9 de la Ley 24/2013, de 26 de diciembre, y en el artículo 4 del Real Decreto 244/2019, de 5 de abril, por el que se regulan las condiciones administrativas, técnicas y económicas del autoconsumo de energía eléctrica.

De la clasificación de instalaciones generadoras de la presente ITC se pueden contemplar los siguientes tipos:

a) *Las instalaciones aisladas para uso exclusivo de alimentar cargas o circuitos de baja tensión.*

b) *Las instalaciones generadoras asistidas, para uso exclusivo de alimentación de cargas o circuitos de baja tensión que pueden estar alternativamente alimentados por la red o por el generador.*

c) *Instalaciones interconectadas*

c1) *Las instalaciones generadoras con punto de conexión en la red de distribución de baja tensión en la que hay otros circuitos e instalaciones de baja tensión conectados a ella, i n d e p e n d i e n t e m e n t e de que la finalidad de la instalación sea tanto vender energía como alimentar cargas, en paralelo con la red.*

c2) *Las instalaciones generadoras con punto de conexión en la red de alta tensión mediante un transformador elevador de tensión, que no tiene otras redes de distribución de baja tensión que alimentan cargas ajenas, conectadas a él. Este esquema, está igualmente incluido en las condiciones del RBT, aunque por su consideración de instalación generadora conectada directamente a la red de AT requiere condiciones especiales de conexión, atendiendo a las reglamentaciones vigentes sobre protecciones y condiciones de conexión en alta tensión.*

En las instalaciones de tipo c) cuando la red de distribución se desconecta, se pueden alimentar cargas propias siempre que se cumplan las condiciones de desconexión y conexión de la instalación generadora a la red de distribución, requeridas en el capítulo 4 de la ITC-BT-40.

Nota: Sin perjuicio de lo establecido en las definiciones de punto de conexión en otras regla-mentaciones, a los efectos de esta guía se entiende por punto de conexión el punto de la red pública de distribución o transporte en el que se conecta la instalación del titular de la insta-lación generadora. El punto de conexión no necesariamente coincide con el punto en el que se realiza la medida de energía, pero sí es el punto en el que se instala el primer elemento (visto desde la red) de las protecciones generales requeridas en la instalación del titular.

3. CONDICIONES GENERALES

Los generadores y las instalaciones complementarias de las instalaciones generadoras, como los depósitos de combustibles, canalizaciones de líquidos o gases, etc., deberán cumplir, además, las disposiciones que establecen los Reglamentos y Directivas específicos que les sean aplicables.

Las instalaciones eléctricas de alimentación fotovoltaicas se ejecutarán preferentemente según lo establecido en la norma UNE 20460-7-712 en aquello que no colisione con los requisitos de las legislaciones aplicables.

Las instalaciones situadas a la intemperie deberán cumplir los requisitos de la ITC-BT- 30.

En edificios o establecimientos industriales deberán cumplirse las disposiciones del Reglamento de seguridad contra incendios en los establecimientos industriales, Real De-creto 2267/2004 y sus modificaciones.

En el caso de locales y edificios para uso residencial y /o terciario deberán cumplirse las disposiciones del Código Técnico de la Edificación, Documento Básico DB-SI Se-guridad en caso de incendio, Real Decreto 314/2006 y sus modificaciones.

Cuando las instalaciones generadoras estén alojadas en edificios o establecimientos industria-les, sus locales, que serán de uso exclusivo, cumplirán con las disposiciones reguladoras de protección contra incendios correspondientes.

Los locales donde estén instalados los motores térmicos, cualquiera que sea su potencia, deberán estar suficientemente ventilados.

La ventilación debe asegurar que no se producen acumulaciones de sustancias tóxicas en el ambiente n i se generan atmósferas potencialmente explosivas.

Los conductos de salida de los gases de combustión serán de material incombustible y eva-cuarán directamente al exterior o a través de un sistema de aprovechamiento energético.

En el caso de células de combustible y de acumuladores electroquímicos también de-berán considerarse los requisitos de ventilación y los relativos a los conductos de sali-da de los gases.

Atendiendo al efecto que sobre la seguridad puede tener la inclusión de generación en una instalación nueva o existente, toda instalación generadora deberá ser comunicada a la compañía distribuidora.

Será responsabilidad del titular de la instalación generadora la correcta actuación de las protecciones, la vigilancia de las condiciones de seguridad y de conexión a la red.

4. CONDICIONES PARA LA CONEXIÓN

4.0. Clasificación de los esquemas de conexión

En los apartados 4.1, 4.2 y 4.3 se clasifican los esquemas de conexión en tablas. En esas tablas se incluye en columnas la información relativa a:

- Número de esquema, que más adelante se incluye en el texto. El titular de la instalación, tipificado como:
    - Suministro asociado
    - Sólo generación

- Punto de conexión de la instalación de generación, tipificado como:
    - Instalación interior
    - Instalación interior (LGA)
    - Instalación interior (DI)
    - Instalación interior (Centralización de contador)
    - Instalación interior a DGMP o CMP.
    - Instalación interior BT
    - Red de distribución

- El modo de funcionamiento, de acuerdo a la clasificación establecida en esta guía, tipificado como:
    - Modo aislado
    - Modo asistido
    - Modo interconectado:
        - Modo separado
        - Modo independiente

- La Ubicación de la instalación generadora, tipificada como:
    - Instalación interior
    - Acometida de único usuario.
    - Centralización de contadores.
    - Centro de transformación único
    - Centros de transformación separados

- El tipo de contador utilizado, tipificado como:
    - Sin contador
    - Solo generación
    - Doble: generación / Consumo
    - Único Bidireccional

Nota: El significado y alcance de cada uno de los conceptos en la anterior clasificación se establece en los apartados correspondientes a los esquemas de instalación (apartados 4.1, 4,2 y 4.3).

Un esquema general de las instalaciones se incluye a continuación haciendo referencia a los números de esquema (E-x) que más adelante se presentan e indicando los apartados del texto en que se incluyen:

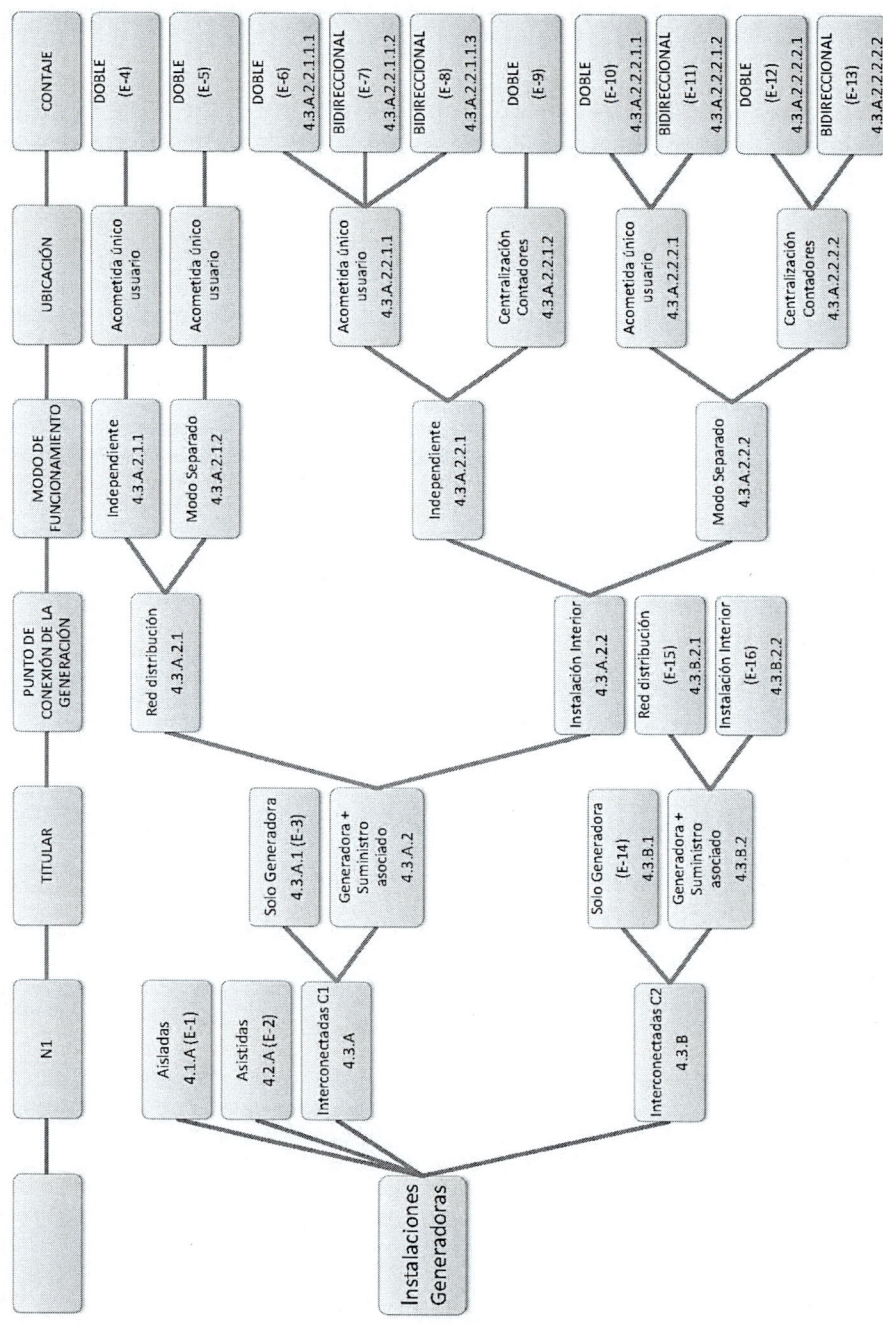

Con el fin de facilitar la interpretación de los esquemas de conexión de las instalaciones de generación con las de enlace (referidas a una instalación receptora), y en especial en los casos de instalaciones interconectadas, se describen a continuación, las partes que componen las instalaciones generadoras a las que se refiere la presente ITC-BT-40, asimilándolas a las de enlace descritas en la ITC-BT-12.

Los esquemas de conexión que se representan en este capítulo muestran diferentes topologías de conexión de los generadores con los elementos característicos de la instalación, lo que no exime de la necesidad de colocar otros elementos no representados cuando la dimensión de los circuitos u otros parámetros así lo requieran para cumplir todos los requisitos del REBT.

Para aquellas instalaciones que incorporen un equipo que impide la entrega de energía a la red, este deberá cumplir la norma que le corresponda.

En lo relativo a la posibilidad de suministrar energía a la red y a la utilización del contador u otros elementos de control reflejados en los esquemas para este fin, su inclusión o no, vendrá determinada por otra legislación. En lo que respecta a esta guía, los diferentes esquemas reflejan la ubicación de dichos elementos, pero no su obligatoriedad en todos los casos.

4. A. INSTALACIONES DE CONEXIÓN PARA INSTALACIONES GENERADORAS DE TIPO C1

4.A.1 Definiciones

A efectos del presente capítulo, se considerará que las instalaciones de conexión de una instalación generadora tipo C1 a la red comienzan en la caja general de protección y terminan en los dispositivos generales de mando y protección del equipo generador

Nota: Se debe tener en cuenta que si el equipo generador incorpora partes que requieren instalación, esta deberá cumplir los requisitos del REBT relevantes.

4.A.2 Partes que constituyen las instalaciones de conexión

Estructuralmente, serán las mismas que constituyen las instalaciones de enlace (ITC- BT-12), y que llamaremos:

-   Caja General de Protección (CGP)

-   Línea General de conexión (LGC)

-   Interruptor general de maniobra (IGM)

-   Equipo de medida de generación (EMG)

-   Línea Individual del generador (LIG)

-   Interruptor de Control de Potencia (ICP)

-   Dispositivos de Protección Interiores (DPI)

-   Equipo generador (GEN)

Dependiendo del punto físico de conexión del equipo generador algunas de las partes de la instalación generadora citadas podrán ser comunes con las propias de la instalación eléctrica para consumo de cargas. En cualquier caso no debe sobrepasarse la previsión de cargas de la instalación aguas arriba de los elementos comunes.

Las protecciones correspondientes al generador en los esquemas que se incluyen a continuación podrán estar integradas en el mismo, cumpliendo las especificaciones correspondientes.

El interruptor de control de potencia (ICP) es un dispositivo para controlar que la potencia consumida no exceda de la contratada..
Para generadores que no compartan equipo de medida con la instalación de consumo no es preceptiva la instalación de la caja para ICP.

4.A.3 Equivalencia entre las partes que constituyen las instalaciones receptoras y las generadoras

Las siguientes leyendas se aplican genéricamente a los esquemas incluidos en los siguientes apartados. En cada esquema particular se añade información complementaria particular cuando es relevante.

Leyenda para instalaciones receptoras	*Leyenda para instalaciones generadoras*
1. Red de distribución	1. Red de distribución
2. Acometida	2. Acometida
3. Caja general de protección (CGP)	3. Caja General de Protección (CGP)
4. Línea general de alimentación (LGA)	4. Línea General de conexión (LGC)
5. Interruptor general de maniobra (IGM)	5. Interruptor general de maniobra (IGM)
6. Caja de derivación	6. Caja de derivación
7. Centralización de contadores (CC)	7. Centralización de contadores (CC)
8. Derivación individual (DI)	8. Línea Individual del generador (LIG)
9. Fusible de seguridad	9. Fusible de seguridad
10. Contador	10. Contador
11. Caja para interruptor de control de potencia (ICP)	11. Caja para interruptor de control de potencia (ICP)
12. Dispositivos generales de mando y protección (DGMP).	12. Dispositivos de mando y protección Interiores (DPI)
13. Instalación interior	13. Equipo generador-inversor (GEN)
14. Conjunto de protección y medida (CMP)	14. Conjunto de protección y medida (CMP)
	15. Conmutador de conexión red/ generador con sistema de sincronismo
	16. Tramo de la conexión privada (TCP)

Los números reflejan funciones que pueden estar integradas en uno o en varios aparatos. Asimismo, si hay más de una función en un mismo número, puede realizarse con varios aparatos.

4.1. instalaciones generadoras aisladas

La conexión a los receptores, en las instalaciones donde no pueda darse la posibilidad del acoplamiento con la Red de Distribución Pública o con otro generador, precisará la instalación de un dispositivo que permita conectar y desconectar la carga en los circuitos de salida del generador.

Cuando existan más de un generador y su conexión exija la sincronización, se deberá disponer de un equipo manual o automático para realizar dicha operación.

Existen equipos, como algunos inversores, en los que no es necesario realizar tal sincronización de forma externa debido a que ya incorporan dicha función internamente. En estos casos, no será necesaria la instalación de equipos adicionales para este fin.

Los generadores portátiles deberán incorporar las protecciones generales contra sobreintensidades y contactos directos e indirectos necesarios para la instalación que alimenten.

Las protecciones incorporadas en los generadores portátiles deben ser conformes a:

Producto	Norma de aplicación
Interruptores automáticos con capacidad de seccionamiento (uso industrial)	UNE-EN 60947-2
Interruptores diferenciales (uso industrial)	UNE-EN 60947-2
Fusibles	UNE-EN 60269-3

Es igualmente recomendable que incorporen protección contra las sobretensiones y en su caso serán conformes a :

Dispositivos de protección contra sobretensiones transitorias	UNE-EN 61643-11
Dispositivos de protección contra sobretensiones temporales para uso doméstico y análogo	UNE-EN 50550

En el caso de las instalaciones generadoras aisladas, las instalaciones de conexión, contienen solamente los elementos de conexión a la instalación de consumo, ya que los de conexión a la red, no existen ni para la instalación generadora, ni para la receptora o de consumo, tal como puede verse en el esquema siguiente.

4.1.A. Esquemas

ESQUEMAS DE INSTALACIONES AISLADAS

	Titular	Conexión generación	Funcionamiento	Ubicación	Medida
Aisladas *Esq-1*	*Suministro asociado*	*Instalación interior*	*Modo aislado*	*Instalación interior*	*Ninguno*

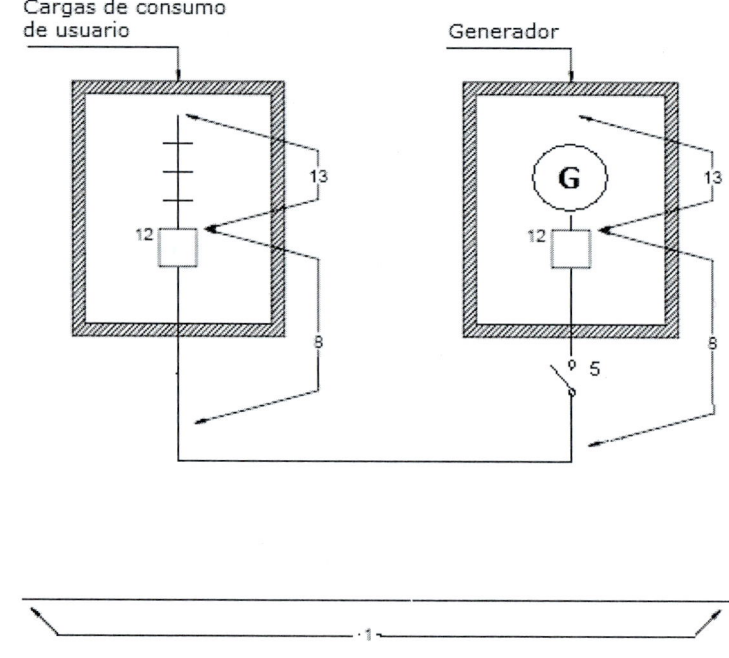

Esquema 1

El hecho de que está instalación esté conectada permanentemente al generador no implica que puedan utilizarse las protecciones del generador como protección de los circuitos de las cargas de manera que las protecciones serán:

Del lado Generador:

12: puede integrar dispositivos tales como interruptor automático, diferencial, dispositivo de detección de aislamiento, protección contra tensión fuera de rango según el capítulo 7 y protección contra sobretensiones según se establece en el ITC- BT-23. Las pro-

tecciones contra el choque eléctrico se elegirán conforme a lo indicado en la ITC-BT-24 teniendo en cuenta el régimen de puesta a tierra del neutro de la instalación.

<u>*Del lado Cargas*</u>

12: protecciones según la ITC-BT-17, la 25 y la 23 y sus guías de aplicación

---

4.2. Instalaciones generadoras asistidas

En la instalación interior la alimentación alternativa (red o generador) podrá hacerse en varios puntos que irán provistos de un sistema de conmutación para todos los conductores activos y el neutro, que impida el acoplamiento simultáneo a ambas fuentes de alimentación.

Esta conmutación puede realizarse manualmente, normalmente con enclavamiento mecánico o interruptores de leva, o mediante conmutación automática, normalmente con enclavamiento eléctrico.

En el caso en el que esté previsto realizar maniobras de transferencia de carga sin corte, la conexión de la instalación generadora asistida con la Red de Distribución Pública se hará en un punto único y deberán cumplirse los siguientes requisitos:

- Sólo podrán realizar maniobras de transferencia de carga sin corte los generadores de potencia superior a 100 kVA

- En el momento de interconexión entre el generador y la red de distribución pública, se desconectará el neutro del generador de tierra.

- El sistema de conmutación deberá instalarse junto a los aparatos de medida de la Red de Distribución pública, con accesibilidad para la empresa distribuidora.

- Deberá incluirse un sistema de protección que imposibilite el envío de potencia del generador a la red.

- Deberán incluirse sistemas de protección por tensión del generador fuera de límites, frecuencia fuera de límites, sobrecarga y cortocircuito, enclavamiento para no poder energizar la línea sin tensión y protección por fuera de sincronismo.

- Dispondrá de un equipo de sincronización y no se podrá mantener la interconexión más de 5 segundos.

Para evitar los efectos de sobretensión debidas a las conmutaciones podrá ser necesario instalar protectores contra sobretensiones transitorias, adecuados a la instalación que alimenten.

El conmutador llevará un contacto auxiliar que permita conectar a una tierra propia el neutro de la generación, en los casos que se prevea la transferencia de carga sin corte.

Los elementos de protección y sus conexiones al conmutador serán precintables o se garantizará mediante método alternativo que no se pueden modificar los parámetros de conmutación iniciales y la empresa distribuidora de energía eléctrica, deberá poder acceder de forma permanente a dicho elemento, en los casos en que se prevea la transferencia de carga sin corte. El dispositivo de maniobra del conmutador será accesible al Autogenerador.

Las protecciones que se incorporen en la instalación generadora y sus elementos deben ser conformes a:

Producto	*Norma de aplicación*
Interruptores automáticos con capacidad de seccionamiento	*UNE-EN 60947-2*
Interruptores seccionadores	*UNE-EN 60947-3*
Contactores	*UNE-EN 60947-4-1*
Elementos de conmutación para circuitos de mando	*UNE-EN 60947-5-1*
Interruptores diferenciales	*UNE-EN 60947-2*
Fusibles	*UNE-EN 60269-3*
Dispositivos de protección contra sobretensiones transitorias	*UNE-EN 61643-11*
Dispositivos de detección del aislamiento	*UNE-EN 61557-8*
Dispositivos de reconexión automática para uso doméstico y análogo	*UNE-EN 50557*

En el caso de las instalaciones generadoras asistidas, las instalaciones de conexión, contienen solamente los elementos de conexión a la instalación de consumo, ya que los elementos de conexión a la red, son los de la receptora o de consumo, no existiendo como tales en la instalación generadora, tal como puede verse en el esquema siguiente.

4.2.A. Esquemas

ESQUEMAS DE INSTALACIONES ASISTIDAS.

	Titular	Conexión generación	Funcionamiento	Ubicación	Medida
Aisladas Esq-1	Suministro asociado	Instalación interior	Modo aislado	Instalación interior	Ninguno

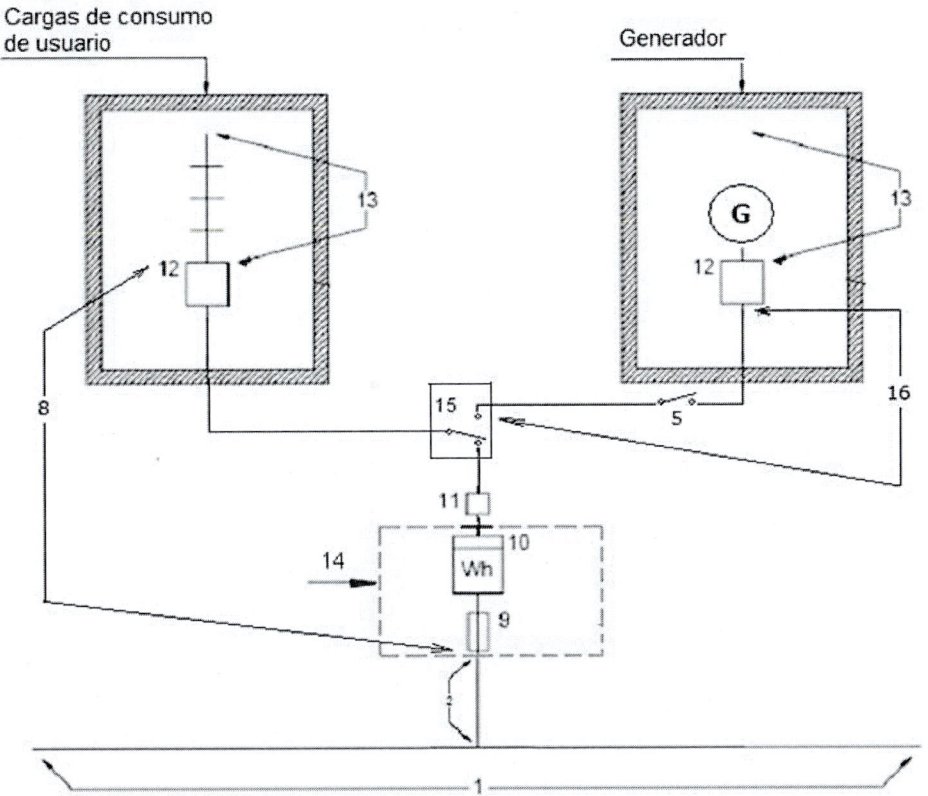

Esquema 2

El conmutador de conexión red/generador (bloque 15), podrá sustituir al interruptor general de maniobra (IGM), siempre que el conmutador cumpla al menos las mismas condiciones técnicas y de ubicación exigidas a dicho interruptor, según la ITC-BT-16 e ITC-BT-40, apartado 4.3.3.

4.3. Instalaciones interconectadas

La potencia máxima de las centrales interconectadas a una Red de Distribución Pública, estará condicionada por las características de ésta: tensión de servicio, potencia de cortocircuito, capacidad de transporte de línea, potencia consumida en la red de baja tensión, etc.

Las prescripciones de la ITC-BT-40 son aplicables a todas instalaciones de autoconsumo interconectadas, sea cual sea su potencia. Todas las instalaciones de generación interconectadas a la red de distribución en baja tensión deben disponer de dispositivos que limiten la inyección de corriente continua y la generación de sobretensiones, así como impedir el funcionamiento en isla de dicha red de distribución, de forma que la conexión de la instalación de generación no afecte al funcionamiento normal de la red ni a la calidad del suministro de los clientes conectados a ella.

Las instalaciones de autoconsumo sin excedentes, independientemente de que se conecten a la red de baja tensión o a la de alta tensión, con generación y regulación en baja tensión, deberán disponer de un sistema que evite el vertido de energía a la red de distribución que cumpla los requisitos y ensayos del nuevo anexo I de la ITC-BT-40. A las instalaciones de autoconsumo sin excedentes no les son de aplicación los apartados 4.3.1, 4.3.4 y ninguno de los requisitos relacionados con la empresa distribuidora del apartado 9.

No obstante, estas instalaciones, se ajustarán a lo establecido en la ITC-BT-04 en cuanto a su documentación y puesta en servicio, e independientemente de su potencia y modo de conexión, dispondrán de la documentación requerida para la evaluación de la conformidad según anexo I, apartado I.4 de la ITC-BT-40. Esta documentación será entregada por el instalador junto con el certificado de la instalación. Cuando la conexión a la instalación eléctrica de un generador para autoconsumo sin excedentes, no se realice a través de un circuito independiente y, por tanto, no se requiera modificar la instalación interior existente, la obligación de entregar dicha documentación recaerá en el fabricante, el importador, o en el responsable de la comercialización del kit generador, quien entregará la documentación directamente al usuario.

En todas las instalaciones de producción próximas a las de consumo, definidas en el Real Decreto 244/2019, de 5 de abril, por el que se regulan las condiciones administrativas, técnicas y económicas del autoconsumo de energía eléctrica, la conexión se realizará a través de un cuadro de mando y protección que incluya las protecciones diferenciales tipo A necesarias para garantizar que la tensión de contacto no resulte peligrosa para las personas. Cuando dichas instalaciones generadoras sean accesibles al público general o estén ubicadas en zonas residenciales, o análogas, la protección diferencial de los circuitos de generación será de 30 mA. La conexión de la instalación de producción podrá realizarse en el embarrado general de la centralización de contadores de los consumos, en la caja general de protección de la que parten los consumos o mediante una caja general de protección independiente que se conecte a la red de distribución. En los casos de autoconsumo colectivo en edificios en régimen de propiedad horizontal, la instalación de producción no podrá conectarse directamente a la instalación interior de ninguno de los consumidores asociados a la instalación de autoconsumo colectivo.

Todos los generadores para suministro con autoconsumo con excedentes independientemente de su potencia y los generadores para suministro con autoconsumo sin excedentes de potencia instalada superior a 800 VA, que se conecten a instalaciones interiores o receptoras de usuario, lo harán a través de un circuito independiente y dedicado desde un cuadro de mando y protección que incluya protección diferencial tipo A, que será de 30 mA en instalaciones de viviendas, o instalaciones accesibles al público general en zonas residenciales, o análogas.

Los generadores destinados a su instalación en viviendas, que no se conecten a la instalación a través de circuito dedicado, o a través de un transformador de aislamiento, tendrán una corriente de fuga a tierra igual o inferior a 10 mA.

La conexión de la instalación generadora no deberá afectar al funcionamiento normal de la red ni a la calidad del suministro de los clientes conectados a ella. Tampoco deberá producir cambios en la filosofía de explotación, protección y desarrollo de la misma. El punto de conexión debe tener elementos que cumplan las funciones de corte y aislamiento de la red, accesibles, en todo momento a la empresa distribuidora, a efectos de poder desconectar la instalación generadora.

En el caso de las instalaciones de tipo c2, el punto de conexión consistirá en un seccionador frontera entre las instalaciones del autogenerador y las de la empresa de distribución pública, en las condiciones establecidas en la ITC 19 del MIE-RAT (y en caso de conexión a la red de transporte el PO 12.2), con su correspondiente equipo de medida (cuando proceda) y protecciones según lo que se indica más adelante.

Se contemplan aquí una serie de escenarios, en función del punto de conexión del generador, y la posibilidad o no de alimentación de un consumo asociado al productor de la instalación de generación, y manteniendo siempre la simetría con las instalaciones de enlace de la ITC BT 12 y su Guía de aplicación correspondiente.

Los escenarios que se contemplan se refieren a aspectos de seguridad y no necesariamente son admisibles para las condiciones que otro tipo de legislación establezca (por ejemplo, las relativas al régimen económico).

Se define en el contexto del apartado 4.3 el funcionamiento en modo separado como aquel en el que el generador funciona normalmente en modo interconectado y cuando se dan condiciones de falta de red puede alimentar a la instalación. En los escenarios en los que se hace referencia a funcionamiento en modo separado, la transferencia de carga se hace con corte.

En caso de tener la posibilidad de funcionamiento en modo separado y ante la eventualidad de la desconexión de la red, el control del generador deberá garantizar que primero se desconecta el generador de la red y después se pone en modo de funcionamiento separado, antes de conectarse a las cargas.

Para la reconexión a la red, el generador deberá primero desconectar las cargas, ponerse en modo de funcionamiento interconectado y sincronizarse con la red antes de conectarse a ésta.

4.3.A. ESQUEMAS

Se hace una clasificación inicial de los esquemas separando las configuraciones que no permiten funcionar en modo separado de aquellas que si lo hacen. La tabla siguiente establece las diferentes opciones contempladas para cada caso

ESQUEMAS DE INSTALACIONES INTERCONECTADAS. (C1)

Interconectadas tipo c1	Titular	Conexión generación	Funcionamiento	Ubicación	Medida
Esq-3	Sólo generación (G)	Red distribución (R)	Independiente (I)	Acometida (U) Único usuario	Sólo generación (G)
Esq-4	Sumtro asociado (A)	Red distribución (R)	Independiente (I)	Acometida (U) Único usuario	Doble (D) generación/consumo
Esq-5	Sumtro asociado (A)	Red distribución (R)	Modo separado (S)	Acometida (U) Único usuario	Doble (D) generación/consumo
Esq-6	Sumtro asociado (A)	Instalación interior (P) LGA	Independiente (I)	Acometida (U) Único usuario	Doble (D) generación/consumo
Esq-7	Sumtro asociado (A)	Instalación interior (P) DI	Independiente (I)	Acometida (U) Único usuario	Único bidireccional (B)
Esq-8	Sumtro asociado (A)	Instalación interior (P) A DGMP o CMP	Independiente (I)	Acometida (U) Único usuario	Único bidireccional (B)
Esq-9	Sumtro asociado (A)	Instalación interior centralización	Independiente (I)	Centralizac contadores (C)	Doble (D) generación/consumo
Esq-10	Sumtro asociado (A)	Instalación interior (P) LGA	Modo separado (S)	Acometida (U) Único usuario	Doble (D) generación/consumo
Esq-11	Sumtro asociado (A)	Instalación interior (P) DI	Modo separado (S)	Acometida (U) Único usuario	Único bidireccional (B)
Esq-12	Sumtro asociado (A)	Instalación interior centralización	Modo separado (S)	Centralizac contadores (C)	Doble (D) generación/consumo
Esq-13	Sumtro asociado (A)	Instalación interior (P) DI	Modo separado (S)	Centralizac contadores (C)	Único bidireccional (B)

Para instalaciones generadoras que funcionan en modo separado con configuración equivalente a los tipos IT, TN o TT se requiere que éstas dispongan del correspondiente sistema de protección contra los choques eléctricos establecido en la ITC-BT-24. En particular los dispositivos de protección contra el choque eléctrico instalados en la instalación fija deben garantizar su funcionamiento para cualquier combinación posible de fuentes de alimentación.

En caso que el funcionamiento en modo separado suponga el paso a una configuración equivalente al modo IT:

— *los interruptores diferenciales conformes con las normas UNE-EN 61008 o UNE-EN 61009 son apropiados para su uso en sistemas IT si se satisfacen los requisitos de instalación incluidos en la ITC-BT-24.*

— *los interruptores diferenciales conformes con la norma UNE-EN 61947-2 son apropiados para su uso en sistemas IT si se satisfacen los requisitos de instalación incluidos en la ITC-BT-24. Sólo en el caso de diferenciales marcados con el valor de tensión seguido por el símbolo ⊗, éstos no deben utilizarse en sistemas IT para dicha tensión.*

— *los interruptores automáticos conformes con la norma UNE-EN 60898 son apropiados para su uso en sistemas IT si se satisfacen los requisitos de instalación incluidos en la ITC-BT-22 e ITC-BT-24.*

— *los interruptores automáticos conformes con la serie de normas UNE-EN 61947 son apropiados para su uso en sistemas IT si se satisfacen los requisitos de instalación incluidos en la ITC-BT-22 e ITC-BT-24. Sólo en el caso de interruptores automáticos marcados con el valor de tensión seguido por el símbolo ⊗, éstos no deben utilizarse en sistemas IT para dicha tensión.*

— *Para la detección de un primer defecto de aislamiento es necesaria la instalación de equipos de detección de aislamiento conformes con la norma UNE-EN 61557-8.*

4.3.A.1. Generador conectado directamente a la red de BT. Solo generador, sin instalación de consumo asociado

Es el caso común de un generador de conexión simple y directa a la red de BT, con el fin exclusivo de suministrar energía a la red.

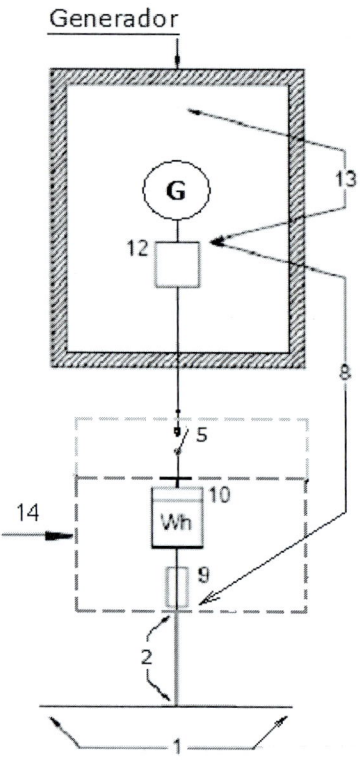

Esquema 3

Lado Generador:

12: *puede integrar dispositivos tales como interruptor automático, diferencial, dispositivo de detección de aislamiento, protección contra tensión fuera de rango según el capítulo 7 y protección contra sobretensiones según se establece en el ITC- BT-23. Las protecciones contra el choque eléctrico se elegirán conforme a lo indicado en la ITC-BT-24 teniendo en cuenta el régimen de puesta a tierra del neutro de la instalación.*

Lado de red

5: *podrá estar integrado en el contador cuando haya sistemas de telegestión.*

Según la ITC-BT-13 punto 2, la caja general de protección que incluye el contador, sus fusibles de protección y, en su caso, reloj para discriminación horaria, se denomina caja de protección y medida (CMP).

4.3.A.2. Instalaciones generadoras con suministro asociado

4.3.A.2.1. Instalación generadora conectada a la red de distribución y suministro asociado

4.3.A.2.1.1. Modo de funcionamiento independiente con acometida de único usuario y método de medida doble

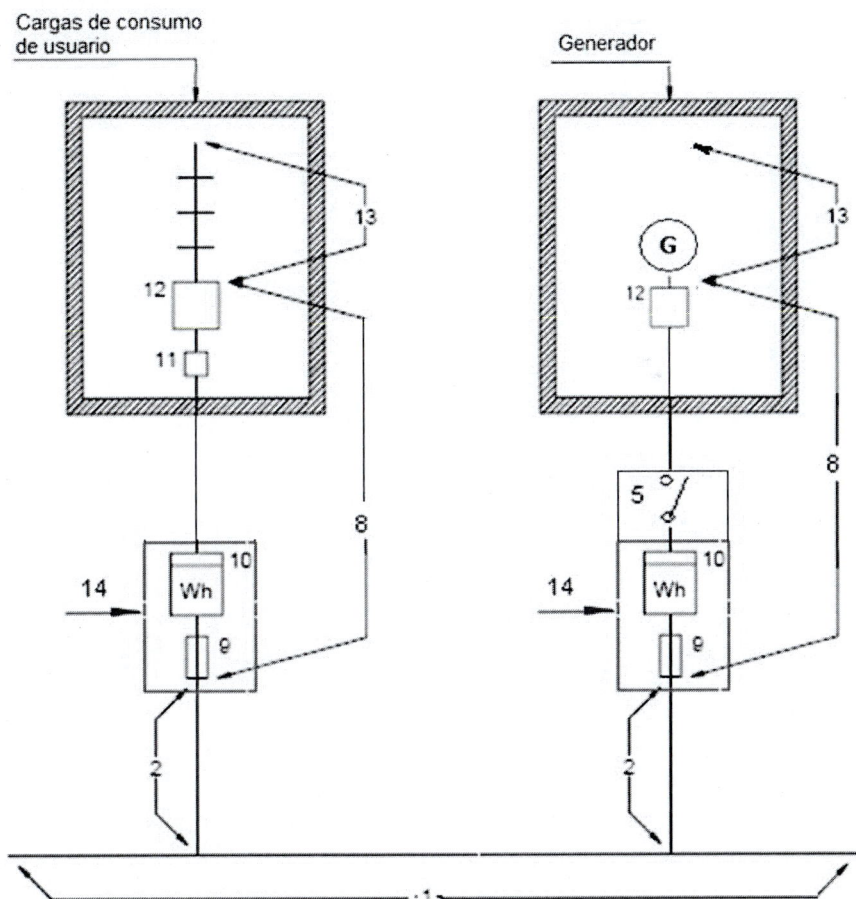

Esquema 4

4.3.A.2.1.2 Modo de funcionamiento separado acometida de único usuario y método de medida doble

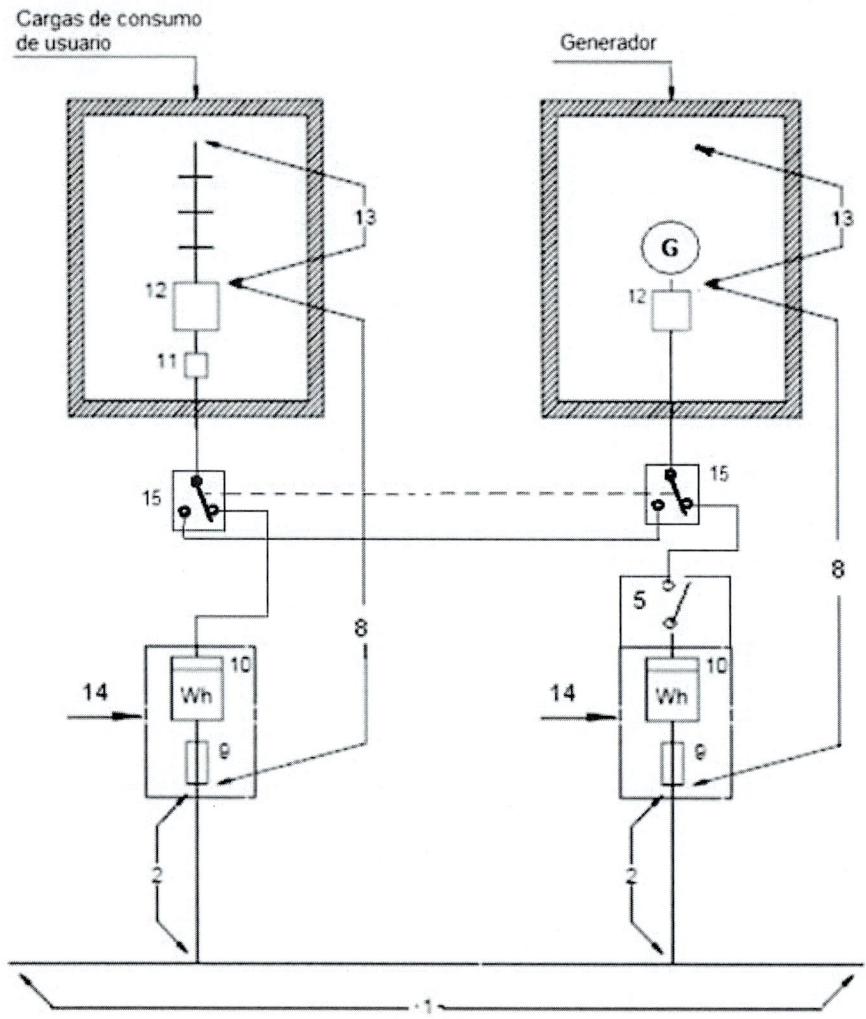

Esquema 5

4.3.A.2.2 Instalación generadora conectada a la red interior y suministro asociado

4.3.A.2.2.1 Modo de funcionamiento independiente

4.3.A.2.2.1.1 Acometida de único usuario

4.3.A.2.2.1.1.1. Método de medida doble. Conexión a la LGA

Generador compartiendo la instalación de conexión con otra de consumo asociado al productor en el que no existe la posibilidad de funcionamiento en modo separado

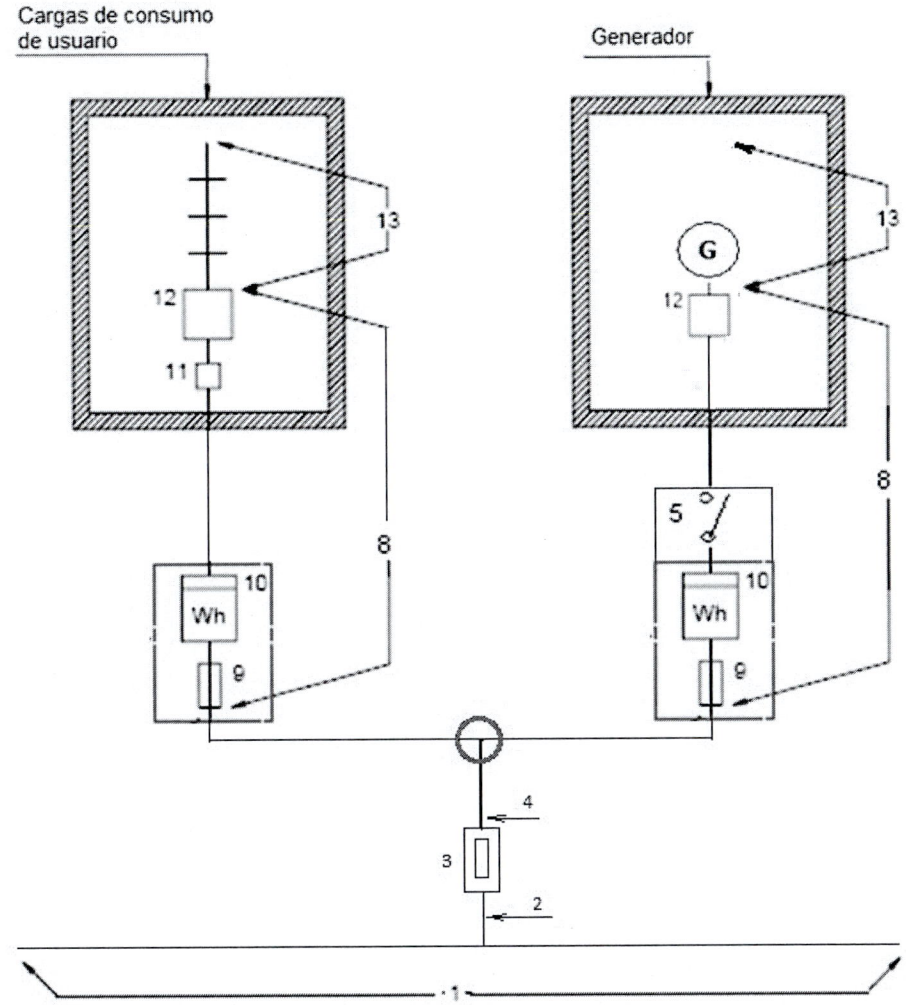

Esquema 6

4.3.A.2.2.1.1.2. Método de medida bidireccional. Conexión en la DI

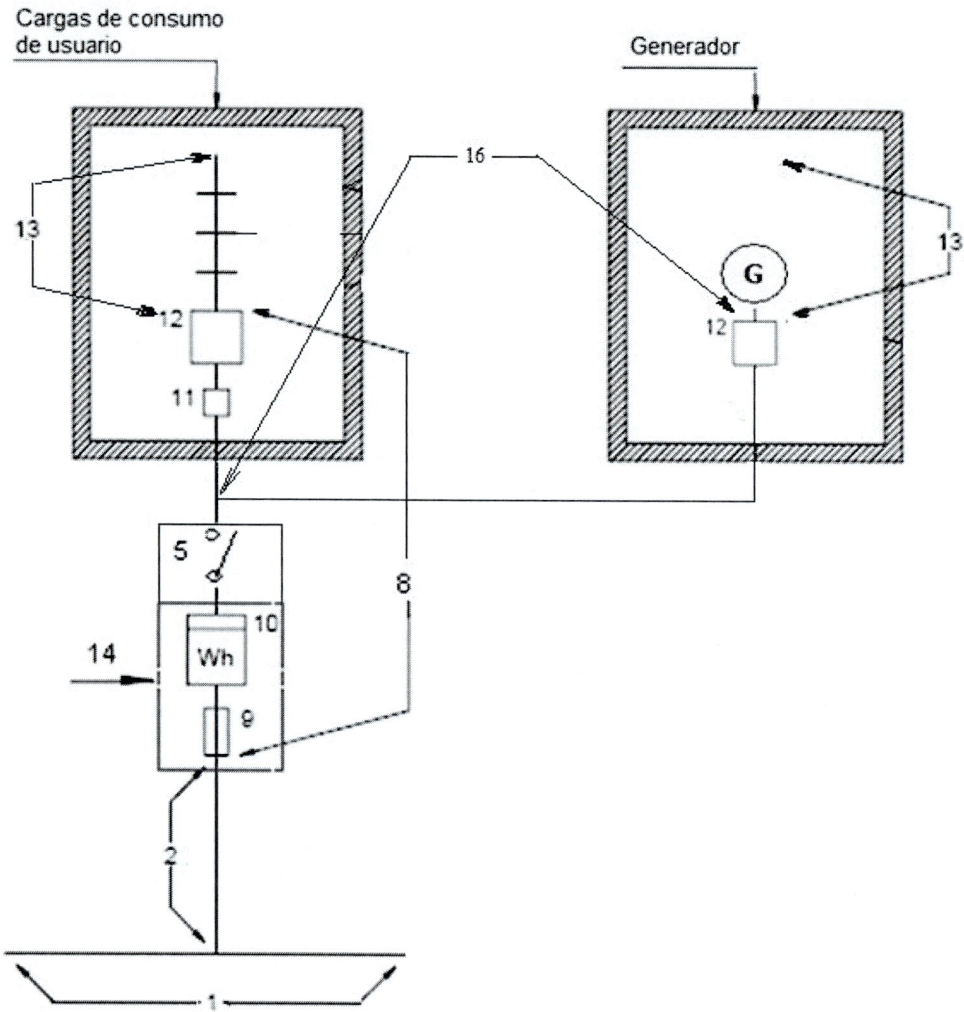

Esquema 7

4.3.A.2.2.1.1.3. Método de medida bidireccional. Conexión al DGMP o CMP

El generador y la instalación de consumo pueden estar en el mismo o distinto local.

El generador debe estar conectado en un circuito dedicado e independiente del resto de circuitos. Por tanto, no debe compartir circuito con ninguna otra carga de la instalación.

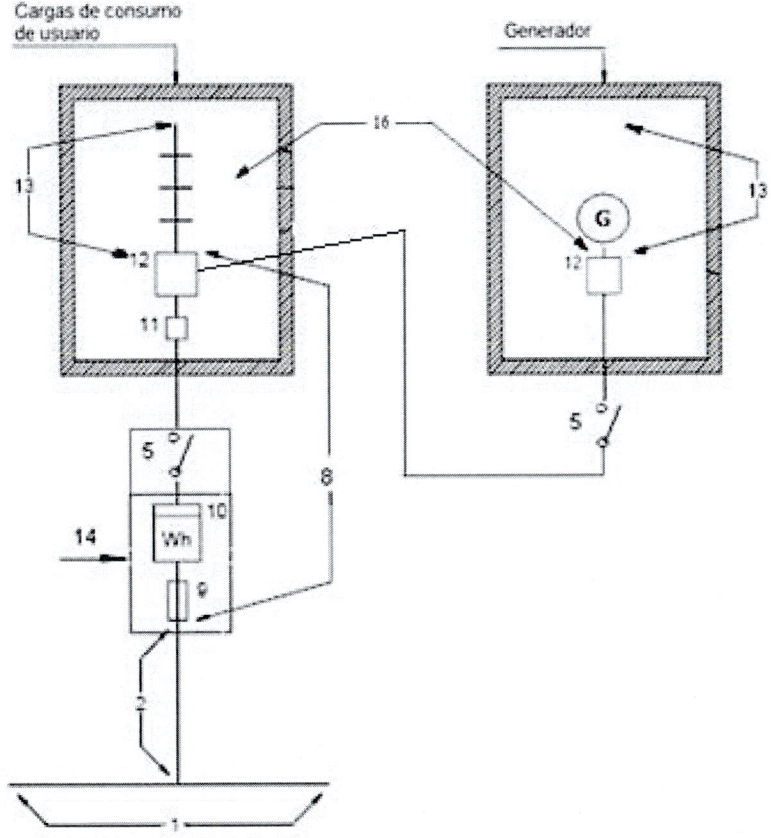

Esquema 8

4.3.A.2.2.1.2 Acometida en centralización de contadores. Método de medida doble

Este esquema es el típico en conjuntos de edificación vertical u horizontal, destinados principalmente a viviendas, edificios comerciales, de oficinas o destinados a una concentración de industrias.

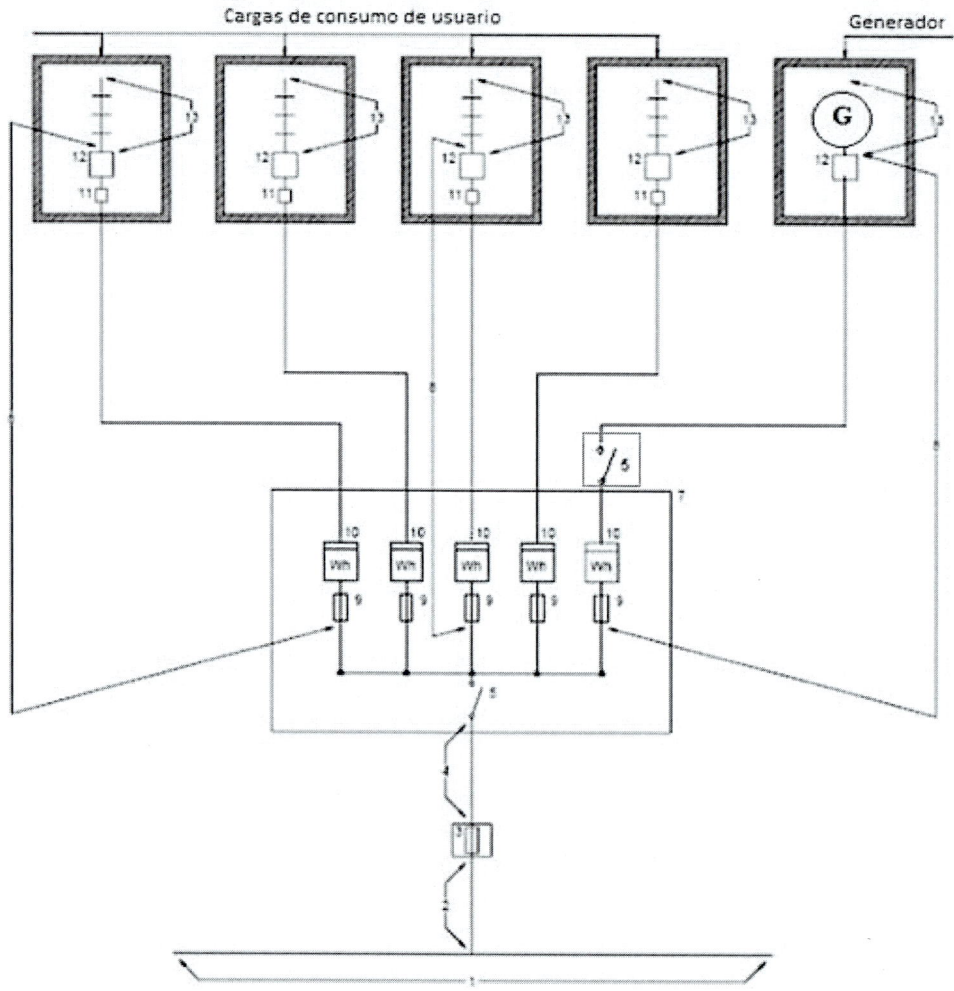

Esquema 9

4.3.A.2.2.2 Funcionamiento en modo separado

4.3.A.2.2.2.1 Acometida de único usuario

4.3.A.2.2.2.1.1 Método de medida doble.

Este tipo de esquema es típico de chalets, de forma que se instalan dos cajas de protección y medida empotradas en el mismo nicho, o bien una caja doble que agrupe los contadores y fusibles de protección del generador y los del consumo.

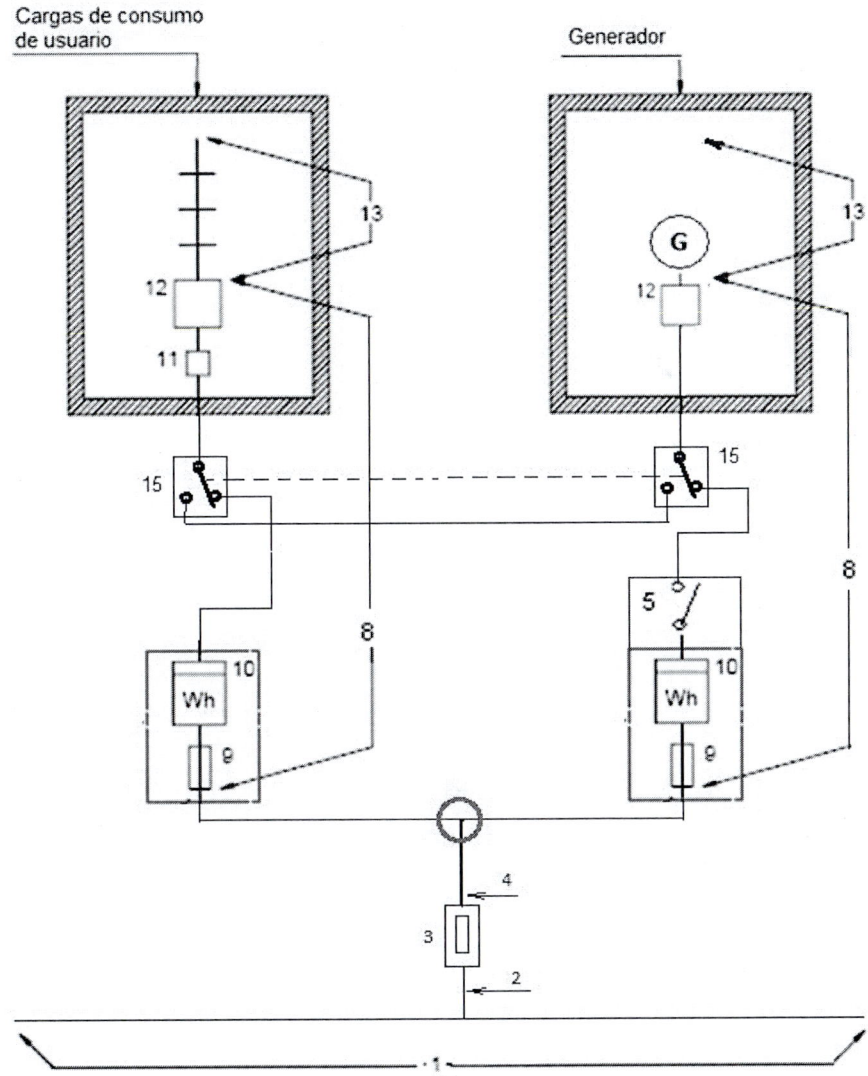

Esquema 10

4.3.A.2.2.2.1.2 Método de medida bidireccional.

Con respecto al esquema anterior, los dos contadores pueden sustituirse por uno bi-direccional o por varios en cascada si se admite en la legislación aplicable para cada tipo de generación.

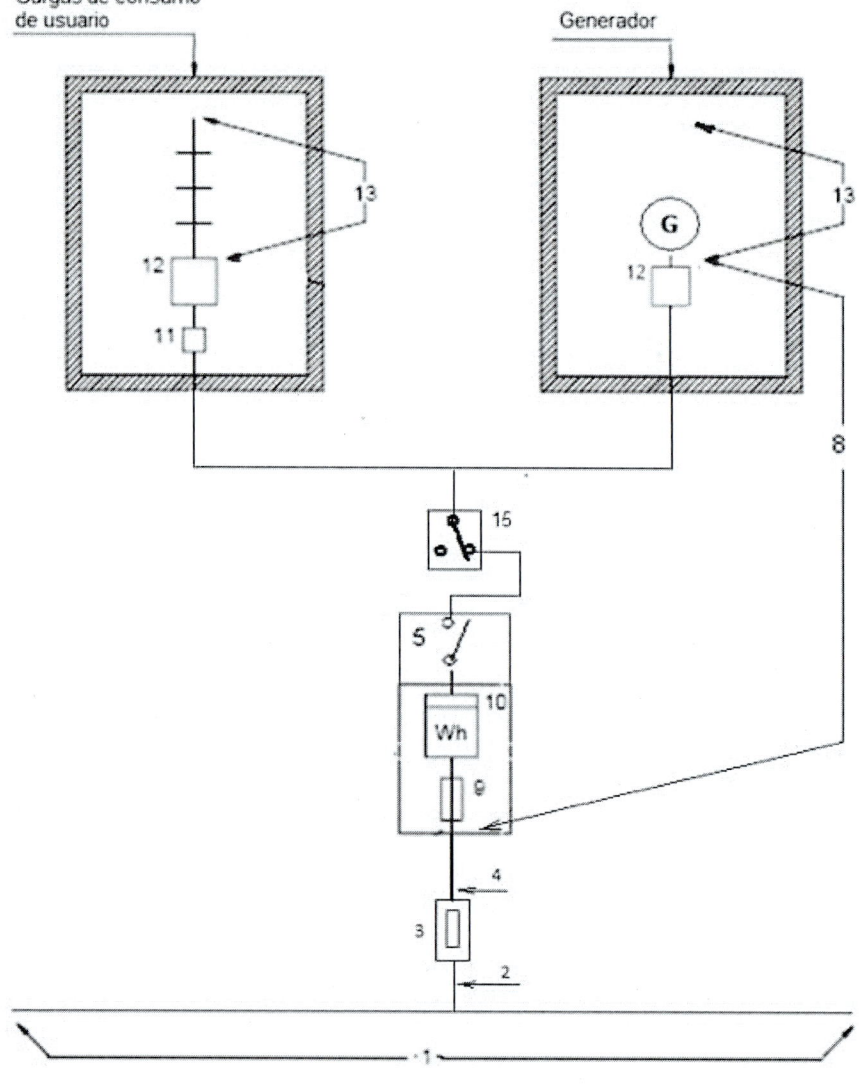

Esquema 11

4.3.A.2.2.2.2 Acometida en centralización de contadores

4.3.A.2.2.2.2.1 Método de medida doble

Este esquema es el típico en conjuntos de edificación vertical u horizontal, destinados principalmente a viviendas, edificios comerciales, de oficinas o destinados a una concentración de industrias.

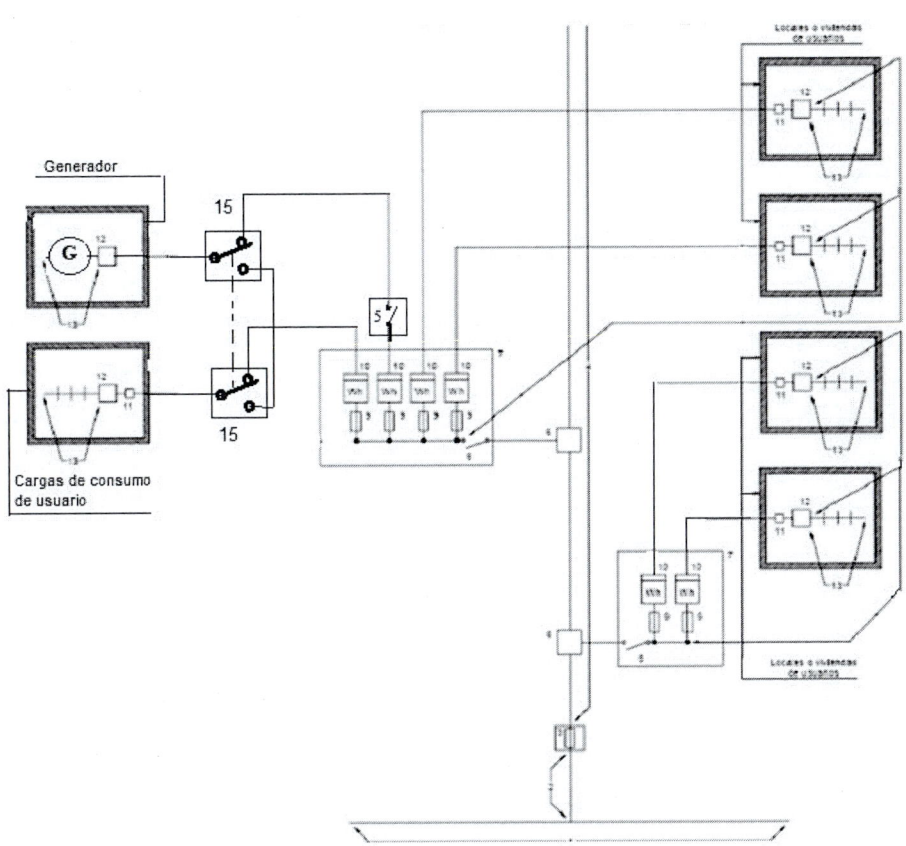

Esquema 12

4.3.A.2.2.2.2.2 Método de medida bidireccional

Este esquema sólo es posible cuando generador y consumo son del mismo propietario (persona o comunidad de vecinos con servicios generales)

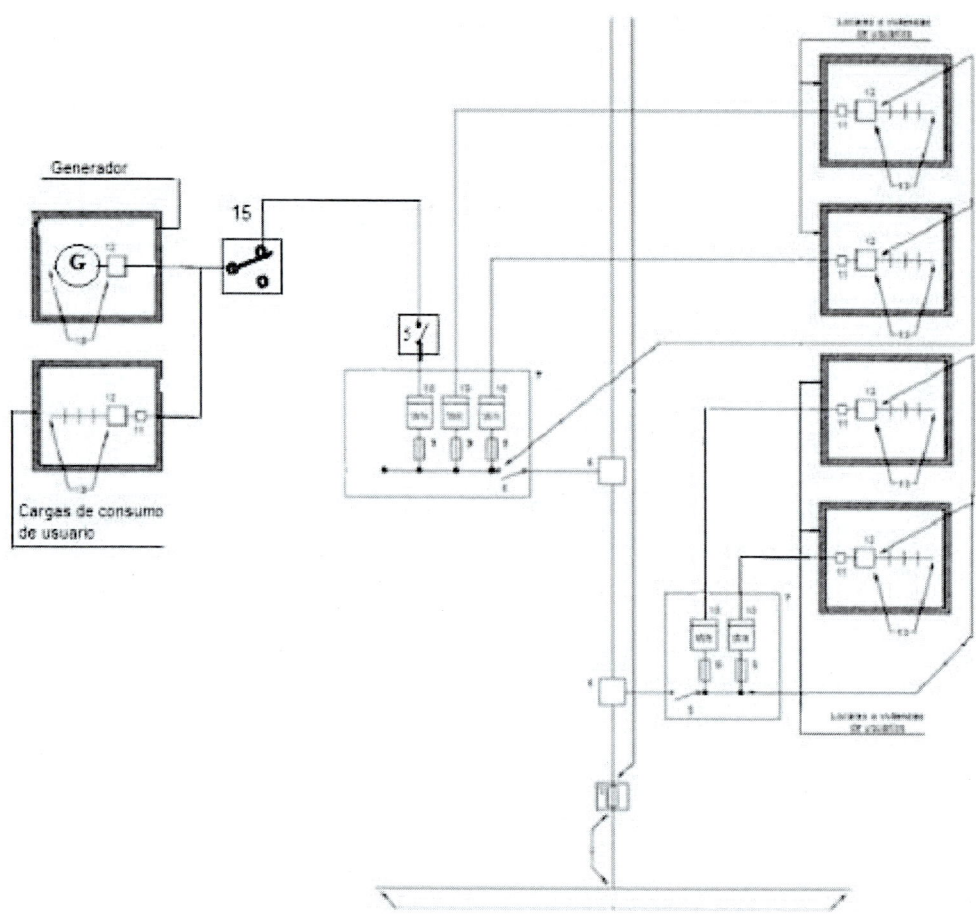

Esquema 13

4.3.B. Instalaciones interconectadas de tipo C2

Pueden darse los siguientes escenarios en función de la existencia o no de consumos aso-ciados y su punto de conexión, que a su vez dependerá de las potencias, ubicaciones res-pectivas, etc.

ESQUEMAS DE INSTALACIONES INTERCONECTADAS. (C2)

Interconectadas tipo C2	Titular	Conexión generación	Funcionamiento	Ubicación	Medida
Esq-14	Sólo generación (G)	Red distribución (R)	Independiente (I)	CT único (U)	Sólo generación (G)
Esq-15	Suministro asociado (A)	Red distribución (R)	Independiente (I)	CT separados (C)	Doble (D) Generac/consumo
Esq-16	Suministro asociado (A)	Instalación interior (P) BT	Modo separado (S)	CT único (U)	Único bidireccio-nal en MT (B) y/o doble (D) Generac/consumo en BT

4.3.B.1. Instalación generadora con conexión directa a la Red de distribución AT, sin suministro asociado

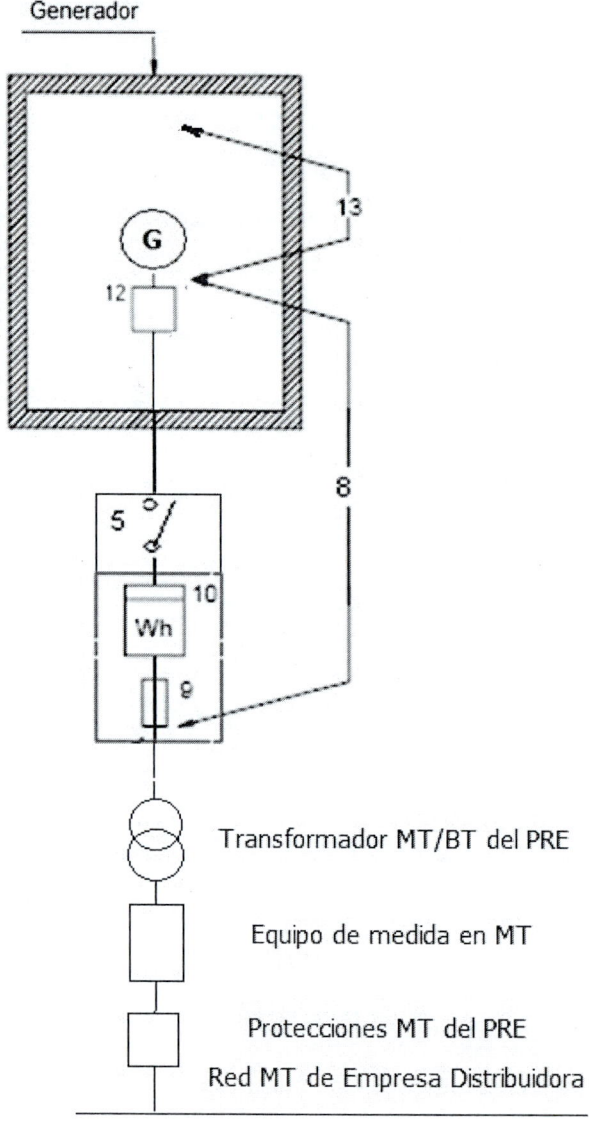

Esquema 14

Los bloques 5 y 9 son necesarios únicamente si se conecta un contador (bloque 10) en baja tensión.

4.3.B.2. Instalación generadora y suministro asociado

4.3.B.2.1. Conexiones independientes a la red de distribución de AT del generador y el suministro asociado

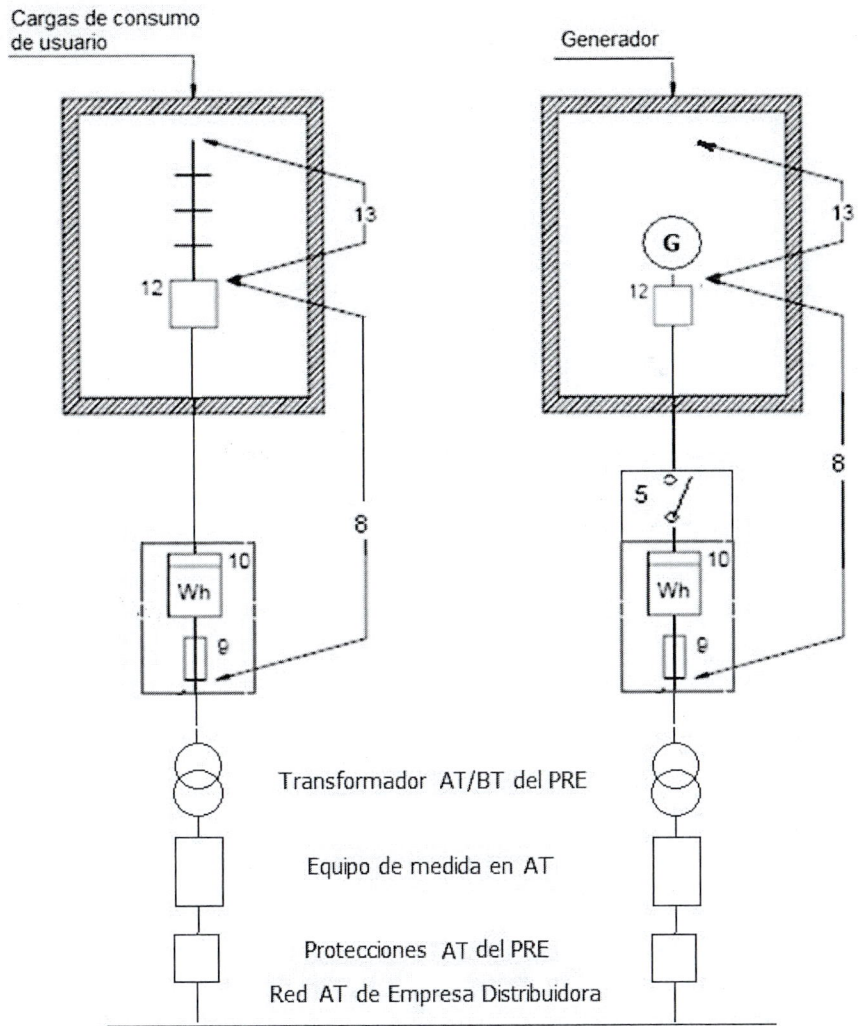

Esquema 15

Cuando exista equipo de medida en AT, el de BT si está en serie, será opcional. Las protecciones serán las que se indican en el apartado correspondiente de esta Guía

4.3.B.2.2. Con la instalación de conexión a la Red de distribución AT compartida por generador y consumo asociado

Para este tipo de conexión la parte de baja tensión podrá hacerse según los esquemas 3, 4, 5, 7, 9, 10, 11. En el esquema 16 se muestra en el lado de baja tensión, como ejemplo, el esquema 3.

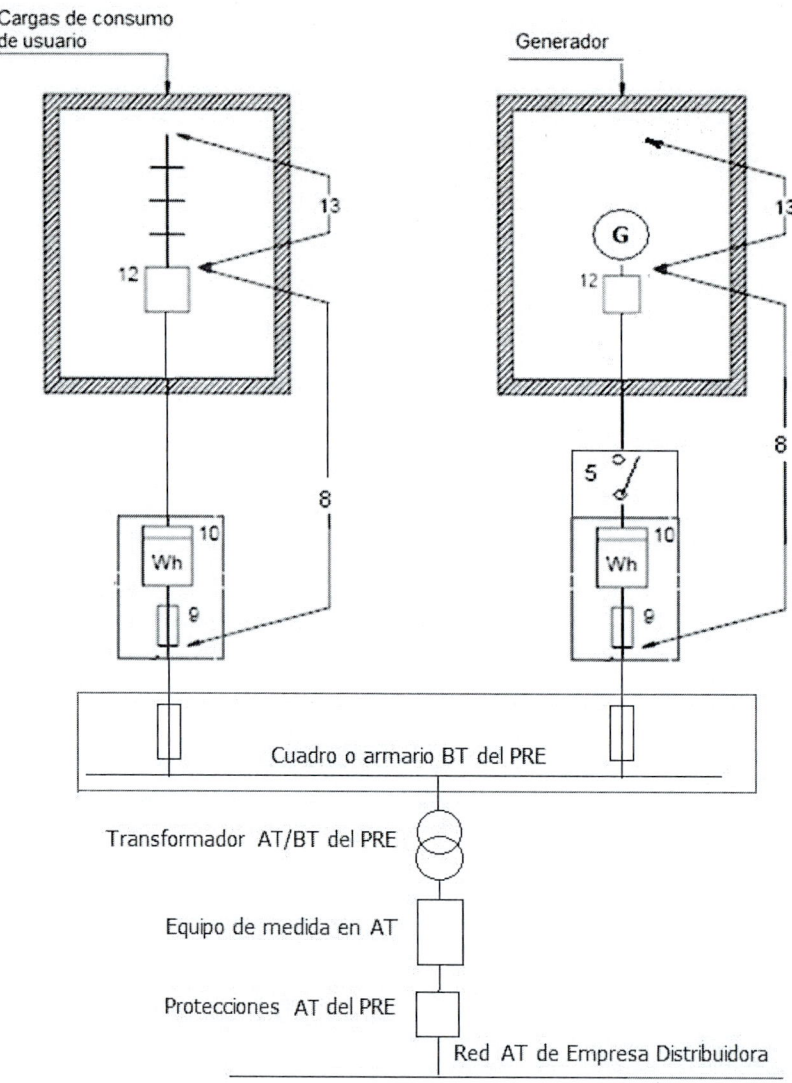

Esquema 16

Los elementos representados en el lado de alta tensión del transformador y los detalles de conexión deberán cumplir con lo establecido en los reglamentos aplicables. El equipo de medida en BT correspondiente a las cargas de consumo podrá no ser necesario dependiendo de lo establecido en las legislaciones aplicables.

4.3.1 Potencias máximas de las centrales interconectadas en baja tensión

Con carácter general la interconexión de centrales generadoras a las redes de baja tensión de 3x400/230 V será admisible cuando la suma de las potencias nominales de los generadores no exceda de 100 kVA, ni de la mitad de la capacidad de la salida del centro de transformación correspondiente a la línea de la Red de Distribución Pública a la que se conecte la central.

En redes trifásicas a 3x220/127 V, se podrán conectar centrales de potencia total no superior a 60 kVA ni de la mitad de la capacidad de la salida del centro de transformación correspondiente a la línea de la Red de Distribución Pública a la que se conecte la central. En estos casos toda la instalación deberá estar preparada para un funcionamiento futuro a 3x400/230 V.

En los generadores eólicos, para evitar fluctuaciones en la red, la potencia de los generadores no será superior al 5% de la potencia de cortocircuito en el punto de conexión a la Red de Distribución Pública.

En aquellas instalaciones cubiertas por el RD 1699/2011 se establece que, para determinar la potencia nominal máxima disponible de conexión, se atenderá a los siguientes criterios:

1. Para las instalaciones que pretendan conectarse en un punto de la red de tensión igual o inferior a 1 kV (bien directamente o a través de la instalación de una red interior):

   a) La potencia nominal máxima disponible en el punto de conexión de una línea se calculará como la mitad de la capacidad de transporte de la línea en dicho punto, definida como capacidad térmica de diseño de la línea en el punto, menos la suma de las potencias de las instalaciones de producción conectadas o con punto de conexión vigente en dicha línea.

   b) En el caso de que el punto de conexión sea en un centro de transformación, la potencia nominal máxima disponible en dicho punto se calculará como la mitad de la capacidad de transformación instalada para ese nivel de tensión menos la suma de las potencias de las instalaciones de producción conectadas o con punto de conexión vigente a ese centro.

Debe tenerse en cuenta que para el dimensionamiento de los cables de la red de distribución pública el factor de simultaneidad es 1 para la generación, pero la línea de la red de distribución de baja tensión puede estar dimensionada con factores de simultaneidad inferiores, de acuerdo a la ITC-BT10.

Adicionalmente a estos requisitos, el RD 1699/2011 establece que la contribución de los generadores al incremento de tensión en las líneas de distribución no debe ser superior al 2.5%, según se especifica en el punto 3 del artículo 12 de dicho Real Decreto.

4.3.2. Condiciones específicas para el arranque y acoplamiento de la instalación generadora a la Red de Distribución Pública.

4.3.2.1. Generadores asíncronos

La caída de tensión que puede producirse en la conexión de los generadores no será superior al 3 % de la tensión asignada de la red.

En el caso de generadores eólicos la frecuencia de las conexiones será como máximo de 3 por minuto, siendo el límite de la caída de tensión del 2 % de la tensión asignada durante 1 segundo.

Para limitar la intensidad en el momento de la conexión y las caídas de tensión, a los valores anteriormente indicados, se emplearán dispositivos adecuados.

Para ello pueden usarse relés de intensidad o de tensión.

La conexión de un generador asíncrono a la red no se realizará hasta que, accionados por la turbina o el motor, éste haya adquirido una velocidad entre el 90 y el 100% de la velocidad de sincronismo.

4.3.2.1. Generadores síncronos

La utilización de generadores síncronos en instalaciones que deben interconectarse a Redes de Distribución Pública, deberá ser acordada con la empresa distribuidora de energía eléctrica, atendiendo a la necesidad de funcionamiento independiente de la red y a las condiciones de explotación de ésta.

La central deberá poseer un equipo de sincronización, automático o manual.

Podrá prescindirse de este equipo si la conexión pudiera efectuarse como generador asíncrono. En este caso las características del arranque deberán cumplir lo indicado para este tipo de generadores.

La conexión de la central a la red de distribución pública deberá efectuarse cuando en la operación de sincronización las diferencias entre las magnitudes eléctricas del generador y la red no sean superiores a las siguientes:

- Diferencia de tensiones $\pm 8\,\%$
- Diferencia de frecuencia $\pm 0,1\text{Hz}$
- Diferencia de fase $\pm 10^{o}$

Los puntos donde no exista equipo de sincronismo y sea posible la puesta en paralelo, entre la generación y la Red de Distribución Pública, dispondrán de un enclavamiento que impida la puesta en paralelo.

Siempre que se mencionan los límites de variación de tensión durante la conexión y desconexión, se refieren al transitorio en el momento de la maniobra y no a la variación de tensión durante el régimen permanente de funcionamiento de la instalación generadora. Los límites de variación durante el régimen permanente están relacionados con el cumplimiento de lo que indica en el R.D. 1955/2000 por el que se regulan las actividades de transporte, distribución de energía eléctrica.

4.3.3 Equipos de maniobra y medida a disponer en el punto de interconexión

En el origen de la instalación interior y en un punto único y accesible de forma permanente a la empresa distribuidora de energía eléctrica, se instalará un interruptor automático sobre el que actuarán un conjunto de protecciones. Éstas deben garantizar que las faltas internas de la instalación no perturben el correcto funcionamiento de las redes a las que estén conectadas y en caso de defecto de éstas, debe desconectar el interruptor de la interconexión que no podrá reponerse hasta que exista tensión estable en la Red de Distribución Pública.

Las protecciones de las instalaciones de baja tensión a las que se refiere este párrafo pueden estar incorporadas en el propio interruptor automático o en otros dispositivos externos (por ejemplo, relés) que actúan sobre el interruptor automático dándole la orden de desconexión del circuito.

Además, en aquellas instalaciones cubiertas por el RD 1699/2011, las protecciones también pueden estar incorporadas en el equipo generador o el inversor en las condiciones establecidas en el capítulo 7.

Las protecciones y el conexionado del interruptor serán precintables y el dispositivo de maniobra será accesible al Autogenerador.

Los requisitos de todas las protecciones citadas están indicados en el apartado 7 de esta ITC-BT.

Debido a las conmutaciones que se realizan en la instalación, para instalaciones asistidas y para las que funcionan en modo separado es recomendable que se instalen protectores contra sobretensiones transitorias en la instalación del lado de cargas de consumo.

El interruptor de acoplamiento llevará un contacto auxiliar que permita desconectar el neutro de la red de distribución pública y conectar a tierra el neutro de la generación cuando ésta deba trabajar independiente de aquella.

Cuando se prevea la entrega de energía de la instalación generadora a la Red de Distribución Pública, se dispondrá, al final de la instalación de enlace, un equipo de medida que registre la energía suministrada por el Autogenerador. Este equipo de medida podrá tener elementos comunes con el equipo que registre la energía aportada por la Red de Distribución Pública, siempre que los registros de la energía en ambos sentidos se contabilicen de forma independiente.

Los elementos a disponer en el equipo de medida serán los que correspondan al tipo de discriminación horaria que se establezca.

En las instalaciones generadoras con generadores asíncronos se dispondrá siempre un contador que registre la energía reactiva absorbida por éste.

Cuando deba verificarse el cumplimiento de programas de entrega de energía tendrán que disponerse los elementos de medida o registro necesarios.

4.3.4 Control de la energía reactiva.

En las instalaciones con generadores asíncronos, el factor de potencia de la instalación no será inferior a 0,86 a la potencia nominal y para ello, cuando sea necesario, se instalarán las baterías de condensadores precisas.

Las instalaciones anteriores dispondrán de dispositivos de protección adecuados que aseguren la desconexión en un tiempo inferior a 1 segundo cuando se produzca una interrupción en la Red de Distribución Pública.

La empresa distribuidora de energía eléctrica podrá eximir de la compensación del factor de potencia en el caso de que pueda suministrar la energía reactiva.

Los generadores síncronos deberán tener una capacidad de generación de energía reactiva suficiente para mantener el factor de potencia entre 0,8 y 1 en adelanto o retraso. Con objeto de mantener estable la energía reactiva suministrada se instalará un control de la excitación que permita regular la misma.

En aquellas instalaciones cubiertas por el RD 1699/2011 el factor de potencia de la energía suministrada a la red de la empresa distribuidora debe ser lo más próximo posible a la unidad y, en todo caso, superior a 0,98 cuando la instalación trabaje a potencias superiores al 25 por ciento de su potencia nominal". Consecuentemente en estas instalaciones, cuando la regulación de generación no lo permita, se montarán equipos de compensación de potencia reactiva (por ejemplo, baterías de condensadores) para lograr dicho factor de potencia.

Las instalaciones de generación de régimen especial fuera del ámbito del RD 1699/2011 además se regirán a los efectos del control de energía reactiva por el RD 661/2007 (artículo 29 y anexo V) modificado posteriormente en el artículo 1º del RD 1565/2010 (modificaciones 8 y 20).

Producto	Norma de aplicación
Baterías de condensadores	UNE- EN 60143-1

5. CABLES DE CONEXION

Los cables de conexión deberán estar dimensionados para una intensidad no inferior al 125% de la máxima intensidad del generador y la caída de tensión entre el generador y el punto de interconexión a la Red de Distribución Pública o a la instalación interior, no será superior al 1,5%, para la intensidad nominal.

6. FORMA DE LA ONDA

La tensión generada será prácticamente senoidal, con una tasa máxima de armónicos, en cualquier condición de funcionamiento de:

Armónicos de orden par:	4/n
Armónicos de orden 3:	5
Armónicos de orden impar ($\geq$5)	25/n

Extender a cualquier frecuencia para cubrir frecuencias de conmutación.

La tasa de armónicos es la relación, en %, entre el valor eficaz del armónico de orden n y el valor eficaz del fundamental.

Los anteriores límites de distorsión en tensión son adicionales a los necesarios para el cumplimiento de la Directiva Europea de Compatibilidad Electromagnética establecidos en las normas:

- UNE-EN 61000-3-2. Límites para las emisiones de corriente armónica. Equipos con corriente de entrada ≤ 16 A por fase

- UNE-EN 61000-3-12. Límites para las corrientes armónicas producidas por los equipos conectados a las redes públicas de baja tensión con corriente de entrada >16 A y ≤ 75 A. por fase

Dichas normas establecen límites de la corriente emitida por los equipos, mientras que los límites del presente capítulo se refieren a la tensión.

Adicionalmente también son aplicables las normas siguientes:

- UNE-EN 61000-6-3. Norma de emisión para entorno residencial, comercial e industria ligera.

- UNE-EN 61000-6-4. Norma de emisión para entorno industrial.

El RD. 1699/2011 Artículo 11.1 Condiciones técnicas de carácter general. establece que el funcionamiento de las instalaciones no deberá provocar en la red averías, disminuciones de las condiciones de seguridad ni alteraciones superiores a las admitidas por la normativa que resulte aplicable.

Por otro lado el artículo 10.4 del citado decreto establece que en el caso excepcional en el que se evidencie que la instalación suponga un riesgo inminente para las personas, o cause daños o impida el funcionamiento de equipos de terceros, la distribuidora podrá desconectar inmediatamente la instalación, debiendo comunicar y justificar detalladamente dicha actuación excepcional al órgano de la Administración competente en materia de energía y al interesado, en un plazo máximo de veinticuatro horas.

Con el objetivo de cumplir estos requisitos se considera necesario evitar la inyección de corriente continua y las sobretensiones que el funcionamiento de estos generadores en diferentes situaciones puedan producir. Para evaluar esto se establecen los dos ensayos siguientes:

Inyección de corriente continua a la red

El generador deberá garantizar que la corriente continua inyectada a red no supere el 0,5 % de la corriente nominal, de acuerdo con la Nota de interpretación técnica de la equivalencia de la separación galvánica de la conexión de instalaciones generadoras en baja tensión.

Los generadores con transformador de baja frecuencia garantizan la no inyección de corriente continua a la red, por lo que no necesitan realizar ningún ensayo para demostrar que cumplen con este requerimiento.

Si el generador utilizado es con transformador de alta frecuencia o sin transformador se deberá demostrar que la corriente continua inyectada a red por el generador no supera el 0,5 % de la corriente nominal. Para ello se realizará el siguiente ensayo:

1. *Conectar el generador a una red cuya componente de tensión continua sea despreciable a los efectos de la medida, por ejemplo, separando otras cargas de la red con un transformador separador.*

2. *Ajustar la potencia de salida del generador a una potencia de salida comprendida entre el 25 % y el 100 % de su potencia nominal.*

3. *Esperar el tiempo necesario hasta que la temperatura interna del generador alcance el régimen estacionario (variación de temperatura inferior a 2° C en 15 minutos).*

4. *Medir el valor de la componente continua inyectada por el equipo a la red.*

La prueba se determina como válida si la componente de continua, medida en una ventana de al menos 10 segundos, es menor al 0,5 % del valor eficaz de la corriente nominal de salida del generador.

Generación de sobretensiones

Se establecen dos grupos de generadores:

1) *Grupo 1: son los generadores de las instalaciones de tipo C1.*

    a. *Generador con transformador de baja frecuencia (50Hz). Dicho transformador estará colocado en la parte de alterna, interno o externo a la etapa de conversión.*

    b. *Generador con transformador de alta frecuencia. Se trata de generadores que incorporan en su etapa de conversión una etapa de conversión CC/CC con transformador de alta frecuencia.*

    c. *Generador sin transformador. Se trata de generadores que no incorporan ningún tipo de transformador en la etapa de conversión.*

2) *Grupo 2: son los generadores para instalaciones de tipo C2.*

El generador no debe generar sobretensiones en su conexión de alterna, cumpliendo con los límites establecidos en las tablas siguientes.

Duración, t, de la sobretensión (s)	Valor admisible de la sobretensión instantánea (% Un pico)
0,0002	280
0,0006	218
0,002	178
0,006	145
0,02	129
0,06	120
0,2	120
0,6	120

Sobretensiones máximas admisibles para generadores del grupo 1.

Duración, t, de la sobretensión	Valor admisible de la sobretensión instantánea (% Un pico)
0< t < 1 ms	200
1 ms ≤ t < 3 ms	140
3 ms ≤ t < 500 ms	120
t ≥ 500 ms	110

Sobretensiones máximas admisibles para generadores del grupo 2

Ensayo a realizar:

1. Conectar el generador de acuerdo al circuito de ensayo mostrado en la figura 1 para generadores del grupo 1, o en la figura 2 para generadores del grupo 2, con una tensión de red entre el ± 5 % de su valor nominal.

2. Abrir el interruptor y registrar las tensiones en bornas del generador o transformador, en el caso de generadores del grupo 2, a partir del momento de la desconexión con una frecuencia de muestreo de al menos 10 kHz.

El ensayo se realizará para una potencia superior al 50 % de la potencia asignada. Repetir el ensayo tres veces.

A partir del registro de tensión obtenido tras la apertura del interruptor, determinar la curva tensión-duración de la sobretensión. Para ello, para cada tensión, con escalones máximos de 10 V, se cuenta el número de muestras en las que la tensión ha sido superior a este valor. Este número de muestras se multiplica por el tiempo de muestreo para obtener la duración para dicha tensión. La curva final es el lugar geométrico de todos los puntos derivados de este proceso.

Ensayo para generadores del grupo 1

El siguiente diagrama ilustra el circuito de ensayo para generadores del grupo 1.

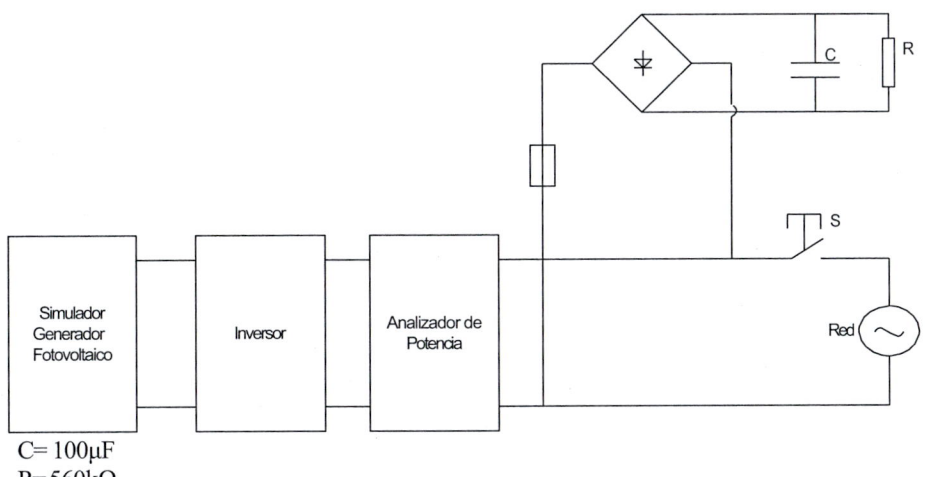

C= 100μF
R= 560kΩ

Figura 1. Circuito de ensayo para generadores del grupo 1

El generador se considera que cumple con la prueba de tensión límite transitorio si la tensión derivada de duración curva se encuentra por debajo de la curva adecuada de la Tabla del grupo 1 en todos los puntos.

Ensayo para generadores del grupo 2

Los generadores del grupo 2 se conectan a la red de distribución pública en AT siempre a través de un transformador elevador. Por esa razón, siempre y cuando el fabricante lo solicite, el circuito de ensayo será el indicado a continuación en vez del de la figura 1.

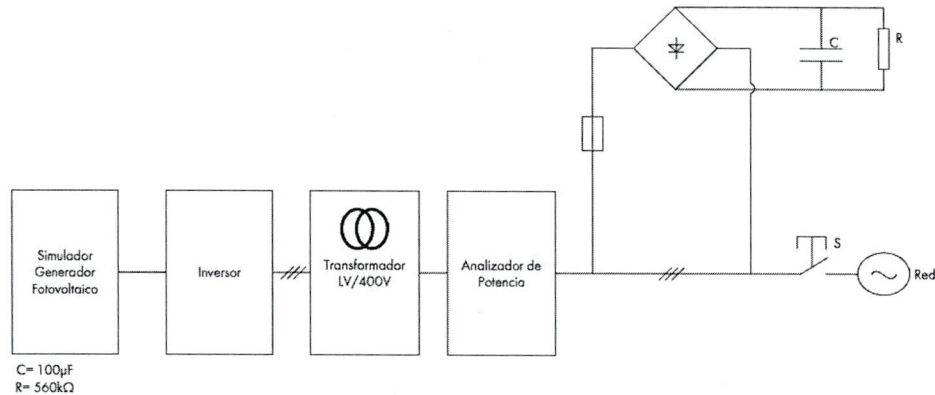

Figura 2 Circuito de ensayo para generadores del grupo 2

La carga podrá ser puramente resistiva o contener condensadores en paralelo a una resistencia, siempre y cuando la capacidad total de los condensadores no supere los 500 μF. El valor de la carga resistiva no podrá superar el 0,1 % de la potencia máxima CA del generador. Por ejemplo, si la potencia máxima del generador es 500 kW, entonces la carga trifásica del ensayo no podrá superar los 500 W, lo que equivale a una resistencia mínima de 0,5 kΩ.

El ensayo se considera como válido si en cualquier momento la tensión generada por el generador en el punto de medida no supera ninguno de los límites especificados en la tabla del grupo 2.

---

7. PROTECCIONES

La máquina motriz y los generadores dispondrán de las protecciones específicas que el fabricante aconseje para reducir los daños como consecuencia de defectos internos o externos a ellos.

Los circuitos de salida de los generadores se dotarán de las protecciones establecidas en las correspondientes ITC que les sean aplicables.

La instalación debe estar protegida contra sobretensiones transitorias según lo establecido en la ITC-BT-23 como instalación fija de categoría III o IV en función de su ubicación. Es recomendable seguir los criterios indicados en la GUÍA-BT-23 para la instalación de dispositivos de protección contra sobretensiones transitorias y también contra sobretensiones temporales.

En todas aquellas instalaciones ubicadas en la intemperie no cubiertas por el Código Técnico de la Edificación (por ejemplo, huertos solares, parques eólicos, etc.) deberá considerarse la necesidad de instalar sistemas de protección externos contra el rayo.

Para la protección contra contactos indirectos se montará una protección diferencial que se puede integrar en un sistema de supervisión de la instalación (contactos auxiliares, gestión de planta, etc.).

Se recomienda la instalación de sistemas que eviten la falta de producción por un disparo intempestivo. Estos sistemas pueden ser, por ejemplo:

- *Sistemas de reconexión automática, o*
- *Utilización de protecciones diferenciales adecuadas para evitar los disparos intempestivos previsibles.*

En las instalaciones de generación que puedan estar interconectadas con la Red de Distribución Pública, se dispondrá un conjunto de protecciones que actúen sobre el interruptor de interconexión, situadas en el origen de la instalación interior. Éstas corresponderán a un modelo homologado y deberán estar debidamente verificadas y precintadas por un Laboratorio reconocido.

Se entiende que el requisito reglamentario anterior ya se cumple en aquellas protecciones convencionales que sean de acuerdo a las normas armonizadas recogidas en la Directiva de Baja Tensión (DBT), dado que se pueden considerar todas ellas modelos homologados y de libre circulación dentro de los estados de la UE.

Por tanto, lo indicado en el requisito reglamentario, se entiende aplica a aquellas protecciones del generador que no sean convencionales, como por ejemplo las que se integran en el equipo electrónico del generador.

Con respecto a las protecciones y sus condiciones, el R.D 1699/2011 artículo 14, apartado 4 indica que:

---

4. En el caso que el equipo generador o el inversor incorporen las protecciones anteriormente descritas, estas deberán cumplir la legislación vigente, en particular el Reglamento electrotécnico de baja tensión, aprobado por el Real Decreto 842/2002, de 2 de agosto, el Reglamento sobre condiciones técnicas y garantías de seguridad en centrales eléctricas, subestaciones y centros de transformación aprobado por el Real decreto 3275/1982, de 12 de noviembre y el Reglamento sobre condiciones técnicas y garantías de seguridad en líneas eléctricas de alta tensión, aprobado por el Real Decreto 223/2008, de 15 de febrero, para instalaciones que trabajan en paralelo con la red de distribución. En este caso no será necesaria la duplicación de protecciones.

A los efectos de las protecciones requeridas en el RD 1699/2011 se entiende que las únicas protecciones que es admisible integrar en el generador son las de máxima y mínima frecuencia y máxima y mínima tensión entre fases (apartado 14.1.d).

Por tanto, se entiende que la protección contra sobrecorrientes y contra contactos indirectos del conjunto de la instalación generadora será convencional según lo establecido en las ITC correspondientes del REBT. No obstante, el generador, en función de su topología, puede requerir incorporar a su vez protección adicional contra sobrecorrientes, contra contactos indirectos o contra fallos de aislamiento. Ejemplos de esto son los llamados sistemas de detección de corrientes de defecto en algunos generadores fotovoltaicos, o los dispositivos de detección de aislamiento, entre otros.

Para las protecciones no convencionales, la verificación de las características funcionales aplicables (por ejemplo, curvas de actuación) será conforme a los requisitos equivalentes de las normas armonizadas de aplicación a la citada protección. Además, se tendrá en cuenta el análisis del efecto que sobre la protección puedan tener los posibles fallos eléctricos o electrónicos, tanto del equipo como de la instalación a la que se conecta, la influencia de los fenómenos de perturbación electromagnética esperables en el entorno en el que está ubicada la instalación generadora, e incluso la influencia que sobre las características de protección pudiesen tener los errores en el software del equipo, cuando proceda.

A estos efectos se tendrán en cuenta las normas armonizadas aplicables por la DBT correspondientes a las protecciones relevantes que cubran las verificaciones citadas, o en su defecto se considerarán las normas de seguridad y de requisitos funcionales aplicables a equipos análogos al del objeto de análisis y que incorporen verificaciones que cubran los aspectos citados en el párrafo anterior.

Cuando no exista una norma armonizada para las protecciones correspondientes no convencionales se utilizará la EN 60730-1

Respecto a las condiciones de verificación y precintado del REBT y respecto a las del artículo 14.3 del RD 1699/2011:

3. Las protecciones deberán ser precintadas por la empresa distribuidora, tras las verificaciones necesarias sobre el sistema de conmutación y sobre la integración en el equipo generador de las funciones de protección.

Se entiende que para equipos que incorporen protecciones no convencionales, la verificación de las condiciones de protección se realizará mediante informe de laboratorio acreditado, de los aspectos de:

- *características funcionales aplicables*

- *protección contra posibles fallos eléctricos o electrónicos*

- *protección contra los fenómenos de perturbación electromagnética*

- *protección contra los fallos y/o errores en el software del equipo.*

Como ejemplos de protecciones que deben considerarse para la verificación están:

a)   *Sincronización entre múltiples fuentes de corriente alterna.*

b)   *Paradas de operación de emergencia (incluyendo secuencia de parada)*

c)   *Sistema de conmutación (conexión / desconexión entre fuentes) y enclavamientos de seguridad (rango válido de tensión y frecuencia). Un ejemplo es el sistema de conmutación referido en el apartado 14.3 del RD 1699/2011, que se corresponde con el elemento identificado como "15 Conmutador de conexión red/generador con sistema de sincronismo" en los esquemas del capítulo 4 de esta guía, que puede estar integrado en el generador o ser un elemento externo*

d)   *Funciones de dispositivos de corriente residual para protección de la propia instalación generadora*

e)   *Protección de sobrecorriente para protección de la propia instalación generadora.*

En lo relativo al precintado se debe entender que se refiere a la imposibilidad de modificación de los parámetros de protección, bien mediante la inaccesibilidad del software que la ejecuta, o la imposibilidad de acceso a los elementos de regulación electrónica incorporados en el equipo generador por parte de la empresa instaladora u operador de la instalación. Esta característica deberá ser evaluada en el informe del laboratorio acreditado, mencionado anteriormente.

Las protecciones mínimas a disponer serán las siguientes, con independencia de que estos ajustes podrían verse modificados por la normativa del sector eléctrico en función del generador al que aplique:

–   De sobreintensidad, mediante relés directos magnetotérmicos o solución equivalente.

–   De mínima tensión instantáneos, conectados entre las tres fases y neutro y que actuarán, en un tiempo inferior a 0,5 segundos, a partir de que la tensión llegue al 85% de su valor asignado.

–   De sobretensión, conectado entre una fase y neutro, y cuya actuación debe producirse en un tiempo inferior a 0,5 segundos, a partir de que la tensión llegue al 110% de su valor asignado.

–   De máxima y mínima frecuencia, conectado entre fases, y cuya actuación debe producirse cuando la frecuencia sea inferior a 49 Hz o superior a 51 Hz durante más de 5 períodos.

De acuerdo al R.D. 1699/2011 el sistema de protecciones deberá cumplir, en lo no previsto en dicho real decreto, el Real Decreto 661/2007, de 25 de mayo, y los procedimientos de operación correspondientes, así como, en lo no previsto en los anteriores, las exigencias previstas en la reglamentación vigente, en particular, el Reglamento electrotécnico de baja tensión, aprobado por Real Decreto 842/2002, de 2 de agosto, el Reglamento sobre condiciones técnicas y garantías de seguridad en centrales eléctricas, subestaciones y centros de transformación, aprobado por Real Decreto 3275/1982, de 12 de noviembre, y el Reglamento sobre condiciones técnicas y garantías de seguridad en líneas eléctricas de alta tensión, aprobado por Real Decreto 223/2008, de 15 de febrero

En este contexto debe considerarse que el Art14. D) del RD 1699/2011 establece que las protecciones contra sobretensiones y máxima y mínima frecuencia cumplirán con:

---

d) protecciones de la conexión máxima y mínima frecuencia (50,5 Hz y 48 Hz con una temporización máxima de 0.5 y de 3 segundos, respectivamente) y máxima y mínima tensión entre fases (1,15 Un y 0,85 Un) como se recogen en la Tabla 1, donde propuesto para baja tensión se generaliza para todos los demás niveles. En los sistemas eléctricos insulares y extrapenisulares, los valores anteriores serán los recogidos en los procedimientos de operación correspondientes. La tensión para la medida de estas magnitudes se deberá tomar en el lado red del interruptor automático general para las instalaciones en alta tensión o de los interruptores principales de los generadores en redes de baja tensión. En caso de actuación de la protección de máxima frecuencia, la reconexión solo se realizará cuando la frecuencia alcance un valor menor o igual a 50 Hz.

Tabla 1

Parámetro	Umbral	Tiempo máximo de actuación
Sobretensión -fase 1	Un + 10%	1.5 s
Sobretensión -fase 2	Un + 15%	0.2 s
Tensión mínima	Un + 15%	1.5 s
Frecuencia máxima	50.5 Hz	0.5 s
Frecuencia mínima	48 Hz	3 s

Nota: En el RD 661/2007, (aplicable a cualquier instalación generadora del régimen especial, independientemente de la potencia) en el anexo XI, punto 10 establece que la temporización de 3 s de mínima frecuencia se refiere al tiempo mínimo a soportar para garantizar la operación del sistema eléctrico y no al tiempo máximo como indica la tabla 1 del RD 1699/2011 para la protección anti-isla de la instalación generadora. Por otro lado, el PO 12.3 establece, para algunos tipos de generadores y potencias, la capacidad para soportar huecos de tensión que implica tiempos mínimos de actuación de dichas protecciones. Para cumplir con todas las condiciones anteriores se recomienda ajustar los tiempos de actuación a los valores exactos indicados en la tabla.

El sistema de protecciones de las instalaciones que no entren en el ámbito de aplicación del RD 1699/2011 deberá cumplir con lo dispuesto en el RD 661/2007 y en el procedimiento de operación P.O.1.6 (éste último es aplicable, a los efectos de los planes de deslastres de carga por mínima frecuencia y planes de desconexión de generación por máxima frecuencia, a todas las instalaciones de generación acopladas al Sistema Eléctrico Peninsular con independencia de su potencia o punto de conexión).

Según el RD 661/2007 y su modificación RD 1565/2010 se obliga al cumplimiento del P.O. 12.3 referente a huecos de tensión a las instalaciones o agrupaciones de instalaciones fotovoltaicas de más de 2 MW y a todas las instalaciones eólicas.

En las instalaciones a las que les sean de aplicación procedimientos de operación relativos a requisitos técnicos de conexión (por ejemplo, P.O.12.2 y P.O.12.3) los ajustes de las protecciones de tensión no impedirán el cumplimiento de dichos procedimientos.

Las instalaciones bajo el ámbito de aplicación del RD 1699/2011 deben disponer de los siguientes elementos:

a) *Un elemento de corte general para proporcionar aislamiento sobre disposiciones mínimas para la protección de la salud y seguridad de los trabajadores frente al riesgo eléctrico. Éste podría ser el mismo interruptor automático que se menciona en el capítulo 4.3.3 de esta ITC siempre y cuando tenga características de seccionamiento que proporcionen el aislamiento exigible en la legislación sobre Riesgo Eléctrico. El interruptor estará ubicado conforme a lo indicado en los diferentes esquemas del capítulo 4.*

b) *Un Interruptor automático diferencial, con el fin de proteger a las personas en el caso de derivación de algún elemento a tierra.*

   En las instalaciones generadoras el diferencial de la instalación deberá funcionar correctamente en presencia de ciertos niveles de corriente continua de defecto, por lo que los de tipo AC no son aptos para esta aplicación salvo cuando la instalación está aislada de la red mediante transformador separador.

   Cuando no se utilice un transformador separador en instalaciones generadoras que compartan circuitos con instalaciones de consumo, el diferencial de la instalación de consumo tampoco podrá ser de tipo AC. En este caso la elección del tipo de diferencial (A o B) se corresponderá con la componente continua máxima de la corriente de fuga previsible en dichas instalaciones. Esta información puede obtenerse de los valores aportados por el fabricante del generador o por mediciones realizadas sobre la instalación generadora.

   Se ubicará en la instalación del productor conforme a lo indicado en diferentes esquemas del capítulo 4 dentro del elemento identificado como "Dispositivos de mando y protección interiores (DPI)". En particular, la protección diferencial en instalaciones en viviendas cumplirá lo indicado en la ITC-BT-25, por lo que su intensidad diferencial-residual máxima será de 30 mA.

   En otro tipo de instalaciones que no estén conectadas a redes con régimen de neutro en TT, se podrá sustituir el interruptor diferencial por otras protecciones contra contactos indirectos descritas en la ITC-BT-24, cuando éstas den una seguridad equivalente.

c) *Interruptor automático de la conexión, para la desconexión-conexión automática de la instalación en caso de anomalía de tensión o frecuencia de la red, junto a un relé de enclavamiento.*

De acuerdo a la ITC-BT-01, un interruptor automático es aquel capaz de establecer, mantener e interrumpir las intensidades de corriente de servicio, o de establecer e interrumpir automáticamente, en condiciones predeterminadas, intensidades de corriente anormalmente elevadas, tales como las corrientes de cortocircuito.

Por otro lado, el RD 1699/2011 establece que la función de este interruptor es la desconexión del generador en caso de actuación de las protecciones voltimétricas de la instalación.

En consecuencia, se entiende que estas funciones pueden ser también cubiertas por dos elementos separados:

-   Un interruptor automático de la instalación conforme a lo indicado en los diferentes esquemas del capítulo 4 dentro del elemento identificado como "Dispositivos de mando y protección interiores (DPI)" o el elemento de corte general referido en el apartado a), con protección contra sobreintensidades y capacidad de corte de cortocircuitos, de acuerdo a la ITC-BT-22,

-   Un elemento de corte del generador, con capacidad de corte en carga, sobre el que actúen las protecciones voltimétricas y los automatismos de conexión y desconexión y que puede estar integrado o no en el generador.

Los elementos de los apartados b) y c) anteriores deben ser accesibles para el productor. A este respecto, se considerará que la instalación interior se refiere a la vivienda o local privativo de la instalación, que puede ser diferente a la ubicación de los contadores.

Los generadores deben conectarse de tal forma que la protección contra los contactos indirectos por interruptores diferenciales se mantiene efectiva para cada combinación de fuentes de alimentación prevista. Estas protecciones contra contactos indirectos se dimensionarán de manera que se tengan en cuenta los diferentes valores de la impedancia de defecto para las distintas puestas a tierra (red o generador) que puedan darse según el modo de funcionamiento (ver apartados 8.2.2 y 8.2.3 de esta guía)

Adicionalmente algunos generadores podrán requerir protecciones específicas relacionadas con su tecnología propia. Un ejemplo es la protección de inversión de potencia en generadores síncronos. Este tipo de protecciones debe instalarse lo más cerca posible de los terminales del generador.

Conforme a la Directiva de Baja Tensión, las normas aplicables a los dispositivos de protección convencionales son:

Producto	Norma de aplicación
Interruptores automáticos con capacidad de seccionamiento (A estos dispositivos se les puede añadir funciones adicionales como relés de disparo)	UNE-EN 60947-2
Interruptores automáticos (uso doméstico y análogo)	UNE-EN 60898
Fusibles	UNE-EN 60269-2 UNE-EN 60269-3
Dispositivos de protección contra sobretensiones transitorias	UNE-EN 61643-11
Dispositivos de protección contra sobretensiones transitorias para uso en aplicaciones fotovoltaicas	EN 50539-11
Dispositivos de protección contra sobretensiones temporales (uso doméstico y análogo)	UNE-EN 50550
Interruptores diferenciales	UNE-EN 60947-2
Interruptores diferenciales (uso doméstico y análogo)	UNE-EN 61008
Interruptores diferenciales con dispositivo de protección contra sobreintensidades incorporado (uso doméstico y análogo)	UNE-EN 61009
Interruptores seccionadores y combinados fusibles	UNE-EN 60947-3
Dispositivos de detección del aislamiento	UNE-EN 61557-8
Dispositivos de rearme automático para interruptores automáticos, AD e ID de uso doméstico y análogo	UNE-EN 50557

Reconexión automática después de una pérdida de red

La reconexión a red del generador se podrá producir únicamente después de que la tensión y frecuencia de la red estén dentro de los márgenes normales durante al menos tres minutos según el artículo 9.2.1 de la OM de 5 de septiembre de 1985 por la que se establecen normas administrativas y técnicas para el funcionamiento y conexión a las redes eléctricas de centrales hidroeléctricas de hasta 5000 kVA y centrales de autogeneración eléctrica.

Detección de funcionamiento en isla.

Según el RD 1699/2011, apartado 12.1 los esquemas de conexión deben responder al principio de minimizar pérdidas en el sistema, favoreciendo el mantenimiento de la seguridad y calidad de suministro y posibilitando el trabajo en isla, sobre sus propios consumos, nunca alimentando a otros usuarios de la red.

Además, se verificará el correcto funcionamiento del sistema de detección de funcionamiento en isla cuando múltiples inversores trabajan en paralelo. La verificación se realiza con el ensayo especificado a continuación, teniendo en cuenta las siguientes definiciones:

> *ESE: equipo sometido a ensayo*
>
> *IA (inversor de apoyo): equipo asimilado-inversor idéntico al ESE que se usa en el ensayo. Tiene que ser el mismo modelo que el equipo sometido a ensayo.*

Procedimiento de evaluación:

Los inversores que incorporen sistemas de detección de funcionamiento en isla cumplirán con la Norma EN 62116. La detección de funcionamiento en isla se debe verificar según lo establecido en esta norma, con factor de calidad Q = 1 + 0.05 que detecte el funcionamiento en isla en menos de 2 s. Para realizar el ensayo se deben utilizar los límites de tensión y frecuencia establecidos en la legislación vigente.

Además de los ensayos establecidos en la Norma EN 62116, se debe verificar el correcto funcionamiento del sistema de detección de funcionamiento en isla cuando haya dos generadores trabajando en paralelo. Para ello se debe utilizar el montaje mostrado en la figura 1. basado en el ensayo de protección de pérdida de red de la Norma UNE-EN 50438, donde se deben utilizar dos unidades de generación similares: el equipo sometido a ensayo y el inversor de apoyo, el cual tiene que ser el mismo modelo que el equipo sometido a ensayo.

Los ensayos para la verificación de la detección del efecto isla de inversores conectados en paralelo son:

1. *El equipo sometido a ensayo y el IA con el efecto isla activado, deben suministrar, cada uno de ellos, el 50% de la potencia de ensayo. El ensayo se repetirá a tres niveles de potencia: 25-33%. 50-66% y > 90% de la potencia nominal del ESE.*

2. *El equipo sometido a ensayo con el efecto isla activado. ESE. y el IA con el efecto isla desactivado, cada uno de ellos, debe suministrar el 50% de la potencia de ensayo. El ensayo se repetirá a tres niveles de potencia: 25-33%, 50-66% y > 90%.*

Todos los ensayos se deben realizar en las condiciones fijadas por la Norma EN 62116. El montaje de ensayos se presenta en la figura 3.

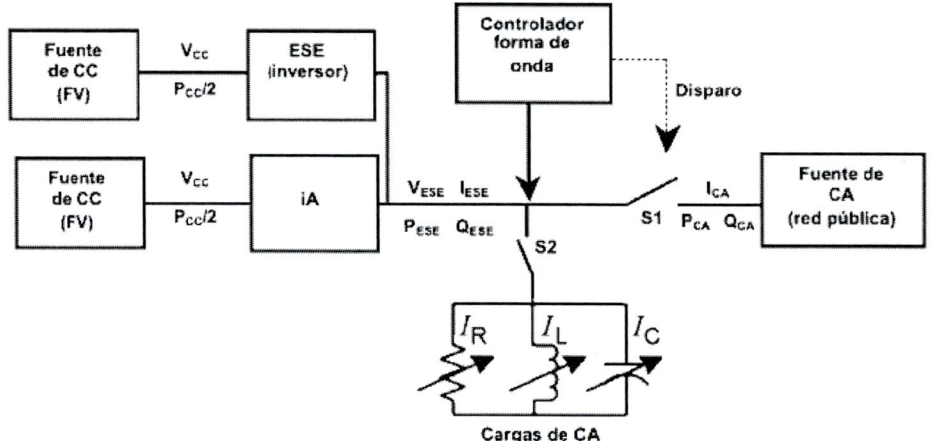

Leyenda

V_{cc} *Tensión de corriente continua suministrada por la fuente de corriente continua* V_{ese} *Tensión medida del ESE*

I_{ese} *Corriente medida del ESE*

P_{ese} *Potencia activa medida del ESE* Q_{ese} *Potencia reactiva medida del ESE* I_{ca} *Corriente medida de corriente alterna*

P_{ca} *Potencia activa medida de corriente alterna* Q_{ca} *Potencia reactiva medida de corriente alterna*

Figura 3 - Montaje para realizar los ensayos

La conformidad se verifica si el ESE se desconecta en menos de 2 s en las dos situaciones y en los niveles de potencia nominal fijados.

Diseño del generador

Los generadores deberán está construidos y diseñados conforme a lo establecido en la Directiva de Baja Tensión. Cuando existan generadores configurados como unión de diferentes partes físicamente separadas la instalación del cableado y elementos de interconexión y protección se hará conforme a las normas aplicables al generador, si existen, o a los requisitos esenciales de seguridad de la DBT.

En concreto, para generadores fotovoltaicos la norma de aplicación es la UNE 20460- 7-712 que cubre las reglas para instalaciones y emplazamientos especiales: sistemas de alimentación solar fotovoltaica. Para estas instalaciones también es recomendable considerar lo establecido en la especificación técnica de CENELEC TS 50539-12 para la protección contra sobretensiones.

Para los generadores eólicos pequeños la norma de aplicación es la UNE EN 61400-2. Para la protección contra la caída de rayos la norma de aplicación es la UNE EN 61400-24.

8. INSTALACIONES DE PUESTA A TIERRA

8.1. Generalidades

Las centrales de instalaciones generadoras deberán estar provistas de sistemas de puesta a tierra que, en todo momento, aseguren que las tensiones que se puedan presentar en las masas metálicas de la instalación no superen los valores establecidos en la MIE-RAT 13 del Reglamento sobre Condiciones Técnicas y Garantías de Seguridad en Centrales Eléctricas, Subestaciones y Centros de Transformación.

Los sistemas de puesta a tierra de las centrales de instalaciones generadoras deberán tener las condiciones técnicas adecuadas para que no se produzcan transferencias de defectos a la Red de Distribución Pública ni a las instalaciones privadas, cualquiera que sea su funcionamiento respecto a ésta: aisladas, asistidas o interconectadas.

8.2. Características de la puesta a tierra según el funcionamiento de la instalación generadora respecto a la Red de Distribución Pública.

8.2.1. Instalaciones generadoras aisladas conectadas a instalaciones receptoras que son alimentadas de forma exclusiva por dichos grupos.

La red de tierras de la instalación conectada a la generación será independiente de cualquier otra red de tierras. Se considerará que las redes de tierra son independientes cuando el paso de la corriente máxima de defecto por una de ellas, no provoca en las otras diferencias de tensión, respecto a la tierra de referencia, superiores a 50 V.

La GUIA-BT 18, en su apartado 11, detalla las medidas a considerar para garantizar la adecuada independencia entre redes de tierra.

En las instalaciones de este tipo se realizará la puesta a tierra del neutro del generador y de las masas de la instalación conforme a uno de los sistemas recogidos en la ITC- BT 08.

Cuando el generador no tenga el neutro accesible, se podrá poner a tierra el sistema mediante un transformador trifásico en estrella, utilizable para otras funciones auxiliares.

En el caso de que trabajen varios generadores en paralelo, se deberá conectar a tierra, en un solo punto, la unión de los neutros de los generadores.

8.2.2. Instalaciones generadoras asistidas, conectadas a instalaciones receptoras que pueden ser alimentadas, de forma independiente, por dichos grupos o por la red de distribución pública.

Cuando la Red de Distribución Pública tenga el neutro puesto a tierra, el esquema de puesta a tierra será el TT y se conectarán las masas de la instalación y receptores a una tierra independiente de la del neutro de la Red de Distribución Pública.

En caso de imposibilidad técnica de realizar una tierra independiente para el neutro del generador, y previa autorización específica del Organo Competente de la Comunidad Autónoma, se podrá utilizar la misma tierra para el neutro y las masas.

Para alimentar la instalación desde la generación propia en los casos en que se prevea transferencia de carga sin corte, se dispondrá, en el conmutador de interconexión, un polo auxiliar que cuando pase a alimentar la instalación desde la generación propia conecte a tierra el neutro de la generación.

8.2.3. Instalaciones generadoras interconectadas, conectadas a instalaciones receptoras que pueden ser alimentadas, de forma simultánea o independiente, por dichos grupos o por la Red de Distribución Pública.

Cuando la instalación receptora esté acoplada a una Red de Distribución Pública que tenga el neutro puesto a tierra, el esquema de puesta a tierra será el TT y se conectarán las masas de la instalación y receptores a una tierra independiente de la del neutro de la Red de Distribución pública.

Cuando la instalación receptora no esté acoplada a la Red de Distribución Pública y se alimente de forma exclusiva desde la instalación generadora, existirá en el interruptor automático de interconexión, un polo auxiliar que desconectará el neutro de la Red de Distribución Pública y conectará a tierra el neutro de la generación.

Para la protección de las instalaciones generadoras se establecerá un dispositivo de detección de la corriente que circula por la conexión de los neutros de los generadores al neutro de la Red de Distribución Pública, que desconectará la instalación si se sobrepasa el 50% de la intensidad nominal.

Donde la legislación vigente establezca que la instalación deberá disponer de una separación galvánica entre la red y las instalaciones generadoras, bien sea por medio de un transformador de aislamiento o cualquier otro medio que cumpla las mismas funciones, con base en el desarrollo tecnológico, se entenderá que las funciones que se persiguen utilizando un transformador de aislamiento de baja frecuencia son:

1. *Aislar la instalación generadora para evitar la transferencia de defectos entre la red y la instalación.*

2. *Proporcionar seguridad personal.*

3. *Evitar la inyección de corriente continua en la red.*

En instalaciones generadoras en las que la transmisión de energía a la red se haga mediante convertidores electrónicos podrán utilizarse transformadores de separación, o no, siempre que se cumplan las funciones anteriores.

La transferencia de defectos entre la red y la instalación generadora se considera resuelta, independientemente del convertidor utilizado, siempre que se cumpla el siguiente esquema aplicado por separado a las distintas partes de la instalación, básicamente convertidor y elementos del generador (por ejemplo, en el caso de generación fotovoltaica, inversores y cada uno de los paneles fotovoltaicos), a menos que estén juntas.

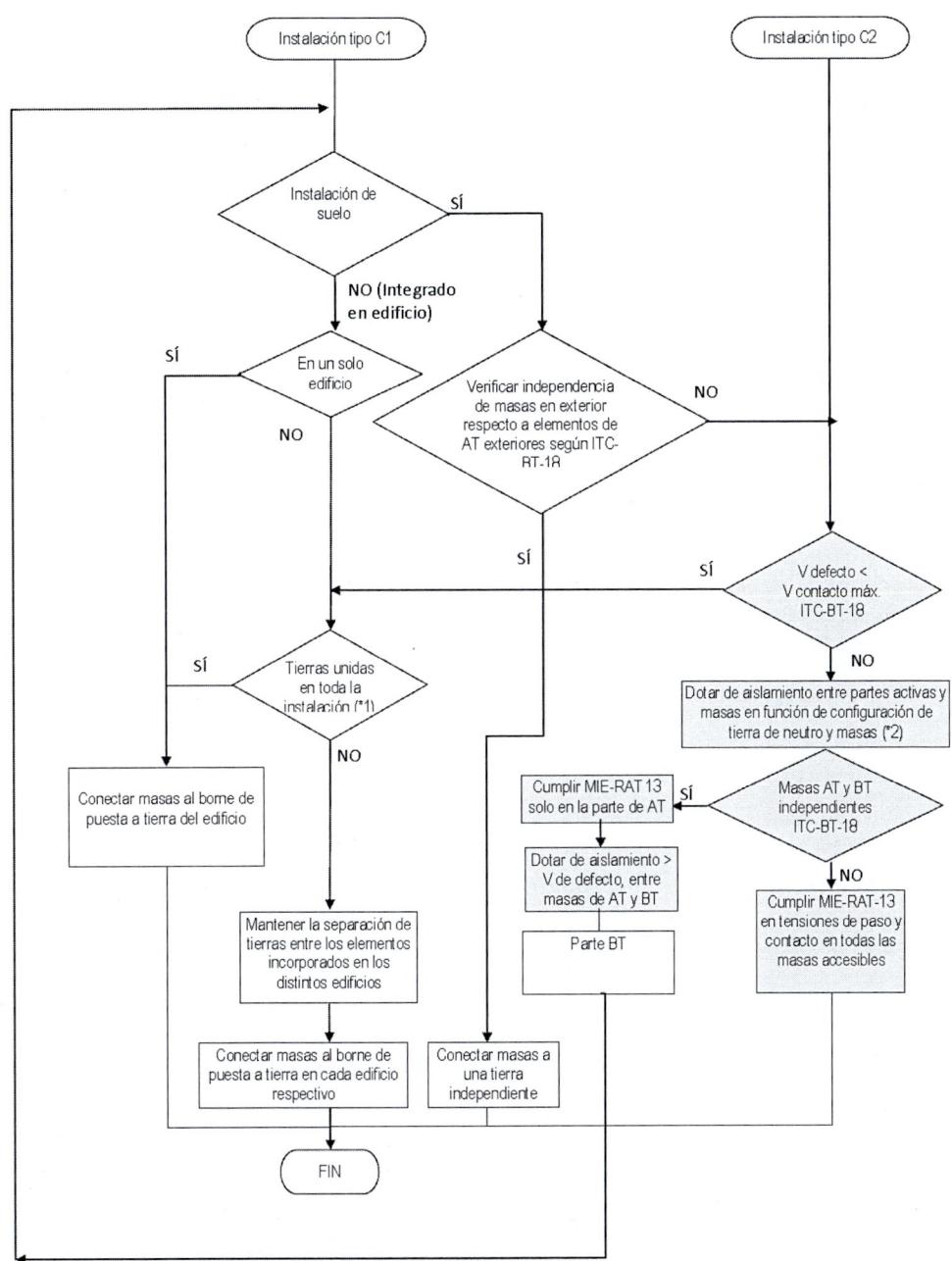

Figura 4

(*1) La unión equipotencial entre tierras de diferentes edificios está contemplada en el reglamento en la ITC-BT 26, apartado 3.1.

(*2) En caso de poner protectores de sobretensión entre fases y tierra su tensión de funcionamiento continuo será mayor que la tensión asignada al aislamiento.

*Con el fin de **proporcionar seguridad personal** la instalación deberá cumplir lo que establece la ITC-BT-24*

*Para evitar **la inyección de corriente continua** se deberá aplicar lo que se establece en el apartado 6.*

8.3. Generadores eólicos

La puesta a tierra de protección de la torre y del equipo en ella montado contra descargas atmosféricas será independiente del resto de las tierras de la instalación.

9. PUESTA EN MARCHA

Para la puesta en marcha de las instalaciones generadoras asistidas o interconectadas, además de los trámites y gestiones que corresponda realizar, de acuerdo con la legislación vigente ante los Organismos Competentes se deberá presentar el oportuno proyecto a la empresa distribuidora de energía eléctrica de aquellas partes que afecten a las condiciones de acoplamiento y seguridad del suministro eléctrico. Esta podrá verificar, antes de realizar la puesta en servicio, que las instalaciones de interconexión y demás elementos que afecten a la regularidad del suministro están realizadas de acuerdo con los reglamentos en vigor. En caso de desacuerdo se comunicará a los órganos competentes de la Administración, para su resolución.

Este trámite ante la empresa distribuidora de energía eléctrica, no será preciso en las instalaciones generadoras aisladas.

Para instalaciones interconectadas, de acuerdo al artículo 7 del RD 1699/2011 "una vez superadas las pruebas de la instalación realizadas por el instalador autorizado, éste emitirá el correspondiente certificado de características principales de la instalación y de superación de dichas pruebas, debidamente diligenciado por el órgano de la Administración competente.

El titular de la instalación solicitará a la empresa distribuidora la suscripción del contrato técnico de acceso a la red para lo que será necesaria la presentación del certificado de superación de las pruebas de la instalación y que se haya producido la aceptación de las condiciones técnicas y económicas de conexión.....".

Se entiende que el certificado de superación de pruebas de la instalación que debe ser presentado a la Administración competente, junto a los datos aportados por el promotor en la solicitud de punto de acceso y conexión, debe incluir según el artículo 4 del RD 1699/2011 el esquema unifilar y una descripción de las características técnicas de la instalación, además de lo que establece la ITC-BT-04 en lo relativo al contenido del proyecto mencionado en el artículo 9 de la ITC-BT-40.

El certificado de superación de pruebas citado debe incluir los informes completos de laboratorio acreditado o las conclusiones realizadas por el mismo laboratorio en lo referente a lo establecido en los artículos 6 y 7 de la presente guía, referentes a calidad de onda y a las protecciones y el sistema de conmutación. En el caso de que se hayan entregado sólo las conclusiones, los citados informes completos deberán estar disponibles para la empresa distribuidora cuando esta lo requiera. La aportación por parte del titular de la instalación de los certificados de superación de pruebas se considera equivalente a la verificación y precintado indicados en el artículo 14.3 del RD 1699/2011.

10. OTRAS DISPOSICIONES

Todas las actuaciones relacionadas con la fijación del punto de conexión, el proyecto, la puesta en marcha y explotación de las instalaciones generadoras seguirán los criterios que establece la legislación en vigor.

La empresa distribuidora de energía eléctrica podrá, cuando detecte riesgo inmediato para las personas, animales y bienes, desconectar las instalaciones generadoras interconectadas, comunicándolo posteriormente, al Órgano competente de la Administración.

ANEXO I
SISTEMAS PARA EVITAR EL VERTIDO DE ENERGÍA A LA RED

Los sistemas para evitar el vertido de energía a la red pueden basarse en dos principios de funcionamiento distintos:

1. Evitar el vertido a la red mediante un elemento de corte o de limitación de corriente. La opción de corte permite utilizar sistemas de generación sin capacidad de regulación de la energía generada solo en el caso de instalaciones generadoras que no sean fotovoltaicas.

    Para evitar el vertido de energía a la red, deben disponer de sistemas de medida de la potencia intercambiada con esta, situados aguas arriba de la instalación generadora y de las cargas, que habiliten la desconexión de la generación de la red o la regulación de los sistemas de generación.

2. Regulación del intercambio de potencia actuando sobre el sistema generación-consumo.

Este tipo de sistemas se basa en un elemento de control que ajuste el balance generación-consumo, evitando el vertido de energía en la red. Esto puede realizarse mediante control de las cargas, de la generación, o por almacenamiento de energía, u otros medios.

A efectos de fijar los requisitos de los sistemas para evitar el vertido debe tenerse en cuenta dos tipos de sistemas de generación:

–   Instalaciones de producción basadas en generadores síncronos conectados directamente a la red.

–   Instalaciones eólicas, fotovoltaicas y en general, todas aquellas instalaciones de producción cuya tecnología no emplee un generador síncrono conectado directamente a red.

I.1 Definiciones

«Punto de conexión a red»: punto de la red de distribución pública al que se conecta la instalación.

«Punto de interconexión entre generación y consumo»: punto de la red interior del consumidor en el que se conecta la generación con las cargas.

I.2 Requisitos

Se plantean dos tipos de instalaciones. Uno en el que se mide el intercambio de energía con la red (figuras 1 y 2) y otro en el que se mide el consumo de la totalidad de las cargas o parte de ellas (figuras 3 y 4). Para cada uno de ellos se definen los parámetros máximos aceptables.

I.2.1 Instalaciones con equipo de medida de intercambio de energía con la red: En las Figuras 1 y 2 se muestran los esquemas de este tipo de instalaciones según estén conectadas a las redes de baja o alta tensión, respectivamente.

La potencia en el punto de conexión a red debe mantenerse con saldo consumidor, siempre que exista un consumo interno superior al valor de tolerancia del sistema de medida, calculada como la suma de la clase de exactitud del equipo de medida de potencia y la clase de los transformadores o sondas de medida de corriente. Cualquier valor que incumpla el requisito anterior deberá de ser corregido en un tiempo inferior a 2 segundos, mediante la limitación de la generación, o su disparo. Adicionalmente, puede existir un equipo o conjunto de equipos que realizan las funciones de regulación, aunque no está representado en las figuras. El elemento de regulación puede ser independiente o integrado en otros dispositivos de la instalación, como el equipo de medida de potencia o el generador.

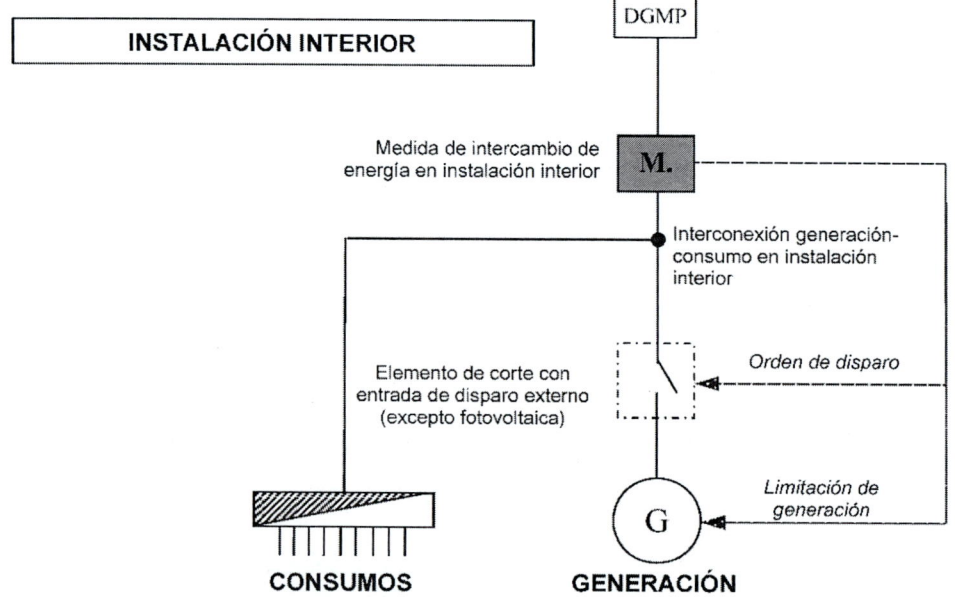

Figura 1: *Esquema con equipo de medida de intercambio de energía con la red en instalaciones conectadas a redes de baja tensión*

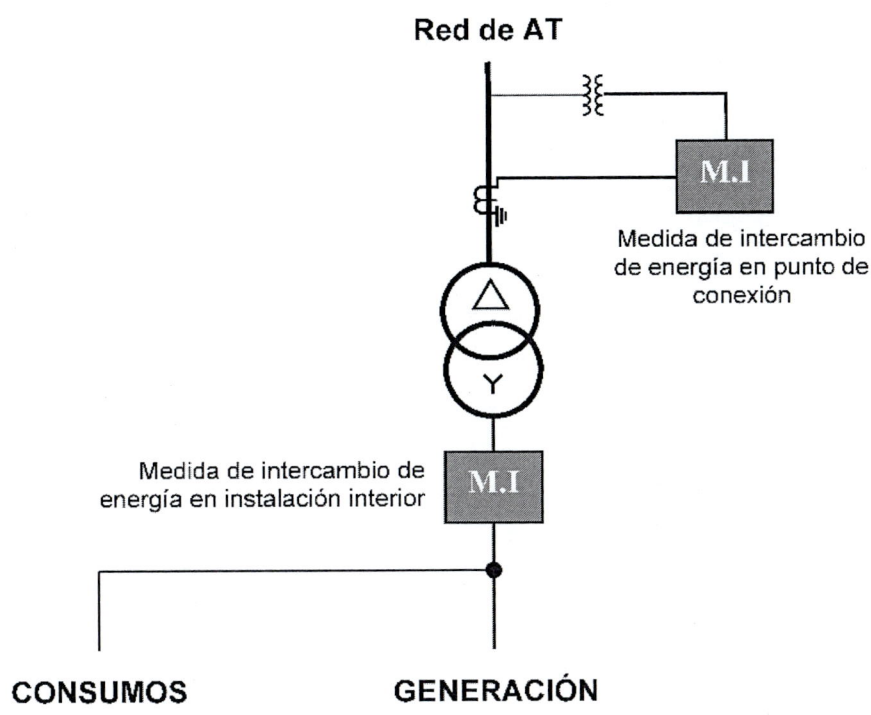

Red de AT

Medida de intercambio de energía en punto de conexión

Medida de intercambio de energía en instalación interior

CONSUMOS

GENERACIÓN

Figura 2: *Esquema con equipo de medida de intercambio de energía con la red en instalaciones conectadas a redes de alta tensión. Ubicaciones posibles del punto de medida de energía*

I.2.2   Instalaciones con equipo de medida de consumo:

En las Figuras 3 y 4 se muestran los esquemas de este tipo de instalaciones según estén conectadas a las redes de baja o alta tensión, respectivamente. La medida de consumos puede corresponder al consumo total de la instalación o a parte del consumo de la misma. El elemento de control puede ser independiente o estar incluido en otros dispositivos de la instalación, tales como el equipo de medida de potencia, el generador, o las cargas.

En todo momento, la potencia medida en el punto de consumo debe ser superior a la potencia generada. El margen de diferencia entre consumo y generación debe superar el valor de tolerancia del sistema de medida, calculado como la suma de las clases de exactitud de los equipos de medida de potencia y de las clases de los transformadores o sondas de medida de corriente, tanto en la carga como en la generación. Cualquier valor que incumpla el requisito anterior deberá de ser corregido en un tiempo inferior a 2 segundos mediante el control de las cargas, de la generación, por almacenamiento de energía, o por otros medios.

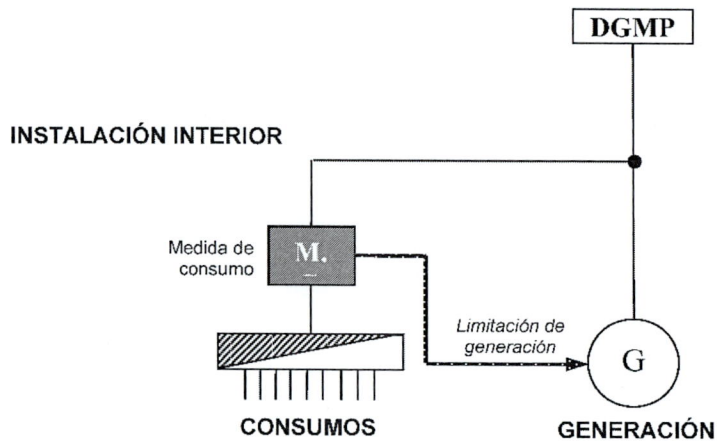

Figura 3: *Esquema de medida del consumo de energía en instalaciones conectadas a redes de baja tensión*

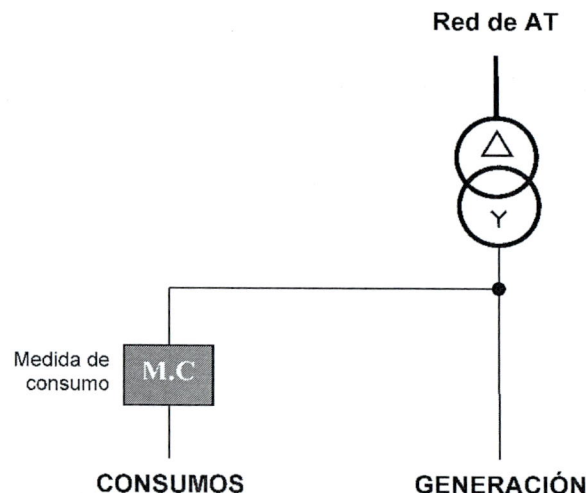

Figura 4: *Esquema de medida del consumo de energía en instalaciones conectadas a redes de alta tensión*

I.3 Ensayos

Los ensayos a realizar para evaluar la conformidad del sistema que evita el vertido de energía a la red son los siguientes:

I.3.1   Tolerancia en régimen permanente:

El sistema de limitación de potencia deberá garantizar que en régimen permanente la producción de energía cumple con los requisitos del apartado I.2 en función del tipo de instalación ensayada.

La prueba se debe repetir con los diferentes generadores tipo que vayan a evaluarse para el sistema, pudiéndose probar cada uno de ellos por separado.

Para verificar esta condición se realiza el ensayo con la secuencia de operaciones siguiente:

1. Conectar el generador a ensayar a una fuente de energía que alimente el generador y que sea capaz de suministrar una potencia igual o superior a la potencia del generador a ensayar.

2. Conectar el generador a la red a ensayar.

3. Establecer el valor de carga de acuerdo a los valores indicados en la tabla 1.

4. Esperar un tiempo de al menos dos segundos antes de comenzar la medida.

5. Medir la potencia intercambiada en el punto de ensayo, con una incertidumbre mejor o igual al 0,5 %, realizando medidas cada 50 ms.

Tabla 1. *Definición de cargas. Valores en % sobre la potencia nominal del generador a ensayar*

Régimen de conexión	Fase R	Fase S	Fase T
Monofásico	90÷100%		
	10÷20%		
	0		
Trifásico	90÷100%	90÷100%	90÷100%
	10÷20%	10÷20%	10÷20%
	0	0	0
	90÷100%	60÷70%	60÷70%
	60÷70%	60÷70%	60÷70%
	30÷40%	60÷70%	60÷70%
	0	60÷70%	60÷70%

La prueba se da por válida si en un ensayo de 2 minutos, los valores de la potencia inyectada medida cada 50 ms aguas arriba del punto de interconexión entre generación y consumo, en cada una de las fases, cumplen con los requisitos indicados en los puntos I.2.1 o I.2.2, según corresponda.

I.3.2   Respuesta ante desconexiones de carga:

El sistema de limitación de potencia deberá garantizar que, ante una desconexión de carga, el generador reajusta su producción llegando de nuevo al régimen permanente en menos de 2 segundos.

La prueba se debe repetir con los diferentes generadores tipo que vayan a evaluarse para el sistema, pudiéndose probar cada uno de ellos por separado.

Para verificar esta condición se realiza el ensayo con la secuencia de operaciones siguiente:

1. Conectar el generador a ensayar a una fuente de energía que alimente el generador y que sea capaz de suministrar una potencia igual o superior a la potencia del generador a ensayar.

2. Conectar el generador a la red a ensayar.

3. Realizar las desconexiones de carga propuestas en la tabla 2.

4. Medir la potencia intercambiada con la red, con una precisión de al menos el 0,5 %, realizando medidas cada 50 ms en una ventana de tiempo de 2 minutos que comprenda al menos un minuto antes y después de la desconexión de carga

Prueba	Carga inicial	Carga final
1	90÷100%	60÷70%
2	90÷100%	30÷40%
3	90÷100%	0%
4	60÷70%	30÷40%
5	60÷70%	0%
6	30÷40%	0%

Repetir cada una de las pruebas tres veces.

La prueba se da por válida si para cada uno de los escalones de carga el generador reajusta la potencia producida, llegando al régimen permanente, de modo que la energía inyectada aguas arriba del punto de interconexión entre generación y consumo cumpla los requisitos indicados en los puntos I.2.1 o I.2.2, según corresponda. Esta condición deberá ser verificada para los valores de potencia intercambiada con la red medidos cada 50 ms durante los 2 minutos de la prueba.

I.3.3   Respuesta ante incrementos de potencia de generación:

El sistema de limitación de potencia deberá garantizar que, ante un incremento de potencia en la fuente de energía primaria, por ejemplo, una subida de irradiancia en una instalación fotovoltaica, que lleve a una situación en la que haya más energía disponible que consumo, el generador reajusta su producción llegando de nuevo al régimen permanente en menos de 2 segundos.

La prueba se debe repetir con los diferentes generadores tipo que vayan a homologarse para el sistema, pudiéndose probar cada uno de ellos por separado.

Para verificar esta condición se realiza el ensayo con la secuencia de operaciones siguiente:

1. Conectar el generador a ensayar a una fuente de energía que alimente el generador y que sea capaz de suministrar entre un 40 % y un 50 % de la potencia del generador a ensayar.

2. Conectar el generador a la red a ensayar.

3. Conectar una carga que consuma entre el 60 % y el 70 % de la potencia del generador a ensayar.

4. Aumentar mediante un escalón la potencia disponible en la fuente de energía por encima del 90 % de la potencia nominal del generador a ensayar.

5. Medir la potencia intercambiada con la red, con una precisión de al menos el 0,5%, realizando medidas cada 50 ms en una ventana de tiempo de 2 minutos que comprenda al menos un minuto antes y después del incremento de la potencia del generador.

Repetir cada una de las pruebas tres veces.

La prueba se da por válida si para cada uno de los escalones el generador reajusta la potencia producida llegando al régimen permanente, de modo que la energía inyectada aguas arriba del punto de interconexión entre generación y consumo cumpla los requisitos indicados en los puntos I.2.1 o I.2.2, según corresponda. Esta condición deberá ser verificada para los valores de potencia intercambiada con la red medidos cada 50 ms durante los 2 minutos de la prueba.

I.3.4 Actuación en caso de pérdida de comunicaciones:

El generador debe dejar de generar en caso de pérdida de la comunicación entre los diferentes elementos del sistema en un tiempo inferior a 2 segundos. En caso de que el elemento de control esté integrado en uno de los dispositivos requeridos (equipo de medida de potencia o generador) no será preciso comprobar la comunicación entre los elementos integrados en un mismo dispositivo.

Para verificar esta condición se realiza el ensayo con la secuencia de operaciones siguiente:

1. Conectar el generador a ensayar a una fuente de energía que alimente el generador y que sea capaz de suministrar una potencia igual o superior a la potencia del generador a ensayar.

2. Conectar el generador a la red interior a ensayar.

3. Establecer una carga del 60 % y el 70 % de la potencia nominal del generador.

4. Cortar la comunicación entre el elemento de control y el equipo de medida de potencia.

5. Medir el tiempo transcurrido entre el corte de la comunicación y la desconexión del generador o limitación total de potencia del generador (0 %).

6. Medir la potencia generada por el generador, con una precisión de al menos el 0,5 %, realizando medidas cada 50 ms.

La prueba se repetirá 3 veces.

La prueba se da por válida si el generador se desconecta o reduce hasta cero la potencia generada en menos de 2 segundos.

Repetir la prueba cortando la comunicación entre el elemento de control y el generador.

I.3.5 Determinación del número máximo de generadores:

En caso de que el sistema de reducción de potencia pueda utilizarse con más de un generador, se repetirán los siguientes ensayos con dos generadores trabajando en paralelo, aportando cada uno de ellos entre el 40 % y el 60 % de la potencia total de las cargas, de manera que entre ambos cubran el 100 % del consumo.

1. Tolerancia en régimen permanente.

2. Respuesta ante desconexiones de carga.

En este caso se medirán los tiempos de respuesta del sistema y se compararán con los tiempos obtenidos en caso de un único generador. La diferencia de tiempos resultante permitirá determinar el número máximo de generadores que se podrán conectar en la instalación de acuerdo a:

$$t_1 + t_r \cdot (N - 1) \leq 2 \text{ segundos}$$

$$N \leq \frac{2 - t_1}{t_r} + 1$$

Siendo:

N: Número máximo de generadores que es posible incluir en el sistema

t_r: Tiempo de respuesta con un único generador. Se tomará el tiempo de respuesta máximo obtenido.

t: Diferencia entre el tiempo de respuesta máximo con uno y dos generadores.

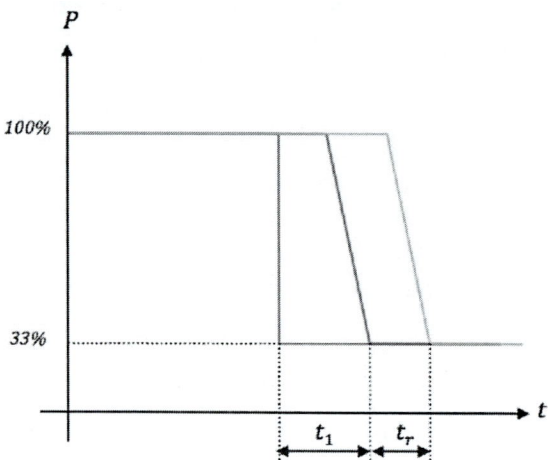

Figura 5: *Ejemplo de tiempos de respuesta del sistema ante una desconexión de carga del 100 % al 33 % con uno o dos generadores (Azul-Potencia consumida por la carga, Rojo-Potencia producida en instalación con un generador, Verde-Potencia producida en instalaciones con dos generadores)*

I.4   Evaluación de la conformidad

La evaluación de la conformidad con los requisitos del presente anexo de los sistemas para evitar el vertido de energía a la red, tanto si están integrados en el generador, como si son externos, se realizará mediante la documentación siguiente:

1. Esquema básico del sistema, incluyendo la forma de conexión del generador, las protecciones que deben existir o colocar en la instalación y las precauciones aplicables sobre la potencia de las cargas y tipos de receptores que puedan conectarse en los circuitos alimentados simultáneamente por la red y el generador, dependiendo de su conexión a la instalación de autoconsumo.

2. Equipo de medida de potencia y clase de los transformadores de medida para medida de potencia.

3. Elemento de control. En caso de que vaya incluido en alguno de los dispositivos del sistema, por ejemplo, en el equipo de medida de potencia o en el generador, deberá quedar reflejado.

4. Tipo de comunicaciones empleado entre los diferentes elementos.

5. Generadores tipo para los que el sistema es válido.

6. Potencia del generador tipo ensayado y generadores/equipos de medida asimilables.

7. Algoritmo de control.

8. Características eléctricas del generador.

9. Número máximo de generadores a conectar.

10. Informe de ensayos de las pruebas especificadas en el apartado I.3 realizado por un laboratorio de ensayos acreditado según UNE-EN ISO/IEC 17025.

GUÍA-BT-52

INFRAESTRUCTURA PARA LA RECARGA DE VEHÍCULOS ELÉCTRICOS

Edición: Noviembre 2017. Revisión: 1

Últimas modificaciones de la ITC-BT-52 por el R.D. 542/2020

Índice

INTRODUCCIÓN A LA GUÍA

El artículo 29 del Real Decreto 842/2002, de 2 de agosto, por el que se aprueba el Reglamento electrotécnico para baja tensión, dispone que se elaborará y mantendrá actualizada una guía técnica, de carácter no vinculante, para la aplicación práctica de este Reglamento y sus Instrucciones Técnicas Complementarias.

Así mismo, la disposición adicional segunda del RD 1053/2014 de 12 de diciembre por el que se aprueba la ITC-BT 52 del Reglamento Electrotécnico para Baja Tensión y se modifican otras instrucciones técnicas complementarias del mismo, establece que el órgano directivo competente en materia de seguridad industrial del Ministerio con competencias en industria elaborará y mantendrá actualizada una Guía técnica, de carácter no vinculante, para la aplicación práctica de las previsiones de este real decreto, la cual podrá establecer aclaraciones a conceptos de carácter general incluidos en el mismo. El objetivo de esta guía es dar cumplimiento a la citada disposición.

El Real Decreto-ley 6/2010, de 9 de abril, de medidas para el impulso de la recuperación económica y el empleo, reformó la Ley 54/1997, de 27 de noviembre, del Sector Eléctrico, entre otros aspectos, para definir la función principal del servicio de recarga energética como "la entrega de energía a través de servicios de recarga de vehículos eléctricos que utilicen motores eléctricos o baterías de almacenamiento en unas condiciones que permitan la recarga conveniente y a coste mínimo para el propio usuario y para el sistema eléctrico, mediante la futura integración con los sistemas de recarga tecnológicos que se desarrollen". Para desarrollar y concretar el Real Decreto-ley 6/2010 en el RD 647/2011 se define la actividad de los gestores de cargas del sistema consistente en la realización de servicios de recarga energética para vehículos eléctricos y se concretan y desarrollan los derechos y obligaciones de los gestores de cargas del sistema. Asimismo, se regulan el procedimiento y los requisitos necesarios para el ejercicio de esta actividad.

La definición de la figura del gestor de cargas ha sido refrendada posteriormente por la Ley 24/2013, de 26 de diciembre, del Sector Eléctrico, que en su artículo 48 define los servicios de recarga energética y las obligaciones y derechos de los gestores de cargas. Según el artículo 48 de la Ley del Sector Eléctrico, el servicio de recarga energética tendrá como función principal la entrega de energía a través de servicios de carga de vehículos eléctricos y de baterías de almacenamiento en unas condiciones que permitan la carga de forma eficiente y a mínimo coste para el propio usuario y para el sistema eléctrico

Como aspecto técnico aplicable a cualquiera de los posibles esquemas de instalación, cabe señalar que los gestores de cargas registrarán en cada una de sus instalaciones los consumos destinados a la recarga de vehículos de forma diferenciada a los consumos que puedan producirse para otros usos.

Según el artículo 48 de la Ley del Sector Eléctrico, el servicio de recarga energética tendrá como función principal la entrega de energía a través de servicios de carga de vehículos eléctricos y de baterías de almacenamiento en unas condiciones que permitan la carga de forma eficiente y a mínimo coste para el propio usuario y para el sistema eléctrico. Sin embargo, tal y como aclara el preámbulo del RD 1053/2014 "...ello no impide que los titulares de los aparcamientos de uso no público puedan realizar las instalaciones correspondientes y gestionar su propio suministro o realizar una repercusión interna de gastos". De ello se deduce que en aparcamientos de uso no público no es obligatoria la figura del gestor de cargas. En el caso de aparcamientos o estacionamientos en régimen de condominio el modo de repercutir los gastos vinculados a la recarga de vehículos eléctricos debe acor-

darse en la comunidad de vecinos de acuerdo con la legislación aplicable. La aplicación práctica de esta repercusión de gastos la puede realizar la comunidad directamente o subcontratarla a una empresa externa, como se realiza por ejemplo para los consumos del agua.

La disposición adicional primera define las dotaciones mínimas de la estructura para la recarga del vehículo eléctrico en edificios o estacionamientos de nueva construcción y en vías públicas.

---

1. En edificios o estacionamientos de nueva construcción deberá incluirse la instalación eléctrica específica para la recarga de los vehículos eléctricos, ejecutada de acuerdo con lo establecido en la referida (ITC) BT 52, "Instalaciones con fines especiales. Infraestructura para la recarga de vehículos eléctricos", que se aprueba mediante este real decreto, con las siguientes dotaciones mínimas:

   a) en aparcamientos o estacionamientos colectivos en edificios de régimen de propiedad horizontal, se deberá ejecutar una conducción principal por zonas comunitarias (mediante, tubos, canales, bandejas, etc.), de modo que se posibilite la realización de derivaciones hasta las estaciones de recarga ubicada en las plazas de aparcamiento, tal y como se describe en el apartado 3.2 de la (ITC) BT 52,

   b) en aparcamientos o estacionamientos de flotas privadas, cooperativas o de empresa, o los de oficinas, para su propio personal o asociados, o depósitos municipales de vehículos, las instalaciones necesarias para suministrar a una estación de recarga por cada 40 plazas y

   c) en aparcamientos o estacionamientos públicos permanentes, las instalaciones necesarias para suministrar a una estación de recarga por cada 40 plazas.

   Se considera que un edificio o estacionamiento es de nueva construcción cuando el proyecto constructivo se presente a la Administración pública competente para su tramitación en fecha posterior a la entrada en vigor de este real decreto.

2. En la vía pública, deberán efectuarse las instalaciones necesarias para dar suministro a las estaciones de recarga ubicadas en las plazas destinadas a vehículos eléctricos que estén previstas en el Planes de Movilidad Sostenible supramunicipales o municipales.

Las dotaciones mínimas al ejecutar los casos b) y c) incluirán las estaciones de recarga y las instalaciones necesarias para su alimentación.

Finalmente, a continuación, se indican las principales fechas que deben tenerse en cuenta en la aplicación del Real Decreto 1053/2014

Publicación del Real Decreto 1053/2014 en el Boletín Oficial del Estado	*31/12/2014*
Entrada en vigor: a los seis meses de la publicación en el B.O.E.	*31/06/2015*
Límite presentación ante la Administración lista de las instalaciones en ejecución: un año desde la publicación en el B.O.E.	*31/12/2015*
Límite de terminación de una instalación incluida en la lista presentada ante la Administración: tres años desde la entrada en vigor	*31/06/2018*

1. OBJETO Y ÁMBITO DE APLICACIÓN

1. Constituye el objeto de esta Instrucción el establecimiento de las prescripciones aplicables a las instalaciones para la recarga de vehículos eléctricos.

2. Las disposiciones de esta Instrucción se aplicarán a las instalaciones eléctricas incluidas en el ámbito del Reglamento electrotécnico para baja tensión con independencia de si su titularidad es individual, colectiva o corresponde a un gestor de cargas, necesarias para la recarga de los vehículos eléctricos en lugares públicos o privados, tales como:

   a) Aparcamientos de viviendas unifamiliares o de una sola propiedad.

   b) Aparcamientos o estacionamientos colectivos en edificios o conjuntos inmobiliarios de régimen de propiedad

   c) horizontal.

   d) Aparcamientos o estacionamientos de flotas privadas, cooperativas o de empresa, o los de oficinas, para su propio personal o asociados, los de talleres, de concesionarios de automóviles o depósitos municipales de vehículos eléctricos y similares.

   e) Aparcamientos o estacionamientos públicos, gratuitos o de pago, sean de titularidad pública o privada.

   f) Vías de dominio público destinadas a la circulación de vehículos eléctricos, situadas en zonas urbanas y en áreas de servicio de las carreteras de titularidad del Estado previstas en el artículo 28 de la Ley 25/1988, de 29 de julio, de Carreteras.

3. Esta instrucción no es aplicable a los sistemas de recarga por inducción, ni a las instalaciones para la recarga de baterías que produzcan desprendimiento de gases durante su recarga.

2. TÉRMINOS Y DEFINICIONES

A los efectos de esta instrucción se entenderá por:

«*Gestor de cargas*»

Sociedades mercantiles que, siendo consumidores, están habilitados para la reventa de energía eléctrica para servicios de recarga energética. Los gestores de carga del sistema son los únicos sujetos con carácter de cliente mayorista en los términos previstos en la normativa comunitaria de aplicación. (Definición según el artículo 6 de la ley 24/2013 del Sector eléctrico).

«Circuito de recarga colectivo»

Circuito interior de la instalación receptora que partiendo de una centralización de contadores o de un cuadro de mando y protección, está previsto para alimentar dos o más estaciones de recarga del VEHÍCULO ELÉCTRICO.

«Circuito de recarga individual».

Circuito interior de la instalación receptora que partiendo de la centralización de contadores está previsto para alimentar una estación de recarga del VEHÍCULO ELÉCTRICO, o circuito de una vivienda que partiendo del cuadro general de mando y protección está destinado a alimentar una estación de recarga del VEHÍCULO ELÉCTRICO, (circuito C13).

«Contador eléctrico principal».

Contador de energía eléctrica destinado a la medida de energía consumida por una o varias estaciones de recarga. Estos contadores cumplirán con la reglamentación de metrología legal aplicable y con el reglamento unificado de puntos de medida.

Los contratos de acceso a la red se realizan siempre sobre un contador principal. Para los garajes en régimen de condominio, si se utilizan los esquemas colectivos (1a, 1b, 1c y 4b) el titular del contrato será la comunidad de vecinos y si se utilizan los esquemas individuales (2, 3a y 3b) cada vecino individual. Las empresas distribuidoras son las encargadas de la lectura de estos contadores, pero no de los contadores secundarios.

«Contador secundario».

Sistema de medida individual asociado a una estación de recarga, que permite la repercusión de los costes y la gestión de los consumos. Estos sistemas de medida individuales cumplirán la reglamentación de metrología legal aplicable, pero no están sujetos al reglamento unificado de puntos de medida al no tratarse de puntos frontera del sistema eléctrico.

La reglamentación de metrología aplicable es la siguiente:

- *RD 244/2016 para contadores de activa de clases A, B, y C para uso residencial, comercial o de industria ligera, en la fase de evaluación de la conformidad.*

- *ITC3022/2007 para los contadores estáticos combinados activa, clases A, B y C y reactiva de clases 2 y 3 hasta 15 kW con discriminación horaria y telegestión hasta una potencia de 15 kW en activa en las fases de evaluación de la conformidad, verificación después de reparación o modificación y de verificación periódica.*

- *ITC 3747 para contadores estáticos de activa de clases A, B, y C para uso residencial, comercial o de industria ligera, en las fases de verificación después de reparación o modificación y de verificación periódica.*

A los contadores secundarios no les resultan aplicables los requisitos de telegestión, ya que las empresas distribuidoras no son las encargadas de su lectura.

«Estación de movilidad eléctrica»

Infraestructura de recarga que cuenta con, al menos, 2 estaciones de recarga, que permitan la recarga simultánea de vehículo eléctrico con categoría hasta M1 (Vehículo eléctrico de ocho plazas como máximo -excluida la del conductor- diseñados y fabricados para el transporte de pasajeros) y N1 (Vehículo eléctrico cuya masa máxima no supere las 3,5 toneladas diseñados y fabricados para el transporte de mercancías), según la Directiva 2007/46/CE. Ha de posibilitar la recarga en corriente alterna (monofásica o trifásica) o en corriente continua.

«Estación de recarga».

Conjunto de elementos necesarios para efectuar la conexión del VEHÍCULO ELÉCTRICO a la instalación eléctrica fija necesaria para su recarga. Las estaciones de recarga se clasifican como:

1. Punto de recarga simple, compuesto por las protecciones necesarias, una o varias bases de toma de corriente no específicas para el vehículo eléctrico y, en su caso, la envolvente.
2. Punto de recarga tipo SAVE (Sistema de alimentación específico del vehículo eléctrico).

«Función de control piloto»

Cualquier medio, ya sea electrónico o mecánico, que asegure que se satisfacen las condiciones relacionadas con la seguridad y con la transmisión de datos requeridas según el modo recarga utilizado.

«Infraestructura de recarga de vehículos eléctricos (IVEHÍCULO ELÉCTRICO)».

Conjunto de dispositivos físicos y lógicos, destinados a la recarga de vehículos eléctricos que cumplan los requisitos de seguridad y disponibilidad previstos para cada caso, con capacidad para prestar servicio de recarga de forma completa e integral. Una IVEHÍCULO ELÉCTRICO incluye las estaciones de recarga, el sistema de control, canalizaciones eléctricas, los cuadros eléctricos de mando y protección y los equipos de medida, cuando éstos sean exclusivos para la recarga del vehículo eléctrico.

«Modo de carga 1»

Conexión del vehículo eléctrico a la red de alimentación de corriente alterna mediante tomas de corriente normalizadas, con una intensidad no superior a los 16A y tensión asignada en el lado de la alimentación no superior a 250V de corriente alterna en monofásico o 480V de corriente alterna en trifásico y utilizando los conductores activos y de protección.

«Modo de carga 2»

Conexión del vehículo eléctrico a la red de alimentación de corriente alterna no excediendo de 32A y 250V en corriente alterna monofásica o 480V en trifásico, utilizando tomas de corriente normalizadas monofásicas o trifásicas y usando los conductores activos y de protección junto con una función de control piloto y un sistema de protección para las personas, contra el choque eléctrico (dispositivo de corriente diferencial), entre el vehículo eléctrico y la clavija o como parte de la caja de control situada en el cable.

«Modo de carga 3»

Conexión directa del vehículo eléctrico a la red de alimentación de corriente alterna usando un SAVE, dónde la función de control piloto se amplía al sistema de control del SAVE, estando éste conectado permanentemente a la instalación de alimentación fija.

«Modo de carga 4»

Conexión indirecta del vehículo eléctrico a la red de alimentación de corriente alterna usando un SAVE que incorpora un cargador externo en que la función de control piloto se extiende al equipo conectado permanentemente a la instalación de alimentación fija.

«Punto de conexión»

Punto en el que el vehículo eléctrico se conecta a la instalación eléctrica fija necesaria para su recarga, ya sea a una toma de corriente o a un conector.

«Sistema de alimentación específico de vehículo eléctrico (SAVE)»

Conjunto de equipos montados con el fin de suministrar energía eléctrica para la recarga de un VEHÍCULO ELÉCTRICO, incluyendo protecciones de la estación de recarga, el cable de conexión, (con conductores de fase, neutro y protección) y la base de toma de corriente o el conector. Este sistema permitirá en su caso la comunicación entre el VEHÍCULO ELÉCTRICO y la instalación fija. En el modo de carga 4 el SAVE incluye también un convertidor alterna-continua.

Nota: las definiciones de la función de control piloto, de los modos de carga y del sistema de alimentación específico del vehículo eléctrico (SAVE) están basadas en las normas internacionales aplicables.

«Sistema de protección de la línea general de alimentación (SPL)»

Sistema de protección de la línea general de alimentación contra sobrecargas, que evita el fallo de suministro para el conjunto del edificio debido a la actuación de los fusibles de la caja general de protección, mediante la disminución momentánea de la potencia destinada a la recarga del VEHÍCULO ELÉCTRICO. Este sistema puede actuar desconectando cargas, o regulando la intensidad de recarga cuando se utilicen los modos 3 o 4. La orden de desconexión y reconexión podrá actuar sobre un contactor o sistema equivalente.

Con posterioridad a la publicación del RD 1053/2014 que aprueba la ITC-BT 52 se ha aprobado la Especificación UNE 0048 " Infraestructura para la recarga de vehículos eléctricos. Sistema de protección de la línea general de alimentación (SPL)" que facilita directrices e información con respecto de las funcionalidades y requisitos de seguridad mínimos de un SPL y es aplicable a todas aquellas soluciones que pretenden realizar la función de SPL. Un SPL puede presentarse como un producto único, un conjunto de productos y medidas, soluciones de hardware o software o sistemas domóticos o inmóticos.

«Vehículo eléctrico (VEHÍCULO ELÉCTRICO)».

Vehículo eléctrico cuya energía de propulsión procede, total o parcialmente, de la electricidad de sus baterías utilizando para su recarga la energía de una fuente exterior al vehículo eléctrico, por ejemplo, la red eléctrica

«Tipos de conexión entre la estación de recarga y el VEHÍCULO ELÉCTRICO».

La conexión entre la estación de recarga y el VEHÍCULO ELÉCTRICO se podrá realizar según los casos A, B y C
descritos en las figuras 1, 2 y 3. Nótese que las figuras 1, 2 y 3 no presuponen ningún diseño específico.

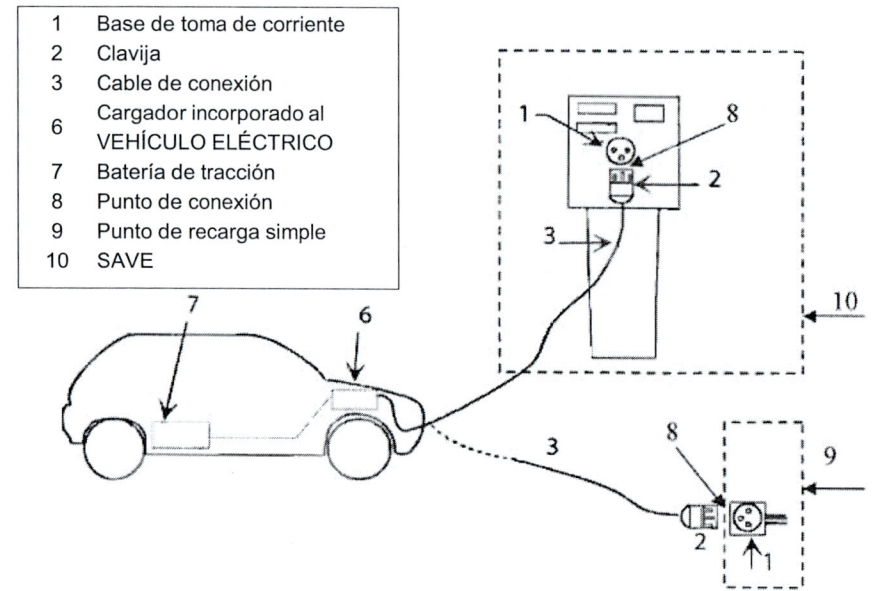

1	Base de toma de corriente
2	Clavija
3	Cable de conexión
6	Cargador incorporado al VEHÍCULO ELÉCTRICO
7	Batería de tracción
8	Punto de conexión
9	Punto de recarga simple
10	SAVE

Figura 1. Caso A. Conexión del VEHÍCULO ELÉCTRICO a la estación de recarga mediante un cable terminado en una clavija con el cable solidario al VEHÍCULO ELÉCTRICO.
Caso A1: conexión a un punto de recarga simple mediante una toma de corriente para usos domésticos y análogos. Caso A2: conexión a un punto de recarga tipo SAVE.

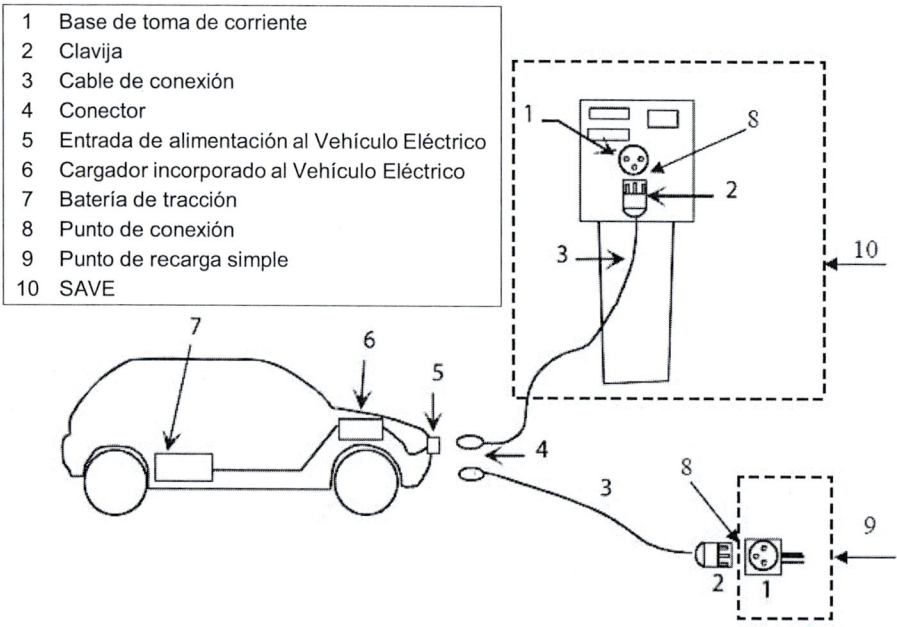

1	Base de toma de corriente
2	Clavija
3	Cable de conexión
4	Conector
5	Entrada de alimentación al Vehículo Eléctrico
6	Cargador incorporado al Vehículo Eléctrico
7	Batería de tracción
8	Punto de conexión
9	Punto de recarga simple
10	SAVE

Figura 2. Caso B. Conexión del VEHÍCULO ELÉCTRICO a la estación de recarga mediante un cable terminado por un extremo en una clavija y por el otro en un conector, donde el cable es un accesorio del VEHÍCULO ELÉCTRICO.
Caso B1: conexión a un punto de recarga simple mediante una toma de corriente para usos domésticos y análogos. Caso B2: conexión a un punto de recarga tipo SAVE.

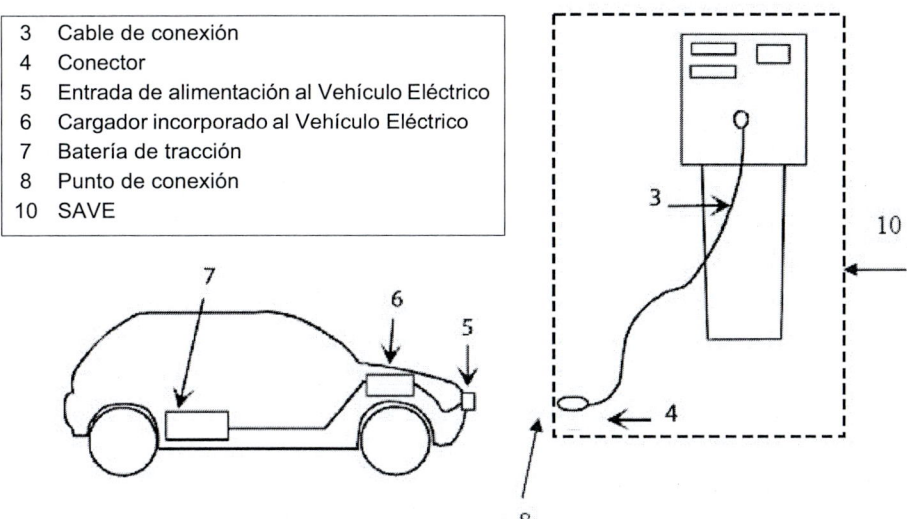

3   Cable de conexión
4   Conector
5   Entrada de alimentación al Vehículo Eléctrico
6   Cargador incorporado al Vehículo Eléctrico
7   Batería de tracción
8   Punto de conexión
10 SAVE

Figura 3. Caso C. Conexión del VEHÍCULO ELÉCTRICO a la estación de recarga mediante un cable terminado en un conector: el cable forma parte de la instalación fija

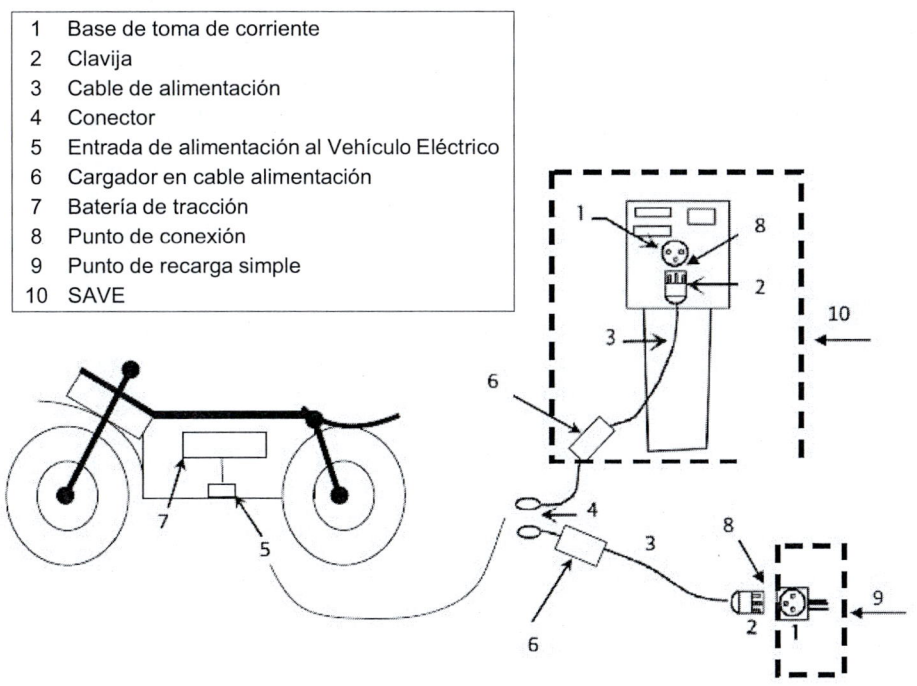

1   Base de toma de corriente
2   Clavija
3   Cable de alimentación
4   Conector
5   Entrada de alimentación al Vehículo Eléctrico
6   Cargador en cable alimentación
7   Batería de tracción
8   Punto de conexión
9   Punto de recarga simple
10 SAVE

Figura 4. Caso D. Conexión de un VEHÍCULO ELÉCTRICO ligero a la estación de recarga mediante un cable terminado en un conector: el cable incorpora el cargador.

3. ESQUEMAS DE INSTALACIÓN PARA LA RECARGA DE VEHÍCULOS ELÉCTRICOS

Las instalaciones nuevas para la alimentación de las estaciones de recarga, así como la modificación de instalaciones ya existentes, que se alimenten de la red de distribución de energía eléctrica, se realizarán según los esquemas de conexión descritos en este apartado. En cualquier caso, antes de la ejecución de la instalación, el instalador o en su caso el proyectista, deben preparar una documentación técnica en la forma de memoria técnica de diseño o de proyecto, según proceda en aplicación de la (ITC) BT-04, en la que se indique el esquema de conexión a utilizar. Los posibles esquemas serán los siguientes:

1. Esquema colectivo o troncal con un contador principal en el origen de la instalación.

2. Esquema individual con un contador común para la vivienda y la estación de recarga.

3. Esquema individual con un contador para cada estación de recarga.

4. Esquema con circuito o circuitos adicionales para la recarga del VEHÍCULO ELÉCTRICO.

Independientemente del esquema utilizado, las instalaciones serán realizadas por un instalador de la categoría que corresponda según el tipo de instalación, por ejemplo, en el caso de proyectarse la instalación en locales con riesgo de incendio o explosión según la ITC - BT 29, el instalador deberá ser de la categoría especialista.

Debido al alto grado de electrónica de potencia a instalar y a la gran variedad de fabricantes de vehículos y tecnologías de recarga que se pueden llegar a conectar a la red de distribución, así como para facilitar la futura instalación de sistemas SPL que permitan incrementar el número de vehículos a recargar sin que sea preciso modificar las instalaciones de enlace, en las centralizaciones de contadores de las nuevas instalaciones se recomienda reservar espacio suficiente para que las empresas distribuidoras puedan instalar en caso necesario filtros PLC, que eviten que el ruido en el rango de frecuencias PLC (procedentes de los distintos sistemas de recarga o de los propios vehículos) afecte a la telegestión del resto de contadores conectados a la misma red baja tensión y para poder instalar igualmente elementos para la gestión de cargas desde el SPL o en general, para el funcionamiento correcto de los distintos esquemas de conexión, tales como contactores.

Con tal fin, las empresas distribuidoras de energía eléctrica podrán disponer de especificaciones particulares donde establezcan las características sobre la construcción y montaje de las centralizaciones de contadores preparadas para la conexión del vehículo eléctrico. Según se establece en el artículo 14 del RD 842/2002 dichas especificaciones deberán ser aprobadas por la administración competente.

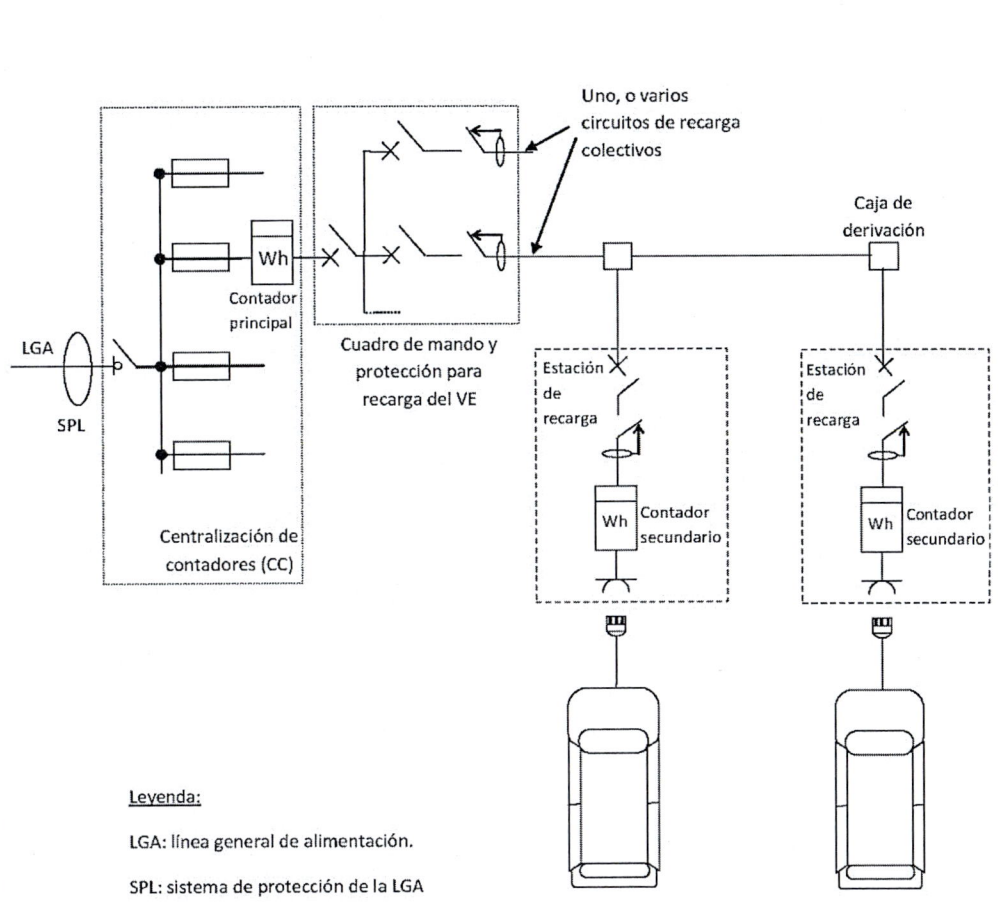

Figura 5. Esquema 1a: instalación colectiva troncal con contador principal en el origen de la instalación y contadores secundarios en las estaciones de recarga

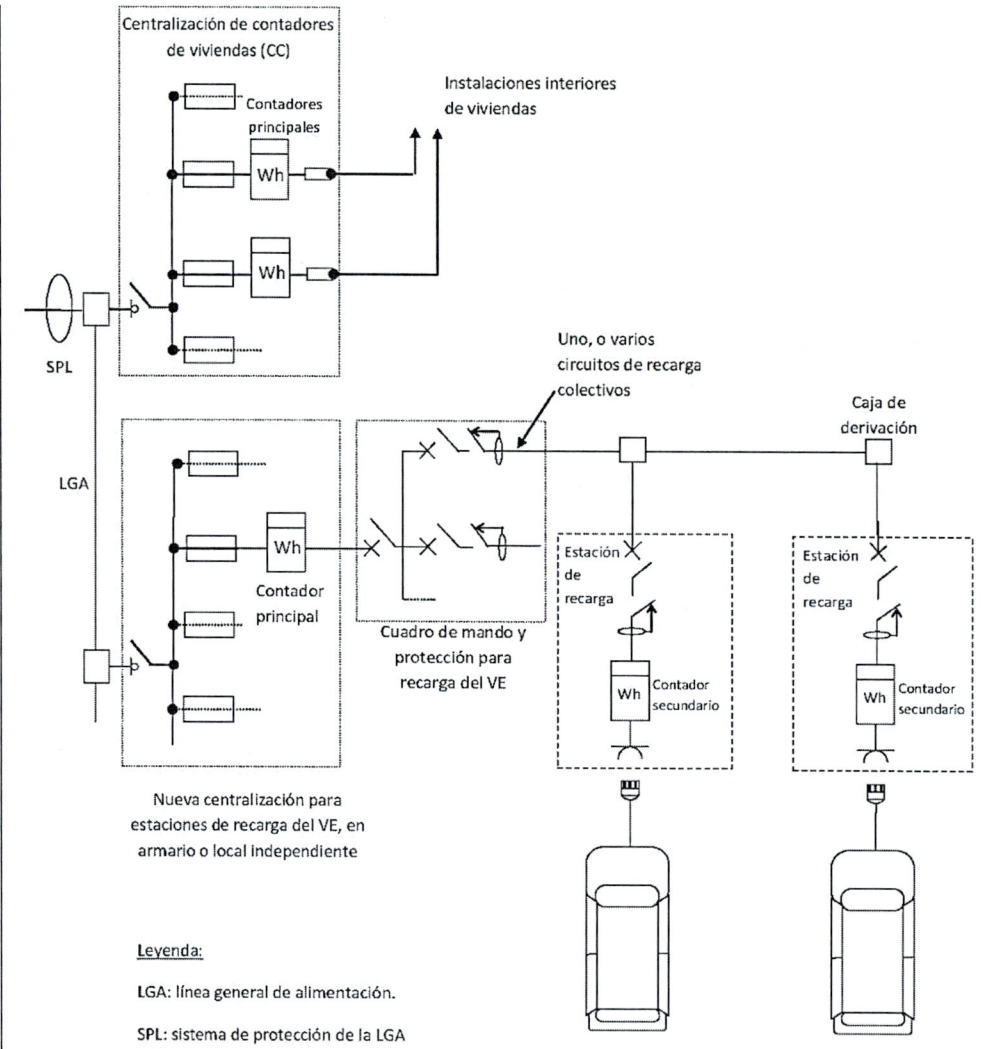

Figura 6. Esquema 1b: instalación colectiva troncal con contador principal en origen de la instalación y contadores secundarios en las estaciones de recarga (con nueva centralización de contadores para recarga VEHÍCULO ELÉCTRICO).

Para la selección entre los esquemas 1a y 1b, se aplicarán los siguientes criterios de prioridad, en primer lugar se utilizarán los módulos de reserva de la centralización existente (esquema 1a), si ello no fuera suficiente se ampliará la centralización existente utilizando también el esquema 1a, en último caso y por falta de espacio, se dispondrán una o varias centralizaciones nuevas en armarios o locales (esquema 1b).

Para la selección entre los esquemas 1a y 1b se tendrá en cuenta que la centralización de contadores disponga de espacio suficiente la instalación de filtros PLC que bloqueen el ruido en el rango de frecuencias PLC, así como para los elementos necesarios para la gestión de cargas desde el SPL o para el funcionamiento correcto de los distintos esquemas de conexión, tales como contactores.

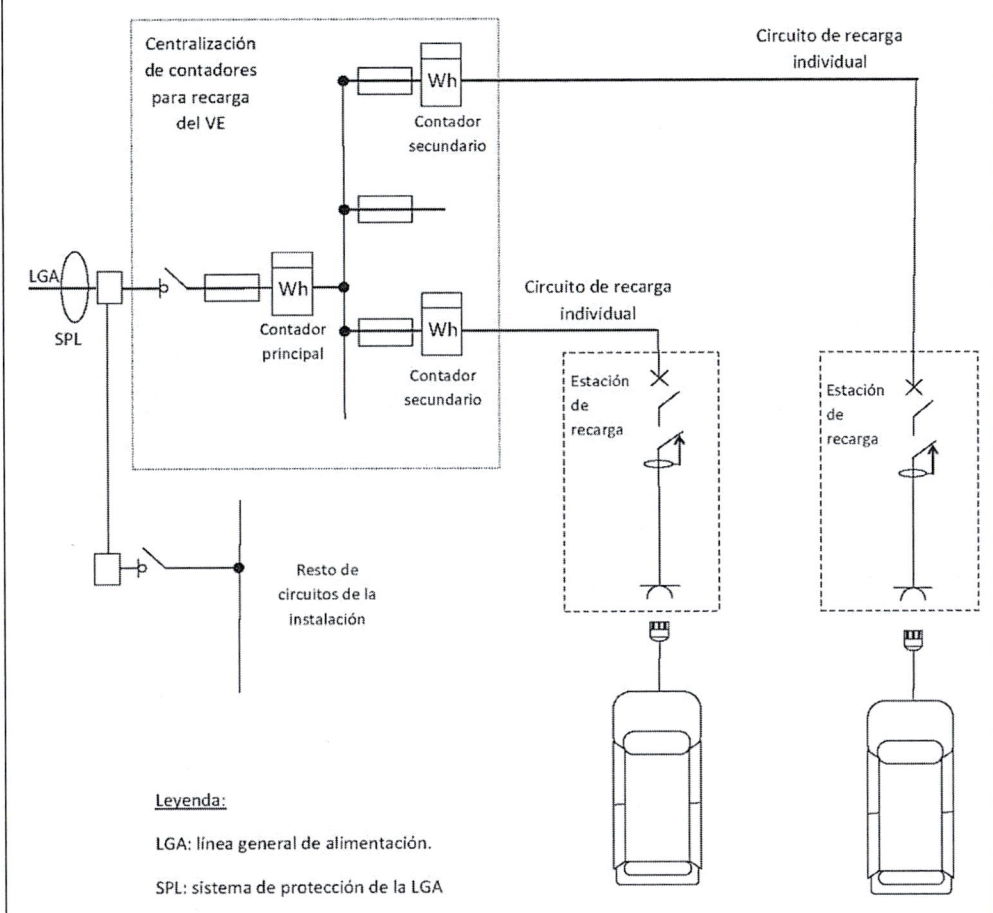

Figura 7. Esquema 1c: instalación colectiva con un contador principal y contadores secundarios individuales para cada estación de recarga.

La protección de los circuitos de recarga se puede realizar con fusibles o con interruptores automáticos. La centralización de contadores para recarga del VEHÍCULO ELÉCTRICO puede formar parte de la centralización existente o disponerse en una o varias centralizaciones nuevas en armarios o locales.

Para la instalación de los circuitos de recarga colectivos según los esquemas 1a, 1b, 1c, o 4b, se utilizarán cajas de derivación de las que partirán las derivaciones que alimentan a cada estación de recarga. Estas cajas de derivación serán responsabilidad de la comunidad de vecinos ya que en general afectarán a varios vecinos. A continuación, se recomiendan algunas características de estas cajas.

- Se recomienda su montaje en un paramento vertical (columna o pared), a una altura superior a 1,8 metros sobre la cota del suelo del garaje.

- Cada caja debe tener la posibilidad de conectar 3 o 6 derivaciones a estaciones de carga (múltiplos de tres para facilitar el equilibrado de cargas).

- *En instalaciones nuevas las cajas deben instalarse a lo largo de todo su recorrido de forma que ninguna plaza de garaje quede a más de 20 metros de una caja.*
- *Las cajas podrán albergar pequeños interruptores automáticos cuando sean necesarios para proteger la derivación frente a cortocircuitos.*
- *Las cajas dispondrán de un sistema de cierre a fin de evitar manipulaciones indebidas de sus conexiones.*

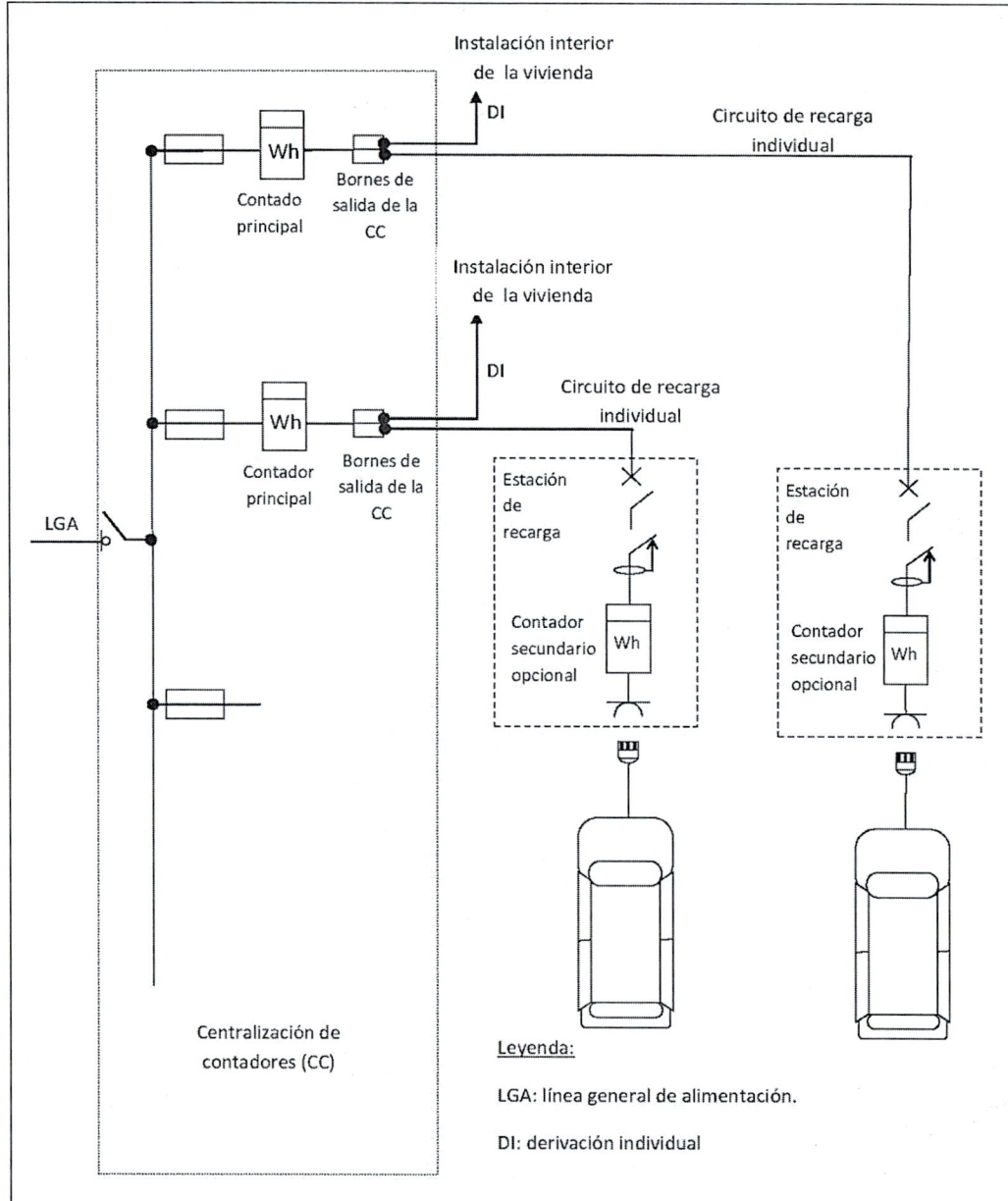

Figura 8. Esquema 2: instalación individual con un contador principal común para la vivienda y para la estación de recarga

Para el esquema 2 en el proyecto o memoria técnica de diseño se justificará que el fusible de la centralización protege contra cortocircuitos tanto a la derivación individual, como al circuito de recarga individual, en especial para la intensidad mínima de cortocircuito, incrementando la sección obtenida por aplicación de los criterios de caída de tensión y de protección contra sobrecargas para este circuito, si fuera necesario. La función de control de potencia contratada por el cliente será realizada por el contador principal, sin necesidad de instalar un ICP independiente. En caso de actuación de la función de control de potencia, su rearme se realizará directamente desde la vivienda.

La función de control de potencia contratada por el cliente será realizada por el contador principal para potencias inferiores a 15 kW, sin necesidad en este caso de instalar un ICP independiente.

El citado rearme puede conseguirse mediante diversas soluciones, por ejemplo:

- *Soluciones que requieren la utilización de uno o dos conductores de mando desde la vivienda hasta un contactor instalado en la centralización de contadores, en el circuito de recarga individual o en la propia estación de recarga. Como ejemplos de tales soluciones se incluyen las figuras A1 y A2. Para el hilo de mando se recomienda color rojo y una sección mínima de 1,5 mm2. El contactor se podrá ubicar en la propia estación de carga, o en la centralización de contadores justo en el origen del circuito de recarga. Si se ubica en la centralización de contadores la ventaja es que la longitud del hilo de mando será menor, aunque para instalaciones existentes y por falta de espacio puede ser más sencillo ubicarlo en la estación de carga.*

- *Soluciones que utilizan dispositivos adicionales para el rearme del contactor y no requieren de conductores auxiliares desde la vivienda hasta el contactor. Dichos dispositivos pueden estar instalados en la centralización de contadores, en el circuito de recarga individual o en la propia estación de recarga. Como ejemplo de tales soluciones se incluye la figura A3. Una vez interrumpido el circuito de recarga el contador debe apreciar una impedancia infinita que permita su rearme desde la vivienda.*

- *Cualquier otro método que tecnológicamente pueda realizar esta función de rearme.*

Figura A1: Ejemplo de rearme manual con un conductor de mando único.

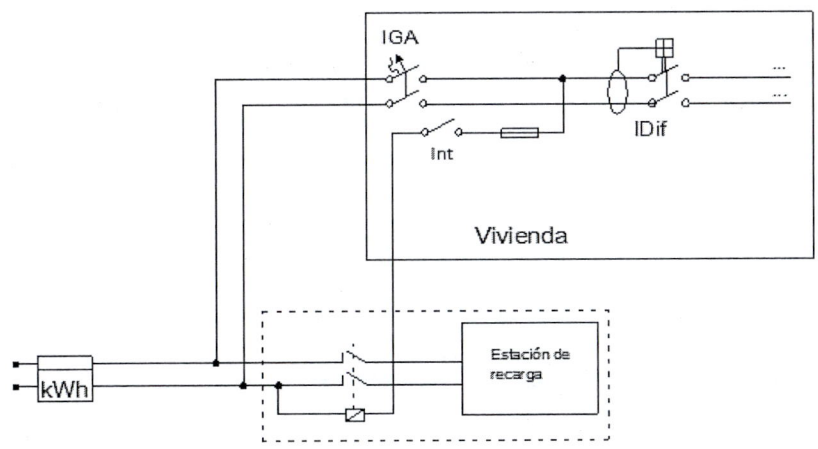

Int: Interruptor opcional para activación de la carga

Figura A2: Ejemplo de rearme manual con dos conductores de mando.

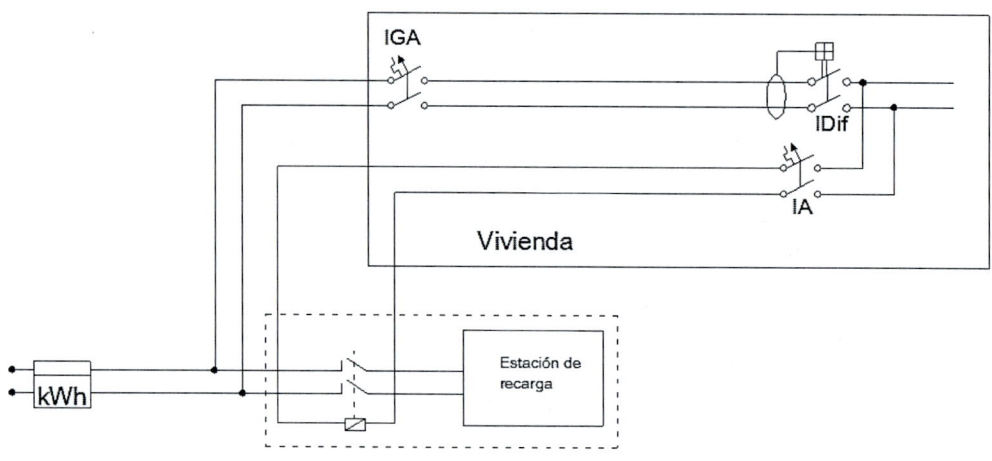

Figura A3: Ejemplo de rearme automático con contactor normalmente abierto.

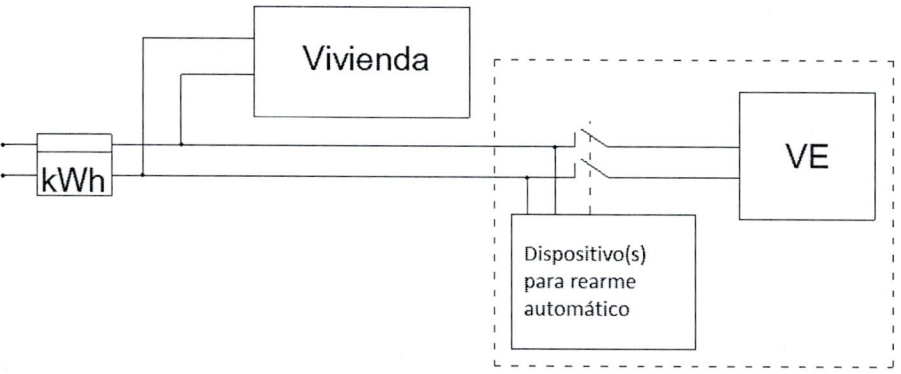

A modo de ejemplo en la figura A4 se presenta un ejemplo de centralización de contadores preparada para el esquema 2, con un contador principal común para la vivienda y para la estación de recarga, que permite la conexión o desconexión de la recarga del vehículo eléctrico desde la vivienda, así como el rearme de la función de control de potencia también desde la vivienda, para lo cual se utiliza el hilo de mando ya descrito en la figura A1.

Figura A4: Ejemplo de centralización de contadores preparada para un esquema 2.

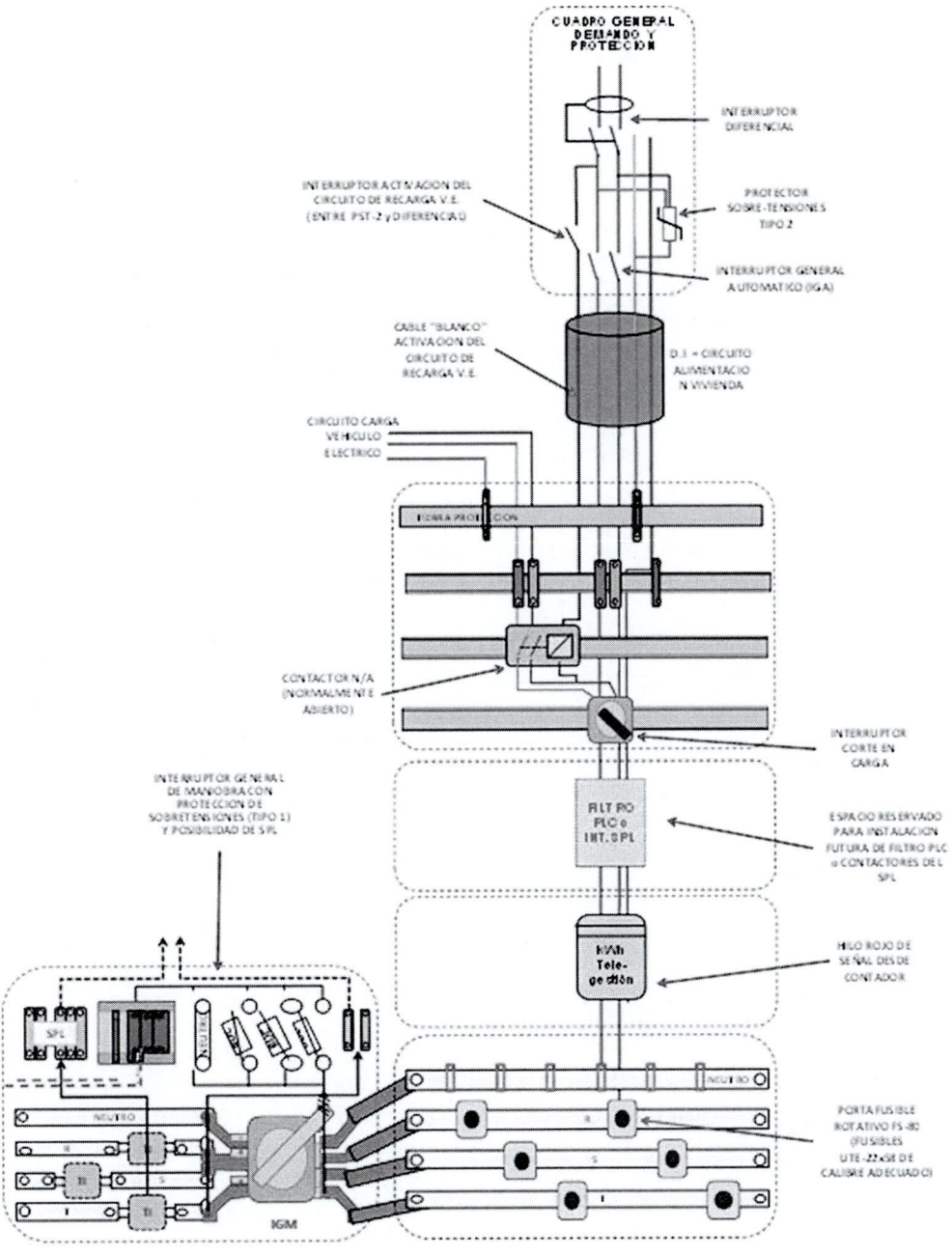

Con el objetivo de mantener el nivel de seguridad, cuando con motivo de la instalación de los nuevos circuitos para la recarga de vehículos eléctricos se realice una modificación en la instalación interior de la vivienda (por ejemplo, en el cuadro de mando y protección), se recomienda realizar una revisión de la instalación existente, según la UNE 202008 IN.

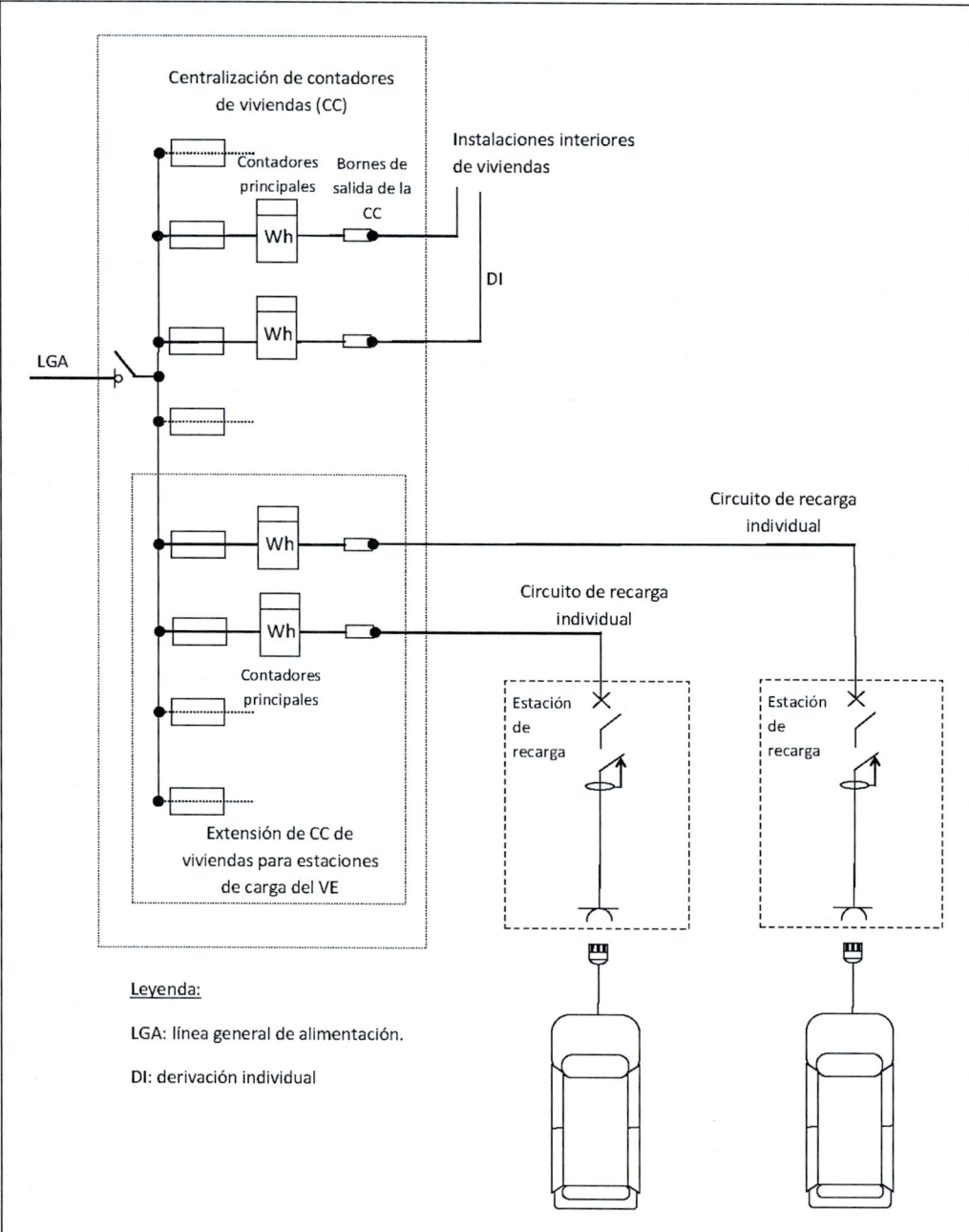

Figura 9. Esquema 3a: instalación individual con un contador principal para cada estación de recarga (utilizando la centralización de contadores existente).

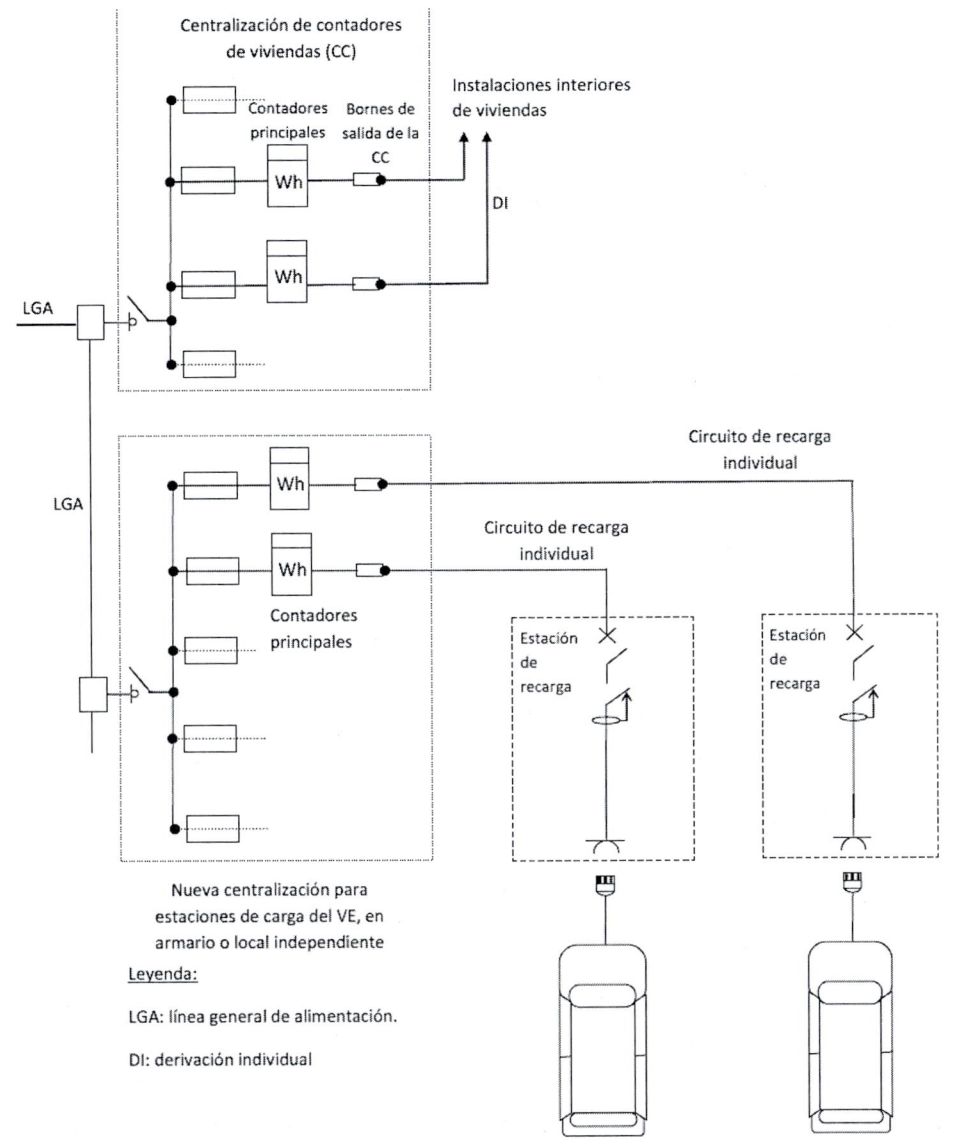

Figura 10. Esquema 3b: instalación individual con un contador principal para cada estación de recarga (con una nueva centralización de contadores).

Para la selección entre los esquemas 3a y 3b, se aplicarán los siguientes criterios de prioridad, en primer lugar se utilizarán los módulos de reserva de la centralización existente (esquema 3a), si ello no fuera suficiente se ampliará la centralización existente utilizando también el esquema 3a, en último caso y por falta de espacio, se dispondrán una o varias centralizaciones nuevas en armarios o locales (esquema 3b).

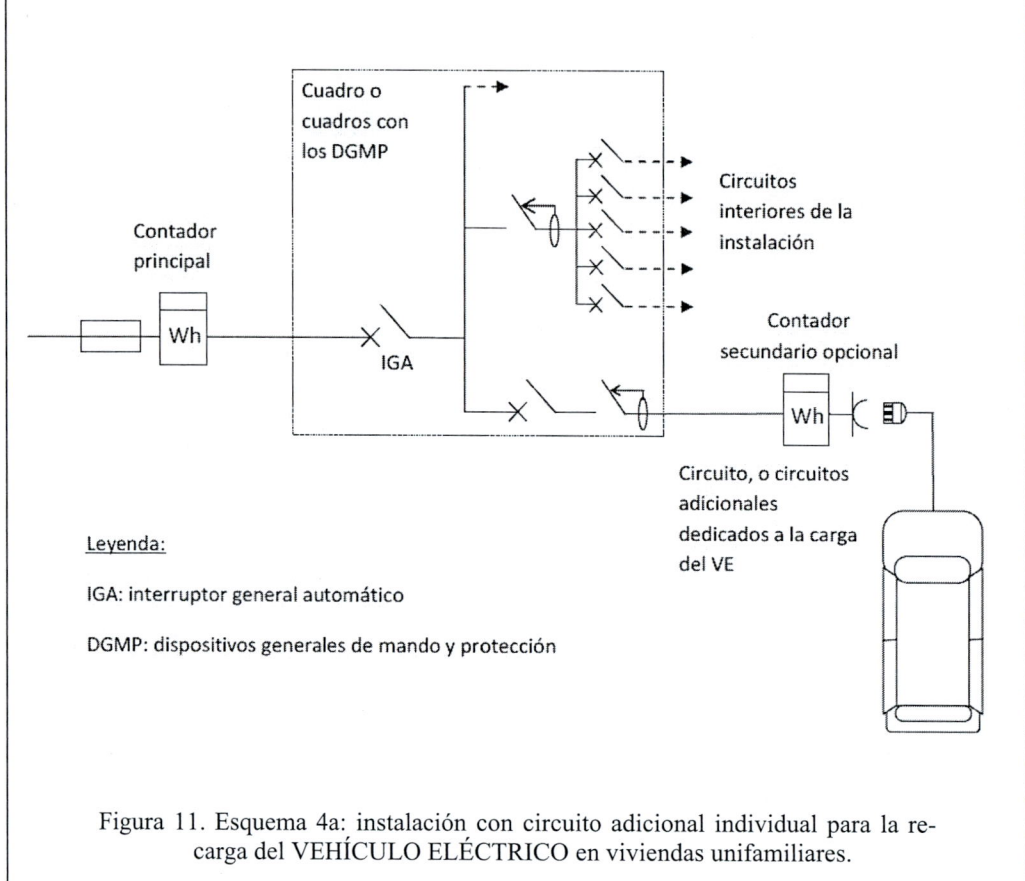

Figura 11. Esquema 4a: instalación con circuito adicional individual para la recarga del VEHÍCULO ELÉCTRICO en viviendas unifamiliares.

Este esquema 4a también se puede utilizar en instalaciones para la recarga de vehículos eléctricos en edificios o conjuntos inmobiliarios en régimen de propiedad horizontal según lo establecido en el apartado 3.2 de esta ITC- BT-52, siempre que la infraestructura común del edificio esté preparada para albergar este tipo de instalación. Su uso generalizado en garajes en régimen de propiedad horizontal supondría grandes caídas de tensión y la necesidad de disponer de patinillos para las derivaciones individuales de grandes dimensiones, de forma que se recomienda su utilización solo en los siguientes casos:

- *Viviendas unifamiliares*
- *Fincas de cualquier tipo con un único suministro*

Con el objetivo de mantener el nivel de seguridad, cuando con motivo de la instalación de los nuevos circuitos para la recarga de vehículos eléctricos se realice una modificación en la instalación interior de la vivienda (por ejemplo en el cuadro de mando y protección), se recomienda realizar una revisión de la instalación existente, según la UNE 202008 IN.

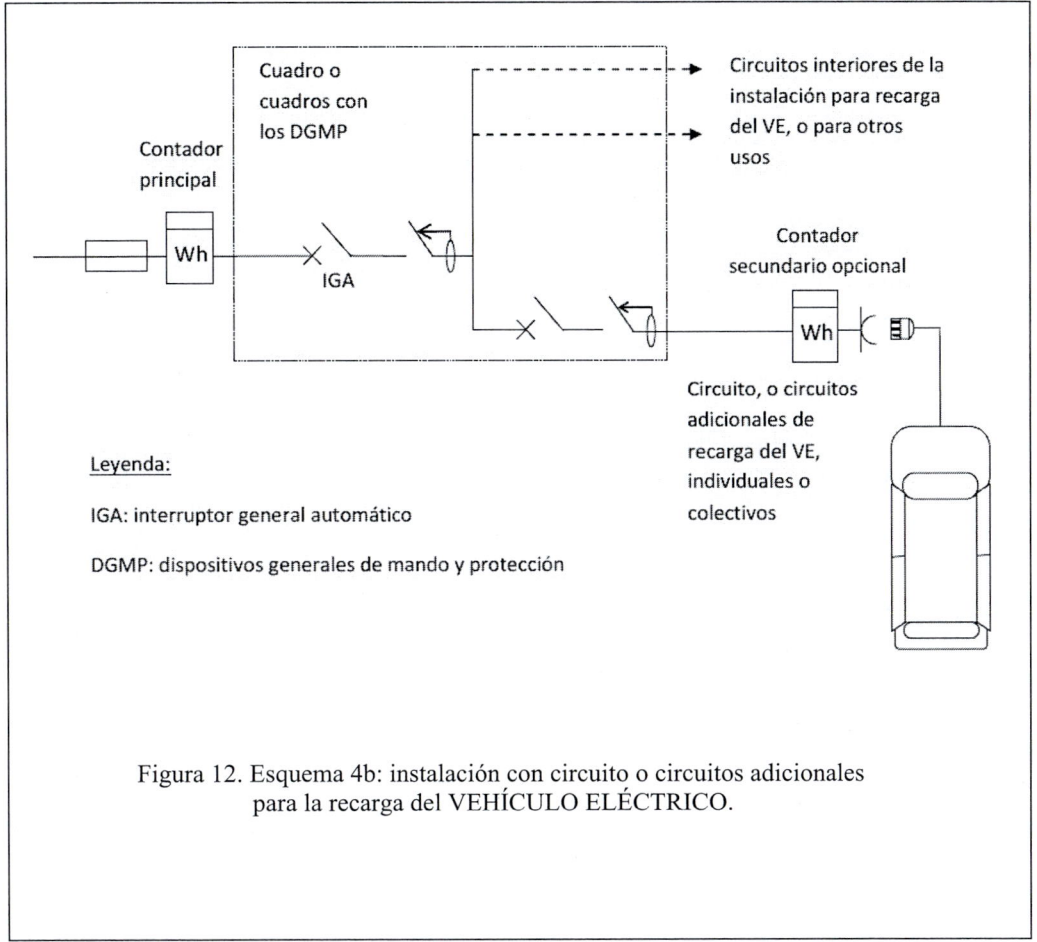

Figura 12. Esquema 4b: instalación con circuito o circuitos adicionales
para la recarga del VEHÍCULO ELÉCTRICO.

Conforme a lo establecido en el apartado 3.2 de esta ITC-BT-52, este esquema 4b se puede utilizar para la recarga de vehículos eléctricos en edificios o conjuntos inmobiliarios en régimen de propiedad horizontal, utilizando el cuadro de los servicios generales de los garajes como punto de partida de los circuitos para la recarga del vehículo eléctrico, y utilizando generalmente circuitos de recarga colectivos.

Si en este esquema 4 b o en cualquier otro interviene un gestor de cargas cabe recordar que en aplicación del RD 647/2011 tendrán que registrar en cada una de sus instalaciones los consumos destinados a la recarga de vehículos eléctricos de forma diferenciada a los consumos que puedan producirse para otros usos.

Con el objetivo de mantener el nivel de seguridad, cuando con motivo de la instalación de los nuevos circuitos para la recarga de vehículos eléctricos se realice una modificación en la instalación eléctrica de los aparcamientos se recomienda realizar una revisión de la instalación existente, según la parte aplicable de la serie de normas UNE 202009 IN.

Los esquemas de instalación descritos en este apartado no resultan aplicables para la conexión de las estaciones de recarga que se alimenten mediante una red independiente de la red de distribución de corriente alterna usualmente utilizada, por ejemplo, mediante una red de corriente continua o corriente alterna ferroviaria, o mediante un fuente de energía de origen renovable con posible almacenamiento de energía, en cuyo caso el diseñador de la instalación especificará el esquema eléctrico a utilizar.

Nótese que las figuras 5 a 12 son solamente ejemplos ilustrativos de los distintos esquemas de instalaciones de recarga de vehículos eléctricos y que no contienen todos los elementos de la instalación.

3.1. Instalación en aparcamientos de viviendas unifamiliares

En las viviendas unifamiliares nuevas que dispongan de aparcamiento o zona prevista para poder albergar un vehículo eléctrico se instalará un circuito exclusivo para la recarga de VEHÍCULO ELÉCTRICO. Este circuito se denominará circuito C13, según la nomenclatura de la (ITC) BT-25 y seguirá el esquema de instalación 4a.

En todas las viviendas unifamiliares nuevas el circuito C13 debe quedar totalmente instalando incluyendo los sistemas de canalización, los cables, las protecciones y el punto de recarga.

En las viviendas unifamiliares, o en general en las fincas con un único suministro, tanto para instalaciones nuevas como ya existentes, se instalará una Caja de Protección y Medida (CPM) que incorpore un protector contra sobretensiones transitorias antes del contador y un espacio para la instalación en caso necesario de un filtro PLC después del contador.

Las instalaciones existentes en las que se desee instalar una estación de recarga se ajustarán también a lo establecido en este apartado.

La alimentación de este circuito podrá ser monofásica o trifásica y la potencia instalada responderá generalmente a uno de los escalones de la tabla 1, según prevea el proyectista de la instalación. No obstante, el proyectista podrá justificar una potencia mayor, en función de la previsión de potencia por estación de recarga o del número de plazas construidas para la vivienda unifamiliar, en cuyo caso el circuito y sus protecciones se dimensionarán acorde con la potencia prevista.

U nominal	Interruptor automático de protección en el origen del circuito	Potencia instalada	Estaciones de recarga por circuito
230 V	10 A	2300 W	1
	16 A	3680 W	1
	20 A	4600 W	1
	32 A	7360W	1
	40 A	9200 W	1
230/400 V	16 A	11085 W	de 1 a 3
	20 A	13856 W	de 1 a 4
	32 A	22170 W	de 1 a 6
	40 A	27713 W	de 1 a 8

Tabla 1. Potencias instaladas normalizadas en un circuito de recarga para una vivienda unifamiliar.

Para evitar desequilibrios en la red eléctrica los circuitos C13 monofásicos no dispondrán de una potencia instalada superior a los 9200 W.

Cuando en un circuito trifásico se conecten estaciones monofásicas, éstas se repartirán de la forma más equilibrada posible entre las tres fases. El número máximo de estaciones de recarga de la tabla 1 por cada circuito de recarga trifásico se ha calculado suponiendo estaciones monofásicas de una potencia unitaria de 3680 W. El proyectista podrá ampliar o reducir el número máximo si justifica una potencia instalada por estación de recarga inferior o superior respectivamente.

Las bases de toma de corriente o conectores instalados en la estación de recarga y sus interruptores automáticos de protección deberán ser conformes con alguna de las opciones indicadas en el apartado 5.4.

3.2 Instalación en aparcamientos o estacionamientos colectivos en edificios o conjuntos inmobiliarios en régimen de propiedad horizontal

Las instalaciones eléctricas para la recarga de vehículos eléctricos ubicadas en aparcamientos o estacionamientos colectivos en edificios o conjuntos inmobiliarios en régimen de propiedad horizontal seguirán cualquiera de los esquemas descritos anteriormente. En un mismo edificio se podrán utilizar esquemas distintos siempre que se cumplan todos los requisitos establecidos en esta (ITC) BT-52.

En edificios existentes que carezcan de instalaciones para recarga de vehículos, cuando sea necesario realizar las instalaciones para la recarga del primer vehículo, se recomienda que el o los vecinos propietarios de los vehículos a recargar y la propia comunidad de vecinos lleguen a un acuerdo en relación al esquema o esquemas de conexión a implementar en el edificio, sin que la decisión individual de una de las dos partes afecte a la otra, puesto que cada una debería asumir los costes correspondientes a la modificación o construcción de las instalaciones de las que sea titular.

En el esquema 4a, el circuito de recarga seguirá las condiciones de instalación descritas en la (ITC) BT-15, utilizando cables y sistemas de conducción de los mismos tipos y características que para una derivación individual; la sección del cable se calculará conforme a los requisitos generales del apartado 5 de esta ITC, no siendo necesario prever una ampliación de la sección de los cables para determinar el diámetro o las dimensiones transversales del sistema de conducción a utilizar.

Para instalaciones existentes en garajes en régimen de propiedad horizontal en las que se utilice el esquema 4a para la recarga del vehículo eléctrico se tendrán en cuenta los siguientes aspectos:

* *Los cables del circuito de recargase podrán instalar por el interior del mismo Sistema de Conducción de Cables (SCC) de la Derivación Individual (DI) siempre que haya espacio disponible para ello de acuerdo con las reglas de la ITC-BT-21. En este caso los conductores del circuito de recarga utilizarán la reserva de espacio vacío del SCC prescrito en la ITC-BT-15.*

– En caso que no hubiera suficiente espacio disponible en el interior del SCC de la DI
  para poder pasar por su interior los conductores del circuito de recarga se podrá
  utilizar el tubo o conducción de reserva para DIs siempre que exista la canalización
  y tenga espacio disponible para ello, de acuerdo con las reglas de la ITC-BT 21.

– En caso que no fuera posible instalar el cable del circuito de recarga en el interior
  del SCC de la DI o por la conducción de reserva para DIs, será posible instalar dicho cable bien en el interior de un SCC adicional o directamente en la canaladura
  de obra de las DIs siempre y cuando haya espacio disponible para ello. Cuando el
  circuito de recarga se instale directamente en la canaladura se utilizará cable multiconductor de 0,6/1 kV, de acuerdo con las reglas de la ITC-BT 21.

– Por motivos de espacio y en caso de que ninguna de las anteriores soluciones sea
  posible, se podrá admitir la instalación de los conductores de circuitos de recarga de
  distintos suministros por el interior de un mismo sistema de conducción de cables (ya
  sea el tubo de reserva para derivaciones individuales u otro SCC instalado adicionalmente) siempre que exista espacio disponible según las reglas de la ITC-BT 21.
  En tal caso, para asegurar la separación necesaria entre suministros, los circuitos
  C13 deberán realizarse utilizando cable multiconductor de tensión asignada
  0,6/1 kV.

El esquema 4b se utilizará cuando la alimentación de las estaciones de recarga se proyecte
como parte integrante o ampliación de la instalación eléctrica que atiende a los servicios generales de los garajes.

Tanto en instalaciones existentes como en instalaciones nuevas, y con objeto de facilitar la
utilización del esquema eléctrico seleccionado, los cuadros con las protecciones generales se
podrán ubicar en los cuartos habilitados para ello o en zonas comunes.

La preinstalación eléctrica para la recarga de vehículo eléctrico en edificios o conjuntos
inmobiliarios facilitará la utilización posterior de cualquiera de los posibles esquemas de instalación. Para ello se preverán los siguientes elementos:

a) Instalación de sistemas de conducción de cables desde la centralización de contadores
    y por las vías principales del aparcamiento o estacionamiento con objeto de poder ali-
    mentar posteriormente las estaciones de recarga que se puedan ubicar en las plazas in-
    dividuales del aparcamiento o estacionamiento. Cuando la preinstalación esté prevista
    para el 100% de las plazas los sistemas de conducción de cables llegarán hasta cada
    una de las plazas.

b) La centralización de contadores se dimensionará de acuerdo al esquema eléctrico es-
    cogido para la recarga del VEHÍCULO ELÉCTRICO y según lo establecido en la
    (ITC) BT-16. Se instalará como mínimo un módulo de reserva para ubicar un contador
    principal, y los dispositivos de protección contra sobreintensidades asociados al conta-
    dor, bien sea con fusibles o con interruptor automático.

Así, pues, dado que el porcentaje citado es un mínimo y en base a la creciente demanda de este tipo de vehículos, sería recomendable realizar la preinstalación para el 100% de las plazas. En relación a las potencias previstas será de aplicación lo indicado en el Anexo 2.

> Cuando se realice la instalación para el primer punto de conexión en edificios existentes, se deberá prever, en su caso, la instalación de los elementos comunes de forma que se adecúe la infraestructura para albergar la instalación de futuros puntos de conexión

Se recomienda que los elementos comunes a instalar tales como las canalizaciones y los módulos de reserva en la centralización de contadores sigan las siguientes pautas, no siendo obligatorio que la preinstalación incluya los cables de los circuitos de alimentación del vehículo eléctrico, ni las estaciones de recarga.

- *Cuando en edificios existentes se realice la instalación del primer punto de recarga, se dimensionará la canalización para albergar la instalación de futuros puntos de recarga en la zona de influencia del punto a instalar. El criterio anterior deberá aplicarse también cada vez que se realice la instalación de un nuevo punto de recarga. En el Anexo 1, aplicable a edificios o conjuntos inmobiliarios en régimen de propiedad horizontal, se presenta un ejemplo de cómo dimensionar estas canalizaciones.*

- *Cuando en edificios existentes se realice la instalación de un punto de recarga utilizando un esquema que precise de un contador principal adicional (esquemas 1 o 3) y por falta de espacio fuera necesario realizar una nueva centralización de contadores, generalmente en armario, ésta se dimensionará con al menos un módulo de reserva para instalar el contador asociado con un futuro punto de recarga.*

> Las bases de toma de corriente o conectores instalados en la estación de recarga y sus interruptores automáticos de protección deberán ser conformes con alguna de las opciones indicadas en el apartado 5.4.

3.3. Otras instalaciones de recarga

Las instalaciones eléctricas para la recarga de vehículos eléctricos alimentadas de la red de distribución de energía eléctrica, distintas de las descritas en 3.1 y 3.2 seguirán los esquemas 1a, 1b, 1c, o 4b descritos anteriormente.

Las bases de toma de corriente o conectores instalados en la estación de recarga y sus interruptores automáticos de protección deberán ser conformes con alguna de las opciones indicadas en el apartado 5.4.

3.3.1. Estaciones de recarga para autoservicio (uso por personas no adiestradas)

Estas estaciones de recarga, tales como las ubicadas en la vía pública, en aparcamientos o estacionamientos de flotas privadas, cooperativas o de empresa, para su propio personal o asociados y en aparcamientos o estacionamientos públicos, gratuitos o de pago, de titularidad pública o privada, están destinadas a ser utilizadas por usuarios no familiarizados con los riesgos de la energía eléctrica.

Este tipo de instalaciones podrán utilizar cualquier modo de carga.

3.3.2. Estaciones de recarga con asistencia para su utilización (uso por personas adiestradas o cualificadas)

Estas estaciones de recarga, tales como las ubicadas en aparcamientos para recarga de flotas, talleres, concesionarios de automóviles, depósitos municipales de vehículo eléctrico, así como otras estaciones dedicadas específicamente a la recarga del VEHÍCULO ELÉCTRICO, están destinadas a ser utilizadas o supervisadas por usuarios familiarizados con los riesgos de la energía eléctrica,

Este tipo de instalaciones dispondrán preferentemente de los modos de carga 3 o 4, aunque también podrán equiparse con estaciones de recarga en modo 1 o 2, cuando esté previsto recargar vehículos eléctricos de baja potencia tales como bicicletas, ciclomotores y cuadriciclos.

4. PREVISIÓN DE CARGAS SEGÚN EL ESQUEMA DE LA INSTALACIÓN

Para realizar la previsión de cargas en garajes de nueva construcción en régimen de condominio cuando se desee realizar la preinstalación para un número de las plazas elevado, mayor que el mínimo reglamentario y superior al 50% del total de plazas de garaje construidas, se podrá seguir lo indicado en el anexo 2 la GUÍA ITC-BT 52.

Una vez terminada la instalación, y con objeto de conocer fácilmente la máxima potencia a contratar, el certificado de instalación eléctrica (CIE) debería recoger, entre otros valores, la información actualizada correspondiente a la potencia máxima admisible de la totalidad de la instalación (esto es, potencia máxima admisible de la instalación aguas abajo del punto frontera entre empresa distribuidora y consumidor).

4.1. Esquema colectivo con un contador principal común (esquemas 1a, 1b y 1c)

La instalación del SPL será opcional, en edificios de nueva construcción a criterio del promotor y en instalaciones en edificios existentes a criterio del titular del suministro, o, en su caso, de la Junta de Propietarios. El dimensionamiento de las instalaciones de enlace y la previsión de cargas se realizará considerando un factor de simultaneidad de las cargas del VEHÍCULO ELÉCTRICO con el resto de la instalación igual a 0,3 cuando se instale el SPL y de 1,0 cuando no se instale. Como entrada de información el SPL recibirá la medida de intensidad que circula por la LGA.

$$P_{edificio} = (P_1 + P_2 + P_3 + P_4) + 0,3 \cdot P3 \quad \text{(se instala el SPL)}$$

$$P_{edificio} = (P_1 + P_2 + P_3 + P_4) + P5 \quad \text{(no se instala el SPL)}$$

donde:

P_1, carga correspondiente al conjunto de viviendas obtenida como el número de viviendas por el coeficiente de simultaneidad de la tabla 1 de la (ITC) BT 10.

P_2, carga correspondiente a los servicios generales.

P_3, carga correspondiente a locales comerciales y oficinas.

P_4, carga correspondiente a los garajes distintas de la recarga del VEHÍCULO ELÉCTRICO.

P_5, carga prevista para la recarga del VEHÍCULO ELÉCTRICO.

En el proyecto o memoria técnica de diseño de instalaciones en edificios existentes se incluirá el cálculo del número máximo de estaciones de recarga que se pueden alimentar teniendo en cuenta la potencia disponible en la LGA y considerando la suma de la potencia instalada en todas las estaciones de recarga con el factor de simultaneidad que corresponda con el resto de la instalación, según se disponga o no del SPL.

La previsión de potencia de los puntos de recarga a instalar en aparcamientos o estacionamientos colectivos en edificios o conjuntos inmobiliarios en régimen de propiedad horizontal no será inferior a la previsión de potencia mínima para la instalación de recarga de vehículo eléctrico según el requisito de la ITC-BT-10.

$$P_{5\ mínimo} = 0,1 \cdot N° plazas \cdot 3,68\ kW$$

La previsión de potencia de los puntos de recarga a instalar en edificios de uso no residencial tales como los edificios de oficinas u otros de usos comerciales se calculará conforme a la disposición adicional primera del RD 1053/2014 con la siguiente fórmula:

$$P_{5mínimo} = \frac{N° plazas}{40} \cdot 3,68\ kW$$

Para poder aplicar el factor 0,3 para el cálculo de la previsión de cargas del edificio, es necesario que se instale un SPL en el edificio junto con las estaciones de recarga.

Dado que el correcto funcionamiento del SPL condiciona las dimensiones de la instalación de enlace y repercute en su seguridad, durante la instalación de sistema se debe asegurar por parte del titular o promotor y de los responsables técnicos que intervienen en la instalación (proyectista o instalador según el caso), que el SPL y los puntos de recarga instalados se comuniquen correctamente. Una vez puesta en servicio la instalación, será responsabilidad del titular su correcto mantenimiento, así como del correcto funcionamiento de las estaciones de recarga gestionadas por el SPL.

El número de estaciones de recarga posibles para cada circuito de recarga colectivo y su previsión de carga se calcularán, teniendo en cuenta la potencia prevista de cada estación con un factor de simultaneidad entre las estaciones de recarga igual a la unidad. No obstante, el número de estaciones por circuito de recarga colectivo podrá aumentarse y el factor de simultaneidad entre ellas disminuirse si se dispone de un sistema de control que mida la intensidad que pasa por el circuito de recarga colectivo y reduzca la intensidad disponible en las estaciones, evitando las sobrecargas en el circuito de recarga colectivo.

En caso de existir un sistema de control interno del circuito de recarga colectivo que mida la intensidad que pasa por dicho circuito y que pueda limitar la potencia disponible en las estaciones, la potencia prevista, P5, para un número N de estaciones de recarga, podría reducirse, aunque nunca por debajo del umbral mínimo (P5 mínimo). Si se mantiene la previsión de potencia, la instalación de este sistema de control permitiría la instalación de puntos de recarga adicionales. En todo caso, el sistema optimiza el control de las cargas regulando la disponibilidad de potencia para la carga simultánea de todos los vehículos eléctricos.

4.2. Esquema individual (esquemas 2, 3a y 3b)

El dimensionamiento de las instalaciones de enlace y la previsión de cargas se realizará considerando un factor de simultaneidad de las cargas del VEHÍCULO ELÉCTRICO con el resto de cargas de la instalación igual a 1,0.

El mínimo reglamentario a considerar de la carga prevista para el VE, será el mismo valor P $_{5,\ mínimo}$ indicado en el apartado 4.1, según se trate de aparcamientos en régimen de propiedad horizontal o de aparcamientos en edificios de uso no residencial. Para aplicar este mínimo se separará la potencia prevista para el VE de la potencia prevista para otras cargas, tales como las viviendas.

En caso de utilizar el esquema 2:

* *Dado que el circuito de alimentación de la estación de recarga no se alimenta de la derivación individual a la vivienda, la previsión de potencia del vehículo eléctrico no influye en el dimensionamiento de la derivación individual a la vivienda. Por tanto, para el cálculo de la sección de la derivación individual de las viviendas se tendrá en cuenta sólo la previsión de potencia de la propia vivienda sin considerar la potencia para la carga del vehículo eléctrico.*

* *Respecto a la previsión de potencia total, la potencia prevista para la recarga del vehículo eléctrico se englobará dentro de la de la vivienda (como parte de P1) por lo que la previsión de potencia de la vivienda se incrementará en la potencia prevista para la recarga del vehículo eléctrico.*

* *No resulta necesario prever un grado de electrificación elevado para las viviendas en todos los casos, ya que la potencia prevista para el vehículo eléctrico se estima de forma independiente a la de la vivienda.*

En los esquemas 3a y 3b, la función de control de potencia contratada para la estación de recarga se realizará con el contador principal, sin necesidad de instalar un ICP externo al contador.

En caso de utilizar el esquema 3, como cada punto de recarga de vehículos eléctricos cuenta con su propio suministro individual, la recarga de vehículo eléctrico debe considerarse como una carga adicional a las del resto del edificio e incluirse dentro de P$_5$.

4.3. Esquema 4 (esquemas 4a y 4b)

La previsión de cargas se realizará considerando un factor de simultaneidad de las cargas del VEHÍCULO ELÉCTRICO con el resto de circuitos de la instalación igual a 1,0. Para calcular el número de estaciones de recarga en un circuito de recarga colectivo y la simultaneidad entre ellas según el esquema 4b, se aplicará lo indicado en el apartado 4.1.

Cuando se utilice el esquema 4a en viviendas unifamiliares la previsión de cargas de la vivienda incluirá el o los puntos de recarga del VE, con una previsión mínima de 9200 W por vivienda (nivel de electrificación elevada).

Cuando se utilicen el esquema 4a o el 4b para aparcamientos colectivos en régimen de propiedad horizontal o para aparcamientos en edificios de uso no residencial se aplicará la previsión de cargas mínima, P5, mínimo indicada en el apartado 4.1. Para aplicar este mínimo se separará la potencia prevista para el VE de la potencia prevista para otras cargas, tales como las viviendas que podrán ser de electrificación básica o elevada.

En caso de utilizar el esquema 4a, a diferencia del caso en que se utiliza un esquema 2, la potencia correspondiente a la carga del vehículo eléctrico sí influye en el dimensionamiento de la derivación individual a la vivienda.
En instalaciones existentes con el esquema 4a la potencia prevista para la recarga del vehículo eléctrico se englobará dentro de la de la vivienda (como parte de P1) por lo que la previsión de potencia de la vivienda se incrementará en la potencia prevista para la recarga del vehículo eléctrico con factor de simultaneidad 1.

En instalaciones existentes con el esquema 4b la potencia prevista para la recarga de vehículo eléctrico se sumará con la previsión de potencia del resto de la instalación también con factor de simultaneidad 1.

En caso de existir un sistema de control interno del circuito de recarga colectivo que mida la intensidad que pasa por dicho circuito y que pueda limitar la potencia disponible en las estaciones, la potencia instalada en dicho circuito y por tanto la previsión de cargas para dicho circuito se podrá reducir, ya que el sistema controlará la disponibilidad de potencia para la recarga simultánea en todos los puntos.

5. REQUISITOS GENERALES DE LA INSTALACIÓN

En los locales cerrados de edificios destinados a aparcamientos o estacionamientos colectivos de uso público o privado, se podrá realizar la operación de recarga de baterías siempre que dicha operación se realice sin desprendimiento de gases durante la recarga y que dichos locales no estén clasificados como locales con riesgo de incendio o explosión según la (ITC) BT 29. En el local donde se realice la recarga del vehículo eléctrico se colocará un cartel reflectante en el punto de recarga que identifique que no está permitida la recarga de baterías con desprendimiento de gases.

Cuando se pretenda realizar una instalación para la recarga del VE en un garaje existente con ventilación forzada o con ventilación natural y más de 5 plazas de aparcamiento, el proyectista encargado de elaborar el proyecto o el instalador encargado de elaborar la memoria técnica de diseño, revisarán el proyecto original de la instalación eléctrica del garaje para comprobar si el garaje está desclasificado y si se siguen cumpliendo las condiciones de ventilación que permitieron esta desclasificación. En caso de que no se pueda comprobar que el garaje está desclasificado se realizará un proyecto de desclasificación según la ITC-BT 29.

Los circuitos de recarga colectivos discurrirán preferentemente por zonas comunes.

Para los esquemas 1a, 1b, 1c, 2, 3a y 3b, los contadores principales se ubicarán en el propio local o armario destinado a albergar la concentración de contadores o, en caso que no se disponga de espacio suficiente, se habilitará un nuevo local o armario al efecto de acuerdo con los requisitos de la (ITC) BT-16. Cuando se instalen contadores secundarios, éstos se ubicarán en un armario, en una envolvente o dentro de un SAVE.

En el esquema 4b, el contador principal, que será el correspondiente a los servicios generales de la finca, debe ubicarse en la centralización de contadores.

Se admitirá que la línea general de alimentación tenga derivaciones de menor sección si se garantiza la protección de dichas derivaciones contra sobreintensidades. Para tal fin, en los esquemas 1b, 1c y 3b, se podrán incluir en la caja de derivación las protecciones necesarias con fusibles o interruptor automático.

La caja en la que se realice la derivación de la LGA debe estar ubicada en un cuarto o armario de contadores o bien en una zona común. La caja estará cerrada y dispondrá de un sistema de cierre similar al utilizado en los armarios de contadores.

Cuando se instale un circuito de recarga colectivo que alimente a varias estaciones de recarga (según el esquema
1a, o 1b), cada circuito partirá de un interruptor automático para su protección contra sobrecargas y cortocircuitos. Aguas arriba de cada interruptor automático y en el mismo cuadro se instalará un IGA (interruptor general automático) para la protección general de todos los circuitos de recarga.

En aparcamientos y estacionamientos, el cuadro de mando y protección asociado a las estaciones de recarga estará identificado en relación a la plaza o plazas de aparcamiento asignadas. Los elementos a instalar en dicho cuadro se definen en el apartado 6.

Los cuadros de mando y protección, o en su caso los SAVE con protecciones integradas, deberán disponer de sistemas de cierre a fin de evitar manipulaciones indebidas de los dispositivos de mando y protección.

La potencia instalada en los circuitos de recarga colectivos trifásicos según el esquema 1a, 1b o 4b se ajustará generalmente a uno de los escalones de la tabla siguiente, aunque el proyectista podrá justificar una potencia distinta, en cuyo caso el circuito y sus protecciones se dimensionarán acorde con la potencia prevista.

U nominal	Interruptor automático de protección en el origen del circuito de recarga	Potencia instalada	Nº máximo de estaciones de recarga por circuito
230/400 V	16 A	11085 W	3
230/400 V	32 A	22170 W	6
230/400 V	50 A	34641 W	9
230/400 V	63 A	43647 W	12

Tabla 2. Potencias instaladas normalizadas de los circuitos de recarga colectivos destinados a alimentar estaciones de recarga.

Las estaciones de recarga monofásicas se repartirán de forma equilibrada entre las tres fases del circuito de recarga colectivo. El número máximo de estaciones de recarga por cada circuito de recarga colectivo indicado en la tabla 2, se ha calculado suponiendo que las estaciones son monofásicas y de una potencia unitaria de 3680 W. El proyectista podrá ampliar o reducir el número de estaciones de recarga si justifica una potencia instalada por estación inferior o superior respectivamente.

La previsión de potencia y las características del circuito de recarga colectivo o individual previsto para el modo de carga 4 se determinarán para cada proyecto en particular.

El sistema de iluminación en la zona donde esté prevista la realización de la recarga garantizará que durante las operaciones y maniobras necesarias para el inicio y terminación de la recarga exista un nivel de iluminancia horizontal mínima a nivel de suelo de 20 lux para estaciones de recarga de exterior y de 50 lux para estaciones de recarga de interior.

La caída de tensión máxima admisible en cualquier circuito desde su origen hasta el punto de recarga no será superior al 5%. Los conductores utilizados serán generalmente de cobre y su sección no será inferior a 2,5 mm2, aunque podrán ser de aluminio en instalaciones distintas de las viviendas o aparcamientos colectivos en edificios de viviendas, en cuyo caso la sección mínima será de 4mm2. Siempre que se utilicen conductores de aluminio, sus conexiones deberán realizarse utilizando las técnicas apropiadas que eviten el deterioro del conductor debido a la aparición de potenciales peligrosos, originados por pares galvánicos entre metales distintos.

En instalaciones para la recarga de VEHÍCULO ELÉCTRICO, que reúnan más de 5 estaciones de recarga, por ejemplo en estaciones dedicadas específicamente a la recarga del VEHÍCULO ELÉCTRICO, el proyectista estudiará la necesidad de instalar filtros de corrección de armónicos, con el objeto de garantizar que se mantiene la distorsión armónica de la tensión según los límites característicos de la tensión suministrada por las redes generales de distribución, para que otros usuarios que estén conectados en el mismo punto de la red no se vean perjudicados.

En caso necesario, independientemente del número de estaciones de recarga, el proyectista o instalador preverá los elementos de corrección necesarios para evitar perturbaciones o distorsiones que afecten a la red y en particular a las comunicaciones del sistema de telegestión de los contadores, por ejemplo, mediante la instalación de filtros. Con tal fin, junto con el contador principal, tanto en cajas de protección y medida, CPM, como en centralizaciones de contadores, se recomienda reservar un espacio adecuado para que la empresa distribuidora pueda instalar un filtro PLC que elimine el ruido en el rango de frecuencia PLC que pueden introducir las estaciones de recarga o los propios vehículos y que impiden la telegestión del resto de suministros conectados a la misma red de baja tensión. En instalaciones existentes en las que no haya posibilidad de adecuar la centralización, se podrá utilizar cualquier otra ubicación aguas arriba de la estación de recarga.

El circuito que alimenta el punto de recarga debe ser un circuito dedicado y no debe usarse para alimentar ningún otro equipo eléctrico salvo los consumos auxiliares relacionados con el propio sistema de recarga, entre los que se puede incluir la iluminación de la estación de recarga.

La instalación fija para la recarga del VEHÍCULO ELÉCTRICO deberá contar con las bases de toma de corriente que corresponda según el modo de carga y ubicación de la estación de recarga conforme al apartado 5.4, de forma que se evite la utilización de prolongadores o adaptadores por parte de los usuarios de los servicios de recarga.

En todos los casos, pero de forma especial en los edificios existentes, el diseñador de la instalación comprobará que no se sobrepasa la intensidad admisible de la línea general de alimentación (o de la derivación individual en caso de viviendas unifamiliares), teniendo en cuenta la potencia prevista de cada estación de recarga y el factor de simultaneidad que proceda según se indica en el apartado 4.

La instalación para la recarga del VEHÍCULO ELÉCTRICO se podrá proyectar como una ampliación de la instalación de baja tensión ya existente o con una alimentación directa de la red de distribución mediante una instalación de enlace propia independiente de la ya existente.

Para toda instalación dedicada a la recarga de vehículos eléctricos, se aplicarán las prescripciones generales siguientes.

5.1. Alimentación

La tensión nominal de las instalaciones eléctricas para la recarga de vehículos eléctricos alimentadas desde la red de distribución será de 230/400 V en corriente alterna para los modos de carga 1, 2 y 3. Cuando se requiera instalar una estación de recarga con alimentación trifásica, y la tensión de alimentación existente sea de 127/220 V, se procederá a su conversión a trifásica 230/400 V.

En el modo de carga 4, la tensión de alimentación se refiere a la tensión de entrada del convertidor alterna-continua, y podrá llegar hasta 1000 V en trifásico corriente alterna y 1500 V en corriente continua.

5.2. Sistemas de conexión del neutro

Con objeto de permitir la protección contra contactos indirectos mediante el uso de dispositivos de protección diferencial en los casos especiales en los que la instalación esté alimentada por un esquema TN, solamente se utilizará en la forma TN-S.

5.3. Canalizaciones

Las canalizaciones necesarias para la instalación de puntos de recarga deberán cumplir con los requerimientos que se establecen en las diferentes ITC del REBT en función del tipo de local donde se vaya a hacer la instalación (local de pública concurrencia, local de características especiales, etc.)

Los cables desde el SAVE hasta el punto de conexión que formen parte de la instalación fija (ver figura 3, caso C de forma de conexión), deben ser de tensión asignada mínima 450/750 V, con conductor de cobre clase 5 o 6 (aptos para usos móviles) y resistentes a todas las condiciones previstas en el lugar de la instalación: mecánicas (por ejemplo abrasión e impacto, sacudidas o aplastamiento), ambientales (por ejemplo presencia de aceites, radiación ultravioleta o temperaturas extremas) y de seguridad (por ejemplo deflagración o vandalismo).

Cuando los cables de alimentación de las estaciones de recarga discurran por el exterior, estos serán de tensión asignada 0,6/1 kV.

5.4. Punto de conexión

El punto de conexión deberá situarse junto a la plaza a alimentar, e instalarse de forma fija en una envolvente. La altura mínima de instalación de las tomas de corriente y conectores será de 0,6 m sobre el nivel del suelo. Si la estación de recarga está prevista para uso público la altura máxima será de 1,2 m y en las plazas destinadas a personas con movilidad reducida, entre los 0,7 y 1,2 m.

Se recomienda que la altura mínima de las estaciones de recarga o cajas que incorporan las tomas de corriente sea como mínimo de 1,5 metros para evitar ser golpeados por los propios vehículos, con la única excepción de las plazas para personas con movilidad reducida en las que dicha altura se reducirá a 1,0 metro.

Para garantizar la interconectividad del VEHÍCULO ELÉCTRICO a los puntos de recarga, para potencias mayores de 3,7 kW y menores o iguales de 22 kW los puntos de recarga de corriente alterna estarán equipados al menos con bases o conectores del tipo 2. Para potencias mayores de 22 kW los puntos de recarga de corriente alterna estarán equipados al menos con conectores del tipo 2. En modo de carga 4 los puntos de recarga de corriente continua estarán equipados al menos con conectores del tipo combo 2, de conformidad con la norma EN 62196-3.

La determinación de los tipos adecuados de toma de corriente debe realizarse teniendo en cuenta la potencia de cada punto de conexión (base de toma de corriente o conector) y no la potencia total de la estación de recarga.

Allí donde se prescriban bases de toma de corriente tipo 2 según UNE-EN 62196-2 y donde se prevea el uso de las mismas por personal no conocedor de los riesgos del manejo de la electricidad, se recomienda el uso de tomas tipo 2 con obturadores.

En el caso de estaciones de recarga monofásicas de corriente alterna potencia menor o igual de 3,7 kW instaladas en viviendas unifamiliares o en aparcamientos para edificios de viviendas en régimen de propiedad horizontal el punto de recarga de corriente alterna podrá estar equipado con cualquiera de las bases de toma de corriente o conectores indicados en la tabla 3.

En modos de carga 3 y 4 las bases y conectores siempre deben estar incorporadas en un SAVE o en un sistema equivalente que haga las funciones del SAVE.

Según el modo de carga (1, 2 o 3) las bases de toma de corriente o conectores instalados en cada estación de recarga y sus protecciones deberán ser conformes a alguna de las opciones de la tabla 3, en función de la ubicación de la estación de recarga, y de que la alimentación sea monofásica o trifásica.

Tabla 3. Puntos de conexión posibles a instalar en función de su ubicación.

Alimentación de la estación de recarga	Base de toma de corriente o conector del tipo descrito en:[1]	Intensidad asignada del punto de conexión	Interruptor automático de protección del punto de conexión	Modo de carga previsto	Ubicación posible del punto de conexión		
					Viviendas unifamiliares	Aparcamientos en edificios de viviendas	Otras instalaciones
Monofásica	Base de toma de corriente: UNE 20315-1-2.Fig.C2a.		10 A[2]	1 o 2	sí	sí	no (6)
	Base de toma de corriente: UNE 20315-2-11. Fig. C7a.		10 A[2]	1 o 2	si	si	no (6)
	UNE-EN 62196-2, tipo 2 (3)	16 A	(4)	3	sí	si	si
	UNE-EN 62196-2, tipo 2 (3) (5)	32 A	(4)	3	sí	si	si
Trifásica	UNE-EN 62196-2, tipo 2 (3) (5)	16 A	(4)	3	sí	si	si
	UNE-EN 62196-2, tipo 2 (3) (5)	32 A	(4)	3	sí	si	si
	UNE-EN 62196-2, tipo 2 (3) (5)	63 A	(4)	3	no	no	si

[1] La recarga de autobuses eléctricos puede requerir de estaciones de recarga de muy alta potencia, por lo que en estos casos se podrán utilizar otras bases de toma de corriente y conectores normalizados distintos de los indicados en la tabla.

[2] Se podrá utilizar también un automático de 16 A, siempre que el fabricante de la base garantice que queda protegida por este automático en las condiciones de funcionamiento previstas para la recarga lenta del VEHÍCULO ELÉCTRICO con recargas diarias de 8 horas, a la intensidad de 16 A.

[3] Las estaciones de recarga distintas de las previstas para el modo de recarga 4 que estén ubicadas en lugares públicos, tales como centros comerciales, garajes de uso público o vía pública, estarán preparadas para el modo de recarga 3 con bases de toma de corriente tipo 2, salvo en aquellas plazas destinadas a recargar vehículos eléctricos de baja potencia, tales como bicicletas, ciclomotores y cuadriciclos que podrán utilizar otros modos de recarga y bases de toma de corriente normalizadas.

Esta excepción debe entenderse como extensiva a cualquier vehículo de categoría L (ciclomotores, motocicletas, vehículos todo terreno, quads y otros vehículos de poca cilindrada de tres o cuatro ruedas). De este modo, mientras los organismos europeos de normalización no desarrollen especificaciones técnicas en materia de puntos de recarga para vehículos de categoría L, debe entenderse que estos puntos de recarga podrán utilizar cualquier base de toma de corriente normalizada de potencia inferior o igual a 3,7 kW.

(4) La protección contra sobreintensidades de cada toma de corriente o conector puede estar en el interior de la estación de recarga (SAVE) por lo que, en tal caso, la elección de sus características es responsabilidad del fabricante. Para la protección del circuito de alimentación a la estación de recarga véase el apartado 6.3.

(5) *En estaciones de recarga con puntos de conexión de potencia superior a 3,7 kW en c.a. también pueden instalarse cualquier tipo de conector normalizado siempre y cuando al menos uno de dichos puntos de conexión sea del Tipo 2 según UNE-EN 62196-2.*

(6) *En estaciones de recarga monofásicas con potencia inferior o igual a 3.7 kW en c.a. en otras ubicaciones (distintas de viviendas y edificios de viviendas: por ejemplo comercios, vía pública, aparcamientos públicos, empresas, industrias, edificios de oficinas, talleres mecánicos, concesionarios, etc.) también pueden instalarse tomas de los tipos UNE 20315-1-2. Fig. C2a o UNE 20315-2-11 Fig. C7a siempre que al menos exista una toma de corriente o conector de Tipo 2.*

En caso de modo de carga 4, puede instalarse cualquier tipo de conector normalizado siempre y cuando al menos uno de los puntos de conexión sea del Tipo Combo 2 (Configuración FF) según UNE-EN 62196-3.

Temporalmente hasta el 18 de noviembre de 2017, y de acuerdo con la Orden IET/2388/2015, de 5 de noviembre se autoriza la instalación de conectores TESLA como único conector en estaciones de recarga ultra rápida, de potencia nominal mayor de 100 kW, conforme con la IEC 61851-23:2014, en nuevos puntos de recarga o en la renovación de puntos de recarga existentes.

El contenido de este apartado se adaptará a las prescripciones que de carácter obligatorio dicten las futuras directivas o reglamentos europeos en este campo.

5.5. Contador secundario de medida de energía

Los contadores secundarios de medida de energía eléctrica tendrán al menos la capacidad de medir energía activa y serán de clase A o superior.

Cuando en los esquemas 1a, 1b, 1c, y 4b, exista una transacción comercial que dependa de la medida de la energía consumida será obligatoria la instalación de contadores secundarios para cada una de las estaciones de recarga ubicadas en:

a) Plazas de aparcamiento de aparcamientos o estacionamientos colectivos en edificios o conjuntos inmobiliarios en régimen de propiedad horizontal.

b) En estaciones de movilidad eléctrica para la recarga del VEHÍCULO ELÉCTRICO.

c) En las estaciones de recarga ubicadas en la vía pública.

Para los esquemas 1a, 1b, 1c, y 4b, en edificios comerciales, de oficinas o de industrias, también se instalarán contadores secundarios cuando sea necesario identificar consumos individuales. Su instalación será opcional a elección del titular para los esquemas 2 y 4a.

6. PROTECCIÓN PARA GARANTIZAR LA SEGURIDAD

6.1. Medidas de protección contra contactos directos e indirectos

Las medidas generales para la protección contra los contactos directos e indirectos serán las indicadas en la (ITC) BT-24 teniendo en cuenta lo indicado a continuación.

El circuito para la alimentación de las estaciones de recarga de vehículos eléctricos deberá disponer siempre de conductor de protección, y la instalación general deberá disponer de toma de tierra.

En este tipo de instalaciones se admitirán exclusivamente las medidas establecidas en la (ITC) BT-24 contra contactos directos según los apartados 3.1, protección por aislamiento de las partes activas, o 3.2, protección por medio de barreras o envolventes, así como las medidas protectoras contra contactos indirectos según los apartados 4.1, protección por corte automático de la alimentación, 4.2, protección por empleo de equipos de la clase II o por aislamiento equivalente, o 4.5, protección por separación eléctrica.

Cualquiera que sea el esquema utilizado, la protección de las instalaciones de los equipos eléctricos debe asegurarse mediante dispositivos de protección diferencial. Cada punto de conexión deberá protegerse individualmente mediante un dispositivo de protección diferencial de corriente diferencial-residual asignada máxima de 30 mA, que podrá formar parte de la instalación fija o estar dentro del SAVE. Con objeto de garantizar la selectividad la protección diferencial instalada en el origen del circuito de recarga colectivo será selectiva o retardada con la instalada aguas abajo.

Los dispositivos de protección diferencial serán de clase A. Los dispositivos de protección diferencial instalados en la vía pública estarán preparados para que se pueda instalar un dispositivo de rearme automático y los instalados en aparcamientos públicos o en estaciones de movilidad eléctrica dispondrán de un sistema de aviso de desconexión o estarán equipados con un dispositivo de rearme automático.

Salvo cuando la protección contra contactos indirectos se realiza por separación eléctrica, cada punto de conexión debe estar protegido mediante su propio diferencial que será como mínimo de tipo A, con una corriente diferencial residual no superior a 30 mA. Los dispositivos de protección diferencial deberían cumplir con una de las siguientes normas de producto: EN 61008-1, EN 61009-1, EN 60947-2 o EN 62423.

Cuando la estación de carga de vehículos eléctricos esté equipada con una toma de corriente o un conector de vehículo según la serie de Normas EN 62196 (previstas para recarga en modo 3), la normalización internacional más reciente (véase UNE-HD 60364-7-722) requiere de medidas contra las corrientes de fuga con componente en corriente continua, salvo cuando estas medidas estuvieran incluidas en la propia estación de carga de vehículos eléctricos. Las medidas apropiadas, para cada punto de conexión pueden ser:

  – *Utilización de diferenciales de tipo B; o*

  – *Utilización de diferenciales de tipo A y un equipo que asegure la desconexión de la alimentación en caso de corrientes de defecto con componente en continua superior a los 6 mA (dispositivo de detección de corriente diferencial continua (RDC-DD)) conforme con la norma IEC 62955.*

6.2. Medidas de protección en función de las influencias externas

Las principales influencias externas a considerar en este tipo de instalaciones son:

Para las instalaciones en el exterior: penetración de cuerpos sólidos extraños, penetración de agua, corrosión y resistencia a los rayos ultravioletas.

Para instalaciones en aparcamientos o estacionamientos públicos, privados o en vía pública: competencia de las personas que utilicen el equipo.

En todos los casos, el daño mecánico.

El proyectista deberá prestar especial atención a las influencias externas existentes en el emplazamiento en el que se ubique la instalación a fin de analizar la necesidad de elegir características superiores o adicionales a las que se prescriben en este apartado.

Cuando la estación de recarga esté instalada en el exterior, los equipos deben garantizar una adecuada protección contra la corrosión. Para ello se tendrán en cuenta las prescripciones que se incluyen en la (ITC) BT 30.

Los grados de protección contra la penetración de cuerpos sólidos y acceso a partes peligrosas, contra la penetración del agua y contra impactos mecánicos de las estaciones de recarga podrán obtenerse mediante la utilización de envolventes múltiples proporcionando el grado de protección requerido el conjunto de las envolvente completamente montadas. En este caso, en la documentación del fabricante de la estación de recarga deberá estar perfectamente definido el método para la obtención de los diferentes grados de protección IP e IK.

6.2.1. Grado de protección contra penetración de cuerpos sólidos y acceso a partes peligrosas

Cuando la estación de recarga esté instalada en el exterior las canalizaciones deben garantizar una protección mínima IP4X o IPXXD.

Las estaciones de recarga y otros cuadros eléctricos tendrán un grado de protección mínimo IP4X o IPXXD para aquellas instaladas en el interior e IP5X para aquellas instaladas en exterior. El grado de protección especificado para la estación de recarga no aplica durante el proceso de recarga.

El grado de protección establecido para la estación de recarga no resulta extensible a la base de toma de corriente o conector tipo 2, siempre que exista un elemento de corte en la estación de carga que impida su alimentación cuando el vehículo no está conectado. Por este motivo no es necesario el uso de obturadores para las bases de toma de corriente o conectores tipo 2 o Combo 2, aunque se recomiendan cuando se prevea su uso por personal no conocedor de los riesgos del manejo de la electricidad.

6.2.2. Grado de protección contra la penetración del agua

Cuando la estación de recarga esté instalada en el exterior, la instalación debe realizarse de acuerdo a lo indicado en el capítulo 2 de la (ITC) BT-30, garantizando, por tanto para las canalizaciones un IPX4.

Las estaciones de recarga y otros cuadros eléctricos asociados tendrán un grado de protección mínimo IPX4. Cuando la base de toma de corriente o el conector no cumpla con el grado IP anterior, éste deberá proporcionarlo la propia estación de recarga mediante su diseño. El grado de protección especificado para la estación de recarga no aplica durante el proceso de recarga.

6.2.3. Grado de protección contra impactos mecánicos

Los equipos instalados en emplazamientos en los que circulen vehículos eléctricos deberán protegerse frente a daños mecánicos externos del tipo impacto de severidad elevada (AG3). La protección del equipo se garantizará a través de alguno de los medios siguientes:

a) Emplazando el material eléctrico en una ubicación en la que éste no se encuentre sujeto a un riesgo de impacto previsible;

b) Disponiendo algún tipo de protección mecánica adicional en aquellas zonas en las que el equipo se encuentre sujeto al riesgo de impacto;

c) Seleccionando el material eléctrico con un grado de protección contra daños mecánicos de acuerdo con lo especificado en los apartados 6.2.3.1 y 6.2.3.2;

d) Usando la combinación de alguna o todas las medidas anteriores.

6.2.3.1. Grado de protección de las envolventes

Cuando la protección del equipo eléctrico frente a daños mecánicos se garantice mediante envolventes, una vez instaladas deberán proporcionar un grado de protección mínimo IK08 contra impactos mecánicos externos.

El cuerpo de las estaciones de recarga y otros cuadros eléctricos ubicados en el exterior tendrán un grado de protección mínimo contra impactos mecánicos externos de IK10. El cuerpo de las estaciones de recarga excluye partes tales como teclado, leds, pantallas o rejillas de ventilación. El grado de protección especificado para la estación de recarga no aplica durante el proceso de recarga.

6.2.3.2. Grado de protección de las canalizaciones

Cuando las canalizaciones se instalen en una ubicación sujeta a riesgo de daños mecánicos, tales como áreas de circulación de vehículos eléctricos, éstas presentarán una resistencia adecuada a los daños mecánicos. En estos casos, los tubos presentarán una resistencia mínima al impacto grado 4 y una resistencia mínima a la compresión grado 5. Si se utilizan canales protectoras, éstas presentarán una resistencia mínima IK08 a impactos mecánicos.

En otros sistemas de conducción que no aporten protección mecánica a los cables, la protección se garantizará mediante el uso de medios mecánicos adicionales, por ejemplo mediante la utilización de cables armados.

Cuando el proyectista considere que existe un riesgo importante de choque de los vehículos contrala canalización ésta deberá tener una mayor resistencia al impacto

- *En el caso de tubos, resistencia mínima al impacto grado 5 según UNE-EN 61386.*

- *En el caso de canales, resistencia al impacto de 20 J según UNE-EN 50085.*

6.3. Medidas de protección contra sobreintensidades

Los circuitos de recarga, hasta el punto de conexión, deberán protegerse contra sobrecargas y cortocircuitos con dispositivos de corte omnipolar, curva C, dimensionados de acuerdo con los requisitos de la (ITC) BT 22.

Cada punto de conexión deberá protegerse individualmente. Esta protección podrá formar parte de la instalación fija o estar dentro del SAVE.

En instalaciones previstas para modo de carga 1 o 2 en las que el punto de recarga esté constituido por tomas de corriente conformes con la norma UNE 20315, el interruptor automático que protege cada toma deberá tener una intensidad asignada máxima de 10 A, aunque se podrá utilizar una intensidad asignada de 16 A, siempre que el fabricante de la base garantice que queda protegida por este interruptor automático en las condiciones de funcionamiento previstas para la recarga lenta del VEHÍCULO ELÉCTRICO con recargas diarias de 8 horas, a la intensidad de 16 A.

En las instalaciones previstas para modo de carga 3 la selección del interruptor automático que protege el circuito que alimenta la estación de recarga garantizará la correcta protección del circuito, evitando al mismo tiempo el disparo intempestivo de la protección durante el proceso de recarga. Para su selección se puede utilizar como referencia la documentación del fabricante de la estación. La tolerancia de la señal correspondiente a la intensidad de carga, el consumo interno de la propia estación de recarga y las condiciones ambientales de instalación, justifican que la intensidad asignada del interruptor automático sea en algunos casos superior a la suma de intensidades asignadas que pueden suministrar los puntos de conexión de la estación de recarga.

6.4. Medidas de protección contra sobretensiones

Todos los circuitos deben estar protegidos contra sobretensiones temporales y transitorias. Los dispositivos de protección contra sobretensiones temporales estarán previstos para una máxima sobretensión entre fase y neutro hasta 440V. Los dispositivos de protección contra sobretensiones temporales deben ser adecuados a la máxima sobretensión entre fase y neutro prevista.

En el caso en que la máxima sobretensión prevista entre fase y neutro sea 440V los dispositivos contra sobretensiones temporales deben cumplir con la Norma UNE-EN 50550.El dispositivo de protección contra sobretensiones temporales puede instalarse en el circuito de recarga, junto a la estación de recarga o dentro de ella.

Los dispositivos de protección contra sobretensiones transitorias deben ser instalados en la proximidad del origen de la instalación o en el cuadro principal de mando y protección, lo más cerca posible del origen de la instalación eléctrica en el edificio. Según cuál sea la distancia entre la estación de recarga y el dispositivo de protección contra sobretensiones transitorias situado aguas arriba, puede ser necesario proyectar la instalación con un dispositivo de protección contra sobretensiones transitorias adicional junto a la estación de recarga. En este caso, los dos dispositivos de protección contra sobretensiones transitorias deberán estar coordinados entre sí.

Con el fin de optimizar la continuidad de servicio en caso de destrucción del dispositivo de protección contra sobretensiones transitorias a causa de una descarga de rayo de intensidad superior a la máxima prevista, cuando el dispositivo de protección contra sobretensiones no lleve incorporada su propia protección, se debe instalar el dispositivo de protección recomendado por el fabricante, aguas arriba del dispositivo de protección contra sobretensiones, con objeto de mantener la continuidad de todo el sistema, evitando así el disparo del interruptor general.

Se recomienda instalar una protección contra sobretensiones transitorias de tipo 1 aguas arriba del contador principal, instalando dicho protector bien en la caja de protección y medida, CPM, en el caso de suministros individuales, o bien junto al interruptor general de maniobra, IGM, situado a la entrada de la centralización de contadores. En la figura A5 se representa, a modo de ejemplo, la instalación de un protector contra sobretensiones transitorias tipo 1, integrado en el módulo del IGM y protegido mediante fusibles.

Figura A5. Instalación en centralizaciones de contadores de un protector contra sobretensiones transitorias tipo 1, integrado en el módulo del IGM y protegido con fusibles.

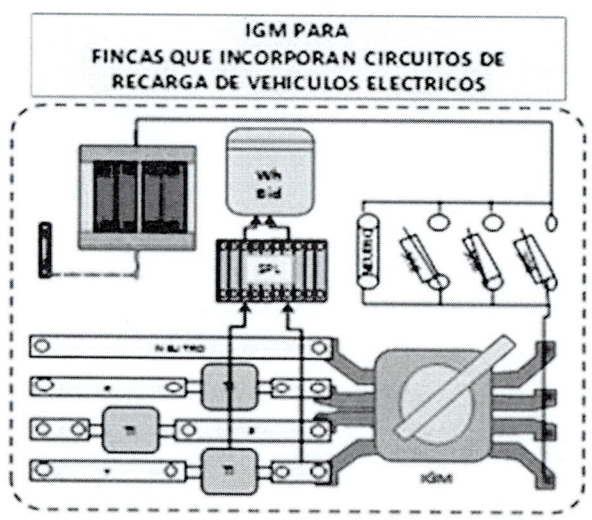

Según la norma UNE-CLC/TS 61643-12 "Dispositivos de protección contra sobretensiones transitorias de baja tensión. Parte 12: Dispositivos de protección contra sobretensiones transitorias conectados a sistemas eléctricos de baja tensión. Selección y principios de aplicación", cuando la distancia entre la estación de recarga y el dispositivo de protección contra sobretensiones transitorias situado aguas arriba sea superior o igual a 10 metros es recomendable instalar un dispositivo adicional de protección contra sobretensiones transitorias, tipo 2, junto a la estación de recarga o dentro de ella.

7. CONDICIONES PARTICULARES DE INSTALACIÓN

7.1. Red de tierra para plazas de aparcamiento en el exterior

El presente apartado aplica tanto a la instalación de puntos de recarga en vía pública como a la instalación en aparcamientos o estacionamientos públicos a la intemperie.

La instalación de puesta a tierra se realizará de forma tal que la máxima resistencia de puesta a tierra a lo largo de la vida de la instalación y en cualquier época del año, no se puedan producir tensiones de contacto mayores de 24 V, en las partes metálicas accesibles de la instalación (estaciones de recarga, cuadros metálicos, etc.). Cada poste de recarga dispondrá de un borne de puesta a tierra, conectado al circuito general de puesta a tierra de la instalación.

Los conductores de la red de tierra que unen los electrodos podrán ser:

Desnudos, de cobre, de 35 mm2 de sección mínima, si forman parte de la propia red de tierra, en cuyo caso irán por fuera de las canalizaciones de los cables de alimentación.

Aislados, mediante cables de tensión asignada 450/750V, con recubrimiento de color verde-amarillo, con conductores de cobre, de sección mínima 16 mm2. El conductor de protección que une de cada punto de recarga con el electrodo o con la red de tierra, será de cable unipolar aislado, de tensión asignada 450/750 V, con recubrimiento de color verde-amarillo, y sección mínima de 16 mm2 de cobre.

Todas las conexiones de los circuitos de tierra, se realizarán mediante terminales, grapas, soldadura o elementos apropiados que garanticen un buen contacto permanente y protegido contra la corrosión.

ANEXO 1 DE LA GUÍA.
EJEMPLO DE INSTALACIÓN DE ELEMENTOS COMUNES A PREVER, AL INSTALAR EL PRIMER PUNTO DE RECARGA EN GARAJES EXISTENTES EN RÉGIMEN DE PROPIEDAD HORIZONTAL

En el apartado 3.2 se indica que cuando se realice la instalación del primer punto de conexión en instalaciones existentes se deberá prever, en su caso, la instalación de elementos comunes, de forma que se adecúe la infraestructura para albergar la instalación de futuros puntos de conexión, por lo que se recomienda instalar los elementos comunes siguientes:

– Protector contra sobretensiones transitorias tipo 1, junto al interruptor general de maniobra IGM (esta protección es necesaria en aplicación del apartado 6.4 de la ITC-BT 52).

– Una canalización común, en la zona próxima a la estación de recarga que se instala. Como criterio general se puede considerar como zona próxima la queda a menos de 20 metros del primer punto de recarga.

De acuerdo con los requisitos del apartado 3.2 de la ITC-BT-52, la canalización común en edificios de nueva construcción debe dimensionarse de forma que permita la alimentación de al menos el 15% de las plazas de aparcamiento. Con tal fin en este anexo de la guía se recomienda como proceder para facilitar la instalación de futuros puntos de conexión cuando se realice la instalación del primero. Estas recomendaciones se ilustran mediante un ejemplo explicativo.

Ejemplo explicativo de canalizaciones comunes a prever al instalar el primer punto de recarga:

Se presenta el siguiente ejemplo de aparcamiento en un edificio existente. Según este ejemplo, el primer punto de recarga sería el de la plaza 7 (P7). En este ejemplo, la canalización común que parte del vestíbulo de acceso y llega hasta la plaza P7 se dimensionaría para albergar los cables necesarios para la recarga del 15% de las plazas de la zona próxima a la P7 para evitar así la instalación posterior de otros sistemas de conducción con el mismo trazado. En función de la distribución en planta del aparcamiento se considera que esta zona cubre 7 plazas más (de la P1 a la P8, excluida la P7), por lo que se recomienda dimensionar la canalización para alimentar al menos dos estaciones de recarga adicionales, redondeando al entero superior, es decir tres estaciones de recarga en total. (ver Figura A.1).

Si la segunda plaza con punto de recarga (PR) fuera la P3, la canalización entre la plaza P7 y la P3 se dimensionaría con el mismo criterio para albergar los cables que alimenten al 15% de las plazas de la zona próxima a P3 (de P1 a P6, excluida la P3), es decir para un punto de recarga adicional al propio instalado en P3 (ver Figura A.2).

En un supuesto distinto, si la primera plaza a alimentar fuera la P3, el tramo hasta P7 se dimensionaría para alimentar tres estaciones de recarga y el tramo entre P7 y P3 para alimentar a dos, reduciendo la sección de la conducción a medida que se reduce el número de plazas posibles a alimentar.

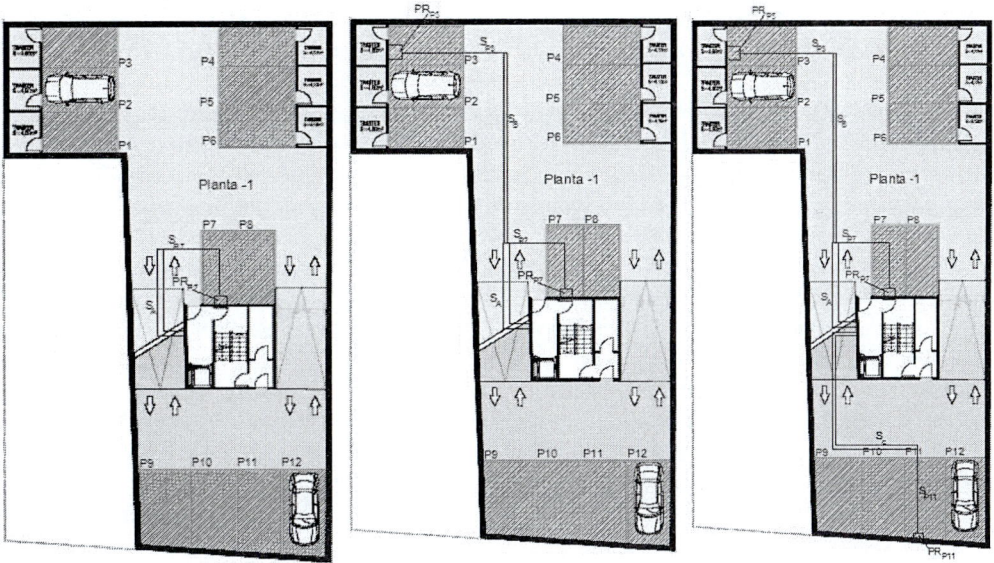

Figura A.1. Ejemplo 1-1   Figura A.2. Ejemplo 1-2   Figura A.3. Ejemplo 1-3

Si la plaza con PR fuera la P11, la canalización se dimensionaría para albergar los cables que alimenten al 15% de las plazas de la zona próxima a P11 (de P9 a P12, excluida la P11), es decir para un punto de recarga adicional al propio instalado en P11 (ver Figura A.3).

Por otra parte, al tratarse de un aparcamiento con varias plantas, el dimensionamiento de la canalización también debe aplicarse al tramo vertical. Suponiendo que el aparcamiento tuviera un total de 4 sótanos (S1, S2, S3 y S4) con 12 plazas por planta y que la primera plaza a alimentar estuviera en sótano S1, el tramo vertical de canalización se dimensionaría según estos criterios para albergar los cables que puedan alimentar además de la primera plaza en la que se instala el PR, el 15% de las plazas restantes. En general, el dimensionamiento de los tramos verticales de la canalización respondería a la siguiente tabla:

Tramo	Capacidad para alimentar
Entre planta baja y S1	9 PR = 1PR+entero superior (15% de 47 plazas)
Entre S1 y S2	7PR=1PR+entero superior (15% de 35 plazas)
Entre S2 y S3	5PR=1PR+entero superior (15% de 23 plazas)
Entre S3 y S4	3PR=1PR+entero superior (15% de 11 plazas)

ANEXO 2 DE LA GUÍA.
PREVISIÓN DE CARGAS EN EDIFICIOS DE VIVIENDAS DE NUEVA CONSTRUCCIÓN CON GARAJES EN RÉGIMEN DE CONDOMINIO

Según la ITC-BT 10 del REBT sobre previsión de cargas para suministros en baja tensión, la carga mínima correspondiente a las zonas de estacionamiento con infraestructura para la recarga de los vehículos eléctricos en viviendas de nueva construcción, cuando se trate de plazas de aparcamientos o estacionamientos colectivos en edificios o conjuntos inmobiliarios en régimen de propiedad horizontal se calculará multiplicando 3680 W, por el 10% del total de las plazas de aparcamiento construidas. Esta potencia se multiplicará por el factor de simultaneidad que corresponda y se sumará con la previsión de potencia del resto de la instalación del edificio, en función del esquema de la instalación y de la disponibilidad de un sistema protección de la línea general de alimentación. No obstante el proyectista de la instalación podrá prever una potencia instalada mayor cuando disponga de los datos que lo justifiquen.

Por otra parte, según se indica en el apartado 3.2. de esta ITC-BT 52, la preinstalación eléctrica para la recarga de VE, facilitará la utilización posterior de cualquiera de los posibles esquemas de instalación, y constará de sistemas de conducción de cables desde la centralización de contadores hacia las vías principales del aparcamiento o estacionamiento con objeto de poder alimentar posteriormente las estaciones de recarga que se puedan ubicar en las plazas individuales del aparcamiento o estacionamiento, mediante derivaciones del sistema de conducción de cables de longitud inferior a 20 m. Estos sistemas de conducción de cables se dimensionarán de forma que permitan la alimentación de al menos el 15% de las plazas mediante cualquiera de los esquemas posibles de instalación.

Estos porcentajes sobre el total de plazas del 10% para la previsión de cargas o del 15% para dimensionar el tamaño de los sistemas de conducción de cables deben considerarse como valores mínimos reglamentarios. Sin embargo, para facilitar y reducir el coste de las instalaciones necesarias para la recarga, se recomienda que la preinstalación eléctrica se prepare para que el 100% de las plazas de garaje puedan disponer en un futuro de un punto de recarga para el vehículo eléctrico y que la previsión de cargas se adapte también en consecuencia. Por estos motivos es muy conveniente que los promotores inmobiliarios realicen la preinstalación para la totalidad de las plazas de garaje en sus nuevas promociones, quedando listas para dar respuesta a las futuras solicitudes de puntos de recarga que puedan tener sus propietarios, simplificando de este modo las necesidades de adecuación de la instalación ya que bastará con cablear el sistema de conducción de cables y colocar el punto de recarga para terminar la infraestructura.

Con el objetivo de no condicionar ni restringir las posteriores formas de conexión y contratación, en los casos en los que se proyecten dos centralizaciones de contadores (una para las viviendas y otra para las estaciones de carga del vehículo eléctrico) la canalización que las une debería dimensionarse con un espacio suficiente que permita otros esquemas alternativos (por ejemplo, el esquema 1 o el 2).

Para realizar la previsión de cargas en las nuevas promociones inmobiliarias de viviendas con garajes en régimen de condominio cabe distinguir dos casos según los esquemas utilizados.

En el caso de utilizar el esquema de instalación 2 (o el 4a), la previsión de cargas del VE se debe integrar con la de la vivienda, ya que ambos consumos serán medidos por el mismo contador, mientras que para el resto de esquemas es posible separar los consumos del VE de los consumos de las viviendas, ya que estarán asociados a contratos de suministro independientes y sus consumos se medirán con contadores principales diferentes.

Este anexo establece el procedimiento recomendado para determinar la previsión de cargas en garajes de nueva construcción en régimen de condominio cuando se desee realizar la preinstalación en un número de plazas, N, elevado, por encima del 50% del total de plazas de garaje construidas, porcentaje muy superior al mínimo reglamentario del 10%. Este procedimiento pretende realizar una buena previsión de cargas, evitando previsiones excesivas.

La previsión de cargas se estudiará agrupando los esquemas en tres casos distintos, suponiendo un número N de puntos de recarga de 3 680 W de potencia instalada en cada uno. No obstante, el procedimiento es generalizable para otras potencias distintas por punto de recarga.

a)   Caso general, aplicables a los esquemas 1a, 1b, 1c y 4b.

La previsión de cargas del edificio para el caso general se calcula aplicando la expresión (1):

$$P_{edificio} = (P_1 + P_2 + P_3 + P_4) + P_{VE} \qquad (1)$$

La previsión de cargas para la recarga de vehículos en el edificio, P_{VE}, se calcula según esté o no prevista la instalación de un SPL mediante la aplicación del factor de simultaneidad FS_1.

$$P_{VE} = FS_1 \cdot P_5 = FS_1 \cdot N \cdot 3680 \text{ W} \qquad (2)$$

donde

P_1, carga correspondiente al conjunto de viviendas (sin VE) obtenida como el número de viviendas por el coeficiente de simultaneidad de la tabla 1 de la (ITC) BT 10.

P_2, carga correspondiente a los servicios generales del edificio. P3, carga correspondiente a locales comerciales y oficinas.

P_4, carga correspondiente a los garajes, pero distintas de la recarga del VE.

P_{VE}, carga prevista para la recarga del VE incluyendo el factor de simultaneidad.

P_5, carga prevista para la recarga del VE, sin factor de simultaneidad.

FS_1, factor de simultaneidad cuyo valor depende de si se prevé o no el SPL (0,3 si se prevé y 1 si no se prevé).

N,, número de plazas de garaje en las que se realiza la preinstalación.

En caso de instalar puntos de recarga con potencia mayor de 3680 W, los cálculos de la fórmula (2) en cuanto a la potencia de cada punto de recarga de vehículo eléctrico se adaptarán al valor concreto de potencia prevista.

La ITC-BT 52 no incluía la posible instalación del SPL para el esquema 4b, sin embargo, tampoco la prohibía expresamente. Las diferentes soluciones tecnológicas y opciones dis-

ponibles en el mercado, hacen perfectamente viable la instalación del SPL, también en el esquema 4b, muy parecido a los esquemas 1, por lo que el caso general resultará aplicable a todos los esquemas 1a, 1b, 1c y 4b.

Una vez finalizada la promoción inmobiliaria con su preinstalación correspondiente para el VE, los puntos de recarga se irán colocando poco a poco según las necesidades de los propietarios de las plazas de garaje, por lo que el valor de la potencia realmente instalada irá creciendo hasta también poco a poco. Una preinstalación con una previsión de cargas P_{VE}, calculada según la expresión (2), constituye una reserva de potencia, que se irá utilizando a medida que se instalen los puntos de recarga reales. Mientras que la potencia realmente instalada una vez colocados los puntos de recarga no supere el valor de PVE que figure en el proyecto no será necesario reforzar, ampliar, duplicar la LGA o realizar una nueva acometida y se podrá autorizar la instalación de nuevos puntos de recarga aún sin la instalación del SPL.

En el proyecto se debe indicar el punto de recarga número Y, a partir del cual será necesario instalar el SPL. El valor de Y se calculará como la parte entera del número que resulte de multiplicar 0,3 por N.

Cada vez que se complete la instalación con uno o varios puntos de recarga el instalador tendrá que realizar una memoria técnica de diseño para el punto o puntos de recarga instalados sin ser necesario un proyecto, salvo que la previsión de carga de los puntos instalados desde el mismo circuito o cuadro superen los 50 kW (o 10 kW en instalaciones de exterior) tal y como se describe en la ITC-BT 04. En la memoria técnica de diseño, o en su caso en el proyecto, se hará constar el número de puntos de recarga instalados hasta la fecha, así como el valor de Y a partir del cual se debe instalar el SPL.

b)   Previsión de cargas para el esquema 2 o el 4a.

La previsión de cargas de un edificio nuevo en el que el promotor opte por el esquema 2 o el 4a (instalación con un contador principal común para la vivienda y para la estación de recarga de VE) se realizará aplicando (3):

$$P_{edificio} = P_1 + P_2 + P_3 + P_4 \qquad\qquad (3)$$

donde:

P_1, carga correspondiente al conjunto de viviendas, incluida la carga correspondiente al VE para aquellas viviendas que tengan preinstalación del VE asignada.

P_2, carga correspondiente a los servicios generales del edificio.

P_3, carga correspondiente a locales comerciales y oficinas.

P_4, carga correspondiente a los garajes, pero distintas de la recarga del VE.

No existe todavía mucha experiencia real para determinar la previsión de cargas para una vivienda que incluya un punto de recarga para el VE, no obstante, la costumbre más extendida para su recarga cuando el usuario del vehículo dispone de una plaza de garaje asociada a la vivienda es la siguiente.

– *Se trata de recargar aprovechando las tarifas supervalle y bajos precios del mercado durante la noche, así como la baja utilización del resto de circuitos de la vivienda por parte del usuario.*

– *Se utilizan los sistemas de programación del propio vehículo que permiten al conductor seleccionar el tiempo durante el cual se realizará la recarga, en otros casos se puede instalar fácilmente en el punto de recarga un programador / temporizador.*

En función de estas premisas y los estudios descritos en el Anexo 3 de esta guía, se propone considerar dos períodos horarios (nocturno y diurno), y considerar como previsión de cargas para las viviendas el mayor valor obtenido de los dos períodos.

$$P_1 = máximo[P_1(diurno), P_2(nocturno)] \qquad (4)$$

– *Período diurno: la previsión de cargas para las viviendas sin VE se calcularía según la ITC-BT 10, mientras que la previsión de cargas para viviendas con VE se calcularía con la expresión (5):*

$$P_{vivienda}(con\ VE) = P_{vivienda}\ (sin\ VE) + (0,3) \cdot 3680\ W \qquad (5)$$

Según esta expresión la previsión de cargas durante el día para una vivienda con preinstalación de punto de recarga para el VE se considera como la suma de la previsión de cargas de una vivienda igual que no tuviera esta preinstalación más la carga prevista para el vehículo eléctrico con un factor de simultaneidad de 0,3. Esto significa que no es totalmente descartable la recarga del VE durante el día, por ejemplo que se inicie a las 19 h o las 20 horas, aunque en este caso lo más común es que usuario opte por no conectar al mismo tiempo todas las cargas de su vivienda.

Si denominamos A, al número de viviendas con preinstalación para el VE, y B al número de viviendas sin preinstalación, supuestas todas ellas con el mismo nivel de electrificación se puede calcular la potencia media aritmética por vivienda como:

$$P_{m,v} = \frac{A \cdot P_{vivienda}(con\ VE) + B \cdot P_{vivienda}(sin\ VE)}{A+B} \qquad (6)$$

$$P_1(diurno) = CS \cdot P_{m,v} \qquad (7)$$

donde:

$P_{m,v}$, *valor medio aritmético de la previsión de carga correspondiente al conjunto de viviendas, incluyendo en la previsión de cargas de las viviendas la carga del VE.*

CS, coeficiente de simultaneidad de la tabla 1 de la ITC-BT 10, que depende únicamente del número total de viviendas (A+B).

– *Período nocturno: la previsión de cargas durante el período nocturno se calcularía separando la carga de las viviendas de la carga para el VE, sumando para ello el consumo nocturno de las viviendas (sin VE) al producto del número de puntos de recarga previstos por 3680 W.*

$$P_1(nocturno) = P_{vivienda}\,(nocturno) + N \cdot 3680W \quad (8)$$

El consumo nocturno de las viviendas se puede calcular en función de la potencia prevista por vivienda (supuestas todas del mismo nivel de electrificación) del y coeficiente de simultaneidad, CS, aplicable según la tabla 1 de la ITC-BT 10, siguiendo la expresión (9):

$$P_{vivienda}(nocturno) = 0,5\ CS \cdot P_{vivienda}\,(sin\ VE) + (0,3) \cdot 3680\ W \quad (9)$$

Agrupando las expresiones (8) y (9):

$$P_1(nocturno) = 0,5\ CS\ P_{vivienda}\,(sin\ VE) + N \cdot 3680\ W \quad (10)$$

Puede observarse como en la expresión (10) el factor de simultaneidad entre la previsión de cargas del VE y la previsión de cargas de la carga de las viviendas es igual a la unidad, tal y como se indica en la ITC BT-52. La justificación del coeficiente 0,5 de las expresiones (9) y (10) se incluye en el Anexo 3 de esta guía.

En el caso particular de que las viviendas estuvieran previstas para tarifa nocturna, no procede realizar la distinción entre consumo diurno y nocturno, ya que el mayor consumo se producirá durante el período nocturno, por lo que la expresión a aplicar para calcular la carga P1 correspondiente al conjunto de viviendas con tarifa nocturna, teniendo en cuenta el apartado 3.1 de la ITC-BT 10 sería la siguiente:

$$P_1(caso\ tarifa\ nocturna) = NV \cdot P_{vivienda}\,(sin\ VE) + N \cdot 3680\ W \quad (11)$$

siendo NV: número de viviendas con tarifa nocturna.

c) Previsión de cargas para el esquema 3a o el 3b.

Este caso resulta parecido al caso a) por lo que la previsión de cargas del edificio se calcula con la expresión (1):

$$P_{edificio} = (P_1 + P_2 + P_3 + P_4) + P_{VE} \qquad \cdot \quad (1)$$

La previsión de cargas para la recarga de vehículos en el edificio, PVE, se calcula aplicando factor de simultaneidad unidad.

$$P_{VE} = P_5 = N \cdot 3680\ W \quad (12)$$

En caso de instalar puntos de recarga con potencia superior a 3680 W, los cálculos de las expresiones (5), (8), (10), (11) y (12) en cuanto a la potencia de recarga del VE se deberán adaptar proporcionalmente a la nueva potencia.

ANEXO 3 DE LA GUÍA.
DETERMINACIÓN DE LA CAPACIDAD DISPONIBLE POR UN
CONSUMIDOR DOMÉSTICO PARA REALIZAR LA RECARGA
DEL VE SIN AMPLIAR LA POTENCIA

El operador del sistema (Red Eléctrica de España), calcula y publica regularmente las medidas de la demanda del sistema eléctrico peninsular y los perfiles finales de consumo. Gracias al proyecto perfila, estos perfiles de consumo aplicables a los consumidores domésticos se han podido determinar con precisión.

En base a esta información, y con el objetivo de poder estimar de una manera razonable y robusta el margen de capacidad libre o "hueco" que tendrían los consumidores domésticos para realizar la cargar nocturna del VE, se han tomado los valores máximos para cada periodo horario del coeficiente de perfilado A publicado por REE durante el año 2015. Estos valores, ajustados en base 100 para el valor máximo de dicho coeficiente horario, han sido representados en la siguiente gráfica.

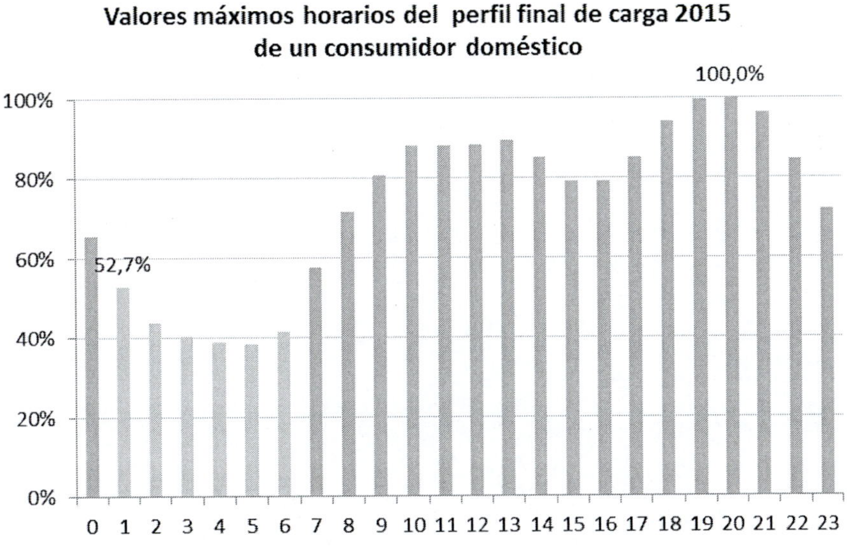

Figura 13. Proyecto a través del cual se ha constituido un panel de consumidores con datos de consumo de contadores inteligentes instalados según el plan de sustitución de contadores.http://www.ree.es/es/red21/idi/proyectos-idi/proyecto-perfila-0

De esta manera, se obtiene el ratio horario de uso de la capacidad disponible por un consumidor doméstico. Suponiendo que los VE fuera programados para que iniciaran su carga a partir de la 1 de la mañana (hora de inicio de la tarifa de acceso supervalle, que coincide además con los precios más bajos de la energía en el mercado), un consumidor doméstico tendría disponible en un escenario de máxima demanda para esta hora, prácticamente el 50% de su capacidad de punta para poder realizar esta recarga.

En caso el de que se comprobara que los VE conectados a los puntos de recarga de las viviendas no realizan en su mayoría una recarga lenta a partir de esta hora, este coeficiente debería ser recalculado.

ANEXOS

Resumen del contenido

MINISTERIO DE CIENCIA Y TECNOLOGÍA	GUÍA TÉCNICA DE APLICACIÓN - ANEXOS SIGNIFICADO Y EXPLICACIÓN DE LOS CÓDIGOS IP, IK	GUÍA-BT-ANEXO 1 Edición: Sep 03 Revisión: 1

SIGNIFICADO Y EXPLICACIÓN DE LOS CÓDIGOS IP, IK

1. Introducción

En el presente anexo se pretende dar una explicación acerca del significado del sistema de clasificación establecido por los códigos IP e IK.

Aunque las protecciones enumeradas se refieren a la protección de los materiales y equipos que haya en el interior de las envolventes, esta clasificación también puede darse para el caso de envolventes vacías.

2. Definiciones

Envolvente: Es el elemento que proporciona la protección del material contra las influencias externas y en cualquier dirección, la protección contra los contactos directos.

Esta definición, que se ha extraído del Vocabulario Electrotécnico Internacional (VEI 826-03-12), necesita alguna aclaración antes de aplicarla para la explicación de los grados de protección.

Las envolventes proporcionan también la protección de las personas contra el acceso a partes peligrosas y la protección del material contra los efectos nocivos de los impactos mecánicos. Se considerará parte de dicha envolvente, todo accesorio o tapa que sea solidario con o forme parte de ella y que impida o limite la penetración de objetos en la envolvente, salvo que sea posible quitar las tapas sin la ayuda de una herramienta o llave.

Grado de protección: Es el nivel de protección proporcionado por una envolvente contra el acceso a las partes peligrosas, contra la penetración de cuerpos sólidos extraños, contra la penetración de agua o contra los impactos mecánicos exteriores, y que además se verifica mediante métodos de ensayo normalizados.

Existen dos tipos de grados de protección y cada uno de ellos, tiene un sistema de codificación diferente, el Código IP y el Código IK. Los tres primeros epígrafes anteriores estarían contemplados en el código IP y el último en el código IK.

Cada uno de estos códigos se encuentran descritos en una norma, en las que además se indican la forma de realizar los ensayos para su verificación:

– Código IP: UNE 20324, que es equivalente a la norma europea EN 60529.
– Código IK: UNE-EN 50102.

3. Código IP

Es un sistema de codificación para indicar los grados de protección proporcionados por la envolvente contra el acceso a las partes peligrosas, contra la penetración de cuerpos sólidos extraños, contra la penetración de agua y para suministrar una información adicional unida a la referida protección. Este código IP está formado por dos números de una cifra cada uno, situados inmediatamente después de las letras "IP" y que son independientes uno del otro.

• El número que va en primer lugar, normalmente denominado como "primera cifra característica", indica la protección de las personas contra el acceso a partes peligrosas (generalmente partes bajo tensión o piezas en movimiento que no sean ejes rotativos y análogos), limitando o impidiendo la penetración de una parte del cuerpo humano o de un objeto cogido por una persona y, garantizando simultáneamente, la protección del equipo contra la penetración de cuerpos sólidos extraños.

La primera cifra característica está graduada desde 0 (cero) hasta 6 (seis) y a medida que va aumentando el valor de dicha cifra, éste indica que el cuerpo sólido que la envolvente deja penetrar es menor.

Tabla 1. Grados de protección indicados por la primera cifra característica.

Cifra	Grado de protección	
	Descripción abreviada	**Indicación breve sobre los objetos que no deben penetrar en la envolvente**
0	No protegida	Sin protección particular
1	Protegida contra los cuerpos sólidos de más de 50 mm	Cuerpos sólidos con un diámetro superior a 50 mm.
2	Protegida contra los cuerpos sólidos de más de 12 mm.	Cuerpos sólidos con un diámetro superior a 12 mm.
3	Protegida contra cuerpos sólidos de más de 2,5 mm.	Cuerpos sólidos con un diámetro superior a 2,5 mm.
4	Protegida contra cuerpos sólidos de más de 1 mm.	Cuerpos sólidos con un diámetro superior a 1 mm.
5	Protegida contra la penetración de polvo	No se impide totalmente la entrada de polvo, pero sí que en el polvo entre en cantidad suficiente que llegue a perjudicar el funcionamiento satisfactorio del equipo.
6	Totalmente estanco al polvo	Ninguna entrada de polvo.

• El número que va en segundo lugar, normalmente denominado como "segunda cifra característica", indica la protección del equipo en el interior de la envolvente contra los efectos perjudiciales debidos a la penetración de agua.

La segunda cifra característica está graduada de forma similar a la primera, desde 0 (cero) hasta 8 (ocho). A medida que va aumentando su valor, la cantidad de agua que intenta penetrar en el interior de la envolvente es mayor y también se proyecta en más direcciones (cifra 1 caída de gotas en vertical y cifra 4 proyección de agua en todas direcciones).

Tabla 2. Grados de protección indicados por la segunda cifra característica.

Cifra	Grado de protección	
	Descripción abreviada	**Tipo de protección proporcionada por la envolvente**
0	No protegida	Sin protección particular
1	Protegida contra la caída vertical de gotas de agua	La caída vertical de gotas de agua no deberá tener efectos perjudiciales

Tabla 2. Grados de protección indicados por la segunda cifra característica.
(Continuación)

Cifra	Grado de protección	
	Descripción abreviada	**Tipo de protección proporcionada por la envolvente**
2	Protegida contra la caída de gotas de agua con una inclinación máxima de 15°	Las caídas verticales de gotas de agua no deberán tener efectos perjudiciales cuando la envolvente está inclinada hasta 15° con respecto a la posición normal
3	Protegida contra la lluvia fina (pulverizada)	El agua pulverizada de lluvia que cae en una dirección que forma un ángulo de hasta 60° con la vertical, no deberá tener efectos perjudiciales
4	Protegida contra las proyecciones de agua	El agua proyectada en todas las direcciones sobre la envolvente no deberá tener efectos perjudiciales
5	Protegida contra los chorros de agua	El agua proyectada con la ayuda de una boquilla, en todas las direcciones, sobre la envolvente, no deberá tener efectos perjudiciales
6	Protegida contra fuertes chorros de agua o contra la mar gruesa	Bajo los efectos de fuertes chorros o con mar gruesa, el agua no deberá penetrar en la envolvente en cantidades perjudiciales
7	Protegida contra los efectos de la inmersión	Cuando se sumerge la envolvente en agua en unas condiciones de presión y con una duración determinada, no deberá ser posible la penetración de agua en el interior de la envolvente en cantidades perjudiciales
8	Protegida contra la inmersión prolongada	El equipo es adecuado para la inmersión prolongada en agua bajo las condiciones especificadas por el fabricante NOTA – Esto significa normalmente que el equipo es rigurosamente estanco. No obstante para ciertos tipos de equipos, esto puede significar que el agua pueda penetrar pero sólo de manera que no produzca efectos perjudiciales

Los procedimientos especializados de limpieza no están cubiertos por los grados de protección IP. Se recomienda que los fabricantes suministren, si es necesario, una adecuada información en lo referente a los procedimientos de limpieza. Esto está de acuerdo con las recomendaciones contenidas en la CEI 60529 para los procedimientos de limpieza especiales.

• Adicionalmente, de forma opcional, y con objeto de proporcionar información suplementaria sobre el grado de protección de las personas contra el acceso a partes peligrosas, puede complementarse el código IP con una letra colocada inmediatamente después de las dos cifras características. Estas letras adicionales (A, B, C o D), a diferencia de la primera cifra característica que proporciona información de cómo la envolvente previene la penetración de cuerpos sólidos, proporcionan información sobre la accesibilidad de determinados objetos o partes del cuerpo a las partes peligrosas en el interior de la envolvente.

Tabla 3. Descripción de la protección proporcionada por las letras adicionales.

Letra	La envolvente impide la accesibilidad a partes peligrosas con:
A	Una gran superficie del cuerpo humano tal como la mano (pero no impide una penetración deliberada). *Prueba con: Esfera de 50 mm.*
B	Los dedos u objetos análogos que no excedan en una longitud de 80 mm. *Prueba con: Dedo de Φ12 mm y L= 80 mm*
C	Herramientas, alambres, etc., con diámetro o espesor superior a 2,5 mm. *Prueba con: Varilla de Φ2,5 mm y L= 100 mm*
D	Alambres o cintas con un espesor superior a 1 mm. *Prueba con: Varilla de Φ1 mm y L= 100 mm*

En ocasiones, algunas envolventes no tienen especificada una cifra característica, bien por que no es necesaria para una aplicación concreta, o bien por que no ha sido ensayada en ese aspecto. En este caso, la cifra característica correspondiente se sustituye por una "X", como por ejemplo, IP2X, que indica que la envolvente proporciona una determinada protección contra la penetración de cuerpos sólidos, pero que no ha sido ensayada en lo referente a la protección contra la penetración del agua.

Puede darse el caso que una determinada envolvente proporcione dos grados de protección diferentes en función de la posición de montaje de la misma. Si éste fuera el caso, siempre deberá indicarse este aspecto en las instrucciones que suministre el fabricante.

El marcado del grado de protección IP en las envolventes suele ser adoptar la forma de las mismas cifras, por ejemplo "IP 54". No obstante, en algunas ocasiones las cifras características pueden sustituirse por símbolos como se indica en la tabla 4 siguiente.

Tabla 4: Símbolos utilizados normalmente para los grados de protección.

Primera cifra	IPX5		Malla sin recuadro
	IP6X		Malla con recuadro
Segunda cifra	IPX1		Una gota
	IPX3		Una gota dentro de un cuadrado
	IPX4		Una gota dentro de un triángulo
	IPX5		Dos gotas, cada una dentro de un triángulo
	IPX7		Dos gotas
	IPX8		Dos gotas seguidas de una indicación de la profundidad máxima de inmersión en metros

NOTA: Los grados de protección no incluidos en esta tabla no tienen símbolo para su representación.

4. Código IK

Es un sistema de codificación para indicar el grado de protección proporcionado por la envolvente contra los impactos mecánicos nocivos, salvaguardando así los materiales o equipos en su interior.

El código IK se designa con un número graduado de cero (0) hasta diez (10); a medida que el número va aumentando indica que la energía del impacto mecánico sobre la envolvente es mayor. Este número siempre se muestra formado por dos cifras. Por ejemplo, el grado de protección IK 05, no quiere indicar más que es el número 5.

A pesar de que éste es un sistema que puede usarse para la gran mayoría de los tipos de equipos eléctricos, no se puede suponer que todos los grados de protección posibles les sean aplicables a todos los equipos eléctricos.

Generalmente, el grado de protección se aplica a la envolvente en su totalidad. Si alguna parte de esta envolvente tiene un grado de protección diferente, éste debe indicarse por separado en las instrucciones o documentación del fabricante de la envolvente.

En la tabla 5 se indican los diferentes grados de protección IK con la energía del impacto asociada a cada uno. También se indica la equivalencia en peso y altura de caída de la pieza de golpeo sobre la envolvente, de forma que, por ejemplo, un grado de protección IK07 es aquel en el que la envolvente, en los puntos que se consideraran como más débiles, soportaría un impacto de una pieza de poliamida o de acero redondeada, de peso 500 g y que cayera desde una altura de 400 mm.

Tabla 5. Grados de protección IK.

Grado IK	IK 00	IK 01	IK02	IK03	IK04	IK05	IK06	IK07	IK08	IK09	IK10
Energía (J)	--	0,15	0,2	0,35	0,5	0,7	1	2	5	10	20
Masa y altura de la pieza de golpeo	--	0,2 kg 70 mm	0,2 kg 100 mm	0,2 kg 175 mm	0,2 kg 250 mm	0,2 kg 350 mm	0,5 kg 200 mm	0,5 kg 400 mm	1,7 kg 295 mm	5 kg 200 mm	5 kg 400 mm

MINISTERIO DE CIENCIA Y TECNOLOGÍA	GUÍA TÉCNICA DE APLICACIÓN - ANEXOS CÁLCULO DE LAS CAÍDAS DE TENSIÓN	GUÍA-BT-ANEXO 2 Edición: Sep 03 Revisión: 1

CÁLCULO DE CAÍDAS DE TENSIÓN

1. Introducción

La determinación reglamentaria de la sección de un cable consiste en calcular la sección mínima normalizada que satisface simultáneamente las tres condiciones siguientes.

a) Criterio de la intensidad máxima admisible o de calentamiento.

La temperatura del conductor del cable, trabajando a plena carga y en régimen permanente, no deberá superar en ningún momento la temperatura máxima admisible asignada de los materiales que se utilizan para el aislamiento del cable. Esta temperatura se especifica en las normas particulares de los cables y suele ser de 70 °C para cables con aislamiento termoplásticos y de 90 °C para cables con aislamientos termoestables.

b) Criterio de la caída de tensión.

La circulación de corriente a través de los conductores ocasiona una pérdida de potencia transportada por el cable, y una caída de tensión o diferencia entre las tensiones en el origen y extremo de la canalización. Esta caída de tensión debe ser inferior a los límites marcados por el Reglamento en cada parte de la instalación, con el objeto de garantizar el funcionamiento de los receptores alimentados por el cable. Este criterio suele ser el determinante cuando las líneas son de larga longitud por ejemplo, en derivaciones individuales que alimenten a los últimos pisos en un edificio de cierta altura.

c) Criterio de la intensidad de cortocircuito.

La temperatura que puede alcanzar el conductor del cable, como consecuencia de un cortocircuito o sobreintensidad de corta duración, no debe sobrepasar la temperatura máxima admisible de corta duración (para menos de 5 segundos) asignada a los materiales utilizados para el aislamiento del cable. Esta temperatura se especifica en las normas particulares de los cables y suele ser de 160 °C para cables con aislamiento termoplásticos y de 250 °C para cables con aislamientos termoestables.

Este criterio, aunque es determinante en instalaciones de alta y media tensión, no lo es en instalaciones de baja tensión ya que por una parte las protecciones de sobreintensidad limitan la duración del cortocircuito a tiempos muy breves, y además las impedancias de los cables hasta el punto de cortocircuito limitan la intensidad de cortocircuito.

En este capítulo se presentarán las fórmulas aplicables para el cálculo de las caídas de tensión, los límites reglamentarios, así como algunos ejemplos de aplicación. Todo el planteamiento teórico que se expone a continuación es aplicable independientemente del tipo del material conductor (cobre, aluminio o aleación de aluminio). La mayoría de los ejemplos se centran en los cálculos de caídas de tensión en instalaciones de enlace, aunque la teoría es también aplicable a instalaciones interiores.

2. Cálculo de caídas de tensión

La expresión que se utiliza para el cálculo de la caída de tensión que se produce en una línea se obtiene considerando el circuito equivalente de una línea corta (inferior a unos 50 km), mostrado en la figura siguiente, junto con su diagrama vectorial.

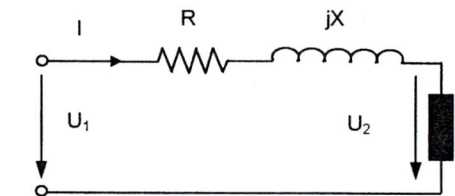

Figura 1. Circuito equivalente de una línea corta.

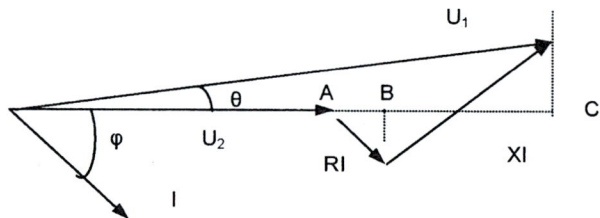

Figura 2. Diagrama vectorial.

Debido al pequeño valor del ángulo θ, entre las tensiones en el origen y extremo de la línea, se puede asumir sin cometer prácticamente ningún error, que el vector U_{U1} es igual a su proyección horizontal, siendo por tanto el valor de la caída de tensión.

$$\Delta U = U_{U1}\text{-}U_2 \cong_U AB + BC = R\ I\ \cos\varphi + XI\ \text{sen}\varphi \qquad [1]$$

Como la potencia transportada por la línea es:

$$P = \sqrt{3}\ U_{U1}\ I\ \cos\varphi\ \text{(en trifásico)} \qquad [2]$$

$$P = U_{U1}\ I\ \cos\varphi\ \text{(en monofásico)} \qquad [3]$$

Basta con sustituir la intensidad calculada en función de la potencia en la fórmula [1], y tener en cuenta que en trifásico la caída de tensión de línea será raíz de tres veces la caída de tensión de fase calculada según [1], y que en monofásico habrá que multiplicarla por un factor de dos para tener en cuenta tanto el conductor de ida como el de retorno.

Caída de tensión en trifásico:

$$\Delta U_{III} = (R + X \tan \varphi)\ (P\ /\ U_{U1}) \qquad [4]$$

Caída de tensión en monofásico:

$$\Delta U_I = 2\ (R + X \tan \varphi)\ (P\ /\ U_{U1}) \qquad [5]$$

Donde:

ΔU_{III}	Caída de tensión de línea en trifásico en voltios
ΔU_I	Caída de tensión en monofásico en voltios.
R	Resistencia de la línea en Ω.
X	Reactancia de la línea en Ω.

P   Potencia en vatios transportada por la línea.

U_{U1} Tensión de la línea según sea trifásica o monofásica (400 V en trifásico, 230 V en monofásico).

tan φ   Tangente del ángulo correspondiente al factor de potencia de la carga.

La reactancia, X, de los conductores varía con el diámetro y la separación entre conductores. En el caso de redes de distribución aéreas trenzadas es sensiblemente constante al estar los conductores reunidos en haz, siendo del orden de X= 0,1 Ω/km, valor que se puede utilizar para los cálculos sin error apreciable. En el caso de redes de distribución subterráneas, aunque se suelen obtener valores del mismo orden, es posible su cálculo en función de la separación entre conductores, determinando lo que se conoce como separación media geométrica entre ellos.

En ausencia de datos se puede estimar el valor de la reactancia inductiva como 0,1 Ω/km, o bien como un incremento adicional de la resistencia. Así podemos suponer que para un conductor cuya sección sea:

Sección	Reactancia inductiva (X)
S ≤ 120 mm²	X ≅ 0
S = 150 mm²	X ≅ 0,15 R
S = 185 mm²	X ≅ 0,20 R
S = 240 mm²	X ≅ 0,25 R

Tabla 1. Valores aproximados de la reactancia inductiva.

Para secciones menores o iguales de 120 mm², como es lo habitual tanto en instalaciones de enlace como en instalaciones interiores, la contribución a la caída de tensión por efecto de la inductancia es despreciable frente al efecto de la resistencia, y por lo tanto las fórmulas [4] y [5] anteriores se pueden simplificar de la siguiente forma:

Caída de tensión en trifásico: $\Delta U_{III} = R\ P\ /\ U_{U1}$ [6]

Caída de tensión en monofásico: $\Delta U_I = 2\ R\ P\ /\ U_{U1}$ [7]

Si tenemos en cuenta que el valor de la resistencia de un cable se calcula como:

$$R = R_{tca} = R_{tcc}\ (1 + Ys + Yp) = c\ R_{tcc} \qquad [8]$$

$$R_{tcc} = R_{20cc}\ [1 + \alpha\ (\theta - 20)] = \rho_\theta\ L\ /\ S \qquad [9]$$

$$R_{20cc} = \rho_{20}\ L\ /\ S \qquad [10]$$

$$\rho_\theta = \rho_{20}\ [1 + \alpha\ (\theta - 20)] \qquad [11]$$

Donde:

R_{tca} resistencia del conductor en corriente alterna a la temperatura θ.

R_{tcc} resistencia del conductor en corriente continua a la temperatura θ.

R_{20cc} resistencia del conductor en corriente continua a la temperatura de 20 ºC.

Y_s incremento de la resistencia debido al efecto piel (o efecto skin).

Y_p incremento de la resistencia debido al efecto proximidad.

α coeficiente de variación de resistencia específica por temperatura del conductor en ºC^{-1}.

ρ_θ resistividad del conductor a la temperatura θ.

ρ_{20} resistividad del conductor a 20 ºC.

S   sección del conductor en mm^2.

L   longitud de la línea en m.

Material	ρ_{20} ($\Omega\cdot$ mm^2/m)	ρ_{70} ($\Omega\cdot$ mm^2/m)	ρ_{90} ($\Omega\cdot$ mm^2/m)	α (ºC^{-1})
Cobre	0,018	0,021	0,023	0,00392
Aluminio	0,029	0,033	0,036	0,00403
Almelec (Al-Mg-Si)	0,032	0,038	0,041	0,00360

Tabla 2. Valores de la resistividad y del coeficiente de temperatura de los conductores más utilizados.

El efecto piel y el efecto proximidad son mucho más pronunciados en los conductores de gran sección. Su cálculo riguroso se detalla en la norma UNE 21144. No obstante y de forma aproximada para instalaciones de enlace e instalaciones interiores en baja tensión es factible suponer un incremento de resistencia inferior al 2% en alterna respecto del valor en continua.

$$c = (1 + Ys + Yp) \cong 1,02$$

Combinando las ecuaciones [8] y [9] anteriores se tiene:

$$R = c\, \rho_\theta\, L\, /\, S \qquad\qquad [12]$$

Sustituyendo la ecuación [12] en las [6] y [7] se puede despejar el valor de la sección mínima que garantiza una caída de tensión límite previamente establecida.

Cálculo de la sección en trifásico:

$$S = \frac{c\, \rho_\theta\, P\, L}{\Delta U_{III}\, U_l} \qquad\qquad [13]$$

Cálculo de la sección en monofásico: [14]

$$S = \frac{2\, c\, \rho_\theta\, P\, L}{\Delta U_I\, U_l}$$

Donde:

S   sección calculada según el criterio de la caída de tensión máxima admisible en mm^2.

c   incremento de la resistencia en alterna. (Se puede tomar c= 1,02)

ρ_{θ} resistividad del conductor a la temperatura de servicio prevista para el conductor ($\Omega \cdot mm^2/m$).

P   potencia activa prevista para la línea, en vatios.

L   longitud de la línea en m.

ΔU_{III} caída de tensión máxima admisible en voltios en líneas trifásicas.

ΔU_I caída de tensión máxima admisible en voltios en líneas monofásicas.

U_{U1} tensión nominal de la línea (400 V en trifásico, 230 V en monofásico)

En la práctica para instalaciones de baja tensión tanto interiores como de enlace es admisible despreciar el efecto piel y el efecto de proximidad, así como trabajar con el inverso de la resistividad que se denomina conductividad ("γ", en unidades m/Ω mm^2). Además se suele utilizar la letra "e" para designar a la caída de tensión en voltios, tanto en monofásico como en trifásico, y la letra U para designar la tensión de línea en trifásico (400 V) y la tensión de fase en monofásico (230 V). Con estas simplificaciones se obtienen las expresiones siguientes para determinar la sección.

Para receptores trifásicos: [15]

$$S = \frac{P\,L}{\gamma\,e\,U}$$

Para receptores monofásicos: [16]

$$S = \frac{2PL}{\gamma\,e\,U}$$

Donde la conductividad se puede tomar de la siguiente tabla:

Material	γ_{20}	γ_{70}	γ_{90}
Cobre	56	48	44
Aluminio	35	30	28
Temperatura	20 °C	70 °C	90 °C

Tabla 3. Conductividades, γ, (en m/Ω mm^2) para el cobre y el aluminio, a distintas temperaturas.

Para calcular la temperatura máxima prevista en servicio de un cable se puede utilizar el siguiente razonamiento: su incremento de temperatura respecto de la temperatura ambiente T_0 (25 °C para cables enterrados y 40 °C para cables al aire), es proporcional al cuadrado del valor eficaz de la intensidad. Por tanto.

$$\Delta T = T - T_0 = Constante \cdot I^2$$

$$\Delta T_{máx} = Constante \cdot I_{máx}{}^2$$

Por tanto:

$$\Delta T / I^2 = \Delta T_{máx} / I_{máx}{}^2$$

$$T = T_0 + (T_{máx} - T_0) * (I / I_{máx})^2$$ [17]

Donde

T,   temperatura real estimada en el conductor

$T_{máx}$,   temperatura máxima admisible para el conductor según su tipo de aislamiento.

T_0,   temperatura ambiente del conductor.

I,   intensidad prevista para el conductor.

$I_{máx}$,   intensidad máxima admisible para el conductor según el tipo de instalación.

3. Cálculo de caídas de tensión mediante valores unitarios

Se define la caída de tensión unitaria (e_u) como la caída de tensión por unidad de longitud del cable y por unidad de intensidad que circula por el cable.

$$e_u = e / (L.I)$$ [18]

Donde

e_u, caída de tensión unitaria en voltios.

e,   caída de tensión en voltios.

L,   longitud de la canalización en km.

I,   intensidad de servicio máxima prevista para el condutor, en amperios.

En las tablas siguientes se indican las caídas de tensión unitarias calculadas teniendo en cuenta tanto la resistencia como la inductancia de los cables, para dos factores de potencia distintos y para distintas temperaturas de servicio de los conductores. La tabla 4 es para cables de tensión asignada 450/750 V, y la tabla 5 para cables de 0,6/1 kV.

S (mm²)	Caida de tensión por A y km								
	Cos φ = 0,8			Cos φ = 1			Cos φ = 0,9		
	40°C	60°C	70°C	40°C	60°C	70°C	40°C	60°C	70°C
0,5	53,906	57,827	59,787	67,253	72,154	74,604	60,603	65,014	67,219
0,75	36,722	39,391	40,725	45,769	49,105	50,772	41,270	44,272	45,773
1,	27,150	29,121	30,107	33,813	36,277	37,509	30,504	32,722	33,831
1,5	18,217	19,535	20,194	22,604	24,252	25,075	20,441	21,923	22,665
2,5	11,185	11,992	12,395	13,843	14,852	15,356	12,539	13,447	13,901
4	6,994	7,496	7,747	8,612	9,240	9,553	7,826	8,391	8,674
6	4,702	5,038	5,205	5,754	6,173	6,383	5,251	5,628	5,817
10	2,826	3,026	3,125	3,419	3,668	3,792	3,143	3,367	3,479
16	1,803	1,929	1,991	2,148	2,305	2,383	1,995	2,136	2,206
25	1,169	1,249	1,288	1,358	1,457	1,507	1,283	1,372	1,416
35	0,866	0,923	0,952	0,979	1,050	1,086	0,941	1,005	1,038
50	0,664	0,707	0,728	0,723	0,776	0,802	0,713	0,761	0,784
70	0,485	0,514	0,529	0,501	0,537	0,555	0,512	0,545	0,561
95	0,372	0,393	0,403	0,361	0,387	0,400	0,385	0,409	0,420
120	0,310	0,327	0,335	0,286	0,307	0,317	0,316	0,335	0,345
150	0,268	0,281	0,288	0,232	0,249	0,257	0,268	0,283	0,291
185	0,230	0,241	0,246	0,185	0,199	0,205	0,226	0,238	0,245
240	0,194	0,202	0,206	0,141	0,151	0,156	0,186	0,195	0,200

Tabla 4. Caídas de tensión unitarias por A y km para cables de 450/750 V.

S (mm²)	Caida de tensión por A y km											
	Cos φ = 0,8				Cos φ = 1				Cos φ = 0,9			
	40°C	60°C	80°C	90°C	40°C	60°C	70°C	90°C	40°C	60°C	80°C	90°C
1,5	18,255	19,573	20,891	21,550	22,604	24,252	25,899	26,723	20,469	21,951	23,434	24,175
2,5	11,216	12,023	12,830	13,234	13,843	14,852	15,860	16,365	12,562	13,469	14,377	14,831
4	7,024	7,526	8,028	8,279	8,612	9,240	9,867	10,181	7,848	8,413	8,978	9,261
6	4,732	5,068	5,403	5,571	5,754	6,173	6,592	6,802	5,272	5,650	6,027	6,216
10	2,846	3,045	3,244	3,344	3,419	3,668	3,917	4,042	3,157	3,382	3,606	3,718
16	1,820	1,945	2,070	2,133	2,148	2,305	2,461	2,540	2,007	2,148	2,289	2,359
25	1,184	1,263	1,342	1,382	1,358	1,457	1,556	1,606	1,293	1,382	1,471	1,516
35	0,878	0,935	0,992	1,020	0,979	1,050	1,122	1,157	0,950	1,014	1,078	1,110
50	0,672	0,714	0,757	0,778	0,723	0,776	0,828	0,855	0,719	0,766	0,814	0,837
70	0,491	0,520	0,549	0,564	0,501	0,537	0,574	0,592	0,516	0,549	0,582	0,598
95	0,378	0,399	0,420	0,431	0,361	0,387	0,413	0,426	0,390	0,413	0,437	0,449
120	0,315	0,332	0,349	0,357	0,286	0,307	0,327	0,338	0,320	0,339	0,358	0,367
150	0,271	0,284	0,298	0,304	0,232	0,249	0,265	0,274	0,271	0,286	0,301	0,309
185	0,234	0,244	0,255	0,261	0,185	0,199	0,212	0,219	0,229	0,241	0,253	0,259
240	0,197	0,205	0,213	0,217	0,141	0,151	0,161	0,167	0,188	0,197	0,206	0,211

Tabla 5. Caídas de tensión unitarias por A y km para cables de 0,6/1 kV.

El procedimiento de cálculo de la sección del conductor utilizando estas tablas es muy simple, basta seguir los pasos siguientes:

- Se calcula en primer lugar la caída de tensión unitaria reglamentaria máxima admisible en unidades (V/A·km).
- A continuación para la temperatura de servicio máxima admisible del condutor y para el factor de potencia de la instalación se escoge la sección de conductor cuya caída de tensión unitaria según la tabla sea inferior al valor reglamentario calculado.
- Finalmente se comprueba que para esa sección el conductor es capaz de soportar la intensidad prevista en función de sus condiciones de instalación.

Si se quiere efectuar el cálculo con una segunda iteración, aplicando la temperatura real del conductor, puede continuarse el proceso de la siguiente forma:

- Se comprueba si la sección normalizada inferior es también capaz de soportar la intensidad prevista en función de sus condiciones de instalación. Si es así, se continúa con el siguiente paso.
- Se calcula la temperatura real del conductor de sección menor mediante la fórmula [17].
- Se comprueba según las tablas si a la temperatura real el conductor de dicha sección nos da una caída de tensión unitaria menor que la reglamentaria. En caso contario se debería utilizar la sección superior determinada en la primera iteración.

4. Límites reglamentarios de las caídas de tensión en las instalaciones de enlace

Los límites de caída de tensión vienen detallados en las ITC-BT-14, ITC-BT-15 e ITC-BT-19, y son los siguientes.

Parte de la instalación	Para alimentar a:	Caída de tensión máxima en % de la tensión de suministro.	e=ΔU_III	e=ΔU_I
LGA: (Línea General de Alimentación)	Suministros de un único usuario	No existe LGA	--	--
	Contadores totalmente concentrados	0,5%	2 V	--
	Centralizaciones parciales de contadores	1,0%	4 V	--
DI (Derivación Individual)	Suministros de un único usuario	1,5%	6 V	3,45 V
	Contadores totalmente con-centrados	1,0%	4 V	2,3 V
	Centralizaciones parciales de contadores	0,5%	2 V	1,15 V
Circuitos interiores	Circuitos interiores en viviendas	3%	12 V	6,9 V
	Circuitos de alumbrado que no sean viviendas	3%	12 V	6,9 V
	Circuitos de fuerza que no sean viviendas	5%	20 V	11,5 V

Tabla 6. Límites de caídas de tensión reglamentarios. Nota: la LGA es siempre trifásica.

5. Ejemplos de cálculo de caídas de sección de conductores

Para los cálculos que siguen se tomó como material conductor el cobre. Para otros conductores el proceso es el mismo, únicamente se sustituirían las constantes características por las del material correspondiente en cada caso.

Para determinar cuál es la intensidad máxima admisble hay que tener en cuenta las condiciones y tipo de montaje de los conductores, y además habrá que aplicar en su caso los factores de reducción por agrupación de varios circuitos que se recogen en la Guía BT 19, o con mayor detalle en la norma UNE 20460-5-523. Únicamente en el caso de que un conductor se prevea para transportar una corriente no superior nunca al 30% de su carga nominal, puede no tenerse en cuenta para la determinación del factor de reducción del resto del agrupamiento.

Ejemplo 1:

Un edificio destinado a viviendas y locales comerciales tiene una previsión de cargas de P = 145 kW.

Se proyecta instalar una única centralización de contadores, y se trata de calcular la sección de la LGA (línea general de alimentación) que va desde la Caja General de Protección ubicada en la fachada del edificio hasta la Centralización de Contadores ubicada en la planta baja de dicho edificio.

El edificio tiene unas zonas comunes con jardines y piscina, resultando un longitud de la LGA de 40 metros. La LGA discurre en el interior de un tubo enterrado ya que es necesario pasar por el jardín de las zonas comunes del edificio.

Elección del tipo de cables a utilizar:

Según la ITC-BT-14, los cables a utilizar serán unipolares de tensión asignada 0,6/1 kV, no propagadores del incendio y con emisión de humos y opacidad reducida.

Por tanto se utilizarán cables normalizados de uno de los tipos siguientes:

	Producto	Norma de aplicación
Cable tipo RZ1-K	Cable de tensión asignada 0,6/1 kV, con conductor de cobre clase 5 (-K), aislamiento de polietileno reticulado (R) y cubierta de compuesto termoplástico a base de poliolefina (Z1)	UNE 21.123-4
Cable tipo DZ1-K	Cable de tensión asignada 0,6/1 kV, con conductor de cobre clase 5 (-K), aislamiento de etileno propileno (D) y cubierta de compuesto termoplástico a base de poliolefina (Z1)	UNE 21.123-5

En ambos casos al tratarse de aislamientos termoestables la temperatura máxima admisible del conductor en servicio continuo será de 90 °C.

Cálculo de la sección:

a) En primer lugar se calcula la intensidad:

$$I = P / (\sqrt{3}\ U_{U1}\ \cos\varphi) = 232,5\ A$$

Donde:

P = 145.000 W   potencia activa prevista para la línea, en vatios.
U_{U1} = 400 V   tensión nominal de la línea, en voltios
cos φ = 0,90   factor de potencia de la carga, a falta de datos se toma 0,85.

b) Cálculo de caída de tensión mediante valores unitarios:

Tensión unitaria reglamentaria:

$$e = 0,5\% \cdot 400\ V = 2\ V$$

$$e_u\ (reglamentaria) = 2\ V / (0,04\ km \cdot 232,5\ A) = 0,215\ V / A\ km$$

Según la tabla 5, la caída de tensión para factor de potencia 0,9 y para la temperatura máxima admisble del conductor de 90 °C, inferior al valor de 0,215 corresponde a un valor de 0,211 que se obtiene para la sección de 240 mm².

Por lo tanto habría que elegir la sección normalizada; S = 240 mm².

c) Comprobación de la intensidad admisible:

En servicio permanente y en función de las condiciones de instalación hay que comprobar que los cables cuya sección se ha calculado por caída de tensión son capaces de soportar la intensidad de servicio prevista. Para ello utilizamos los valores de la tabla A de la Guía BT-14.

Según dicha tabla la intensidad máxima admisible para instalación en tubo enterrado es de $I_{máx} = 440$ A. Este valor es superior al valor de la intensidad prevista.

d) Segunda iteración:

Para verificar si una sección inferior puede ser también válida se sigue el siguiente proceso:

En primer lugar se verifica si la sección inferior (185 mm²) es capaz de soportar también la intensidad prevista en la LGA. Según la tabla A de la Guía BT-14 su intensidad máxima admisible para instalación en tubo enterrado es de $I_{máx} = 384$ A. Por lo tanto se satisface esta condición.

Se calcula la temperatura del conductor según la fórmula [17]

$$T = T_0 + (T_{máx} - T_0) * (I / I_{máx})^2$$

$$(T_{máx} - T_0) = \Delta T_{máx} = 90\ °C\text{-}25\ °C = 65\ °C$$

$$T = 25 + 65 \cdot (232,5/440)^2 \cong 49\ °C$$

Por consiguiente la temperatura real del conductor a la intensidad prevista en servicio permanente será de 49 °C. Según la tabla 5 no se dispone de la caída de tensión unitaria exactamente para 49 °C, aunque a mayor temperatura mayor caída de tensión. Incluso para la temperatura de 40 °C (inferior a los 49 °C) la caída de tensión unitaria toma un valor de 0,229 que es superior al valor reglamentario calculado. Por lo tanto no es posible utilizar la sección de 185 mm².

Ejemplo 2:

Se debe calcular la sección de una derivación individual (DI) que alimenta a una vivienda con nivel de electrificación básico (5.750 W), cuya longitud desde el embarrado del cuarto de contadores hasta el cuadro privado de los dispositivos generales de mando y protección es de 10 metros (segunda planta).

El sistema de instalación es el de conductores aislados en el interior de conductos cerrados de obra de fábrica.

Elección del tipo de conductores a utilizar:

Según la ITC-BT-15, para el sistema de instalación del ejemplo los cables a utilizar serán unipolares o multiconductores de tensión asignada mínima 450/750 V los unipolares, y 0,6/1 kV los multiconductores, no propagadores del incendio y con emisión de humos y opacidad reducida.

Por tanto se utilizarán cables normalizados de uno de los tipos siguientes:

	Producto	*Norma de aplicación*
Cable ES07Z1-K	*Cable de tensión asignada 450/750 V, con conductor de cobre clase 5 (-K) y aislamiento de compuesto termoplástico a base de poliolefina (Z1)*	*UNE 211 002*

	Producto	Norma de aplicación
Cable tipo RZ1-K	Cable de tensión asignada 0,6/1 kV, con conductor de cobre clase 5 (-K), aislamiento de polietileno reticulado (R) y cubierta de compuesto termoplástico a base de poliolefina (Z1)	UNE 21.123-4
Cable tipo DZ1-K	Cable de tensión asignada 0,6/1 kV, con conductor de cobre clase 5 (-K), aislamiento de polietileno reticulado (D) y cubierta de compuesto termoplástico a base de poliolefina (Z1)	UNE 21.123-5

Se eligen conductores unipolares de cobre con aislamiento de compuesto termoplástico, cuya temperatura máxima admisible en servicio continuo es de $T_{máx} = 70$ ºC. (tipo ES07Z1-K)

Cálculo de la sección por el método simplificado:

En lugar de utilizar el método del ejemplo 1, se seguirá el método simplificado. Para su aplicación, una vez determinada la intensidad del circuito se determina la sección por caída de tensión según las fórmulas [15] o [16], pero considerando el caso más desfavorable en cuanto a que el cable esté a su temperatura máxima admisible en servicio permanente. Una vez determinada la sección por caída de tensión, basta con comprobar que la sección escogida es capaz de soportar la intensidad prevista en servicio permanente. Este método es más rápido y sólo en casos especiales cerca de los límites de la sección normalizada puede dar lugar a un sobredimensionamiento de la sección.

La intensidad prevista está limitada por el ICP a instalar que como máximo será de 25 A, al tratarse de un grado de electrificación básico de 5.750 W.

Según la fórmula [16] por tratarse de un circuito monofásico:

$$S = \frac{2\ P\ L}{\gamma\ e\ U} = \frac{2 \cdot 5750 \cdot 10}{48 \cdot 2,3 \cdot 230} = 4,52\ mm^2$$

Por lo tanto habría que ir a la sección mínima normalizada superior de 6 mm^2.

Por último en servicio permanente y en función de las condiciones de instalación hay que comprobar que los cables cuya sección se ha calculado por caída de tensión son capaces de soportar la intensidad de servicio prevista. Para ello utilizamos los valores de la tabla 1 de la ITC-BT-19 para el modo de instalación B.

Según dicha tabla la intensidad máxima admisible es de $I_{máx} = 36A$. Este valor es superior al valor de la intensidad prevista (I= 25 A).

Cálculo mediante las tablas de caídas de tensión unitarias:

Para una caída de tensión reglamentaria admisible de 2,3 voltios (1% de 230 voltios), teniendo en cuenta que L = 0,01 km, I = 25 A, cos = 1, se calcula:

$$e_{u\ reglamentaria} = 2,3\ /\ (0,01 \cdot 25) = 9,2\ voltios\ /\ (A \cdot km)$$

Según la tabla 4 para cables de 450/750 V y para una T = 70 °C, se obtiene un valor de caída de tensión unitaria menor que el reglamentario:

$$e_u = 6{,}383 \text{ voltios} / (A \cdot km) \text{ para una sección de 6 mm}^2.$$

Para 4 mm^2 la caída de tensión unitaria sería mayor que la reglamentaria y por tanto la sección apropiada es de 6 mm^2. La comprobación de la intensidad máxima admisible para esta sección ya se ha efectuado previamente.

Ejemplo 3:

Se trata del cálculo de sección de una derivación individual para otra vivienda de electrificación básica del mismo edificio que en el ejemplo 2, donde todos los datos de partida son los mismos excepto la longitud que es ahora de 22 metros.

También se desea comprobar si la sección mínima admisible por el RBT de 2,5 mm^2, para el circuito interior tipo C2 de bases de toma de corriente de uso general es adecuada teniendo en cuenta que la distancia entre el cuadro de los dispositivos generales de mando y protección y la toma de corriente más alejada es de 30 metros. La instalación interior va empotrada bajo tubo.

Elección del tipo de conductores a utilizar:

Se emplearán conductores unipolares de cobre con aislamiento termoplástico. Para las derivaciones individuales serán no propagadores del incendio con aislamiento termoplástico a base de poliolefina (ES 07Z1-K), y para la instalación interior del tipo H07-R.

Cálculo de la sección de la derivación individual:

En primer lugar hay que tener en cuenta que la intensidad prevista está limitada por el calibre del ICP a un valor máximo de 25 A.

Para calcular la potencia prevista se tomará cosφ = 1, ya que una vez fijada la intensidad prevista en función del calibre del ICP el caso más desfavorable de caída de tensión se obtiene con cosφ =1.

$$P = U_{U1} I \cos\varphi = 230 \cdot 25 \cdot 1{,}0 = 5750 \text{ W}$$

La sección se calcula aplicando el método simplificado de la fórmula [16]:

$$S = \frac{2\ P\ L}{\gamma\ e\ U} = \frac{2 \cdot 5750 \cdot 22}{48 \cdot 2{,}3 \cdot 230} = 9{,}96\ mm^2$$

Donde por tratarse de una derivación individual con contadores centralizados en ún lugar único, e=1% de 230 V = 2,3 V.

Por lo tanto habría que elegir la sección normalizada inmediatamente superior que es: S = 10 mm^2.

Por último en servicio permanente y en función de las condiciones de instalación hay que comprobar que los cables cuya sección se ha calculado por caída de tensión son capaces de soportar la intensidad de servicio prevista. Para ello utilizamos los valores de la tabla 1 de la ITC-BT-19 para el modo de instalación B.

Según dicha tabla la intensidad máxima admisible es de $I_{máx}$ = 50 A. Este valor es superior al valor de la intensidad prevista (I= 25 A).

Cálculo de la sección del circuito interior de bases de toma de coriente (C2):

Tal y como indica la ITC-BT-25 la intensidad de funcionamiento del circuito coincidirá con la intensidad nominal del interruptor automático que protege el circuito, es decir: I = 16 A. La potencia prevista una vez fijada la intensidad por el calibre de la protección se calcula para cos φ=1, ya que se cubre el caso más desfavorable:

$$P = U_{U1} \, I \cos\varphi = 230 \cdot 16 \cdot 1{,}0 = 3.680 \text{ W}$$

La sección se calcula aplicando el método simplificado de la fórmula [16]

$$S = \frac{2 \; P \; L}{\gamma \; e \; U} = \frac{2 \cdot 3.680 \cdot 30}{48 \cdot 6{,}9 \cdot 230} = 2{,}9 \; mm^2$$

Donde por tratarse de un circuito interior en monofásico de una vivienda, e=3% de 230 V = 6,9 V.

Por lo tanto habría que elegir la sección normalizada inmediatamente superior que es: S = 4 mm², superior al mínimo reglamentario exigible.

Por último en servicio permanente y en función de las condiciones de instalación hay que comprobar que los cables cuya sección se ha calculado por caída de tensión son capaces de soportar la intensidad de servicio prevista. Para ello utilizamos los valores de la tabla 1 de la ITC-BT-19 para el modo de instalación B.

Según dicha tabla la intensidad máxima admisible es de $I_{máx}$ = 27 A. Este valor es superior al valor de la intensidad prevista.

Ejemplo 4:

Se trata del cálculo de sección de una derivación individual para otra vivienda de electrificación básica del mismo edificio que en los ejemplos 2 y 3, donde todos los datos de partida son los mismos excepto la longitud que es ahora de 35 metros.

Elección del tipo de conductores a utilizar:

Mismo tipo que en los ejemplos 2 y 3.

Cálculo de la sección:

Siguiendo el ejemplo 2, puesto que sólo cambia la longitud, se tiene:

$$S = \frac{2 \; P \; L}{\gamma \; e \; U} = \frac{2 \cdot 5750 \cdot 35}{48 \cdot 2{,}3 \cdot 230} = 15{,}85 \; mm^2$$

Por lo tanto habría que elegir la sección normalizada inmediatamente superior que es: S = 16 mm².

Por último la intensidad máxima admisible para esta sección es de I máx= 66A que es superior al valor de la intensidad prevista.

Ejemplo 5:

Se trata de repetir los cálculos de sección de las tres derivaciones individuales de los ejemplos 2,3 y 4, para las mismas longitudes (10m, 22m y 35m) pero para viviendas con electrificación elevada.

Elección del tipo de conductores a utilizar:

Mismo tipo de conductor y condiciones de instalación que en los tres ejemplos anteriores.

Cálculo de la sección:

En primer lugar hay que tener en cuenta que la intensidad prevista está limitada por el calibre del ICP a un valor de 40 A.

Para calcular la potencia prevista se tomará cos $\varphi = 1$, ya que una vez fijada la intensidad prevista en función del calibre del ICP el caso más desfavorable de caída de tensión se obtiene con cos$\varphi = 1$.

$$P = U_{UI} \, I \cos \varphi = 230 \cdot 40 \cdot 1,0 = 9200 \text{ W}$$

Se aplica la fórmula [16] y se obtienen los valores siguientes para:

L= 10 m   S= 7,2 mm^2

L= 22 m   S= 15,9 mm^2

L= 35 m   S= 25,3 mm^2

Por lo tanto habría que elegir las secciones normalizadas inmediatamente superiores que según el caso son las siguientes:

L= 10 m   S= 10 mm^2

L= 22 m   S= 16 mm^2

L= 35 m   S= 35 mm^2

Comprobación de la intensidad admisible:

Según la tabla 1 de la ITC-BT-19 para el modo de instalación B y dos conductores cargados las intensidades máximas admisibles para cada sección son las siguientes:

S= 10 mm^2 $I_{máx}$= 50 A

S= 16 mm^2 $I_{máx}$= 66 A

S= 35 mm^2 $I_{máx}$= 104 A

Todos los valores son superiores al valor de la intensidad prevista (I= 40 A).

NOTA: si el cálculo de la sección se efectuara de la forma detallada en el ejemplo 1 mediante el cálculo de la temperatura real del conductor, para el caso de L= 35 m se obtendría la sección normalizada inferior (S= 25 mm^2), ya que la temperatura del conductor es inferior a la máxima admisible de 70 °C, al ser su carga únicamente de 40 A.

MINISTERIO DE CIENCIA Y TECNOLOGÍA	GUÍA TÉCNICA DE APLICACIÓN - ANEXOS CÁLCULO DE CORRIENTES DE CORTOCIRCUITO	GUÍA-BT-ANEXO 3 Edición: Sep 03 Revisión: 1

CÁLCULO DE CORRIENTES DE CORTOCIRCUITO

Como generalmente se desconoce la impedancia del circuito de alimentación a la red (impedancia del transformador, red de distribución y acometida) se admite que en caso de cortocircuito la tensión en el inicio de las instalaciones de los usuarios se puede considerar como 0,8 veces la tensión de suministro. Se toma el defecto fase tierra como el más desfavorable, y además se supone despreciable la inductancia de los cables. Esta consideración es válida cuando el Centro de Transformación, origen de la alimentación, está situado fuera del edificio o lugar del suministro afectado, en cuyo caso habría que considerar todas las impedancias.

Por lo tanto se puede emplear la siguiente fórmula simplificada

$$I_{CC} = \frac{0,8 \; U}{R}$$

Donde:

I_{cc} intensidad de cortocircuito máxima en el punto considerado.
U   tensión de alimentación fase neutro (230 V).
R   resistencia del conductor de fase entre el punto considerado y la alimentación.

Normalmente el valor de R deberá tener en cuenta la suma de las resistencias de los conductores entre la Caja General de Protección y el punto considerado en el que se desea calcular el cortocircuito, por ejemplo el punto donde se emplaza el cuadro con los dispositivos generales de mando y protección. Para el cálculo de R se considerará que los conductores se encuentran a una temperatura de 20 ºC, para obtener así el valor máximo posible de I_{cc}.

Ejemplo:

Se desea calcular la intensidad de cortocircuito en el cuadro general de una vivienda con grado de electrificación básico. Dicha vivienda está alimentada por una Derivación Individual (DI) de 10 mm^2 de cobre y de longitud de 15 metros. Además se conoce que la Línea General de Alimentación (LGA) tiene una sección de 95 mm^2, y una longitud entre la CGP y la Centralización de Contadores de 25 metros.

Se comienza por el cálculo de la resistencia de fase de la LGA y de la DI.

$$R_{(DI)} = \rho \; L_{(DI)} / S_{(DI)} = 0,018 \; \Omega \; mm^2/m \cdot (15 \cdot 2 \; m / 10 \; mm^2) = 0,054 \; \Omega$$

$$R_{(LGA)} = \rho \; L_{(LGA)} / S_{(LGA)} = 0,018 \; \Omega \; mm^2/m \cdot (25 \cdot 2 \; m / 95 \; mm^2) = 0,0095 \; \Omega$$

$$R = R_{(DI)} + R_{(LGA)} = 0,0635 \; \Omega$$

NOTA: la resistividad del cobre a 20 ºC se puede tomar como $\rho \approx \Omega \; 0,018 \; \Omega \; mm^2/m$. En caso de conductores de aluminio se puede tomar también para 20 ºC, $\rho \approx \Omega \; 0,029 \; \Omega \; mm^2/m$.

$$I_{cc} = 0,8 \; U / R = 0,8 \; (230/0,0635) = 2898 \; Amperios$$

MINISTERIO DE CIENCIA Y TECNOLOGÍA	GUÍA TÉCNICA DE APLICACIÓN - ANEXOS VERIFICACIÓN DE LAS INSTALACIONES ELÉCTRICAS	GUÍA-BT-ANEXO 4 Edición: Sep 03 Revisión: 1

LA VERIFICACIÓN DE LAS INSTALACIONES ELÉCTRICAS

A continuación se resumen los distintos tipos de verificaciones que deberán efectuar los instaladores autorizados.

La verificación de las instalaciones eléctricas previa a su puesta en servicio comprende dos fases, una primera fase que no requiere efectuar medidas y que se denomina verificación por examen, y una segunda fase que requiere la utilización de equipos de medida para los ensayos.

El alcance de esta verificación se detalla en la ITC-BT-19 y en la norma UNE 20460 parte 6-61 y comprende tanto la verificación por examen como la verificación mediante medidas eléctricas.

Adicionalmente la ITC-BT-18 establece las verificaciones a realizar en las puestas a tierra.

1. Verificación por examen

Debe preceder a los ensayos y medidas, y normalmente se efectuará para el conjunto de la instalación estando ésta sin tensión.

Está destinada a comprobar:

• Si el material eléctrico instalado permanentemente es conforme con las prescripciones establecidas en el proyecto o memoria técnica de diseño.

• Si el material ha sido elegido e instalado correctamente conforme a las prescripciones del Reglamento y del fabricante del material.

• Que el material no presenta ningún daño visible que pueda afectar a la seguridad.

En concreto los aspectos cualitativos que este tipo de verificación debe tener en cuenta son los siguientes:

• La existencia de medidas de protección contra los choques eléctricos por contacto de partes bajo tensión o contactos directos, como por ejemplo: el aislamiento de las partes activas, el empleo de envolventes, barreras, obstáculos o alejamiento de las partes en tensión.

• La existencia de medidas de protección contra choques eléctricos derivados del fallo de aislamiento de las partes activas de la instalación, es decir, contactos indirectos. Dichas medidas pueden ser el uso de dispositivos de corte automático de la alimentación tales como interruptores de máxima corriente, fusibles, o diferenciales, la utilización de equipos y materiales de clase II, disposición de paredes y techos aislantes o alternativamente de conexiones equipotenciales en locales que no utilicen conductor de protección, etc.

• La existencia y calibrado de los dispositivos de protección y señalización.

• La presencia de barreras cortafuegos y otras disposiciones que impidan la propagación del fuego, así como protecciones contra efectos térmicos.

- La utilización de materiales y medidas de protección apropiadas a las influencias externas.
- La existencia y disponibilidad de esquemas, advertencias e informaciones similares.
- La identificación de circuitos, fusibles, interruptores, bornes, etc.
- La correcta ejecución de las conexiones de los conductores.
- La accesibilidad para comodidad de funcionamiento y mantenimiento.

2. Verificaciones mediante medidas o ensayos

Las verificaciones descritas en la ITC-BT-19 e ITC-BT-18 son las siguientes:

1. Medida de continuidad de los conductores de protección.
2. Medida de la resistencia de puesta a tierra.
3. Medida de la resistencia de aislamiento de los conductores.
4. Medida de la resistencia de aislamiento de suelos y paredes, cuando se utilice este sistema de protección.
5. Medida de la rigidez dieléctrica.

Adicionalmente hay que considerar otras medidas y comprobaciones que son necesarias para garantizar que se han adoptado convenientemente los requisitos de protección contra choques eléctricos:

6. Medida de las corrientes de fuga.
7. Medida de la impedancia de bucle.
8. Comprobación de la intensidad de disparo de los diferenciales.
9. Comprobación de la secuencia de fases.

2.1 Medida de la continuidad de los conductores de protección y de las uniones equipotenciales principales y suplementarias

Esta medición se efectúa mediante un ohmímetro que aplica una intensidad continua del orden de 200 mA con cambio de polaridad, y equipado con una fuente de tensión continua capaz de generar de 4 a 24 voltios de tensión continua en vacío. Los circuitos probados deben estar libres de tensión. Si la medida se efectúa a dos hilos, es necesario descontar la resistencia de los cables de conexión del valor de resistencia medido.

En la figura se ilustra la medida del valor de la resistencia óhmica del conductor de protección que une dos bases de enchufe, mediante un comprobador de baja tensión multifunción, válido para otros tipos de comprobaciones, no obstante, un simple ohmímetro con medida de resistencia a dos hilos sería suficiente para esta verificación.

Con la lectura del ohmímetro, y supuesta conocida la longitud de los conductores se puede deducir la sección.

La ITC-BT-38, aplicable a quirófanos y salas de intervención, requiere unos límites especiales para los valores de resistencia de los conductores de protección y de los conductores utilizados para las uniones de equipotencialidad. En concreto la impedancia entre el embarrado común de puesta a tierra de cada quirófano o sala de intervención y las conexiones a masa, o los contactos de tierra de las bases de toma de corriente, no deberá exceder de 0,2 ohmios. Además todas las partes metálicas accesibles han de estar unidas al embarrado de equipotencialidad mediante conductores de cobre aislados e independientes con una impedancia entre estas partes y el embarrado de equipotencialidad que no deberá exceder de 0,1 ohmios.

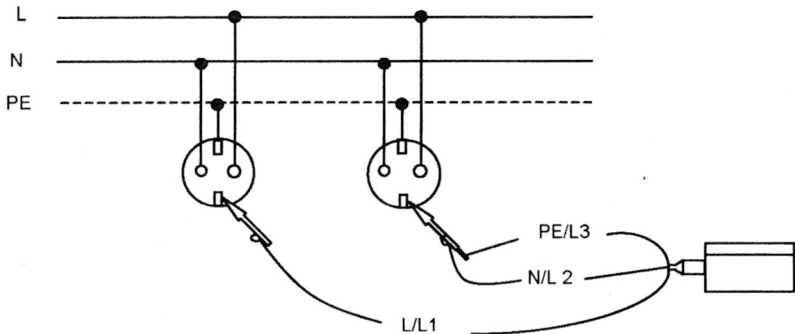

Figura 1. Medida de la resistencia de un conductor de protección.

2.2 Medida de la resistencia de puesta a tierra

Las condiciones de medida y su periodicidad se indican en la ITC-BT-18.

Por la importancia que ofrece, desde el punto de vista de la seguridad cualquier instalación de toma de tierra, deberá ser obligatoriamente comprobada por el Director de la Obra o Instalador Autorizado en el momento de dar de alta la instalación para su puesta en marcha o en funcionamiento.

Personal técnicamente competente efectuará la comprobación de la instalación de puesta a tierra, al menos anualmente, en la época en la que el terreno esté más seco. Para ello, se medirá la resistencia de tierra, y se repararán con carácter urgente los defectos que se encuentren.

En los lugares en que el terreno no sea favorable a la buena conservación de los electrodos, éstos y los conductores de enlace entre ellos hasta el punto de puesta a tierra, se pondrán al descubierto para su examen, al menos una vez cada cinco años.

Estas medidas se efectúan mediante un telurómetro, que inyecta una intensidad de corriente alterna conocida, a una frecuencia superior a los 50 Hz, y mide la caída de tensión, de forma que el cociente entre la tensión medida y la corriente inyectada nos da el valor de la resistencia de puesta a tierra.

La conexión se efectúa a tres terminales tal y como se indica en la figura, de forma que la intensidad se inyecta entre E y H, y la tensión se mide entre S y ES. El electrodo de puesta a tierra está representado por R_E, mientras que los otros dos electrodos hincados en el terreno son dos picas auxiliares de unos 30 cm de longitud que se suministran con el propio telurómetro. Los tres electrodos se deben situar en línea recta.

Durante la medida, el electrodo de puesta a tierra cuya resistencia a tierra (R_E) se desea medir debe estar desconectado de los conductores de puesta a tierra. La distancia entre la sonda (S) y el electrodo de puesta a tierra (E/ES), al igual que la distancia entre (S) y la pica auxiliar (H) debe ser al menos de 20 metros. Los cables no se deben cruzar entre sí para evitar errores de medida por acoplamientos capacitivos.

La medida efectuada se puede considerar como correcta si cuando se desplaza la pica auxiliar (S) de su lugar de hincado un par de metros a izquierda y derecha en la línea recta formada por los tres electrodos el valor de resistencia medido no experimenta variación. En caso contrario es necesario ampliar la distancia entre los tres electrodos de medida hasta que se cumpla lo anterior.

Mediante telurómetros que permiten una conexión a cuatro terminales se puede medir también la resistividad del terreno.

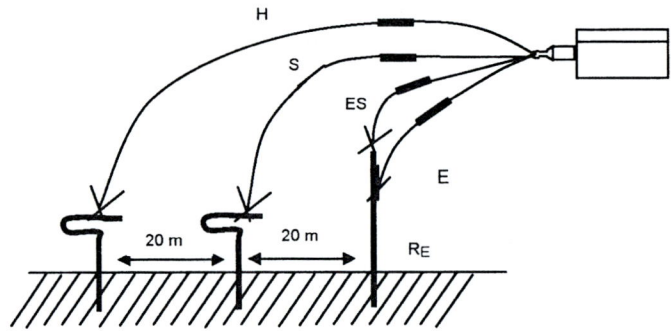

Figura 2. Medida de la resistencia de puesta a tierra R_E.

2.3 Medida de la resistencia de aislamiento de la instalación

Las instalaciones deberán presentar una resistencia de aislamiento al menos igual a los valores indicados en la tabla siguiente:

Tensión nominal de la instalación	Tensión de ensayo en corriente continua (V)	Resistencia de aislamiento (M)
Muy Baja Tensión de Seguridad (MBTS) Muy Baja Tensión de protección (MBTP)	250	$\geq 0{,}25$
Inferior o igual a 500 V, excepto caso anterior	500	$\geq 0{,}5$
Superior a 500 V	1000	$\geq 1{,}0$

Tabla 1. Valores mínimos de resistencia de aislamiento de una instalación.

Este aislamiento se entiende para una instalación en la cual la longitud del conjunto de canalizaciones y cualquiera que sea el número de conductores que las componen no exceda de 100 metros. Cuando esta longitud exceda del valor anteriormente citado y pueda fraccionarse la instalación en partes de aproximadamente 100 metros de longitud, bien por seccionamiento, desconexión, retirada de fusibles o apertura de interruptores, cada una de las partes en que la instalación ha sido fraccionada debe presentar la resistencia de aislamiento que corresponda según la tabla anterior.

Cuando no sea posible efectuar el fraccionamiento citado en tramos de 100 metros, el valor de la resistencia de aislamiento mínimo admisible será el indicado en la tabla 1 dividido por la longitud total de la canalización, expresada esta última en unidades de hectómetros.

Si las masas de los aparatos receptores están unidas al conductor neutro (redes T-N), se suprimirán estas conexiones durante la medida, restableciéndose una vez terminada ésta.

Cuando la instalación tenga circuitos con dispositivos electrónicos, en dichos circuitos los conductores de fase y el neutro estarán unidos entre sí durante las medidas.

El aislamiento se medirá de dos formas distintas: en primer lugar entre todos los conductores del circuito de alimentación (fases y neutro) unidos entre sí con respecto a tierra (aislamiento con relación a tierra), y a continuación entre cada pareja de conductores activos. La medida se efectuará mediante un megóhmetro, que no es más que un generador de corriente continua, capaz de suministrar las tensiones de ensayo especificadas en la tabla anterior con una corriente de 1 mA para una carga igual a la mínima resistencia de aislamiento especificada para cada tensión.

Durante la primera medida, los conductores, incluido el conductor neutro o compensador, estarán aislados de tierra, así como de la fuente de alimentación de energía a la cual están unidos habitualmente. Es importante recordar que estas medidas se efectúan por tanto en circuitos sin tensión, o mejor dicho desconectados de su fuente de alimentación habitual, ya que en caso contrario se podría averiar el comprobador de baja tensión o megóhmetro. La tensión de prueba es la tensión continua generada por el propio megóhmetro.

La medida de aislamiento con relación a tierra, se efectuará uniendo a ésta el polo positivo del megóhmetro y dejando, en principio, todos los receptores conectados y sus mandos en posición "paro", asegurándose de que no existe falta de continuidad eléctrica en la parte de la instalación que se verifica; los dispositivos de interrupción intercalados en la parte de instalación que se verifica se pondrán en posición de "cerrado" y los cortacircuitos fusibles instalados como en servicio normal a fin de garantizar la continuidad eléctrica del aislamiento. Todos los conductores se conectarán entre sí incluyendo el conductor neutro o compensador, en el origen de la instalación que se verifica y a este punto se conectará el polo negativo del megóhmetro.

Cuando la resistencia de aislamiento obtenida resultara inferior al valor mínimo que le corresponda, se admitirá que la instalación es, no obstante, correcta, si se cumplen las siguientes condiciones:

– Cada aparato receptor presenta una resistencia de aislamiento por lo menos igual al valor señalado por la norma particular del producto que le concierna o en su defecto 0,5 MΩ.

– Desconectados los aparatos receptores, la resistencia de aislamiento de la instalación es superior a lo indicado anteriormente.

La segunda medida a realizar corresponde a la resistencia de aislamiento entre conductores polares, se efectúa después de haber desconectado todos los receptores, quedando los interruptores y cortacircuitos fusibles en la misma posición que la señalada anteriormente para la medida del aislamiento con relación a tierra. La medida de la resistencia de aislamiento se efectuará sucesivamente entre los conductores tomados dos a dos, comprendiendo el conductor neutro o compensador.

Para las instalaciones que empleen muy baja tensión de protección (MBTP) o de seguridad (MBTS) se deben comprobar los valores de la resistencia de aislamiento para la separación de estos circuitos con las partes activas de otros circuitos, y también con tierra si se trata de MBTS, aplicando en ambos casos los mínimos de la tabla 1 anterior.

2.4 Medida de la resistencia de aislamiento de suelos y paredes

Uno de los sistemas que se utiliza para la protección contra contactos indirectos en determinados locales y emplazamientos no conductores se basa en que, en caso de defecto de aislamiento básico o principal de las partes activas, se prevenga el contacto simultáneo con partes que puedan estar a tensiones diferentes, utilizando para ello suelos y paredes aislantes con una resistencia de aislamiento no inferior a:

– 50 kΩ, si la tensión nominal de la instalación no es superior a 500 V; y

– 100 kΩ, si la tensión nominal de la instalación es superior a 500 V.

Estas medidas de resistencia de aislamiento tienen una aplicación singular en las ITC-BT-27 y 38.

Según la ITC-BT-27 las bañeras y duchas metálicas deben considerarse partes conductoras externas susceptibles de transferir tensiones, y por tanto deben conectarse equipotencialmente al conductor de protección al que se conectarán también la puesta a tierra de las bases de corriente, las partes conductoras accesibles de los equipos de clase 1 que estén instalados en los volúmenes de protección 1, 2 y 3, así como cualquier otra canalización metálica que esté en el interior de estos volúmenes. Esta prescripción para bañeras y duchas metálicas no es aplicable si se demuestra que dichas partes están aisladas de la estructura y de otras partes del edificio, para lo cual la resistencia de aislamiento entre la superficie metálica de baños y duchas y la estructura del edificio debe ser como minimo de 100 kΩ.

Otro caso particular es la ITC-BT-38 sobre instalaciones eléctricas en quirófanos y salas de intervención que establece que sus suelos serán del tipo antielectrostático y su resistencia de aislamiento no deberá exceder de 1 MΩ, salvo que se asegure que un valor superior, pero siempre inferior a 100 MΩ, no favorezca la acumulación de cargas electrostáticas peligrosas.

La resistencia de aislamiento se debe medir con un megóhmetro entre un electrodo de unas dimensiones especificadas que se apoya sobre el suelo o la pared a medir y el conductor de protección de tierra de la instalación.

Para comprobar los valores anteriores deben hacerse al menos tres medidas en el mismo local, una de esas medidas estando situado el electrodo, aproximadamente a 1 m de un elemento conductor accesible en el local. Las otras dos medidas se efectuarán a distancias superiores. Esta serie de tres medidas debe repetirse para cada superficie importante del local.

Se utilizará para las medidas un megóhmetro capaz de suministrar en vacío una tensión de unos 500 voltios de corriente continua (1.000 voltios si la tensión nominal de la instalación es superior a 500 voltios).

Se pueden utilizar dos electrodos de medida (el tipo 1 o el tipo 2), aunque es recomendable utilizar el tipo 1.

El electrodo de medida tipo 1 está constituido por una placa metálica cuadrada de 250 mm de lado y un papel o tela hidrófila mojada y escurrida de unos 270 mm de lado que se coloca entre la placa y la superficie a ensayar. Durante las medidas se aplica a la placa una fuerza de 750 N o 250 N según se trate de suelo o paredes.

El electrodo de medida tipo 2 está constituido por un triángulo metálico, donde los puntos de contacto con el suelo o pared están colocados próximos a los vértices de un triángulo equilátero. Cada una de las piezas de contacto que le sostiene, está formada por una base flexible que garantiza, cuando está bajo el esfuerzo indicado, un contacto íntimo con la superficie a ensayar de aproximadamente 900 mm², presentando una resistencia inferior a 5.000 Ω. En este caso antes de efectuar las medidas la superficie a ensayar se moja o se cubre con una tela húmeda. Durante la medida, se aplica sobre el triángulo metálico una fuerza de 750 N o 250 N, según se trate de suelos o paredes.

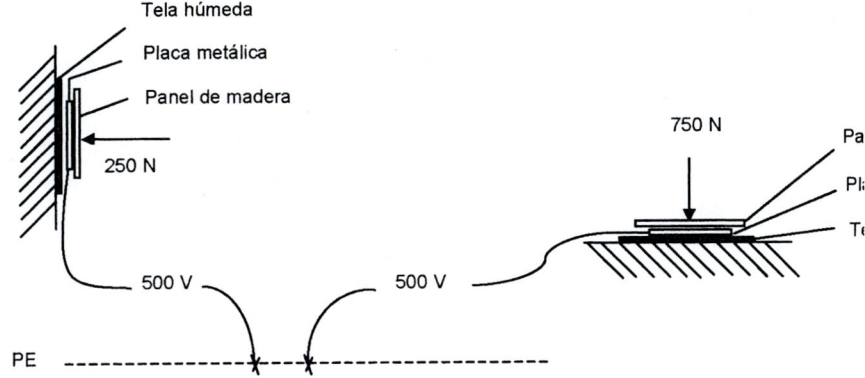

Figura 3. Medida de la resistencia de aislamiento de suelos o paredes.

2.5 Ensayo dieléctrico de la instalación

Por lo que respecta a la rigidez dieléctrica de una instalación, ha de ser tal, que desconectados los aparatos de utilización (receptores), resista durante 1 minuto una prueba de tensión de 2U + 1.000 voltios a frecuencia industrial (50 Hz), siendo U la tensión máxima de servicio expresada en voltios y con un mínimo de 1.500 voltios. Este ensayo se realizará para cada uno de los conductores incluido el neutro o compensador, con relación a tierra y entre conductores, salvo para aquellos materiales en los que se justifique que haya sido realizado dicho ensayo previamente por el fabricante.

Este ensayo se efectúa mediante un generador de corriente alterna de 50 Hz capaz de suministrar la tensión de ensayo requerida.

Durante este ensayo los dispositivos de interrupción se pondrán en la posición de "cerrado" y los cortacircuitos fusibles instalados como en servicio normal a fin de garantizar la continuidad del circuito eléctrico a probar.

Este ensayo no se realizará en instalaciones correspondientes a locales que presenten riesgo de incendio o explosión.

Durante este ensayo, la corriente suministrada por el generador, que es la que se fuga a tierra a través del aislamiento, no será superior para el conjunto de la instalación o para cada uno de los circuitos en que ésta pueda dividirse a efectos de su protección, a la sensibilidad que presenten los interruptores diferenciales instalados como protección contra los contactos indirectos.

2.6 Medida de corrientes de fuga

Además de la prueba de corriente de fuga del apartado anterior es conveniente efectuar para cada uno de los circuitos protegidos con interruptores diferenciales la medida de corrientes de fuga, a la tensión de servicio de la instalación y con los receptores conectados. Los valores medidos deben ser igualmente inferiores a la mitad de la sensibilidad de los interruptores diferenciales instalados para protección de cada uno de los circuitos. Mediante este método es posible detectar un circuito o receptor que presente un defecto de aislamiento o que tenga una corriente de fugas superior a la de la sensibilidad de los interruptores diferenciales de la instalación, llegando en casos extremos a disparar el o los diferenciales de protección, en cuyo caso sería necesario puentearlos para poder localizar el circuito o receptor averiado.

La medida se efectúa mediante una tenaza amperimétrica de sensibilidad mínima de 1 mA, que se coloca abrazando los conductores activos (de fase y el neutro), de forma que la tenaza mide la suma vectorial de las corrientes que pasan por los conductores que abraza, si la suma no es cero, la instalación tiene una intensidad de fuga que circulará por los conductores de puesta a tierra de los receptores instalados aguas abajo del punto de medida. Este tipo de pinzas suelen llevar un filtro que nos permite hacer la medida a la frecuencia de red (50 Hz) o para intensidades de alta frecuencia.

No hay que confundir la corriente de defecto con la corriente de fuga, ya que esta última se da en mayor o menor medida en todo tipo de receptores en condiciones normales de funcionamiento, sobre todo en receptores que lleven filtros para combatir interferencias, como los formados por condensadores conectados a tierra. Un ejemplo son los balastos electrónicos de alta frecuencia asociados a los tubos fluorescentes.

2.7 Medida de la impedancia de bucle

La medida del valor de la impedancia de bucle es necesaria para comprobar el correcto funcionamiento de los sistemas de protección basados en la utilización de fusibles o interruptores automáticos en sistemas de distribución TN e IT principalmente.

Estos sistemas de protección requieren determinar la intensidad de cortocircuito prevista fase tierra, para comprobar que para ese valor de intensidad de cortocircuito el tiempo de actuación del dispositivo de protección de máxima intensidad es menor que un tiempo especificado. Este tiempo depende del esquema de distribución utilizado y de la tensión nominal entre fase y tierra, U_0, de la instalación, tal y como se especifica en la ITC-BT-24.

U_0 (V)	Tiempos de interrupción (s)
230	0,4
400	0,2
> 400	0,1

Tabla 2. Tiempos de interrupción máximos especificados para esquemas TN.

Los parámetros que intervienen en estas comprobaciones son los siguientes:

Z_s es la impedancia del bucle de defecto, incluyendo la de la fuente, la del conductor activo hasta el punto de defecto y la del conductor de protección, desde el punto de defecto hasta la fuente. Para el esquema TN de la siguiente figura se tendría que: $Z_s = (R1+R2) + j (XL1 + XL2)$.

Tensión nominal de la instalación (U_0/U)	Tiempo de interrupción (s)	
	Neutro no distribuido	Neutro distribuido
230/400	0,4	0,8
400/690	0,2	0,4
580/1000	0,1	0,2

Tabla 3. Tiempos de interrupción máximos especificados para esquemas IT (después de un primer defecto).

$$|Zs| = \sqrt{(R1+R2)^2 + (XL\ 1 + XL\ 2)^2}$$

U_0 es la tensión nominal entre fase y tierra, valor eficaz en corriente alterna.

I_{cc} es la corriente prevista de cortocircuito a tierra ($I_{cc} = U_0 / Z_s$)

I_a es la corriente de actuación del dispositivo de protección por máxima intensidad.

Se debe cumplir que: $I_a \leq I_{cc}$, además la característica tiempo-corriente del interruptor debe garantizar su actuación en tiempos inferiores a los establecidos en las tablas.

Los medidores de impedancia de bucle son instrumentos que miden directamente el valor de esta impedancia y que calculan mediante un procesador el valor de la intensidad de cortocircuito prevista.

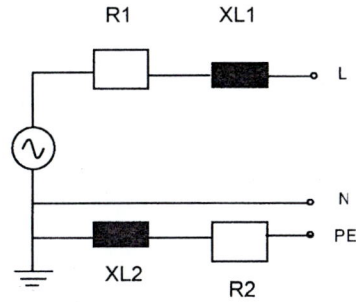

Figura 4. Concepto de impedancia de bucle de una instalación.

Durante este tipo de medidas es necesario puentear provisionalmente cualquier interruptor diferencial instalado aguas arriba del punto de prueba. Esta medida se debe efectuar con la instalación en tensión. Como estas medidas se efectúan a dos hilos es necesario descontar la resistencia de los cables de conexión de la medida.

Además de la medida de la impedancia de bucle entre fase y tierra (L-PE), también es posible mediante estos instrumentos determinar la impedancia de bucle entre cualquier fase y el conductor neutro (L-N), así como entre dos fases cualesquiera para instalaciones trifásicas.

El principio de funcionamiento de un medidor de impedancia de bucle consiste en cargar el circuito en el punto de prueba mediante una resistencia calibrada que se conecta durante un tiempo muy breve del orden de milisegundos, de forma que circula una intensidad conocida. El instrumento mide la tensión tanto antes como durante el tiempo que circula la corriente, siendo la diferencia entre ambas, la caída de tensión en el circuito ensayado, finalmente el cociente entre la caída de tensión y el valor de la intensidad de carga nos da el valor de la impedancia de bucle.

2.8 Medida de la tensión de contacto y comprobación de los interruptores diferenciales

Cuando el sistema de protección contra los choques eléctricos está confiado a interruptores diferenciales, como es habitual cuando se emplean sistemas de distribución del tipo T-T se debe cumplir la siguiente condición:

$$R_A \times I_a \geq U$$

Donde:

R_A es la suma de las resistencias de la toma de tierra y de los conductores de protección de masas.

I_a es la corriente diferencial-residual asignada del diferencial.

U   es la tensión de contacto límite convencional (50, 24 V u otras, según los casos).

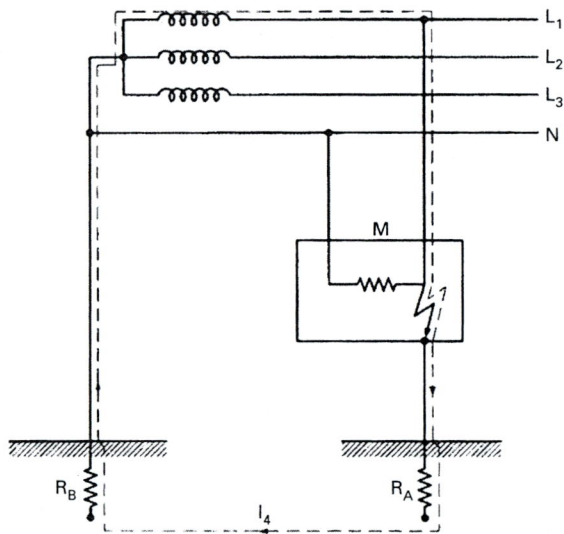

Figura 5. Instalación TT con un defecto a tierra.

Para garantizar la seguridad de la instalación se tienen que dar dos condiciones, la primera que la tensión de contacto que se pueda presentar en la instalación en función de los diferenciales instalados sea menor que el valor límite convencional (50 V o 24 V), y la segunda que los diferenciales funcionen correctamente.

a) Medida de la tensión de contacto.

En la práctica los medidores de impedancia de bucle que sirven también para medir el valor de la tensión de contacto no suelen ser capaces de medir únicamente el valor de la resistencia R_A, sino que miden el valor de la impedancia de todo el bucle indicado en la figura anterior incluyendo la resistencia de tierra del centro de transformación (R_B), de forma que se obtiene un valor superior al valor buscado de R_A. Finalmente el medidor multiplica este valor por la intensidad asignada del interruptor diferencial que nosotros hayamos seleccionado para obtener así la tensión de contacto:

$$U_c = Z_s \cdot I_a$$

Donde:

U_c : Tensión de contacto calculada por el medidor.

Z_s : impedancia de bucle de defecto (mayor que la resistencia de puesta a tierra R_A).

I_a : intensidad diferencial asignada que hemos programado en el medidor.

Como la impedancia de bucle es siempre mayor que la de puesta a tierra el valor de la tensión de contacto medida siempre será mayor que el valor real y estaremos del lado de la seguridad.

Obviamente la instalación es segura si la tensión de contacto medida es menor que la tensión de contacto límite convencional.

b) Comprobación de los interruptores diferenciales.

La comprobación de diferenciales requiere de un aparato capaz de inyectar a través del diferencial bajo prueba una corriente de fugas especificada y conocida que según su valor deberá hacer disparar al diferencial. Para hacer la prueba el comprobador se conecta en cualquier base de enchufe aguas abajo del diferencial en ensayo, estando la instalación en servicio. Además, cuando dispare el diferencial el comprobador debe ser capaz de medir el tiempo que tardó en disparar desde el instante en que se inyectó la intensidad de fugas.

Normalmente estos equipos inyectan una corriente senoidal, pero para comprobar algunos diferenciales especiales a veces es necesario también que sean capaces de inyectar corriente alterna rectificada de media onda o una corriente continua.

Las pruebas habituales para comprobar el funcionamiento de un diferencial del tipo general son las siguientes:

- Se inyecta una intensidad mitad de la intensidad diferencial residual asignada, con un ángulo de fase de corriente respecto de la onda de tensión de 0°, y el diferencial no debe disparar.

- Se repite la prueba anterior con un ángulo de fase de 180° y el diferencial no debe disparar.

- Se inyecta una intensidad igual a la intensidad diferencial residual asignada, con un ángulo de fase de corriente respecto de la onda de tensión de 0°, y el diferencial debe disparar en menos de 200 ms.

- Se repite la prueba anterior con un ángulo de fase de 180° y el diferencial debe disparar en menos de 200 ms.

- Se inyecta una intensidad igual al doble de la intensidad diferencial residual asignada, con un ángulo de fase de corriente respecto de la onda de tensión de 0°, y el diferencial debe disparar en menos de 150 ms.

- Se repite la prueba anterior con un ángulo de fase de 180° y el diferencial debe disparar en menos de 150 ms.

• Se inyecta una intensidad igual a cinco veces la intensidad diferencial residual asignada, con un ángulo de fase de corriente respecto de la onda de tensión de 0°, y el diferencial debe disparar en menos de 40 ms.

• Se repite la prueba anterior con un ángulo de fase de 180° y el diferencial debe disparar en menos de 40 ms.

Para los diferenciales selectivos del tipo S las pruebas tienen otros límites de aceptación.

2.9 Comprobación de la secuencia de fases

Esta comprobación se efectúa mediante un equipo específico o utilizando un comprobador multifunción de baja tensión que tenga esta capacidad. Esta medida es necesaria por ejemplo si se van a conectar motores trifásicos, de forma que se asegure que la secuencia de fases es directa antes de conectar el motor.

NOTA DE INTERPRETACIÓN TÉCNICA DE LA EQUIVALENCIA DE LA SEPARACIÓN GALVÁNICA DE LA CONEXIÓN DE INSTALACIONES GENERADORAS EN BAJA TENSIÓN

INTRODUCCIÓN

Ante las numerosas consultas recibidas sobre las condiciones de conexión de instalaciones generadoras a las redes de distribución eléctrica en baja tensión, en donde la legislación aplicable establece la necesidad de separación galvánica entre éstas, mediante un transformador o sistema equivalente y ante las dudas técnicas que dicha equivalencia pueda suscitar, el Ministerio de Industria Comercio y Turismo establece la siguiente nota de interpretación, basada en los requisitos técnicos contenidos en la ITC-BT-40 del Reglamento Electrotécnico para Baja Tensión (REBT, RD 842/2002).

NOTA DE PRETACIÓN

Donde la legislación vigente establezca que la instalación deberá disponer de una separación galvánica entre la red y las instalaciones generadoras, bien sea por medio de un transformador de aislamiento o cualquier otro medio que cumpla las mismas funciones, con base en el desarrollo tecnológico, se entenderá que las funciones que se persiguen utilizando un transformador de aislamiento de baja frecuencia son:

1. Aislar la instalación generadora para evitar la transferencia de defectos entre la red y la instalación.

2. Proporcionar seguridad personal.

3. Evitar la inyección de corriente continua en la red.

En instalaciones generadoras en las que la transmisión de energía a la red se haga mediante convertidores electrónicos podrán utilizarse transformadores de separación, o no hacerlo, siempre que se cumplan las funciones anteriores.

Para poder establecer las condiciones que deben cumplir las instalaciones que cumplan las funciones citadas es necesario clasificar las instalaciones generadoras en función de su topología de conexión a la red en los siguientes tipos:

a) Instalaciones aisladas para uso exclusivo de alimentar cargas o circuitos de baja tensión.

b) Instalaciones generadoras independientes de la red para uso exclusivo de alimentación de cargas o circuitos de baja tensión, que pueden estar alternativamente alimentados por la red o por el generador.

c) Instalaciones interconectadas

    c1) Las instalaciones generadoras con punto de conexión en la red de distribución de baja tensión en la que hay otros circuitos e instalaciones de baja tensión conectados a ella, independientemente de que la finalidad de la instalación sea tanto vender energía como alimentar cargas, en paralelo con la red.

    c2) Las instalaciones generadoras con punto de conexión en la red de alta tensión mediante un transformador elevador de tensión, que no tiene otras redes de distribución de baja tensión que alimentan cargas ajenas, conectadas a él. Este esquema, está igualmente incluido en las condiciones del REBT, aunque por su consideración de instalación generadora conectada directamente a la red de AT requiere condiciones especiales de conexión, atendiendo a las reglamentaciones vigentes sobre protecciones y condiciones de conexión en alta tensión.

En las instalaciones de tipo c) cuando la red de distribución se desconecta, se pueden alimentar cargas propias siempre que se cumplan las condiciones de desconexión y conexión de la instalación generadora a la red de distribución, requeridas en el capítulo 4 de la ITC-BT-40 del REBT.

Nota: Se entiende por punto de conexión el punto en el que se conecta la instalación generadora a la red de la empresa distribuidora, delimitando la extensión de la instalación generadora. El punto de conexión no necesariamente coincide con el punto en el que se realiza la medida de energía, pero si es el punto en el que se instalan las protecciones generales requeridas en la instalación generadora.

Una vez establecida la clasificación las condiciones a cumplir en cada una de las funciones citadas son:

Aislar la instalación generadora para evitar la transferencia de defectos entre la red y la instalación

La transferencia de defectos entre la red y la instalación generadora se considera resuelta, independientemente del convertidor utilizado, siempre que se cumpla el siguiente esquema aplicado por separado a las distintas partes de la instalación, básicamente convertidor y elementos del generador (por ejemplo, en el caso de generación fotovoltaica, inversores y cada uno de los paneles fotovoltaicos), a menos que estén juntas.

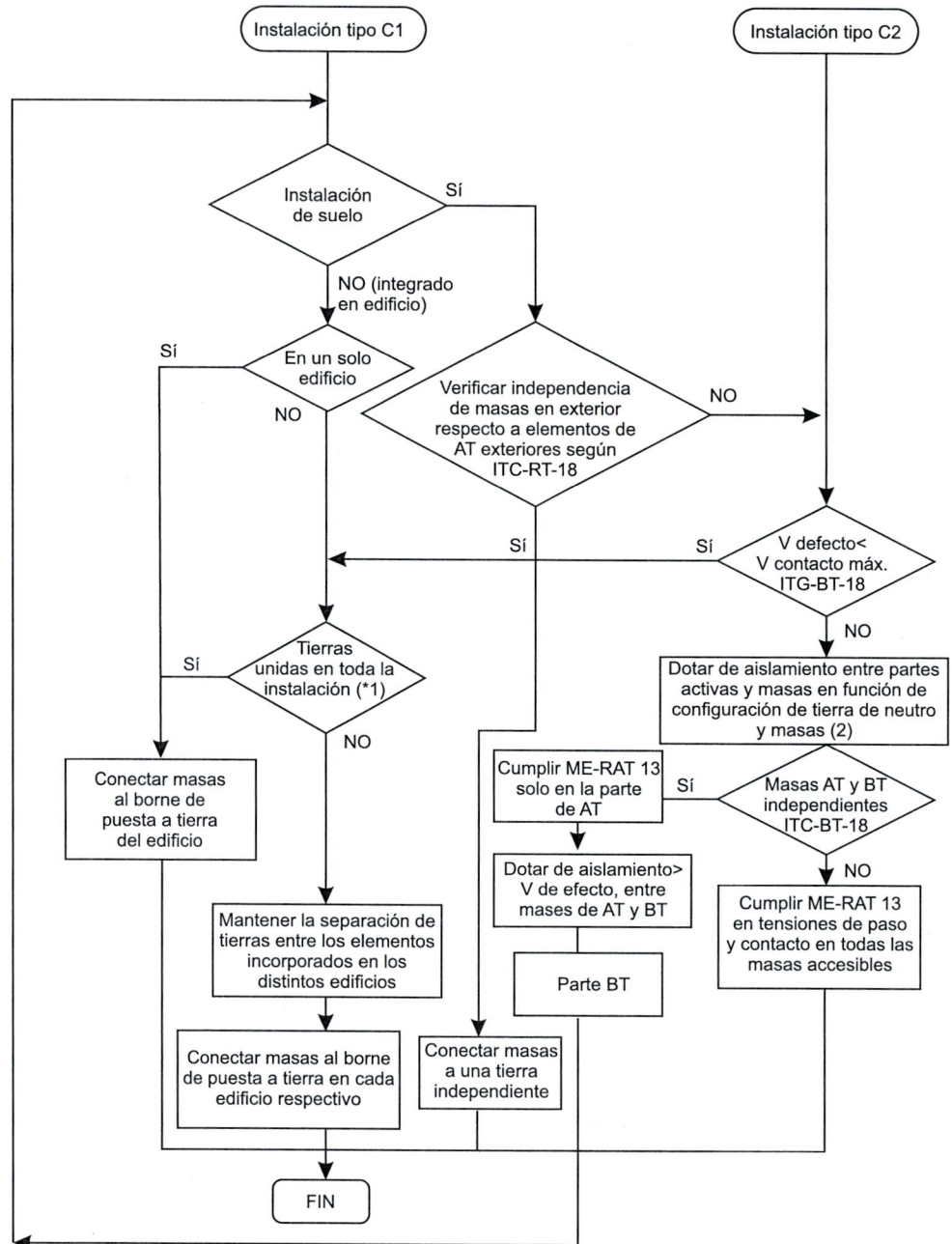

Figura 1.

(*1) La unión equipotencial entre tierras de diferentes edificios está contemplada en el reglamento en la ITC-BT-26 del REBT, apartado 3.1.

(*2) En caso de poner protectores de sobretensión entre fases y tierra su tensión de funcionamiento continuo será mayor que la tensión asignada al aislamiento.

Proporcionar seguridad personal

Con el fin de **proporcionar seguridad personal** la instalación deberá cumplir lo que establece la ITC-BT-24 del REBT.

Evitar la inyección de corriente continua en la red

Para **evitar la inyección de corriente continua** se deberá aplicar lo siguiente:

La corriente continua inyectada en la red de distribución por una instalación generadora no será superior al 0,5 % de la corriente nominal de la misma. Cuando se disponga en la instalación de un transformador separador entre el inversor y el punto de conexión de la red de distribución se asumirá que esta cubierto el requisito de limitación de la inyección de corriente continúa.

Si el inversor utilizado es con transformador de alta frecuencia o sin transformador se deberá demostrar que la corriente continua inyectada a red por el inversor no supera el 0,5 % de la corriente nominal. Para ello se realizará el siguiente ensayo:

1. Conectar el inversor a una red cuya componente de tensión continua sea despreciable a los efectos de la medida, por ejemplo separando otras cargas de la red con un transformador separador..

2. Ajustar la potencia de salida del inversor a una potencia de salida comprendida entre el 25 % y el 100 % de su potencia nominal.

3. Esperar el tiempo necesario hasta que la temperatura interna del inversor alcance el régimen estacionario (variación de temperatura inferior a de 2 °C en 15 minutos).

4. Medir el valor de la componente continua inyectada por el equipo a la red.

La prueba se determina como válida si la componente de continua, medida en una ventana de al menos 10 segundos, es menor al 0,5 % del valor eficaz de la corriente nominal de salida del inversor.

MATERIALES ADICIONALES

Resumen del contenido

Adaptación del REBT a la
Norma UNE HD 60364-5-52: 2014

Instalaciones eléctricas de baja tensión.

Parte 5: Selección e instalación de equipos eléctricos.

Canalizaciones.

Tabla C.52.1 bis. (UNE-HD 60.364.5.52: 2014). *Corrientes admisibles en amperios.Temperatura ambiente 40 °C en el aire*

Método de referencia de la tabla B 52.1 / Sección mm²	2	3	4	5a	5b	6a	6b	7a	7b	8a	8b	9a	9b	10a	10b	11	12	13
A1	PVC3	PVC2				XLPE3		XLPE2										
A2	PVC3	PVC2		XLPE3		XLPE2												
B1			PVC3	PVC2						XLPE3						XLPE2		
B2			PVC3	PVC2				XLPE3		XLPE2								
C				PVC3						PVC2				XLPE3		XLPE2		
E						PVC3						PVC2				XLPE3	XLPE2	
F								PVC3						PVC2		XLPE3		XLPE2
1	**2**	**3**	**4**	**5a**	**5b**	**6a**	**6b**	**7a**	**7b**	**8a**	**8b**	**9a**	**9b**	**10a**	**10b**	**11**	**12**	**13**
Sección mm² Cobre 1,5	11	11,5	12,5	13,5	14	14,5	15,5	16	16,5	17	17,5	19	20	20	20	21	23	—
2,5	15	15,5	17	18	19	20	20	21	22	23	24	26	27	26	28	30	32	—
4	20	20	22	24	25	26	28	29	30	31	32	34	36	36	38	40	44	—
6	25	26	29	31	32	34	36	37	39	40	41	44	46	46	49	52	57	—
10	33	36	40	43	45	46	49	52	54	54	57	60	63	65	68	72	78	—
16	45	48	53	59	61	63	66	69	72	73	77	81	85	87	91	97	104	—
25	59	63	69	77	80	82	86	87	91	95	100	103	108	110	115	122	135	146
35	—	—	—	95	100	101	106	109	114	119	124	127	133	137	143	153	168	182
50	—	—	—	116	121	122	128	133	139	145	151	155	162	167	174	188	204	220
70	—	—	—	148	155	155	162	170	178	185	193	199	208	214	223	243	262	282
95	—	—	—	180	188	187	196	207	216	224	234	241	252	259	271	298	320	343
120	—	—	—	207	217	216	226	240	251	260	272	280	293	301	314	350	373	397
150	—	—	—	—	—	247	259	276	289	299	313	322	337	343	359	401	430	458
185	—	—	—	—	—	281	294	314	329	341	356	368	385	391	409	460	493	523
240	—	—	—	—	—	330	345	368	385	401	419	435	455	468	489	545	583	617
Aluminio 2,5	11,5	12	13	14	15	16	16,5	17	17,5	18	19	20	20	20	21	23	25	—
4	15	16	17	19	20	21	22	22	23	24	25	26	28	27	29	31	34	—
6	20	20	22	24	25	27	29	28	30	31	32	33	35	36	38	40	44	—
10	26	27	31	33	35	38	40	40	41	42	44	46	49	50	52	56	60	—
16	35	37	41	46	48	50	52	53	55	57	60	63	66	66	70	76	82	—
25	46	49	54	60	63	63	66	67	70	72	75	78	81	84	88	91	98	110
35	—	—	—	74	78	78	81	83	87	89	93	97	101	104	109	114	122	136
50	—	—	—	90	94	95	100	101	106	108	113	118	123	127	132	140	149	167
70	—	—	—	115	121	121	127	130	136	139	145	151	158	162	170	180	192	215
95	—	—	—	140	146	147	154	159	166	169	177	183	192	197	206	219	233	262
120	—	—	—	161	169	171	179	184	192	196	205	213	222	228	239	254	273	306
150	—	—	—	—	—	196	205	213	222	227	237	246	257	264	276	294	314	353
185	—	—	—	—	—	222	232	243	254	259	271	281	293	301	315	337	361	406
240	—	—	—	—	—	261	273	287	300	306	320	332	347	355	372	399	427	482

Aislamientos termoestables (90°)		Aislamientos termoplásticos (70°)
XLPE: Polietileno reticulado	EPR: Etileno-propileno	PVC: Policloruro de vinilo

Tabla C.52.2 bis. (UNE-HD 60.364.5.52: 2014).

Corrientes admisibles en amperios.

Temperatura ambiente 25 °C en el terreno

Método de instalación	Sección mm²	Número de conductores cargados y tipo de aislamiento			
		PVC2	PVC3	XLPE2	XLPE3
D1/D2	Cobre				
	1,5	20	17	24	21
	2,5	27	22	32	27
	4	36	29	42	35
	6	44	37	53	44
	10	59	49	70	58
	16	76	63	91	75
	25	98	81	116	96
	35	118	97	140	117
	50	140	115	166	138
	70	173	143	204	170
	95	205	170	241	202
	120	233	192	275	230
	150	264	218	311	260
	185	296	245	348	291
	240	342	282	402	336
	300	387	319	455	380
D1/D2	Aluminio				
	2,5	20	17,5	24	21
	4	27	22	32	27
	6	34	28	40	34
	10	45	38	53	45
	16	58	49	70	58
	25	76	62	89	74
	35	91	76	107	90
	50	107	89	126	107
	70	133	111	156	132
	95	157	131	185	157
	120	179	149	211	178
	150	202	169	239	201
	185	228	190	267	226
	240	263	218	309	261
	300	297	247	349	295

Tabla C.52.3. (UNE-HD 60.364.5.52: 2014).

Factores de reducción para grupos de varios circuitos o de varios cables multipolares (a utilizar con los valores de corrientes admisibles de la Tabla C.52.1).

Punto	Disposición	Número de circuitos o cables multipolares								
		1	2	3	4	6	9	12	16	20
1	Agrupados en el aire, en una superficie, empotrados o en el interior de una envolvente	1,00	0,80	0,70	0,65	0,55	0,50	0,45	0,40	0,40
2	Capa única sobre muros, suelos o bandejas no perforadas	1,00	0,85	0,80	0,75	0,70	0,70	—	—	—
3	Capa única fijada directamente al techo	0,95	0,80	0,70	0,70	0,65	0,60	—	—	—
4	Capa única sobre bandejas perforadas horizontales o verticales	1,00	0,90	0,80	0,75	0,75	0,70	—	—	—
5	Capa única sobre bandeja d escalera, soportes o bridas de amarre, etc.	1,00	0,85	0,80	0,80	0,80	0.80	—	—	—

Adaptación del REBT al CPR
Reglamento de los Productos de Construcción
Construction Products Regulation

Adaptación del Reglamento Electrotécnico de Baja Tensión (Real Decreto 842/2002) tras la publicación del Reglamento Delegado 2016/364, que establece las clases posibles de reacción al fuego de los cables eléctricos (Julio 2016)

Las características esenciales reguladas por el CPR son:

- La reacción al fuego: contribución del cable a la propagación del mismo.

- Las emisiones de sustancias peligrosas.

- La resistencia al fuego: capacidad de un cable en mantener la continuidad del circuito eléctrico durante un fuego.

Se establecen unas "Euroclases" iguales en toda la unión europea: A1, A2, B, C, D, E, F (de mayor a menor resistencia al fuego).

Euroclases de los cables

Tabla 1. *Euroclasificación de cables*

Euoclases (ca)		Criterios adicionales		
Contribución al desarrollo del fuego		Producción de humo	Acidez	Goteo o desprendimiento de partículas inflamables
—	A_{ca}			
↓	$B1_{ca}$	s1a	a1	d0
	$B2_{ca}$	s1b		
	C_{ca}	s2	a2	d1
	D_{ca}	s3	a3	d2
↓	E_{ca}			
+	F_{ca}			

A_{ca}: incombustible (vidrio, sílice…).

$B1_{ca}$: combustible no inflamable. Con muy baja o nula propagación del fuego.

$B2_{ca}$: combustible difícilmente inflamable. No propagan el fuego de forma continua y emiten muy poco calor. Propagación del fuego muy limitada.

C_{ca}: combustible difícilmente inflamable. No propagan el fuego de forma continua y emiten muy poco calor. Propagación del fuego limitada (los denominados coloquialmente *cables libres de halógenos*.

D_{ca}: moderadamente combustible. Mejor comportamiento frente a la llama que los cables sin retardante de la misma.

E_{ca}: combustible fácilmente inflamable. Cables que tienen fácil propagación del fuego con la exposición a las llamas. Cables no libres de halógenos, los convencionales.

F_{ca}: sin comportamiento declarado.

Cada Euroclase está sujeta a 3 criterios adicionales que dan lugar a 3 grupos de dígitos adicionales:

- Producción de humo: 4 niveles de "s1 " hasta "s3".

- Acidez de humos: 3 niveles desde "a1" hasta "a3".

- Goteo o desprendimiento de partículas inflamables: 3 niveles, desde "d0" hasta "d2".

Los valores permitidos para estas Euroclases son los siguientes:

C_{ca}: UNE-EN 50399:2012

Propagación de la llama, un solo cable EN 60332-1-2: $H \leq 425$ mm.

Propagación vertical de la llama, un solo cable $FS \leq 2,00$ m.

Emisión de calor total: $THR \leq 30$ MJ.

Valor máximo de emisión de calor (HRR) ≤ 60 kW.

Índice de crecimiento del fuego (FIGRA) ≤ 300 Ws^{-1}.

S1b:
Producción total de humos: (TSP) ≤ 50 m^2
Valor máximo de emisión de humos (SPR) $\leq 0,25$ m^2/s.
Trasmitancia: $\geq 60\%$ y $< 80\%$.

d1:
Durante 1.200 s sin caída de gotas/partículas inflamadas que persistan más de 10 s.

a1:
Acidez y corrosividad en los gases emitidos, conductividad $< 2,5$ µS/mm y pH $> 4,3$.

E_{ca}:
EN 60332-1-2: $H \leq 425$ mm.

Tanto la legislación española como las normas UNE relacionadas han sido adaptadas al nuevo reglamento, quedando su relación con el REBT resumida de la siguiente manera:

Tabla 2. *Adaptación del REBT al CPR*

REBT	Instalación	Cable actual	Clase CPR mínima
ICT-BT 14	Línea general de alimentación	(AS)	C_{ca} - s1b, d1, a1
ICT-BT 15	Derivación individual	(AS)	C_{ca} - s1b, d1, a1
ICT-BT 16	Centralización contadores	(AS)	C_{ca} - s1b, d1, a1
ICT-BT 20	Sistemas de instalación	No propagador de la llama	E_{ca}
ICT-BT 28	Locales de pública concurrencia	(AS)	C_{ca} - s1b, d1, a1
ICT-BT 29	Locales con riesgo de incendio o explosión	No propagador del incendio	C_{ca} - s1b, d1, a1

Marcado CE

En el Anexo ZZ de la norma **EN 50575:20**14 se indican los aspectos relativos al marcado CE de los cables eléctricos, y en la Tabla ZZ.2 de la norma **EN 50575:2014/A1:2016** aparecen los sistemas de evaluación y verificación de la constancia de las prestaciones (EVPC), en función de los diferentes niveles o clases de prestaciones obtenidos en la EVCP.

En cuanto a la documentación acreditativa del marcado CE que deben entregar los fabricantes, los cables están afectados por la Directiva de Baja Tensión **2014/35/UE**, que sólo obliga a colocar el logotipo CE, y el Reglamento **(UE) nº 305/2001** de productos de construcción, que obliga a presentar la Declaración de Prestaciones (DdP) y el marcado CE completo.

Tabla ZZ.2. *Sistemas de evaluación y verificación de la constancia de la prestación (EVPC)*

Productos	Usos previstos	Niveles o clases de prestaciones	Sistema(s) de EVCP
Cables de energía, control y comunicación	Para usos sujetos a reglamentaciones sobre reacción al fuego	A_{ca}, $B1_{ca}$, $B2_{ca}$, C_{ca}	1+
		D_{ca}, E_{ca}	3
		F_{ca}	4
	Para usos sujetos a reglamentos sobre sustancias peligrosas		3
Sistema 1+: Véase el artículo 1.1 del Anexo V del Reglamento (UE) Nº 305/2011 (RPC).			
Sistema 3: Véase el artículo 1.4 del Anexo V del Reglamento (UE) nº 305/2011 (RPC).			
Sistema 4: Véase el artículo 1.5 del Anexo V del Reglamento (UE) nº 305/2011 (RPC).			